集成电路系列丛书·集成电路产业专用材料

高密度集成电路有机封装材料

杨士勇　编著

电子工业出版社
Publishing House of Electronics Industry
北京·BEIJING

内 容 简 介

先进集成电路封装技术主要基于四大关键技术，即高密度封装基板技术、薄/厚膜制作技术、层间微互连技术和高密度电路封装技术。封装材料是封装技术的基础，对封装基板制造、薄/厚膜制作、层间微互连和高密度封装等都具有关键的支撑作用。本书系统介绍高密度集成电路有机封装材料的制备、结构与性能及典型应用，主要内容包括高密度集成电路有机封装材料引论、刚性高密度封装基板材料、挠性高密度封装基板材料、层间互连用光敏性绝缘树脂、环氧树脂封装材料、导电导热黏结材料、光刻胶及高纯化学试剂。

本书适合微电子制造与封装、高分子科学、化学化工等领域的科技人员阅读，也可作为高等学校相关专业的教学用书。

未经许可，不得以任何方式复制或抄袭本书之部分或全部内容。
版权所有，侵权必究。

图书在版编目（CIP）数据

高密度集成电路有机封装材料／杨士勇编著．—北京：电子工业出版社，2022.1
（集成电路系列丛书．集成电路产业专用材料）
ISBN 978-7-121-42497-7

Ⅰ．①高… Ⅱ．①杨… Ⅲ．①集成电路-封装工艺 Ⅳ．①TN405

中国版本图书馆 CIP 数据核字（2021）第 260299 号

责任编辑：张　剑　柴　燕　　文字编辑：曹　旭
印　　刷：河北迅捷佳彩印刷有限公司
装　　订：河北迅捷佳彩印刷有限公司
出版发行：电子工业出版社
　　　　　北京市海淀区万寿路 173 信箱　邮编 100036
开　　本：720×1000　1/16　印张：36.25　字数：754 千字
版　　次：2022 年 1 月第 1 版
印　　次：2022 年 9 月第 2 次印刷
定　　价：218.00 元

凡所购买电子工业出版社图书有缺损问题，请向购买书店调换。若书店售缺，请与本社发行部联系，联系及邮购电话：(010)88254888，88258888。
质量投诉请发邮件至 zlts@phei.com.cn，盗版侵权举报请发邮件至 dbqq@phei.com.cn。
本书咨询联系方式：zhang@phei.com.cn。

"集成电路系列丛书" 编委会

主　编：王阳元
副主编：李树深　　吴汉明　　周子学　　刁石京
　　　　　许宁生　　黄　如　　魏少军　　赵海军
　　　　　毕克允　　叶甜春　　杨德仁　　郝　跃
　　　　　张汝京　　王永文

编委会秘书处

秘 书 长：王永文（兼）
副秘书长：罗正忠　季明华　陈春章　于燮康　刘九如
秘　　书：曹　健　蒋乐乐　徐小海　唐子立

出版委员会

主　任：刘九如
委　员：赵丽松　　徐　静　　柴　燕　　张　剑
　　　　　魏子钧　　牛平月　　刘海艳

"集成电路系列丛书·集成电路产业专用材料"
编委会

主　　编：杨德仁

副 主 编：康晋锋

责任编委：余学功

编　　委：石　瑛　袁　桐　杨士勇

　　　　　王茂俊　康　劲　俞文杰

"集成电路系列丛书"主编序言
培根之土 润苗之泉 启智之钥 强国之基

王国维在其《蝶恋花》一词中写道:"最是人间留不住,朱颜辞镜花辞树"。这似乎是人世间不可挽回的自然规律。然而,人们还是通过各种手段,借助于各种媒介,留住了人们对时光的记忆,表达了人们对未来的希冀。

图书,尤其是纸质图书,是数量最多、使用最悠久的记录思想和知识的载体。品《诗经》,我们体验了青春萌动;阅《史记》,我们听到了战马嘶鸣;读《论语》,我们学习了哲理思辨;赏《唐诗》,我们领悟了人文风情。

尽管人们现在可以把律动的声像寄驻在胶片、磁带和芯片之中,为人们的感官带来海量信息,但是图书中的文字和图像依然以它特有的魅力,擘画着发展的总纲,记录着胜负的苍黄,展现着感性的豪放,挥洒着理性的张扬,凝聚着色彩的神韵,回荡着音符的铿锵,驰骋着心灵的激越,闪烁着智慧的光芒。

《辞海》中把书籍、期刊、画册、图片等出版物的总称定义为"图书"。通过林林总总的"图书",我们知晓了电子管、晶体管、集成电路的发明,了解了集成电路科学技术、市场、应用的成长历程和发展规律。以这些知识为基础,自20世纪50年代起,我国集成电路技术和产业的开拓者踏上了筚路蓝缕的征途。进入21世纪以来,我国的集成电路产业进入了快速发展的轨道,在基础研究、设计、制造、封装、设备、材料等各个领域均有所建树,部分成果也在世界舞台上拥有一席之地。

为总结昨日经验,描绘今日景象,展望明日梦想,编撰"集成电路系列丛书"(以下简称"丛书")的构想成为我国广大集成电路科学技术和产业工作者共同的夙愿。

2016年,"丛书"编委会成立,开始组织全国近500名作者为"丛书"的第一部著作《集成电路产业全书》(以下简称《全书》)撰稿。2018年9月12日,《全书》首发式在北京人民大会堂举行,《全书》正式进入读者的视野,受到教育界、科研界和产业界的热烈欢迎和一致好评。其后,《全书》英文版 Handbook of Integrated Circuit Industry 的编译工作启动,并决定由电子工业出版社和全球最大的科技图书出版机构之一——施普林格(Springer)合作出版发行。

受体量所限,《全书》对于集成电路的产品、生产、经济、市场等,采用了千余字"词条"描述方式,其优点是简洁易懂,便于查询和参考;其不足是因篇幅紧凑,不能对一个专业领域进行全方位和详尽的阐述。而"丛书"中的每一部专著则因不受体量影响,可针对某个专业领域进行深度与广度兼容的、图文并茂的论述。"丛书"与《全书》在满足不同读者需求方面,互补互通,相得益彰。

为更好地组织"丛书"的编撰工作,"丛书"编委会下设了12个分卷编委会,分别负责以下分卷:

☆ 集成电路系列丛书·集成电路发展史论和辩证法

☆ 集成电路系列丛书·集成电路产业经济学

☆ 集成电路系列丛书·集成电路产业管理

☆ 集成电路系列丛书·集成电路产业教育和人才培养

☆ 集成电路系列丛书·集成电路发展前沿与基础研究

☆ 集成电路系列丛书·集成电路产品、市场与EDA

☆ 集成电路系列丛书·集成电路设计

☆ 集成电路系列丛书·集成电路制造

☆ 集成电路系列丛书·集成电路封装测试

☆ 集成电路系列丛书·集成电路产业专用装备

☆ 集成电路系列丛书·集成电路产业专用材料

☆ 集成电路系列丛书·化合物半导体的研究与应用

2021年,在业界同仁的共同努力下,约有10部"丛书"专著陆续出版发行,献给中国共产党百年华诞。以此为开端,2021年以后,每年都会有纳入"丛书"的专著面世,不断为建设我国集成电路产业的大厦添砖加瓦。到2035年,我们的愿景是,这些新版或再版的专著数量能够达到近百部,成为百花齐放、姹紫嫣红的"丛书"。

在集成电路正在改变人类生产方式和生活方式的今天,集成电路已成为世界大国竞争的重要筹码,在中华民族实现复兴伟业的征途上,集成电路正在肩负着新的、艰巨的历史使命。我们相信,无论是作为"集成电路科学与工程"一级学科的教材,还是作为科研和产业一线工作者的参考书,"丛书"都将成为满足培养人才急需和加速产业建设的"及时雨"和"雪中炭"。

科学技术与产业的发展永无止境。当2049年中国实现第二个百年奋斗目标时,后来人可能在21世纪20年代书写的"丛书"中发现这样或那样的不足,但是,仍会在"丛书"著作的严谨字句中,看到一群为中华民族自立自强做出奉献的前辈们的清晰足迹,感触到他们在质朴立言里涌动的满腔热血,聆听到他们的圆梦之心始终跳动不息的声音。

书籍是学习知识的良师,是传播思想的工具,是积淀文化的载体,是人类进步和文明的重要标志。愿"丛书"永远成为培育我国集成电路科学技术生根的沃土,成为润泽我国集成电路产业发展的甘泉,成为启迪我国集成电路人才智慧的金钥,成为实现我国集成电路产业强国之梦的基因。

编撰"丛书"是浩繁卷帙的工程,观古书中成为典籍者,成书时间跨度逾十年者有之,涉猎门类逾百种者亦不乏其例:

《史记》，西汉司马迁著，130 卷，526500 余字，历经 14 年告成；

《资治通鉴》，北宋司马光著，294 卷，历时 19 年竣稿；

《四库全书》，36300 册，约 8 亿字，清 360 位学者共同编纂，3826 人抄写，耗时 13 年编就；

《梦溪笔谈》，北宋沈括著，30 卷，17 目，凡 609 条，涉及天文、数学、物理、化学、生物等各个门类学科，被评价为"中国科学史上的里程碑"；

《天工开物》，明宋应星著，世界上第一部关于农业和手工业生产的综合性著作，3 卷 18 篇，123 幅插图，被誉为"中国 17 世纪的工艺百科全书"。

这些典籍中无不蕴含着"学贵心悟"的学术精神和"人贵执着"的治学态度。这正是我们这一代人在编撰"丛书"过程中应当永续继承和发扬光大的优秀传统。希望"丛书"全体编委以前人著书之风范为准绳，持之以恒地把"丛书"的编撰工作做到尽善尽美，为丰富我国集成电路的知识宝库不断奉献自己的力量；让学习、求真、探索、创新的"丛书"之风一代一代地传承下去。

王阳元

2021 年 7 月 1 日于北京燕园

前　言

随着高密度集成电路制造技术水平的不断提高，集成电路封装技术也随之发生了巨大变化：封装形式由传统的两边端子引线型（如 DIP）、四边端子引线型（如 QFP、TSOP 等）发展为平面阵列端子引线型（如 PGA）和平面阵栅焊球或凸点引出型（如 BGA、CSP 等）；芯片端子引出由金属引线（如金丝）发展到焊料微球和金属凸点，大幅度缩短了信号传输距离，提高了传输速度；由单个芯片封装发展到多个芯片封装，由单层多个芯片封装发展到多层多个芯片封装。对于多芯片封装，不仅包括将同一类型多个芯片封装于一体的多芯片封装（MCP），还包括将不同种类、不同功能的多个芯片封装于一体的系统级封装（SiP），芯片之间可以进行信号存取和交换，从而形成一个具备特定功能的电子系统。

先进集成电路封装技术主要包括高密度封装基板技术、薄/厚膜制作技术、层间微互连技术和高密度封装技术等四大关键技术。近年来，高密度封装技术获得了快速发展，封装基板技术占据着核心地位。封装基板分为无机基板和有机基板两大类，其中：无机基板主要为陶瓷基板，它具有热导率高、模量高、热膨胀系数低等特点，主要应用于超级计算机、航天用计算机、电子电力器件等大功率电路的封装；有机基板则是以有机树脂与玻璃布复合材料或有机薄膜为基材，采用积层多层布线和多层压合方式实现高密度多层布线，具有电绝缘性能好、介电常数低、质量小、制造成本低、易实现多层化、便于实现自动化生产等特点，其应用更加普遍。

封装材料是封装技术的基础，对封装基板制造、薄/厚膜制作、层间微互连和高密度封装等都具有关键的支撑作用。封装材料主要包括无机封装材料和有机封装材料两大类。无机封装材料主要包括金属材料（如金丝、导体铜箔、焊料等）和陶瓷材料（如陶瓷基板等）。目前，有机封装材料的种类最多、使用量最大、应用面最广，主要包括：①封装基板材料，用于搭载集成电路芯片，分为刚性封装基板和挠性封装基板两种；②层间微互连布线材料，用于集成电路芯片表面上的多层互连布线、凸点制作、芯片黏结等，如光敏性聚酰亚胺树脂（PSPI）、光敏性苯并环丁烯树脂（PS-BCB）、高耐热黏结胶膜、高纯化学试剂及光刻胶等；③高密度封装材料，主要用于保护搭载在基板上或固定在引线框架上的集成电路芯片，如环氧塑封料、环氧底填料、芯片黏结胶膜、导热黏结材料等。

本书共 7 章，系统介绍高密度集成电路有机封装材料的制备、结构与性能及典型应用，主要内容包括高密度集成电路有机封装材料引论、刚性高密度封装基板材料、挠性高密度封装基板材料、层间互连用光敏性绝缘树脂、环氧树脂封装材料、导电导热黏结材料、光刻胶及高纯化学试剂。

本书由杨士勇编著。参加本书编写的人员还有洪伟杰、胡爱军、张浩洋、何建君、杨海霞、王立哲、袁莉莉、赵晓娟、王志媛、吴子煜、范圣男、赵炜珍。其中，洪伟杰、胡爱军编写了第 1 章，张浩洋、胡爱军编写了第 2 章，何建君、杨海霞编写了第 3 章，王立哲、袁莉莉编写了第 4 章，赵晓娟、王志媛编写了第 5 章，吴子煜、杨海霞编写了第 6 章，范圣男、赵炜珍编写了第 7 章。全书由杨士勇统稿、定稿。

本书适合微电子制造与封装、高分子科学、化学化工等领域的科技人员阅读，也可作为高等学校相关专业的教学用书。

由于作者水平有限，书中难免存在疏漏之处，恳请广大读者批评指正。

杨士勇
2020 年 11 月 11 日
于中国科学院化学研究所

☆☆☆作者简介☆☆☆

杨士勇博士，中国科学院化学研究所研究员，中国科学院大学教授，国家杰出青年基金获得者（1999），中国科学院"百人计划"资助获得者（2003），国家 973 项目首席科学家。2003—2018 年，任中国科学院化学研究所高技术材料实验室主任。多年来一直致力于高性能聚酰亚胺材料的制备、表征、结构与性能及应用基础研究，在国内外学术期刊发表研究论文 200 多篇，申请国家发明专利 120 多项，其中 90 多项获得专利授权，20 多项专利技术实现了应用转化。研制成功的耐高温聚酰亚胺树脂基体、高性能聚酰亚胺薄膜、高耐热聚甲基丙烯酰亚胺泡沫等系列产品，实现了大面积重要工程化应用，先后获得中国科学院院地合作奖（2012）、中国产学研合作创新成果奖（2013）、中国化学会高分子基础研究王葆仁奖（2013）、中国专利优秀奖（2013）、国防科学技术发明奖二等奖（2014）、北京市科学技术进步奖特等奖（2020）、国防科学技术发明奖三等奖（2021）。

目 录

- 第1章 高密度集成电路有机封装材料引论 ·········· 1
  - 1.1 集成电路封装基本概念 ·········· 1
  - 1.2 高密度集成电路封装技术现状及发展趋势 ·········· 3
  - 1.3 高密度集成电路有机封装材料 ·········· 20
  - 参考文献 ·········· 22
- 第2章 刚性高密度封装基板材料 ·········· 24
  - 2.1 高密度多层互连芯板材料 ·········· 26
    - 2.1.1 导电铜箔 ·········· 26
    - 2.1.2 增强纤维布 ·········· 31
    - 2.1.3 热固性树脂 ·········· 34
  - 2.2 高密度积层多层基板材料 ·········· 58
    - 2.2.1 感光性绝缘树脂 ·········· 59
    - 2.2.2 热固性绝缘树脂 ·········· 60
    - 2.2.3 附树脂铜箔（RCC） ·········· 62
  - 2.3 高密度封装基板制造方法 ·········· 65
    - 2.3.1 半固化片制备 ·········· 65
    - 2.3.2 覆铜板压制成型 ·········· 67
    - 2.3.3 多层互连芯板制造 ·········· 68
    - 2.3.4 积层多层基板制造 ·········· 68
  - 2.4 高密度封装基板结构与性能 ·········· 71
    - 2.4.1 单/双面封装基板 ·········· 71
    - 2.4.2 多层封装基板 ·········· 73
    - 2.4.3 有芯积层基板（BUM） ·········· 77
    - 2.4.4 无芯积层基板 ·········· 79
  - 参考文献 ·········· 84
- 第3章 挠性高密度封装基板材料 ·········· 87
  - 3.1 挠性IC封装基板材料 ·········· 87
    - 3.1.1 高性能聚酰亚胺薄膜 ·········· 88
    - 3.1.2 挠性覆铜板 ·········· 114

3.1.3 挠性封装基板 …………………………………………………… 123
3.2 高频电路基板材料 ……………………………………………………… 130
　3.2.1 LCP 聚酯薄膜 …………………………………………………… 131
　3.2.2 LCP 挠性覆铜板 ………………………………………………… 134
　3.2.3 LCP 挠性多层电路基板 ………………………………………… 136
　3.2.4 高频用聚酰亚胺薄膜 …………………………………………… 137
　3.2.5 高频用氟树脂/PI 复合薄膜 …………………………………… 139
3.3 柔性光电显示基板材料 ………………………………………………… 141
　3.3.1 柔性显示基板 …………………………………………………… 142
　3.3.2 柔性显示基板制造方法 ………………………………………… 144
　3.3.3 柔性显示用聚合物薄膜 ………………………………………… 146
参考文献 …………………………………………………………………………… 152

第 4 章　层间互连用光敏性绝缘树脂 …………………………………… 155
4.1 负性光敏聚酰亚胺树脂 ………………………………………………… 157
　4.1.1 酯型光敏聚酰亚胺树脂 ………………………………………… 157
　4.1.2 离子型光敏聚酰亚胺树脂 ……………………………………… 159
　4.1.3 本征型光敏聚酰亚胺树脂 ……………………………………… 160
　4.1.4 化学增幅型光敏聚酰亚胺树脂 ………………………………… 166
4.2 正性光敏聚酰亚胺树脂 ………………………………………………… 175
　4.2.1 含羧基前驱体树脂 ……………………………………………… 175
　4.2.2 含酚羟基前驱体树脂 …………………………………………… 181
　4.2.3 本征可溶性前驱体树脂 ………………………………………… 185
　4.2.4 化学增幅型前驱体树脂 ………………………………………… 190
4.3 正性光敏聚苯并咪唑树脂 ……………………………………………… 198
　4.3.1 PBO 前驱体树脂结构与性能 …………………………………… 199
　4.3.2 化学增幅型光敏 PBO 前驱体树脂 ……………………………… 204
4.4 光敏聚合物树脂主要性能及典型应用 ………………………………… 218
　4.4.1 光敏聚合物树脂的典型应用 …………………………………… 218
　4.4.2 正性光敏聚合物树脂 …………………………………………… 220
　4.4.3 负性光敏聚酰亚胺树脂 ………………………………………… 225
　4.4.4 非光敏聚酰亚胺树脂 …………………………………………… 229
4.5 光敏苯并环丁烯树脂 …………………………………………………… 233
　4.5.1 BCB 树脂结构及性能特点 ……………………………………… 236
　4.5.2 双 BCB 聚合单体 ………………………………………………… 243
　4.5.3 B 阶段 BCB 树脂 ………………………………………………… 252

4.5.4　光敏性 BCB 树脂 …… 277
　参考文献 …… 294

第5章　环氧树脂封装材料 …… 306
5.1　环氧塑封料 …… 306
　　5.1.1　环氧塑封料特性与组成 …… 306
　　5.1.2　环氧塑封料封装工艺性 …… 313
　　5.1.3　环氧塑封料结构与性能 …… 318
　　5.1.4　环氧塑封料在先进封装中的典型应用 …… 345
　　5.1.5　发展趋势 …… 359
5.2　环氧底填料 …… 360
　　5.2.1　传统底填料 …… 360
　　5.2.2　非流动性底填料 …… 365
　　5.2.3　模塑型底填料 …… 368
　　5.2.4　晶圆级底填料 …… 370
　　5.2.5　底填料用环氧树脂 …… 375
　参考文献 …… 383

第6章　导电导热黏结材料 …… 390
6.1　各向同性导电黏结材料 …… 390
　　6.1.1　ICA 的组成及制备 …… 391
　　6.1.2　ICA 的结构与性能 …… 394
　　6.1.3　提高 ICA 使用性能的方法 …… 403
　　6.1.4　ICA 在 IC 封装中的典型应用 …… 409
6.2　各向异性导电黏结材料 …… 416
　　6.2.1　ACA 的组成与制备 …… 416
　　6.2.2　ACA 的结构与性能 …… 419
　　6.2.3　ACA 在先进封装中的应用 …… 425
　　6.2.4　ACA 的失效机制 …… 431
　　6.2.5　代表性 ACA 性能 …… 432
6.3　芯片黏结材料 …… 433
　　6.3.1　芯片黏结材料发展历程 …… 433
　　6.3.2　先进封装对芯片黏结材料的要求 …… 434
　　6.3.3　芯片黏结胶膜 …… 435
　　6.3.4　低应力芯片黏结胶膜 …… 440
　　6.3.5　高耐热芯片黏结胶膜 …… 444
　　6.3.6　先进封装用芯片黏结胶膜 …… 451

6.4 导热黏结材料 ·· 458
  6.4.1 热界面材料的分类 ··· 460
  6.4.2 热界面材料性能测试方法 ··· 463
  6.4.3 热界面材料的结构与性能 ··· 466
  6.4.4 热界面材料模拟预测 ··· 475
  6.4.5 热界面材料的可靠性 ··· 481
  6.4.6 代表性热界面材料 ··· 482
参考文献 ··· 484

第7章 光刻胶及高纯化学试剂 ·· 502
7.1 光刻胶 ··· 502
  7.1.1 光刻胶基本知识 ··· 502
  7.1.2 紫外光刻胶 ··· 513
  7.1.3 深紫外光刻胶 ·· 524
  7.1.4 电子束光刻胶 ·· 534
  7.1.5 下一代光刻胶技术 ·· 541
7.2 高纯化学试剂 ·· 545
  7.2.1 高纯化学试剂基本知识 ·· 545
  7.2.2 高纯化学试剂的应用 ··· 551
  7.2.3 高纯化学试剂的纯化技术 ··· 555
  7.2.4 高纯化学试剂的分析测试技术 ··· 557
  7.2.5 高纯化学试剂制备技术 ·· 558
  7.2.6 产品的包装、储存及运输 ··· 563
参考文献 ··· 564

第1章

高密度集成电路有机封装材料引论

1.1 集成电路封装基本概念

集成电路（Integrated Circuits，IC）制造过程，以硅圆片（Wafer）切割成单个芯片（Chip）为界限，分为前道工序和后道工序两个阶段。前道工序首先从硅圆片清洗及表面处理入手，经过多次镀膜、离子注入、氧化、扩散、涂敷光刻胶、曝光、显影等工序，制成具有设定性能及功能的IC电路，然后将载有IC电路的硅圆片切割成单个IC电路芯片，进行装片、固定、键合、引线、封装、检查等工序，完成IC电路的封装，以便于与外围电路进行连接。

集成电路封装（电子封装）就是先将IC电路芯片固定在引线框架上，将芯片表面上的引线焊盘与引线框架上的引线端子通过金丝进行焊接，实现电气互连，或者将芯片表面上的焊料凸点或焊盘与封装基板上的焊盘或焊料凸点对准并进行波峰焊接后，实现电气互连；然后通过环氧封装材料进行保护，形成封装IC电路。将封装IC电路与印制电路板固定连接，组装成一个具有完整功能的电子系统。

电子封装包括薄/厚膜制备、高密度封装基板、多层微细互连、封装及黏结等核心关键技术，涉及多种关键材料，包括：金属材料，如焊丝、焊剂、焊料、框架、金属浆料、导电填料等；陶瓷材料，如金属超细粉、玻璃超细粉、陶瓷超细粉等；有机材料，如感光性树脂、热固性树脂、聚合物薄膜、有机黏合剂、表面活性剂、有机溶剂等。同时，电子封装还涉及薄膜特性、电气特性、导热特性、结构特性、可靠性等分析、评价与检测方法，是一个十分复杂的工程。随着IC电路向高集成度、高频高速、超高引脚数等方向的快速发展，封装电路也向轻、薄、小、低成本化等方向快速发展。封装电路引脚数越来越多，引脚节距越来越窄，封装面积越来越小，封装厚度越来越薄，封装电路与基板面积之比越来越大,封装工艺难度越来越高。

电子封装可分为多种类型,可按照芯片搭载方式、基板类型、封装结构及封装材料等进行分类。

1. 按照芯片搭载方式分类

按照芯片上有电极一面相对于封装基板的朝向(面朝上、面朝下)进行分类,电子封装分为正装片(Chip)封装和倒装片(Flip Chip)封装。按照芯片电信号引出方式分类,电子封装分为引线键合(WB)封装和无引线键合封装,其中无引线键合封装又可分为倒装片键合封装、载带自动键合(Tape Automated Bonding,TAB)封装、微机械键合封装等。引线键合封装是用金属丝(如金线、铝线、铜线等)通过焊接将芯片与引线框架或封装基板连接起来。该方法不需要对引线端子进行预处理,定位精度高,被广泛采用;缺点是需要逐个对引线端子进行焊接键合,生产效率低;另外,键合后的引线必须有一个向上或向下的具有一定高度的弯曲弧度,该弧度高度使引线键合方式难以实现薄型封装。无引线键合封装需要对芯片键合点进行进一步的加工处理,在芯片键合点形成半球形的焊料球或立体柱状的焊料凸点。在芯片键合点上,首先制作中间阻挡金属层,然后在其上制作金柱或铜柱,在金属柱顶部制作焊料凸点。将芯片与基板进行倒装焊时,使芯片表面的焊料球或金属焊料凸点与封装基板上的电极焊盘精准对位,通过波峰焊加热熔融焊料,使芯片与基板连接在一起,实现电气互连。TAB封装不是将芯片搭载在基板上,而是贴装在已经形成印制线路的聚酰亚胺薄膜载带上,贴装芯片的载带是连续的,呈电影胶片状,不但可实现薄型高密度封装,而且适合自动化操作,可大幅提高生产效率。

2. 按照基板类型分类

按照基板类型分类,电子封装可分为有机基板封装和无机基板封装两类。基板从结构上又可分为单面、双面、多层及复合基板等。封装基板主要用在搭载、固定芯片及其他元器件上,在内部形成多层互连电路,除了在表面形成布线电路,还需要形成焊盘或焊料凸点,以便与搭载的芯片实现电气互连,具有电气绝缘、保护IC芯片等作用。封装结构不同,所需的封装基板结构也不同。随着电子封装朝着薄型化、微型化、窄节距、高频化、大功率化等方向快速发展,对封装基板的性能要求越来越高。

3. 按照封装结构分类

按照封装结构分类,电子封装可分为引脚插入型封装和表面贴装型封装。其中,引脚插入型封装包括单列直插式封装(Single In-line Package,SIP)、双列直插式封装(Dual In-line Package,DIP)、Z形直插式封装(Zigzag In-line Package,ZIP)、收缩双列直插式封装(Shrink Dual In-line Package,S-DIP)、窄体双列直插式封装(Skinny Dual In-line Package,SK-DIP)、针栅阵列封装

(Pin Grid Array Package，PGA）等；表面贴装型封装包括小外形塑料封装（Small Out-line Package，SOP）、微型四方封装（Mini Square Package，MSP）、四边扁平封装（Quad Flat Package，QFP）、塑料无引线芯片载体封装（Plastic Leadless Chip Carrier Package，PLCC）、小外形J引线封装（Small Out-line J-lead Package，SOJ）、玻璃/陶瓷扁平封装（Glass/Ceramic Flat Package，GFP/CFP）、陶瓷无引线芯片载体封装（Leadless Chip Ceramic Carrier Package，LCCC）、球栅阵列封装（Ball Grid Array Package，BGA）、芯片级封装（Chip Scale Package，CSP）等。

4. 按照封装材料分类

按照封装材料分类，电子封装可分为金属封装、陶瓷封装、玻璃封装和塑料封装等。其中，金属封装、陶瓷封装、玻璃封装为气密性封装（Hermetic Package），塑料封装为非气密性封装（Non-hermetic Package）。一般来讲，气密性封装可靠性高，价格昂贵，主要用于特殊领域。由于封装技术及材料的不断改进，塑料封装的可靠性不断提高，目前已占绝对优势地位。自20世纪70年代开始，电子封装经历了从二极管、三极管到分离器件，再到IC芯片封装的过程。封装形式从插入式封装发展到表面贴装式封装，再到近年来的3D封装；封装材料从最初的金属封装、陶瓷封装和玻璃封装发展到塑料封装，再到近年来的多层薄膜封装。目前，以塑料封装为代表的有机封装已占全球IC封装市场的98%以上，封装品种越来越多，性能越来越优良，大力推动着消费类电子产品的快速发展。

1.2 高密度集成电路封装技术现状及发展趋势

随着IC电路集成度按摩尔定律以每18个月增长1倍的速率快速增长，电路I/O数也按照Rent定律快速增加；随着便携式电子产品朝着小型化、薄型化等方向快速发展，IC电路封装也随之朝着更小、更薄、更多引脚数等方向快速发展。

20世纪70年代，IC电路封装主要采用两边引线的DIP封装，将封装电路的引脚插入印制电路板（Printed Circuit Board，PCB）的通孔中，由浸锡法进行钎焊实装，出现了较小型的S-DIP封装。20世纪80年代，电子封装进入表面贴装技术（Surface Mount Technology，SMT）时代（见图1.1）。其典型的封装形式为SOP，同时出现了多种适合表面贴装的小型引脚型封装。为了实现逻辑器件的小型化，发展了薄小外形封装（Thin Small Out-line Package，TSOP）、甚小外形封装（Very Small Out-line Package，VSOP）、超小外形封装（Ultra Small Out-line

Package，USOP）等；为了实现存储器件的小型化，发展了 PLCC、SOJ 等；为了提高封装的可靠性，发展了陶瓷无引线芯片载体封装 LCCC；为了提高封装的 I/O 引脚数，发展了陶瓷或塑料的针栅阵列封装 PGA，I/O 引脚数可超过 100 个。这个时期的电子封装呈现了多样化、全面发展的状态[1-3]。

图 1.1 表面贴装技术的发展过程

20 世纪 90 年代，电子封装进入以全硅圆片型封装、三维封装为代表的第三次技术变革时期（见图 1.2）[4-10]。为适应 IC 芯片多引脚数的要求，发展了将引脚布置在封装体四边的四边扁平封装（Quad Flat Package，QFP）和引脚载带封装（Tape Carrier Package，TCP）等封装形式。其引脚节距由 1.27mm 逐渐变窄至 0.80mm、0.65mm、0.50mm，直至 0.30mm。当节距缩小至 0.25mm 时，引脚端子之间的共平面性及难以对准等问题使实装工艺难以实现，引脚节距很难进一步变窄。仅仅依靠在引线框架的 4 个周边布置引脚端子的四边引线封装结构已难以适应 IC 芯片多引脚数的发展需求。以微焊球或焊料凸点代替引线、以平面阵栅排列代替四边引线的 BGA、CSP 等超小型、超多端子高密度封装结构随之出现，并获得了快速的发展。BGA 包括 P-BGA（Plastic Ball Grid Array）、T-BGA（Tape Ball Grid Array）、C-BGA（Ceramic Ball Grid Array）、FP-BGA（Fine Pitch Ball Grid Array）、FC-BGA（Flip Chip Ball Grid Array）等多种结构形式；CSP 也包括采用挠性封装基板的 F-CSP、采用陶瓷封装基板的 C-CSP、薄膜型 CSP、少端子 CSP、D^2-BGA 型 CSP、叠片式 CSP、硅圆级封装（WLP）型 CSP 等不同的结构形式。

进入 21 世纪以后，直径为 300mm、特征尺寸为 0.12μm 的 IC 芯片达到了批量生产水平，MPU 时钟频率达到 1.75GHz，集成度达到 4×10^7 个晶体管/芯片，DRAM 的集成度达到 2Gbit/芯片。随着 IC 芯片性能的飞速提高，对电子封装技术也提出了更苛刻的要求，主要包括：①芯片尺寸达到 40mm×40mm；②封装引脚数达到 1000～1500 个；③单芯片功耗达到 10～175W；④封装总厚度减薄至

第 1 章　高密度集成电路有机封装材料引论

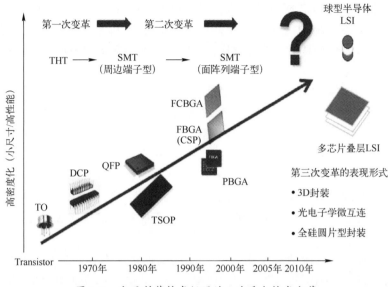

图 1.2　电子封装技术经历的三次重大技术变革

0.50～2.0mm；⑤半导体结构的最高温度小于 85℃；⑥为了充分发挥芯片功能，需要解决芯片内、芯片外信号传输及干扰等问题。为了适应数字网络时代电子设备朝着小型化、轻量化、薄型化和高性能化发展的需要，高 I/O 数、窄节距、高性能的 FC-BGA、FC-CSP 及三维封装技术成为发展热点[11-15]。

　　电子封装的作用主要是保护 IC 电路的电气特性，实现芯片与基板或引线框架之间的电气连接，保护芯片表面及连接引线，使电气特性及机械特性脆弱的芯片免受外力损伤及外部环境的腐蚀。电子封装还具有应力缓冲功能，使芯片与基板之间由于热膨胀系数（Coefficient of Thermal Expansion，CTE）不匹配引起的内应力得到缓冲吸收。在湿度、温度等外部环境变化时，电子封装使芯片产生的内应力得到缓冲吸收，防止芯片损坏失效。电子封装还具有调控引线节距的能力，可将芯片微细引线节距进行设计调整，以满足与封装基板的电气互连工艺。例如，可以将亚微米（0.1μm）特征尺寸的芯片电极凸点调整到十微米（10μm）的特征尺寸，再调控至百微米（100μm）的特征尺寸，甚至毫米（mm）的特征尺寸，以实现芯片在基板上的实装。

　　电子封装是一个多学科、多技术共融在一起的复杂工程，按照可实现的功能与作用，可分为零级、一级、二级和三级 4 个阶段。零级封装主要是在硅圆片上再布线、形成凸点等，即通过布线将芯片表面的 I/O 端子转换为平面阵列布置的焊料或金属凸点，以及凸点下面的金属化层（BUM）等，以便与封装基板（Interposer）微互连，尺寸约为 10μm；一级封装主要是微互连、封接与封装，包括封装基板的材料、结构与制作，芯片与封装基板的微互连等，尺寸约为 100μm；

5

二级封装主要是在PCB板上的搭载、回流焊等，尺寸为100～1000μm；三级封装主要是指机器系统的组装，主要是将PCB与机器框架连接，形成机器系统。电子封装的发展趋势是通过系统设计，使独立分散型简单封装向集中统一型系统封装、生产主导型封装向设计主导型封装快速发展。

随着IC电路制造技术的快速发展，电子封装形式由传统的周边端子引出型封装（包括QFP、TSOP等）发展到平面阵栅引出型封装（包括PGA、BGA、CSP等）；芯片互连由金属引线互连发展到焊料微球或金属凸点互连；芯片封装数量由单个芯片封装发展到多个芯片封装。在多个芯片封装中，同一类芯片的封装（MCP）向不同种类芯片的系统封装（SiP）发展[16]。SiP可以将不同类型的多个芯片封装成一个系统，芯片之间可以进行信号存取和交换，而MCP中封装的多个储存器芯片则为同一种类型，芯片之间不能进行信号存取与交换，整体为一个多芯片模块。

为了实现电子系统的高速化，IC电路电气连接的布线长度应尽可能短。但是，随着布线长度的缩短及封装密度的提高，封装电路单位面积或单位体积内的发热密度迅速增加，IC电路的工作温度迅速升高，系统可靠性大幅降低，使用寿命缩短。因此，对IC电路封装模块及电子系统进行有效冷却成为一个核心问题。对于超级和大型计算机等，可采用液体冷却或介质相变冷却等昂贵的冷却技术，而对于笔记本电脑、手机等便携式电子设备则必须采用低成本的快捷冷却方式。因此，在IC电路的高速化、高密度化、多端子化、小型化、轻量化、高可靠性和高效散热之间存在着相互制约的矛盾。从芯片技术发展的趋势看，几乎所有的芯片功耗都会增加。如果IC电路芯片的功耗超过3W，则必须在封装中设置散热片或热沉，以提高散热冷却效率；如果芯片功耗达到5～10W，则必须采取强制冷却手段；如果芯片功耗超过100W，则达到空冷技术的极限。

如果电子信息产品的规模和功能不同，则所采用的IC电路功能、集成度不相同，IC芯片的端子数量也不相同。无论是高性能电子产品，还是便携式、低价格电子产品，IC芯片封装所需要的端子数都在随着产品的升级换代而呈现快速增加的趋势，其中高性能产品更是如此。随着IC芯片集成度的提高，IC芯片的输出端子数也必须增加。在IC芯片的集成度（G）与端子数（P）之间存在着Rent定理：

$$P = KG^{\gamma} \tag{1.1}$$

式中，K为比例常数，γ为Rent常数。引线I/O数成为决定封装结构及实装方式的关键因素之一。根据I/O数确定最终封装结构。根据理论推测，高密度电子封装主要朝着超小型封装、超多端子封装和多芯片封装等方向快速发展。

（1）超小型封装。超小型封装主要用于手机、便携式家电、PDA等电子产品，所用的IC芯片包括储存器芯片、民用电子设备专用芯片、便携电子设备专用芯片等。其中，储存器芯片的 I/O 数少于 100 个；对于民用电子设备专用芯片，随着芯片上系统（System on a Chip，SoC）技术的快速发展，其 I/O 数可控制在 200~300 个的范围内；对于便携式电子设备专用芯片，随着性能的不断提高，I/O 数会增加。但是，设备的小型化限制了 I/O 数的大幅增加。因此，超小型封装的 I/O 数大多控制在 300 个左右。

为了提高竞争力，储存器芯片尺寸会继续减小，批量生产芯片的面积会控制在 100mm^2 以下。逻辑电路芯片的端子数在 100~300 个的范围内，必须采用 BGA 封装。为了适应多端子和小型化的发展需求，平面成列布置端子的 BGA 封装具有更大优势。但是，从封装到基板的角度考虑，BGA 封装加大了基板布线及布线引出的难度，基板必须采用基层多层板。

（2）超多端子封装。超多端子封装主要用于办公自动化设备、笔记本电脑、高频通信设备和巨型计算机等。对于办公自动化电子设备用 IC 芯片，端子数已超过 500 个；随着数据处理能力（宽带）的提高，信号传输 I/O 端子数不断增加；为了降低噪声和便于供电，电源接地用芯片的端子数也会增加；未来端子数超过 1000 个的 IC 电路将成为主流产品。对于高性能电子产品（高端系统）用 IC 芯片，端子数将达到 3000~10000 个。因此，今后多端子封装必须解决封装基板的低成本化难题，开发低成本的积层（Build-up）多层基板。另外，为适应高速信号运行与传输的需求，必须开发微细布线的薄型封装基板（Interposer）及埋入电容的封装方式，并进一步提高封装的可靠性，尤其是大型 IC 封装体实装在母板上的可靠性。

I/O 端子数超多的封装必须采用 BGA 封装，不仅可以适应 IC 芯片的多端子数，而且有利于实现高功率化和高速化。当信号传输频率达到 GHz 级别时，*IR*（电流强度与电阻的乘积）降落（Drop）问题，即电压降落问题，以及由布线造成的信号传输延迟等，都会成为影响 IC 电路封装的重要因素。当电源电压降低后，功耗就会增加，即单位功耗的电流增加；布线微细化会引起封装内部的布线电阻增大，IC 电路封装体内外布线引起的延迟、噪声等将成为难以解决的问题。因此，必须尽量缩短 IC 电路及封装体内的电源线、GND 线及信号线的长度，倒装芯片型 BGA 封装成为主流的封装产品。

（3）多芯片封装。多芯片封装主要应用于手机、笔记本电脑等便携式电子产品及光电模块、高频模块等领域，以实现电子产品的高性能化、小型化和低成本化。芯片的微互连方式，如引线连接和倒装焊凸点连接等，技术都已经成熟，正在朝着两种引线方式共存的方向发展。多芯片叠层封装包括两芯片叠层封装、三芯片叠层封装、四芯片叠层封装等，都已经实用化。多芯片叠层封装不仅实装面积小、可实现轻量化，还可以实现大容量复合储存。同时，通过将控制用芯片、快闪储存芯片和 SRAM 芯片等具有不同功能的多个芯片封装在一个封装体中，可实现封装系统的多功能化，也被称为系统封装（System in Package，SiP），实现与SoC同样的功能。但是，SiP的推广使用，必须解决几个关键技术，包括：①SiP设计环境、模拟环境的构筑技术，包括平面布置图、信号输入/输出、热处理等；②SiP制造技术，包括芯片表面的多层互连技术、微凸点制作技术、超薄芯片研磨技术、多芯片叠层及封装技术等；③性能检测技术，包括测试简易化技术、裸芯片检查技术、可靠性检验方法等。

为了实现电子封装的高密度化、小型化、薄型化、柔性化、多功能化，近年来出现了多种IC电路封装形式，主要包括以下几种。

（1）球栅阵列封装（BGA），最初开发的平面阵栅布置端子的封装方式针栅阵列封装（Pin Grid Array，PGA），采用导热性良好的陶瓷基板，适合高速度、大功率器件的应用[17-18]。但是，由于其引脚向外突出，必须采用插入式实装而无法采用表面贴装，再加上陶瓷基板价格昂贵，使之仅限于用在较特殊的用途上。随后，出现了球栅阵列封装（Ball Grid Array，BGA）。由于BGA的端子采用平面球栅阵列代替PGA的针栅阵列，因此BGA与其他实装技术相比具有许多优点，包括：①实现了小型化、多端子化，端子数超过400个；②通过熔融焊球表面张力的自对准作用，实现了多端子一次回流焊的表面贴装；③生产成本较低，与现有QFP生产线具有匹配性，无须改造生产线即可进行BGA产品生产。

BGA主要包括P-BGA（Plastic Ball Grid Array）、T-BGA（Tape Ball Grid Array）和FC-BGA（Flip Chip Ball Grid Array）3种类型。P-BGA是最早开发的BGA结构。将P-BGA的引脚端子换成便于表面贴装的球形端子，封装基板采用有机基板代替陶瓷基板，芯片与封装基板之间的电气互连采用键合（Wire Bonding，WB）方式（见图1.3）。P-BGA用封装基板分为单层（双面）和多层两种类型。其中，多层BGA又可分为增强型E-BGA（Enhanced BGA）和高密度型A-BGA（Advanced BGA）等。BGA的芯片电极面朝下，芯片背面黏附散热膜，多层基板采用多层三维立体互连布线方式，有利于高频信号传输，降低热阻，基板与封装结构设计具有较大的自由度。T-BGA采用TCP（Tape Carrier Pakacge）技术，便于封装基板的布线图形微细化和半导体芯片键合凸点的微细化，具有薄型化、低热阻化、高频传输、精细布线等特点，适合多I/O数的高密度封装。

FC-BGA适合I/O数大于1000个的高密度封装。在FC-BGA的基础上，还出现了各种CSP形式。在P-BGA的基础上，出现了FP-BGA；在T-BGA的基础上，出现了TF-BGA。此外，采用陶瓷基板的C-BGA、芯片叠层式的S-BGA（Stacked BGA）等也被开发。为了进一步实现封装的小型化，在BGA的基础上发展了CSP技术。

（2）芯片级CSP，定义为"封装面积与裸芯片尺寸相等或略大的封装总称"，是一种超小型封装结构，其封装面积与裸芯片面积之比小于1∶1.2（见

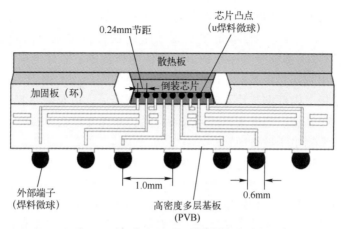

图1.3 典型FC-BGA封装的断面结构

图1.4)[19-21]。双列直插式封装（DIP）的这一比值为1:8，四边扁平封装（QFP）的这一比值为1:7.8。按照封装结构形式，CSP分为两大类，包括：①由平面栅阵布置引脚的封装演变而来的进一步小型化的BGA、LGA封装产品；②由周边布置引脚的封装演变而来的进一步小型化的小外形且没有引线的封装产品（SON和QFN）。

目前，多种CSP产品已被开发，它们名称各异，可按照封装基板材料和封装结构进行分类。封装基板材料可分为聚酰亚胺薄膜基板、环氧/玻璃布基板和陶瓷基板3类。IC芯片的电极面与封装基板的连接关系，可分为电极面朝上型（Face-up）和电极面朝下型（Face-down）两种。3类不同的基板材料和两种芯片放置方式可组合6种BGA结构形式。

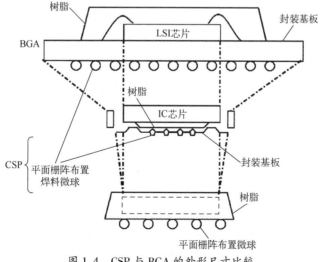

图1.4 CSP与BGA的外形尺寸比较

芯片电极面朝上的 FC-CSP 产品最早进入市场。这类 CSP 的内部互连采用引线连接方式，可采用已有的电子封装生产设备，主流产品的引线端子节距为 0.8mm，封装基板沿用标准 PCB 基板的制作技术。芯片电极面朝下型 CSP 产品包括：采用陶瓷封装基板、内部倒装片互连的陶瓷型 CSP 产品，采用环氧/玻璃布封装基板、内部倒装片互连的塑封型 CSP 产品，以及采用芯片表面黏附聚酰亚胺薄膜载带基板、内部金属框架或特殊通孔互连的带载型 CSP 产品。它们都已广泛应用于实用电子设备中。

CSP 具有下述特点：①封装面积更小，只有相同引脚数 QFP 的 1/4；②封装厚度更薄，可薄至 1mm；③易实现表面贴装，贴装公差约为 ±0.3mm；④介电常数更小、介电损耗更低、传输阻抗小、抗干扰性强、噪声低、屏蔽效果好；⑤可单独进行直流或交流老化、筛选试验；⑥与裸芯片相比，更易确保产品质量及可靠性；⑦散热效果更好；⑧与 QFP、BGA 相比，CSP 具有更短的电路互连长度，可明显改善产品的电气性能和散热性能。

CSP 实装工艺与 SMT 兼容。外部端子节距为 0.5mm 以上的 CSP 产品，可采用成组方式进行再流焊实装。不同生产线生产的同类产品可以互相交换，易于实现大规模、低成本生产，降低制造成本。

(3) 挠性载带型（μ-BGA），在高尺寸稳定性的聚酰亚胺薄膜表面上，通过电镀铜箔或模压铜箔方式形成挠性覆铜板（FCCL）；涂敷光刻胶，曝光显影，在 PI 薄膜表面形成印制电路图形及连接焊盘，形成挠性电路板。将 IC 芯片电极面的焊料微球与挠性电路板的焊盘精确对准，通过波峰焊实现芯片与挠性电路板的电气连接。先在芯片与挠性电路板之间夹一层合成橡胶缓冲层膜，厚度约为 $125\mu m$；然后采用有机硅树脂等封装料对引线键合部位进行模注封装；最后切片完成封装。

在这种封装结构中，焊料微球的球栅阵列范围比芯片尺寸范围还小，显著缩短了连接引线的长度，大大降低了电路寄生电容。由于热量从芯片背面散发，比较容易采取有效的散热措施，避免热量集中，导致芯片工作温度过高。芯片上的电极焊料凸点或焊球，既可采用四周排列方式布置，也可采用平面阵栅方式布置。对于平面阵栅，挠性 PI 薄膜载带可以扩展凸点的节距。μ-BGA 的挠性载带基板和合成橡胶缓冲层膜可以充分吸收凸点部位由于硅芯片与基板的热膨胀系数不匹配而产生的内应力，明显提高产品的可靠性。封装产生的内应力可能会集中在键合点上和载带界面上，对产品的可靠性具有明显的影响。为了缓冲这些内应力，在引线键合时，可将引线设计成 S 形。芯片焊装后，无须采用底填料填充。

芯片上凸点的节距为 $45\sim95\mu m$，挠性聚酰亚胺薄膜载带上的导体线路宽度为 $50\mu m$，长度为 $1.3\sim4.3mm$，寄生电感（L）为 $0.7\sim2.4nH$，寄生电容（C）

小于 0.1F，可控制在 BGA 的 1/2 水平上。

(4) 薄膜型 CSP，主要用于存储器芯片封装，其基本封装结构如图 1.5 所示。通过芯片上的金属布线形成互连电路，将芯片上的电极和焊料凸点连接贯通。金属布线层通过薄膜工艺形成，芯片电极布置在芯片侧面，外表面 I/O 端子的焊料微球布置在 CSP 外表面的任何位置，易于实现封装的标准化。薄膜型 CSP 不采用金属引线键合，芯片上电极面积设计得很小，有利于实现产品小型化。

金属布线在 IC 电路制造的后道工序完成（见图 1.6）。采用光敏聚酰亚胺树脂溶液涂膜光刻制图工艺，形成金属布线图形和焊料凸点。该工艺主要过程为：将光敏聚酰亚胺树脂溶液（Photosensitive Polyimides，PSPI）涂敷在芯片钝化层的表面，经前烘、曝光、显影、漂洗、固化形成第一金属布线层；通过电镀铜形成导电层膜，涂敷 PSPI 层膜后，再经光刻得到第二金属布线层；重复该过程，可得到多层立体互连金属电路和电极焊盘。

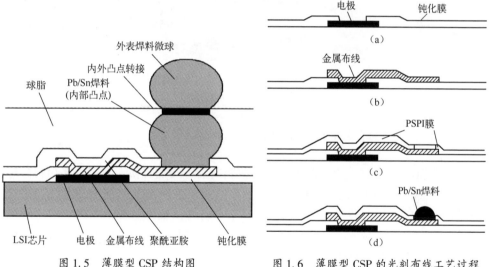

图 1.5　薄膜型 CSP 结构图　　　　图 1.6　薄膜型 CSP 的光刻布线工艺过程

聚酰亚胺作为层间绝缘层具有许多优点，热膨胀系数（Coefficient of Thermal Expansion，CTE）与硅芯片接近，可有效缓冲封装树脂层与芯片之间的热应力。另外，聚酰亚胺层膜具有优异的电气绝缘性能，可有效阻挡焊料。焊料凸点可采用传统方法制作，利于实现低成本化。

D^2-BGA（Die Dimension BGA）型 CSP 的制作首先需要在聚酰亚胺薄膜载带上开孔，经电镀形成内凸点，使内凸点与芯片电极电气互连。设计载带上导体布线，封装 I/O 焊料微球可采用扇入布置，也可采用扇出布置。D^2-BGA 的芯片需要采用环氧封装材料进行封装。如果焊料微球所占面积比芯片面积更小，则可不必采用环氧树脂封装。该封装的焊料微球间距可缩小至 0.5mm，已经实现了批量规模生产。

D^2-BGA制作工序从硅圆片切片开始，通过黏结胶膜将芯片电极面与带有布线电路图形和内凸点的聚酰亚胺薄膜载带的内凸点精准对位，加压、加热使内凸点与芯片电极实现电气连接，经过树脂封装，制作焊料微球，回流焊，清洗，黏附增强树脂基板，再切割成单个封装体（见图1.7）。

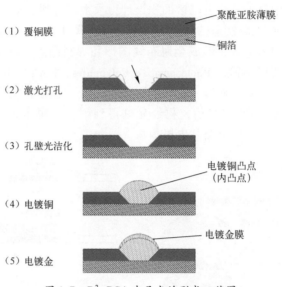

图1.7　D^2-BGA内凸点的形成工艺图

薄膜型CSP的制造由内凸点接合、树脂封装、凸点转换、制作外部焊料微球4个工序组成。其中，内凸点接合是采用聚酰亚胺胶膜将辅助基板与内凸点进行黏结而实现的。凸点转换先将经过树脂封装的芯片从辅助基板上剥离，然后剥离黏结着内凸点的聚酰亚胺薄膜，使与芯片焊接的内凸点成为片内电极，最后以印制法等传统方法制作外表微球。

薄膜型CSP不需要封装基板，将整个芯片包封在一个封装体内。封装树脂与芯片的热膨胀系数存在差距，经常会产生内应力。这些内应力会直接作用在焊点接合部位。由内应力引起的疲劳破坏成为影响封装可靠性的关键因素之一。薄膜型CSP的焊点疲劳特性优于裸芯片，模拟计算结果与试验结果是一致的。

（5）叠片型CSP，也叫芯片级三维封装，即在原来单芯片封装的基础上，将两块或多块芯片叠层封装在同一封装体内（见图1.8）。

两芯片CSP结构与单芯片CSP结构基本相似，先将两个芯片以电极面朝上方式叠放在聚酰亚胺薄膜载带基板上，使每个芯片电极分别与封装基板通过引线连接，然后通过树脂模注进行封装。该封装结构的外部引线节距为0.8mm，焊球按照平面阵栅布置。由于上下两个芯片都采用引线方式实现电气连接，下层芯片

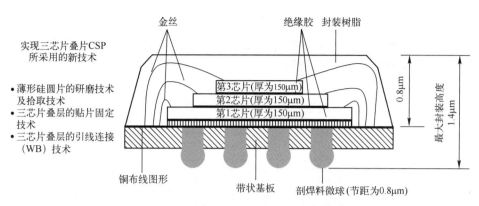

图 1.8 叠片式 CSP 内部结构剖面图

的引线与引线之间必须保持适当的空间，以免相互干扰，上层芯片需要限定引线长度，对搭载芯片的尺寸有特殊的要求，因此可以将尺寸不同的两种芯片进行组合封装，使储存芯片与逻辑芯片相组合，达到相得益彰的目的，封装面积可减少约 40%。

三芯片 CSP 是将 3 个芯片按上、中、下叠层置入一个封装体中，采用高可靠、低价格的引线连接技术和塑料模注技术，可使芯片厚度减薄至 0.15mm，达到或接近与两芯片 CSP 相同的封装厚度（小于或等于 1.4mm）。将尺寸不同、功能不同的 3 种芯片进行叠层，如将控制用系统芯片、快闪储存器与 SRAM 芯片组合叠层，构成三芯片 CSP，实现系统封装的超小型化；将 3 个具有相同功能的芯片（如储存芯片）进行叠层封装，可形成大容量多芯片储存器。三芯片 CSP 结构更加复杂，需要解决三大关键技术，包括：①0.15mm 薄型硅圆片的研磨及装卸运输技术，从芯片背面研磨到硅圆片切片，在整个制造工序中，要求装卸运输工具能够解决薄型硅圆片翘曲、弯曲等引起的问题；②三芯片叠层黏结技术，包括超薄芯片的低应力黏结、芯片黏结区的精准控制、搭载位置的高精度等，还必须掌握能够耐受回流焊高温冲击的高耐热性胶膜黏结技术；③3 层芯片的引线连接技术，能够连续自动引线键合，实现超短弧形引线键合、反向引线键合等精确控制，以及实现多维引线的间隙精确控制等。

（6）硅圆片级封装（Wafer Level Package，WLP）。无论是芯片还是封装体，尺寸越小，电气特性越优异，如延迟特性、信号波形保真性等[22]。对于单个芯片而言，其价格取决于每块硅圆片上可切割成单个芯片的数量；特征尺寸的微细化，有助于实现芯片的微型化。但是，对于传统芯片四周布线与外部连接，随着 I/O 端子数的不断增多，封装面积不断减小，引线连接愈加困难，直至达到了该技术的极限，封装的小型化遇到瓶颈难题。为此，人们提出了硅圆级封装概念。传统封装是先将硅圆片切割成单个芯片，然后将其安装到基板、引线框架、载带等载体上，先后完成封装。与传统封装不同的是，WLP 技术以整个硅圆片为一个单位进行整体封装，芯片与封装连接等所有封装工序全部在硅圆片状态下完成，切割芯片则成为整个封装的最后一道工序（见图 1.9）。由于每道工序都是在硅圆片上完成的，与对单个芯片分别进行封装相比，可大幅减少运输、装卡、对位等时间，可在大范围内进行相同的操作，显著降低生产成本。

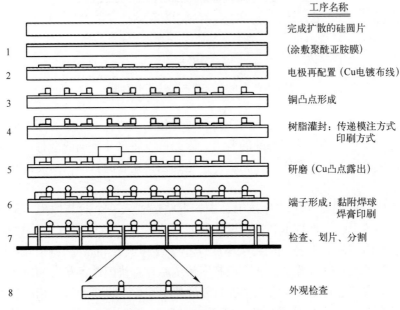

图 1.9　硅圆片级封装的工艺过程

WLP 采用 IC 电路制造中的成熟工艺技术，实现了与芯片尺寸相等的真正芯片级封装。如果芯片尺寸缩小，则封装尺寸可同步缩小；如果同一硅圆片切割的封装体数量增多，即芯片尺寸缩小，则封装价格可随之降低。

Super CSP 需要先在硅圆片上形成铜柱（Cu Post），在铜柱顶部形成焊料凸点，然后在硅圆片状态下进行树脂模注，最后完成封装（见图 1.10）。具体制作过程为：先在硅圆片表面涂敷光敏聚酰亚胺（Photosensitive Polyimides，PSPI）树脂，经软烘、曝光显影、固化后形成聚酰亚胺绝缘层膜光刻图形，在膜上电镀铜箔，经光刻工艺形成金属布线和焊盘，在焊盘上制作铜柱凸点，用于电气连接；布线电路的铜导体厚度为微米级，由镀铜薄膜（溅射+电镀）曝光、刻蚀而成。铜柱凸点高度约为 100μm，由铜柱与其上黏附的焊料微球组成。整个硅圆片表面由环氧树脂覆盖，只有铜柱凸点露出。这种结构无须树脂底填充，可确保可靠性。对于储存器芯片封装，铜柱凸点节距为 0.75～0.80mm；对于系统芯片，铜柱凸点节距为 0.4～0.5μm。

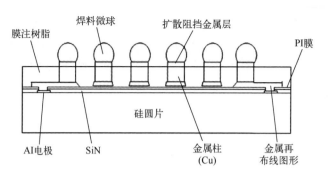

图 1.10 Super CSP 结构

Super CSP 制作过程包括再布线和模注成型两个步骤。

① 再布线。首先，在硅圆片表面涂敷一层 PSPI 溶液胶膜，经曝光、刻蚀、漂洗后形成 PI 层膜立体光刻图形。其次，高温固化，形成厚度约为 $5\mu m$ 的 PI 绝缘层膜（见图 1.11）；由溅射镀膜法在 PI 层膜表面沉积一层厚度为 $1\sim 2\mu m$ 的电镀铜种层（Plating Seed Layer）。最后，由半加成法形成再布线层，即先在电镀铜表面涂敷光刻胶，经软烘、曝光、显影、漂洗后得到金属铜布线图形；在开口部位电镀约为 $5\mu m$ 铜层；剥离光刻胶后，贴覆干膜光刻胶，经曝光、光刻、显影、漂洗得到电镀铜柱用图形；通过电镀形成铜柱，高度约为 $100\mu m$；将光刻胶膜剥离，同时除掉不再需要的溅射铜层。

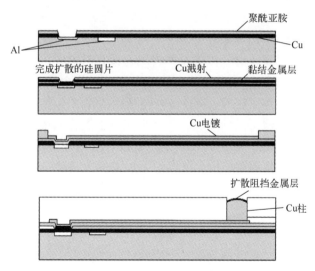

图 1.11 Super CSP 的再布线工艺

② 模注成型。将完成再布线的硅圆片置于模注成型模具中，在硅圆片表面放置模注树脂坯块；加热加压，使树脂熔融并完全覆盖在硅圆片表面上，卸压后

得到封装体。在此工序中，必须在模注树脂与模具压头中间夹一层树脂胶膜，以缓冲、吸收硅圆片上由铜柱引起的内应力。在完成模注工序后，除铜柱表面外，整个硅圆片表面都覆盖了封装树脂；之后，在整个硅圆片的表面范围内制作焊料微球或凸点；最后，按芯片尺寸切割成单个封装体（见图1.12）。

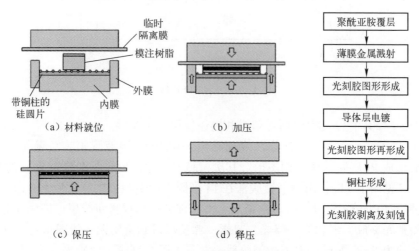

图 1.12 Super CSP 的模注成型工艺

（7）三维立体封装（Three Dimension Package，TDP），三维立体封装主要包括芯片叠层（Chip On Chip，COC）[23]、硅圆片叠层（Wafer On Wafer，WOW）、封装叠层（Package On Package，POP）[24]等封装形式。三维立体封装具有最大的封装密度，有利于高速信号传输，可实现超大容量储存，并可显著降低成本。其制作过程如下。先在 IC 电路芯片表面的电极上制作金属凸点，通过倒装焊加热压合使其与基板的焊盘连接，再在芯片与基板的间隙中填充封装树脂。对芯片背面进行研磨使其减薄至设计厚度。在基板焊盘上制作共晶焊料微球形成 CSP，厚度约为 $100\mu m$。然后，将 4 个 CSP 上下叠层放进回流焊炉中加热，使微球熔化，形成三维多层立体封装结构，厚度约为 0.4mm。实现三维立体封装的关键技术包括：①硅圆片的研磨减薄技术；②超薄芯片的运输、装载技术；③叠层载体的连接技术；等等。

芯片叠层三维封装是在研磨减薄的芯片表面，将多个芯片进行叠层，即以芯片叠层（COC）形式构成芯片叠层三维封装（见图1.13）。可采用该封装结构的芯片包括 SRAM、快闪储存器等，将两个或多个芯片以电极面朝上的方式叠放在聚酰亚胺薄膜载带基板上，使芯片电极分别与 CSP 基板通过布线方式实现电气连接，通过模注环氧封装料完成封装。由于芯片很薄（约为 $150\mu m$），在黏结、叠层每个芯片时，必须保证芯片及其下面的芯片不受损伤。

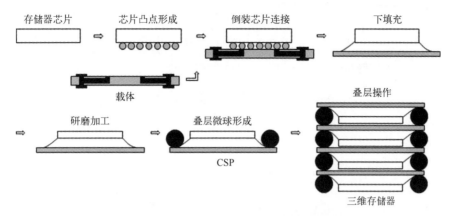

图 1.13 芯片叠层（COC）三维封装工艺过程

硅圆片叠层三维封装（WOW）是将完成扩散的硅圆片进行叠层、制作通孔、层间互连形成的叠层三维封装（见图 1.14），主要包括两种制作方式。①将研磨很薄的硅圆片叠层、划片，形成小块叠层封装后，在小块叠层封装的侧面进行布线，实现各层之间的电气连接。该技术已经成熟，主要用于储存器芯片封装。由于芯片之间在侧面引线实现互连，连接线较长，因此电气特性较差。② 将完成扩散的硅圆片进行研磨减薄，在厚度方向形成直径约为 $10\mu m$ 的微细孔，将微细孔电镀铜实现不同层硅圆片的电气互连，通过逐层叠加，逐步形成通孔，最终实现层间立体电气互接。这种结构的连接线最短，已成为三维封装的主要形式。

叠层三维封装在多媒体、机器人、生物医疗等领域具有重要的应用价值，将系统 IC 芯片封装技术、三维封装技术及微机械技术进行有机结合，可形成一个内容丰富的封装技术新领域。

（8）多芯片组件（Multi Chip Modulus，MCM）。传统的封装形式将单个芯片进行封装后安装在基板上。这种传统封装形式芯片之间布线连接引起的电气信号传输延迟与芯片内部的信号延迟相比，已成为不能忽略的因素，使得电子设备系统的整体性能受到明显影响[25-26]。将多块芯片同时一起封装后安装在高密度多层封装基板上，出现了多芯片组件（MCM），其可显著缩短芯片间互连线路的长度，减少电气信号的传输延迟。MCM 是将多个 IC 电路以裸芯片状态搭载在封装基板上，经整体封装而构成的多芯片模块。MCM 主要包括 MCM-L（High Density Multilayer Laminated PCB，采用积层印制电路基板的 MCM）、MCM-C（Co-fired Ceramic Substrate，采用多层陶瓷基板的 MCM）及 MCM-D（Deposited Organic Thin Film Substrate，采用由沉积铜层与聚酰亚胺薄膜层构成多层布线基板的 MCM）。MCM-L 是多个裸芯片在印制电路板上通过 COB（Chip on Board）实装

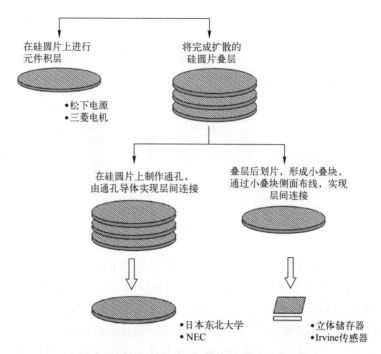

图 1.14　硅圆片叠层三维封装的硅圆片间互连技术

构成的；MCM-C 是多个裸芯片通过倒装焊或引线键合法搭载在共烧陶瓷多层布线基板上构成的；MCM-D 是在硅圆片上形成多层（6～8 层）互连 Cu/聚酰亚胺薄膜布线，搭载多个（16 个）裸芯片，采用倒装焊方式构成的。MCM-D 采用薄膜布线工艺方法，布线宽度可窄至 10μm，通过绝缘薄膜的交替积层，可显著提高封装密度。

MCM 的核心技术是基板技术（见表 1.1）。MCM-L 采用叠层结构的 PCB 作为封装基板，I/O 数通常少于 100 个/in^2（1in = 25.4mm），适合工作频率低于 50MHz 的电气设备；MCM-C 利用厚膜技术制作共烧陶瓷互连基板，工作频率在 30～50MHz 的范围内；MCM-D 通过沉积金属薄膜形成多层互连基板，采用与 IC 芯片上器件相似的工艺，布线密度最高，I/O 数大于 2000/in^2，主要用于高频（大于 50MHz）领域。为了提高高速信号传输质量，将电源线、GND 线等都布置在高密度互连基板的内部，基板布线采用金属铜镀层和聚酰亚胺绝缘层进行多层布线，形成了高密度封装基板技术。

表 1.1　MCM 基板性能比较

性　　能	MCM-L	MCM-C	MCM-D
最小线宽/μm	75	100	10

续表

性能		MCM-L	MCM-C	MCM-D
最小通孔直径/μm		200	125	15
金属布线层数/层		1～50	1～75	1～8
导体表面电阻/(mΩ/sq)		0.15～3.0	8～12	3～35
介质介电常数		3.5～5.0	9～10	2.8～4.0
电阻元件阻值/kΩ		—	—	0.1～100
热膨胀系数(×10^{-6}/℃)		4～16	6.0	3～7.5
介质热导率/(W/(m·K))		0.15～0.35	16～20	0.15～1.0
相对成本	小批量	中	高	高
	大批量	低	中	中

MCM-L采用多层互连高密度PCB基板，制造成本最低，但塑封后无法修复。因此，采用质量有保证的芯片（KGD）、对塑封前芯片性能进行全面测试成为封装可靠性的保障，但这明显会提高制造成本。一般来讲，MCM-L的基板材料比较便宜，制造工艺比较简单，具有较高的性价比。

MCM-C采用散热性较高的陶瓷基板，制造成本高，比MCM-L具有更高的可靠性，主要用于航天、航空、军事装备、超级计算机、精密医疗电子设备等。MCM-C采用多层布线工艺，布线层数高达75层以上。这是其他MCM无法比拟的。随着陶瓷共烧技术的不断进步，MCM-C的制造成本也在不断下降，已经接近MCM-L，正在逐渐进入民用领域。

MCM-D在聚酰亚胺薄膜上，采用与芯片制造相似的布线工艺，成本最高。但是MCM-D的性能优势仍然吸引着众多公司参与该领域的竞争，目前MCM-D已占据整个MCM市场份额的40%以上。MCM-D采用类似IC电路的制造工艺，利用光刻技术制作多层互连基板，由于布线密度高、布线精细、间距小，主要应用于高频、高速IC电路，主要关键技术包括：①封装系统设计技术；②专用芯片制造技术；③高密度封装技术，如衬底材料、多层布线基板制作、多芯片组装等；④测试、老化和返修技术等。一个完整的MCM-D设计方案包括系统功能设计，版图布局与布线设计，版图电学、热学分析，可靠性分析，基板工艺设计及组装设计等。

MCM-D制造过程包括封装基板制作、多芯片组装、成品老化测试等步骤。封装基板制作采用多层布线工艺，即薄膜工艺，在硅圆片上以铜或铝为布线材料，以聚酰亚胺薄膜作为层间介质绝缘层，与IC芯片制作完全相同。采用聚酰亚胺介质绝缘层能够解决多层布线过程中的平坦化问题，有效控制布线阻抗。MCM-D基板布线电路密度高、层间互连复杂。为了减少高频传输信号延迟，必须降低金属铜布线电路的方块电阻,通过增加布线层厚度、提高线宽、选用更小电阻率的导体铜材料、降低导体铜表面的粗糙度,可有效降低信号延迟现象。

与单芯片 IC 封装不同,MCM-D 采用外壳封装形式,通常需要两次装片、两次键合,即在封装基板上进行多芯片组装后,再对基板进行组装。封装基板上的芯片键合采用低弧度键合和倒装焊工艺,也可以采用 TAB 方式,需要专用的聚酰亚胺薄膜载带和专门的焊接设备,成本很高。MCM-D 可采用气密性封装,也可采用非气密性封装。非气密性封装主要是塑料封装,价格低廉,易于批量生产;气密性封装主要是陶瓷封装或金属封装,主要应用于使用环境恶劣、具有较高功耗的电子设备系统。

与单芯片封装相比,MCM-D 具有最短的 IC 芯片间的互连布线长度,用于封装频率超过 100MHz 的超高速芯片具有明显的性能优越性,主要应用于军事、航天、航空及大型超级计算机等高新技术领域。随着电子封装技术的快速发展及成本的不断降低,近年来 MCM-D 已经广泛应用于汽车、通信、高精尖工业设备、医疗仪器等领域,包括:①军事、航天领域,如武器控制系统、导弹导航系统、卫星控制系统、起爆控制系统、超高温控制系统、高频雷达等;②通信领域,如电话、传真、通信设备及同步光纤网络等;③信息领域,如超级计算机、个人计算机、IC 存储卡等;④仪器设备领域,如点火控制、温度控制、示波器、电子显微镜等;⑤消费电子产品领域,如手机、笔记本电脑、照相机、摄像机、高清晰度电视、高级音响等。

1.3　高密度集成电路有机封装材料

随着封装技术的不断发展,封装形式和结构越来越多,所涉及的封装工艺和封装材料也越来越多,对材料性能的要求也越来越高[27-30]。图 1.15 是一种典型的 BGA 封装结构。高密度集成电路封装(电子封装)必须攻克四大关键技术,包括基板技术、薄厚膜技术、微互连技术和封装技术。随着高密度电子封装技术水平的不断提高,电子封装的许多功能,包括电气连接、芯片保护、应力吸收缓冲、散热防潮、尺寸过渡等,都必须部分或全部由封装基板来提供,因此基板技术成为先进封装的核心技术。

按照电气绝缘和机械支撑材料的不同,封装基板主要分为无机基板、有机基板两大类[28]。其中,无机基板以 Al_2O_3、AlN、SiC、BeO 等陶瓷为基材,主要采用高温(1650℃)共烧陶瓷(High Temperature Cofired Ceramics,HTCC)和低温(900℃)共烧陶瓷(Lower Temperature Cofired Ceramics,LTCC)两种方式实现高密度多层布线,具有热导率高、热膨胀系数低、弯曲强度高等特点,广泛应用

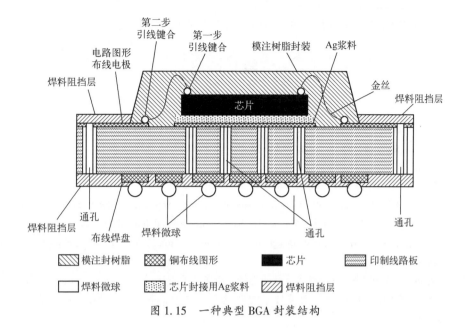

图 1.15 一种典型 BGA 封装结构

于 HIC 和 MCM 等大功率器件,如超级计算机的高密度多层基板、航天计算机的 MCM 基板等;有机基板以有机树脂与玻璃布复合材料或有机薄膜为基材,采用积层多层布线和多层压合方式实现高密度多层布线,具有质量轻、价格低、易实现多层化、易自动化生产等特点,目前已经实现了普遍使用[31]。多层基板层间绝缘层的形成方法主要有 4 种:感光树脂/光刻成孔法;热固性树脂/激光成孔法;附树脂铜箔/激光成孔法;无芯板全层导通孔法。

高密度电子封装需要多种无机封装材料和有机封装材料。其中,无机封装材料包括金属材料(如金丝、导体铜箔、焊料等)、陶瓷材料(如陶瓷基板等);有机封装材料的使用量最大、应用面最广,主要包括:①基板材料,用于搭载各种 IC 芯片,如硬质封装基板、挠性封装基板等;②层间互连光敏性树脂材料,主要用于 IC 芯片表面上的多层互连布线、凸点制作、芯片黏结等,如光敏聚酰亚胺树脂、光敏苯并环丁烯树脂、高耐热胶膜、光刻胶及高纯化学试剂等;③封装材料,主要用于保护搭载在基板上或固定在引线框架上的 IC 芯片,如环氧塑封料、环氧底填料、芯片黏结胶膜、导热黏结材料等[32]。

本书将系统介绍上述 3 类有机封装材料,主要包括:①封装基板材料,如刚性高密度封装基板材料和挠性高密度封装基板材料;②层间互连光敏性树脂材料,如光敏聚酰亚胺树脂、光敏聚苯并咪唑树脂、光敏苯并环丁烯树脂、光刻胶及高纯化学试剂;③封装材料,如环氧塑封料、环氧底填料、导电黏结材料、导热黏结材料、芯片黏结胶膜等。

对于无机封装材料,读者可参看其他相关书籍。

参 考 文 献

[1] 贾松良. 微电子封装的现状及发展. 电子产品世界, 2000 (6): 38-39.

[2] 田民波, 梁彤翔, 何卫. 电子封装技术和封装材料. 半导体情报, 1995, 32 (4): 42-61.

[3] 田民波. 电子封装工程. 北京: 清华大学出版社, 2003.

[4] Tummala R R. Fundamentals of Microsystems Packaging. New York: McGraw-Hill, 2001.

[5] Pangracious V, Marrakchi Z, Mehrez H. Three-dimensional integration: A more than Moore technology, three-dimensional design methodologies for tree-based FPGA architecture. New York: Springer, 2015.

[6] 董志义. 高密度封装技术现状及发展趋势. 电子工业专用设备, 2000, 29 (2): 10-9.

[7] 王毅. 高密度高性能电子封装技术的新发展. 电子工业专用设备, 1998, 27 (3): 31-45.

[8] 高尚通, 赵正平. 电子封装在中国的发展趋势. 世界电子元器件, 1999 (6): 32-35.

[9] 王德贵. 跨世纪的电路组装技术. 世界电子元器件, 1998 (1): 66-72.

[10] 张如明. SMT 技术向多芯片组件发展. 世界电子元器件, 1998 (1): 73-75.

[11] 况延香, 马莒生. 迈向新世纪的微电子封装技术. 电子工艺技术, 2000, 21 (1): 1-6.

[12] 朱颂春, 况延香. 新型微电子封装技术. 电子工艺技术, 1998, 19 (2): 47-53.

[13] 田民波. 超级计算机工程中的基板技术. 半导体情报, 1994, 31 (6): 34-39.

[14] Kettner P, Kim B, Pargfrieder S, et al. New technologies for advanced high density 3D packaging by using TSV process. 2008 International Conference on Electronic Packaging Technology & High Density Packaging, 2008, 1 & 2: 43-45.

[15] Houston P, Li Z, Baldwin D F, et al. A 3D-WLCSP package technology: Processing and reliability characterization. 58th Electronic Components & Technology Conference, Proceedings, 2008: 936-943.

[16] Miettinen J, Mantysalo M, Kaija K, et al. System design issues for 3D system-in-package (SiP). Proceedings of 54th Electronic Components & Technology Conference, 2004, 1 & 2: 610-615.

[17] Liu J J, Berg H, Wen Y T, ea al. Plastic Ball Grid Array (PBGA). Overview, MCP, 1995, 40 (4): 236-244.

[18] 张涛, 李莉. 面积阵列封装-BGA 和 Flip-Chip. 电子工艺技术, 1999, 20 (1): 6-11.

[19] 周德俭, 吴兆华. 芯片尺寸封装 (CSP) 技术. 电子工艺技术, 1997, 18 (3): 104-107.

[20] 祝大同. CSP 技术的兴起和发展. 世界电子元器件, 1998 (10): 66-68.

[21] Quinones H, Babiarz A. Flip chip, CSP and WLP technologies: A reliability perspective, informacije midem. Journal of Microelectronics Electronic Components and Materials, 2002, 32

(4): 247-251.

[22] Koh W H. Advanced area array packaging-from CSP to WLP. Fifth International Conference on Electronic Packaging Technology, Proceedings, 2003: 121-125.

[23] Ganasan J R. Chip on chip (COC) and chip on board (COB) assembly on flex rigid printed circuit assemblies. IEEE Transactions on Electronics Packaging Manufacturing, 2000, 23 (1): 28-31.

[24] Dreiza M, Yoshida A, Ishibashi K, et al. High density PoP (Package-on-Package) and package stacking development. 57th Electronic Components & Technology Conference, Proceedings, 2007: 1397-1402.

[25] Eric Beyne, Rita Van Hoof, Tomas Webers, et al. High density interconnect substrates using multilayer thin film technology on laminate substrates (MCM-SL/D). Mil, 2001, 18 (3): 36-42.

[26] 杨邦朝, 张经国. 多芯片组件 (MCM) 技术及其应用. 成都: 电子科技大学出版社, 2001.

[27] Lu D, Wong C P. Materials for advanced packaging. 1st Ed. Berlin: Springer, 2009.

[28] Lu D, Wong C P. Materials for advanced packaging. 2nd Ed. Switzerland: Springer, 2017.

[29] 田民波, 林金堵, 祝大同. 高密度封装基板. 北京: 清华大学出版社, 2003.

[30] Pun K, Cui C Q, Chung T F. Ultra-Fine Via Pitch on Flexible Substrate for High Density Interconnect (HDI). Proceedings of International Conference on Electronic Packaging Technology & High Density Packaging, 2008, 1 & 2: 134-139.

[31] Rimskog M, Bauer T. High Density Through Silicon Via (TSV). DTIP of MEMS & MOEMS 2008, 4: 9-11.

[32] 孙忠贤. 电子化学品. 北京: 化学工业出版社, 2001.

第 2 章

刚性高密度封装基板材料

高密度封装基板是影响电子封装整体性能的最重要因素之一，主要可以分为陶瓷封装基板、有机封装基板和柔性封装基板 3 类。陶瓷封装基板具有稳定性高、热膨胀系数低、设计灵活等特点，可以实现被动集成、堆叠穿孔和无电镀穿孔（PTH）连接等，缺点是介电常数高、价格昂贵，难以大面积应用。陶瓷封装基板主要是多层陶瓷基板（MLC），主要用于多芯片模块、光学传感器、射频模块、被动集成射频模块等。有机封装基板的优点在于介电常数及介电损耗低，价格相对较低，应用广泛，缺点是热膨胀系数较高，主要应用在 CSP、BGA 和 SiP 等高密度封装上。柔性封装基板是在聚酰亚胺薄膜上形成的封装基板，主要用在 T-BGA、FC-BGA 等封装上。

印制电路板（Printed Circuits Board，PCB）是由有机树脂（如环氧树脂 FR-4、FR-5 等）作为黏合剂，玻璃纤维布作为增强材料，采用传统的制造工艺方法制成的，主要包括单层、双层和多层产品等。自 20 世纪 90 年代开始，针对 BGA、CSP 等先进电子封装的使用需求，在传统 PCB 基础上逐渐形成了高密度封装基板技术。有机高密度多层基板（High Density Multilayer Substrate，HDMS）或积层多层基板（Build-up Multilayer Substrate，BUM）是以多层 PCB 作为多层互连芯板的，在其单面或双面上，通过积层工艺制作多层互连基板，通过超微细多层立体布线、微细孔层间互连技术，实现高密度的立体布线，具有节距微细化、薄型化、微型化、轻量化等特征。据统计，2002 年，日本制造的 BGA 和 CSP 用封装基板的产值达到了 7000 亿日元，主要用于计算机、手机、照相机、摄像机、家用电器等，市场用量已经超过陶瓷封装基板，占整个封装基板市场的 60%～70%。

高密度封装基板主要具有以下优点。①高耐热性。基板具有高玻璃化转变温度（T_g）和高热分解温度，可以提高电子封装的耐再流焊性、基板在高温再流焊过程中的适配性和在倒装焊微组装过程中的再流焊反复性，以及在再流焊中的稳定性等。同时，基板还具有良好的封装基板通孔可靠性，使其在热冲击、超声波等作用下对金属线进行压焊时，仍能够保持稳定的物理性能，如保持表面平整性、尺寸稳定性，以及保持硬度和弹性的稳定等。②高耐湿性。通常有机树脂材料比陶瓷材料的吸水率高，所制成的封装基板在高湿环境中易吸湿，进而在微组装时使基板与 IC 芯片的界面产生"爆玉米花"（Popcorn）似的剥离问题。高密度封装基板通过采用高耐热性及高耐湿性的树脂基体，有效提高了耐高温性及耐湿性，避免了上述"爆玉米花"现象的出现。③低热膨胀性。FR-4 环氧树脂 PCB 的面内热膨胀系数（CTE）为 $(13\sim18)\times10^{-6}/℃$，而高密度有机封装基板的 CTE 可降低至 $8\times10^{-6}/℃$，更接近于硅圆芯片的 CTE，可明显提高焊接的可靠性。如果 IC 芯片与封装基板的 CTE 相差较大，即基板的 CTE 较高，则在温度变化的过程中，界面间将会产生应力。该应力会施加在连接两者的焊球端子上，位于周边端角处的焊球所受的应力最大。尤其对于芯片尺寸较大而端子节距较窄的倒装芯片 BGA 及 CSP 等连接，这种应力对结合界面更具破坏性。为了保证封装基板微细线路的精度，必须选用 CTE 较低的树脂基体制作封装基板。④低介电损耗性。与陶瓷封装基板相比，有机封装基板通常具有较低的介电常数，也具有较低的介电损耗，更适合高频信号的传输，有利于电路信号的高速化。随着电子封装技术的快速发展及信号传输速度的提高，进一步降低封装基板的介电常数及介电损耗成为一个令人关注的问题。

随着电子封装技术的快速发展，近年来出现了许多新的封装结构形式。不同类型的封装结构对封装基板有各自特殊的性能需求。例如，对于采用金丝键合的封装结构，重点要求封装基板在高温下仍具有较高的硬度保持率，以保证金丝焊接具有较高的可靠性；同时，要求高温下具有较高的模量，以降低基板在再流焊时的翘曲度。而对于采用倒装焊连接（FC-BGA）的封装结构，重点要求封装基板在高温焊接过程中具有优异的耐热性和高弹性模量，以保证高温下的焊接可靠性和倒装焊连接的基板平滑性，即倒装焊连接的封装更加重视基板的耐热性。而对于薄型的 FC-BGA 封装，更关注基板在微组装过程中的工艺性，要求基板具有高温下的高弹性模量，以及具有更薄的绝缘层、更低的吸湿性、可靠的通孔可靠性等。

有机封装基板主要担负着导电、绝缘、耐热和力学功能。其中，导电功能主要由基板上的铜布线电路提供，绝缘功能和耐热功能主要由基板上的有机树脂提供，力学功能主要为搭载的芯片及组装上的端子、凸块等提供足够的强度保证。有机封装基板的综合性能、加工性、可靠性及制造成本等在很大程度上由所用的树脂基体性能决定。

有机封装基板制造技术主要包括两大关键技术，即高密度多层互连芯板制造技术和高密度积层多层基板制造技术。其中，高密度多层互连芯板主要是由以 FR-4 为代表的环氧树脂和玻璃纤维布层压覆铜板并通过电镀通孔形成的多层印制线路板；高密度积层多层基板是在高密度多层互连芯板的单面或双面上通过积层工艺形成的具有更多层数、更密布线的多层互连基板。按照耐热等级，有机封装基板分为：①通用型封装基板，T_g低于150℃，主要用于搭载IC芯片封装形成母板；②高耐热封装基板，T_g高于150℃，主要用于搭载IC芯片形成不同形式的封装结构；③高频封装基板，介电常数低于3.0，介电损耗低于0.0030，主要用于搭载高频IC芯片形成封装结构。

有机高密度封装基板的制备包括两个阶段。①高密度多层互连芯板的制备：将热固性树脂溶液涂敷在增强纤维布表面，经适当热处理后形成B阶段的半固化片（Prepreg）；将半固化片按照设计方向叠层后，在上、下两面放置铜箔后放入模具，在一定压力和温度下使半固化片的树脂发生固化交联反应，形成树脂/纤维布层压覆铜板（Copper Clad Laminate，CCL）；经过刻蚀形成布线电路，经过机械钻孔、电镀、焊接等工序后形成单面或双面芯板。将单面或双面芯板与半固化片上下叠合压制后，形成含单面或双面芯板的多层压覆铜板，再将铜箔刻蚀形成布线电路，经机械通孔、电镀等工序后形成多层互连芯板。②高密度积层多层基板的制备：以多层互连基板作为芯板，在单面或双面上将绝缘层与导电线路层逐步积层，构成更高密度的多层立体布线结构。为了实现立体电气连接，常规的机械通孔方法不再适用，需要使用新的通孔方法，如激光制孔、等离子体制孔、喷砂制孔、光刻制孔等。这些制孔方式能够保证在每一层线路上制作足够多致密的微细孔，从而有效地实现高密度的层间互连。

高密度多层互连芯板和高密度积层多层基板的制造工艺方法及使用性能主要取决于所使用的关键材料。制造高密度多层互连芯板用的关键材料包括导电铜箔、热固性树脂和增强纤维布（玻璃纤维布和芳纶纤维布等）等。其中，热固性树脂包括高耐热性环氧树脂（EP）、双马来酰亚胺三嗪树脂（BT）、聚苯醚树脂（PPE）、氰酸酯树脂（CN）、聚酰亚胺树脂（PI）等。制造高密度积层多层基板用的关键材料包括感光性绝缘树脂、热固性绝缘树脂、附树脂铜箔（Resin Coated Copper Foil，RCC）。其中，感光性绝缘树脂在通孔制造中经常采用光致成孔技术；热固性绝缘树脂及RCC可采用微细通孔的CO_2激光法进行通孔加工。

本章将重点介绍高密度封装基板用关键材料、制造方法及结构与性能，主要内容包括高密度多层互连芯板材料、高密度积层多层基板材料、高密度封装基板制造方法及高密度封装基板结构与性能。

2.1　高密度多层互连芯板材料

2.1.1　导电铜箔

导电铜箔主要分为压延铜箔（Rolled Copper Foil，RD铜箔）和电解铜箔

(Electrode Deposited Copper Foil，ED 铜箔）两大类。IPC 标准（IPC-MF-150）将这两类铜箔分别称为 W 类和 E 类。

1. 压延铜箔

压延铜箔由铜材经辊轧制造而成，生产过程为：原料铜材→熔融/铸造→铜锭加热→回火韧化→刨消去垢→重冷轧机冷轧→连续回火韧化、去垢→逐片焊合→轧薄处理→回火韧化→切边→收卷得到毛箔。毛箔经过粗化处理，得到压延铜箔产品。由于压延铜箔的幅宽最高只能达到 650mm，并且成本较高，限制了这种材料在刚性高密度封装基板中的广泛应用[1]。

压延铜箔具有优良的耐折性，弹性模量高，热处理韧化后，相比电解铜箔具有更好的延展性，纯度（大于 99.9%）比电解铜箔（大于 99.8%）要高，表面粗糙度更低，适合制作细微布线的挠性封装基板，有利于高频高速信号的传输。

近年来，国外还推出了一些新型的压延铜箔。例如，在压延铜箔中加入 Nb、Ti、Ni、Zn、Mn、Ta、S 等元素的合金压延铜箔，在挠性、弯曲性、导电性等方面都获得了明显的提高和改善；另外，还有超纯压延铜箔（纯度大于 99.9999%）、高韧性压延铜箔、低温结晶性压延铜箔等。表 2.1 比较了压延铜箔与电解铜箔的主要性能。

表 2.1 压延铜箔与电解铜箔主要性能比较

性　　能	压延铜箔		电解铜箔（标准型）
	无氧铜箔	韧性铜箔	
厚度/μm	18/35	18/35	12/18/35/70
抗张强度/MPa	23～25	22～27	28～38
弹性模量/GPa	118	118	60
延伸率（%）	6～27	6～22	10～20
维氏硬度（HV）	105	105	95
MIT 耐折性(500g)/次(纵向/横向)	155/106	124/101	93/97
质量电阻率/($\Omega \cdot g/m^2$)	0.1532	0.1532	0.1594
表面粗糙度 Ra/μm	0.1	0.2	1.5

2. 电解铜箔

按照 IPC 标准（IPC-MF-150），电解铜箔可分为 4 类，分别为标准型（STD）、常温高延展型（HD）、高温高延展型（THE）和低轮廓型（LP）。电解铜箔制造过程：在电解铜箔连续生产线上先生产出毛箔，再将其单面或双面进行表面处理，得到电解铜箔产品。毛箔的耐热层需要进行钝化处理，处理方法包括：①镀黄铜处理（TC 处理）；②镀锌处理（TS 处理或 TW 处理），处理面呈灰色；③镀镍和镀锌处理（GT 处理），处理面呈红色；④镀镍和镀锌处理（GY 处理），处理面呈黄色。目前市场上电解铜箔产品的厚度有 $9\mu m$、$12\mu m$、$18\mu m$、$35\mu m$、$70\mu m$ 等几种。有机封装基板常用的电解铜箔厚度为 $12\mu m$、$18\mu m$。为了适应电子封装市场的需求，市场上已经出现带有 PI 薄膜载体（$9\mu m$、$12.5\mu m$ 等）的超薄铜箔（$3\mu m$、$5\mu m$、$7\mu m$ 等）。

电解铜箔的生产流程为：造液（生成硫酸铜溶液）→电解生成毛箔→表面处理（粗化处理、耐热钝化层形成、光面处理）。造液是在造液槽中搅拌铜粉与硫酸并通过化学反应形成硫酸铜溶液的过程，化学反应在加热条件下（70～90℃）进行。电解生成毛箔在电解设备中进行。电解设备由钛合金制成的阴极辊筒、半圆形铅锌阳极板、硫酸铜电解槽等组成。硫酸铜电解液在大电流作用下通过电解反应生成电解铜初级产品（毛箔）。在直流电压作用下，电解槽中硫酸铜的二价铜离子不断移至阴极辊表面，经过还原反应获得两个电子后生成铜原子，并在不断转动的光滑阴极辊表面上集聚结晶。随着电解过程的持续进行，辊筒表面形成铜结晶核，并逐渐长大，最终形成均匀、细小的等轴结晶铜。待电解铜箔沉积到一定厚度后，形成了内部致密、无缺陷的金属铜层。当辊筒从电解槽电解液中滚动离开后，将形成的连续毛箔从阴极辊表面持续剥离下来，再经烘干、切边、收卷，得到毛箔。毛箔贴在阴极一侧的为光面（Shin 面，S 面），另一侧为毛面（Matt 面，M 面）。在电解铜的生产过程中，阴极辊表面抛光精度、辊表面维护情况、杂质的清除程度等都会影响电解铜箔的产品质量。电解铜箔 M 面是封装基板的黏结面，其表面粗糙度与硫酸铜溶液的过滤精度、添加剂种类及组成、施加的电流密度、辊筒旋转速度等的控制精度密切相关[2]。

毛箔不能直接用于制作封装基板，在制作前需要对其毛面和光面进行表面处理。毛面处理包括 3 个步骤：①通过镀铜粗化处理在毛面上形成突出的小凸点，在这些小凸点表面再镀一层铜层，把小凸点封闭起来，达到"固化"效果，使之与铜箔毛面紧密结合；②在粗化层表面上镀一薄层单一金属或合金，如黄铜、锌、镍-锌、锌-钴等，建立耐热钝化层；③在钝化层上涂敷一层有机物涂层，形成耦合层。经过上述处理后，铜箔与基材的黏结力、耐热性、耐化学腐蚀性等都有明显的提高和改善。

为了保证毛箔光面具有优异的耐高温变色性、焊料浸润性、防修饰性和耐树脂粉末性等，通常在光面上蒸镀一层锌、镍、磷等物质及其混合物，并涂敷一层含铬类有机化合物，以提高防氧化性。

电解铜箔的主要性能如表 2.2 所示。

表 2.2 电解铜箔的主要性能

厚度/μm		9	12	18			35		
种 类		STD	STD	STD	STD	LP	STD	LP	HD
表面处理类型		GT	GT	TS	GT	GT	GT	GT	TS
质量厚度/(g/m²)		80	107	156	156	156	285	285	298
质量电阻率/(Ω·g/m²)		0.169	0.167	0.163	0.163	0.163	0.159	0.159	0.159
抗张强度/MPa	25℃	350	340	340	340	340	310	300	320
	180℃	180	180	170	170	180	170	170	180
延伸率 (%)	25℃	6	7	9	9	15	10	23	23
	180℃	2	2	2	2	6	2	7	8
表面粗糙度/μm	处理面	0.9	1.1	1.2	1.2	0.7	1.4	0.8	1.4
	光泽面	0.3	0.3	0.3	0.3	0.3	0.3	0.3	0.3
制成 FR-4 板的剥离强度/(N/cm)	常态	11	13	17	17	15	23	20	18
	浸焊后 (260℃/120s)	11	13	17	17	15	23	20	18

电解铜箔综合性能对封装基板的加工及使用具有重要影响，主要表现在厚度、外观、力学性能、剥离强度等 9 个方面。

（1）厚度。在 IPC、IEC、JIS 标准中，铜箔厚度以标称厚度、质量厚度（单位面积质量）来表示。铜箔产品的质量厚度、标称厚度及允许厚度公差都与厚度有关。

（2）外观。铜箔产品表面必须无异物、无铜粉、无变色。不允许光面（S 面）出现凹凸不平，不允许存在针孔、渗透孔。在铜箔运输、储存、高温压制层合板过程中，铜箔表面的光面应保持不生锈、不变色。

（3）力学性能。铜箔在高温下的延伸率及抗张强度会明显下降。在封装基板制作过程中，高温下延展性的下降有可能导致铜箔断裂。

（4）剥离强度。铜箔与基材在高温条件下经压合形成覆铜板，其铜箔与基材之间的剥离强度称为铜箔剥离强度。刚性封装基板的剥离强度测定其 90°方向（垂直）的剥离强度，挠性封装基板通常测定其 180°方向（水平）的剥离强度。从铜箔角度讲，决定铜箔剥离强度的因素，主要包括铜箔的种类、粗化处理水平及质量、耐热层处理方式及水平等。除在常态条件测定铜箔剥离强度外，还可以在其他处理条件下测定铜箔剥离强度，包括浸焊锡后（260℃）、高温下（125℃）、高温处理后（180℃/48h）、吸湿处理后（122℃/1h 高压锅蒸煮）、热应力试验后（180℃/48h）、盐酸浸泡后（18% HCl，21℃/20min）、氢氧化钠浸泡处理后（10% NaOH，80℃/2h）等。

（5）表面粗糙度。Ra 表示粗糙轮廓线到中心线的距离平均值；Rt 表示铜箔表面最高凸点和最低凹点的高度差。对于铜箔毛面（M面）的粗糙度，采用IPC-MF-50F标准规定的 Rz 来表示。低粗糙度（又称低轮廓）铜箔的 Rz 低于 10.2μm，称为 LP（Low Profile）；超低粗糙度（又称超低轮廓）铜箔的 Rz 低于 5.1μm，称为 VLP（Very Low Profile）。低轮廓型电解铜箔的结晶粒子尺寸为 0.2～0.4μm，远小于标准型电解铜箔的 5～10μm。表 2.3 比较了 3 种铜箔的粗糙度。

表 2.3　3 种铜箔的粗糙度比较

M 面粗糙度	压延铜箔	标准型电解铜箔（STD）	低轮廓型电解铜箔（LP）
Rt/μm	2～3	8～9	4～5
Ra/μm	0.1～0.3	1.2～1.5	0.7
Rz/μm	0.6～0.8	5.0～6.4	3.8～4.0

（6）耐折性。耐折性是铜箔十分重要的性能指标。压延铜箔耐折性强于电解铜箔耐折性，但纵向与横向的性能差异较大。在不同热处理条件下，压延铜箔纵向耐折性比较稳定，而横向耐折性在低于 150℃ 的热处理后弱于电解铜箔，在高于 150℃ 的热处理后耐折性才逐渐加强。电解铜箔的横向耐折性强于纵向耐折性。

（7）质量电阻率（ρ_w）。ρ_w 是通过测定电阻率后，再将其除以质量得到的，它对于封装基板的信号传输速度具有明显影响。日本 JIS 标准规定，标称厚度为 18μm 的标准电解铜箔，其质量电阻率应低于 $1.64\Omega \cdot g/m^2$；标称厚度为 18μm 的低轮廓电解铜箔，其质量电阻率应低于 $1.60\Omega \cdot g/m^2$。据此换算，标称厚度为 18μm 的标准电解铜箔的相对电导率大于 93.5%，标称厚度为 18μm 的低轮廓电解铜箔的相对电导率大于 95.8%。

（8）刻蚀性。由于低轮廓型电解铜箔粗糙度小于 STD 电解铜箔粗糙度，结晶粒子细腻，具有更好的刻蚀性，刻蚀时间短，细线宽度的尺寸精度高，克服了"侧蚀"难题。

（9）抗高温氧化性。电解铜箔抗高温氧化性的测试方法为，在 180℃/0.5h 空气中处理后，观察光面是否变色。在覆铜板加热成型过程中，铜箔承受高温处理（160～180℃/2h）后，其光面不能改变颜色或出现颜色不均匀现象。电解铜箔的抗高温氧化性与光面钝化处理过程有关。

近年来，为了满足先进电子封装的使用需求，导电铜箔制造技术正在朝着下述几个方向发展。

（1）超薄铜箔制造技术。超薄铜箔是指厚度为 5～9μm 的铜箔。目前普遍使用的电解铜箔厚度为 12μm 和 18μm，现在对厚度为 9μm 以下的铜箔也具有迫切的使用需求。日本公司已经研制出 5μm 的超薄铜箔。这种铜箔通常以铝箔为载体制造,也有采用铜箔、不锈钢箔作为载体的。采用超薄铜箔制造的积层多层封装基板,可在激光穿孔加工过程中,极大地简化加工工序,降低加工成本,从而制作更细微的导体线路。

(2) 高可靠性铜箔制造技术。通过严格控制电解铜箔生产过程中阳极辊表面的偏光度,可制造出光面不变色的电解铜箔;另外,通过精确控制生产工艺参数,可以制造在纵向与横向性能差距更小的电解铜箔,以及具有更高表面清洁度和极低杂质含量的铜箔,有利于精确控制封装基板的特性阻抗,提高信号传输稳定性。

(3) 双光面粗化电解铜箔制造技术。电解铜箔分为单面粗化铜箔(Single Side Treatment,ST)和双面粗化铜箔(Double Side Treatment,DT)。DT铜箔是将毛箔的光面和毛面都进行粗化处理的铜箔。国外市场上出现了两面都为光面的电解毛箔(WD),对WD毛箔进行特殊处理后,再在毛箔两面进行粗化处理,所制成的粗化铜箔比DT铜箔的粗化粒子更细腻、均一性更好,适合制造超微细布线的封装基板。

(4) 高热态延伸性铜箔。薄型(9/12μm)电解铜箔室温下延伸率都比较低,一般不超过10%,在高温(180℃)下还会进一步降低(小于5%)。在高密度封装基板的高温加工过程中,铜箔由于热应力会产生微裂等问题。通过改进电解铜箔的生产工艺,提高铜箔在高温下的延伸率,缩小铜箔在纵向与横向的性能差异,对于高密度封装基板而言具有重要意义。

表 2.4 比较了国外公司近年来研制的低轮廓型电解铜箔的主要性能。可以看出,国外公司在超薄型电解铜箔和低轮廓型电解铜箔制造技术方面确实取得了很大的进展。

表 2.4 国外公司近年来研制的低轮廓型电解铜箔主要性能

种类	厚度/μm	牌号	铜箔性能(18μm)			$Rz/\mu m$ *
			抗张强度/MPa	延伸率(%)		
			室温	室温	180℃	
标准型	12	3EC-Ⅲ	380	8	8	5.0
	18	3EC-HTE	400	10	25	5.0
低轮廓型	9	LP	500	7	4.5	3.8
超薄型	5	UTC	450	6	3.0	4.0
压延铜箔	18	BSH	390	1	11	0.6

注:*表示毛面(M)的表面粗糙度。

2.1.2 增强纤维布

高密度封装基板用增强纤维布主要包括玻璃纤维布和芳纶纤维布两种类型。

1. 玻璃纤维布

玻璃纤维布简称玻璃布,由玻璃纤维纺织而成[3]。高密度封装基板用电子级(E型)玻璃布通常是平纹布,与其他细纹布、缎纹布等相比,具有高断裂强度、不易变形、尺寸稳定性好、均匀性好等优点。

E型玻璃的化学成分为:SiO_2,5%~56%;Al_2O_3,14%~18%;CaO,20%~24%;MgO,小于1%;Na_2O+K_2O,小于1%;B_2O_3,5%~10%,属于铝硼硅酸盐,其碱金属氧化物质量分数低于0.8%。E型玻璃具有强电绝缘性,室温下体积电阻率为10^{14}~$10^{15}\Omega\cdot cm$;1MHz下介电常数为6.2~6.6,介电损耗为0.001~0.002;热膨胀系数(CTE)为$2.39\times10^{-6}/℃$;导热系数为$1.0W/(m\cdot K)$;吸湿率为0.2%。除E型玻璃外,还有D型玻璃或Q型玻璃(低介电常数)、H型玻璃(高介电常数)、S型玻璃(高机械强度)等其他类型的玻璃。

玻璃纤维原丝的制造方法包括再熔拉丝法和高温熔融拉丝法两种。高温熔融拉丝法也称直接拉丝法,被国外公司普遍采用,工序简单,利于大批量生产和稳定产品质量。纤维原丝经过捻线加工、再织布、退浆、表面处理等工序,得到玻璃纤维布。玻璃纤维布的主要性能包括经纱、纬纱的种类,织布的密度(经纱、纬纱单位长度的根数)、厚度、单位面积质量、幅宽、断裂强度等。对于普通FR-4环氧树脂/玻璃布覆铜板,一般采用7628型玻璃布;对于薄型覆铜板和多层覆铜板,一般采用1080或2116型玻璃布。近年来,随着电子封装技术的发展,电子级玻璃布制造技术也获得明显进步。表2.5比较了封装基板用玻璃布的型号及主要指标。

表2.5 封装基板用玻璃布型号及主要指标

型号		IPC-EG-140	1080	2116	7628
		JIS-R-3414	EP06	EP10A	EP18B
使用纱	IPC	经	D450 1/0 5 11 1×0	D225 1/0 7 22 1×0	G75 1/0 9 68 1×0
		纬	D450 1/0 5 11 1×0	D225 1/0 7 22 1×0	G75 1/0 9 68 1×0
	JIS	经	11.2	22.5	67.5
		纬	11.2	22.5	67.5
密度	IPC	经×纬(根/5.0cm)	118×93	118×114	87×63
	JIS	经×纬(根/2.5cm)	60×46	60×58	44×32
厚度	IPC	mm	0.053	0.094	0.173
	JIS	mm	0.06	0.10	0.18
单位面积质量	IPC	g/cm³	46.8	102.0	204.4
	JIS	g/cm³	>44	>99	>191

2. 芳纶纤维布

芳纶纤维全称为芳香族聚酰胺纤维。将芳纶纤维进行短切加工,加入少量黏合剂,利用类似造纸的工艺技术及抄纸方法,制成芳纶纤维无纺布(Non-woven Aramid Fibric),其作为封装基板的增强布具有广阔的发展前景。芳纶纤维根据树脂主链结构分为两种类型:对位(1414)芳纶(聚对苯二甲酰对苯二胺,PPTA)纤维和间位(1313)芳纶(聚间苯二甲酰间苯二胺,PMIA)纤维。其中,对位芳纶纤维先由对苯二甲酰氯和对苯二胺在极性非质子溶剂(如N-甲基吡咯烷酮,NMP)中通过缩聚反应制备成聚对苯二甲酰对苯二胺(PPTA)树脂后,将PPTA树脂溶解于浓硫酸中,再经纺丝、干燥等工序形成芳纶纤维布[4]。

1971年,美国杜邦公司成功地研制了芳纶纤维,20世纪80年代开始将其用于覆铜板的制造,发现由芳纶纤维制造的覆铜板存在机械钻孔加工困难的问题,致使这种材料无法在覆铜板、多层板中得到广泛应用。近年来,印制电路板孔加工技术,尤其是激光开孔技术的进步解决了上述难题。同时,随着电子封装技术的快速发展,人们对基板材料的介电性能及尺寸稳定性等提出了更高的要求。在此背景下,芳纶纤维增强材料又引起了人们的高度关注。

采用芳纶纤维布制作高密度封装基板具有下述优点。

(1)芳纶纤维基封装基板具有优良的激光开孔性。芳纶纤维具有很高的红外光吸收率(大于80%),将红外光吸收后转化为热能,可有效破坏分子间的范德华力,引起温升、熔化直至燃烧,通过这一原理可在封装基板上有效形成所需要的微细通孔。

(2)芳纶纤维基封装基板具有很低的热膨胀系数(CTE),为$(5\sim7)\times10^{-6}/℃$,与陶瓷、裸芯片的CTE接近。

(3)芳纶纤维布具有优良的耐热性能,T_g为345℃,热分解温度大于450℃,具有自熄性,极限氧指数(LOI)约为20。

(4)芳纶纤维布具有优异的力学性能,拉伸强度达到3000MPa,拉伸模量达到120GPa,比重为1.44~1.45,只有玻璃纤维的1/2~1/3。

(5)芳纶纤维布具有较低的介电常数,为3.5~3.7(1MHz),仅为E型玻璃纤维的1/2左右。

(6)芳纶纤维布具有优异的耐化学腐蚀性,在普通有机溶剂、盐类溶液中不会溶解。

(7)所制备的封装基板表面平滑性好,有利于精细线路图形在基板表面上成像。

目前,国外公司所生产的刚性多层封装基板都采用芳纶纤维布代替玻璃布作为增强材料。随着BGA、CSP等引脚节距不断向着更窄细化方向发展,高密度多层封装基板必须使介电常数降低至2.0(1MHz)以下,热膨胀系数降低至6×

$10^{-6}/℃$。在此重要应用的驱动下,芳纶纤维布代替玻璃纤维布作为增强材料是未来高密度封装基板的必然趋势。

2.1.3 热固性树脂

有机封装基板用树脂基体主要包括三大类,分别为环氧树脂[5]、高耐热树脂和高频树脂,下面分别介绍。

1. 环氧树脂

环氧树脂主要用于制造玻璃布/环氧树脂覆铜板(CCL),包括NEMA标准中规定的G-10、G-11、FR-4、FR-5 4种。其中,G-10、G-11为非阻燃型CCL,FR-4、FR-5为阻燃型CCL。G-11和FR-5的耐热性能高于G-10和FR-4。目前,全球范围内应用在CCL和多层板用半固化片上的FR-4基材用量,占整个玻璃布基材应用总量的90%以上。同时,FR-4在有机封装基板中也具有相当重要的地位。

双酚A型环氧树脂结构中含有脂肪族羟基、醚基和环氧基。其中,环氧基与固化剂反应可形成立体网状交联结构,具有很好的黏结性。FR-4树脂基体用环氧树脂为溴化环氧树脂,由四溴双酚A部分或全部替代双酚A,在苛性钠水溶液中,与环氧氯丙烷反应生成部分溴化或全部溴化的双酚A缩水甘油醚,引入溴元素可赋予树脂优良的阻燃性能。按照溴含量(每100g树脂中的含溴克数),溴化环氧树脂可分为高溴环氧树脂(Br含量为40%～48%)和低溴环氧树脂(Br含量为18%～22%)两种。其中,低溴环氧树脂在FR-4树脂中使用较为普遍。

环氧树脂体系中还必须包括固化剂和固化促进剂[6]。固化剂通常为潜伏性碱性胺类的双氰胺。固化促进剂为咪唑类或苄基二甲胺类化合物[7]。双氰胺(Dicyandiamide, Dicy)为白色晶体,熔点为207～209℃,分子量为84,溶于水和乙醇,微溶于醚和苯,很难溶于环氧树脂。在制备FR-4树脂基体时,首先将双氰胺溶解在二甲基甲酰胺(DMF)或甲基溶纤剂(EGME)中,然后与环氧树脂共混。如果溶解过程控制不好,在环氧树脂浸渍玻璃布生产半固化片过程中可能出现双氰胺结晶问题。这种残留结晶,在层合板压制过程中会影响树脂流动性和成品的耐热性。

双氰胺分子结构中的4个活泼氢原子可参与环氧树脂的交联反应,氰基在高温下可与环氧树脂的羟基或者环氧基发生反应,具有催化型固化剂的作用[8]。一般地,对于双酚A型环氧树脂与双氰胺的固化反应,双氰胺的理论用量为11份,而实际用量为4～8份。双氰胺为潜伏性固化剂,在室温下不与环氧树脂反应,在高温(140～170℃)下才可引发交联反应。因此,采用双氰胺为固化剂的环氧树脂基体及其半固化片在室温下具有较长的储存期。

咪唑（Imidzole）类化合物可作为固化促进剂，包括2-甲基咪唑（2MI）、2-乙基-4-甲基咪唑（2E4MI）。2MI为淡黄色粉末，熔点为137～145℃，分子结构中含有两个氮原子，构成叔胺，分别具有叔胺和仲胺的催化作用，也可单独作为环氧树脂的固化剂，在较低温度时就可固化环氧树脂，形成具有高耐热和高强度的树脂固化物。苄基二甲胺为白色至淡黄色的液体，沸点为180～182℃，分子量为135.21，易溶于乙醇，难溶于水。

环氧树脂体系中还必须包括溶剂，主要包括二甲基甲酰胺（DMF）、二甲基乙酰胺（DMAC）和甲基溶纤剂（乙二醇单甲醚）。表2.6总结了代表性环氧树脂体系的组成。

表 2.6 代表性环氧树脂体系的组成（质量份）

组成	原料	FR-4			FR-5	
		配方1	配方2	配方3（高T_g）	配方1	配方2
环氧树脂	环氧树脂（EEW：450～520）	—	—	—	75	—
	环氧树脂（EEW：200～240）	125	125	106.3	—	33.3
	低溴环氧树脂（EEW：400～500）溴含量：18%～22%	—	—	—	—	125
	高溴环氧树脂（EEW：450～520）溴含量：40%～48%	—	—	—	40	—
	邻甲酚甲醛型环氧树脂（EEW：450～520）	—	—	15	—	—
固化剂	双氰胺（Dicy）	3.25～4.00	3.25～4.00	3.8～4.2	—	—
	二氨基二苯砜（DDS）	—	—	—	20～30	20
促进剂	二甲基苄胺	0.2～0.3	—	0.2～0.3	—	—
	2-甲基咪唑（2MI）	—	0.1～0.3	0.2～0.3	—	—
	BF_3-乙醚络合物	—	—	—	1.5	1.1
溶剂	二甲基甲酰胺（DMF）	15～25	15～25	15～25	—	—
	甲基溶纤剂（乙二醇单甲醚）	15～25	15～25	15～25	—	—
	甲乙酮（MEK）	—	—	—	20～50	65～90

对于环氧树脂-双氰胺树脂体系，以 2-甲基咪唑或二甲基苄胺作为催化剂，会发生两种固化反应。一种是双氰胺的活泼氢原子与环氧树脂的环氧基进行的加成反应，该反应在温度高于 160℃时才可进行，生成物的羟基与双氰胺的氰基发生反应，形成 N-烷基取代胍-脲的交联结构（N-烃基氰基胍）。另一种是 2-甲基咪唑的仲胺与环氧树脂的环氧基发生的加成反应，2-甲基咪唑的叔胺与环氧树脂的环氧基发生催化开环聚合反应。

2. 双马来酰亚胺树脂

双马来酰亚胺树脂简称双马（BMI）树脂，是一种改性热固性聚酰亚胺树脂，马来酸酐先与有机二胺通过缩合反应生成两端由活性马来酰亚胺封端的双官能团化合物，然后与有机二胺或环氧树脂混合形成 BMI 树脂基体溶液（见图 2.1）[9-13]。该树脂溶液可浸渍玻璃或芳纶纤维布形成预浸料；将预浸料叠层后，放入模具中加热使树脂熔融形成易流动的熔体，在适当压力和加热作用下，熔体树脂充满模腔并排出所有小分子挥发物；进一步升温使树脂发生交联反应形成纤维增强的层压复合材料或覆铜板。

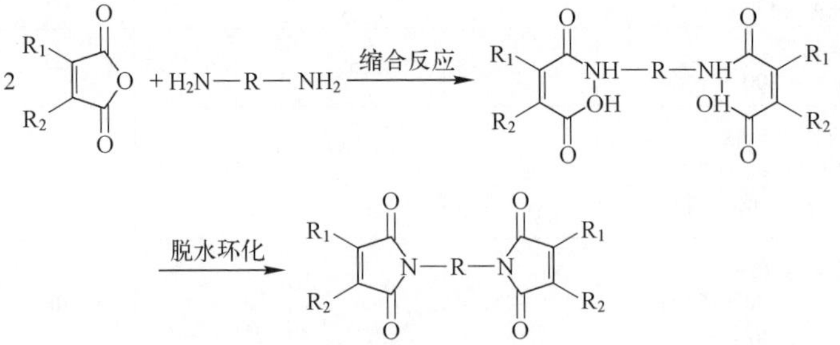

图 2.1 双马树脂制备的化学过程

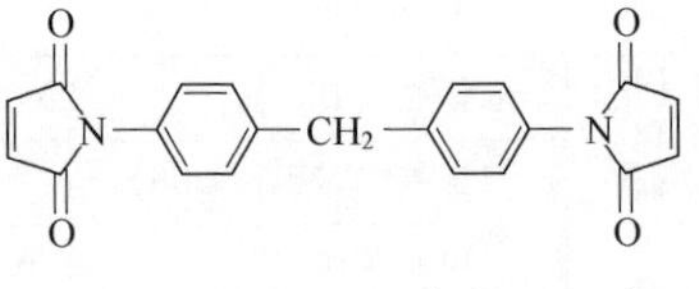

4,4′-双马来酰亚胺基二苯甲烷是一种代表性的 BMI 树脂（见图 2.2），由 1mol 的 4,4′-二胺基二苯甲烷（MDA）与 2mol 的马来酸酐（MA）先发生缩合反应，然后通过环化脱水反应生成。其中，马来酰亚胺封端基团中的活泼 C=C 双键在邻位两个羰基（C=O）的吸电子

图 2.2 4,4′-双马来酰亚胺基二苯甲烷的分子结构

作用下，电子云密度显著下降，且具有较强的反应活性。BMI 树脂可与氨基、酰胺基、羧基、羟基等在加热作用下发生亲核加成反应。例如，具有双活性双键功能团的 BMI 树脂与具有双活性胺基功能团的有机二胺混合形成的树脂体系，在加热固化过程中可发生共聚反应形成高分子量的交联树脂。采用该树脂体系与纤维布复合制备的层压板不但具有较高的强度及韧性，而且具有较高的 T_g，可制备高耐热的有机封装基板。在此基础上，还可通过对 BMI 树脂进行改性，提高耐热性

及抗冲击韧性等,主要方法包括:①降低 BMI 树脂的熔融温度,加强熔体流动性,降低树脂的固化温度及成型压力,改善覆铜板的成型工艺性;②提高 BMI 树脂在丙酮、甲苯等普通溶剂中的溶解度,降低覆铜板的制造成本;③提高树脂溶液对纤维布的浸润性及黏附性,提高半固化片的性能及质量;④提高树脂热固化物的强韧性,提高覆铜板的机械加工性能,减少内应力。对 BMI 树脂的改性不但会提高树脂的耐热性能及介电性能,同时对覆铜板制造的工艺性、基材层间及与铜箔的黏结性,以及基板的加工性等都具有明显影响。

目前市场上广泛使用的 BMI 封装基板用树脂主要包括 3 大类,即未改性的 BMI 树脂、环氧改性 BMI 树脂、低介电常数(ε_r)改性 BMI 树脂。表 2.7 是几种代表性 BMI 树脂/玻璃布覆铜板的层压板性能。可以看出,BMI 树脂层压板的 T_g 为 180~200℃,明显高于环氧树脂/玻璃布层压板的 130~140℃;另外,BMI 树脂层压板的 CTE 为 $(40~70)\times 10^{-6}/℃$,明显低于环氧树脂/玻璃布层压板的 $(100~200)\times 10^{-6}/℃$。

表 2.7 代表性 BMI 树脂/玻璃布覆铜板的层压板性能*

性 能	处理条件	环氧树脂 FR-4/玻璃布 (R1766)	标准未改性 BMI/玻璃布 (R4775)	环氧改性 BMI/玻璃布 (R4785)	低介电常数 BMI/玻璃布 (R4705)
体积电阻率 /(Ω·cm)	C96/20/65	1×10^{15}~1×10^{16}	1×10^{15}~1×10^{16}	1×10^{15}~1×10^{16}	1×10^{15}~1×10^{16}
	C96/20/65+ C96/40/90	1×10^{14}~1×10^{15}	1×10^{14}~1×10^{15}	1×10^{14}~1×10^{15}	1×10^{14}~1×10^{15}
表面电阻/Ω	C96/20/65	5×10^{13}~5×10^{14}	1×10^{13}~1×10^{14}	1×10^{14}~1×10^{14}	1×10^{13}~1×10^{14}
	C96/20/65+ C96/40/90	1×10^{13}~1×10^{14}	5×10^{12}~5×10^{13}	5×10^{12}~5×10^{13}	5×10^{12}~5×10^{13}
体积电阻/Ω	C96/20/65	1×10^{14}~1×10^{15}	1×10^{14}~1×10^{15}	1×10^{14}~1×10^{15}	1×10^{14}~1×10^{15}
	C96/20/65+ D-2/100	1×10^{12}~1×10^{13}	1×10^{12}~1×10^{13}	1×10^{12}~1×10^{13}	1×10^{12}~1×10^{13}
介电常数 (1MHz)	C96/20/65	4.7~5.0	4.4~4.7	4.6~4.8	3.3~3.6
	C96/20/65+ D-24/23	4.8~5.1	4.5~4.8	4.7~4.9	—
介电损耗 (1MHz)	C96/20/65	0.015~0.019	0.005~0.010	0.008~0.010	0.004~0.010
	C96/20/65+ D-24/23	0.016~0.020	0.006~0.011	0.009~0.012	—
吸水率(%)	E-24/50+ D-24/23	0.05~0.10	0.20~0.30	0.14~0.17	0.20~0.30
铜箔剥离强度 /(N/cm) (18μm 铜厚)	A	13~16	9~12	12~15	10~13
	S1	13~16	9~12	12~15	10~13
耐三氯乙烯性	在煮沸的三氯乙烯溶液中浸 5min	无异常	无异常	无异常	无异常

续表

性　　能	处理条件	环氧树脂 FR-4/玻璃布 (R1766)	标准未改性 BMI/玻璃布 (R4775)	环氧改性 BMI/玻璃布 (R4785)	低介电常数 BMI/玻璃布 (R4705)
浸焊耐热性 (260℃/120s)	A	通过	通过	通过	通过
阻燃性/UL 94	A 和 E-168/70	V0	V1	V0	V0
热膨胀系数 (Z方向) (×10^{-6}/℃)	A	100～200	40～50	60～70	55～65
T_g(TMA)/℃	—	130～140	210～220	180～190	200～210

注：*表示数据来自日本松下电工的覆铜板产品。

(1) 环氧改性双马树脂。

未改性 BMI 树脂/玻璃布封装基板具有高耐热性，T_g 为 200～210℃，厚度方向热膨胀系数较低，具有高耐漏电痕迹性、优异尺寸稳定性及钻孔加工时不产生树脂沾污（Resin Smear）等优点；缺点是固化成型温度（200℃）较高、成本高、加工时易产生裂纹、铜箔剥离强度偏低、耐湿性较高。通过环氧树脂改性可以有效克服上述缺点[14]。BMI 树脂经环氧树脂改性后具有下述优点：①可以在 170℃下固化成型，半固化片的树脂熔体黏度减小，优化了多层板的层压成型工艺；②基板表面硬度、基板厚度方向热膨胀系数与未改性 BMI 树脂相近，因此在高温下铜箔与基板间仍可保持良好的黏结力。可对 BMI 树脂进行改性的环氧树脂包括双酚 A 型环氧树脂、多功能团的环氧树脂等。环氧树脂中的环氧基、羟基等极性基团，有助于提高整个改性树脂的黏结力，增加固化树脂的内聚力。环氧树脂中的醚键作为一种柔性基团，还有助于提高改性树脂的柔韧性。环氧树脂中的环氧基可与 BMI/MDA 树脂中的胺基发生交联反应形成立体交联网络结构。

在封装基板制造中，环氧树脂对 BMI/MDA 树脂改性通常采用"溶液法"进行。这种方法由于使用普通有机溶剂，有利于提高树脂体系的成型工艺性及室温储存稳定性，使得树脂溶液在浸渍加工半固化片过程中，易于操作，有利于提高成品率，降低生产成本（见图 2.3）。控制 BMI/MDA 预聚物树脂体系的分子量，调节树脂中的胺基含量，对于获得性能最佳的环氧改性 BMI/MDA 树脂至关重要。研究发现，随着有机二胺（MDA）含量的提高，胺基含量也随之提高，与环氧树脂的反应活性也会增大。当采用环氧树脂（EP）改性 BMI/MDA 树脂体系时，环氧树脂含量为 20%时的 BMI/MDA/EP 树脂体系经高温固化后的固化物的热稳定性优于未改性的 BMI/MDA 树脂体系，达到 IEC 标准 H 级（180℃）。

(2) 其他改性双马树脂。

将醚键、含氟基团、脂肪族取代基引入树脂主链结构中可以有效降低 BMI 树

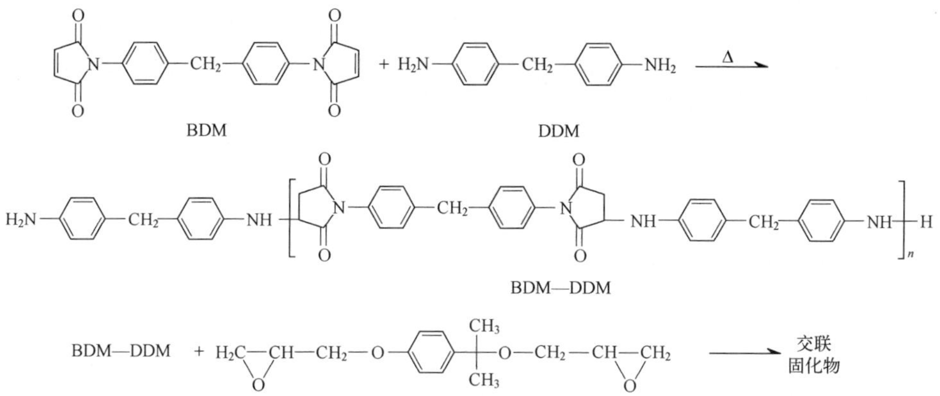

图 2.3　环氧树脂对双马树脂改性的化学过程

脂的介电常数[15]。为了保持 BMI 树脂的耐热性，降低制造成本，将脂肪族取代基团引入 BMI 树脂主链结构中被证明是有效、可行的方法。采用 4,4′-二胺基-3,3′,5,5′-四甲基二苯甲烷（TMMDA）代替 4,4′-二胺基二苯甲烷（BMI）与马来酸酐反应生成含多个烷基的 4,4′-[3,3′,5,5′-四甲基双马来酰亚胺基二苯甲烷]（BMMI）后，与 4,4′-二胺基-3,3′,5,5′-四甲基二苯甲烷（TMMDA）混合形成多烷基取代的双马树脂体系 BMMI/TMMDA。该树脂体系与玻璃布复合制备的层压板的介电常数为 3.3～3.6，比未改性的 BMI/MDA 树脂低 24%，将其制备成 PCB 板后，信号传输延迟时间可缩短 15%。该改性树脂的介电常数与烷基取代基在树脂中的含量密切相关。通常烷基取代基的含量越高，基板材料的介电常数越低。当树脂中烷基含量达到 23% 时，所制备覆铜板的介电常数低至 2.95。这种烷基的引入不会对树脂的电绝缘性、耐热性产生负面影响，并可保持高温下的高铜箔剥离强度。

3. 氰酸酯树脂

氰酸酯树脂单体是在碱性条件下由卤化氰与酚类化合物反应生成的。氰酸酯树脂单体按官能团数量可分为单官能团、双官能团、多官能团三大类。20 世纪 70 年代，由双官能团氰酸酯单体制备氰酸酯（CE）树脂的工业化生产实现；而由多官能团氰酸酯单体实现氰酸酯（CE）树脂的工业化生产则于 20 世纪 90 年代初期成功。目前，氰酸酯树脂主要采用双官能团、具有双酚 A 结构的二氰酸酯（BACY）制备。双酚 A 与卤化氰（氯化氰或溴化氰）在催化剂（三丙胺、三乙胺、碳酸钠、氢氧化钠、醇钠等）的作用下通过化学反应生成氰酸酯树脂，反应温度通常为 -5～5℃，反应很复杂，生产过程难以控制[16-18]。

含有两个或两个以上氰酸酯官能团（—OCN）的酚类化合物，在加热和催化剂作用下可发生三环化反应，生成含有三嗪环结构的高交联密度网络结构树脂，即氰酸酯树脂（Cyanate Ester Resin，CE 树脂）。由双酚 A 型二氰酸酯单体制备的氰酸酯树脂简称为 CE 树脂，是一类在主链或交联网络结构中含有 2,4,6-三氧代-1,3,5-均三嗪重复结构单元的树脂，简称三嗪树脂。在氰酸酯官能团中，由于氧原子与氮原子的电负性，使其相邻的碳原子表现出较强的亲电性。在亲核试剂的作用下，酸和碱都能催化氰酸酯官能团发生交联反应。对于氰酸酯单体的固化反应，通常选用金属盐或酚类化合物作为催化剂，其中金属盐作为主催化剂，酚类化合物作为协同催化剂。酚类化合物具有活泼氢原子，通过质子转移可促进闭环反应，形成三嗪结构。

氰酸酯树脂固化物具有良好的介电性能，介电常数低（2.8～3.2），介电损耗极低（0.002～0.008），同时具有高玻璃化转变温度 T_g（240～290℃）、低吸湿性、低收缩率等优点，力学性能优于双官能团环氧树脂固化物，弯曲强度和弯曲模量都更高，高温下的弯曲强度保持率与 BMI 树脂相当。氰酸酯树脂的固化温度较低，为 177℃，且固化过程中没有挥发性小分子产生，具有良好的加工性能。基于这些优点，氰酸酯树脂被许多厂家作为有机封装基板的主要树脂进行研究开发。通过环氧树脂、双马树脂对氰酸酯树脂进一步改性，显著提高了树脂的综合性能，在高密度封装基板领域获得广泛的应用。

BT 树脂（Bismadimide Triazine Resin）是以双马来酰亚胺树脂与氰酸酯树脂为主体树脂，再加入环氧树脂、聚苯醚树脂或烯丙基化合物等改性成分，形成的热固性复合树脂[19]。1977 年，BT 树脂开始实现工业化；20 世纪 90 年代，BT 树脂基板材料的品种已有十几个。由于具有高玻璃化转变温度、低介电常数等特性，BT 树脂近年来已经成为制造高性能、高频封装基板的主要材料体系。1997 年，日本 BT 树脂基板已占据特殊树脂玻璃布基板的首位，仅次于 FR-4 环氧玻璃布基板。BT 树脂也是最早应用于有机封装基板的树脂基体。IEC 标准（IEC249-2-1994）将其定为"19"板；IPC 标准（IPC4101-1997）将其定为"30"板；MIL 标准（MIL-S-13949H）将其定为"GM"板；JIS 为此类基材指定了单独的标准（JIS-C-6494-1994）；我国国家标准（GB/T 4721—92）将其定为"BT"板。

BT 树脂制备包括 4 个阶段：①氰酸酯树脂（又称三嗪树脂）制备；②双马树脂（BMI）改性氰酸酯树脂（未改性 BT 树脂）；③其他树脂改性 BT 树脂；④形成封装基板用树脂基体。BT 树脂加成聚合反应的产物结构很复杂，存在着多种含三嗪环结构的聚合物体系。

通过双马树脂对氰酸酯树脂进行改性，形成了 BT 树脂，具有高玻璃化转变温度、低介电常数、低 CTE 等特性。双官能团氰酸酯树脂与双马树脂通过共聚反应，形成含三嗪环、酰亚胺环等氮杂环结构的具有耐高温特性的 BT 树脂，再通过环氧树脂、烯丙基化合物、聚苯醚树脂等对其进一步改性，可以获得满足不同特殊需求的封装基板用系列化 BT 树脂产品。这些 BT 树脂既具有较高的耐高温性、抗冲击韧性、介电性能及成型工艺性，也具有优良的耐水解性，可以成为理想的封装基板用树脂基体。

未固化的 BT 树脂具有下述特性：①树脂溶液具有低黏度、高固体含量、对纤维表面浸润性好等特点，易于制成高挂胶量、黏性适宜的预浸料；②树脂溶液不含对人健康危害大的物质，具有低毒、低皮肤刺激性、低积蓄性等特点；③树脂溶液及预浸料储存稳定性好，适于大规模生产；④具有优良的成型工艺性，树脂熔体流动性好，固化温度为 190～210℃，压力为 0.5～2.0MPa。

固化后的 BT 树脂具有下述特性：①高耐热性，T_g 为 200～300℃，长期使用温度为 160～230℃；②优良的综合力学性能；③优异的介电性能，介电常数（1MHz）为 2.8～3.5，介电损耗为 0.002～0.008；④低吸湿率（小于 0.2%）；⑤优良的耐金属离子迁移性，即使吸湿后也具有较高的电绝缘性；⑥优良的耐化学腐蚀性、耐放射性、耐辐射性及耐磨性。

采用 BT 树脂制备的封装基板主要有三大类，共十几个品种，主要包括：①高耐热封装基板，如日本三菱瓦斯公司的 CCL-HL800 系列，包括 800、802、810、820 等，T_g 为 200～210℃，阻燃等级为 UL94 VB-V0，主要用于 COB、多层板等；②高密度封装基板，如 CCL-HL830 系列，包括 830、832 等，T_g 为 210℃，阻燃等级为 UL94 V0，主要用于 IC 封装基板；③高频封装基板，如 CCL-HL870 系列和 CCL-HL900 系列，包括 870、870M、950EK、950SK、ML955 等，T_g 为 180～230℃，阻燃等级为 UL94 V1-V0，主要用于高频电路用基板及多层封装基板。其中，CCL-HL 810 的树脂基体为环氧树脂改性的 BT 树脂，主要用于 COB、超大型计算机工作站的多层板等。CCL-HL 830/32 的树脂基体也为环氧树脂改性的 BT 树脂，具有高 PCT 特性、高耐金属离子迁移性等，主要用于 PBGA 等。CCL-HL 870M 的树脂基体为聚苯醚树脂改性的 BT 树脂，具有高机械强度、低介电常数、低介电损耗、性能均匀等特点，主要用于高频电路、手机基站、无线通信装置、卫星接收装置、调谐器等。CCL-HL 950EK/950SK 的树脂基体与 CCL-HL870 相似，也具有低介电常数、低介电损耗等特点，优点是成本低，半固化片具有与 FR-4 半固化片相同的成型工艺性，主要用于超高频多层电路基板、光纤通信用交换机等。

高耐热树脂基体制作的覆铜板性能对比如图 2.8 所示。

表 2.8 高耐热树脂基体制作的覆铜板性能对比

性　　能	BT 树脂	CE 树脂	BMI 树脂（Kerimid 601）	改性环氧树脂
T_g/℃	240～330	255	290～300	150～180

续表

性　　能		BT 树脂	CE 树脂	BMI 树脂(Kerimid 601)	改性环氧树脂
长期耐热/℃		170～210	165	180～190	130～160
浸锡耐热(260℃)/s		>600	>600	>600	>600
铜箔剥离强度/(N/cm)	室温	1.4～1.9	1.7～1.9	1.2～1.4	1.6～1.8
	150℃	1.3～1.6	1.6～1.8	0.9～1.1	0.9～1.1
	200℃	1.1～1.3	1.4～1.6	0.5～0.7	0.3～0.5
介电常数（1MHz）		4.1～4.3	4.2	4.5～4.6	4.4～4.8
介电损耗（1MHz）		0.002～0.008	0.003	0.007～0.010	0.002～0.008
吸水率（%）		0.3～0.6	0.6～0.7	1.5～2.0	0.3～0.6
体积电阻率/(Ω·cm)		5×10^{15}	1×10^{15}	5×10^{14}	2×10^{14}
表面电阻率/Ω		5×10^{14}	5×10^{14}	5×10^{14}	5×10^{14}
热膨胀系数($\times10^{-6}$/℃)	z	40～60	50	40～50	40～90
	x, y	10～15	10～15	10～15	15～17
巴柯硬度	室温	71	70	70	68
	150℃	68	66	66	40
阻燃性（UL 94）		HB-V0	HB-V0	V1-V0	HB-V0

CCL-ML 955 的增强材料采用了低介电常数的芳纶纤维布，密度只有玻璃布增强 BT 基板的 1/4 左右，适用于轻量化的手机等电子产品，在 4GHz 下，介电常数及介电损耗比 HL850、HL950SK 降低了 17%，具有很好的性能均衡性，适于制作高密度积层多层基板（BUM）。

BT 树脂封装基板具有高耐热性、低介电常数及损耗、高性能均衡性、成型工艺优良、制造成本低等优点。为了获得上述优异的综合性能，必须对 BT 树脂基体进行结构调控与性能改进。

（1）耐热性能。

与其他树脂固化物相比，BT 树脂固化物具有较高的耐热性，T_g 最高可接近 300℃，介于双马树脂与氰酸酯树脂之间（见图 2.4）。BT 树脂基板具有优良的耐金属离子迁移性，在 85℃/85% RH/300V DC 处理条件下，经 3000h 测试后，绝缘电阻都不会发生明显变化。环氧树脂基板经约 300h 测试后，绝缘电阻会突然下降（见图 2.5）。BT 树脂的耐热性主要取决于双马树脂（BMI）与氰酸酯树脂（CE）在树脂配方中的配比（见图 2.6）。当 BMI 与 CE 物质的量比低于 4:6 时，BT 树脂的 T_g（TMA 法）低于 260℃；当 BMI 与 CE 物质的量比大于 7:3 时，BT 树脂的 T_g 会快速升高；当 BMI 与 CE 物质的量比为 8:2 时，BT 树脂的 T_g 约为 295℃。其次，BT 树脂高温下的热膨胀系数明显低于环氧树脂；当温度超过约

230℃后，BT 树脂（CCL-HL810）的 CTE 才开始明显上升（见图 2.7）。

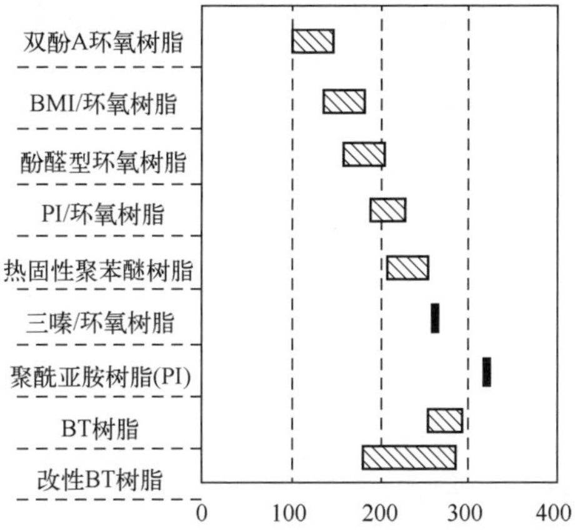

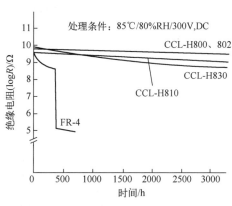

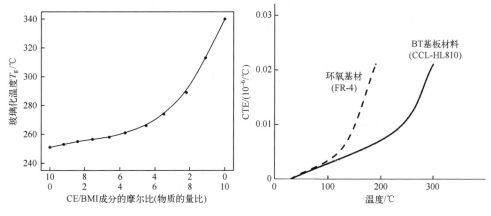

图 2.4 各种热固性树脂的 T_g 比较

图 2.5 覆铜板的耐金属离子迁移性

图 2.6 BT 树脂 BMI 与 CE 配比对 T_g 的影响

图 2.7 BT 树脂的面外 CTE

另一方面，在 BT 树脂体系中加入环氧树脂可改善树脂成型工艺性、提高抗冲击韧性、降低生产成本，但会降低树脂耐热性及模量（见图 2.8）。因此，需要筛选合适的比例，以获得最佳的改性效果。

（2）介电性能。

为了提高封装基板的介电性能，可以采用 D 型玻璃布代替 E 型玻璃布。D 型玻璃布的介电常数（1MHz）为 4.3，明显低于 E 型玻璃布（5.8）。另外，使用聚苯醚树脂（PPE）对 BT 树脂进行改性，获得低介电常数 ε_r、低介电损耗 $\tan\delta$ 的改性 BT 树脂。由 PPE 改性 BT 树脂与 D 型玻璃布制备的覆铜板不但在室温下具有优异的介电性能（见表 2.9），而且在高温、高频下也具有稳定的介电性能。

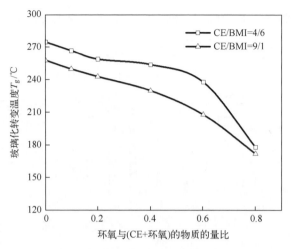

图 2.8　环氧树脂用量对 BT 树脂 T_g 的影响

表 2.9　玻璃布对 BT 树脂覆铜板性能的影响

性　　能	PTFE 玻璃布覆铜板	FR-4
介电常数	2.66～2.70	0.0178～0.0196
介电损耗	0.0009～0.0017	4.90～4.95
焊锡性（260℃）/s	>120	>120
剥离强度/(N·mm^{-1})	2.26	1.37

（3）成型工艺性。

BT 树脂的成型工艺性低于环氧树脂。为了降低树脂熔体黏度，提高熔体流动性，必须尽量降低树脂预聚物的分子量及预聚反应程度，使树脂熔体在较低压力下就可流动，有利于排出残留溶剂及挥发性小分子，降低覆铜板内部缺陷及孔隙率。树脂熔体黏度与分子量之间存在着密切关系（见图 2.9）。分子量越高，树脂熔体黏度越大，流动性越差。另外，采用的溶剂体系对树脂溶液在纤维布表面的浸润性也具有明显影响。溶剂对 BT 树脂必须具有优良的溶解性，所形成的溶液黏度适中，溶剂沸点也不能太高，而且对环境友好。

4. 聚苯醚树脂

聚［2,6-二甲基-1,4-苯醚］(Poly［2,6-dimethyl-1,4-phenylene ether］) 树脂，简称聚苯醚（Polyphenylene Ether, PPE）树脂，美国通用电气（GE）公司早在 1965 年就实现了工业化生产，随后德国、日本公司也相继实现工业化。PPE 树脂具有优异的力学性能和介电性能。由于其熔融温度（257℃）与玻璃化转变温度（T_g 为 210℃）相差较少，导致该树脂从熔融状态到形成结晶状态的时间很短，限制了它的真正使用价值。因此，为了实现聚苯醚树脂的工业化实际应

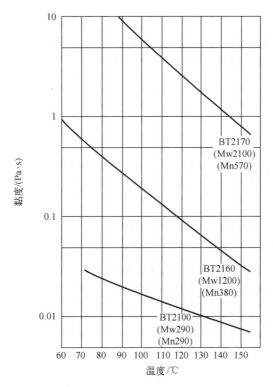

图 2.9 BT 树脂分子量与熔体黏度的关系（BT2100 树脂）

用，必须对它进行改性。目前，美国 GE 塑料公司、德国 BASF 公司、日本旭化成公司、三菱油化、住友化工等公司都开发了改性 PPE 树脂产品[20]。

PPE 树脂主链结构由对位苯环与醚键相互交替构成，并在苯环上连接两个甲基。苯环使树脂主链的内旋转位能增加，主链刚硬；而醚键使得树脂主链结构具有一定柔顺性。这种特殊的主链结构，使得 PPE 树脂具有优异的耐热性能及力学性能，热变形温度为 170℃，T_g 为 210℃，拉伸强度为 70～77MPa，拉伸模量为 2.5～2.7GPa，同时也具有优异的耐高温、耐低温性，T_g 超过 200℃，脆化温度为 −170℃。更为可贵的是，PPE 具有优异的介电性能，室温下介电常数 ε_r(1MHz) 为 2.45，介电损耗 $\tan\delta$(1MHz) 为 0.007，体积电阻率为 $1\times10^{17}\Omega\cdot cm$，表面电阻率为 $1\times10^{15}\sim1\times10^{16}\Omega$。PPE 树脂具有优良的耐水解性，在高浓度无机酸、有机酸及无机盐水溶液等中均可保持，相对密度仅为 1.06，吸水率仅为 0.05。

PPE 树脂的生产过程如下：由苯酚与甲醇在 550～570℃ 高温下及 MgO 催化作用下通过化学反应生成 2,6-二甲基苯酚单体；在胺-铜盐催化剂作用下，2,6-二甲基苯酚通过氧化偶联聚合反应在 30℃ 条件下生成聚苯醚树脂，同时放出等物质的量的水。在 2,6-二甲基苯酚单体合成过程中，苯酚与甲醇的实际投料物质的量比通常为1:5，主要是因为甲醇在高温下容易发生裂解反应而部分损失。2,6-二甲基苯酚单体的熔点为42.5～45℃，沸点为200℃。在PPE树脂的缩聚反应过程中，树脂的分子量、特性黏度及转化率会受到氧气通量及与物料反应物接触时间等的影响，因此必须严格控制反应工艺参数，才能保证树脂分子量达到一定程度，并获得高产率。

另外，还可以通过化学改性，使热塑性结晶性的PPE树脂转变为热固性非结晶性的PPE树脂（Thermosetting PPE，T-PPE），从而提高PPE树脂玻璃化转变温度、耐化学药品性，降低树脂的介电常数与熔体黏度，提高成型工艺性，满足高性能封装基板的使用需求。PPE树脂改性主要包括两条路线：①化学接枝改性；②共混改性[21]。

（1）化学接枝改性PPE树脂。在PPE树脂主链结构上引入活性基团，将其与丙烯基化合物进行接枝反应形成丙烯基接枝的PPE树脂，具有下述优点：①具有很好的耐溶剂性；②丙烯基团含有不饱和双键，在加热作用下可发生交联反应，形成热固性树脂结构，具有优良的成型工艺性，选择溶解自由度大，固化温度低，固化过程中无挥发份产生，易于获得致密、无缺陷的热固性树脂；③所制备的热固化树脂具有优异的介电性能及很低的吸水率。

烯丙基化PPE树脂（Allylated PPE，A-PPE）的制备过程：先将PPE树脂溶解在THF中形成树脂溶液，然后与正丁基锂通过取代反应得到树脂主链的苯环上带有高活性-CH_2L_i基团的中间体树脂；再与溴代丙烯反应生成烯丙基化的PPE树脂。烯丙基化PPE树脂的制备过程是一个非常复杂的反应过程[22]。锂化反应时间、温度、浓度等都会明显影响树脂的结构及性能。PPE树脂与正丁基锂反应，在温度高、时间长的条件下会使树脂主链苯环上2,6位的甲基($-CH_3$)发生锂取代反应；在温度低、时间短的条件下会使树脂主链苯环的3,5位的氢（—H）被锂取代。在后续与溴代丙烯反应过程中可能存在着多种复杂的反应历程，形成非常复杂结构的改性树脂结构（见图2.10）。因此，精准控制反应条件对于获得理想的高密度封装基板用树脂基体至关重要。表2.10是代表性热固性PPE树脂制备的覆铜板的主要性能。

表2.10 代表性热固性PPE树脂制备的覆铜板的主要性能

厂家	牌号	主要特性				备注
		吸水率（%）	介电常数 ε_r（@1MHz）	介电损耗 $\tan\delta$（@1MHz）	T_g/℃	
旭化成工业	S2100	—	3.4～3.6	0.0025	200～220	热固性PPE
	S3100	—	3.5～3.6	0.0020	230～250	
	S4100	—	3.4～3.6	0.0020	200	

续表

厂家	牌号	主要特性				备注
		吸水率（%）	介电常数 ε_r（@1MHz）	介电损耗 $\tan\delta$（@1MHz）	T_g/℃	
东芝化学	TLC-W-596ME	—	3.6	0.0022	210	热固性PPE
	TLC-W-596MT	—	4.1	0.0021	210	
	TLC-W-596KB	0.15	4.1	0.0020	—	
利昌工业	CS-3376A	0.18	3.5	0.0030	195	热固性PPE
	CS-3376B	0.17	3.6	0.0020	205	
	CS-3376C	0.16	3.5	0.0020	170	
三菱化学	CCL-HL870	—	3.5	0.0025	180	PPE改性BT
	CCL-HL870（M）	—	4.2	0.0060	210	
松下电工	R-4726	0.05	3.5	0.0020	180	热固性PPE

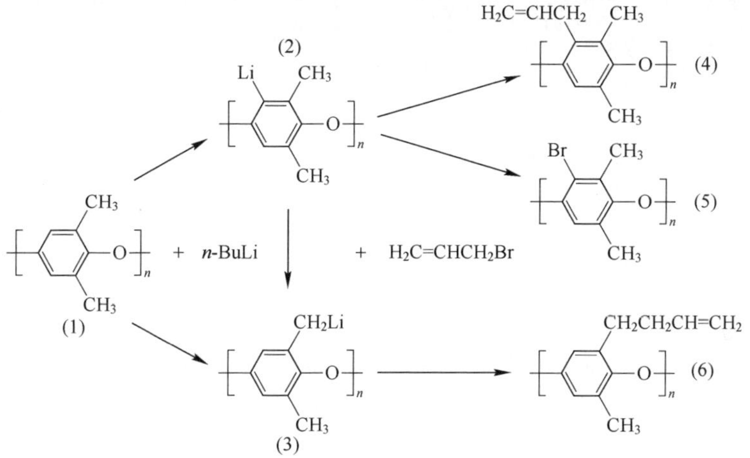

图 2.10 烯丙基化 PPE 树脂的复杂化学结构

（2）环氧树脂改性 PPE 树脂。环氧树脂改性是一种常用的共混改性方法，采用环氧树脂（EP）对 PPE 树脂进行改性制备热固性 PPE 树脂，可以明显提高树脂的成型工艺性，包括降低树脂溶液黏度、提高对纤维布的浸润性、降低树脂熔体黏度、提高半固化片的树脂流动性等。实现环氧树脂对 PPE 树脂改性的必要条件是两种树脂必须具有较好的相容性。降低 PPE 树脂的分子量至 5000～10000g/mol、树脂特性黏度降至 0.16～0.30dL/g、改变 PPE 树脂末端基的化学结构等都是有效的途径。在 PPE 树脂主链结构中引入烷基取代的胺基，或采用 4-羟基联苯醚结构作为封端基，都可以提高 PPE 树脂与环氧树脂的相容性。研究发现，将双酚 A 型环氧树脂或多官能团酚醛环氧树脂改性 PPE 树脂所制备的覆铜板在耐溶剂性和耐热性方面仍存在缺点。采用聚合物共混合金化的互穿网络（Interpenetrating Network，IPN）技术，可以明显提高 EP/PPE 两种不相容树脂的相容性。在利用环氧树脂对 PPE 树脂进行改性时，再加入可与 PPE 树脂相容的多官能团乙烯基化合物（如三烯丙基氰酸酯、三烯丙基异氰酸酯等）作为交联单体，与 PPE 树脂共混改性，形成的 EP/PPE 共混树脂具有优异的综合性能。在该共混树脂体系中，多官能团乙烯基单体起到了类似于相容剂的作用，从而大大提高了 EP/PPE 共混树脂的交联网络互溶性。美国 GE 公司采用该改性技术生产的覆铜板（GETEK™）占据着美国高频电路基板的大部分市场份额。表 2.11 为改性 PPE 树脂制成的覆铜板性能。可以看到，改性 PPE 在介电性能方面具有明显的性能优势。

表 2.11 改性 PPE 树脂制成的覆铜板性能

性　　能	A-PPE 烯丙基改性（S2100）	EP/PPE 多种环氧共混改性	EP/PPE IPN 技术环氧改性	BT 树脂	CE 树脂	改性环氧
介电常数（@1MHz）	3.4～3.5	3.7～4.1	3.8～4.2	4.1～4.3	4.2	4.4～4.8
介电损耗（@1MHz）	0.0025	0.009～0.013	0.010	0.002～0.008	0.003	0.017～0.022
玻璃化转变温度/℃	200～220	130～190	190～210	240～330	255	150～180
热膨胀系数（Z 方向）（×10^{-6}/℃）	80	—	—	40～60	50	60～90
铜箔剥离强度/(N/cm)	1.6	1.4	1.7	1.4～1.9	1.7～1.9	1.6～1.8
耐浸焊性（260℃）/s	>120	>120	>120	>600	>600	>600
吸水率（%）	0.06	0.06～0.09	0.10	0.3～0.6	0.6～0.7	1.0～1.6
阻燃性/UL94	V0	V0	V0	VB-V0	VB-V0	VB-V0

5. 改性聚四氟乙烯树脂

聚四氟乙烯（PTFE）由于分子结构中表现出的高结晶度、大相对分子质量、无支链及高度有序，在所有塑料中，PTFE 相比其他树脂拥有最佳的介电性能，最耐化学腐蚀，工作范围最为宽广。图 2.11 给出了一些树脂的介电常数及玻璃化转变温度。可以看出，PTFE 树脂虽然 T_g 较低，但具有最优异的介电性能，介电常数（10GHz）为 2.2～2.4，介电损耗（10GHz）低于 0.002，所制备的覆铜板主要用于射频电路。射频电路的高速信号传输要求基板材料应具有非常低的介电损耗、低且稳定的介电常数及非常精准的厚度公差，PTFE 树脂具有明显的优势。表 2.12[23] 给出了典型 PTFE 覆铜板的主要性能并与 FR-4 覆铜板进行了比较。

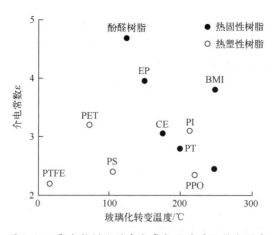

图 2.11　聚合物树脂的介电常数及玻璃化转变温度

表 2.12　PTFE 与 FR-4 覆铜板的主要性能

性　　能	PTFE 玻璃布覆铜板	FR-4
介电常数	2.66～2.70	0.0178～0.0196
介电损耗角正切	0.0009～0.0017	4.90～4.95
焊锡性（260℃）/s	>120	>120
剥离强度/(N·mm^{-1})	2.26	1.37

随着射频电路小型化、多功能化的快速发展，高频电路基板的布线层数越来越多、布线密度越来越高，对含氟树脂基板材料也提出了更高的要求。PTFE 树脂无法应用于高频线路板的最大问题在于成型温度较高、加工困难及黏结能力差等。为此，需对 PTFE 进行改性。采用共混改性、填料改性、高性能纤维增强及表面改性等方法改性 PTFE 可以有效地改善 PTFE 的缺点，拓宽其在高频线路板中的应用[24]。通常，PTFE 多层基板采用单模层压法制造，将热塑性黏结薄膜夹在 PTFE 三层射频电路板中间，通过加热模压而成，但受到黏结膜厚度的限制，所制造的多层电路厚度大。另外，采用混合介质层压技术，将环氧树脂黏结膜夹在多层 PTFE 射频电路板的中间，通过加热模压实现多层压合后，经钻孔、电镀、贴合覆盖膜形成多层射频电路。由于黏结膜的耐热性差，当温度接近或高于熔点后，会引起脱黏、变形等问题。也可以采用两次或多次层压法，即第一次层压采用熔点较高的黏结膜，第二次层压采用熔点较低的黏结膜。采用熔融黏结层压法，将车削型 PTFE 薄膜作为辅助黏结层夹在多层 PTFE 射频电路板的中间，在 370～380℃高温下通过加热模压实现多层压合。另外，由于 PTFE 树脂对铜箔的黏结性很差，需要对 PTFE 板材表面进行萘钠溶液腐蚀等化学活化或等离子体等物理处理以增加黏结强度。

热塑性黏结薄膜主要包括聚一氯三氟乙烯（CTFE）、聚全氟乙烯丙烯（FEP）、聚四氟乙烯（PTFE）等，代表性产品包括 TacBond HT、Arlon 6700、Rogers 3001 等。其中，CTFE 黏结薄膜自 20 世纪 70 年代中期就开始用于制造多层印制电路板，熔融温度为 193℃，结晶温度为 202℃，不适合制作多层板，也不能适应 PCB 加工过程中温度较高的工序，如热风焊锡流平工序等。TacBond HT 1.5 是一种将 PTFE 层压黏结在一起的热塑性黏结薄膜，厚度为 15μm 和 38μm，介电常数为 2.35，介电损耗为 0.0028，吸水率为 0.05%。FEP 黏结薄膜的熔点为 260℃，能够承受热风焊锡流平工序的处理温度。将 FEP 和 CTFE 相结合可以实现有限的连续层压。车削型 PTFE 黏结薄膜的熔点为 332℃，可用来改进熔融黏结过程中的流动性，增强对多层线路板间隙的填充效果。对于 18μm 的铜箔间隙，可以不用辅助黏结的 PTFE 薄膜，而对于厚度超过 50μm 的铜箔间隙，则必须采用辅助黏结的 PTFE 薄膜。热塑性黏结薄膜具有十分优异的介电性能，包括很低的介电常数和介电损耗等，与 PTFE 射频电路十分相近，是理想的多层射频电路黏结薄膜。

热固性半固化片能够实现连续压制多层射频电路，具有很好的兼容性，缺点是介电常数和介电损耗较高。代表性产品包括 SpeedBoard C 和 TacPreg TP-32。Speed Board C 是由膨胀性 PTFE 树脂与热固性环氧树脂混合而成的半固化片，具有比标准环氧树脂更低的介电损耗，具有热固性，可连续层压多层射频电路。TacPreg TP-32 是将热固性 BT 树脂涂敷在压制好的 PTFE/陶瓷基材上形成的半固化片，固化温度为 205℃，介电常数为 3.20，介电损耗为 0.0050，吸水率为 0.1%，可用于 RF-35、RF-35P、RF-35A 及 TacLam 等多层电路板，是热塑性基材与热固性树脂体系复合的范例，能够适应多数压机的层压温度以连续压制多层射频电路。

6. 热固性聚酰亚胺树脂

先进电子封装技术的快速发展对高密度封装基板用树脂基体提出了更高的要求，包括具有更高的耐热性、更优异的综合力学性能、更低的热膨胀性、更低的介电常数及介电损耗、更低的吸水率等。聚酰亚胺（Polyimide，PI）树脂具有优异的耐高温、耐低温、高强高模、高电绝缘、低介电常数及介电损耗、耐辐射等优点，在微电子制造与封装领域获得了广泛的应用，尤其是作为挠性封装基板的基膜在高密度电子封装领域具有不可替代的地位。但是，由于聚酰亚胺树脂自身的刚硬结构，因此具有难熔、难溶、难以加工等缺点，在刚性封装基板领域一直没有获得广泛的应用。

PI 树脂主要包括热塑性和热固性两大类。其中，热塑性 PI 树脂由于熔体黏度高、流动性差，难以制成高品质玻璃布层压板；热固性 PI 树脂克服了热塑性 PI 树脂的缺点，适合制备高品质、高耐热玻璃布层压板，有望成为新一代高耐热高密度封装基板的芯板材料。

将 5-降冰片烯-2,3-二甲酸单酯（NE）、含氟芳香族二胺（144-6FAPB）和芳香族二胺（PDA）混合物、3,3′,4,4′-二苯酮四羧酸二酯（BTDE）在低级脂肪醇（如乙醇）溶液中反应形成热固性 PI 树脂溶液（见图 2.12）[25]，将其浸渍电子级玻璃布后，晾干形成预浸布；将预浸布裁切、叠层后，上下两面放置铜箔及缓冲垫等，放入模具，在高温压机上加热固化形成玻璃布增强的热固性聚酰

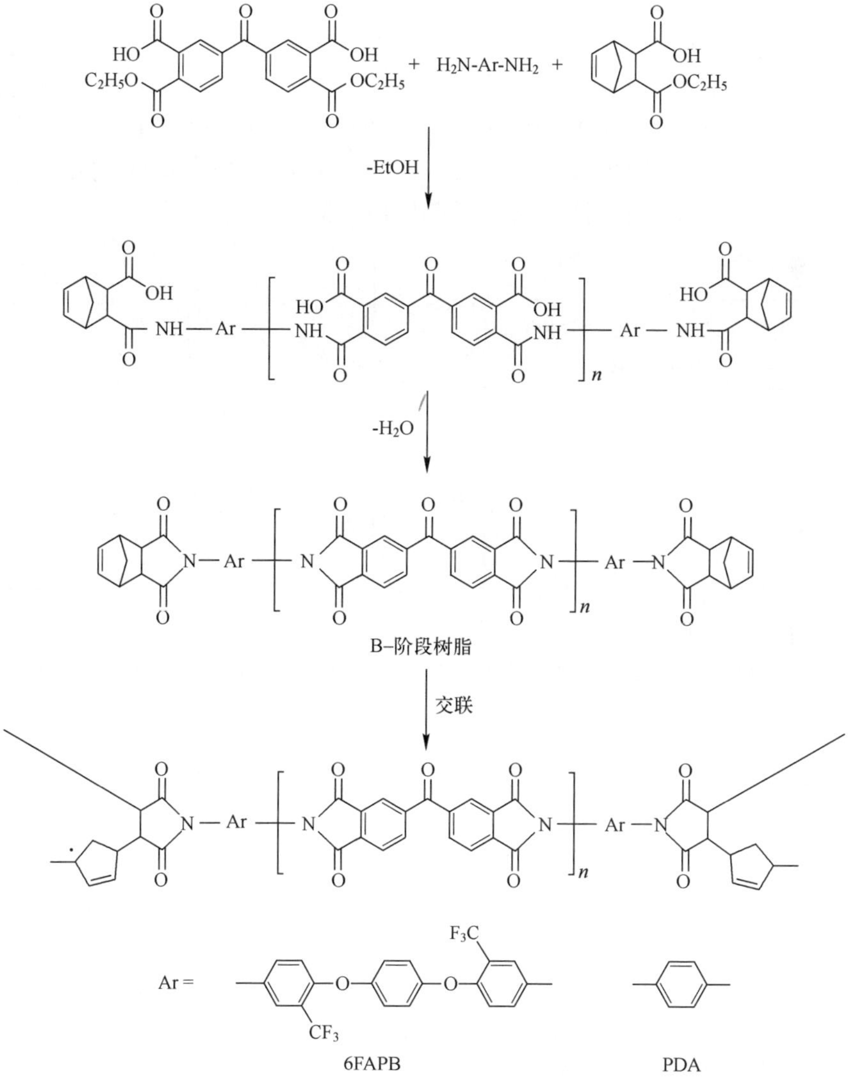

图 2.12 热固性 PI 树脂的制备过程

亚胺覆铜板（Cu/PI/Cu）。所制备的热固性 PI 树脂溶液具有高固体含量（质量分数50%）、低溶液黏度（5~20mPa·s）、易浸渍玻璃布、采用低毒性乙醇为溶剂、储存稳定性好等特点，设计分子量为2500g/mol，可制成高品质的玻璃纤维预浸布（EG/PI）。玻璃布浸渍热固性 PI 树脂形成的 B-阶段预浸料经200~240℃的高温热处理后，其中的 PI 树脂前驱体树脂溶液形成了反应性封端基封端的低分子量聚酰亚胺树脂（B 阶段）。该树脂在220~300℃时发生熔融形成具有流动性的熔体，熔体黏度随温度升高而逐渐降低，达到一个最低值后，随着温度的进一步升高而快速升高，主要归因于反应性封端基发生了交联和扩链反应，形成了较高分子量的树脂。图2.13 为 B 阶段热处理温度与熔体黏度随时间变化的曲线。随着热处理温度从220℃/1h 升高到240℃/0.5h，树脂熔体最低黏度从91Pa·s/279℃ 提高到839Pa·s/301℃；HTPI-2 树脂在50~300℃的热失重降低5.5%，降低至1.3%，有利于制备低缺陷的层压覆铜板。

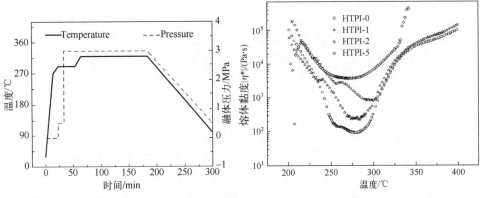

图2.13　B 阶段热处理温度与熔体压力随时间变化的曲线

图2.14　树脂主链结构对 B 阶段树脂熔体黏度的影响

图2.15 是代表性的玻璃布层压板的模压工艺曲线。最高模压温度为320℃，最高模压压力为3MPa，模压周期为300min。图2.16 是代表性 HTPI-1 玻璃布层压板的 DMA 曲线，玻璃化转变温度（T_g, tanδ）为284℃，热膨胀系数（CTE，50~250℃）分别为 12.9×10^{-6}/℃（x, y 方向）和 51.9×10^{-6}/℃（z 方向）。表2.13 总结了 EG/HTPI 层压板的综合性能。EG/HTPI-3 复合材料层压板具有最优的综合力学性能，拉伸强度为270MPa，弯曲强度为730MPa，拉伸模量为11.2GPa，弯曲模量为24.2GPa，冲击强度为53.5kJ/m²，表现出优良的介电性能和耐热性能，介电常数为4.3，介电损耗为0.0069，吸水率为0.60%，CTE 为 11.2×10^{-6}/℃，T_g 为288℃。可以看出，层压板的吸水率随着 PDA 含量的升高而提高。

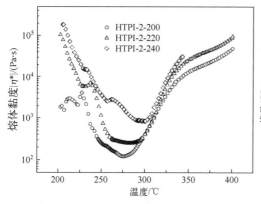

图 2.15　HTPI 树脂热模压工艺曲线

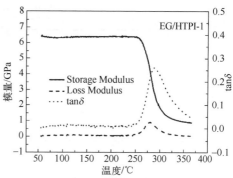

图 2.16　HTPI 纯树脂热模压件的 DMA 曲线

表 2.13　EG/HTPI 复合材料层压板的综合性能

性　　能	EG/HTPI-1	EG/HTPI-3	EG/HTPI-5	EG/HTPI-6
拉伸强度/MPa	253	270	266	235
拉伸模量/GPa	10.9	11.2	11.7	10.4
弯曲强度/MPa	724	730	534	419
弯曲模量/GPa	23.5	24.2	20.0	16.9
冲击强度/(kJ/m^2)	47.9	53.5	46.9	—
剥离强度/(N/mm)	1.24	1.23	1.18	—
体积电阻率/($\Omega \cdot$cm)	7.7×10^{16}	7.8×10^{16}	8.6×10^{16}	—
表面电阻率/Ω	7.6×10^{16}	5.5×10^{16}	4.5×10^{16}	—
介电常数(@1MHz)	4.2	4.3	4.4	4.3
介电损耗(@1MHz)	0.0063	0.0069	0.0073	0.0071
吸水率/%	0.48	0.60	0.71	1.30
CTE($\times 10^{-6}$/℃)	12.9	11.2	12.9	—
T_g/℃(tanδ)	284	288	294	322

EG/HTPI 复合材料层压板在 288℃/1h 恒温热处理后没有发现分层、鼓泡等破坏现象，说明具有优异的耐热性能（见图 2.17），尺寸变化率都在 0.5%～1.0% 范围内。考察了 Cu/EG/HTPI-1 覆铜板在 260℃、288℃、300℃高温下的尺寸稳定性（见图 2.18），发现在 260℃下，经过 1h 恒温热处理后没有发现分层、气泡等爆板现象；在 288℃下恒温处理 16min 后开始爆板，在 300℃下恒温处理 4min 后开始爆板，说明该覆铜板具有很好的耐高温性能，完全可以承受无铅焊料的波峰焊热冲击。

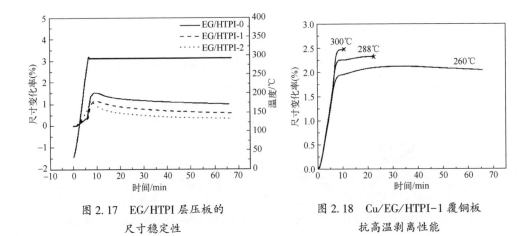

图2.17 EG/HTPI层压板的尺寸稳定性

图2.18 Cu/EG/HTPI-1覆铜板抗高温剥离性能

提高层压板的玻璃化转变温度，可有效提高封装基板的耐热可靠性，减少无铅焊接过程中纵向热膨胀系数（α_2）的不利影响，提高封装基板在更严苛条件下的使用性能，通过优化热固性PI树脂的主链结构，进一步提高了覆铜板的抗高温性能。覆铜板在288℃/1h和316℃/1h高温热处理后都没有发现分层等爆板现象，表现出优异的耐高温性能，创新了一种新的高密度封装基板制造技术。

图2.19是优化热固性PI树脂的制备过程：将具有大体积效应的取代基团（如甲基、叔丁基等）引入树脂主链结构中，制备了HGPI系列热固性PI树脂；将5-降冰片烯-2,3-二甲酸单乙酯（NE）、芳香族二胺、3,3′,4,4′-二苯酮四羧酸二酯（BTDE）在低级脂肪醇（如乙醇）溶液中反应形成热固性HGPI树脂溶液，树脂的计算分子量为2500，所用单体反应物的摩尔比为 $n(BTDE):n(二胺):n(NE)=n:(n+1):2$，按照二胺排列依次为6FAPB、TBAP、6FBAB、TMAB，所制备HGPI树脂编号为HGPI-1、HGPI-2、HGPI-3、HGPI-4；所制备热固性HGPI树脂溶液也具有高固体含量（40%）、低溶液黏度（小于100mPa·s）、易浸渍玻璃布、采用低毒性乙醇为溶剂、储存稳定性好等特点，可制成高品质的玻璃纤维预浸布（EG/HGPI）；将玻璃布浸渍热固性HGPI树脂形成的B阶段预浸料经200～240℃的高温热处理后，其中的HGPI树脂前驱体树脂溶液形成了反应性封端基封端的低分子量聚酰亚胺树脂（B阶段）；将其浸渍电子级玻璃布后，晾干形成预浸布；将预浸布裁切、叠层后，上下两面放置铜箔及缓冲垫等，放入模具，在高温压机上加热固化形成玻璃布增强的热固性聚酰亚胺覆铜板（Cu/HGPI/Cu）。

图2.20比较了B阶段HGPI树脂的熔体黏度随温度变化关系，经240℃/0.5h热处理后的B阶段树脂在250～320℃时熔融形成具有流动性的熔体，熔体黏度随温度升高而逐渐降低，达到一个最低值后，随着温度进一步升高而快速升

高，主要归因于反应性封端基发生了交联和扩链反应，形成了较高分子量的交联树脂。与含氟基团的 HGPI 树脂（HGPI-1 和 HGPI-2）相比，含大体积侧基的 HGPI-4 树脂的熔体黏度明显升高，而 HGPI-3 树脂则表现出与 HGPI-1 和

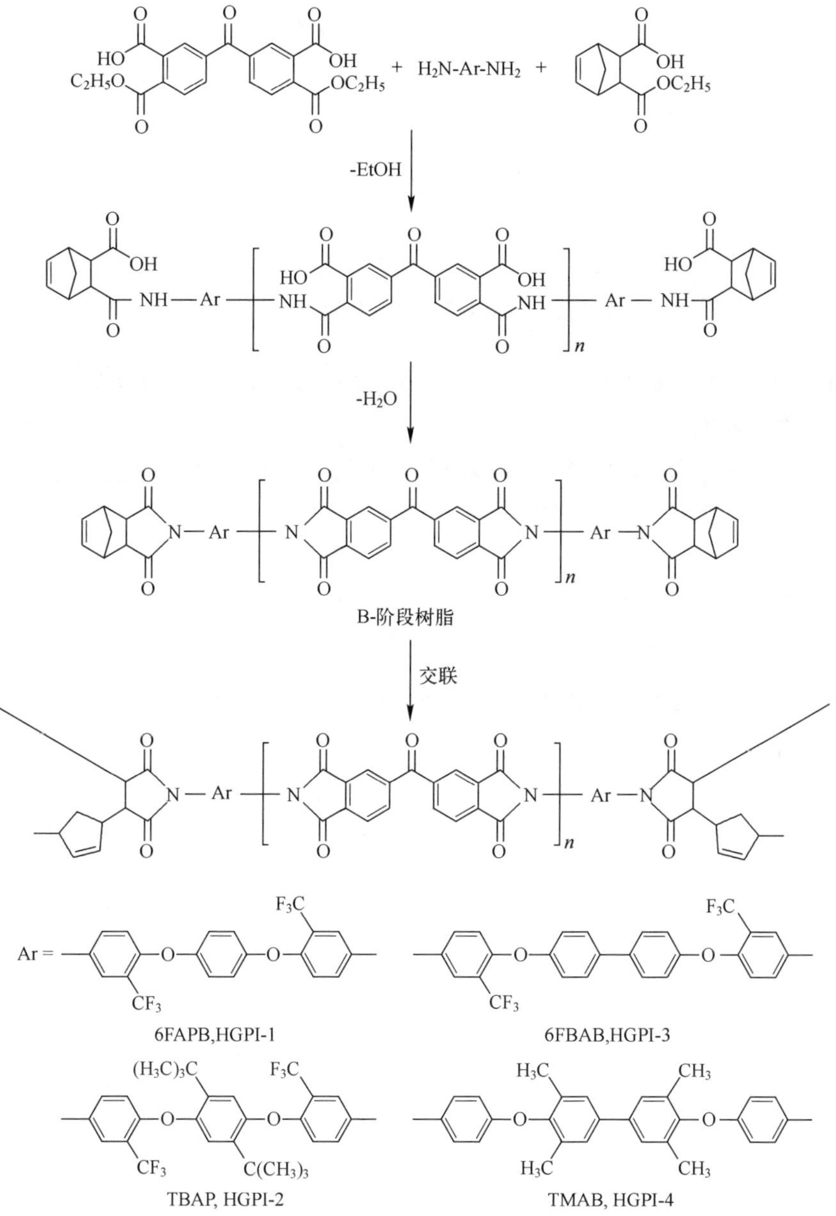

图 2.19 引入大体积效应取代基的热固性 PI 树脂

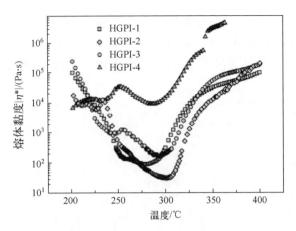

图 2.20 HGPI 系列树脂的融体流变曲线

HGPI-2 相似的熔体黏度及熔融流变行为，其中 HGPI 树脂的最低熔体黏度为 9000Pa·s/286℃。

表 2.14 比较了 HGPI 系列树脂固化物的综合力学性能及耐热性能。纯树脂固化物的拉伸强度为 58~90MPa，拉伸模量为 1.9~2.2GPa，断裂伸长率为 4.2%~7.9%，弯曲强度为 131~144MPa，弯曲模量为 2.7~3.1GPa。其中，HGPI-3 树脂的拉伸强度达到 78MPa，弯曲强度为 136MPa，断裂伸长率为 6.8%，T_g 达到 317℃。

表 2.14 HGPI 系列树脂固化物的综合力学性能及耐热性能

性能	HGPI-1	HGPI-2	HGPI-3	HGPI-4
拉伸强度/MPa	83	58	78	90
拉伸模量/GPa	2.2	1.9	1.9	2.0
断裂伸长率/%	5.9	4.2	6.8	7.9
弯曲强度/MPa	144	131	136	137
弯曲模量/GPa	3.1	2.9	2.9	2.7
T_d/℃	476	481	486	479
T_5/℃	500	472	509	484
CTE(50~250℃)(×10^{-6}/℃)	59	59	58	52
T_g/℃ (tanδ)	290	312	317	347

纯树脂固化物具有优良的耐热性能。HGPI-3 树脂的起始热分解温度（T_d）为 486℃，5%的热失重温度（T_5）为 509℃。玻璃化转变温度（T_g）是表示分子链中链段开始运动的温度，而分子链的刚性及阻碍分子链旋转的大侧基均会影响树脂的 T_g。在分子主链上引入大体积侧基叔丁基，可以提高 T_g；将苯基变成联

苯结构，T_g 提高了 16℃；在联苯基团上进一步引入 4 个甲基后，位阻效应显著增加，限制了醚键的旋转，因此 HGPI-4 的 T_g 最高，为 347℃。DMA 测试的 HGPI 树脂的玻璃化转变温度为 290~347℃，储能模量在 270℃以前没有出现明显的下降，说明树脂具有很好的热机械性能。

HGPI 树脂/玻纤布的 B 阶段半固化片采用与模塑粉相同的处理工艺，模塑粉的熔体黏度变化可以反映半固化片加工性能的变化。EG/HGPI 层压板采用与纯树脂模压件类似的工艺，通过调控加压的时机和大小，得到了高质量的层压板。表 2.15 是 Cu/EG/HGPI 覆铜板的主要性能。EG/HGPI-3 层压板具有优良的耐热性能，T_g 为 299℃，T_5 为 474℃，x、y 方向的 CTE 为 12×10^{-6}/℃，z 方向的 CTE 为 65×10^{-6}/℃。层压板优异的力学性能是基板封装可靠性的保证，优良的综合力学性能不但可减少钻孔带来的力学冲击失效，而且可缓解回流焊带来的热应力。EG/HGPI-3 层压板具有优异的力学性能，拉伸强度为 313MPa，拉伸模量为 12.6GPa，断裂伸长率为 4.5%，弯曲强度为 604MPa，弯曲模量为 18.6GPa，冲击强度为 59kJ/m²。

表 2.15　Cu/EG/HGPI 覆铜板的主要性能

性　　能		EG/HGPI-3	EG/HTPI-3
拉伸强度/MPa		313	270
拉伸模量/GPa		12.6	11.2
弯曲强度/MPa		604	730
弯曲模量/GPa		18.4	24.2
冲击强度/(kJ/m²)		59	54
T_5/℃		474	488
CTE(50~250℃)(×10^{-6}/℃)		12/65 (x, y/z)	11/50 (x, y/z)
T_g(tanδ)/℃		299	288
90°剥离强度/(N/mm)		1.38	1.23
表面电阻率/Ω		10^{16}	10^{16}
介电常数 (@1MHz)		4.2	4.3
介电损耗 (@1MHz)		0.0063	0.0069
吸水率 (%)	室温	0.53	0.60
	PCT	0.79	0.98

HTPI/EG 层压板具有优异的介电性能和电绝缘性能，介电常数为 4.2，介电损耗为 0.0063，体积电阻率约为 10^{16}Ω·cm，表面电阻率约为 10^{16}Ω。基板材料耐潮湿性能也是影响基板可靠性的重要参数。若基板材料易吸潮，则在封装过程

中可能因为受热而导致"爆玉米花"现象。EG/HGPI-3层压板的吸水率为0.53%。经高压锅蒸煮（PCT）后测得的吸水率为0.79%，比普通的常温吸水率数值更能反映材料对水汽的抵御能力。

由该EG/HGPI-3层压板制备的覆铜板（Cu/EG/HGPI-3）具有很高的铜箔剥离强度，90°剥离强度为1.38N/mm，高于Cu/EG/HTPI（为1.2N/mm）。

热分层时间是表征封装基板材料热可靠性的一个很重要的指标，特别是在使用无铅焊料后，焊接对材料耐温等级和耐温时间的要求均有了大幅提高。通常环氧树脂和BT树脂表征的项目是T-260和T-288，对于具有更高耐热性的Cu/EG/HGPI-3进行了T-288和T-316的考核试验，发现Cu/EG/HGPI-3覆铜板的热分层时间超过60min，表现出优异的耐热稳定性（见图2.21）。

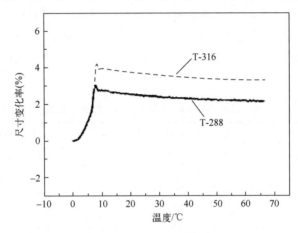

图2.21　Cu/EG/HGPI-3覆铜板的高温热分层时间

2.2　高密度积层多层基板材料

积层多层基板（BUM）主要包括两个重要应用领域，即BGA/CSP等IC电路的封装基板和搭载这些封装的母板。BGA/CSP用封装基板要求基材的T_g为180～210℃，IVH直径为60～100μm；搭载BGA/CSP母板的T_g为120～150℃，IVH（内通孔）直径为80～150μm。显然，封装基板比母板具有更高的耐热性能要求。制作BUM基板需要三大关键技术，包括绝缘层材料技术、微细通孔技术及层间电气互连技术。微细通孔技术主要包括光致成孔和激光、等离子体等成孔两种。按照微细通孔方式，BUM基板用绝缘材料也分为感光性绝缘材料和非感光性绝缘材料两大类。其中，非感光性绝缘材料包括热固性树脂（液态或干膜）、附树脂铜箔等。

2.2.1 感光性绝缘树脂

BUM用感光性树脂必须具有下述特点：①具有优异的感光性；②与化学镀铜层（导电层）具有很好的黏结性；③作为层间绝缘层必须具有优良的电绝缘性及介电性能。采用感光性绝缘树脂进行光致法导通孔加工，具有工艺简单、易制作微细孔、孔精度高、设备投资少等优点，制作的绝缘层厚度每层为40～100μm，导电线路线宽为30～100μm，通孔直径为90～150μm，电镀铜层的厚度为15μm。进一步提高感光性绝缘树脂的光刻分辨率、耐热性、与导电层的黏结性等，对于光致成孔类BUM基板实现更高密度的微细互连具有重要意义。

感光性绝缘树脂主要有胶液和干膜两种产品形态。干膜在制作BUM基板时可简化工艺、改进质量，成为今后发展的主流技术。胶液具有下述优点：①涂抹厚度易调易控，可多次涂敷，厚度均匀性好；②对内层电路填埋性好；③可适用于多种涂敷设备；④适合制备多层积层结构；⑤储存期长、性能稳定、价格便宜；⑥适合自动化生产。但它也存在一些缺点：①材料使用率低、膜厚精度难以保证；②易产生针孔、气泡，易受污染；③环境条件要求高、工艺胶复杂；④无法同时两面涂敷。干膜具有下述优点：①膜厚均匀性好，膜内气泡少，异物不易混入；②挥发份少，对环境污染小；③形成的绝缘膜表面平滑，简化了制作工艺；④生产周期短，生产效率高；⑤易于两面同时形成绝缘层膜，生产效率高。存在的缺点包括：①材料价格高、膜厚选择余地小；②线路间和通孔内的填埋性差；③连续生产成本高。表2.16是几种代表性BUM基板用感光性绝缘树脂，表2.17是感光性绝缘树脂的主要性能。

表2.16 代表性BUM基板用感光性绝缘树脂

厂家	产品	树脂/形态	厚度/μm	显影液/感光类型	贴膜方式
日立化成	BF-8000	环氧/干膜	50/75	醇类水溶液	真空贴压法
	BF-8500	环氧/干膜	100	醇类水溶液	真空贴压法
	BF-8500（高T_g型）	环氧/干膜	100	醇类水溶液	真空贴压法
	BF-8500	环氧/胶液	50	醇类水溶液	丝网印刷法
	BF-9700	环氧/胶液	50	醇类水溶液	丝网印刷法
杜邦公司	Vialux 81	环氧/干膜	50/63/75	有机溶剂/负性	—
	Vialux 100	环氧/干膜	25/50/63	有机溶剂/负性	—
	Vialux T2004	环氧/干膜	63	碱性水溶液	—
太阳油墨	PVI-500	环氧/丙烯酸酯/胶液	50	碱性水溶液	丝网印刷法
旭电化	BUR-100	聚酰亚胺/胶液	50	碱性水溶液	辊涂/帘幕法

续表

厂家	产品	树脂/形态	厚度/μm	显影液/感光类型	贴膜方式
新日铁	V-259 PA	聚酰亚胺/胶液	50	碱性水溶液/有机溶剂	辊涂法
汽巴公司	Probelec 81/7081	环氧/胶液	50	有机溶剂/负性	—

表 2.17 代表性 BUM 基板用感光性绝缘树脂的主要性能

厂家	产品	解像度(膜厚)/μm	剥离强度/(N/mm)	耐浸焊性(260℃)/s	T_g/℃	CTE(×10^{-6}/℃)	ε_r(@1MHz)	$\tan\delta$(@1MHz)
日立化成	BF-8000	120~150	0.8~1.2	>60	105	—	—	—
	BF-8500	80 (50μm)	0.8~1.0	>120	130	50~70	3.2~3.4	0.028~0.030
	BF-8500(高T_g型)	80 (50μm)	0.8~1.0	>120	170	50~70	3.1~3.3	0.028~0.030
	BF-8500	60 (55um)	0.8~1.2	>60	120	—	—	—
	BF-9700	60 (55μm)	0.8~1.2	>60	170	—	—	—
杜邦公司	Vialux 81	—	>1.2	—	135	50	3.5	0.0075
	Vialux 100	—	>0.88	—	180	77	3.0	0.038
	Vialux T2004	—	>1.2	—	170	76.8	3.0	0.038
汽巴公司	Probelec 81/7081	—	>1.0	—	130	50	4.0~4.1	0.020~0.025
太阳油墨	PVI-500	50	>1.2	—	170	—	3.9	0.025
旭电化	BUR-100	100/60μm	—	—	278	59	—	—
新日铁	V-259 PA	70/100μm	—	—	310	40	3.3	0.0020

感光性绝缘树脂在光致成孔过程中通常采用两种显影液,包括水性显影液(醇类水溶液、碱性水溶液等)和有机溶剂显影液。感光性绝缘树脂体系的化学组成不同,所需要的显影液也不同。对于水性显影液,感光性树脂需要含有大量羧基、羟基等亲水性基团;对于有机溶剂显影液,感光性树脂需要含有大量疏水性基团。感光性树脂主要含有主体环氧树脂、光聚合引发剂、光敏增感剂、增韧剂、消泡剂、流平剂、溶剂等。常用的环氧树脂包括双酚 A 型、苯酚醛型、邻甲酚醛型等。其中,由双酚 A 型环氧树脂、苯酚醛型环氧树脂及酸性环氧-丙烯酸酯树脂所组成的感光性树脂体系,不但具有优良的光刻工艺性,可以在水性显影液中显影,而且具有优良的黏结性、耐热性及绝缘性等,成为一种广泛使用的感光性绝缘树脂。

2.2.2 热固性绝缘树脂

随着激光微细孔加工技术的迅速发展,采用激光制作 BUM 导通孔技术已经成熟,并得到普遍应用,加工精度越来越高。BUM 用热固性树脂的用量也越来越大。将热固性树脂涂敷在基板表面,加热固化后形成具有一定厚度的树脂薄膜后,采用激光成孔加工,在固化树脂薄膜上形成微细通孔。与树脂固化前在感光性绝缘树脂上光致成孔的工艺相比,激光成孔可制备孔径更小的通孔。另外,热固性绝缘树脂比感光性绝缘树脂具有更好的电绝缘性、介电性及综合力学性能,可获得与铜镀层更高、更稳定的剥离强度。

热固性绝缘树脂包括胶液和干膜两种类型。胶液通常为双组分,在使用前现场混合均匀,必须在 24h 内使用。干膜由树脂与固化剂混合而成后,经过加热处理形成干态胶膜,室温下也会发生一定程度的固化反应,导致使用过程中熔体黏度有所变化,因此一般在 5℃ 以下储存,以延长储存期。

热固性绝缘树脂通常采用环氧树脂为主体树脂。为了提高耐热性,降低介电常数及介电损耗,也可以采用 BT 树脂、PPE 树脂、PI 树脂、含氟树脂、BCB 树脂等。以环氧树脂为主体树脂的 BUM 用热固性绝缘树脂,还必须加入固化剂、固化促进剂、填料、助剂和溶剂等。所用环氧树脂主要包括双酚 A 型环氧树脂、酚醛型环氧树脂、多功能团环氧树脂、脂环族环氧树脂等;固化剂和固化促进剂包括双氰胺、酚醛树脂、改性酚醛树脂、咪唑类化合物等;填料包括二氧化硅(SiO_2)、氧化铝(Al_2O_3)、氧化钛等;助剂包括着色剂、触变剂、稳定剂、阻聚剂等;稀释剂包括反应性稀释剂及有机溶剂等。

表 2.18 总结了代表性 BUM 基板用热固性绝缘树脂的主要性能。

表 2.18 代表性 BUM 基板用热固性绝缘树脂的主要性能

厂家	产品	树脂/形态	剥离强度/(N/mm)	耐浸焊性(260℃)/s	T_g/℃	CTE/($\times 10^{-6}$/℃)	ε_r(@1MHz)	$\tan\delta$(@1MHz)
日立化成	GXA-P	EP/干膜	—	>20	185	—	2.9~3.1	—
	AS-3000	EP/干膜	1.56	—	105	30	3.8	0.025
味之素	ABF-70SH	EP/干膜	>1.0	>60	170	80	3.7	0.037
	ABF-70HG	EP/干膜	—	>60	135	80	4.2	0.043
	ABF-70H	EP/干膜	—	>60	140	60	3.7	0.037
	AE-3000	EP/胶液	>1.2	>60	170	60	3.8	0.020
太阳油墨	HBI-200BKI	EP/胶液	>1.2	—	130	70-80	<3.5	<0.030
旭电化	BUR-201	PI/胶液	0.8	—	310	40	2.8	0.013
	BUR-303	PI/胶液	—	—	153	48	2.8	0.013
新日铁	V-259	PA/胶液	—	—	310	40	4.1	—

在热固性绝缘树脂体系中,除主体树脂外,填充剂等其他组分也会对绝缘层膜的质量、性能及激光通孔工艺性产生重要影响,需要对填充剂的种类、形态、

粒径、组成比例等进行优化选择。另外，通过对填充材料进行表面处理改性，不但可提高与树脂的界面黏结性，还可提高绝缘层的耐裂纹性。

2.2.3 附树脂铜箔（RCC）

在经表面粗化、耐热、防氧化处理的电解铜箔上涂敷一层有机树脂胶液，经加热干燥除去大部分溶剂、低分子挥发物后，使 A 阶段树脂转化成 B 阶段树脂，形成黏附着 B 阶段树脂膜的铜箔，即附树脂铜箔。RCC 所用的铜箔为电解铜箔，厚度为 12～35μm；是具有高温延伸性（THE）的低轮廓铜箔（Low Profile Copper Foil，LP 铜箔）；近年来，还出现了极薄铜箔（3μm 或 5μm）的 RCC 产品，主要用于制作超精细电路。RCC 的附着树脂层厚度（固化前）为 50～75μm，有些 RCC 的附着树脂层包含两层具有不同固化程度的树脂层。这些树脂具有与半固化片相似的性能指标，包括流动度、挥发物、凝胶时间、熔体黏度等。

RCC 用黏附树脂以环氧树脂为主，其他包括 BT 树脂、改性 PPE 树脂等。目前，市场上 RCC 产品大约有 30 多个品种。RCC 具有下述特性：①RCC 在制作 BUM 基板的绝缘层时，可采用多层 PCB 板的真空压制设备及相似的压制工艺条件；②可采用激光进行微细通孔加工，由于 RCC 不像半固化片一样含有玻璃纤维布，因此可以采用激光刻蚀加工形成微细通孔；③以 RCC 上附着的绝缘树脂层作为载体，易于实现绝缘层的超薄化及高平坦化；④绝缘树脂选择余地大，有利于提高耐热性、耐湿性，降低介电常数及损耗，降低吸水率，提高图形导线的剥离强度；⑤与感光性绝缘树脂比较，RCC 制作的 BUM 基板工艺简单，与导电层黏结强度高，有利于降低制造成本。

由于 RCC 具有上述突出的特点，因此近年来，在 BUM 基板制造中获得了广泛应用。表 2.19 比较了代表性 RCC 材料的主要性能。目前，大部分 RCC 采用与 FR-4 相似的环氧树脂黏附在铜箔表面上形成的 EP/Cu 复合材料，主要原因在于 BUM 基板制作成型工艺应尽量与 FR-4 PCB 接近，便于生产厂家掌握加工工艺，在已有设备上易实现 BUM 基板的低制造成本。

表 2.19 代表性 RCC 材料的主要性能

厂商	牌号	RCC 结构			RCC 性能					
		树脂（厚度）/μm	铜箔厚度/μm	制备方法	T_g/℃	剥离强度/(N/mm)	CTE (30～120℃)/($\times 10^{-6}$/℃)	耐浸焊性 260℃/s	ε_r (@1MHz)	$\tan\delta$ (@1MHz)
日立化成	MCF-1000E	EP/40～80	12/18	层压	110～120	1.5～1.6	60～70	—	3.6/3.2	0.025～0.022
	MCF-4000E	EP/60～80	12/18	层压	110～120	1.0～1.1	60～70	—	3.6/3.2	0.025～0.022

续表

厂商	牌号	RCC结构			RCC性能					
		树脂(厚度)/μm	铜箔厚度/μm	制备方法	T_g/℃	剥离强度/(N/mm)	CTE(30~120℃)/($\times 10^{-6}$/℃)	耐浸焊性260℃/s	ε_r(@1MHz)	$\tan\delta$(@1MHz)
日立化成	MCF-6000E	EP/60~100	12/18	层压	155~160	1.2~1.3	20~30(x,y)	—	3.6/3.2	0.025~0.022
	MCF-7000E	EP/50~70	12/18	层压	180~190	1.5~1.6	50~60	—	—	—
	MCF-9000E	EP/50~80	12/18	层压	135	1.1~1.2	100~120	>120	4.3/4.5	0.040
	MCF-11500R	EP/80~120	18/35	真空辊压	110~120	1.5~1.6	60~70	—	3.6	0.025
三井金属	MR500-65M3	EP/65~85	3/5	层压	150	1.2	—	—	3.4	0.025
	MR600-65M3	EP/65~85	3/5	层压	185	1.0	—	—	3.4	0.023
	MR600	EP/30~80	9/12/18	层压	185	1.3	—	>60	3.6	0.025
	MR700	EP/30~80	9/12/18	层压	210	1.1	—	>60	3.6	0.015
	MRG-100	EP/65~80	12/18	层压	185	1.0	—	>60	3.2	0.010
旭化成	PPE-PCC	PPE/60	—	层压	215	1.8	75	>120	2.9	0.0025
	封装基板	PPE/60μm	—	层压	240	1.8	40	>120	3.0	0.0030
三菱瓦斯	CRB-321	BT/55	12	层压	190	1.0	60	>30	3.6	0.013
	CCL-ML-195	BT/50~80	18	层压	220	1.3	14~15	20	3.2	0.015
	CCL-ML-225	BT/50~80	18	层压	150	1.3	14~27	20	3.8	0.025

RCC树脂体系的B阶段树脂应具有适宜的熔融流动性，固化成型后应具有高耐热性、高电绝缘性、耐化学腐蚀性、阻燃性等特性。RCC树脂层包含两个不同固化程度的树脂层：内层树脂（靠近铜箔）具有较高的固化程度，已经固化成C阶段树脂，在加热、加压固化过程中不再熔融流动，以确保RCC绝缘层达到一定的厚度，具有优良的介电性能；外层树脂仍然为B阶段树脂，具有适当的熔融流动性，熔体黏度控制在100~1000Pa·s的范围内，在加热、加压固化过程中，熔体树脂对凸凹起伏的内层电路图形可以完全填埋。进一步提高RCC树脂层的厚度尺寸精度，提高成型工艺性，提高固化树脂绝缘性能是RCC材料需

要解决的技术难题。

BUM制作工艺要求厚度为 $50\sim80\mu m$ 的 RCC 所形成的绝缘树脂层的厚度偏差控制在 $\pm2\mu m$，以保证整体 BUM 基板 z 方向的尺寸精度，有利于制作多层积层电路，提高激光蚀孔的质量和通孔的可靠性，控制多层电路板的特性阻抗精度。由于 RCC 绝缘树脂层没有玻璃纤维或氧化硅等填料，因此对提高树脂绝缘层的厚度精度带来工艺技术上的挑战。控制 B 阶段树脂层的涂层厚度精度、各部位厚度偏差、树脂各层的固化程度等可以有效提高树脂绝缘层的厚度尺寸精度。

RCC 的成型加工过程也影响着固化后树脂层的厚度偏差。控制树脂熔体黏度及熔体流动性是改善 RCC 压制成型加工性的关键因素。与半固化片相似，树脂熔体流动性主要由 B 阶段树脂的固化程度决定。当熔体流动性偏小时，树脂不能充分填充内层线路，造成层间孔隙和层间黏结性差；当熔体流动性偏大时，树脂熔体流失量大，可能造成固化树脂层厚度减少，偏差变大，绝缘性能下降。

随着电子封装技术的快速发展，对 RCC 材料提出了高耐热性、低热膨胀性、高韧性等要求，尤其是高韧性，对 BUM 基板用 RCC 制造技术向更高水平发展提出新的挑战。由于 RCC 的绝缘树脂为热固性树脂，其中不含任何增强纤维或填料，固化后的树脂耐热性差、模量低、脆性大、热膨胀系数高，导致 IC 封装在金属丝焊接的高温冲击下出现绝缘树脂层坍塌或崩裂。针对这一问题，日本公司在 2000 年前后开发出了高 T_g、高模量型 RCC。所制备的 BUM 基板的绝缘树脂层膜具有低热膨胀系数（$(20\sim30)\times10^{-6}/℃$）、高模量（$4\sim6GPa$）。该 RCC 的树脂中添加了具有高纯度、高界面黏结性和高分散性的填料，形成了新的界面相控制体系，使树脂与填料的界面实现了高分散与高黏结，有效防止了填料产生二次聚集现象。表 2.20 是高 T_g、高刚度 RCC 的主要性能。

表 2.20 高 T_g、高刚度 RCC 的主要性能

性　　能	处理条件	普通 RCC	高 T_g、高刚度 RCC
成型后绝缘层厚度/μm	—	$50\sim60$	$50\sim60$
$T_g/℃$	DMA	$150\sim160$	$190\sim195$
表面粗化度/μm	—	$1\sim2$	$2\sim3$
弹性模量/GPa	30℃	$4\sim5$	$8\sim10$
	150℃	0.5	$4\sim6$
热膨胀性（$\times10^{-6}/℃$）	$30\sim120℃$	$60\sim70$	$20\sim30$
阻燃性	UL94	V0	V0

续表

性能		处理条件	普通 RCC	高 T_g、高刚度 RCC
剥离强度/(N/mm)	外层	18μm	1.4～1.6	1.2～1.3
	内层	35μm	0.8～1.0	0.7～0.9
	电镀层	18μm	0.8～1.0	0.8～0.9
介电常数		1MHz	3.6～3.8	4.2～4.4
介电损耗		1MHz	0.025～0.027	0.020～0.022
耐电蚀性/h		50V/85℃/85%RH	>500	>500
激光加工性/脉冲次数		100μm 孔	2～3	3～4
绝缘厚度：70～80μm/shot		150μm 孔	3～4	2～3

2.3 高密度封装基板制造方法

高密度封装基板制造方法主要包括：①半固化片制备；②覆铜板压制成型；③多层互连芯板制造；④积层多层基板制造等[26]。

2.3.1 半固化片制备

将树脂胶液均匀涂敷在增强纤维布表面，经过适当加热处理后除去部分溶剂，使树脂发生部分化学反应，形成具有一定黏性的半固化树脂/纤维布胶布（或带）。将具有一定固体含量及溶液黏度的树脂胶液注入立式浸胶机的胶槽中，均匀浸渍在纤维布的表面上，经过加热烘干，得到具有一定黏性的预浸布；将预浸布两个胶面覆盖隔离膜后，裁切成一定的尺寸，叠层后冷藏保存。

树脂基体胶液主要包括环氧树脂胶液、BT 树脂胶液、PPE 树脂胶液等。制备过程为：将树脂与固化剂、催化剂、流平剂、助黏剂、溶剂等在反应釜中搅拌溶解形成均相液态胶液，调节固体含量、黏度至合适的范围待用。控制技术指标包括在一定温度下测定黏度、固体含量、密度、折光指数、凝胶时间、凝胶温度等。

树脂胶液在纤维布表面浸渍加工过程的实施是浸渍树脂溶液与增强纤维布中的空气相互交换的过程。在此过程中，树脂胶液通过上胶机的底涂辊（单方向进入树脂胶液）或挤压辊（双方向进入树脂胶液）涂敷在纤维布表面，通过控制树脂的黏度和固体含量，确保树脂在纤维布表面及纤维间的浸胶浸透性、挂胶量及膜厚均匀性。上胶机的结构、精度及控制水平是保证纤维浸胶均匀性的重要条件。尤其是挤出辊制造的精度、转速均匀性等，以及增强纤维布浸胶速度及张力控制的一致性、设备整体运行的质量等,都对半固化片的质量具有重要影响。

在浸胶过程中,尽可能使树脂胶液渗透增强纤维布的纤维内部,使树脂充满纤维的所有间隙,是封装基板具有高耐湿热性、高耐金属离子迁移性、高平整性的重要保证。对于树脂胶液来讲,分子量大小及其分布、固体含量、黏度、密度、储存稳定性及浸胶温度等都是重要影响因素;对于增强纤维布来讲,纤维布的纱捻数、经纬密度、结构参数(空隙面积、平行纱面积占比、重叠纱面积占比等)、厚度、偶联剂种类及偶联效果等都会影响半固化片的质量。

为了提高浸胶过程中树脂的浸透性和半固化片树脂层的厚度精度,还可以采用下述措施:①在增强纤维布浸入胶液前,进行幅宽方向的展平、前烘;②浸渍过程采用真空浸渍工艺;③进入干燥前,精确控制湿态上胶布的"空温渗透"时间等。

浸胶后的湿态上胶布在干燥过程中发生两种变化:一种是物理变化,即溶剂、水分子和低分子量挥发份的蒸发;另一种是化学变化,树脂由 A 阶段向 B 阶段转化,实现部分固化。在这种干燥过程中,需要精确控制干燥箱各段的温度和上胶布通过干燥箱的时间。干燥完成后,半固化片内只允许残留很少质量的挥发份,保证树脂胶膜具有适宜的黏性及熔融流动性,以满足后续层压板或覆铜板的压制成型工艺要求。

干燥过程中,浸渍在纤维布上的树脂在加热作用下发生化学反应,由 A 阶段树脂转化为 B 阶段树脂,达到预固化的目的。A 阶段树脂是为了能够有效浸润增强纤维布形成高品质预浸料而设计的,含有一定的低沸点溶剂,易于溶解树脂形成高固含量、低黏度的树脂溶液,对纤维表面具有很好的浸渍性;当树脂浸渍完成后,在加热作用下,易于挥发,脱离树脂体系。B 阶段树脂是为了能够通过模压成型形成多层玻璃布层压板及覆铜板而设计的。树脂必须具有较好的熔融流动性及熔体黏度稳定性。在加热及适当压力作用下,树脂熔体中的所有小分子挥发物,包括残留的空气、吸附的湿气及反应产生的小分子副产物等必须能够排出树脂体系,以避免在层压板内部形成缺陷或空洞。

另外,需要严格控制 B 阶段树脂在干燥过程中的交联固化程度。如果交联固化程度太高,在加热压制成型加工中树脂熔体黏度大、流动性差,压制成的层压板外观、内部质量和性能都会下降。如果交联固化程度太低,在加热压制成型加工中树脂熔体黏度太小、流动性太大,熔体树脂被大量挤出,同时需要排出大量的挥发份,压制成的层压板会出现贫胶、力学性能下降等问题。通过精确控制各个干燥阶段的温度可以有效控制树脂的交联固化程度。在干燥箱各阶段温度设计上,应制定温度制度,确定各个阶段的温度及时间。通常在较低温度(100~130℃)条件下,除去大部分溶剂,并使树脂发生部分交联固化反应,增加树脂熔体黏度，使树脂熔体充分浸渍纤维表面，排出所有空气及水分后，进一步提高温度，使树脂在纤维的内芯到外表都达到均匀分布状态。因此，采用具有一定温度梯度的干燥过程，使得溶剂、水及低分子挥发份能够分阶段脱除，有利于制备性能优异的半固化片。

半固化片的主要性能包括：①含胶量（Resin content，RC，也称树脂含量）；②树脂流动度（Resin Flow，RF，也称流动度）；③凝胶时间（Gel Time，GT）；④挥发份含量（Volatile Content，VC）；⑤单张质量；⑥比例流动度（Scaled Flow Thickness）；⑦固化百分比（Cure Percent）等。对于半固化片主要质量标准的测定方法，主要有 IPC-TM-650、MIL-S-13949H、JIS-G-6512 等。

对于多层基板用半固化片，要求树脂能够填充满 PCB 导线间的空隙、尽可能降低叠层间的空气和低分子挥发物的残留、具有多层板加工时所必需的树脂/纤维布比例等。同时，层压板厚度、尺寸及其精度、布线密度、层数、压制加工方式和工艺条件等多种因素也对多层板的性能影响很大。另外，半固化片需要具有良好的储存稳定性，在不同的温度、湿度条件下要保持稳定，避免吸潮后引起凝胶时间下降、流动度增加等性能变化。具体要求为：在储存温度小于 20℃、相对湿度小于 50%时，储存期不低于 3 个月；在 5℃以下干燥的条件下，储存期可达到 6 个月。

为了满足高密度、高精细度多层封装基板的使用需求，近年来市场上出现了许多高性能的半固化片品种，主要包括：①高耐热性半固化片，如 BT 树脂半固化片、BMI 树脂半固化片等；②低介电常数半固化片、改性 PPE 树脂半固化片等；③低热膨胀系数半固化片，如 BT 树脂/芳纶纤维半固化片等；④薄型化多层基板用半固化片；⑤高耐金属离子迁移性半固化片；⑥高尺寸稳定性半固化片；⑦无卤阻燃性半固化片；⑧无气泡性半固化片；⑨低落粉性半固化片；⑩高厚度精度半固化片；⑪"一层化"半固化片；⑫多层基板用特种半固化片，包括芳纶纤维无纺布半固化片和无增强材料的附树脂铜箔的半固化片等。

2.3.2 覆铜板压制成型

根据设计，将多个半固化片叠层，在顶层或底层覆盖导电铜箔，铜箔粗糙面与半固化片相对放置后，在铜箔外面放置吸胶薄膜、铝箔、应力吸收薄膜等。上下各放置钢板后，置入普通压机或真空压机中，加热、加压，进行覆铜板压制成型。在覆铜板压制成型过程中，通过加热、加压使半固化片上的树脂熔融流动，进一步渗透至增强纤维间隙中，并使树脂从 B 阶段转化成 C 阶段，形成热固性树脂/纤维布层压复合材料（层压板），同时将铜箔黏结在层压板的上或下表面上，形成双或单面覆铜板。

采用真空压机比普通压机具有明显优势。在真空压机中压制覆铜板，可使树脂熔体在真空作用下充分填充在纤维布的间隙中，并可通过真空将小分子挥发份及包裹在树脂和纤维布内部的空气完全排除体系之外，使覆铜板的各个部位在压合时均匀受力，成品厚度均匀，并且拥有良好的精度。另外，由于真空压制过程中所需要施加的压力比普通压机小，覆铜板受到的应力相对较小，成品平整度更高，同时，对铜箔的高温氧化作用也小。在真空压制过程中，温度、压力、时间是层压过程中的3个重要工艺参数，通常可分为3个阶段：预热、热压和冷却。

预热阶段是整个层压过程中最关键的阶段，也是需要精确调控各工艺参数的阶段。根据压力、温度控制方式不同，预热阶段的加热、加压可采用多种方式。其中"两步升温、两步加压"法是最普遍采用的，即在施加较小压力（一次加压）时升温至一定温度（一次升温），加压至一定压力（二次加压）时保温一定时间后，再升温至更高温度（二次升温），保温保压一定时间后，降低温度至一定程度，释放所有压力。

在预热阶段，通过加热使半固化片的树脂熔融且具有适当流动性，在压力作用下使树脂熔体润湿纤维表面的黏结面及铜箔表面的黏结面，充分填充纤维间隙，驱逐全部挥发份。随着温度的不断升高，树脂熔体流动性逐渐提高。在热压阶段，将温度进一步升高，在升温及压力作用下，半固化片的树脂由B阶段逐渐转变为C阶段，完成热固化过程。

2.3.3 多层互连芯板制造

多层互连芯板的制造方法为，在单面或双面覆铜板上，经印制刻蚀法制作印制电路板，再根据预先设计好的多层结构进行定位叠层，在印制电路板的上下两面分别叠放半固化片、铜箔等，最后在铜箔外面放置吸胶薄膜、铝箔、应力吸收薄膜、钢板等；将叠层结构放入真空压机中通过加热、加压进行多层黏结，形成含有多层印制线路的单面或双面覆铜板；将覆铜板再印制刻蚀、通孔电镀等制成电镀通孔多层互连芯板。为了保证覆铜板上的高密度布线，增加立体布线层数是最有效的方法。

2.3.4 积层多层基板制造

积层多层封装基板技术是在电镀通孔多层互连基板的基础上发展出来的。积层多层基板是以多层互连基板作为芯板，在其单面或双面上将绝缘层与导电线路层进行逐步积层，构成更高密度的多层立体布线结构。20世纪90年代后期，这种技术达到了实用化水平。为了实现良好的立体电气连接，积层多层基板不再采用机械方式制作通孔，取而代之的是诸如光刻、等离子、激光和喷砂等新技术。这些新的制孔技术可以在每一层线路上制作大量致密的微细孔，为实现高密度层间互连打下良好的基础。积层布线法根据设计要求，可合理安排电路各层互连孔的位置，实现最佳立体互连，布线自由度高，非常适合高密度布线。

积层多层基板可以分为两部分，包括中间的芯板部分和上下的积层部分。芯板作为积层的载体和支撑，本身就是高密度互连电路板，可采用双面通孔印制电路板、多层印制电路板等制作。积层部分通过绝缘层和导体层交替堆叠积层来制作。为了提高层与层之间的黏结强度，每层积层前都需要进行表面处理。积层布线法按照材料、积层方式及制孔方法不同，主要有3种工艺方法：①附树脂铜箔方法；②热固性树脂方法；③感光性树脂方法（见图2.22）[27]。

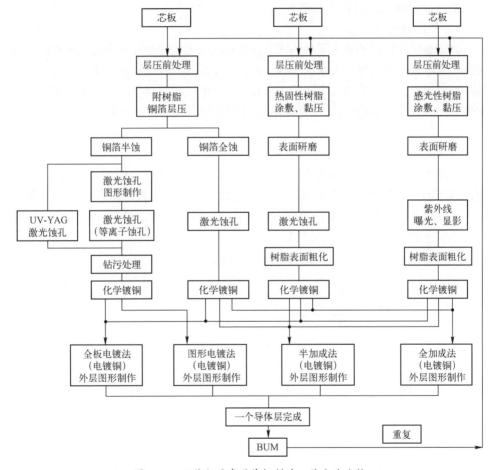

图2.22　3种积层多层基板制造工艺方法比较

1）附树脂铜箔方法

采用附树脂铜箔进行积层时，主要通过热压、辊压等方式将其黏附在双面或多层芯板上，电镀通孔中需要填充树脂或导电浆料。为了增强表面与树脂的黏结性，需要对铜箔进行粗化，主要是对铜线路图形的表面进行电镀或刻蚀处理后，在表面黏结附树脂铜箔。一般情况下，可以采用较为传统的真空积层热压法，完成积层制作，再以此铜箔作为激光打孔的掩模进行激光打孔。化学镀铜既可以采用全板电镀法，也可以采用图形电镀法。全板电镀法是在铜箔的整个表面沉积一层铜。这样做的问题是，在制作表面线路图形时，既需要刻蚀去除电镀铜层，也需要刻蚀去掉铜箔，刻蚀量较大，制作难度也大。在完成一层导电线路层制作后，如果需要进一步制作另一层积层导电线路层，则可以在该层上再贴敷一层附树脂铜箔，再按上述过程重复即可。

2）热固性树脂方法

将液态热固性树脂或干膜状热固性树脂胶膜作为绝缘层涂敷或黏压在双层或多层高密度芯板表面上形成绝缘层膜后，通过激光蚀孔、表面粗化、化学电镀、刻蚀线路图形等形成一层导电线路层。在完成一层导电线路层制作后，如果需要进一步制作另一层积层导电线路层，则可再贴热固性树脂，重复上述过程即可。

3）感光性树脂方法

将液态感光性树脂或干膜状感光性树脂胶膜作为绝缘层涂敷或黏压在双层或多层高密度芯板表面上形成绝缘层膜后，通过光刻蚀孔、表面粗化、化学电镀、刻蚀线路图形等形成一层导电线路层。在完成一层导电线路层制作后，如果需要进一步制作另一层积层导电线路层，则可再涂敷感光性树脂或黏压感光性树脂胶膜，重复上述过程即可（见图2.23）。

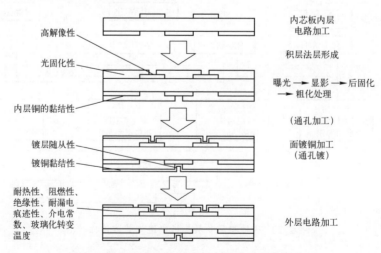

图2.23 采用感光性树脂制备积层多层基板过程

2.4 高密度封装基板结构与性能

根据封装基板的布线电路层数,有机封装基板可分为单面封装基板、双面封装基板和多层封装基板。单面封装基板是封装基板中最基本的一种,电子元件一般设置在电路板的同一侧,另外一侧放置连接导线,由于导线都位于一面,故称为单面封装基板,在其使用过程中会受到很多工艺或者性能上的严格限制,具体应用存在一定局限性。双面封装基板则在两面都布置有导电线路。由于基板两面的电子线路需要相互连接,故需要在基板上通过设置通孔实现两面布线电路的电气连接。由于两面都有电路,故双面封装基板的使用面积几乎比单面基板扩大了一倍,能够搭载更加复杂的 IC 电路,实现更多功能,但也让电路布线更加复杂。多层封装基板在双面基板基础上应用更多双面布线技术,并于每层间加入绝缘胶膜进行压合而成。多层基板的层数代表着独立布线电路的层数。层数一般都是偶数,并且包括最外面的两层。目前,多层封装基板以 4～8 层的布线电路结构居多。虽然在技术水平上可以达到将近 100 层,但实用性并不高[28]。

随着芯片尺寸和 I/O 计数的不断增加,IC 封装的应力管理成为一大挑战。随着表面贴装技术(SMT)的快速发展,硬而短的微型焊球取代了柔长的引线插脚,大幅缩短了电气连接的长度。同时,IC 封装技术面临的挑战也已经转化为基板之间相互作用的挑战,尤其对于大尺寸 IC 封装,当中心点距离(DNP,基板的中心到角落的距离)变得太大时,基板与 PCB 的 CTE 不匹配会导致焊球产生局部裂纹。相对于陶瓷封装基板,有机封装基板面临的挑战更严峻。对于 FC-BGA 封装,通过底部填充材料可以加固焊球,但也会发生显著的应力松弛现象,因此材料性能成为封装可靠性的关键保障。聚合物的性能与温度密切相关,在玻璃化转变温度(T_g)附近,材料性能可发生明显变化,由此更加剧了封装的复杂性。

2.4.1 单/双面封装基板

图 2.24 是代表性单面封装基板的截面结构图[29]。单面封装基板在封装基板的一面放置电子元件,在另一面对元件进行焊接,适用于电子元件较少的电子电路[30]。随着移动电子产品性能的不断更新和电子元件的不断小型化,封装基板的面积尺寸不断变小,制造成本不断降低。目前,在封装基板厚度减薄方面取得了很大进展,总厚度为 110μm 的封装基板可使用两层厚度为 50μm 的电介质材料进行生产。采用减法技术的细线线宽和空间间距已被提高到 40μm;采用改性半

加性技术,可以使电子线路的线宽和间距达到 25μm。通常,单面封装基板必须具有足够的厚度,以减少由于铜布线平面的不平衡所引起的基板弯曲。

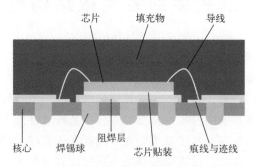

图 2.24　单面封装基板的截面示意图

单面封装基板的制造方法为:首先,在单面覆铜板(1L-CCL)上,通过机械钻孔或激光烧蚀方法形成用于焊球焊盘的开口;然后,按照标准光刻制图方法在铜箔上涂敷光刻胶,经曝光、显影后形成设计的电子电路;最后,采用 Ni/Au 选择性地进行电镀形成球形焊盘。如果需要,则可以在电子线路图案上涂敷阻焊剂(或采用选择性的 Au 电镀掩模)。通过引线键合对芯片进行组装,焊球黏结均可采用通常的组装工艺过程进行。单面封装基板几乎不会发生翘曲,不需要进行任何特殊处理。

图 2.25 是一个典型 aS3 单面封装基板搭载倒装芯片后的横截面结构。该基板通过环氧塑封形成一个可靠的 IC 封装。

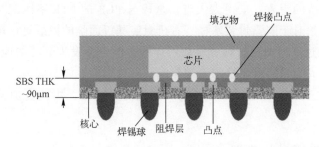

图 2.25　搭载倒装芯片的单面封装基板的横截面结构

如果裸露的布线被完全覆盖且没有空隙,就可以使用裸芯片附着膜或环氧树脂将裸芯片直接黏附在裸露的封装基板上。单面封装基板的球垫开口是直径非常大的盲孔(可达 300μm)。对于如此大的孔,采用激光钻孔将是一个相当缓慢和耗时的过程,成本很高。由于封装基板的制造总成本取决于每个基板表面的焊盘大小和数量,激光加工只有在大球道和小垫块的情况下才有成本效益,而采用机械钻孔+电镀通孔的方法则是适宜的。在机械钻孔过程中,在焊盘位置镀铜柱,在半固化片上相同的位置进行机械钻孔；将带预钻孔的半固化片的开孔位置与铜柱位置对准，在层压过程中使半固化片固化，铜柱可在电镀后或层压后刨平，去除铜柱顶部的所有残留树脂碎屑；对铜箔面制作单面电路图案，形成单面封装基板。另一种工艺是基于双图案镀覆工艺，对金属化基板进行第一图案镀覆过程，以形成布线图案，在第二图案镀覆过程中镀覆 Cu 柱，将预钻孔的半固化片层压在图案和铜柱上后，按照标准的工艺流程进行精加工，得到单面封装基板。

2.4.2 多层封装基板

多层封装基板的制作过程是先将多层印制电路芯板、半固化片与铜箔等通过加热压制成含芯板的单面或双面覆铜板，然后通过机械通孔、电镀、刻蚀线路等工序得到多层封装基板[28]。较早且最成熟的将 IC 芯片与基板实现电气连接的技术是引线键合（WB）法，通过金属引线将一端焊接在芯片表面，另一端从芯片上面连接到基板的端子上。新的连接技术是倒装焊（FC）键合技术，将表面带凸点的芯片面朝下直接焊接在基板表面的焊盘上，对准的焊球或凸点与焊盘通过波峰焊使两者实现熔接互连。倒装焊键合技术的一种形式是金属柱焊接，通过回流或热压方法将铜柱（CuP）与焊盘焊接在一起。由于铜柱直接镀在晶片上，并且在组装过程中不会塌陷成球形，提供了迄今为止最小的互连间距及可控的芯片间距。通过调整基板尺寸（如 187mm×40mm 与 390mm×490mm）、面板有效区域内的引线布局及基板本身的线路布局（如 6 个单元与 12 个单元，27mm×27mm），可以实现明显的成本优化。

通过倒装焊键合连接的封装基板（FC-BGA 基板）通常具有较高的 I/O 数及良好的布线空间。FC-BGA 基板的可焊表面光洁度不含金或含金量低，确保了焊点的可靠性。I/O 数低于 500 个的小型 IC 封装也可以组装在 PC-BGA 基板上，I/O 端子密度较低时可以通过层压技术实现。近年来，FC-CSP 基板技术也得到了快速发展。高密度封装基板（HDI）仅用于非常高端或高密度的设计，有力支撑了系统级封装（SiP）的爆炸性增长。

通过电镀通孔（PTH）实现层间互连的多层封装基板，包括两层（2L）、四层（4L）和六层（6L）等不同的层数。其中电镀通孔包括过孔（BV）、盲孔和掩埋 PTH 等。多层封装基板是将环氧树脂/玻璃纤维布层压覆铜板经过机械钻孔、电镀通孔后，对铜箔进行光刻、显影形成布线电路，最后制作焊盘得到封装基板。为了实现覆铜板的薄型化，可以减少玻璃纤维布的层数，目前最薄的覆铜板只有一层玻璃布。铜箔一般使用厚度为 $12\mu m$ 的电解铜箔。为了达到 RoHS 法案中环氧树脂无卤化和绿色化的要求，环氧树脂已经实现了绿色替代。代表性的两种无卤阻燃性环氧树脂包括日本三菱公司的 MCL-E679 系列环氧树脂产品和日立化学公司的 HL832 系列环氧树脂产品（见表 2.21）。

表 2.21 最常见的电介质 CCL 材料的性能

性能	日立化学公司 MCL-E679FGB	三菱公司 HL832NX	说明 DMA
T_g/℃	190	220	TGA
T_5/℃	—	310	
CTE (x,y) $(\times 10^{-6}$/℃)	13～15	14	TMA
CTE (z) $(\times 10^{-6}$/℃)	23～33	30	TMA
内应力 T_{288}/MPa	—	25	
导热系数/(W/(m·K))	0.71-0.83	0.44	
介电常数（@1GHz）	4.6	4.7	1GHz
介电损耗（@1GHz）	0.017	0.013	1GHz
体积电阻率/(Ω·cm)	1.0×10^{14}	5.0×10^{14}	
表面电阻率/Ω	1.0×10^{13}	5.0×10^{13}	
90°剥离强度/(N/mm)	0.65	0.75	12.5μm 铜箔
弯曲强度/MPa	450～550	450	
弯曲模量/GPa	37	28	
拉伸强度/MPa	200～300	280	
拉伸模量/GPa	20～26	29	
泊松比	0.20～0.21	—	
吸水率（%）	0.05	0.47	
阻燃性	UL94 V-0	UL94 V-0	
绿色环保性	RoHS and green	RoHS and green	

为了避免封装基板在热冲击下发生变形等问题，采用具有低热膨胀系数（CTE）的 S-玻璃纤维布（S-Glass）代替 E-玻璃纤维布（E-Glass），通过液晶聚合物链段及弹性体链段对环氧树脂进行改性，并通过添加特殊填料等方法，低热膨胀系数的 BGA 封装基板被成功研制，其 CTE 降至 $1.5\sim 5\times 10^{-6}$/℃，T_g 达到 260～270℃。

多层封装基板的厚度已经从 200μm 降低至 150μm 和 100μm，甚至更薄。需要注意的是，人的发丝直径约为 100μm。目前，应用的最薄介电核心材料厚度约为 40μm 和 25μm，其中 40μm 厚度的核心材料在总厚度为 100μm 的成品封装基板中已占据了相当大的比例。下一个目标是使封装基板的最终厚度达到 80μm。

为了进一步减少封装基板厚度，必须减小并严格控制布线电路上的阻焊剂厚度。典型的阻焊层厚度平均为 15～30μm，而实际的工业标准阻焊剂是液态、可光成像的油墨，通过丝网印刷，采用幕涂或辊涂方式施涂。施加油墨后，表面立即变平，成为相对平坦的表面。然而，在干燥期间，油墨将开始在迹线和空间上形成共形的形貌，即在布线之间蒸发的溶剂总量远大于迹线上蒸发的。因此，油墨就会在基板表面上形成山峰和山谷交替的波浪形状。在阻焊剂的固化过程中，由于固化收缩通常使形貌恶化——阻焊层中的两个反应性部分，用于光反应性的丙烯酸酯及用于热反应性和化学电阻率的环氧树脂，通常在聚合固化过程中都发生大量的收缩。针对这种情况，可以采用下述几种措施使形状变化最小化。①在曝光前仔细控制干燥轮廓。随着溶剂的蒸发，黏度增加，流平速度减慢，黏度的增加可以通过提高温度来抵消，当然蒸发速度也会增加。高温下还可导致结皮效应，其中表面蒸发速度快于溶剂的整体扩散速度。因此，最有效的温度控制曲线可能是阶梯状曲线。②加入不同沸点的溶剂有助于有效地管理黏度分布，但需要大量的试验来确定最佳的溶剂混合比例和浓度。③将阻焊层在一定温度和压力下干燥（或-B 阶段）后，通过 PET 覆盖膜（聚乙烯对苯二甲酸酯）的层压可以提供一定程度的流平性能。使用 PET 薄膜的最大好处是提高了图像分辨率：丙烯酸酯的光反应通常受到氧气的阻碍，即使在真空曝光系统中也存在氧气，导致分辨率降低。PET 薄膜可最大限度地减少在曝光过程中氧气向阻焊膜中的再扩散，从而产生更清晰的图像和分辨率。④干膜（DF）阻焊层。干膜阻焊层是减少形貌变化和减小厚度最有效和最简单的方法。本质上，它是一种与 DF 光刻胶相同形式的阻焊层。该阻焊层被涂覆在 PET 载体膜上。该 PET 载体膜可保护阻焊层在暴露过程中免受污染、接触和氧气的污染，并用 PE（聚乙烯）隔离片将阻焊层卷起来。DF 阻焊层需要真空层压（真空、压力和高温），以完全密封走线而不会残留空气。对于基板制造商来说，其确实有很大的优势，而材料涂层的清洁度要求由材料供应商来处理，而不是由基板制造商来处理。

近年来，市场上出现了几种阻焊剂新产品，具有较低的 CTE 和较高的 T_g。表 2.22 比较了典型阻焊层材料的性能。

表 2.22 典型阻焊层材料的性能

性　　能	AUS 308	AUS 310	AUS 320	AUS 410	AUS SR1	AUS SR3
拉伸模量/GPa	2.4	3.0	3.4	3.2	3.5	9
断裂伸长率（%）	3.0	3.5	3.5	4.9	3.5	2-3
拉伸强度/MPa	50	70	70	75		
T_g/℃	100	103	114	110	130	150

续表

性能	AUS 308	AUS 310	AUS 320	AUS 410	AUS SR1	AUS SR3
CTE（$\times 10^{-6}$/℃）	60	60	60	50	40	15
吸水率（%）	1.3	1.1	1.1	1.0	1.0	0,4
泊松比	0.29	0.28	0.29	0.32		
介电常数（@1GHz）	3.9	3.6	3.9	3.6	3.5	3.3
介电损耗（@1GHz）	0.029	0.024	0.030	0.022	0.015	0.011

（1）四层封装基板（4L-BGA）。最简单的4层BGA基板是将双面覆铜板经过机械钻孔、电镀通孔后，再对铜箔进行曝光、光刻，形成布线电路后，制作焊盘得到双面互连芯板；在芯板两面与半固化片和铜箔压制得到含双面互连芯板的覆铜板，再对该覆铜板进行机械钻孔及电镀通孔，对铜箔进行曝光及光刻后形成布线电路，最后制作BGA焊盘，得到四层BGA封装基板。

更复杂的四层BGA封装基板可以埋置PTH以提高引线可焊性，其工艺流程基本遵循两层基板到阻焊层的过程。通常，用于PTH连接的内部平面尺寸会增加，以确保PTH被内部平面完全包围，并避免任何孔洞破裂。配准更精确的方法是使用X射线钻机：使用X射线照相机，确定内部配准基准，并相应地放置用于后续PTH钻进的新工具孔。近年来，工业上已经引入了对PTH的激光钻孔，不是单次钻孔，而是分两次钻孔，从面板的每一侧钻孔一次，从而形成一个X形通孔（X-via），孔的定位精度得到了显著提高，可制作更小尺寸的焊盘和具有更好的布置能力。

（2）六层封装基板（6L-BGA）。随着基板层数的增加，制造工艺更加复杂，制造成本急剧上升。当其他参数保持不变时，在两层基板基础上每增加一对层，成本增加约50%。对于最简单的6L-BGA封装基板，只要通过制作层间互连的PTH，就可按顺序构建。制作顺序从制作两层芯板开始，在其两面通过压制半固化片与铜箔层形成四层覆铜板，将其进行通孔、布线形成四层芯板，再将四层芯板两面通过压制半固化片与铜箔层形成六层覆铜板，将其通孔、布线形成6L-BGA封装基板。一种变形是在两层芯板上形成掩埋通孔（BPTH），将四层埋孔芯板与半固化片和铜箔经研制形成六层覆铜板，再对通孔互连、刻蚀铜箔形成布线，形成6L-BGA封装基板。

另外，还可采用平行处理方式，通过采用两个具有不同图案的芯板形成6L-BGA基板。采用同样的制作工艺，也可以在一个或两个芯板中使用埋孔，得到含有盲孔的6L-BGA封装基板。该基板可允许更复杂的布线，而不会带来太多的制造复杂性。平行处理方式具有许多优点：①可缩短循环时间，可以同时构建四层结构；②一次层压可以代替两次；③可提高成品率，可分别检查和标记芯板。但是，平行处理需要指定一种钉扎方案，以确保层压过程中的层间位置对准，确保每个 PTH 的叠层焊盘都不会打孔。根据设计要求和成本优化，盲孔可放置在四层和六层基板的任意层面上。

2.4.3 有芯积层基板（BUM）

随着激光钻孔技术的出现，制造可控深度的盲孔（BV）成为可能。目前，CO_2 激光和紫外线（UV）激光钻头技术占据主导地位，而准分子激光技术也可以使用，但数量有限。CO_2 激光可以穿透玻璃和有机物，但是会被 Cu 阻挡，目前的孔径限制为 60μm 或更大。因为不能钻穿铜层，所以需要通过常规光刻工艺形成所需的铜孔图案，即采用典型的曝光—显影刻蚀—剥离（DES）技术对铜箔进行刻蚀形成通孔后，采用 CO_2 激光对树脂绝缘层进行烧蚀。

紫外线激光可以烧蚀铜及半固化片，但对两者的烧蚀速度不同，烧蚀至捕获垫处停止。如果顶部没有铜箔，则烧蚀成孔速度较快。UV 激光的孔径通常为 50μm 或更小，可以实现最佳的生产效率。总之，CO_2 激光器的通量高，在市场上占据主导地位[29]。在完成激光钻孔后，形成的埋孔（BV）需要像标准 PTH 一样进行清洗和电镀。这在实际生产过程中遇到了许多挑战，主要包括：①由于流体动力学的局限性，溶液流动受到限制，会引起表面润湿性、扩散限制和气泡截留等问题；②在生产过程中，埋孔的典型长宽比（深度与直径之比）从 0.7 增加到 1 甚至更高，如何能够实现高质量的铜孔填充，即以最小的凹痕形成电镀埋孔是一个技术挑战。与通孔（PTH）的电镀一样，应保证电镀液向通孔中间流动，电镀发生在孔洞内而不是仅电镀在孔洞表面。

（1）两层过孔基板除钻孔过程不同外，两层过孔（ViP）基板的工艺流程与标准两层基板相同。在单侧（晶片一侧）形成的定型掩模，通过 CO_2 激光实现通孔。芯板厚度低至 80μm，顶部的埋孔直径也小至 80μm。埋孔的可靠性是一个最大的技术挑战，通常要求通孔能够承受 1000 次以上 $-65\sim150$℃ 的热循环而不会开裂。为此，设计了电阻变化测试考核，将数百个互连成环形链的埋孔进行热循环并定期进行电阻测试，只有当电阻变化低于百分之几时才能达到设计要求。经验表明，电阻变化主要取决于裂纹的形成，而裂纹的形成对通孔底部的清洁度、化学镀铜质量及底部的通孔形状都非常敏感。热循环测试考核也可以基于埋孔的热阻抗特性测试，可大幅缩短测试时间，主要原因是 BGA 焊盘可被用作埋孔的捕获焊盘。在过孔设计中，BGA 焊盘旁边需要制作一个 PTH 焊盘，看起来像一块"狗骨头"，以提供更多空间。在激光钻孔过程中，每个面板都是一个接一个地钻孔，严重限制了产品的生产效率。另外，"狗骨式"设计具有很高的生产率，因为在机械钻孔过程中会堆叠两个或更多的核心，也可以使用没有"狗骨头"的 PTH，但是 PTH 必须填充环氧树脂和镀帽，填充过程需要后填充研磨，以去除多余的环氧树脂。这个过程需要仔细控制磨削压力，以避免芯棒拉伸和撕裂。激光钻孔速度的提高促进了 X 通孔的引入。这些 X 通孔在电镀过程中很容易被铜填充。X 通孔提供了更小的捕获板，从而提供了更高的布线密度。

(2) 1+2+1 四层基板是一系列依次构建的高密度基板中的第一个。最简单的形式是将带有 PTH、常规 PTH 或 X 通孔的两层布线图形的芯板与半固化片和铜箔等通过层压形成四层空白芯板。激光通孔的形成和基板的完成工艺与两层 ViP 基板相同。将激光制作的埋孔放置在捕获板内部，要求激光器必须能够接近用于形成捕获垫的基准。理想情况下，电镀后再次使用相同的基准来显示图案。1+2+1 基板也包含连接顶层和底层的 PTH。需要对埋孔进行激光钻孔后再钻孔。需要修改电镀参数才能同时实现 BV 和 PTH 的电镀。BPTH 呈"甜甜圈"状，即中心未被 Cu 覆盖，PTH 在下一层的层压过程中充满了热固性树脂。为了增加布线密度，PTH 可以采用 Cu 覆盖，因此需要额外处理：在对核心进行钻孔和电镀后，必须重新填充并电镀 PTH。目前，脉冲电镀和改进的电镀化学工艺可以直接填充这些较浅的 PTH，从而大大简化了工艺。BV 可以位于 PTH 盖的顶部，在内核中使用 X 通孔可简化处理。

传统上，PTH 封堵是通过在 PTH 中填充环氧树脂后，固化并研磨去除任何突出 Cu 表面的树脂残留物。研磨过程必须小心控制压力，否则芯棒将以不受控制的方式拉伸，从而导致较高的配准公差。另外，过度研磨也会使铜的厚度不均匀。堵孔用的环氧树脂通常填充陶瓷或二氧化硅颗粒，以减小热膨胀。在后续加工过程中，环氧树脂的高热膨胀会在铜帽上施加大量应力，并导致应力开裂。为了避免这种情况，可采用具有高玻璃化转变温度（T_g）和高填料含量的环氧树脂，以最大限度地降低热膨胀系数（CTE）。目前，批量生产的最薄 1+2+1 基板的厚度为 180~220μm。

(3) 1+4+1 六层基板采用的四层芯板上带有 PTH，每个 PTH 都有盖帽，BV 则是 VoP 形式。除四层芯板外，其制作过程与相应的 1+2+1 基板基本相同。这种类型基板的应用范围有限，主要用于具有严格电源分配和屏蔽要求的情况。

(4) 2+2+2 六层基板从第二次层压开始，在 1+2+1 芯板上制作埋孔，以构建第二个积层布线层，其中埋孔为交错式 BV。在电镀过程中，用铜堵住通孔，通过适当配准，实现通孔堆叠，实现进一步致密化。最终的设计是将埋孔堆叠在有盖 PTH 的顶部，通常 PTH 不存在从第一到第六层间的连接。除先进基板设计外，这种结构正成为模块和无线应用的一个非常普遍的设计。

2.4.4 无芯积层基板

无芯积层基板是指采用 ALIVH 和 B^2it 等技术制作的积层多层基板。其最大的特点是不用芯板、通孔及电镀来实现层间电气互连,即无须采用常规方法生产具有较低层间互连密度的多层芯板,而采用超高密度的层间互连技术直接制造 BUM 基板。

(1) ALIVH BUM 基板在结构上没有芯板部分和积层部分的区别,可以在所有布线之间的任意位置形成内连导通孔(IVH),故整个基板具有相同的层间互连密度,可达到更高密度的互连等级,具有厚度更薄、尺寸更小等特点,大大缩短了各元器件间的信号传输距离,有利于封装基板向着更小型化、更高密度及更高可靠性方向发展。

图 2.26 是四层 ALIVH BUM 基板的 IVH 剖面结构。其中芳纶纤维无纺布(Aramide)/环氧树脂(EP)复合材料(Ar/EP)介质层的厚度为 0.10mm,铜箔厚度为 18μm,线宽/间距达到 60μm/90μm,因此所制作的四层基板厚度为 350μm,六层基板厚度为 550μm(0.55mm)。由 Ar/EP 半固化片加热固化形成的 Ar/EP 层压板具有很低的 CTE,可在 $6 \sim 10 \times 10^{-6}/℃$ 范围内调控,与芯片的 CTE 很接近。所制备的 ALIVH BUM 基板质量更轻、热膨胀系数较低、介电常数较小、平滑性好(见表 2.23),可取代陶瓷基板应用于 CSP、SiP 等先进封装领域。

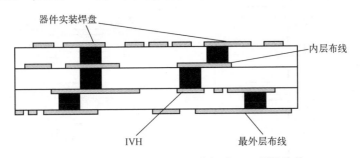

图 2.26 四层 ALIVH BUM 基板的 IVH 剖面结构

表 2.23 芳纶/环氧(Ar/EP)层压板的主要性能

主 要 性 能	技 术 指 标
介电常数(@1MHz)	4.1
介电损耗(@1MHz)	0.020
T_g/℃	160
密度/(g/cm³)	1.45

续表

主 要 性 能	技术指标
热膨胀系数($\times 10^{-6}$/℃)	6～10
体积电阻率/($\Omega \cdot cm$)	>10^{15}
铜箔剥离强度/(N/mm)	>1.1

ALIVH BUM 基板制造关键技术，主要包括半固化片材料制作、激光蚀孔操作/填充导电胶及对位层压等。图 2.27 是四层 ALIVH BUM 基板的制造过程。①按照结构设计，先采用 CO_2 激光在 Ar/EP 半固化层压板上打孔加工，然后在孔洞中填充环氧树脂导电胶，形成 Ar/EP 半固化片；②通过热压工艺，将 Ar/EP 半固化片的上下两面与铜箔压合形成 Ar/EP 覆铜板，继而将铜箔光刻形成带布线图案的芯板（IVH）；③将芯板的上下两面分别叠合 Ar/EP 半固化片和铜箔，形成铜箔/半固化片/芯板/半固化片/铜箔叠层结构，通过热压固化形成含两层线路芯板的双面覆铜板，继而将两面的铜箔进行光刻形成四层 ALIVH BUM 基板。

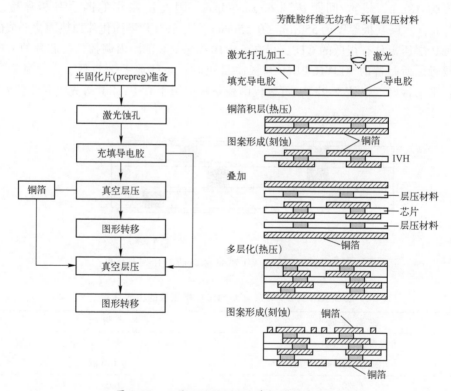

图 2.27 四层 ALIVH BUM 基板的制造过程

ALIVH BUM 基板采用芳酰胺纤维无纺布而不是玻璃纤维布作为增强材料，

浸渍热固性环氧树脂后，经加热、加压部分固化形成 Ar/EP 半固化片，再使用 CO_2 激光钻孔机对固化片进行红外激光（波长 9.6μm）蚀孔。芳酰胺和环氧树脂都是碳氢有机聚合物，在红外区的吸收率很高，能将绝大部分高能量的红外光吸收并转化为热能，引起树脂熔化甚至燃烧形成 CO_2、H_2O 和 NO_2 等小分子挥发份，形成微孔。如果采用玻璃纤维布/环氧树脂半固化片，则必须采用 UV 激光蚀孔。近年来，随着紫外激光蚀孔技术的快速发展，采用 UV 激光（193～308nm）、尤其是固态 Nd:YAG 紫外激光，对玻璃布/环氧树脂层压板进行刻蚀，可形成孔壁光洁的"冷"孔，比 CO_2 红外激光蚀孔技术具有明显的优势。

ALIVH BUM 基板制造过程中由激光刻蚀形成的微小通孔，采用导电胶来填充以实现电气互连，导电胶的主要成分包括铜粉（或含少量银粉等）、环氧树脂及固化剂等。通常采用不锈钢模板刮印方法将具有适当流动性的导电胶液刮压入激光刻蚀的微孔中后，在其上下两个表面黏贴粗化的铜箔（18μm），在 180～200℃下进行真空层压，使半固化片与导电胶固化，形成双面覆铜板，并按照常规的图形转移或直接成像技术制作所需的布线图形，形成两层互连的基板。如果以该两层互连基板作为芯板，在其上下两侧面各加一个由激光蚀孔和导电胶填充的半固化片及粗化铜箔，经过真空层压和常规图形转移或直接成像形成导电线路，则可得到四层互连基板。如果采用两个双层互连基板作为芯板，四层半固化片分别加以隔开，再在上下两面分别加覆一层粗化铜箔，便可制成六层互连基板。根据同样的方式可制作层数更多的基板。

另外，芳酰胺纤维具有负的 CTE，而浸渍的环氧树脂具有正的 CTE，通过调控两者的组成比例可以有效调节 Ar/EP 层压板的 CTE（$5\sim 7\times 10^{-6}$/℃），使之接近芯片的 CTE，以降低焊接过程中尺寸随温度变化过大而引起的内应力，有效提高甚高密度互连（VHDI）的可靠性，大大提高各种通信设备的可靠性和使用寿命。

由于 ALIVH BUM 基板的层间电气互连是通过铜粉/环氧树脂导电胶实现的，而不是通过通常的孔金属化，其导电胶的层间电气连接电阻小于 1mΩ，层间连接呈现很好的黏结力和导电性。经过低温和高温老化试验、高温高湿试验、PCT 试验，基板电阻变化率都低于 10%，具有十分稳定的导电性，即使经过 200℃ 的高温冲击试验，也不会发生断路等问题，显示出很高的抗热冲击性能（见表 2.24）。

表 2.24　ALIVH BUM 基板使用导电胶的层间连接可靠性

测 试 项 目	测 试 条 件	测 试 结 果
初始连接电阻	每个过孔，常温	<1mΩ
高温老化	100℃/1000h	1mΩ±0.1mΩ
低温老化	-65℃/1000h	1mΩ±0.1mΩ

续表

测试项目	测试条件	测试结果
高温高湿老化	85℃/85%RH/1000h	1mΩ±0.1mΩ
加压蒸煮	121℃/2atm/30h	1mΩ±0.1mΩ
温度循环	−55~+125℃/30min/1000周期	1mΩ±0.1mΩ
热油试验	20~260℃/10s/200周期	1mΩ±0.1mΩ
回流焊接耐热	260℃/10s/10次	1mΩ±0.1mΩ
焊接耐热	260℃/5s/10次	1mΩ±0.1mΩ

采用ALIVH工艺制作BUM基板,尤其是采用导电胶取代传统的打孔、电镀工艺来优化层间连接工艺技术,大大简化了工艺流程,降低了制作成本,达到了更高的布线密度。与有芯板的BUM相比,ALIVH BUM基板具有更高的密度、更简单的工艺、更优的性能、更低的成本等优点,已经成功应用于手机、笔记本电脑等领域。表2.25总结了三种不同类型的ALIVH BUM基板的主要性能。

表2.25 不同类型ALIVH BUM基板的主要性能。

ALIVH类型	常规ALIVH	ALIVH-B	ALIVH-FB
(线宽/间距)/μm	(60~70)/100	50/50	25/25
(孔径/孔环)/μm	200/(300~400)	120/250	50/(50~100)
绝缘层厚度/μm	50~125	50~125	约30
T_g/℃	130~150	198	500(熔化)
热膨胀系数(×10^{-6}/℃)	6~10	5~7	5~7
应用	手机基板等	CSP、MCM等	高I/O数基板等

(2)B^2it积层基板(BUM)技术是将PCB制造技术与厚膜制造技术结合而成的新型甚高密度互连布线技术,将预先在铜箔表面上使用导电胶制作的导电凸块穿透熔融态的半固化片使两面的铜箔连接在一起,从而实现层间互连。不需要孔加工、电镀铜等工艺,比ALIVH技术具有更显著的优点,是高密度基板制造技术的一个重大技术突破。

在B^2it BUM基板制作过程中,首先将导电胶(含铜粉或少量银粉)刮印在铜箔表面,加热固化后,形成圆锥形状的导电凸块,其直径为0.2~0.3mm。如果制作两层B^2it BUM基板,则将带有导电凸块的铜箔、半固化片、铜箔上下依次叠合后放入加热,加热至半固化片完全熔融后,加压使圆锥状凸块能顺利穿透熔融态的半固化片,并与另一面的铜箔表面接触,实现熔融黏结,形成层间电气互连。对于四层B^2it BUM基板,以上述方法制作的两层B^2it BUM基板为芯板,在其上下两面分别叠合半固化片、带导电凸块铜箔,形成带导电凸块铜箔/半固化片/两层 B^2it BUM 芯板/半固化片/带导电凸块铜箔的叠合结构后，放入压机中加热，加热至半固化片完全熔融后，加压使铜凸块能顺利穿透熔融态的半固化片，并与另一面的铜箔表面接触，实现熔融黏结，形成四层电气互连的 B^2it BUM 基板。

导电胶由导电铜粉（银粉或含少量银粉的铜粉等）、高 T_g 热固性树脂（如环氧树脂、BT 树脂等）和固化剂等组成，不能含有挥发性物质，如溶剂等。导电胶固化形成的柱状导电凸块应具有较强的耐热性，其玻璃化转变温度（T_{g1}）应该要比半固化片树脂的玻璃化转变温度（T_{g2}）高 30～50℃。在层压过程中，加热使半固化片的树脂熔融处于流动状态时，导电凸块还处于固体未软化状态，就可以顺利穿透半固化片的熔融流动态树脂，与另一面的铜箔黏结而实现层间电气连接。导电胶的导电颗粒粒径应尽量小，以利于穿透增强纤维无纺布的孔径。采用对导电胶进行印刷的不锈钢模板的漏印窗口，应具有高的孔壁垂直度及光洁度，以保证能够漏印出最佳的导电凸块形状。

在通过加热、加压的层压方法实现铜箔的层间互连的过程中，层压温度、压力、导电凸块外形等都需要精准调控，才能保证导电凸块能够穿透或滑进半固化片的纤维层并显露出尖端与另一面铜箔接触，再设置所需的层压条件进行层压，从而固化成型。

将层压覆铜板制作完成后，按常规方法制作表面电路图形，得到双面布线的基板或芯板，依此类推，在此双面芯板的两面上各依次叠加半固化片和带导电凸块的铜箔，再经过层压、图像转移加工可得到 4 层 B^2it BUM 基板。以 4 层 B^2it BUM 基板整体作为芯板，可制作 8 层 B^2it BUM 基板。由这种方法制作的基板也叫全 B^2it BUM 基板。将 B^2it 基板技术与传统 PCB 技术结合起来，也可以制作混合式 B^2it BUM 基板。因此，B^2it BUM 基板共包括 4 种类型：①双面 B^2it BUM 基板；②多面 B^2it BUM 基板；③混合式 6 层 B^2it BUM 基板，由两个双面 B^2it BUM 芯板和一个传统双面基板组成；④混合式 10 层 B^2it BUM 基板，由四层双面 B^2it BUM 芯板和一个传统双面基板组成。图 2.28 是 4 种类型 B^2it BUM 基板的剖面结构图。

混合式 B^2it BUM 基板的制作过程是先分别制作双面或 4 层 B^2it BUM 芯板及 PCB 板，再根据具体需要对位层压而成。相比纯粹的 B^2it BUM 基板，这些多种多样的混合式 B^2it BUM 基板具有特殊的贯通孔结构，有助于改善基板的散热性。相比传统的多层互连基板，混合式基板具有更高的布线密度和布置内部导通孔等优点。制作 B^2it BUM 基板的关键技术是导电胶性能调控、导电胶凸块印制和层间互连层压工艺的精确控制。为了实现导电凸块的穿透，需要采用单层结构与合适厚度的半固化片。为了满足高速元器件的实装要求，需要采用低介电常数的树脂，如改性双马树脂、改性 BT 树脂、改性 PPE 树脂等，合理地利用这些材料技

术可使 B^2it BUM 基板满足高频、高速电路的各种实装要求。

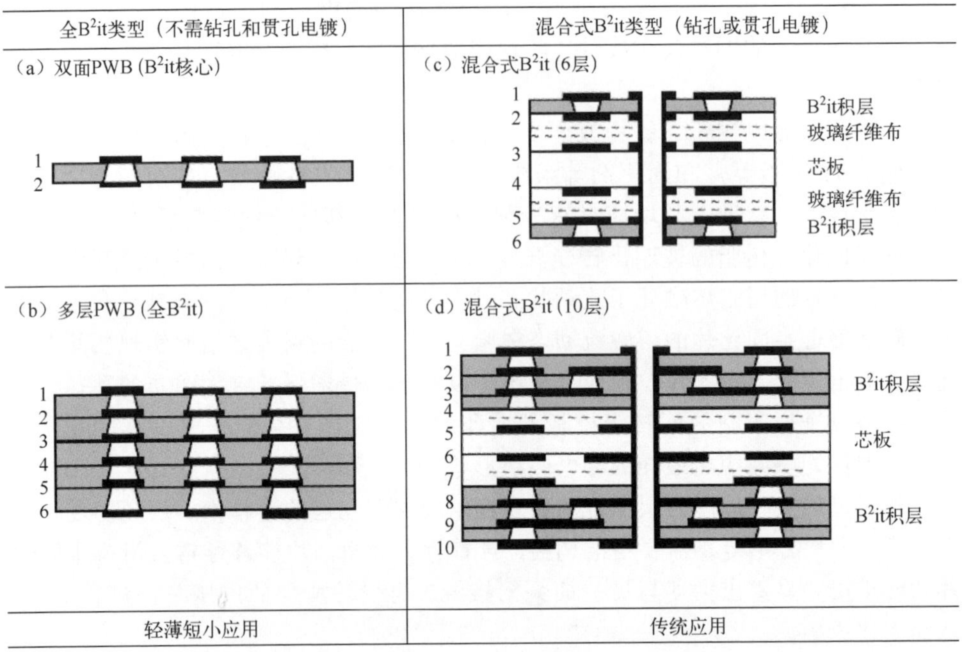

全B^2it类型（不需钻孔和贯孔电镀）	混合式B^2it类型（钻孔或贯孔电镀）
（a）双面PWB（B^2it核心）	（c）混合式B^2it（6层） B^2it积层 / 玻璃纤维布 / 芯板 / 玻璃纤维布 / B^2it积层
（b）多层PWB（全B^2it）	（d）混合式B^2it（10层） B^2it积层 / 芯板 / B^2it积层
轻薄短小应用	传统应用

图 2.28　四种类型 B^2it BUM 基板的剖面结构图

总结与展望：刚性高密度封装基板是在 PCB 技术基础上，为了满足高密度 IC 封装的需求而发展起来的新型基板技术，目前已经成为国家微电子产业的核心技术。随着 IC 电路封装朝着高速化、高性能化、小型化、薄型化、低成本化等方向的快速发展，高密度封装基板需要承担的责任越来越重要，承载的功能越来越多，要求封装基板及其材料制造技术必须朝着更高水平快速发展。高密度封装基板制造技术由多层互连芯板及关键材料制造技术与积层多层板及其关键制造技术共同构成，主要用于 BGA、CSP、WLP、SiP 等高密度封装，大力发展刚性封装基板材料技术对于推动微电子产业的快速发展具有至关重要的作用。

参 考 文 献

[1] 黄洁. 铜箔的生产技术及发展趋向. 铜业工程，2003（2）：87-88.

[2] 刘生鹏，茹敬宏. 印刷电路板用铜箔的现况及发展趋势. 中国覆铜板市场技术研讨会，2007.

[3] 张耀明，李巨白. 玻璃纤维与矿物棉全书. 北京：化学工业出版社，2001.

[4] 孔海娟,张蕊,周建军. 芳纶纤维的研究现状与进展. 中国材料进展,2013(11):676-684.

[5] Ellis, Bryan. Chemistry and Technology of Epoxy Resins. Netherlands:Springer,1993.

[6] Noriyuki Kinjo, Masatsugu Ogata, Kunihiko Nishi, et al. Epoxy Molding Compounds as Encapsulation Materials for Microelectronic Devices. Japan:Springer,1989.

[7] 侯雪光,王卫华. 环氧固化剂的研究现状与未来. 黏接,2008(1):53-55,61.

[8] Saunders T F, Levy M F, Serino J F. Mechanism of tertiary amine-catalyzed dicyandiamide cure of epoxy resins. Journal of Polymer Science, Part A-1, Polymer Chemistry, 1967, 5(7):1609-1617.

[9] Iredale R J, Ward C, Hamerton I. Modern, Advances in bismaleimide resin technology:A 21st century perspective on the chemistry of addition polyimides. Progress in Polymer Science, 2017, 69:1-21.

[10] Hargreaves M K, Pritchard J G, Dave H R J C R. Cyclic carboxylic monoimides. Chemical Reviews, 1970, 70(4):439-469.

[11] Walker, Michael. A High Yielding Synthesis of N-Alkyl Maleimides Using a Novel Modification of the Mitsunobu Reaction. J Org Chem, 1995, 60(16):5352-5355.

[12] Reddy P Y, et al. ChemInform Abstract:Lewis Acid and Hexamethyldisilazane-Promoted Efficient Synthesis of N-Alkyl- and N-Arylimide Derivatives. Cheminform, 1997, 28(36).

[13] Edward S N. Synthesis of nu-aryl-maleimides. US, 1948.

[14] 李志超,陈宇飞,贾锡琛. 环氧树脂改性双马来酰亚胺树脂体系的性能研究. 绝缘材料,2017,50(001):28-31.

[15] Appelt B K, et al. Single sided substrates and packages based on laminate materials. International Symposiumon Advanced Packaging Materials:Microtech,2010.

[16] Liang G, Zhang M. Enhancement of processability of cyanate ester resin via copolymerization with epoxy resin. Journal of applied polymer science,2002,85(11):2377-2381.

[17] 吴良义,罗兰,温晓蒙. 热固性树脂基体复合材料的应用及其工业进展. 热固性树脂,2008,23(z1):22-31.

[18] 赵磊,秦华宇,梁国正,等. 氰酸酯树脂在高性能印刷电路板中的应用. 绝缘材料,1999(3):7-10.

[19] 祝大同. PCB基板材料用BT树脂. 热固性树脂,2001,16(003):38-43.

[20] 霍刚. 热固性聚苯醚树脂在高频印制电路板上的应用. 中国塑料,2000(5):14-22.

[21] 邢秋,张效礼,朱四来. 改性聚苯醚(MPPO)工程塑料国内外发展现状. 热固性树脂,2006,21(5):49-53.

[22] 祝大同. 低介电常数电路板用烯丙基化聚苯醚树脂. 绝缘材料,2001(01):28-33.

[23] 蔡长庚,许家瑞. 聚四氟乙烯覆铜板. 绝缘材料,1999(5):32-35.

[24] 谢苏江. 改性聚四氟乙烯的发展和应用. 第十一届中国摩擦密封材料技术交流暨产品展示会论文集(密封卷),2009.

[25] 田民波. 高密度封装进展之一元件全部埋入基板内部的系统集成封装(下). 印制电路

信息，2003（09）：3-6.
- [26] 蔡积庆. 积层多层板的制造工艺及其特征. 印制电路信息，2002（12）：45-54.
- [27] 文军，刘诚，谢言清. 浅谈印制电路板的设计与制作. 工业指南，2018（04）：140-142.
- [28] 郭睿涵，张军元. 浅谈印制电路板设计基础. 橡塑技术与装备，2015（20）：74-75.
- [29] Lau J, Lee S. Microvias for low cost, high density interconnects. New York：McGraw-Hill, 2001.
- [30] Xu H Y, Yang H X, Tao L M, et al. Preparation and properties of glass cloth-reinforced polyimide composites with improved impact toughness for microelectronics packaging substrates [J]. Journal of Applied Polymer Science, 2010, 117（2）：1173-1183.

第 3 章

挠性高密度封装基板材料

有机封装基板按照刚韧性可分为刚性封装基板和挠性封装基板两大类。其中，刚性封装基板不能弯曲变形；挠性封装基板是在高耐热聚合物薄膜上通过通孔、电镀、布线形成的，具有一定的弯曲性[1-4]。随着电子封装器件向着薄型化、小型化及布线电路微细化方向的快速发展，人们对挠性封装基板的需求量越来越大、对性能要求越来越高。在 IC 电路封装中，μBGA、D^2BGA、T-BGA、T-CSP 等都采用了挠性封装基板。挠性封装基板的制备过程是先将聚合物薄膜与铜箔在高温下通过层压或辊压形成聚合物薄膜覆铜板，然后经过通孔、电镀、曝光、刻蚀形成布线图形和焊盘，通常呈带状或薄片状，可随意卷绕成轴状而不会使金属导体布线或介质薄膜开裂。

挠性 IC 封装基板对导电铜箔挠曲度要求比刚性封装基板高，通常选用高延展性电解铜箔或压延铜箔[5-6]。在一般情况下，压延铜箔比电解铜箔具有更好的耐折曲性和延展性，但价格比电解铜箔高。例如，厚度为 35μm 压延铜箔的售价比厚度为 35μm 电解铜箔的售价高 2 倍。随着电解铜箔制造技术的不断提高，电解铜箔的耐折曲性和延展性也得到明显加强。例如，低轮廓的电解铜箔的延展性甚至可以超过压延铜箔。更重要的是，电解铜箔的厚度可以很薄，适合制造更微细的电路图形。厚度为 12μm 和 9μm 的超薄级电解铜箔已经在封装基板中获得实际应用。另外，近年来还出现了直接在聚酰亚胺薄膜表面采用离子注入或真空蒸镀+电镀制造超薄超低轮廓挠性覆铜板的技术。该技术不再使用铜箔，也无须在薄膜表面涂敷黏结层，为挠性封装基板提供了一种新型挠性覆铜板，在挠性封装基板制作过程中可先形成通孔，然后形成金属导电层，可明显降低挠性封装基板的制造成本。

3.1 挠性 IC 封装基板材料

挠性 IC 封装基板材料除导电铜箔外，主要是聚酰亚胺薄膜及将其与铜箔黏结在一起的黏结材料。

3.1.1 高性能聚酰亚胺薄膜

与刚性封装基板一样，挠性封装基板对搭载的 IC 芯片和电子布线起着机械支撑保护和电绝缘作用，要求所采用的聚合物介质基膜除具有优良的机械性能、电绝缘性能和介电性能外，还必须具有优良的挠曲性、耐热性和尺寸稳定性。聚合物薄膜主要包括聚酰亚胺薄膜、液晶聚酯薄膜等，厚度通常为 $12.5\sim 125\mu m$。其中 $12.5\sim 25\mu m$ 的薄膜使用量最大。为了提高封装基板的尺寸稳定性和机械性能，可采用更厚的薄膜[7-12]。

为了保护挠性封装基板不受尘埃、水汽、化学药品的浸蚀，减少弯曲过程中的应力影响，挠性封装电路表面需要采用覆盖膜进行保护。覆盖膜是在聚酰亚胺薄膜的单面（非铜箔面）涂敷一层黏结胶层，再在其上覆盖一层可剥离的聚乙烯保护膜。该保护膜在将覆盖膜与刻蚀后的电路进行对位时才撕开剥离掉。近年来，市场上还出现了液态感光型覆盖膜，将其涂敷在刻蚀后的电路表面，采用标准的 UV 曝光、水溶性显影液显影、加热固化后得到覆盖层膜，通过掩模工艺，可制成高质量的光致通孔。该工艺可省去传统的层压覆膜工序，简化了工艺，降低了成本，提高了挠性封装基板的散热性、挠曲性。

聚酰亚胺（Polyimide，PI）薄膜具有高耐热性、高强度、高模量、低热膨胀性、高尺寸稳定性、高电绝缘性、低介电常数、低介电损耗、耐化学腐蚀、耐空间辐射等优异的综合性能，是目前挠性封装基板中使用最广泛的绝缘薄膜材料，不但可作为挠性封装基板的介质膜，还可用于制造覆盖膜。用于制造挠性封装基板的 PI 薄膜，厚度为 $7.5\mu m$、$12.5\mu m$、$25\mu m$、$37.5\mu m$、$50\mu m$，标准幅宽为 $504\sim 660mm$，拉伸模量为 $4.5\sim 6.5GPa$，拉伸强度为 $250\sim 380MPa$，热分解温度超过 $500℃$，玻璃化转变温度（T_g）通常大于 $320℃$，热膨胀系数为 $(8\sim 18)\times 10^{-6}/℃$（$50\sim 200℃$），接近或低于铜箔，尺寸稳定性（$200℃/2h$）为 $0.01\%\sim 0.02\%$，介电常数（1MHz）为 $3.2\sim 3.4$，介电损耗（1MHz）为 $0.004\sim 0.006$，吸水率为 $1.2\%\sim 1.8\%$。

1. 聚酰亚胺树脂制造方法

聚酰亚胺薄膜优异的耐热性能、力学性能、电绝缘性能和环境稳定性能等，主要归因于其非常稳定、刚硬的芳杂环一级主链结构及二级凝聚态结构。然而，这种稳定、刚硬的聚合物主链结构在赋予聚酰亚胺薄膜优异服役性能的同时，又使其具有难溶解、难熔融的特性。众所周知，优良的溶解性和熔融性是高分子材料能够加工成型的基础；将高分子树脂溶解在有机溶剂中形成稳定、低黏度的溶液可实现材料的涂敷成膜、溶液纺丝等，而将树脂加热熔融形成稳定、易流动的熔体可实现材料的吹塑/挤出成膜、熔融纺丝、挤出/注射三维复杂构件等。因此，聚酰亚胺树脂的难溶与难熔特性使其加工成型非常困难，既难以采用溶解法，又难以采用熔融法制造薄膜和纤维材料。

为了解决聚酰亚胺薄膜加工成型的难题，20世纪60年代以美国杜邦公司为首发展了采用聚酰亚胺的前驱体树脂——聚酰胺酸（PAA）树脂代替聚酰亚胺树脂实现薄膜成型的方法。与聚酰亚胺树脂不同，PAA前驱体树脂可溶于极性高沸点非质子有机溶剂（如NMP和DMAC）形成高黏度的溶液，可将其流延成膜或溶液纺丝，成功解决了聚酰亚胺薄膜的制造问题。因此，目前聚酰亚胺薄膜仍然采用两步法生产工艺路线：①将PAA前驱体树脂流延成膜，实现材料的加工成型；②在加热作用下通过酰胺化及亚胺化反应等一系列化学反应，实现由PAA树脂薄膜向聚酰亚胺薄膜的完全转化。

为了实现PAA树脂溶液的流延成膜，早期人们采用铝箔浸渍法，将具有适当黏度和固体含量的PAA树脂溶液浸渍在浸胶机的铝箔载体上。每浸一次都经过烘烤干燥（小于180℃）除去溶剂。多次浸渍后在350℃高温下处理30～60min，使聚酰胺酸薄膜环化脱水，待冷却后，将其从铝箔上剥下得到聚酰亚胺薄膜产品。该方法生产设备简单、投资少、见效快、生产工艺简单、操作较为方便。但所生产的聚酰亚胺薄膜表面平整度差，厚度均匀性难以精确控制，力学性能和电学性能较差，难以满足多种使用要求。因此，该方法已经被淘汰。

之后，钢带流延法逐渐成熟并成为主流技术，将具有适当黏度和固体含量的PAA树脂溶液（聚酰胺酸溶液）经模具流延在连续运转的镜面不锈钢带上，加热使部分溶剂蒸发后成为固态韧性前驱体树脂流延膜，将其从钢带上剥离后，经导向辊引入高温亚胺化烘道，经高温亚胺化后，收卷得到连续聚酰亚胺薄膜。由流延法生产的聚酰亚胺薄膜厚度均匀性好，表面平整度高，可以实现薄膜连续化生产，薄膜产品的电气性能、机械性能都比铝箔法高。但是，流延设备精度要求高，造价较高，工艺条件较为复杂。该方法是20世纪七八十年代国内外生产厂家普遍采用的生产工艺。

前驱体树脂流延膜在拉伸力作用下，通过热亚胺化反应形成的聚酰亚胺薄膜具有更好的力学性能和尺寸稳定性，在此基础上，形成了聚酰亚薄膜的流延-双向拉伸工艺技术。流延-双向拉伸法是在流延法的基础上，将PAA树脂流延膜在连续的纵向和横向拉伸力（纵拉和横拉）作用下进行亚胺化，最后收卷得到聚酰亚胺薄膜（见图3.1）。薄膜经过双向拉伸后，物理性能、电气性能和热稳定性能较流延法有了显著的提高，但工艺过程极为复杂，生产条件苛刻，设备结构复杂，投资较大。可以看出，随着PI薄膜制造水平的提高，薄膜产品的质量也越来越高、性能越来越优异、功能越来越特殊。

与聚乙烯、聚丙烯和聚酯等聚合物薄膜不同，聚酰亚胺薄膜的流延-双向拉

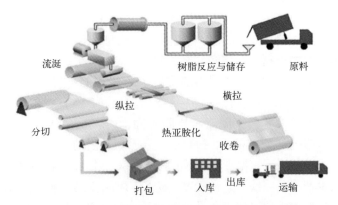

图 3.1 聚酰亚胺薄膜的连续化双向拉伸制造工艺

伸法制备是从其 PAA 树脂开始的：首先将高黏度的 PAA 树脂在一定剪切力作用下，通过模具流延在环形镜面不锈钢带上，经过较低温度（小于 180℃）处理，得到除去部分溶剂且部分酰胺化/亚胺化、具有一定韧性的流延膜，将流延膜从钢带上剥离后，在连续的纵向和横向拉伸力的作用下，经过一系列高温处理完成亚胺化，形成聚酰亚胺薄膜。PAA 树脂流延膜没有足够的力学强度，较强的酸性也具有很强的化学腐蚀作用。另外，亚胺化需要很高的温度和较长的时间，而薄膜的双向拉伸必须在亚胺化过程中完成。因此，高性能聚酰亚胺薄膜的连续双向拉伸制备技术是一项非常复杂、技术含量很高的聚合物薄膜成型技术，不但涉及前驱体树脂的结构调控及制备技术，同时还包括在复杂外场（温度、剪切力、双向拉伸力）作用下从前驱体树脂转化成聚酰亚胺薄膜材料过程中的多项精确控制技术。

PAA 树脂的化学结构和性质是决定聚酰亚胺薄膜性能和质量的关键因素。PAA 树脂的化学结构，包括芳香族四酸二酐和芳香族二胺的种类和组成等，对薄膜的耐热性能和力学性能等具有重要影响，而 PAA 树脂的性质直接或间接地影响着薄膜的成型工艺过程和产品质量（见图 3.2）。聚酰亚胺薄膜的性能主要取决于聚合物主链的分子结构及聚集态。PAA 树脂的分子结构直接决定聚酰亚胺薄膜的极限力学性能和制备工艺性能。前驱体树脂的分子结构主要采用分子组合技术，通过调节树脂的化学组成及分子组合方式获得。由芳香族四酸二酐和芳香族二胺单体通过缩聚反应生成的聚酰胺酸树脂应具有满足流延成膜所需要的品质，包括溶液的黏度、固体含量、稳定性、吸潮性、溶剂体系及其含量、与钢带的黏附和剥离特性、溶液的流平特性等。聚酰胺酸树脂溶液流延在旋转的钢带上，经过适当的热处理，形成具有一定亚胺化程度的聚酰亚胺-聚酰胺酸混合体薄膜。该混合体薄膜应具有适当的力学强度和韧性，能够在后续的纵向拉伸和横向拉伸的过程中抵抗并承受夹具的撕裂破坏作用。因此，需要清楚几个问题：

①芳香族四酸二酐单体的化学结构及其组成对 PAA 树脂和聚酰亚胺薄膜性能的影响；②芳香族二胺单体的化学结构及其组成对 PAA 树脂和聚酰亚胺薄膜性能的影响；③有机溶剂的性质对 PAA 树脂性能的影响；④PAA 前驱体树脂的化学结构与分子量及其分布对薄膜成型工艺的影响；⑤PAA 树脂的化学结构与分子量及其分布对聚酰亚胺薄膜性能的影响；⑥在高温作用下 PAA 树脂转化成聚酰亚胺树脂过程中的化学结构演变；⑦在复杂外场（温度、剪切力和双向拉伸力）作用下 PAA 树脂转化成聚酰亚胺树脂过程中的凝聚态结构演变。

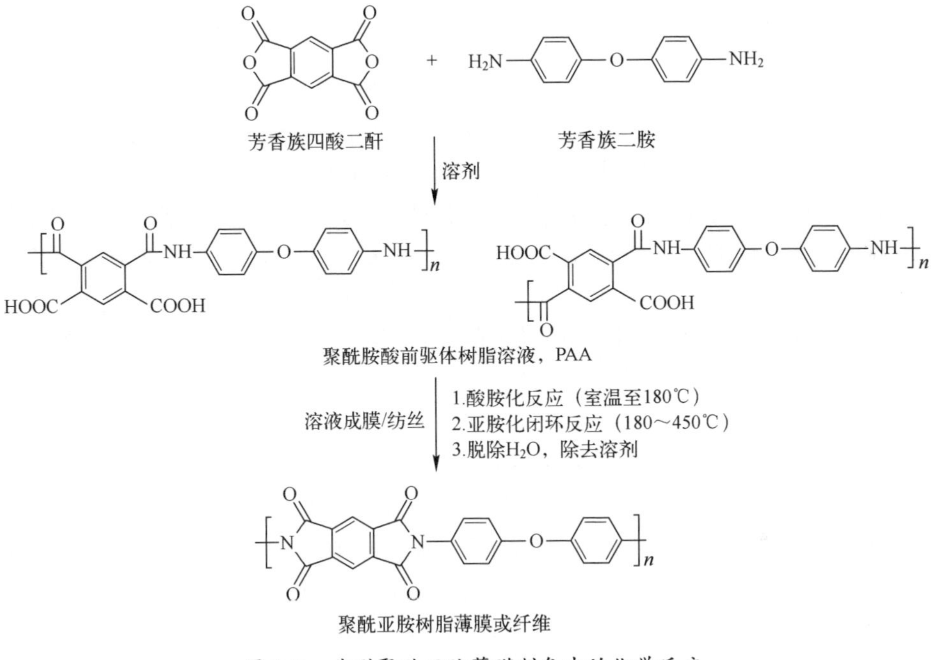

图 3.2 典型聚酰亚胺薄膜制备中的化学反应

芳香族四酸二酐单体是聚酰亚胺薄膜材料的重要单体之一，在 PAA 树脂的合成过程中可能使用单一的分子，也可能使用不同单体的混合物。其分子结构及其化学组成不仅对 PAA 树脂的性质有重要影响，而且对所形成的聚酰亚胺薄膜的性能有重要影响。芳香族二胺是另一种重要的单体，在 PAA 树脂的合成过程中可能使用单一的分子，也可能使用不同结构的单体混合物用以调节树脂的性能，其分子结构及其化学组成不仅对 PAA 树脂的性质有重要影响，而且对所形成的聚酰亚胺薄膜的性能有重要的影响。在 PAA 树脂转化成聚酰亚胺树脂的过程中，主要发生酰胺化和亚胺化两种化学反应，同时伴随着环化和脱水过程。另外，聚合物主链与主链之间可能存在着交联作用。

在加热作用下，PAA 树脂通过酰胺化和亚胺化反应逐步转化成聚酰亚胺薄膜。PAA 树脂流延膜的制备温度范围从室温升高到 180℃，在除去部分溶剂的同时，还会发生部分酰胺化反应和亚胺化反应，同时释放出水分子。PAA 树脂流延膜在双向拉伸作用下通过加热逐步转化为聚酰亚胺薄膜的过程中，温度从 180℃开始逐步升高至约 450℃，主要发生酰胺化反应和亚胺化反应，并伴随环化过程，同时释放出水分子。尤其在双向拉伸工艺的后段，部分亚胺化的聚酰亚胺-聚酰胺酸混合体薄膜需要承受 350～450℃的高温过程，整个生产线的电控设备、拉伸设备、监测设备都非常复杂，而且不易较大幅度地调整参数，因此要求树脂流延膜的性质变化能够最大限度地适应不同工段生产设备的要求。

另外，在由 PAA 树脂转化成聚酰亚胺薄膜的过程中，树脂的凝聚态也经历着一个不断演变的过程。在 PAA 树脂流延膜的制备过程中，加热使树脂膜的溶剂含量逐步减少，质量分数由 80%左右逐步减小到 20%～30%，溶液胶膜的强度逐渐增大，最后逐渐转变成具有一定强度和韧性的流延膜。树脂膜中聚合物主链与主链之间的距离逐步减小，由单链溶液分散状态逐步转化成具有链与链相互作用的凝聚状态，同时伴随着溶液黏度的快速增大、流动性的快速下降等一系列变化。

美国杜邦公司是聚酰亚胺薄膜最早的生产厂家，生产能力占全球总生产能力的 60%，产品销售量占美国市场的 90%以上。杜邦公司以 Kapton 为商标向市场推广聚酰亚胺薄膜，主要产品包括 Kapton H(N)、Kapton V(N)、Kapton F(N)、Kapton E(N)、Kapton K(N)、Kapton Cr 等多种品种。不同型号的薄膜具有不同的功能，主要取决于薄膜树脂的主链化学结构及其凝聚态结构，有些适合普通电机的绝缘，有些适合大型变频电机的绝缘，而有些则适合微电子制造与封装。因此，聚酰亚胺薄膜按功能可分为标准薄膜、耐电晕薄膜、FPC 薄膜、耐水解薄膜等多种类型。

20 世纪 80 年代后期和 90 年代初期，日本宇部兴产化学工业公司（Ube）成功制得联苯型聚酰亚胺薄膜（Upilex）并将其作为产品推向市场，从此打破了杜邦公司对该产品的市场垄断。日本企业对聚酰亚胺薄膜的开发生产虽然较晚，但品种较多，主要生产厂家有：日本钟渊化学工业公司（Kenaka Corp.），其聚酰亚胺薄膜产品以 Apical 为商品名推向市场，主要有 Apical AH、Apical NPI 等；Ube 公司，其 PI 薄膜以 Upilex 为商品名推向市场，包括 Upilex S、Upilex R 等系列产品。与其他产品不同，Upilex 薄膜以联苯酐代替均酐，为芳香族二酐单体，薄膜产品具有热膨胀系数低、耐热性好等优点。韩国 SKC 公司和中国台湾地区的达迈公司是近年来 PI 薄膜生产企业，产品主要面向电子市场。

近年来，全球 PI 薄膜的制造技术仍在不断发展，呈现了更加激烈的竞争态势。在经历了由流延法向流延-双向拉伸法的升级换代后，为了提高生产效率，降低制造成本，美国和日本的企业都在发展新的 PI 薄膜制造技术。杜邦公司在

"热亚胺化法"的基础上，发展了"化学亚胺化法"，不但大幅提高了生产线的速度，而且使薄膜的幅宽从 1000mm 增加到 1800mm，单条生产线的生产能力由 100～150t/年提高到 400t/年，成为最具竞争力的 PI 薄膜工业化生产新技术。另外，采用可溶性聚酰亚胺树脂溶液代替聚酰亚胺前驱体树脂溶液进行涂敷成膜的"溶液直接成膜法"也引起了人们的极大关注。该方法对于制造具有特殊功能的 PI 薄膜而言具有明显的优势。近年来，美国 GE 公司还发展了采用热熔性聚酰亚胺树脂熔融挤出成膜的"熔融直接成膜"方法。这些新的制备方法不但在降低 PI 薄膜的生产成本方面，而且在实现 PI 薄膜的高性能化和功能化方面，具有重要的意义。

从全球范围分析，PI 薄膜的需求量呈快速上升趋势，PI 薄膜的主要消费国家或地区涵盖了美国、日本、欧盟、韩国、中国、俄罗斯等。据统计，2008 年，全球电子级 PI 薄膜的产量约 8300t/年，其中美国杜邦公司产量为 1600t/年，日本东丽-杜邦公司产量为 1850t/年，日本钟渊化学工业公司产量为 2500t/年，日本宇部兴产化学工业公司产量为 1050t/年，韩国 SKC 公司产量为 750t/年。2018 年，全球电子级 PI 薄膜生产量达到 9600t/年，电工级 PI 薄膜达到 5500t/年，共计约为 1.5 万 t/年。中国 2012 年 PI 薄膜的年需求量已超 3000t，其中美国和日本等国外公司产品占市场份额的 80%。美国杜邦公司是聚酰亚胺薄膜的最大生产厂家，其 Kapton 系列 PI 薄膜至今一直占据着全球市场的优势地位。通过多年的不懈努力，日本在高性能与功能性 PI 薄膜材料方面入手，使产品系列化，进而通过准确的市场定位，使市场份额迅速提高，形成美国和日本两强垄断的局面。

2. 聚酰亚胺薄膜在高新技术产业中的典型应用

PI 薄膜由于具有耐高温、高强韧、高电绝缘、低介电常数及低介电损耗等优异的综合性能，加之具有耐电晕、耐水解、低热膨胀等许多特殊的功能，使其不但在传统电工绝缘材料领域，而且在许多高新技术领域，得到了大量而广泛的应用，在超大规模微电子制造与封装、电气绝缘、航天航空等高新技术领域具有重要而广泛的应用价值。

（1）在微电子制造与封装领域的应用。随着全球微电子制造与封装技术向着薄型化、柔性化、便携化、高密度化、多功能化、低成本化等方向的快速发展，聚酰亚胺薄膜材料在微电子制造与封装领域的地位日益突出，其应用范围由 3～4 级电子封装向着 1～2 级 IC 制造与封装方向发展。例如，20 世纪 90 年代，聚酰亚胺薄膜的主要应用领域包括柔性印制线路、TAB 载带等电子器件的组装，而现在的应用则主要向着薄膜上芯片（Chip On Film，COF）和多层高密度 IC 封装基板（Multilayer Pakaging Substrates）方向发展。由于聚酰亚胺薄膜材料的耐高温性、高电绝缘性、低介电常数及特殊的光刻制图等特性，可承受微电子制造与封装生产线上的高温冲击，满足微电子多层互连电路的制作工艺要求，近年来已广泛应用于微电子的制造与封装、平板显示器制造等领域。典型的应用包括：①超大规模集成电路的硅晶圆表面保护覆盖膜；②柔性印制电路板的基质薄膜；③柔性 IC 封装基板的基质薄膜等。

（2）在电气绝缘领域的应用。聚酰亚胺薄膜因其极佳的介电性能成为电气绝缘的关键性材料，目前广泛应用于输配电设备、风力发电机、变频调速电机、高速牵引电机及高压变压器等设备的制造。例如，我国高速铁路超过 300km/h 的高速轨道交通系统，目前只能采用耐高温的聚酰亚胺薄膜作为变频电机的主绝缘材料；耐高温聚酰亚胺绝缘薄膜还用于制造风力发电设备的变压器、变频器和整流器等；另外，具有耐电晕特性的聚酰亚胺薄膜一直是大型变频调速电机的关键性主绝缘材料。可见，聚酰亚胺绝缘薄膜材料是支撑和推动我国电气绝缘领域快速发展的关键技术。

（3）在航天航空领域的应用。高性能聚酰亚胺薄膜在航天航空等高新技术领域中也具有不可替代的作用，包括卫星太阳电展板、飞行器多层绝热保护毯、柔性带式加热器、深空探测太阳帆等。例如，在聚酰亚胺薄膜表面贴附太阳能电池形成矩阵式大面积卫星用太阳能电池；在聚酰亚胺薄膜表面黏附电炉丝制成带式加热器主要用于卫星等空间飞行器的设备加热保温；在聚酰亚胺薄膜表面蒸镀金属铝箔主要用于制作飞行器的多层绝热保护毯；超薄型聚酰亚胺薄膜被成功用在深空探测飞行器的太阳帆上。

目前，电子级 PI 薄膜的市场需求已经超过传统的电工级薄膜，成为主流产品，但同时传统的电工级薄膜产品的市场需求也在不断增加。另外，航天航空等高新技术领域对高性能 PI 薄膜的需求也日益增多。因此，PI 薄膜产业的发展进入了一个蓬勃发展的时期。

3. 聚酰亚胺薄膜的高模量化及低热膨胀化

近年来，针对不同的实际应用，人们发展了具有不同性能和特殊功能的 PI 薄膜，包括微电子制造与封装用的低热膨胀 PI 薄膜、变频调速电机用的耐电晕 PI 薄膜、电磁屏蔽用的导电性 PI 薄膜等。更为重要的是，针对未来柔性显示基板的使用需求，具有无色透明特性的 PI 薄膜成为人们关注的焦点；针对未来太阳能电池的使用需求，具有高耐热、高模量特性的透明 PI 薄膜也被认为是一类关键性的高新技术材料。另外，具有特殊功能的 PI 膜材料，如动力电池用 PI 隔膜、液晶分子取向用 PI 层膜、空间用抗原子氧 PI 薄膜等，都是高新技术产业亟须实现国产化的关键材料。

挠性封装基板用 PI 薄膜应具有高耐热性、高模量、低热膨胀系数（CTE）、低吸潮性、低介电常数及介电损耗等特点，要求热膨胀系数（CTE）尽可能与铜接近（小于或等于 $18\times10^{-6}/℃$），防止多次波峰焊热冲击（280℃）后由于热膨胀系数不匹配而导致的铜层导体与 PI 薄膜脱落，同时要求薄膜具有高耐热性

（玻璃化转变温度 $T_g \geq 300$℃）和高杨氏模量（大于或等于4.5 GPa），以免热冲击引起薄膜发生翘曲或收缩等现象。目前，标准型电子级PI薄膜的CTE约为$(35\sim50)\times10^{-6}$/℃，杨氏模量约为 $3.0\sim3.5$ GPa，吸潮率大于或等于1.5%。高耐热性、高模量PI薄膜是薄膜太阳能电池实现柔性化、卷曲化、轻量化、便携化、低成本化的核心材料技术。在PI薄膜上蒸镀CIGS或GeTe等层膜形成柔性太阳能电池是近年来国内外非常关注的研究热点，目前电池的太阳能转化效率已达到13.8%。但是，在PI薄膜表面蒸镀CIGS需要衬底承受450℃的高温环境，而蒸镀GeTe则需要500℃，对PI薄膜的耐高温性能提出了挑战。同时，还要求PI薄膜具有很高的模量（大于或等于7GPa），以防止在高温环境中PI薄膜发生翘曲或收缩、甚至与CIGS镀层脱落等现象。

目前，标准型PI薄膜的热分解温度小于或等于550℃，玻璃化转变温度小于或等于400℃，杨氏模量小于或等于3.5GPa，CTE大于或等于35×10^{-6}/℃。针对柔性IC封装基板和柔性太阳能电池对高性能PI薄膜的应用需求，发现聚酰亚胺薄膜主链结构与其综合性能之间存在着相互依存的关系，通过系统研究获得了有效降低薄膜CTE、提高模量的有效途径。

将含酯基团链段引入PI树脂主链结构中，通过系统研究酯基取代位置及其含量等对PI薄膜的耐热性能和力学性能等的影响规律，发现酯基的引入可明显提高PI薄膜的拉伸模量、降低热膨胀系数及吸湿率等，是一条实现PI薄膜高模量化及低热膨胀化的有效途径（见图3.3）[13-15]。

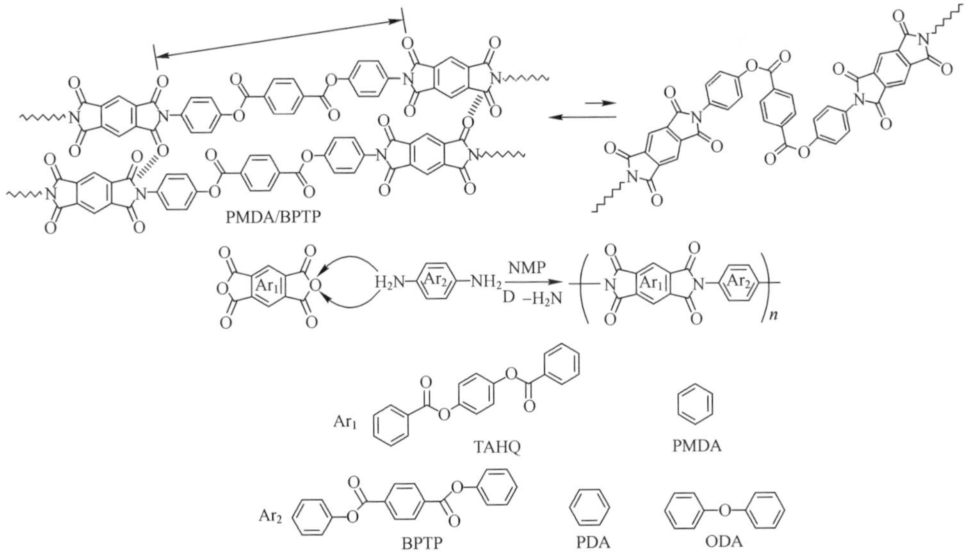

图3.3 聚苯酯酰亚胺薄膜的主链结构设计

将酯基引入 PI 树脂主链结构中形成的含酯 PI 树脂溶液，再经热亚胺化法制备的 PI 薄膜，其拉伸模量随酯基含量的提高而明显提高，薄膜韧性则随之下降（见图 3.4～图 3.7）[16]。例如，当酯基摩尔分数为 50% 时，PI 薄膜的拉伸模量为 5.1GPa，断裂伸长率为 7.8%；当酯基摩尔分数为 90% 时，PI 薄膜的拉伸模量增加至 6.8GPa，断裂伸长率降至 2.9%；PI 薄膜的热膨胀系数也随酯基含量的提高而逐渐下降。当 PI 树脂中酯基摩尔分数为 60% 时，所制备 PI 薄膜的热膨胀系数降至 $18.7 \times 10^{-6}/K$ 左右，接近金属铜（$17.8 \times 10^{-6}/K$）。更重要的是，PI 薄膜的吸水率也随着酯基含量的提高而线性下降。

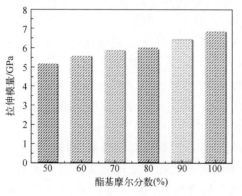

图 3.4 PI 薄膜拉伸模量随酯基摩尔分数变化的曲线

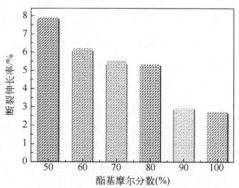

图 3.5 PI 薄膜断裂伸长率随酯基摩尔分数变化的曲线

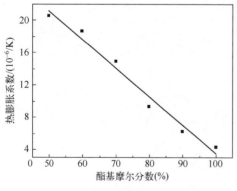

图 3.6 PI 薄膜热膨胀系数随酯基含量的升高而线性下降

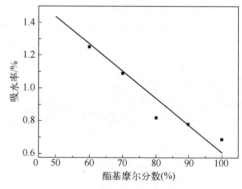

图 3.7 PI 薄膜吸水率随酯基含量的升高而线性下降

表 3.1 比较了代表性含酯 PI 薄膜的综合性能。可以看出，CTE 为 $15.0 \times 10^{-6}/K$、拉伸模量为 5.8GPa、拉伸强度为 163MPa、吸水率为 1.1% 的 PI 薄膜，表现出了理想的综合性能，有望用于制造高密度光电基板。这时，酯基摩尔分数

为70%，另外发现PI树脂主链结构中酯基的引入会对薄膜面内取向度产生影响。随着酯基含量的提高，PI薄膜的面内取向度（双折射指数）随之提高，呈线性关系。含氟聚苯酯酰亚胺薄膜尺寸稳定性随酯基含量的提高而下降（见图3.8），而热膨胀系数随酯基含量的提高而提高，呈线性关系（见图3.9）。当酯基二胺摩尔分数为30%时，CF_3取代聚酯酰亚胺薄膜的CTE达到$18.3×10^{-6}/℃$，接近金属铜箔的水平，T_g为314℃，拉伸模量为6.0 GPa，吸水率降低至0.7%。

表3.1　PI树脂主链结构中酯基引入对薄膜性能的影响

酯基二胺摩尔分数/%	CTE (×10^{-6}/K)	热分解温度 T_d/℃	拉伸强度 T_s/MPa	拉伸模量 T_m/GPa	断裂伸长率 ε_b(%)	吸水率 W_A(%)
50	20.6	494	170	5.1	7.8	1.5
60	18.7	496	165	5.6	6.1	1.3
70	15.0	509	163	5.8	5.3	1.1
80	9.3	515	167	5.9	5.2	0.8
90	6.3	524	138	6.8	2.9	0.8
100	4.3	527	135	6.4	2.7	0.7

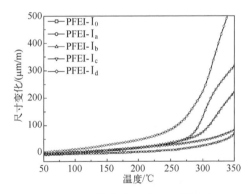 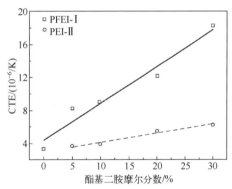

图3.8　含氟聚苯酯酰亚胺薄膜的尺寸稳定性与温度的关系

图3.9　含氟聚苯酯酰亚胺薄膜的CTE与酯基二胺摩尔分数的关系

将聚苯酯酰胺酸树脂溶液涂敷在金属铜箔表面，经加热亚胺化后形成的单面聚苯酯酰亚胺薄膜/Cu覆铜板（FCCL），呈平面状，无翘曲现象；相反，如果所制备聚合物薄膜的CTE明显大于或明显小于金属铜箔的CTE，均会引起FCCL成卷曲状态。可见，将苯酯基团引入聚酰亚胺主链结构可明显提高聚酰亚胺薄膜的拉伸模量，降低CTE至金属铜箔的水平，同时降低吸水率，低于0.8%，是一种聚酰亚胺薄膜高模量化及低CTE化的有效方法。

将含苯并噁唑基团的芳香族二胺（BOBA）单体和芳香族二胺（ODA）组

合，与芳香族四酸二酐（s-BPDA）通过缩聚反应制备嵌段共聚聚酰胺酸（PAA）树脂溶液[17]。将 PAA 树脂涂敷在玻璃板表面，经热亚胺化处理（室温~350℃）后，形成 BCPI-TIx 系列嵌段共聚聚酰亚胺薄膜，其中 x 为 0、1、3、4、5、7、9，代表嵌段共聚聚酰亚胺主链结构中软性链段与硬性链段的比值分别为 0/100、10/90、30/70、40/60、50/50、70/30、90/10（见图 3.10）。含苯并噁唑基团的刚性嵌段含量对 BCPI-TI 薄膜的拉伸强度和弹性模量具有显著影响（见图 3.11~图 3.14）。随着刚性链段与柔性链段之比从 0/100 增大到 90/10，薄膜的拉伸强度和拉伸模量分别提升了 61.6% 和 93.3%，最大值分别达到 226.7MPa 和 5.8GPa。这归因于键接在 PI 主链结构中的刚性链段结构相对于 PDA 单个苯环结构具有较多的构象，同时含苯并噁唑基团的刚性嵌段组分具有线性、共平面构象，在热酰亚胺化过程中形成微米级分子链有序排列结构，有利于应力沿拉伸方向传递、通过环状结构的变形而消耗能量。

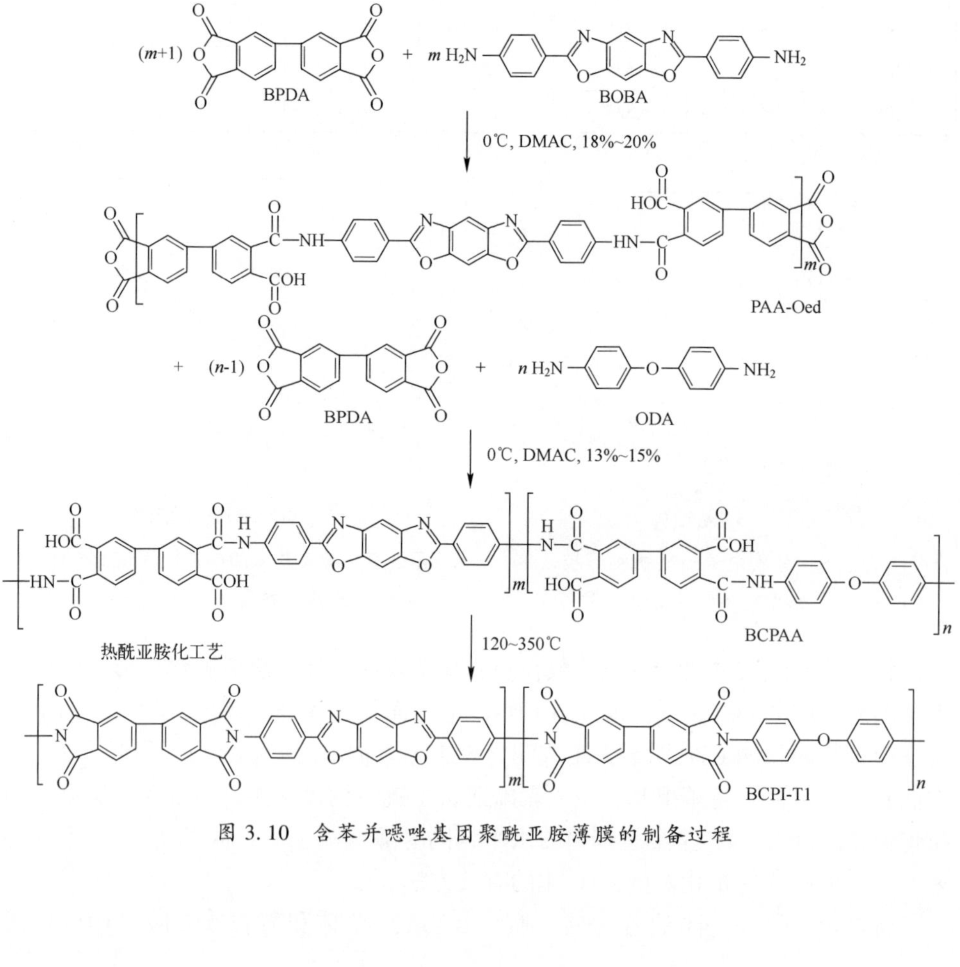

图 3.10 含苯并噁唑基团聚酰亚胺薄膜的制备过程

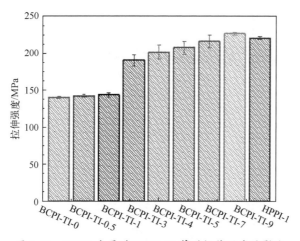

图 3.11 BOBA 含量对 BCPI-TI 薄膜拉伸强度的影响

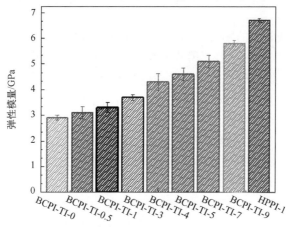

图 3.12 BOBA 含量对 BCPI-TI 薄膜拉伸模量的影响

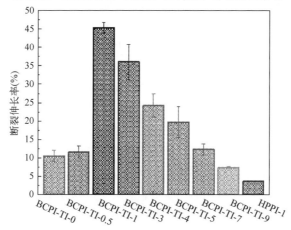

图 3.13 BOBA 含量对 BCPI-TI 薄膜断裂伸长率的影响

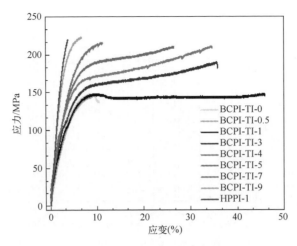

图 3.14　BCPI-TI 薄膜的应力-应变曲线

当含苯并噁唑基团的刚性链段/柔性链段比例达到 10/90 时,薄膜的断裂伸长率增大至最高值（45.4%）,薄膜发生屈服,呈现韧性断裂,说明较短的、含苯并噁唑环的刚性嵌段破坏了原有柔性链段的分子链间排列结构,使其具有更多的热塑性 PI 树脂的特征,DMA 测试结果也给出了佐证。当刚性链段与柔性链段比值由 30/70 变化至 90/10 时,薄膜的断裂伸长率依次下降至 36.1%、24.2%、19.7%、12.3% 和 7.4%,且屈服点消失,呈现塑性断裂,说明较长的刚性嵌段的紧密堆砌排列形成了结晶,嵌段长度越长,结晶度越大,自由体积下降,薄膜变脆。试验发现,含苯并噁唑基团嵌段共聚聚酰亚胺薄膜具有优异的力学性能,其中 BCPI-TI5 薄膜的拉伸强度和模量分别达到 207.9MPa 和 4.6 GPa,断裂伸长率达到 19.7%。

高温尺寸稳定性是高密度柔性封装基板的重要考量性能之一,优异的尺寸稳定性有利于保障 TAB 工艺中多次曝光制作复杂图形的精确度,以及提高不同基板层中通孔的相互对准精度。研究发现,含苯并噁唑基团的刚性嵌段含量对 BCPI-TI 薄膜的尺寸稳定性及热膨胀系数也具有显著影响（见图 3.15、图 3.16）。当含苯并噁唑基团的刚性链段与柔性链段之比为 30/70～90/10 时,PI 薄膜的 CTE 值在 $(3.6～20.0)×10^{-6}/℃$ 范围内,薄膜 CTE 的降低与苯并噁唑摩尔含量的增加几乎呈线性关系,表明刚性、共平面的苯并噁唑结构有效提高了分子链堆砌系数,减小了自由体积,使分子链沿面内方向择优排列,CTE 降低。其中 BCPI-TI-4 和 BCPI-TI-5 的 CTE 分别为 $17.1×10^{-6}/℃$ 和 $14.2×10^{-6}/℃$,与铜箔的 CTE 最接近。表 3.2 是两种代表性 BCPI-TI 薄膜的主要性能。可以看出,含苯并噁唑基团聚酰亚胺薄膜具有优异的综合性能,在高密度多层电子封装基板中具有潜在的应用价值。

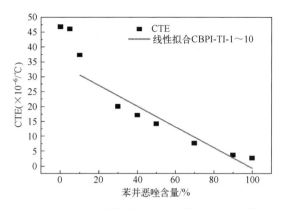

图 3.15 BOBA 含量对 BCPI-TI 薄膜 CTE 的影响

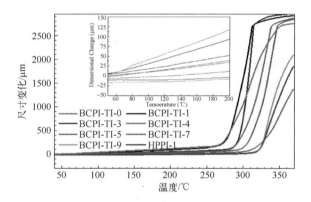

图 3.16 BCPI-TI 薄膜的 TMA 曲线

表 3.2 代表性 BCPI-TI 薄膜的主要性能

BCPI-TI	拉伸强度 σ/MPa	拉伸模量 E/GPa	断裂伸长率 δ(%)	T_5/℃	玻璃化转变温度 T_g/℃	CTE ($\times 10^{-6}$/℃)
BCPI-TI-4	201.5	4.3	24.2	568.5	305.9	17.1
BCPI-TI-5	207.9	4.6	19.7	573.1	311.3	14.2

降低 PI 薄膜的吸湿性可使柔性电子封装基板在图形制作过程中经受 250～300℃ 的温度时不会出现气泡或与铜层剥离等现象。随着苯并噁唑（BOBA）含量的增加，PI 薄膜吸水率明显下降（见图 3.17）。当苯并噁唑摩尔含量超过 50% 时，BCPI-TI 薄膜的吸水率降至低于 1%。同时，BCPI-TI 薄膜表面与去离子水的接触角，呈现先快速增大，后趋于平缓的类似变化趋势（见图 3.18）。表明在 PI 薄膜主链结构中引入苯并噁唑链段结构可有效降低聚合物的极性，减弱对水分子的亲合性，获得较低吸湿浸润性的 PI 薄膜。

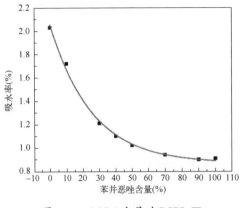
图 3.17 BOBA 含量对 BCPI-TI 薄膜吸水率的影响规律

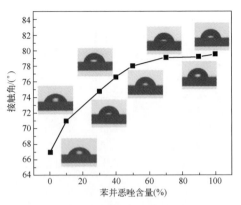
图 3.18 BOBA 含量对 BCPI-TI 薄膜接触角的影响规律

图 3.19、图 3.20 分别是 BCPI-TI 系列薄膜的介电常数和介电损耗随电场频率的变化规律。在 PI 树脂主链结构中引入苯并噁唑基团可明显降低 PI 薄膜的介电常数。PI 薄膜的介电常数和介电损耗均随着苯并噁唑链节含量的增加而降低。当苯并噁唑链节摩尔含量超过30%时，10^6Hz 条件下嵌段共聚 PI 薄膜的介电常数已低于 2.9，介电损耗低于 0.00582。例如，不含苯并噁唑链节的均聚物 BCPI-TI-0 的介电常数为 3.18，介电损耗（$\tan\delta$）为 75.7×10^{-3}，而含有 40%苯并噁唑环链节的 PI 薄膜的介电常数降至 2.73，介电损耗降至 5.5×10^{-3}；与酰亚胺环链节相比，苯并噁唑链节具有更低的分子极化率，将其引入 PI 树脂的主链结构中，可明显降低 PI 薄膜极性，增强介电性能。

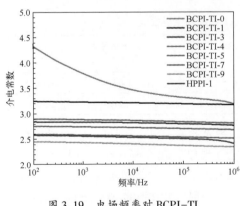
图 3.19 电场频率对 BCPI-TI 薄膜介电常数的影响

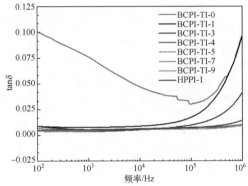
图 3.20 电场频率对 BCPI-TI 薄膜介电损耗的影响

BCPI-TI 薄膜的面内折射率（n_{TE}）和面外折射率（n_{TM}）分别为 1.7844～1.9338 和 1.6959～1.6177，且 n_{TE} 都大于 n_{TM}，表明分子链在亚胺化过程中受基

板表面的拉伸作用主要沿薄膜平面方向择优排列。随着苯并噁唑基团含量的增加，PI 树脂主链结构的刚性增加，n_{TE} 逐渐增大，n_{TM} 逐渐减小，双折射指数（Δn）从 0.0885 大幅增加至 0.3200，表明树脂主链结构的面内取向度显著提升，即苯并噁唑链节的刚性促进了分子链在面内方向的规整堆积，使 PI 薄膜的 CTE 显著下降。

GIXRD 结合 XRD 研究结果表明，BCPI-TI 系列薄膜在面外方向呈现亮粉色圆弧状结构，表明薄膜分子结构中存在取向；弧状区域较大，表明晶区有序度较低，呈近液晶状。当苯并噁唑链节的摩尔含量由 0 增至 30% 时，BCPI-TI 薄膜的分子结构取向程度增加；继续增加苯并噁唑链节的含量，结晶度增大，刚性嵌段形成晶核，并在链段运动能力较强的柔性嵌段支持下形成微米级有序排列结构，微区沿面内方向取向，使 PI 薄膜的 CTE 下降。

通过研究微晶中分子链间的排列方式，发现在面内方向具有（0 0 l）晶面，证实分子主链方向在薄膜平面方向。以 BCPI-TI-4 为例，在面外方向，亮粉色圆弧对应 2θ 为 14.53°和 24.76°的衍射峰，且圆弧强度在 90°方位角时达到最大值，表明结晶结构是沿垂直于薄膜平面方向取向的。因而，在 $2\theta=14.53$°处衍射弧对应的微区中，分子链中的酰亚胺单元与相邻分子链中的胺结构段互相结合，形成了混合层堆砌，即 CT-pack；在 $2\theta=24.76$°处的结晶区中，相邻分子链中酰亚胺环面-面排列，链间距更短（0.35925nm），分子堆砌更紧密。而且衍射峰在 $2\theta=24.76$°处强度较大，说明在结晶区，分子链间多以 π-π 共轭进行密堆砌。此外，在面内方向，$2\theta=12.41$°处衍射峰较尖锐，表明分子链间以形成 CTC 的方式进行有序排列。由于聚合物的长链结构特点，结晶时链段的构象和链间距离会妨碍其规整地堆砌排列，因此其晶体内部分子链的位置有序度被破坏。基于以上分析，提出了 BCPI-TI 薄膜的聚集态结构示意图（见图 3.21）。PI 薄膜的低热膨胀性与含苯并噁唑基团的刚性链段形成的垂直于薄膜平面方向的微米级有序排列结构密切相关。

下面以苯并噁唑基团摩尔含量为 30%～40% 的 PAA 树脂为例，系统研究化学亚胺化与热亚胺化工艺对所制备 PI 薄膜的结构及性能的影响。将化学亚胺化试剂（乙酸酐和吡啶混合物）与 PAA 树脂均匀混合后涂敷在玻璃板上，使其先在 120℃ 以下的温度通过化学亚胺化反应形成部分亚胺化的 PAA 树脂胶膜，然后使其在更高温度（170～350℃）下完成热亚胺化反应，形成嵌段共聚 PI 薄膜（BCPI-CI）。

通过系统研究化学亚胺化工艺对 PI 薄膜结构及性能的影响，发现化学亚胺化工艺对嵌段共聚聚酰亚胺薄膜的聚集态结构具有显著影响：BCPI-CI-3 和 BCPI-CI-4 的 n_{TE} 分别为 1.8555 和 1.8689，n_{TM} 分别为 1.6495 和 1.6362，Δn 分别为 0.2060 和 0.2327，均大于热亚化产物的相应值，说明分子链在化学亚胺化

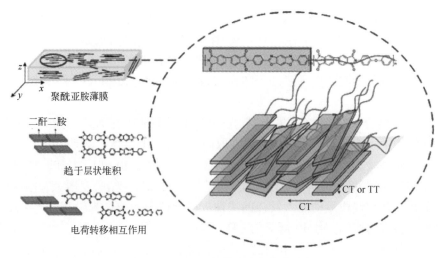

图 3.21　BCPI-TI 薄膜的聚集态结构

过程中，沿薄膜平面方向的有序排列程度变高，即面内取向度更高。

GIXRD 和 XRD 测试结果表明，BCPI-CI 薄膜具有较大的面内取向和结晶度，随着苯并噁唑含量的增加，$2\theta \approx 14.62°$ 的衍射峰强度几乎未发生改变，$2\theta \approx 24.6°$ 的衍射峰强度迅速增大，且链间距从 0.36203nm 降低至 0.35616nm，说明随着含苯并噁唑链节的刚性嵌段主链结构长度增加，π-π 共轭作用力更大，分子链间堆砌密度增加，使树脂结晶度由 19.35% 增至 29.74%。在面内方向，$2\theta \approx 14.6°$ 的衍射峰更尖锐，半峰宽减小，衍射峰强度明显增加，分子间和分子内 CTC 的相互作用使结晶度由 14.03% 增至 23.00%。

与热亚胺化相比，化学亚胺化制备的 PI 薄膜具有更多的面内取向和结晶行为。热亚胺化 PI 薄膜（BCPI-TI-3）在面外方向几乎未结晶，只是发生取向，面外方向在 $2\theta=14.62°$ 和 $2\theta=24.57°$ 处出现两个强度较弱的圆圈，相应的化学亚胺化薄膜（BCPI-CI-3）在相应衍射角度的强度均较高，且在 $2\theta=24.57°$ 出现高强度衍射圆圈，表明化学亚胺化薄膜具有更高的面内取向和结晶度，即分子链排列的有序度更高。这可能是因为化学亚胺化反应在较低温度下进行，120℃ 前烘使薄膜厚度减小，受玻璃基板的拉伸作用，亚胺化的分子链沿面内方向发生轻微取向，同时部分分子链在随后的热亚胺化过程中不会发生断链行为，可进一步发生面内取向的缘故。

化学亚胺化工艺对嵌段共聚聚酰亚胺薄膜的综合性能具有明显影响：当苯并噁唑基团的摩尔含量为 30%～40% 时，BCPI-CI-4 的拉伸强度为 190.5MPa，弹性模量为 6.3GPa，断裂伸长率为 29.3%（见图 3.22）。随着刚性苯并噁唑链节含量的增加，薄膜的拉伸强度增大，弹性模量提升明显。与热亚胺化薄膜相比，化学亚胺化薄膜具有更高的拉伸强度和更高的弹性模量,其中弹性模量增加超过46%。这主要归因于化学亚胺化工艺赋予 PI 树脂主链结构的规整排列有序度提高,在拉伸应变作用下,应力沿面内方向通过共平面环状结构快速传递和消散。

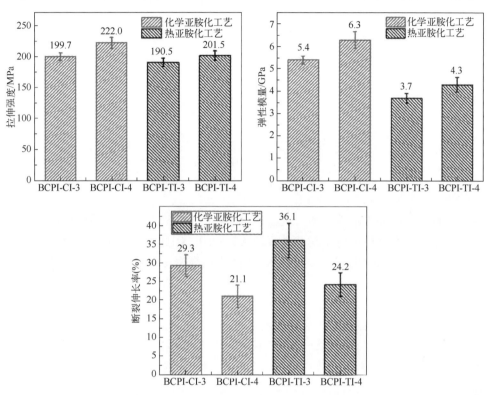

图 3.22 化学亚胺化与热亚胺化工艺对 BCPI-TI 薄膜力学性能的影响

化学亚胺化 PI 薄膜具有优良的化学热稳定性,$T_{5\%}$ 和 $T_{10\%}$ 分别为 559.4～567.1℃和 583.2～585.5℃,700℃下的残碳率分别为 66.4% 和 67.1%,T_g 为 300～3104℃。与热亚胺化薄膜相比,化学亚胺化薄膜具有更低的 CTE(见图 3.23),说明化学亚胺化工艺可减少分子链的断裂行为,使其具有更高的面内取向和更多的结晶区,导致 CTE 显著降低。

4. PI 薄膜的表面活化及与铜的高黏结性

电子元器件微型化、薄型化及高性能化的快速发展,促使柔性 IC 封装基板朝着超薄型化、布线精细化及多层化等方向快速发展。柔性电子线路的微细化布线要求金属导体铜箔层与 PI 薄膜界面具有足够强的黏结强度,以避免出现因铜(Cu)层与 PI 薄膜界面残存的大量热应力、电子元器件的寿命降低等问题。但是,高模量、低热膨胀 PI 薄膜由于树脂主链结构的高刚性和沿薄膜平面方向的

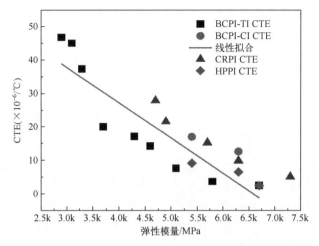

图 3.23　BCPI-TI 薄膜的弹性模量对 CTE 的影响

取向结构,表面缺少活性基团,表面自由能较低,导致与其他介质的黏结性能较差,严重制约在高密度电子封装基板领域的应用。因此,利用表面活化技术赋予 PI 薄膜更好的界面黏结性,对于拓展 PI 薄膜在高密度电子封装基板领域的应用具有重要意义。

等离子体处理是一种应用最广泛的材料表面改性方法。其所含有的活性粒子可使 PI 薄膜表面的粗糙度、活性基团含量(C—O—C 或 C=O 键)和自由能等发生改变,从而改善表面黏结性能。不同气体气氛和放电方法所产生的等离子体对 PI 薄膜表面具有不同的改性效果。与空气相比,含有较多氧化性组分的氧等离子体可使 PI 薄膜表面在短时处理后产生更多的 NH_2 和 COOH 等活性基团,可明显提高 PI 薄膜/Cu 层的黏结性能。通过选择等离子体气体源、改变其产生方法,以及合理调控处理时间和功率等,可使 PI 薄膜表面形成许多游离氧基团,提高与金属纳米过渡层(Tie-Coating,如 Cr-Ni)之间的相互作用,最终赋予 PI 薄膜/Cu 层高黏结强度。

研究人员采用氧气辉光等离子体技术开展 PI 薄膜的表面活化研究,通过离子注入/连续电镀铜工艺成功制备了 2L-FCCL。在这一过程中,系统研究了气体压强、等离子体处理功率和时间等对 PI 薄膜的表面形态结构和组分、PI 薄膜/Cu 层剥离强度等的影响,探讨了 PI 薄膜与 Cu 层的黏结机理,确定了 PI 薄膜表面处理的最优工艺参数,获得了高黏结强度的 2L-FCCL。

以氧气为处理气氛,控制气体压强为 30Pa,保持处理时间为 5min,通过 SEM、AFM、XPS 和剥离强度测试,研究处理功率(25W、50W、100W、150W 和 200W)对 PI 薄膜(BCPI)表面微观形貌、化学成分和与 Cu 层黏结性能的影响,以期获得最优表面处理工艺参数。研究发现,等离子体处理功率对 PI 薄膜的微观形貌具有显著影响。未经过等离子体处理的 PI 薄膜表面光滑，似玻璃平面；经 50W/5min 处理的 PI 薄膜表面开始出现零星分布的白色小凸起和沟槽；增大功率至 100W，白色凸起密布在薄膜表面；继续增大功率，白色凸起消失，取而代之的是鳞片状凸块，说明等离子体处理功率对 PI 薄膜表面的刻蚀程度具有显著影响。等离子体对结晶区和无定形区的刻蚀速率不同，当处理功率较低时，PI 薄膜表面被刻蚀的区域明显不同。增大处理功率会使等离子体的刻蚀速率增加，薄膜表面粗糙度增大。未经处理 PI 薄膜的粗糙度 Rq 为 3.6nm。随着功率的增大，粗糙度由 25W 的 5.2nm 增长至 200W 的 20.1nm。

PI 薄膜表面的浸润性（表面能）对薄膜与 Cu 层的界面黏结性能有较大的影响。图 3.24、图 3.25 是 BCPI-TI 薄膜表面的接触角和表面能随处理功率及时间的变化情况。未经处理的 PI 薄膜表面与去离子水的接触角为 76.6°，表面能为 47.18mN/m。经等离子体处理后，BCPI-TI 薄膜的接触角明显减小，极性分量和表面能增大。功率增大，接触角减小。当功率为 50W 时，接触角最小，为 37.3°，表面能最大（64.88mN/m），说明薄膜表面的亲水性提高。继续增加功率至 200W，接触角反而迅速增大至 63.9°，表面能下降至 38.94mN/m。这主要归因于功率较小时等离子体刻蚀诱导的极性基团随功率的增加保持增长，当功率超过某一临界值时，极性基团含量因表面粗糙度过大而下降，说明经等离子体处理后，BCPI-TI 薄膜的表面浸润性和反应活性显著提升。图 3.26 是处理功率对 PI 薄膜/Cu 层剥离强度的影响。未经等离子处理的 PI 薄膜几乎没有黏结性能。经等离子处理后，PI 薄膜表面粗糙度和亲水极性基团均增加，PI 薄膜与 Cu 层的黏结性能明显提高。当处理功率为 50W、处理时间为 5min 时，薄膜/Cu 层的抗剥离强度为 0.5815N/mm，经锡焊处理后的抗剥离强度仍为 0.4925N/mm，达到现有商品化 2L-FCCL 的黏结性水平。继续增加处理功率至 200W，PI 薄膜/Cu 层的剥离强度降至最小值，仅为 0.2135N/mm，与表面能对处理功率的依赖性一致，可能是因为 PI 薄膜/Cu 层的界面黏结性能与表面极性基团含量的多寡关系较大，表面粗糙度过大时，极性基团可能因淬灭而失活。因此，BCPI-TI 薄膜表面活化的最佳工艺条件为：氧等离子体处理，控制气体压强为 30Pa，处理功率为 50W，时间为 5min。

图 3.27 是处理时间对 PI 薄膜/Cu 层界面剥离强度的影响。经等离子处理后，PI 薄膜表面粗糙度和亲水极性基团均大幅增加，PI 薄膜与 Cu 层具有明显提高的抗剥离性能，且随处理时间的延长，界面黏结强度先升高再降低。当处理功率为 100W、处理时间为 10min 时，薄膜的抗剥离强度达到最大值，为 0.8145N/mm，经锡焊处理后的抗剥离强度为 0.6025N/mm，比现有商品化 2L-FCCL 提高了 60%，也比 50W/5min 处理后的界面强度高 40%。这可能是因为 BCPI-TI 薄膜/Cu 层的界面黏结性能与表面极性基团含量的多寡、薄膜表面粗糙程度有关。经

100W/10min 处理后，薄膜表面的粗糙度和含氧活性基团的含量均比经 50W/5min 处理后的多。因此，BCPI-TI 薄膜表面活化的最优工艺条件为：氧等离子体处理，控制气体压强为 30Pa，处理功率为 100W，时间为 10min。

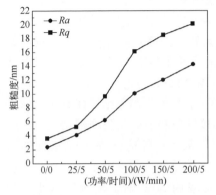

图 3.24　处理功率对 PI 薄膜表面粗糙度的影响

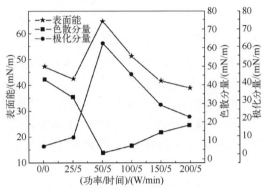

图 3.25　处理功率对 PI 薄膜表面能的影响

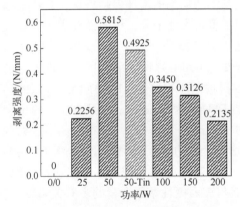

图 3.26　处理功率对 PI 薄膜/Cu 层剥离强度的影响（5min）

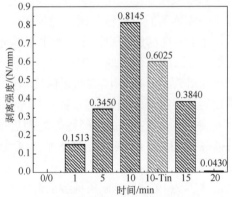

图 3.27　处理时间对 PI 薄膜/Cu 层剥离强度的影响（100W）

通过比较研究化学亚胺化 PI 薄膜与热亚胺化 PI 薄膜的表面活化效果（见图 3.28），发现将热亚胺化的嵌段共聚 PI 薄膜（BCPI-TI）经过 100W/10min 氧等离子体处理后制成 2L-FCCL-3，其 90°剥离强度为 0.81N/mm，经浸锡试验处理后的剥离强度为 0.60N/mm，保持率为 84.0%；将化学亚胺化的嵌段共聚 PI 薄膜（BCPI-CI）经过 100W/10min 氧等离子体处理后制成 2L-FCCL-4，其 90°剥离强度为 0.64N/mm，经浸锡试验处理后的剥离强度仍达到 0.62N/mm，保持率达到 96.5%。这可能与化学亚胺化过程提高了树脂主链结构的分子链排列有序度有关。由于分子链参与结晶和取向的程度增加，限制了柔性分子链在高温制备 FCCL 过程中的运动扩散能力，因而改善了 PI 树脂与 Ni-Cr-Cu 籽晶层的界面黏结状况。

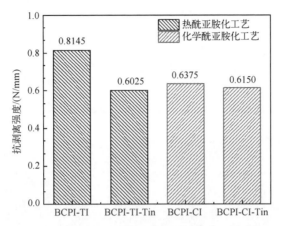

图 3.28 亚胺化工艺对 PI/薄膜的抗剥离强度的影响

为了探究 BCPI 薄膜/Cu 层界面高黏结性的原因，需要通过 SEM 和 XPS 分析 2L-FCCL 的界面、剥离后薄膜和 Cu 层表面的微观形貌和化学成分组成。将通过未改性、50W/5min 和 100W/10min 等离子体改性的 BCPI 薄膜制备的 2L-FCCL 分别命名为 2L-FCCL-1、2L-FCCL-2 和 2L-FCCL-3。

图 3.29（a）、（b）、（c）分别是未处理、50W/5min 处理、100W/10min 处理后的 2L-FCCL 的剖面和界面、剥离后薄膜表面、Cu 层表面的 SEM。2L-FCCL-1 界面中存在细长的孔隙，在剥离测试中作为弱边界层使 FCCL 迅速失效，界面几乎没有黏结力；剥离后薄膜表面呈现层状有序树脂破坏形貌，Cu 层表面覆有大量 PI 树脂，说明界面破坏模式主要是内聚力型剥落。这是因为 BCPI 薄膜表面光滑，没有含氧游离基团，未能与 Ni-Cr-Cu 纳米层发生分子键合，且刚性分子链沿面内方向发生结晶和取向，在面外方向分子链间通过 CTC 和 π-π 共轭作用堆砌，故薄膜在面外方向内聚强度和模量均较低，2L-FCCL-1 90°剥离破坏时发生镀层脱黏、内聚失效。2L-FCCL-2 界面无孔隙等缺陷，黏结良好。剥离后，BCPI 薄膜表面保留少量等离子处理后的树脂形貌特征，Cu 层表面出现少量主要成分为 C 和 O 的 BCP 小球，表明 FCCL 剥离破坏大部分发生在接近 BCPI 薄膜/Cu 层界面的区域，其失效模式介于内聚力型失效和黏结失效两种模式之间。2L-FCCL-3 界面黏结良好，可看到清晰的 Ni-Cr-Cu 纳米籽晶层，Cr（或 Ni）可与游离氧基团（尤其是酰亚胺中的羰基）通过化学键合构成 Cr-O 金属络合物或 Cr 氧化物，有效改善界面黏结性能。剥离后，薄膜表面发现极少量白色金属或金属

化合物圆球，能够保留等离子体活化处理后的大部分形貌，在 Cu 层表面几乎未见 BCPI 树脂，说明 2L-FCCL-3 90°剥离主要发生在界面，失效模式为黏结破坏。

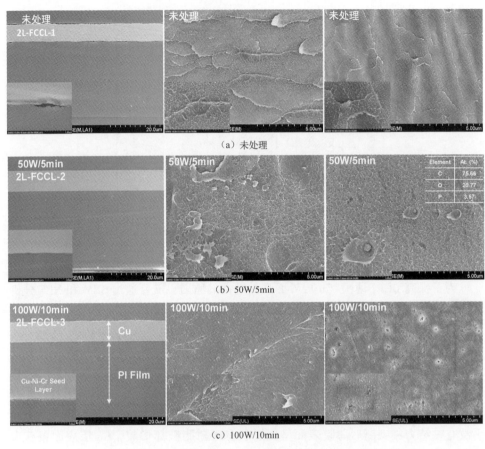

图 3.29　2L-FCCL 剖面和界面、剥离后薄膜表面及 Cu 层表面的 SEM

为了探究 2L-FCCL 中强界面黏结力是否与 Cu-N 基团有关，对 XPS 谱图的 N1s 吸收峰进行分峰拟合，发现 BCPI-TI/Cu 界面出现了 Cu-N 基团，证实噁唑基团与铜形成了 Cu-噁唑络合物，且随着等离子体处理程度的加深，Cu-N 基团含量从 50W/5min 处理时的 1.48% 增加至 100W/10min 处理时的 5.34%。基于上述分析，BCPI-TI 薄膜经等离子体处理后与 Cu 层具有高黏结性能，其原因为：①等离子体对薄膜表面刻蚀，使其比表面积增加，即粗糙度增大，以便与金属层形成机械互锁作用；②增大薄膜表面自由能，提高材料表面浸润性能；③活性粒子轰击薄膜表面形成亲水含氧活性基团，与 Ni-Cr-Cu 籽晶层化学键合形成金属络合物或金属氧化物；④噁唑基团与 Cu 之间存在相互作用，形成了 Cu-噁唑络合物。

总之，上述研究得出下述结论。①氧等离子体活化对改善 PI 薄膜黏结性能具有显著影响：BCPI 薄膜表面的粗糙度随处理功率的增加、处理时间的延长而增大；表面浸润性和 BCPI 薄膜/Cu 层界面剥离性能在 50W/5min 和 100W/10min 处理后分别达到最大值，且含氧活性基团均增多；在 100W/10min 处理后，薄膜表面的粗糙度、含氧活性基团、浸润性及与 Cu 层界面的剥离性能均大于 50W/5min 处理后的薄膜。②由 100W/10min 改性后的 PI 薄膜制备的 2L-FCCL 90°剥离破坏模式为黏结失效，而由未改性薄膜制备的 2L-FCCL 90°剥离破坏模式为内聚力型剥落，由 50W/5min 改性后薄膜制备的 2L-FCCL 90°剥离破坏模式介于两者之间。③表面粗糙度增大、含氧活性基团增多、噁唑基团与 Cu 形成 Cu-噁唑络合物 3 种因素协同作用，使 2L-FCCL 具有高黏结性和耐锡焊性，界面剥离强度比现有商品化 2L-FCCL 提高了 40%～60%。

5. 高性能聚酰亚胺薄膜的主要性能

挠性封装基板就是将聚酰亚胺薄膜与导体金属铜箔黏结复合形成挠性 Cu/PI 覆铜板，再经通孔、电镀、曝光、刻蚀形成布线电线和焊盘，最终形成可搭载或封装 IC 芯片的挠性互连电路（见图 3.30）。为了制作 Cu/PI 覆铜板，通常首先将一层黏结胶膜涂敷在聚酰亚胺薄膜或铜箔表面上，经加热处理完全挥发掉溶剂等小分子挥发物后，与铜箔或聚酰亚胺薄膜在加热、加压条件下压合在一起形成单面或双面覆铜板。因此，聚酰亚胺薄膜和黏结胶膜的综合性能对挠性封装基板具有决定性的影响。表 3.3 比较了挠性封装基板用 PI 薄膜的分子结构。

图 3.30 挠性封装基板的剖面结构

表 3.3 挠性封装基板用 PI 薄膜的分子结构

商品名	公司	分子结构
Kapton	杜邦	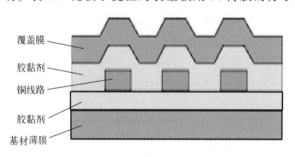

续表

商品名	公司	分子结构
Apical AH	钟渊化学	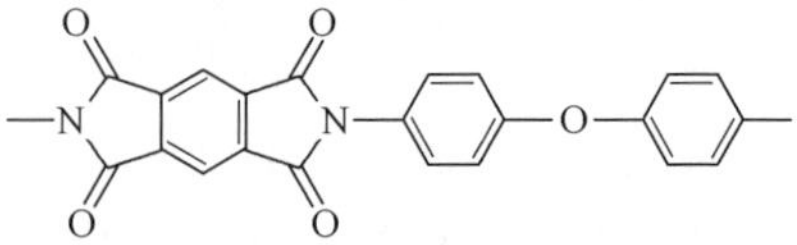
Apical NPI		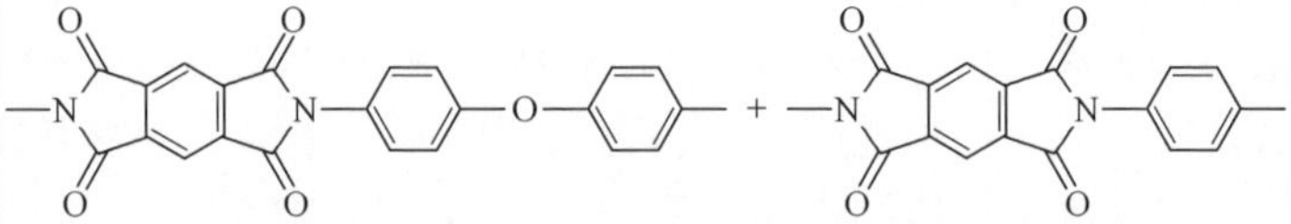
Upilex-R	宇部兴产	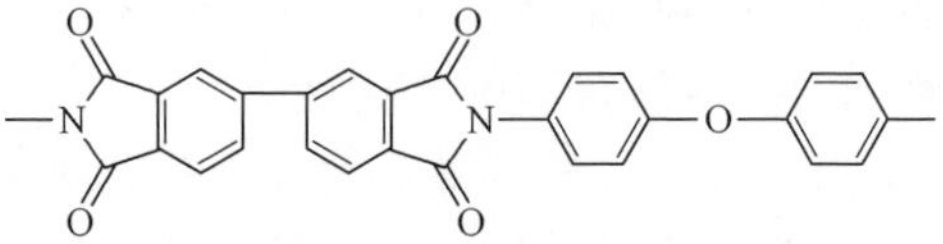
Upilex-S		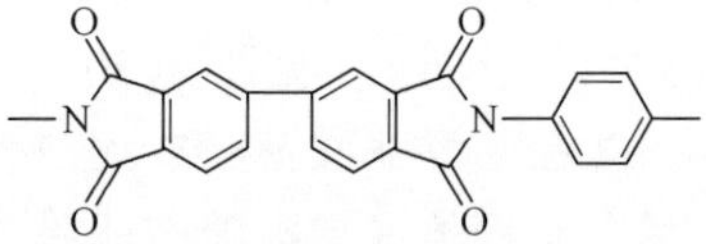

目前，美国杜邦（Dupont）、美国与日本东丽合资的杜邦-东丽（Dupongt-Tory）、日本钟渊化学工业（Kenaka）、日本宇部兴产（Ube）等公司是全球高性能 PI 薄膜的主要生产及供应商，韩国 SKC-kolon 及我国台湾地区的达迈（Daimide）等公司在 PI 薄膜制造技术方面也取得了令人瞩目的成绩。近年来，我国瑞华泰、时代新材、中天科技等公司也成为高性能 PI 薄膜市场的积极参与者。表 3.4 比较了数种高性能 PI 薄膜的主要性能。除传统的 PI 薄膜外，近年来许多特殊的新产品陆续出现，主要包括高模量、低 CTE 的 PI 薄膜，如 Dupont-Tory 的 EN-C/A/L 系列产品、Kenaka 公司的系列产品及 Ube 公司的 Upilex-S、SGA 等；高频高速用低介电损耗 PI 薄膜，如 Kenaka 的 MPI 系列产品、SKC-Kolon 的改性 PI 膜（MPI）等。

表 3.4 高性能 PI 薄膜的主要性能

性能	100EN-A （MD/TD）	Apical HP （MD/TD）	Upilex-GAV1 （MD/TD）	SKC-GK （MD/TD）
厚度/μm	38	25	34	38
密度/(g/cm^3)	1.42	1.46	1.47	
拉伸强度/MPa	380/436	346/354	520/580	445
断裂伸长率（%）	88/62	42/44	64/28	65

续表

性 能	100EN-A (MD/TD)	Apical HP (MD/TD)	Upilex-GAV1 (MD/TD)	SKC-GK (MD/TD)
拉伸模量/GPa	5.8/7.6	6.0/5.8	9.4/13	7.3
热膨胀系数($\times 10^{-6}$/℃)	12/5	11/11	14/5	10
湿膨胀系数($\times 10^{-6}$/℃)	—	7.0	—	—
吸水率（%）	—	1.2	1.4	1.5
热收缩率（%）	0.01/0.01	0.06/0.01	0.01/0.01	0.02
MIT 耐折性/次	$>2.0\times10^4$	$>1.0\times10^5$	$>1.0\times10^6$	—
介电常数（@1MHz）	3.2	3.1	3.0	3.2
介电损耗（@1MHz）	0.002	0.0020	0.003	—
体积电阻率/(Ω·cm)	$>10^{16}$	$>10^{16}$	$>10^{15}$	$>10^{16}$
介电强度/(V/μm)	386	386	235	310

为了满足布线细微化的需求，要求挠性封装基板的尺寸变化率尽可能小，因此要求 PI 薄膜必须具有高耐热、高模量、高强度、低热膨胀系数、低吸湿膨胀系数等特性。表 3.5 比较了杜邦-东丽公司 EN 系列 PI 薄膜的主要性能。随着电子封装技术的快速发展，对高耐热、低 CTE PI 薄膜的需求量越来越大。

表 3.5 EN 系列 PI 薄膜产品性能比较

性 能		50EN-S (MD/TD)	150EN-C (MD/TD)	150EN-A (MD/TD)	140EN-Y (MD/TD)	140EN-Z (MD/TD)
		标准 CTE	低 CTE		超低 CTE	
		各向同性	各向同性	各向异性	各向同性	各向异性
厚度/μm		12.5	37.5	37.5	35	35
拉伸强度/MPa		363/368	377/394	390/470	417/415	385/449
断裂伸长率（%）		67/66	76/65	78/56	65/61	72/55
拉伸模量/GPa		4.4/4.4	5.3/5.7	5.8/7.6	7.5/7.7	6.9/8.5
热膨胀系数($\times 10^{-6}$/℃)		14/12	16/13	12/5	5/4	7/2
湿膨胀系数($\times 10^{-6}$/℃)		18	19/15	18/11	11/10	12/6
热收缩率（%）		0.05/0.02	0.01/0.01	0.01/0.01	0.02/0.01	0.02/0.01
T_g/℃		330	330	365	368	368
表面粗糙度 /nm	Ra	—	8	9	4	4
	Rz	—	145	152	101	105
雾度（%）		7.9	7.9	8.6	2.8	2.9
MIT 耐折性/次		$>0.5\times10^5$	—	—	—	—
吸水率（%）		1.6	1.6	1.8	1.6	1.6
击穿强度/(V/μm)		400	400	400	400	400

3.1.2 挠性覆铜板

挠性封装基板的制造过程主要包括挠性覆铜板和挠性封装基板的制造两个阶段。挠性覆铜板是将导电铜（Cu）箔与聚酰亚胺（PI）薄膜黏结复合在一起形成的 Cu/PI 复合结构，主要分为有胶型（三层结构）和无胶型（两层结构）两种类型，包括单面覆铜板和双面覆铜板两种结构（见图 3.31）。

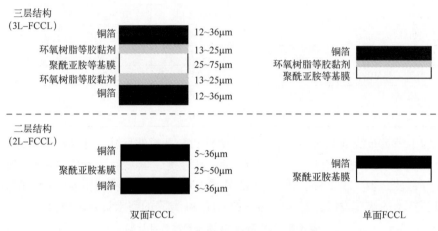

图 3.31 单面和双面挠性覆铜板的剖面结构

1. 有胶型挠性覆铜板

有胶型挠性覆铜板是采用改性环氧树脂或丙烯酸树脂黏合剂（Adhesive, Ad），将导电铜箔和聚酰亚胺薄膜经加热辊压或层压黏结复合在一起形成的 Cu/Ad/PI 复合结构。首先将黏合剂胶液涂敷在聚酰亚胺薄膜表面上，然后加热处理使溶剂等小分子挥发份完全除去，进一步加热使铜箔与带黏结层的聚酰亚胺薄膜黏结复合形成挠性覆铜板。黏合剂涂敷加工的质量将直接影响挠性覆铜板的质量稳定性，要求黏合剂涂敷的单点厚度偏差低于 0.5%。压合黏结是在一定温度和压力条件下将已经涂敷黏合剂的聚酰亚胺薄膜与铜箔连续地（或片状模压）黏结复合在一起。图 3.32 和图 3.33 分别是挠性覆铜板连续生产装置及生产现场。

目前，挠性覆铜板的生产技术已经相当成熟，所生产挠性覆铜板的黏结强度、尺寸稳定性、挠曲寿命、电绝缘性能和长期可靠性等都有保证。但是，有胶型挠性覆铜板中环氧树脂或丙烯酸酯胶黏层的存在会导致其耐热性、耐化学药品性及电绝缘性较差，导致所制备的挠性封装基板无法满足高密度电子封装的使用要求。表 3.6 总结了典型有胶型挠性覆铜板的主要性能。

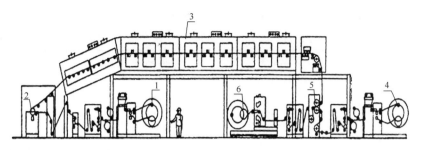

1—基膜；2—涂头；3—烘箱；4—铜箔；5—辊压；6—收卷

图 3.32 有胶型挠性覆铜板连续生产装置

（1）胶黏剂胶液的配制

（2）PI膜的发送

（3）在薄膜上涂布胶黏剂

（4）送入烘箱干燥加工

（5）离型纸膜的发送

（6）与铜箔的压合复合、收卷

（7）在烘箱中后固化（熟化）

（8）分条裁切

（9）外观检验

（10）包装

图 3.33 有胶型挠性覆铜板连续生产现场

表 3.6 典型有胶型挠性覆铜板的主要性能

(薄膜厚度:25μm;铜箔厚度:压延铜箔 35μm)

性能	测试条件	测试结果	测试方法
绝缘电阻/Ω	C-96/20/65 C-96/40/90	$2.5×10^{13}$ $3.6×10^{12}$	JIS C 6471
表面电阻率/Ω	C-96/20/65 C-96/40/90	$2.7×10^{16}$ $1.6×10^{16}$	JIS C 6481
体积电阻率/(Ω·cm)	C-96/20/65 C-96/40/90	$2.0×10^{16}$ $1.5×10^{16}$	JIS C 6471
剥离强度/(N/mm)	A E-1/200	13 13	JIS C 6471
耐浸焊性	280℃/10s	无异常	IPC-FC-241 B
耐热性	E-1/200	无异常	JIS C 6481
耐化学药品性	23℃/10min	无异常	IPC-FC-241 B
尺寸稳定性(%)	E-0.5/150 纵向 E-0.5/150 横向	-0.09 +0.03	JIS C 6471
耐折性(R2.0)/次	纵向 横向	3200 2950	JIS C 6471

2. 无胶型挠性覆铜板

无胶型挠性覆铜板是在聚酰亚胺(PI)薄膜的两个表面涂敷一层厚度为热塑性聚酰亚胺(TPI)黏结层形成的TPI/PI/TPI三层复合薄膜。其中,TPI黏结层厚度通常为5~7μm,PI薄膜厚度为12.5~50μm。由于TPI为可熔性聚酰亚胺树脂,当加热至熔点温度时形成可流动的熔体,可以充分浸润被黏结物(如铜箔等)的表面,形成Cu/TPI/PI/TPI/Cu覆铜板。由于TPI黏结层也属于PI薄膜的一部分,故成为无胶型挠性覆铜板。无胶型挠性覆铜板具有比有胶型覆铜板更好的耐热性、耐化学药品性及介电性能,具有无卤阻燃特性。近年来,随着无胶型挠性覆铜板性能的不断提高,挠性封装基板已经成为非常重要的高密度封装基板。

无胶型挠性覆铜板的制造方法主要包括涂敷法、层压法和电镀法等3种。涂敷法需要先在铜箔表面上涂敷聚酰亚胺树脂,经干燥、亚胺化后形成绝缘薄膜层,从而形成挠性覆铜板。该方法的优点是可以获得高铜箔剥离强度,聚酰亚胺薄膜层厚度可以控制得很薄,但难以制造较厚的绝缘薄膜层。在制作两面铜箔的挠性覆铜板时,首先在铜箔表面上涂敷一层黏结性高的热塑性聚酰亚胺黏结树脂,再涂敷一层高尺寸稳定的聚酰亚胺薄膜专用树脂;然后涂敷一层热塑性聚酰亚胺黏结树脂。在其表面覆盖铜箔后,加热、加压形成双面挠性覆铜板。所涂敷的热塑性聚酰亚胺黏结树脂的熔点高于300℃,真空压制温度约为350℃。该工艺的难点是，如何克服聚酰亚胺树脂在高温亚胺化过程中产生的少量水分和残留溶剂导致的气泡问题。另外，采用该工艺方法生产双面覆铜板的技术难度较大，投资高。

表3.7比较了涂敷法制造的两种无胶型挠性覆铜板的主要性能。可以看出，压延铜箔制造的覆铜板在耐折性、弯曲性等方面优于电解铜箔覆铜板。

表3.7 典型无胶型双面挠性PI覆铜板的主要性能

性　能		涂敷法覆铜板		测试方法
		压延铜箔（35μm）	电解铜箔（35μm）	
铜箔剥离强度/(N/mm)	室温	1.4	1.5	JIS C 5016
	浸焊后/(300℃/2min)	1.4	1.5	
	热处理后/(150℃/7天)	1.4	1.5	
撕裂传递强度/MPa		1.4	1.2	ASTM D 1922-67
MIT耐折性/次（R0.8、1.5kg 无覆盖膜）		210	180	JIS C 5016
IPC弯曲性/次（R3.2、120次/min）		600 000	485 000	IPC-TM-650 2.4.3
疲劳延伸性/次		380	300	IPC-TM-650 2.4.3.2
热膨胀系数（$\times 10^{-6}$/℃）	x、y方向（100~250℃）	20	22	—
	z方向（100~250℃）	125	120	
刻蚀后尺寸变化率（%）		-0.02/-0.02（MD/TD）	-0.03/-0.02（MD/TD）	—
加热处理后尺寸变化率（%）	150℃/30min	-0.02/-0.02（MD/TD）	-0.03/-0.03（MD/TD）	—
	250℃/30min	-0.05/-0.05（MD/TD）	-0.05/-0.05（MD/TD）	
导线间绝缘电阻/Ω		1×10^{13}	1×10^{13}	IPC-TM-650 2.5.9
体积电阻率/(Ω·cm)		1×10^{15}	1×10^{15}	IPC-TM-650 2.5.17
绝缘击穿电压/(kV/mil)		7.0	6.5	IPC-TM-650 2.5.6.1
介电常数（@1MHz）		3.5	3.5	IPC-TM-650 2.4.3
介电损耗（@1MHz）		0.007	0.007	IPC-TM-650 2.4.3
浸焊耐热性/(℃/60s)		380	380	—

层压法需要在聚酰亚胺薄膜（12.5~50μm）的两个表面涂敷热熔性聚酰亚胺黏结层膜，在两面覆盖铜箔（通常厚度为18~70μm）后，在真空压机上加热、加压形成无胶型双面挠性覆铜板（见图3.34）。热熔性聚酰亚胺树脂必须同时具有可溶性和可熔性。聚酰亚胺树脂必须能够溶解在有机溶剂中形成均相树脂

溶液，当涂敷在聚酰亚胺薄膜表面后形成黏结层膜，经加热处理后，所有的有机小分子和水分等挥发物必须排出，以免在高温压制覆铜板过程中由于小分子挥发物溢出受阻而形成气泡或内部缺陷。聚酰亚胺树脂在高温加热条件下能够熔融，在热辊压加工过程中，树脂熔融后形成具有一定流动性的熔体，在压力作用下与铜箔和聚酰亚胺基膜两个表面充分浸润，排出所有的有机小分子和水分等挥发物，形成黏结界面。通常，热熔性聚酰亚胺树脂的熔点超过300℃，因此覆铜板的热辊加工往往需要在350℃左右的温度和真空条件下进行。由于热熔性聚酰亚胺树脂的分子结构密度较大，难以进行化学刻蚀成孔，通常采用激光或等离子体刻蚀工艺。层压法制造的覆铜板在耐折性上明显优于涂敷法制造的覆铜板。层压法适合在真空压机上制备片状双面覆铜板，而在连续生产设备上制造卷状覆铜板产品则比较困难。

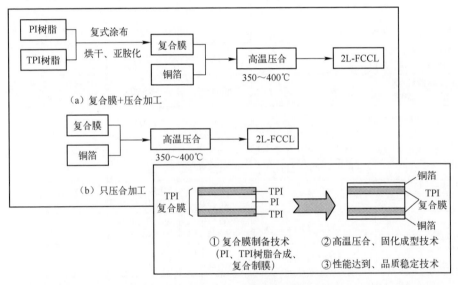

图3.34 无胶型双面挠性覆铜板的制备方法

层压法用的TPI复合胶膜也可在聚酰亚胺薄膜连续化生产线上生产（见图3.35），首先将聚酰亚胺薄膜专用树脂（PI）和热熔性聚酰亚胺树脂（TPI）通过三层共挤模具（Multi Manifold Dies）一次性涂布在环状不锈钢带上，经烘干成膜后，再进行高温处理、亚胺化，得到连续的TPI/PI/TPI聚酰亚胺复合薄膜，即PI芯膜的上下表面同时具有一层热熔性TPI胶膜，其中TPI胶膜的厚度为5～7μm；然后将TPI/PI/TPI三层复合薄膜的两面与铜箔贴合后，在高温辊压机（或高温真空压机）上加热至350～400℃，通过模压形成双面挠性覆铜板（2L-FCCL）。

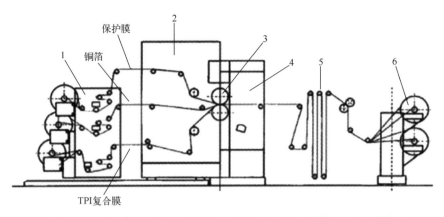

1—开卷装置；2—氮气室（高温）；3—压辊；4—冷却室；5—储料架；6—收卷装置

图 3.35 无胶型挠性覆铜板的连续生产过程

溅射/电镀法（或化学镀/电镀法）首先需要在聚酰亚胺薄膜上，采用磁控溅射的方式形成铜的晶种层，或采用化学镀的方式制作出较薄的导体"底基层"；然后采用电镀法制得所要求厚度的导电层，制成 FCCL。此方法可以制造出 $9\mu m$ 以下的超薄铜层 FCCL，相较于前面两种技术而言，目前溅射/电镀法主要用于生产铜箔厚度为 $2\sim 4\mu m$ 的 FCCL 产品，主要用于生产高端 FPC——COF（Chip On Film，是将 FPC 作为封装载体）的覆铜板。由于这种方法可制造出其他两种方法很难制造的薄导电金属层，因此更利于高密度布线。目前，COF 覆铜板用 2L-FCCL 的 50% 以上都是采用溅射法/电镀法制造的。

采用该方法制造 2L-FCCL 时需要注意 PI 薄膜的高吸水性、针孔、剥离强度与离子迁移性等问题。另外，所制造的 2L-FCCL 的铜箔剥离强度较低，在溅射加工前需要对 PI 薄膜进行表面预处理（如等离子体处理等），目前主要应用于对黏结力要求不高的场合。

表 3.8 比较了 3 种 FCCL 制造的工艺方法。日本住友金属矿业公司、美国 3M 公司、美国 Rogers 公司、韩国 LS 电线集团、韩国 ILGIN 铜箔有限公司、韩国东丽世韩公司、韩国 DMS 电线有限公司、韩国 SK 化学，以及我国台湾律胜科技公司、山东天诺光电材料有限公司等，都采用溅射/电镀法制造二层型 FCCL。在美国，80% 的 2L-FCCL 采用此法生产。表 3.9 比较了层压法和电镀法制造的无胶型挠性覆铜板的主要性能。

表 3.8 3 种 FCCL 制造工艺方法的比较

方法及特征	压 合 法	涂 敷 法	溅 射 法
工艺方法	成品铜箔与 PI 树脂直接黏结		在 PI 薄膜上溅射铜籽晶层后通过电镀增大铜层厚度

续表

方法及特征		压合法	涂敷法	溅射法
工艺特征	9μm以下超薄铜箔	铜箔制造困难，成本高		容易
	剥离强度	≥0.7	≥0.7	≤0.5
	铜箔粗糙度	铜箔粗糙度降低，剥离强度也会降低，天然矛盾		超低
	耐弯折性能	由于预制铜箔的工艺特点，耐弯折性能好		耐弯折性能相对压合法、涂敷法较差
	可靠性	PI+TPI胶体高温制作及使用中存在致密性隐患		覆铜层易出现针孔，导致可靠性低
	金属残留	TPI的存在导致刻蚀后有金属残留，存在隐患		少

表3.9 层压法和电镀法制造的无胶型挠性覆铜板的主要性能

性能			层压法		电镀法	测试方法
			单面 FCCL Cu/PI（35/25）	双面 FCCL Cu/PI/Cu（35/25/35）	Cu/PI/Cu（35/25/35）	
力学性能	剥离强度/(N/mm)	室温			1.17	IPC-TM-650 2.4.9
		180℃/60min	1.5	1.4	1.15	
		150℃/240h			0.70	
	断裂伸长率（%）		50	50	17.5/15.2（MD/TD）	IPC-TM-650 2.4.19
	拉伸强度/MPa		—	—	371/370（MD/TD）	
	拉伸模量/GPa		6.0	6.0	6.0	
	耐热性/℃		400	260	260	—
	尺寸稳定性（%）		0.05/0.03（MD/TD）	0.05/0.03（MD/TD）	−0.05/−0.03（MD/TD）	IPC-TM-650 2.2.4
其他性能	阻燃性		V0	V0	—	UL 94
	耐化学药品性		良好	良好	—	NaOH（10%）HCl（10%）H_2SO_4（10%）MEK，氯仿丙酮，IPA
	吸湿性（%）		1.2	1.3	—	IPC-TM-650 2.6.1
	耐折性($R0.8$)/次		500	—	—	JIS C 5016 MIT

在磁控溅射/电镀法基础上，珠海创元公司成功开发了离子注入/电镀技术，在真空环境和高电压下，将铜电离成带有能量（最高达上百万电子伏特）的等

离子体，轰击PI膜表面，使铜离子嵌入PI表层以下，与PI膜形成新的化学键，在薄膜表面形成纳米级厚度的掺杂过渡层后，通过等离子体沉积技术在掺杂结构层表面沉积铜，形成一层致密的、具有高导电性能的表面铜层，最终在基材表面形成结合力良好、表面方阻小的导电籽晶层后，再通过多级连续电镀增厚至需要的铜层厚度，经过表面防氧化处理后，制作为FCCL产品（见图3.36）。

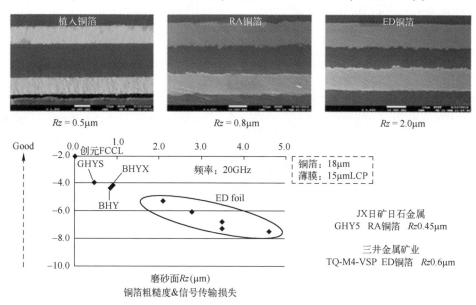

图3.36 离子注入/电镀技术制造FCCL的工艺过程

该方法具有下述优点：①无胶，铜层与PI直接结合，无任何有机过渡层，是纯正的两层结构；②薄铜，铜层逐步加厚，提供铜厚2～9μm的双面产品；③低粗糙度，铜层与PI表面结合面的粗糙度取决于PI膜表面的光洁度，创元FCCL的Rz比全球最好的日矿铜箔低一个数量级（见图3.37）；④纳米级铜晶粒，铜层为均匀的100nm晶体。

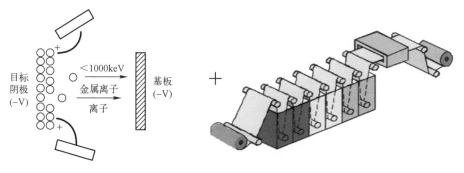

图3.37 离子注入/电镀技术生产的FCCL的超低轮廓铜箔

表 3.10 是该技术生产的 FCCL 的主要性能，具有下述性能特点：①薄铜+高结合力，注入离子与 PI 膜形成的纳米级厚度掺杂过渡层如同"锚"，保证了结合力大于 0.7N/mm（铜箔厚度：12μm）；②高可靠性，无胶（精确控制的注入深度和剂量，确保线路刻蚀干净、彻底），耐离子迁移性能卓越；③高频性能，Rz 低，高频信号传输损耗低；④物理性能的耐弯折性能优异。图 3.38 是离子注入/电镀技术生产的 FCCL 产品照片。

表 3.10 离子注入/电镀技术生产的 FCCL 的主要性能

测试项目		单 位	测试条件	IPC 标准	典 型 值	测试方法
剥离强度		N/mm	常态	≥0.5	≥0.7	IPC-TM-650 2.4.9
浸锡测试		—	300℃/30s	PASS	PASS	IPC-TM-650 2.4.13
耐化学性		—	2mol/L NaOH	PASS	PASS	IPC-TM-650 2.3.2
		—	2mol/L HCl			
		—	IPA			
尺寸安定性	TD	%	E-0.5/150	[-0.2, 0.2]	[-0.1, 0.1]	IPC-TM-650 2.2.4
	MD					
体积电阻		Ω·cm	C-96/35/90	≥10^{12}	≥10^{15}	IPC-TM-650 2.5.17
表面电阻		Ω	C-96/35/90	≥10^{11}	≥10^{11}	IPC-TM-650 2.5.17
介电常数		—	C-24/23/50	≤4.0	≤3.3	IPC-TM-650 2.5.5.3
介质损耗角正切		—	C-24/23/50	≤0.07	≤0.02	IPC-TM-650 2.5.5.3
耐折性（MIT）		次	$R=0.5\times4.9N$	—	≥200	JISC 6471
吸水率		%	D-24/23		1.1	IPC-TM-650 2.6.2
T_g		℃	A		350	DMA
阻燃等级		—	A		VTM-0	UL94

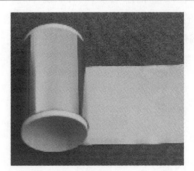

图 3.38 离子注入/电镀技术生产的 FCCL 产品照片

3.1.3 挠性封装基板

挠性封装基板是在挠性印制电路板（Flexible Printed Circuit Board，FPCB）基础上发展起来的一类新型挠性封装基板（Flexible Packaging Substrate，FPS），按照布线电路的层数分为单面基板、双面基板和多层基板3类，具有薄、轻、结构灵活等突出优点，除可静态弯曲外，还可动态弯曲、卷曲和折叠等，可满足电子产品薄、轻、短、小的发展需求。挠性封装基板从军品应用开始，现在快速转到民用市场，几乎应用于所有的高科技电子产品，包括笔记本电脑、手机、数码相机、数码摄像机、汽车卫星方向定位装置、液晶电视等。近年来，电子产品正在越来越多地采用挠性封装基板代替原来惯用的刚性基板，主要原因是挠性封装基板具有非常突出的优势。表3.11总结了挠性封装基板在适应市场需求方面的性能优势。

表3.11 挠性封装基板在适应市场需求方面的性能优势

产品特性	优势说明
减小尺寸和减轻质量	可以向电气互连提供最薄的绝缘载板（最小可实现包括覆盖层在内整体厚度不足0.002英寸的挠性板），能够明显减轻电子封装的质量（可以减轻75%的质量，或者更多）
缩短安装时间和降低成本	可有效实现外形、装配及功能的整合，显著缩短产品安装所需的时间。此外，还可减少安装的操作，用户可在安装之前，进行线路测试
提高系统的可靠性	挠性电路在电子封装中可显著减少互连次数。可靠性检测工程师长期以来注意到，任何类型电气互连的失败，问题主要出在互连点上
提高阻抗控制、信号传输设计和制造技术	在厚度和电学性能方面十分均匀，在高速电路中具有巨大的应用前景
具有更好的热扩散能力	相比常规的圆形导线，平面导体具有更大的面积/体积比率，可更有效地实现导体散热。另外，大幅缩短的导热通道进一步提高了热扩散性
具有三维组装的能力	各类电子产品的输入和输出的阵列日趋增加，往往需要占据产品的多面，故而需要在设计和制作后实现三维互连，可以进行三维封装

1. COF封装基板

挠性封装基板主要用于载带自动键合（Tape Automated Bonding，TAB）、薄膜直接搭载芯片封装（Chip On Film，COF）等先进IC封装。TAB是将IC芯片直接搭载实装在已形成布线电路的聚酰亚胺薄膜载带（TAB）表面上的IC封装技术。TAB载带由Cu/TPI/PI 3层结构的覆铜板，经机械或激光打孔、曝光刻蚀形成布线电路和焊盘等，形成可搭载裸露IC芯片的电极及用于连接外部的引线，主要用于封装LCD的驱动IC芯片。近年来，在TAB封装技术上又发展了带载封装（Tape Carrier Package，TCP），主要用于封装手机中的小型LCD芯片。另外，在聚酰亚胺薄膜基板上直接搭载 IC 裸露芯片的覆晶薄膜（COF）技术正在逐渐代替 TAB 技术，导致 TAB 载带的市场增长速度正在减缓。

COF 是将 IC 芯片直接搭载在挠性印制电路板上的一种基于挠性基板的封装形式，利用挠性薄膜衬底作为封装芯片的载体，将半导体裸露芯片（Bare Chip）直接键合在挠性印制电路上，形成一类挠性基板封装的产品，是一种高密度挠性封装形式。COF 基板是指还未绑定装联芯片、元器件的挠性封装基板，具有承载 IC 芯片、电路连通、绝缘支撑的作用。COF 挠性基板具有三大特点，包括高密度微细线路、高安装引线位置精度及采用二层无胶型挠性覆铜板。COF 挠性基板的快速发展，给 PCB 产业、挠性覆铜板及相关配套产业等都带来了市场、品类竞争的新机遇，在平板显示领域发挥着越来越重要的作用。图 3.39 是 COF 结构示意图。图 3.40 是 COF 基板产品。COF 除具有连接面板的功能外，还可承载主被动元件，实现布线电路的微细化，对 LCD 驱动 IC 电路封装具有重要作用，是一种很有发展前景的主流封装形式，主要用于大尺寸显示面板的 LCD 驱动 IC 电路封装。

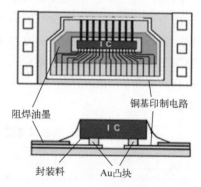

图 3.39　COF 结构示意图

单面COF基板

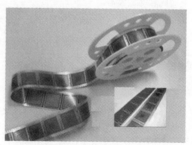

双面COF基板

图 3.40　COF 基板产品

在 LCD 显示器中搭接驱动 IC 的 COF，通过 ACF（Anisotropic Conductive Film，异性导电胶膜），将 COF 基板、裸芯片（但对裸芯片装联、键合时，ACF 不是唯一的工艺方法）、玻璃面板线路进行连接，并采用传统的回流焊（再流焊），将 COF 挠性基板与被动元件（电容、电阻等）焊接在一起，构成一个完整的 COF 封装体。ACF 是因膜状胶黏剂中导电性微粒子均一分散，是一种集黏结、导通、绝缘于一体的线路连接材料。在实装工序中，在连接各元件的端子间夹入 ACF，当上下端子的位置合适后，通过热压进行连接，可使端子间在厚度方向上具有导电性，在面内方向上具有绝缘性，由微细线路板连接材料替代了焊料连接。

2. WABE 封装基板

WABE（Wafer and Board Level Device Embedded，晶圆和板级器件嵌入）封装基板是一种在 Cu/PI 覆铜板上通过积层互连技术将元器件内埋的多层挠性互连基板，最初产品具有 5 层布线电路，基板总厚度为 260μm，在基板内层采用芯片级封装（Wafer Level Package，WLP）形式，封装了有源器件（IC 芯片）和无源器件（0603/1005，厚度 0.15mm）。WABE 封装基板结构的剖面图如图 3.41 所示。运用元器件内埋多层互连技术，可明显减小基板面积、缩小模块或已装联元器件的空间尺寸，降低元器件受到外界环境的影响等。2012 年，WABE 封装基板的出货量达到 6525 万个，年增长率达 110.5%，自 2013 年起，在三星等品牌的手机及平板电脑上获得广泛应用。

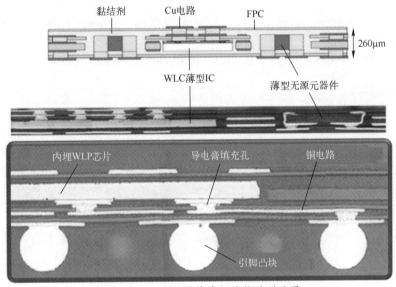

图 3.41 WABE 封装基板结构的剖面图

WABE 封装基板的制作过程从单面 Cu/PI 覆铜板开始（见图 3.42）：①将 Cu/PI 单面覆铜板通过曝光、刻蚀后形成单面布线电路的挠性印制电路板（FPC）；②在 Cu/PI FPC 的背面压制一层黏结膜层（Adhesive Layer，AL），形成 Cu/PI/AL；③在 Cu/PI/AL 铜布线电路的背面，通过激光钻孔，刻蚀黏结膜层和 PI 膜层，露出导体铜层，形成盲孔；④在激光刻蚀的盲孔中填满导电膏，形成导电胶填充的 Cu/PI/AL 芯板；⑤在导电胶填充的 Cu/PI/AL 芯板一侧叠合另一层含导电胶填充的 Cu/PI/AL FPC 板，同时在导电胶填充的 Cu/PI/AL 芯板的另一侧叠合带连接凸块的内埋 IC 芯片，在其外面再叠合一层带黏结层的聚酰亚胺覆盖膜，形成 FPC/芯板/内埋 IC 芯片/胶膜/覆盖膜的 5 层结构；⑥将该多层结构放入真空压机中,加热、加压使黏结层熔融、固化形成内部无缺陷的 WABE 多层互连封装基板。随着 WABE 封装基板制造技术向着更小、更薄方向的发展,所制作的元器件内埋挠性基板封装模块,比原有刚性基板封装模块面积减小 50%。对 WABE 多层基板进行不同弯曲方向的三点弯曲性能测试,再进行导通电阻测试,结果表明,经弯曲性能测试后,绝缘电阻没有发生变化。图 3.43 是 WABE 封装基板产品照片。图 3.44 比较了 WABE 封装基板与原来的 SiP 封装基板的尺寸变化。

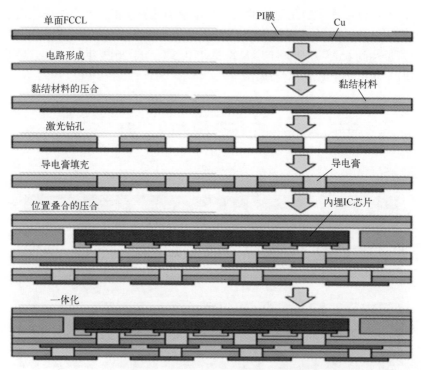

图 3.42　WABE 封装基板制作工艺过程

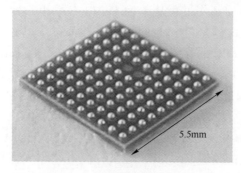

图 3.43　WABE 封装基板产品

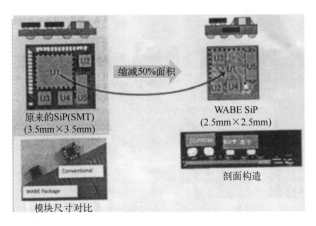

图 3.44　WABE 与 SiP 封装基板的尺寸变化

3. 多层挠性封装基板

包括 BGA、CSP、WLP、SiP、MCM-D 等在内的先进电子封装都是在高密度封装基板上制造的。例如，SiP 封装就是将处理器、内存、内储、支持处理器、传感器等都整合到单一封装内，不再需要传统的 FPC，从而大大简化了系统、缩小了体积。iPhone 6、iPhone 7、Apple Watch 都是朝这个方向发展的。SiP 封装大大缩小了 FPC 的用量，大约原来 50%以上的芯片都整合到 SiP 模块中。Apple Watch 有 3 种机型：标准版、运用版、18K 金版，均采用了多种 SiP 芯片系统级封装。但是，无论芯片封装技术如何变化，芯片都必须通过封装基板实现电子产品的互连、绝缘、导通、特性、支撑，封装基板的作用越来越重要。图 3.45 和图 3.46 分别是几种挠性多层互连封装结构。表 3.12 展示了苹果 iPhone 5S 使用的 FPC。

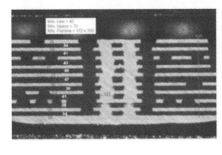
苹果手机主板

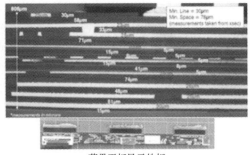
苹果平板显示软板

图 3.45　挠性多层互连封装结构（一）

挠性封装基板可显著提高空间利用率和产品设计的灵活性，有利于电子产品的更小型化和更高密度化，同时使得组装工序减少，可靠性提高。此外，它目前

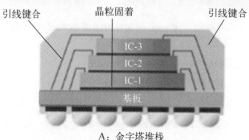

A：金字塔堆栈

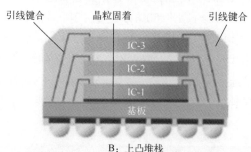

B：上凸堆栈

图 3.46　挠性多层互连封装结构（二）

是可使电子产品同时满足小型化和移动化要求的唯一解决方案。对于薄、轻、结构紧凑的电子器件，设计方案必须从单面导电线路封装提高到复杂的多层三维互连封装。与传统配线方法相比，挠性封装的总质量和体积具有明显优势，相对可节省70%的布局空间，此外，使用增强材料或补强衬板等方法可有效增强基板的强度和刚度，提高器件的机械稳定性。

现代电子产品在制造及使用过程中，希望负载导电线路的基板材料具有可活动的、挠性连接功能，并可承受上百万次的反复挠曲运动。挠性封装基板在制作加工过程中需要经历打孔、电镀、刻蚀等工艺，在整机安装过程中需要多次反复弯折，必须具有足够挠曲性。这是刚性基板材料难以做到的。即使大幅缩小刚性基板的厚度，其介电基体材料仍易受外力导致弯折破裂。挠性封装基板可以在导线不受影响的情况下实现移动、弯曲、扭转,可以满足特殊形状和不同封装尺寸的需求。挠性封装基板可随意卷绕,能够承受数百万次的动态弯曲,适合应用在连续运动或定期运动的内部连接系统中,保障其中的金属导体或绝缘层不会被折断。挠性封装基板具有优良的电绝缘性能、较低的介电常数和介电损耗,可实现电子信号的快速传输,具有优良的耐热性能,可使封装器件产品在更高的温度下良好地运行。

表3.12 苹果 iPhone 5S 使用的 FPC

产 品	FPC 尺寸	FPC 面积	FPC 类型
触控用软板	21cm×4.5cm	38cm^2	双面 PI,黑色阻焊层
显示器连接主板用软板	16cm×3cm	23cm^2	4 层 PI,覆盖层
显示驱动用软板	16cm×2cm	22cm^2	刚-挠 PI(4 层和 6 层 HDI),黑色覆盖层
对接接头用软板	3.5cm×7cm	16cm^2	4 层 PI,黑色阻焊层
主按钮用软板	12cm×1cm	6cm^2	双面 PI,黑色覆盖层
耳机插孔连接器(Headphone Jack Connector)	11cm×5cm	30cm^2	单面黑色阻焊层
相机模块#1	2cm×1cm	2cm^2	双面 PI,覆盖层
相机模块#2	3cm×2cm	8cm^2	单面 PI,黑色覆盖层
天线用软板	3cm×1.3cm	3.9cm^2	3 层 PI 覆盖层 黑色阻焊层
侧面按钮用软板	3cm×8cm	13cm^2	单层 PI,覆盖层
LED 用软板 1	3.6cm×0.4cm	14.4cm^2	双面 PI,覆盖层
LED 用软板 2	21cm×2cm	25cm^2	双面 PI,覆盖层
麦克风用软板	2cm×3cm	3cm^2	3 层 PI,丝印阻焊层

挠性封装基板主要应用包括以下几点。

(1)便携式电子产品,包括手机、笔记本电脑、液晶平面显示器、数码相机等。例如,一部传统手机一般采用 2 片或 3 片 FPC,高阶手机增到 5 片或 6 片,而近年来的智能手机则增至 13 片或 14 片。随着手机功能的不断增加,其需求量会持续上升。

(2)随着高频、高速通信领域的快速发展,挠性封装基板在通信领域,尤其在电信交换站领域的需求快速增长。

(3)BGA(球栅阵列封装)、CSP(芯片级封装)、COF(芯片直接封装在挠性基板上)及 MCM-D/L(多芯片模块)对挠性封装基板都有大量的需求。

(4)目前应用的具有高可靠性的轻小型医疗器械、航空航天设备及大部分信息科技设备等都对挠性封装基板存在大量需求。

图 3.47 是挠性封装基板的市场需求。可以看出，手机、汽车、笔记本电脑等都是挠性封装基板市场增长较快的领域，2019 年达到 139 亿美元。

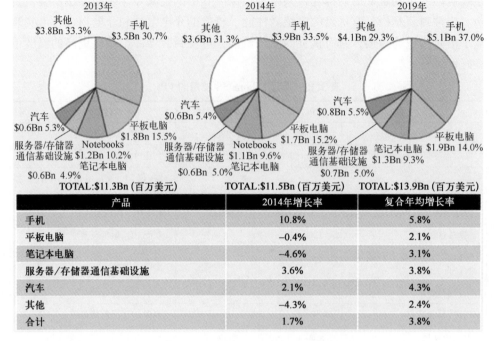

图 3.47　挠性封装基板的市场需求

3.2　高频电路基板材料

随着以 5G 手机为代表的高频通信技术的快速发展，人们对挠性封装基板的高频性能提出了更高的要求。手机天线已从早期的外置天线发展为内置天线，形成了以柔性印制电路（FPC）为主的结构形式。对于 5G 通信，无论是高速信号还是射频信号，核心的变化是工作频率的显著提升，FPC 的高频传输特性成为人们极为关注的问题。当信号传输频率超过 1GHz 时，作为支撑导线和器件载板的聚合物介质绝缘材料，其自身的电介质特性也将对信号传输速率和损耗产生重要影响。在毫米波频段，信号波长已与传输线、器件尺寸接近；当高频毫米波信号在 FPC 中传输时，FPC 不仅是微波元器件的互连导线，本身也成为微波传输线，必须具有优良的微波元件特性，如相位变化、阻抗匹配、插值损耗、平衡过渡等。FPC 传输线作为信号传输的基本单元，特性阻抗、损耗与 FPC 绝缘基材的介电常数、介电损耗及厚度等有着密切的关系。挠性绝缘基材的介电性能将影响微波信号的传输质量。因此，聚合物绝缘基材的高频特性及对天线信号传输特性的影响，成为高频天线电路的核心关键技术[18]。

当频率超过 300MHz 时，一般称作高频。在通常情况下，在高频电路中，FPC 导线内的电信号传播速率可以表示为

$$v \propto c/\sqrt{\varepsilon} \, (\text{cm/ns}) \tag{3.1}$$

式中，v 为信号传播速率；c 为真空中的光速；ε 为基板的介电常数。

信号传输损失可以表示为[2]

$$\alpha \propto \sqrt{\varepsilon} f \tan\delta \, (\text{dB/cm}) \tag{3.2}$$

式中，α 为信号传输损失率；ε 为基板的介电常数；$\tan\delta$ 为介电损耗角正切；f 为频率。

由式（3.1）、式（3.2）可以看出，如果希望提高基板的信号传播速率和传输效率，必须尽可能降低基板的介电常数和介电损耗角正切，以减少信号延迟和传输损失。

封装基板介电性能取决于树脂基体的主链结构及增强材料，介电常数近似符合混合定律。

$$\varepsilon = \varepsilon_1 \times V_1 + \varepsilon_2 \times V_2 \tag{3.3}$$

式中，ε 为基板的介电常数；ε_1 为树脂的介电常数；V_1 为树脂的体积分数；ε_2 为增强材料的介电常数；V_2 为增强材料的体积分数。

当确定增强材料后，树脂基体的介电性能对 FPC 的介电性能具有决定性作用，因此需选用低介电常数 ε 和低介电损耗角正切 $\tan\delta$ 的树脂基体用于高频电路的制作。同时，作为高频电路的树脂基体，必须具有足够的综合力学性能和较好的耐热稳定性。

高频电路基板主要有刚性基板和挠性基板两大类。刚性基板用树脂基体主要包括改性环氧树脂、改性氰酸酯树脂、改性 BT 树脂、改性聚苯醚树脂、改性聚酰亚胺树脂及改性氟树脂等，其中在高频电路板中广泛应用的主要有改性氰酸酯树脂、改性聚酰亚胺树脂、改性聚苯醚树脂及改性氟树脂等。增强材料主要包括玻璃纤维布、芳纶无纺布等。导电铜箔主要为低轮廓电解铜箔和低轮廓压延铜箔等。高频挠性基板用聚合物薄膜主要有液晶聚酯薄膜、改性聚酰亚胺薄膜、聚苯硫醚薄膜等。导电铜箔主要为低轮廓电解铜箔和低轮廓压延铜箔等。下面主要论述高频挠性基板的材料、制造及性能。

3.2.1　LCP 聚酯薄膜

LCP（Liquid Crystalline Polymer，液晶聚合物）是一种在一定条件下可形成

液晶态的聚合物，分子排列虽然不像固体晶态那样三维有序，但也不像液体那样无序，具有一定的一维或二维有序性，在熔融状态时呈现液晶性，赋予了材料优良的成型加工性和耐热稳定性（见图3.48）[19-20]。

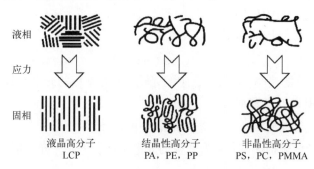

图3.48 LCP高分子取向有序

LCP聚酯按照分子结构可以大致分为Ⅰ型、Ⅱ型和Ⅲ型（见表3.13），随着分子结构的变化，材料的性能会随之发生变化，热变形温度显著不同。LCP聚酯具有刚性链段和芳香族主链结构，具有以下特点：①高频性能优异，介电常数及介电损耗低；②吸湿率低；③耐弯折；③耐热，变形温度高；④具有耐化学性；⑤高强度、高模量；⑥熔体黏度低；⑦具有光稳定性并抗高强辐射（2MGy）；⑧具有阻燃性。

表3.13 3类LCP聚酯的分子结构

种类	化学构造	热变形温度	商品名
Ⅰ型		≥300℃	SUMIKASUPER Xydar Zenite
Ⅱ型		240～280℃	VECTRA Laperos
Ⅲ型		≤210℃	Siveras

LCP聚酯树脂可经旋转吹膜工艺制成LCP聚酯薄膜，包括介质膜和黏结膜；将LCP介质膜与铜箔通过高温压合可形成单面或双面挠性覆铜板；将覆铜板打孔、刻蚀线路后形成芯板后，与LCP黏结膜叠合通过真空热模压可制成高频用挠性多层互连电路基板。该基板具有高耐热性、低吸水率、低介电损耗及高尺寸稳定性等特点，是制造高端通信用挠性微波电路的较理想材料。随着多功能雷达、电子对抗及高速通信系统的迅速发展，基于LCP基板的微波器件发展已引起了广泛关注。

将单体 HBA 和 HNA 进行混料，在一定温度、压力及催化剂等作用下，经高温熔融缩聚反应形成 LCP 聚酯树脂（见图 3.49）。聚酯树脂的熔点与 HBA 和 HNA 单体的配比密切相关：当 HBA 与 HNA 的配比为 73∶27 时，树脂熔点为 280℃；C950 树脂中 HBA 与 HNA 的配比为 80∶20，树脂熔点为 330℃。由于 LCP 聚酯树脂原材料构成的特殊性，以及缩聚反应过程难以精准控制，因此真正具备工程化批量生产薄膜级 LCP 树脂能力的厂家不多，主要有美国塞拉尼斯和日本宝理等。

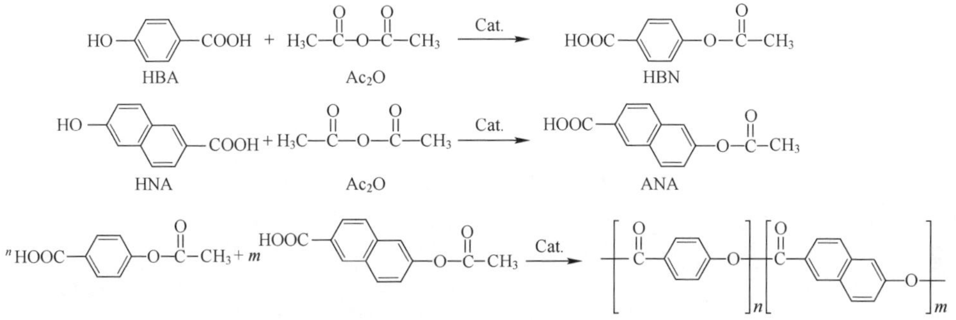

图 3.49　典型 LCP 聚酯树脂合成的化学反应

由于 LCP 聚酯树脂自身高度刚性的"折线"形分子链极易在挤出应力的作用下沿 MD（Mechine Direction，纵向）高度取向，易于纤维化，所形成的薄膜在 MD 的撕裂强度远低于在 TD（Transverse Direction，横向）的撕裂强度。因此，LCP 聚酯树脂熔体在常规吹膜工艺条件下，难以形成高质量的薄膜，薄膜性能表现出明显的各向异性。美国 Superex Polymer 公司通过模具旋转技术破坏 LCP 聚酯树脂的分子链排列序向性，同时依靠模头旋转方向和速度调控熔体在不同方向上的剪切应力，促使树脂在 MD/TD 均匀排列取向，取得了突破性进展（见图 3.50）。

图 3.50　旋转挤出成膜法流程

在此基础上，日本可乐丽公司（Kuraray）采用共挤吹塑成膜的方法，通过调控模具吹胀比，扰乱 LCP 聚酯树脂分子链的高度方向排列性，达到对 MD/TD 高分子凝聚态结构的精准调控，获得表面光洁、各向趋同的 LCP 聚酯薄膜产品。表 3.14 是可乐丽公司 LCP 聚酯薄膜产品的主要性能。

表 3.14　可乐丽公司 LCP 聚酯薄膜的主要性能

性　能	CT-F	CT-Q	CT-Z	测试方法
熔点/℃	280	310	335	DSC

续表

性　能	CT-F	CT-Q	CT-Z	测试方法
拉伸强度/MPa	240	360	380	ASTM D882
拉伸模量/GPa	2	3	4	ASTM D882
断裂伸长率（%）	40	35	40	ASTM D882
撕裂强度/kgf	88	118	177	JIS C2318
热膨胀系数($\times 10^{-6}$/℃)	18	5	18	IPC2.4.41.3
介电常数（@10GHz）	2.9/3.3	2.9	2.9	IPC2.5.5.5.1
介电损耗（@10GHz）*	0.002/0.002（方法1/方法2）	0.002/0.002（方法1/方法2）	0.002/0.002（方法1/方法2）	IPC2.5.5.5.1
吸水率(23℃/24h)/%	0.04	0.04	0.04	IPC2.6.2
湿膨胀系数（$\times 10^{-6}$/%RH）	1/4（20℃/60℃）	1/4（20℃/60℃）	1/4（20℃/60℃）	—
耐漂焊锡性/℃	260	305	350	JIS C5013
阻燃性	VTM-0	VTM-0	VTM-0	UL 94

注：方法1为Triplate line resonance method（三板接线法，25GHz）；方法2为Cavity resonance method（空腔共振法，15GHz）。1kgf≈9.8N。

3.2.2　LCP挠性覆铜板

美国罗杰斯公司是最早实现LCP覆铜板商业化的公司，采用日本Kuraray公司的LCP聚酯薄膜，在高温下与铜箔压制复合形成Cu/LCP双面覆铜板系列产品。其中，LCP聚酯薄膜的厚度为25μm、50μm、75μm和100μm，铜箔厚度为18μm、35μm，代表性双面覆铜板产品为ULTRALAM-3850，以及与之配套的ULTRALAM-3908黏结膜，主要性能如表3.15所示。近年来，罗杰斯公司又推出了具有更高熔融温度的ULTRALAM-3850HT覆铜板。与ULTRALAM-3850（熔点315℃）相比，ULTRALAM-3850HT的熔点提高了15℃，达到330℃，更有利于多层LCP互连基板的制作。另外，ULTRALAM-3850HT的介电常数为3.14，介电损耗降低到0.0020。该系列产品是专门针对单层和多层基板开发的片状产品，尺寸为457mm×305mm或457mm×610mm，无法提供卷状产品，适用于移动互联网设备、汽车雷达、对湿度敏感的MMIC和芯片封装的高速和高频应用。将ULTRALAM 3908黏结膜与用ULTRALAM-3850制作的微波电路芯板组合，经高温真空压制可形成多层互连电路结构。同时，日本松下电工公司也向市场推出了两种LCP双面挠性覆铜产品，其主要性能与可乐丽的ULTRALAM-3000系列产品相当（见表3.16）。

表 3.15 罗杰斯公司 ULTRALAM-3000 覆铜板主要性能

性能		3908 黏结膜	3850 覆铜板	3850HT 覆铜板	测试方法
介电常数（10GHz）		2.9	2.9	3.14	IPC2.5.5.5.1
介电损耗（10GHz）		0.0025	0.0025	0.0020	IPC2.5.5.5.1
体积电阻率/(mΩ·cm)		2.6×10^{14}	1×10^{12}	1×10^{12}	IPC2.5.17
表面电阻率/mΩ		1.2×10^{12}	1×10^{10}	1×10^{10}	IPC2.5.17
击穿强度/(kV/cm)		118	1378	1378	ASTM D 149
剥离强度/(N/mm)		—	0.95	1.29	IPC2.4.8
吸水率(23℃/24h)(%)		0.04	0.04	0.04	IPC2.6.2
热膨胀系数	x 方向	17	17	18	IPC2.4.41.3
	y 方向	17	17	18	
	z 方向	150	150	200	
拉伸强度/MPa		216	200	282/206 (MD/TD)	IPC2.4.16
拉伸模量/GPa		2.45	2.26	3.41/4.05 (MD/TD)	IPC2.4.19
熔点/℃		280	315	330	DSC
密度/(g/cm³)		1.40	1.40	1.40	—
阻燃性		VTM-0	VTM-0	VTM-0	UL-94
二维尺寸稳定性（%）		<0.1	—	—	IPC2.2.4 方法 A
厚度变化（%）		(-10,10)	—	—	ASTM D374
抗化学腐蚀性		98.7	—	—	IPC2.3.4.2

表 3.16 松下电工公司的两种 LCP 双面挠性覆铜板主要性能

性能		R-F705T 覆铜板	R-F705S 覆铜板	测试方法
介电常数（10GHz）		3.3	3.3	IPC2.5.5.5.1
介电损耗（10GHz）		0.002	0.002	IPC2.5.5.5.1
体积电阻率/(Ω·cm)		3.0×10^{16}	3.8×10^{16}	IPC2.5.17
表面电阻率/Ω		4.9×10^{16}	4.0×10^{16}	IPC2.5.17
剥离强度/(N/mm)		0.75	1.00	IPC2.4.8
吸水率(23℃/24h)(%)		0.04	0.04	IPC2.6.2
热膨胀系数	x 方向	18	18	IPC2.4.41.3
	y 方向	18	18	
	z 方向	209	209	
拉伸强度/MPa		265	150	IPC2.4.16
熔点/℃		335	310	DSC
阻燃性		VTM-0	VTM-0	UL-94

3.2.3　LCP挠性多层电路基板

随着现代通信技术的快速发展，采用 LCP 薄膜制造三维共形天线成为一项受到高度关注的核心关键技术。ULTRALAM-3850HT 经打孔、曝光显影后将形成芯板，在两张芯板之间夹一张 ULTRALAM-3908 黏结膜，形成 3870HT/3908/3850HT 的三层结构；在三层结构外面依次叠合吸胶膜、不锈钢板、应力缓冲膜、不锈钢板等；将该叠合结构放入真空高温压机中，采取程序升温进行多层基板压制。代表性升温程序为，从 60℃ 开始按照 6℃/min 的速度升温至 150℃，恒温 5min 后，施加 2MPa 压力，保压 5min，减压至 1MPa；在 1MPa 压力下，按照 6℃/min 的速度由 150℃ 升温至 280~290℃，恒温 30min 后，自然降温至 100℃ 以下，释放所有压力，开模得到压制的 LCP 多层基板（见图 3.51）。图 3.52 是 LCP 多层电路的剖面结构。

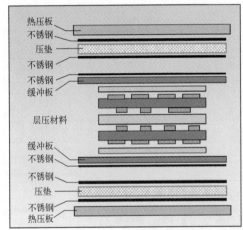
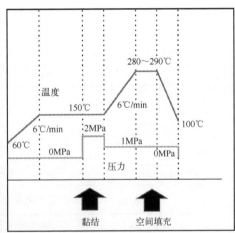

图 3.51　LCP 多层电路基板的压制过程

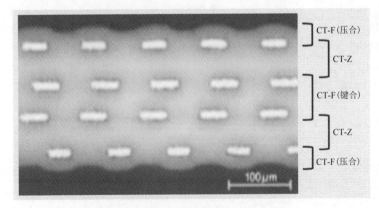

图 3.52　LCP 多层电路的剖面结构

3.2.4 高频用聚酰亚胺薄膜

聚酰亚胺（PI）薄膜具有高耐热性、高强韧性、高玻璃化转变温度、高电绝缘性、低介电常数、低介电损耗、高耐化学腐蚀性及高尺寸稳定性等优点，已经广泛应用于挠性 FPC 等电子工业中。目前，FPC 用 PI 薄膜的介电常数（1MHz）为 3.2～3.4，介电损耗（1MHz）为 0.006～0.008，吸水率为 1.0%～1.6%，难以满足高频电路的应用需求。自 2017 年开始，iPhone 智能手机的 FPC 天线开始使用 LCP 薄膜代替 PI 薄膜，并获得了突破性进展。但是，LCP 薄膜天线一直存在着耐热性不足、制作工艺复杂、多层电路加工困难、良品率低、制造成本高、难以大规模生产等问题，严重制约着 LCP 薄膜挠性电路的广泛应用。因此，在电子级 PI 薄膜制造技术的基础上，进一步降低 PI 薄膜的介电常数、介电损耗及吸水率，提高高频（10～40GHz，甚至 80～100GHz）信号传输能力，成为高频信号传输领域的关键技术难题。

聚四氟乙烯（PTFE）薄膜虽然具有极低的介电常数和介电损耗（0.0002@1GHz），但存在着热膨胀系数高、与铜箔黏结强度低等缺点，限制了在高频电路基板中的应用。将含氟基团引入聚酰亚胺树脂的主链结构中，既可降低 PI 薄膜的介电常数、介电损耗及吸水率，又基本保持了 PI 薄膜原有的优异性能，成为一个有效提高 PI 薄膜高频传输能力的新途径。

为了降低 PI 薄膜的吸水率及介电损耗，将含氟苯酯二胺单体与普通芳香族二胺（PDA）组合，与芳香族二酐（s-BPDA）在极性非质子溶剂中通过缩聚反应，形成具有不同含氟量的聚苯酯酰胺酸（PAA）树脂溶液（见图 3.53）[21]。

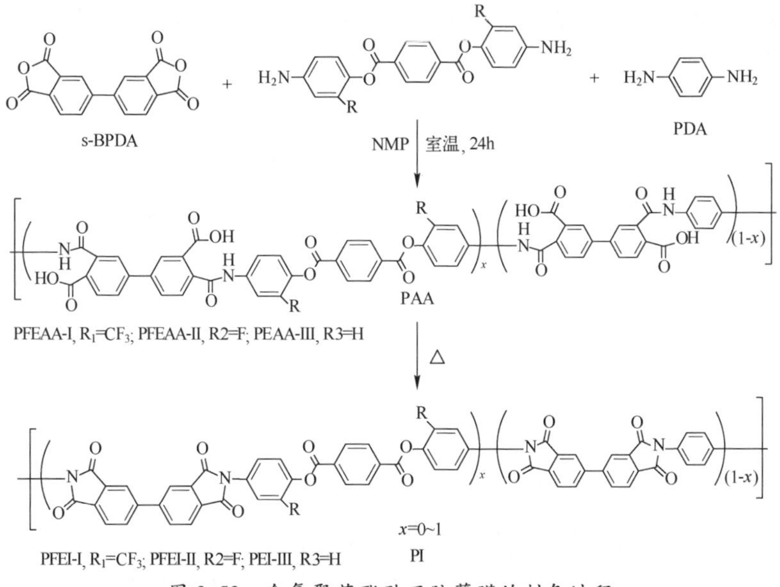

图 3.53 含氟聚苯酯酰亚胺薄膜的制备过程

试验发现,由 CF_3 基团取代芳香酯二胺制备的 PAA 树脂溶液,在同样酯基含量和固体含量的情况下具有明显的低溶液黏度,有利于涂敷制备 PI 薄膜,即具有更好的溶液涂敷成膜工艺性(见图 3.54),所制备的含氟聚苯酯酰亚胺薄膜具有优异的耐热性能,起始热失重温度均超过 400℃,在 400℃之前几乎没有质量损失(见图 3.55)。

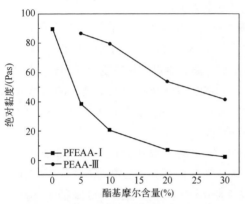

图 3.54　PAA 树脂溶液绝对黏度随酯基摩尔含量的变化曲线

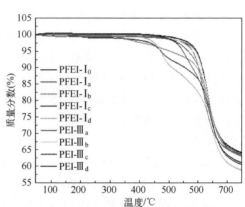

图 3.55　含氟聚苯酯酰亚胺薄膜的热失重曲线

含氟聚苯酯酰亚胺薄膜的拉伸模量和拉伸强度随酯基含量的提高而下降(见图 3.56 和图 3.57),CF_3 基因的取代效应大于 F 原子。但所有薄膜都表现出高强度、高模量的特点,拉伸模量均高于 6.0GPa,拉伸强度均高于 100MPa。另外,聚酰亚胺薄膜的吸水率和表面能均随酯基含量的提高而下降(见图 3.58),而含氟薄膜具有更低的吸水率和表面能。

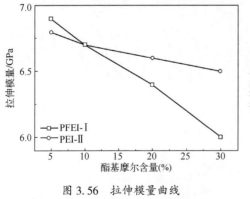

图 3.56　拉伸模量曲线

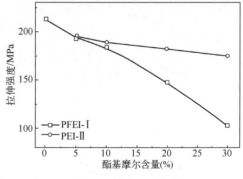

图 3.57　拉伸强度曲线

近年来,市场上出现了多种高频用 PI 薄膜产品(见表 3.17)。采用高频 PI 薄膜(50μm)制作的高频电路在 10GHz 条件下的传输损耗为 3.0dB/10cm,

20GHz条件下传输损耗为5.8dB/10cm,接近于同等厚度LCP薄膜的水平。

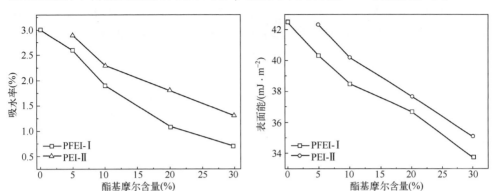

图 3.58　含氟聚苯酯酰亚胺薄膜的吸水率和表面能与酯基摩尔含量的关系

表 3.17　高频用聚酰亚胺薄膜的主要性能

	性　能		SR-142#SW	SR-282#SW	LCP
薄膜	厚度/μm		25	50	50
	拉伸强度/MPa		205	195	380
	拉伸模量/GPa		5.8	5.8	4.0
	伸长率(%)		100	80	40
	CTE(×10^{-6}/℃)		18	17	18
	CHE(×10^{-6}/%RH)		9	9	—
	介电常数D_k/介电损耗D_f(10GHz)		3.1/0.006	3.1/0.006	3.3/0.002
	吸潮率(%)		0.6	0.7	0.04
覆铜板 FCCL	剥离强度/(N/mm)		1.4	1.4	0.8
	耐焊性		≥350℃	≥350℃	380℃
	耐湿热性 (85℃/85%RH/72h)		≥305℃	≥300℃	—
	尺寸稳定性	方法B	0.00/0.02	-0.02/0.01	0.05/0.05
		方法C	0.00/0.02	-0.03/0.01	0.05/0.05
	传输损耗/(dB/10cm)	10GHz	5.5	3.0	2.8
		15GHz	7.5	4.5	3.9
		20GHz	—	5.8	4.8

注：所用铜箔为12.5μm；压制条件为360℃/0.8t,1m/min。

3.2.5　高频用氟树脂/PI 复合薄膜

杜邦公司在PI薄膜表面涂敷一层氟树脂胶膜,形成两面涂氟树脂的PI薄膜

(FEP/PI/FEP)；将 FEP/PI/FEP 含氟复合薄膜的两面与铜箔加热压合制成的双面挠性覆铜板，具有优异的耐热性、综合力学性能及高频传输特性，其介电常数（10GHz）为 2.8，介电损耗（10GHz）为 0.0020，吸潮率为 0.6%，拉伸强度为 185MPa，热膨胀系数为 $27×10^{-6}$/℃，铜箔剥离强度为 1.2N/mm，尺寸稳定性低于 0.15%。覆铜板的铜箔包括压延铜箔（RA）和低轮廓电解铜箔（ED），厚度为 12μm、18μm 和 36μm。FEP/PI/FEP 三层复合介质膜的厚度为 50μm、75μm、100μm。其中，PI 薄膜的厚度为 25μm、38μm、50μm；FEP 树脂黏结层厚度为 12.5μm、19μm 和 25μm。FEP/PI/FEP 三层复合黏结膜厚度为 75μm、100μm 和 138μm。其中，PI 薄膜的厚度为 25μm、50μm；FEP 树脂黏结层厚度为 25μm 和 44μm。覆铜板为片状产品，尺寸为 305mm×457mm、610mm×457mm、610mm×914mm。黏结膜为卷装产品，尺寸为 610mm×76m。

TK185018R 覆铜板经标准打孔、刻蚀布线工艺后制成芯板，在其布线电路一侧依次叠合 TK252525 黏结膜和 TK185018R 覆铜板，在布线电路另一侧的铜箔表面叠合覆盖膜，加热压制后形成待测试电路，测试结果表明，在 10GHz 下的传输损耗为 2.2dB/10cm，在 20GHz 下的传输损耗为 3.0dB/10cm，明显优于 LCP 挠性电路（见表 3.18）。

表 3.18　含氟复合介质膜及黏结膜的主要性能

	TK185018R 介质膜	TK187518R 介质膜	TK252525 黏结膜	TK255025 黏结膜	TK445044 黏结膜
厚度/μm	50	75	75	100	138
拉伸强度/MPa	185	185	—	—	—
拉伸模量/GPa	3.25	3.10	—	—	—
伸长率（%）	60	70	—	—	—
CTE($×10^{-6}$/℃)	27	27	—	—	—
D_k/D_f (@10GHz)	2.8/0.002	2.8/0.002	2.6/0.0015	2.8/0.002	2.7/0.0015
介电强度/(V/μm)	200	190	190	170	160
吸潮率（%）	0.6	0.6	0.3	0.6	0.4
剥离强度/(N/mm)	1.2	1.2	1.0	1.0	1.0
耐焊性	288℃/3min	288℃/3min	288℃/3min	288℃/3min	288℃/3min
尺寸稳定性/(MD/TD) 方法 B	-0.01/-0.05	-0.05/-0.09	—	—	—
尺寸稳定性/(MD/TD) 方法 C	-0.04/-0.10	-0.08/-0.15	—	—	—
阻燃性/UL94	V-0	V-0	V-0	V-0	V-0
热分解温度(2%/5%)/℃	531℃/548℃	531℃/548℃	494℃/514℃	494℃/514℃	494℃/514℃
MIT 耐折性/次	730	404	—	—	—

经刻蚀和高温固化后，TK 系列的覆铜板比其他聚酰亚胺薄膜覆铜板具有更高的体积收缩率，其中横向拉伸方向的收缩率比纵向拉伸方向更高。在光刻布线过程中，为了减小体积收缩，应尽量使用高厚度的铜箔。由于所有 TK 覆铜板具有相同的收缩率，因此在多层基板制造过程中可任意组合 3 种不同结构的覆铜板。在表层铜箔上制作空气逃逸的放射通道（Sunburst Channels）代替通常的点状图案（Dot Pattern）可有效降低刻蚀后的收缩现象。将 TK 黏结膜与 TK 芯板多层模压复合时，必须设计合适的放气通道（Bleeder Channels），以避免包裹残余空气（Entrapped Air）。

为了提高黏结膜与低轮廓铜箔的黏结性，必须对铜箔表面进行微刻蚀处理（约为 40μm），在表面形成的氧化物有利于提高黏结性。铜箔最好选用压延铜箔（如 Nikko RA）。黏结膜与覆铜板的介质膜具有很好的黏结性。将覆铜板进行刻蚀后，不能破坏裸露出来的介质膜表面，因为这不但会除掉活性层，而且会降低与黏结膜及标准覆盖膜的黏结性。

多层基板的真空模压过程包括下述几个步骤：①冷压；②施加压力或加热前抽真空最少 30min，足够的抽真空时间是全部去除残余空气的关键因素，另外，增加压制垫的厚度有时也有利于消除空气的残留，当压制厚的多层板时，可以使用挡热板，以利于保温；③加压 1.7MPa，加热至 280～290℃，升温速率不是关键因素，但采用较低的升温速度有利于减少残余空气的夹杂包裹；④恒温 1h，以确保黏结面充分接触；⑤保持压力降温，最高压制温度和时间是确保黏结膜与铜箔和介质膜具有最高黏结性的关键因素，压力也具有一些影响，使黏结膜树脂在布线电路间的充分浸润流动也是确保黏结性的关键因素之一。

3.3 柔性光电显示基板材料

光电显示是一种将电子文件通过特定传输设备显示到屏幕上使观察者感知的技术，其中液晶显示与有机电致发光显示被称为新型有机光电显示，具有耗电量低、功耗小等优点。随着显示技术的不断发展，柔性显示器以其轻质化、薄型化、耐弯曲、可收卷等优点越来越受人们的关注[22-27]。柔性光电显示器主要由柔性衬底、电子基板、前板和封装等组成，通常通过两种方法实现：一是采用自下而上的方法，直接在柔性显示基板上制造电子器件；二是将整个电子器件转移和黏结在柔性衬底上。为了降低制造成本，提高生产能力，柔性光电显示器件制备技术正逐步由单片状生产方式向卷对卷连续生产方式发展。随着技术的进步，柔性光电显示器从原来的平面型向弯曲型，再向可卷曲、可折叠型方向发展。因此，对制造柔性光电显示器件的关键材料，包括柔性衬底材料等提出了更高的性能要求。

本节重点介绍柔性显示基板、薄膜触摸屏和柔性太阳能电池基板用聚酰亚胺薄膜材料的研究进展。

3.3.1 柔性显示基板

柔性显示基板是影响柔性显示器件品质与寿命的关键部分，柔性显示器对基板材料具有下述的要求。

(1) 耐热性与高温尺寸稳定性。柔性显示器基板材料应具有极强的耐热性，主要归因于显示器关键组件（如 TFT 背板）制作工艺需要在高温下进行。目前，柔性 AMOLED 制造过程中最常用的 TFT 制造技术主要有非晶硅 TFT、低温多晶硅 TFT、有机 TFT、氧化物 TFT 等。其中，非晶硅 TFT 的加工温度通常超过 250℃，对柔性基板材料的玻璃化转变温度（T_g）提出了很高的要求。另外，柔性显示器还要求基板在高温制程中保持优良的尺寸稳定性，以免对最终显示器的品质和可靠性产生不良影响。

(2) 光学透明度。在底发射显示器件中应用的柔性基板，其光学透明度需在可见光范围内达到 85% 以上。

(3) 柔韧性。根据 AMOLED 产品及柔性基板的发展趋势推测，随着柔性 AMOLED 向着由可弯曲到可卷曲、再到可折叠方向的快速发展，柔性基板也相应面临着由可弯曲向可卷曲和可折叠方向发展的需求，可折叠产品需要基板的弯折曲率半径减少到 3mm 以下。

(4) 阻水阻氧特性。柔性显示器常用的显示介质极易在潮湿或氧气环境中发生劣化。因此，柔性基板必须具有尽可能低的水汽透过率（WVTR）和氧气透过率（O_2TR）。图 3.59 展示了不同应用领域对显示器件水氧透过率的要求。由图可知，LCD 器件要求材料的 WVTR 值为 $10^{-2} \sim 10^{-1} g/(m^2 \cdot d)$，远低于常用的聚合物材料。因此，聚合物基板在实际应用过程中必须在其表面制作阻水阻氧层，以提高柔性显示器件的使用寿命和可靠性。

(5) 表面平坦化。柔性基板的表面质量会通过影响导电层的完整性和显示器光电活性层的质量对显示器件的寿命和可靠性产生影响，基板表面缺陷甚至可能导致在弯曲时材料开裂。通常，金属基板表面被抛光精度限制（RMS：-10nm），而柔性基板通常要求表面粗糙度小于 1nm。在实际应用中常通过在其表面涂敷一层平坦化层确保基板表面的平整光滑。

(6) 化学稳定性。为确保柔性基板的表面质量，在加工过程中，基板常暴露在很多化学溶剂中，如甲醇、丙酮、四氢呋喃等。因此，具有优良的化学稳定性是保证基板材料加工成功的基础。

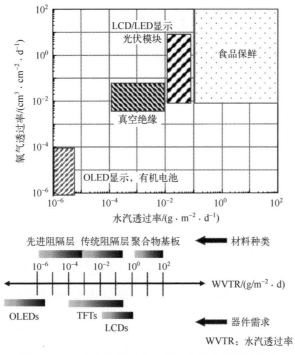

图 3.59 不同应用领域对显示器水氧透过率的要求

柔性显示器对基板材料的性能要求如表 3.19 所示。目前已经成功应用的柔性显示基板包括聚合物薄膜基板、超薄玻璃基板、金属箔基板等。其中，聚合物薄膜基板具有独特的优势，下面将重点进行讨论。

表 3.19 柔性显示器件对基板材料的性能要求

项　目		柔性 LCD	柔性 OLED
热膨胀系数 CTE $(25\sim300℃)(\times10^{-6}/℃)$		<7	<7
透光率（%）	550nm	>88	—
	400nm	>88	—
厚度/mm		0.05~0.1	0.05~0.1
柔韧性		可在 1 英寸直径下弯曲 1000 次以上	
厚度均匀性（40in）(%)		<1	<1
表面粗糙度（30cm 范围）/nm		<1.0	<1.0
光学延迟/nm		<0.5	—
吸水率（%）		<0.1	<0.1
WVTR（38℃，90% RH）/$(g\cdot m^{-2}\cdot d^{-1})$		<10-2	<10-6
成本需求/（美元/m²）		<50	<50

3.3.2 柔性显示基板制造方法

根据柔性显示器的制造工艺，PI 柔性显示基板主要包括涂覆型显示基板与薄膜型显示基板两类。涂敷型显示基板以玻璃为衬底，首先将 PI 溶液或其前驱体聚酰胺酸（PAA）溶液涂敷在玻璃衬底上，经过固化得到 PI 薄膜；然后在玻璃板上的 PI 薄膜表面制作显示介质层、水氧屏蔽层及封装层等；最后采用激光剥离工艺（Laser Lift Off, LLO）将制成的显示器件与玻璃衬底分离，得到以 PI 薄膜为柔性基板的显示器件（见图 3.60[5]）。薄膜型基板可直接在 PI 薄膜上制作光电显示器件。涂敷型显示基板由于使用额外的玻璃衬底，成本相对较高，但良品率高于第二种工艺，成为目前柔性显示器制造的主流技术。薄膜型显示基板适用于柔性显示器的"卷对卷"低成本批量化制备工艺，具有很好的推广前景。但是，由于目前 PI 薄膜的耐高温性能还难以承受 TFT 制作的高温工艺过程，该工艺还没有获得成功。

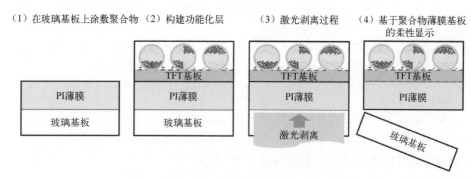

图 3.60 LLO 法 PI 柔性基板显示器件制备过程

目前，PI 柔性显示基板材料制造主要集中在韩国、中国、美国、日本。美国杜邦、Honeywell 等公司近年来针对柔性显示器产业的快速发展所带来的巨大商业利益，开展了柔性显示器材料的研发，并成立了相关的研发部门。其中 HD-Microsystems 公司围绕 PI 柔性基板材料开展了大量研究，且产品已经在柔性 TFT-LCD 中得到应用。日本 Kaneka、Ube 等 PI 薄膜公司与索尼、东芝等柔性器件制造公司都积极参与合作开发高性能柔性 PI 基板。日本的研究人员以超柔性 PI 薄膜（Upilex-12.5S）为基板，研制成功了可卷曲的柔性光电显示器[28]，于 2012 年首次报道了 11.7 英寸的柔性 AMOLED 显示器。该显示器采用非晶铟镓锌氧（α-IGZO）TFT 驱动，以透明 PI 薄膜作为显示基板，分辨率达到 94ppi[29]。韩国三星和 LG 公司在柔性 AMOLED 技术方面一直走在国际前列，开发成功的柔性光电显示基板已经成功应用于 AMOLED。2009 年，三星公司报道了当时世界上尺寸最大（6.5 英寸）的柔性 AMOLED 显示器，采用 α-IGZO TFT 驱动器，以 PI

薄膜为柔性显示基板，所采用 PI 薄膜的 CTE 仅为 $3.4\times10^{-6}/℃$，在 $10\mu m$ 的 PI 薄膜基板上制作的柔性 AMOLED 显示器，可在曲率半径为 3mm 的情况下进行弯曲而不影响正常使用。此外，韩国研究人员还使用高透明无色 PI 薄膜作为基板材料，采用溅射法在其表面沉积氧化铟锡导电层，制备了柔性 OLED 显示器。韩国的 PI 薄膜制造厂家 SKC-Kolon 公司开发了应用于柔性 AMOLED 显示器的 PI 柔性显示基板系列产品。韩国三星公司为了实现柔性 AMOLED 显示器的产业化，于 2011 年 5 月与日本 PI 薄膜制造厂家 Ube 合作，成功研发了 AMOLED 显示器用 PI 柔性显示基板。

近年来，我国台湾的"台湾工研院"在柔性 AMOLED 显示器设计与制造方面也取得了令人瞩目的成就，利用现有的 TFT 生产线，在玻璃基板与 PI 薄膜之间插入一层离型层膜（Release Layer），在完成 TFT 阵列装配后，可将 PI 薄膜与玻璃载体便捷地进行分离，而不会破坏 PI 薄膜上的 TFT 阵列，获得了以 PI 薄膜为基板的柔性显示器。目前，利用该技术已成功制作了 6 英寸彩色柔性 AMOLED 显示器，其弯折曲率半径小于 10mm，亮度达到 150nit，经过 10 万次弯折后也不会破坏显示功能。此外，研究人员还以透明 PI 为柔性基板成功制作了 7 英寸的 TFT-LCD 显示器，其中 TFT 的装配温度为 200℃，使用的透明 PI 柔性基板的玻璃化转变温度 T_g 为 350℃，保证了显示器的顺利装配。2009 年，研究人员在柔性 PI 基板上制作了 4.1 英寸的柔性 AMOLED 显示器，采用微晶硅 TFT 作为背板，所采用 PI 薄膜基板的玻璃化转变温度达 350℃，光透过率达到 90%。研究人员在柔性 PI 基板研究方面经历了从使用无色 PI 薄膜到使用黄色 PI 薄膜的过程。2011 年，研究人员研制了一种可应用在非晶硅 TFT 和触摸屏上的新型无色 PI 基板。该基板的热稳定性温度和 CTE 分别为 350℃ 和 $60\times10^{-6}/℃$。为了满足更高的加工温度需求，研究人员于 2012 年又开发了一种适用于 LTPS TFT 装配的 PI 薄膜基板。该基板的热稳定性温度和 CTE 分别达到了 450℃ 和 $7\times10^{-6}/℃$。

目前在柔性显示器中应用的 PI 基板的典型性能参数对比如表 3.20 所示。其中，PI-2611 与 U-Varnish-S 为适用于顶发射型（Top-emission）器件的有色型基板，MCL-PIH2 为适用于底发射型（Bottom-emission）器件的透明型基板。

表 3.20 PI 柔性基板的典型性能

	项　目	PI-2611	U-varnish-S	MCL-PIH2
溶液性能	黏度/(mPa·s)	11000～13500	4000～6000	—
	固体含量（%）	13.5±1	18.0±1	—
	密度/(g/cm³)	1.082±0.012	1.10～1.11	—
	总金属离子含量（$\times10^{-6}$）	<10	—	—

续表

项　目		PI-2611	U-varnish-S	MCL-PIH2
薄膜性能	热分解温度/℃	620	>550	430
	T_g/℃	360	>400	>400
	CTE($\times 10^{-6}$/℃)	3	12	20
	拉伸强度/MPa	350	392	—
	断裂伸长率（%）	100	30	—
	拉伸模量/GPa	8.50	8.83	4.3
	介电常数（@1kHz）	2.9	3.5	—
	介电损耗（@1kHz）	0.002	0.0013	—
	绝缘强度/（V/cm）	>2×10⁶	1.5×10⁶	—
	体积电阻率/（Ω·cm）	>10¹⁶	1.5×10¹⁶	—
	透过率（550nm）(%)	<30	<30	90

3.3.3　柔性显示用聚合物薄膜

柔性显示基板用薄膜除 PI 薄膜外，还有 PEN 薄膜、PET 薄膜和 PC 薄膜。PEN 薄膜显示基板是采用聚萘酯（PEN）薄膜，以卷对卷原子沉积技术制备的。PEN 薄膜在可见光范围内透过率较高（大于 80%），水汽阻隔性较好，适用于柔性电子装置的制备。PET 薄膜显示基板是应用最早的柔性塑料基板，具有很好的光学透明度，以及低热膨胀系数和优良的水氧阻隔性能。但是，较低的玻璃化转变温度和熔融温度限制了其实际应用。PET 薄膜基板的耐温等级低于 180℃，加工温度过高会导致 ITO 薄膜与聚合物薄膜基板分离，表面粗糙度较大，薄膜容易产生缺陷。采用转印和二次压印技术可制备 Ag-NWs-PET 薄膜，在 550nm 处光学透过率可达 93.4%，耐曲挠性优良，可应用于柔性显示基板。PC 薄膜显示基板具有较高的光学透明度和玻璃化转变温度，在可见光范围内光学透明度超过 85%，基板厚度可控制在 0.1mm 以内，但存在着耐溶剂性差、水氧阻隔性能差等缺点，限制了广泛应用。近年来，有研究通过制备聚对二甲苯/SiNx/PC 多层复合膜结构，赋予 PC 薄膜优异的阻水阻氧性能，且改性后，复合膜经过 3000 次弯折以后，水汽透过率和氧气透过率仍可分别达到 0.01g/（m²·d）和 0.1mL/（m²·d），展示了在柔性显示基板制造中潜在的应用价值。表 3.21 比较了几种常见聚合物薄膜的主要性能。

表 3.21　几种常见聚合物薄膜的主要性能

基板材料	PET	PEN	PC	COC	PES	PI	无色 PI
厚度/mm	0.1	0.1	0.1	0.1	0.1	0.1	0.1
透光率（%）	90.4	87.0	92.0	94.5	89.0	30～60	85
折射率（%）	1.66	1.75	1.56	1.51	1.60	1.76	1.60
T_g/℃	78	122	145	164	223	>300	303
CTE($\times 10^{-6}$/℃)	33	20	75	70	54	8～20	58
吸湿率（%）	0.5	0.4	0.2	<0.2	1.4	2.0～3.0	2.1
水汽透过率/(g·m^{-2}·d^{-1})	9	2	50	—	80	—	93

注：日本三菱瓦斯公司的 Neopulim-3430 数据。

无色透明性 PI 薄膜是实现平板显示柔性化的核心材料之一。采用柔性 PI 薄膜代替目前广泛使用的平板玻璃，不但可实现平板显示器的柔性化、可折叠化、轻量化和低成本化，而且可大幅拓宽平面显示器的应用范围，既包括军用领域也包括民用领域，被认为是具有革命性的下一代显示技术[30-35]。传统 PI 薄膜由于聚合物结构中存在大量芳环，易形成分子内与分子间的电荷转移（CT）络合物，因而在可见光区呈现本征性的黄色，故 PI 薄膜又被称作"黄金薄膜"。PI 薄膜的无色透明化问题就是如何在分子水平上完全阻止二胺在电子体与二酐电子受体之间的电子跃迁，从而抑制甚至破坏聚合物分子链内与分子链间的 CT 相互作用。因此，基于这一理论，通过在树脂主链上引入大体积侧基可以降低分子链的堆积密度，从而有效抑制分子链间的 CT 相互作用；另外，通过在分子主链结构中引入非芳香性链节或链段以破坏主链的芳香性共轭结构也可以同时有效阻碍分子链内和分子链间的电荷转移。但是，无论引入大体积侧基还是引入非芳香性链节/段，在阻止主链间 CT 相互作用的同时也会对薄膜材料的耐热性、CTE、模量等带来一定负面影响。本书以薄膜的凝集态物理研究理论为指导，研究 PI 薄膜的光学性能与耐热和力学性能间的相互制约关系，以在寻找赋予 PI 薄膜材料无色透明性方法的同时，不明显牺牲材料的耐热性、强度和模量。

将含氟苯侧基引入半芳香型聚酰亚胺主链结构中，以大体积取代侧基阻碍 PI 树脂主链结构间的 CT 作用，制备了 PIBF 系列 PI 树脂（见图 3.61）[36]。该树脂不但在极性有机溶剂（如 NMP、DMAC 等）中具有优良的溶解性，而且在普通有机溶剂（如三氯甲烷）中也具有良好的溶解性，经溶液涂膜制备的 PI 薄膜具有突出的耐热性和力学性能，其 T_g 高达 370～380℃，拉伸强度高于 80MPa。所制备 PI 薄膜的光学透明性受树脂主链结构的影响明显，光透过截止波长为 282～

286nm，400nm 处透光率为 71%～80%，450nm 处透光率为 87%～93%，黄度指数为 12.6～14.8，浊度指数为 3.4～4.3，吸水率为 1.12～2.67。其中 PIBF-3 薄膜表现出最佳的综合性能，T_g 为 376℃，拉伸强度为 91MPa，截止波长为 282nm，400nm 处透光率为 78%，450nm 处透光率为 93%，黄度指数为 12.6，浊度指数为 4.3，吸水率为 1.12。

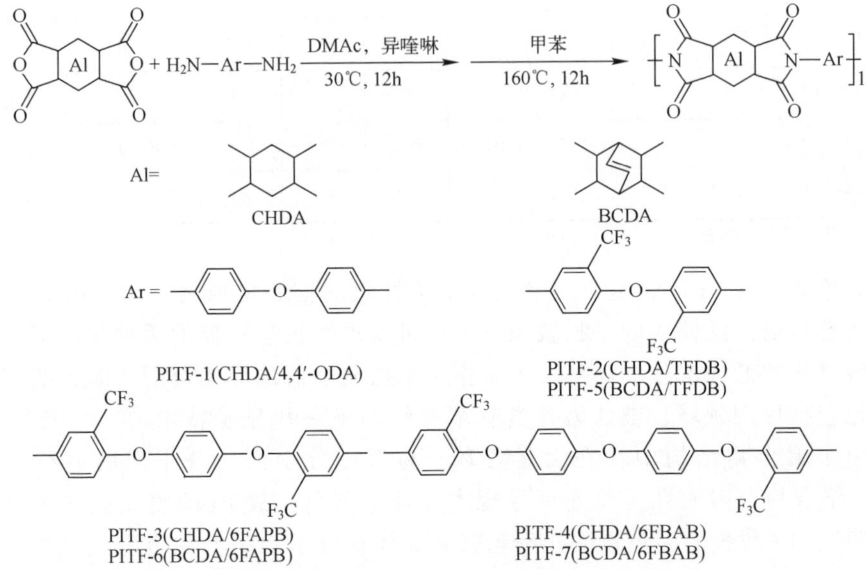

图 3.61 无色透明 PI 薄膜的结构设计与合成

为了进一步提高 PI 薄膜的光学透明性，在半芳香性聚酰亚胺主链结构中引入三氟甲基（—CF₃），通过其巨大的空间位阻和氟原子的强吸电子效应阻碍了主链结构间的电子传递效应，制备了 PITF 系列 PI 树脂。该树脂在普通有机溶剂（如 THF、二氧六环等）中具有优良的溶解性，经溶液涂膜制备的 PI 薄膜具有突出的耐热性和力学性能，其 T_g 为 268～370℃，拉伸强度为 82～117MPa。PI 薄膜的光学透明性受树脂主链结构的影响明显，光透过截止波长为 292～314nm，400nm 处透光率为 83%～87%，450nm 处透光率为 86%～93%，黄度指数为 6.8～7.4，浊度指数为 1.6～2.5，吸水率为 0.59～1.19。其中 PITF-2 薄膜表现出最佳的综合性能，T_g 为 370℃，CTE 为 35×10^{-6}/℃，拉伸强度为 98MPa，截止波长为 292nm，400nm 处透光率为 85%，450nm 处透光率为 93%，黄度指数为 6.8，浊度指数为 2.1，吸水率为 0.59。表 3.22 比较了无色透明 PI 薄膜的主要性能。图 3.62 是连续化生产的无色透明 PI 薄膜，透明度明显提高，而且具有更高的玻璃化转变温度和模量，以及更好的尺寸稳定性。

表 3.22 无色透明 PI 薄膜的主要性能

透明薄膜	截止波长 /nm	透光率（%）		黄度指数	T_g /℃	CTE ($\times 10^{-6}$/℃)	拉伸模量 /GPa
		T_{450}	T_{500}				
PITF-2	293	95	97	0.8	370	34	2.8
Neopulim[1]	310	—	90	—	303	58	2.2
MCL-PI[2]	320	—	90	2.0	310	60	1.6
PET-A4300[3]	314	100	100	-0.5	120	15	5.0

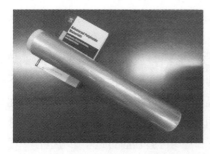 

图 3.62 连续化生产的无色透明 PI 薄膜

近年来，柔性光电器件（如可弯曲 LCD、OLED 显示屏以及薄膜太阳能电池等）制造技术的发展引起了人们的高度关注。在透明聚合物柔性衬底上沉积透明导电氧化层制作的柔性光电基板成为柔性光电器件的核心技术之一。与 PET、PEN、PC 等聚合物薄膜材料相比，聚酰亚胺薄膜（PI）具有突出的耐热稳定性，完全可以满足制备过程中的高温需求，已成为未来代替传统硬质玻璃用于柔性基板制造的首选衬底材料。与之对应的是传统导电层材料铟锡氧化物（ITO），其在可见光范围内具有高透过率，且具有较低电阻率和优异的机械强度及化学稳定性，在液晶显示器和太阳能电池等领域应用广泛。

针对柔性光电显示器制造技术对兼具高导电性和高透明性的柔性导电薄膜基板材料的使用需求，系统开展了在柔性 PI 薄膜表面沉积透明 ITO 薄膜电极的技术研究。以无色高透明聚酰亚胺薄膜为衬底，利用射频磁控溅射技术，在较高的衬底温度下沉积 ITO 透明导电层，系统研究了制备条件及热处理对 ITO/PI 薄膜结构性能的影响，从微观结构方面阐明了 ITO/PI 薄膜结构与电学、光学性能的内在关联性。成功制备出具有优异光学和电学性能的柔性透明导电薄膜。

ITO 中的氧空位含量、Sn^{4+} 浓度、结晶度等组织结构特征对制备工艺有很强的依赖性，进而影响 ITO/PI 薄膜的光电性能。研究发现，在无氧或低氧气流量条件下沉积 ITO 导电层，可以获得较好的结晶度，增加晶体内氧空位含量，从而改善 ITO/PI 薄膜的导电性。同时，氧气流量可明显影响 ITO 晶体内亚氧化物

(InO_x、SnO_x)的含量,进而影响薄膜透光率及色度。增加 ITO 导电层厚度有利于促进晶粒生长,减少晶界对载流子的散射,从而降低 ITO/PI 薄膜电阻。高基片温度、高功率及低气压等沉积条件均有利于促进 ITO 导电层结晶度的提高、Sn^{4+} 浓度的增加,同时降低其表面粗糙度,减少晶格畸变对载流子的散射,最终实现 ITO/PI 薄膜导电性的优化。

为了提高 ITO/PI 薄膜的高导电性,并兼具高透光率和低色度,在 ITO 导电层与 PI 基底之间添加 ITO 晶层,制备了柔性双层 ITO/PI 薄膜。与单层 ITO/PI 薄膜相比,双层 ITO/PI 薄膜具有更为致密均匀的结晶状态,表面电阻仅为 $45.2\Omega/sq$,导电性提高两个数量级。同时,双层 ITO/PI 薄膜的可见光区平均透过率大于 80%,色度值仅为 2.74。

为了进一步提高双层 ITO/PI 薄膜的导电性,研究人员系统研究了热处理温度、气氛、升温速率及保温时间对结构与性能的影响,发现真空气氛下热处理可促进 ITO 晶粒的生长与结晶度的提高,增大 ITO 内部载流子浓度,优化导电性。此外,适当的升温速率及保温时间在提高 ITO 结晶质量的同时,可进一步促进内应力的释放,实现双层 ITO/PI 薄膜结构性能的进一步优化。真空气氛下,以 1℃/min 的升温速率,在 240℃下保温 30min,双层 ITO/PI 薄膜的表面电阻进一步降低至 $19.7\Omega/sq$,可见光区平均透过率提高至 83%,色度值仅为 2.19(见图 3.63)[37]。

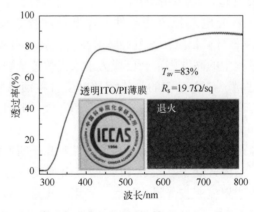

图 3.63 PI 透明薄膜表面的低电阻率、高透明 ITO 导电电极沉积技术

低温多晶硅主源矩阵驱动的有机发光二极管(LTPS-AMOLED)正在朝着柔性化方向快速发展,即采用 PI 薄膜替代传统玻璃,实现光电显示器件的柔性化。目前,柔性光电显示器件正在从试验室研发走向规模化生产阶段,产品形态也从 Curve(弯曲)向着 Bendable(弯折)和 Foldable(折叠)方向发展。柔性光电基板作为柔性光电显示器件的基础,选材已从初期的超薄玻璃、超薄金属、

PET、PC 和 PEN 等多种选择，逐渐聚焦在适应规模量产的高性能 PI 薄膜上。作为柔性光电基板的基膜材料，PI 薄膜必须具有超低的热膨胀系数（CTE），应达到或接近传统玻璃的水平（CTE=4×10^{-6}/℃）；另外还需要具有超高的耐热稳定性，可以承受 LTPS 高达 450℃ 的工艺制程温度；要求 PI 薄膜在制程中不发生任何分解，制程结束后依然保持优良的柔韧性，以保障后续柔性光电显示器件使用过程中的可靠性。目前，柔性光电显示基板用 PI 薄膜的核心技术完全被日本、美国等西方工业国家的跨国公司垄断，因此发展具有我国自主知识产权的柔性光电显示用 PI 薄膜材料，掌握柔性光电显示器件的上游核心技术迫在眉睫。

为了降低柔性光电基板表面上异质颗粒物（Particle）的数量，提升柔性光电显示基板的良率，通常柔性光电基板所用 PI 薄膜是先在玻璃板上通过 PI 前驱体树脂-PAA 溶液涂敷成膜，经加热亚胺化后转化成 PI 薄膜；然后，在 PI 薄膜表面制作电路形成光电显示基板；最后，将其与玻璃板分离得到柔性光电显示基板。因此，PAA 树脂的化学结构及成膜工艺决定着柔性光电显示基板的质量。通过调整 PAA 树脂溶液的涂膜工艺参数，首先确定适用于柔性显示基板的 PI 薄膜厚度；通过调节固化过程中的固化气氛、加热方式、升温条件等工艺参数，避免在 PAA 树脂亚胺化过程中在 PI 薄膜表面产生缺陷，获得了满足柔性光电显示基板要求的 PI 基膜材料。

针对柔性光电显示器对抗弯折性能的特殊要求，对透明 PI 薄膜表面沉积透明导电电极 ITO 的工艺参数进行优化，可得到具有低电阻（R_s=19Ω，厚度=120nm）和低内应力的 ITO 导电电极，其耐弯曲次数可达 10^4 次以上，电阻变化率低于 4%（见图 3.64、图 3.65）。在低热膨胀 PI 薄膜表面沉积的导电电极都具有低内应力、低电阻等特点。经过弯曲测试，金属电极弯曲次数超过 10^4 次后，电阻无明显变化（见表 3.23）。

表 3.23 金属导线沉积试验结果

样 品	金属导线	厚 度	R_s/Ω	Uniformity
厂家-1 PI 样品	Mo/AlNd/Mo	40nm/220nm/40nm	0.30	4.9%
厂家-2 PI 样品	Mo/AlNd/Mo	40nm/220nm/40nm	0.36	5.7%

传统 PI 薄膜具有优异的耐热稳定性，但都呈浅黄到红棕的颜色，无法满足柔性光电显示基板的未来使用需求。无色透明 PI 薄膜具有优异的透明性和极低的黄度指数，同时具有高刚性、高模量等特点，弯折时不易发生塑性形变，也不会产生不可逆的物性变化，曲率半径可达 5mm 甚至 3mm，弯折 100000 次后，也没有肉眼可见的变化，可作为柔性光电显示基板的触摸屏使用。另外，由于无色透明 PI 薄膜具有优异的力学性能，厚度薄于 10μm 以下的 PI 薄膜也可以在触摸屏生产中使用。

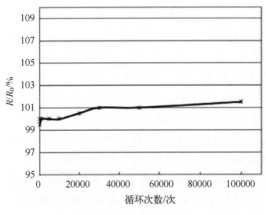
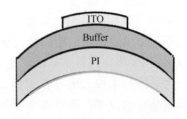

图 3.64　透明导电电极弯曲测试方法示意图　　图 3.65　透明导电电极导线弯曲测试结果（弯曲半径 5mm）

挠性高密度封装基板技术是为了满足电子产品小型化、薄型化、高密度化、多功能化等需求而快速发展起来的新技术，可满足 IC 电路封装、高频高速信号传输、柔性光电显示等高新技术产业的需求。其中，挠性 IC 封装基板在高耐热、低热膨胀聚酰亚胺薄膜表面上布线形成导电线路，作为 IC 芯片的封装基板；挠性高频电路基板是在低介电损耗、高耐热 LCP 聚酯薄膜或改性聚酰亚胺薄膜表面上布线形成导电线路，用于制造射频电路；挠性光电显示基板是在高耐热、低热膨胀聚酰亚胺薄膜表面布线形成薄膜晶体管（TFT），用于驱动光电显示器件（如 AM-OLD）。随着以高频高速信号传输为代表的电子产品制造技术的快速发展，挠性封装基板技术将朝着高密度化、多层化、薄型化、低成本化等方向快速发展。

参 考 文 献

[1] 田民波，林金堵，祝大同. 高密度封装基板. 北京：清华大学出版社，2003.
[2] 田民波. 电子封装工程. 北京：清华大学出版社，2003.
[3] 祝大同. 挠性 PCB 用基板材料的新发展——FCCL 发展的综述与特点. 印制电路信息，2005（2）：7-13.
[4] 祝大同. 对 PCB 基板材料重大发明案例经纬和思路的浅析——涂布法二层型挠性覆铜板的技术进步. 印制电路信息，2007（3）：13-19.
[5] 黄洁. 铜箔的生产技术及发展趋向. 铜业工程，2003（02）：87-88.
[6] 刘生鹏，茹敬宏. 印刷电路板用铜箔的现况及发展趋势. 中国覆铜板市场技术研讨会，2007.

[7] Yang S Y. Advanced Polyimide Materials: Synthsis, Characterizition and Applications. Elsvier, 2008.

[8] Ghosh M. Polyimides: Fundamentals and Applications. Boca Raton: CRC Press, Taylor & Francis Group, 1996.

[9] Liaw D J, Wang K L, Huang Y C, et al. Advanced Polyimide Materials: Syntheses, Physical Properties and Applications. Progress in Polymer Science, 2012, 37: 907-974.

[10] Ree M. High performance polyimides for applications in microelectronics and flat panel displays. Macromolecular Research, 2006, 14: 1-33.

[11] Wang J Y, Park S, Russell T P. Polymer thin films. Singapore: World Scientific, 2008.

[12] 丁孟贤. 聚酰亚胺: 化学 结构与性能的关系及材料. 北京: 科学出版社, 2006.

[13] Hasegawa M, Koseki K. Poly (ester imide) s possessing low coefficient of thermal expansion and low water absorption. High Perform Polym, 2006, 18 (5): 697-717.

[14] Hasegawa M, Tsujimura Y, Koseki K, et al. Poly (ester imide) s possessing low cte and low water absorption (ii). Effect of substituents, Polym J, 2008, 40 (1): 56-67.

[15] Hasegawa M, Sakamoto Y, Tanaka Y, et al. Poly (ester imide) s possessing low coefficients of thermal expansion (cte) and low water absorption (iii). Use of bis (4-aminophenyl) terephthalate and effect of substituents. Eur Polym J, 2010, 46 (7): 1510-1524.

[16] 陈微. 聚酰亚胺薄膜低热膨胀化方法研究. 北京: 中国科学院化学研究所, 2016.

[17] 袁莉莉. 柔性IC基板用低热膨胀聚酰亚胺薄膜的制备与性能. 北京: 中国科学院化学研究所, 2017.

[18] 张洪文. 覆铜板新技术文选. 覆铜板层压板专家文集 (三), CCLA, 2014.

[19] 杨维生. LCP基板现状及多层化技术研究. 覆铜板资讯, 2018 (5): 13-21.

[20] 郭海泉, 高连勋. 5G高频柔性印制电路聚酰亚胺基材发展概况. 覆铜板资讯, 2020 (2): 1-5.

[21] Chen W, Liu F L, Ji M, et al. Synthesis and characterization of low-CTE polyimide films containing trifluoromethyl groups with waterrepellant characteristics. High Perform Polym, 2016: 1-12.

[22] Delmdahl R, Tzel R P, Brune J. Large-area laser-lift-off processing in microelectronics. Physics Procedia, 2013, 41: 241-248.

[23] Sekitani T, Someya T. Stretchable and foldable displays using organic transistors with high mechanical stability. SID Digest, 2011, 42 (1): 276-279.

[24] Yamaguchi H, Ueda T, Miura K. 11.7-inch flexible AMOLED display driven by a-IGZO TFTs on planstic substrate. SID Digest, 2012, 43 (1): 1002-1005.

[25] Choi M C, Kim Y, Ha C S. Polymers for flexible displays: From material selection to device applications. Prog Polym Sci, 2008, 33 (6): 581-630.

[26] Logothetidis S. Flexible organic electronic devices: Materials, process and applications. Mater Sci Eng B-Adv Funct Solid-State Mater, 2008, 152 (1-3): 96-104.

[27] Huang J J, Chen Y P, Lien S Y, et al. High mechanical and electrical reliability of bottom-

gate microcrystalline silicon thin film transistors on polyimide substrate. Curr Appl Phys 2011, 11 (1): S266-S270.

[28] Nakano S, Saito N, Miura K, et al. Highly reliable a-IGZO TFTs on a plastic substrate for flexible amoled displays. J Soc Inf Display, 2012, 20 (9): 493-498.

[29] Yamaguchi H, Ueda T, Miura K, et al. 11.7-inch flexible amoled display driven by a-igzo tfts on plastic substrate. SID Symposium Digest of Technical Papers, 2012: 1002-1005.

[30] Li T L, Hsu S L C. Preparation and properties of a high temperature, flexible and colorless ito coated polyimide substrate. Eur Polym J, 2007, 43 (8): 3368-3373.

[31] Guo Y Z, Song H W, Zhai L, et al. Synthesis and characterization of novel semi-alicyclic polyimides from methyl-substituted tetralin dianhydride and aromatic diamines. Polym J, 2012, 44 (7): 718-723.

[32] Hasegawa M, Kasamatsu K, Koseki K. Colorless poly (ester imide) s derived from hydrogenated trimellitic anhydride. Eur Polym J, 2012, 48 (3): 483-498.

[33] Hasegawa M, Hirano D, Fujii M, et al. Solution-processable colorless polyimides derived from hydrogenated pyromellitic dianhydride with controlled steric structure. J Poly Sci, Part A, Polym Chem, 2013, 51 (3): 575-592.

[34] Hasegawa M, Fujii M, Ishii J, et al. Colorless polyimides derived from 1s, 2s, 4r, 5r-cyclohexanetetra carboxylic dianhydride, self-orientation behavior during solution casting and their optoelectronic applications. Polym, 2014, 55 (18): 4693-4708.

[35] Hasegawa M, Horiuchi M, Kumakura K, et al. Colorless polyimides with low coefficient of thermal expansion derived from alkylsubstituted cyclobutanetetracarboxylic dianhydrides. Polym, Int, 2014, 63 (3): 486-500.

[36] Zhai L, Yang S Y, Fan L. Preparation and characterization of highly transparent and colorless semi-aromatic polyimide films derived from alicyclic dianhydride and aromatic diamines. Polym, 2012, 53: 3529-3539.

[37] Wen Y, Liu H, Yang S Y, et al. Transparent and conductive indium tin oxide/polyimide films prepared by high-temperature radio-frequency magnetron sputtering. J Appl Polym Sci, 2015: 42753.

第 4 章

层间互连用光敏性绝缘树脂

硅圆片级封装（Wafer-Level Packaging，WLP）技术的快速发展使移动电子产品的低成本化及大规模生产成为可能，对手机、平板电脑、摄像机、照相机等产业的发展具有重要的推动作用[1-2]。BGA、CSP、SiP、WLP 等高密度封装主要采用多层金属互连结构实现信号的快速传输并降低传输损耗，在多层互连结构制作过程中需要采用光敏性绝缘树脂作为层间互连绝缘介质层膜。这些光敏性绝缘树脂主要包括光敏聚酰亚胺（Photosensitive Polyimide，PSPI）树脂、光敏聚苯并噁唑（Photosensitive Polybenzoxazoles，PS-PBO）树脂、光敏苯并环丁烯（Photosensitive Benzocyclobutene，PS-BCB）树脂等。这些高分子材料不但具有优良的介电性能和电绝缘性能，而且具有优良的耐热性能和力学性能，同时还具有光刻制图工艺性，可采用负性或正性光刻模式，经紫外线曝光后，通过湿法显影得到三维立体光刻图形，再经高温固化后形成层间互连绝缘层膜，在 BGA、CSP、WLP 等高密度封装结构中起着支撑、保护、绝缘作用[3]。

光敏聚酰亚胺树脂根据曝光模式可分为负性 PSPI 树脂（n-PSPI）、正性 PSPI 树脂（p-PSPI）和非光敏聚酰亚胺树脂 3 种类型[4]。PSPI 树脂经紫外线（g 线，365nm；i 线，435nm）曝光后显影，可得到具有精细结构的三维立体聚酰亚胺图形，不但具有非光敏 PI 树脂优良的化学、物理和力学等综合性能，而且具有普通光刻胶的光刻工艺性，采用简单的光刻制图或通孔工艺，可实现多层互连结构的多层金属互连、凸点工艺和芯片表面钝化等。非光敏 PI 树脂也可借助普通光刻胶（负性胶或正性胶），利用湿刻（碱性刻蚀剂）或干刻（反应活性离子）技术在标准的集成电路生产工艺线上进行光刻制图或通孔。通过调控聚酰亚胺树脂的分子结构，非光敏 PI 树脂可具有低应力、低热膨胀、低介电常数及低介电损耗、高透明等特性，适合制作 IC 芯片的表面钝化层膜等。

图 4.1 比较了非光敏 PI 树脂与 PSPI 树脂的光刻制图工艺。与非光敏 PI 树脂相比，PSPI 树脂制图工艺简单，省去了光刻胶涂敷、除胶等步骤，可明显简化光刻制图工艺。经掩模曝光后，n-PSPI 树脂曝光区域在显影液中的溶解速率

小于未曝光区域在显影液中的溶解速率，从而得到与掩模图案相反的图形；与之相反，p-PSPI 树脂曝光后在显影液中的溶解速率大于未曝光前的溶解速率，因此得到与掩模图案相同的图形。PSPI 树脂具有感光速度快，图形分辨率高，图形线条深宽比大，制作工艺简单，配套化学试剂毒性小、腐蚀性弱，产品可靠性高、成品率高等优点，在集成电路芯片表面的钝化层膜、α 粒子遮挡层膜、应力缓冲层膜及先进封装（如 BGA、CSP、WLP、SiP）等领域具有重要的应用需求。考虑多层互连金属结构的工艺过程中可能需要多次的光刻制图，PSPI 树脂在简化工艺、降低生产成本、提高产品成品率等方面具有明显的综合效益。

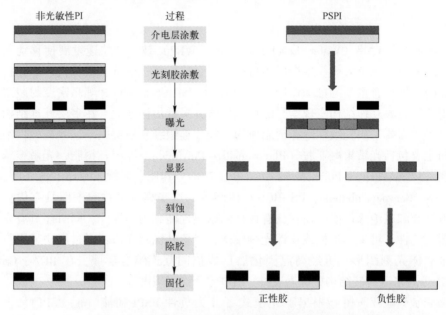

图 4.1 非光敏 PI 树脂与 PSPI 树脂的光刻制图工艺

聚苯并咪唑（PBO）树脂由芳香族二酰氯与含邻酚羟基芳香族二胺在极性非质子有机溶剂中通过缩聚反应形成。树脂主链结构中含有大量酚羟基，易溶于碱性水溶液，与光致产酸剂混合而成的正性光敏 PBO（PS-PBO）树脂具有分辨率高、碱性水溶液显影等优点，在微电子制造与封装中具有广泛的应用。

苯并环丁烯树脂由双 BCB 有机单体通过本体溶液热缩聚反应形成具有一定分子量及特性黏度的 B 阶段 BCB 树脂后，加入光敏剂等形成光敏 BCB（PS-BCB）树脂，经光刻、固化后形成的薄膜具有很低的介电常数及介电损耗，在高频电路中具有不可替代的作用。

本章主要介绍 PSPI 树脂、PS-PBO 树脂及 PS-BCB 树脂的制备方法、结构与性能及典型应用。

4.1 负性光敏聚酰亚胺树脂

负性光敏聚酰亚胺树脂（n-PSPI）是由光交联性聚酰亚胺前驱体树脂、光交联剂、光敏剂、光催化剂、助黏剂、流平剂等溶解在有机溶剂中形成的均相树脂溶液，按照光敏基团的类型与性质，可分为酯型、离子型、本征型和化学增幅型 4 类。

4.1.1 酯型光敏聚酰亚胺树脂

芳香族四酸二酐与（甲基）丙烯酸羟乙酯反应首先生成相应芳香族二酸二甲基丙烯酸羟乙酯，将其与芳香族二胺反应形成相应的聚酰胺酯（PAE）树脂。其中，芳香族四酸二酐包括 1,2,4,5-均苯四甲酸二酐（PMDA）、3,3′,4,4′-二苯甲酮四甲酸二酐（BTDA）、3,3′,4,4′-二苯甲醚四甲酸二酐（ODPA）、3,3′,4,4′-联苯四甲酸二酐（BPDA）等及其混合物，芳香族二胺包括 4,4′-二氨基二苯甲醚（4,4′-ODA）、3,4′-二氨基二苯甲醚（3,4′-ODA）、4,4′-二氨基二苯甲烷（4,4′-MDA）、对苯二胺（PDA）、间苯二胺（MPD）等及其混合物，（甲基）丙烯酸羟乙酯包括甲基丙烯酸羟乙酯、甲基丙烯酸羟丁酯、甲基丙烯酸羟异丙酯、丙烯酸羟乙酯、丙烯酸羟丁酯、丙烯酸羟异丙酯等及其混合物。

1971 年，Bell 试验室的 Kerwin 和 Goldrick 首次将 PMDA 和芳香族二胺（ODA）在二甲基亚砜（DMSO）溶剂中通过缩聚反应形成的聚酰胺酸（PMDA-ODA）树脂溶液，加入重铬酸钾，形成光敏聚酰亚胺树脂溶液；将其涂敷在硅圆片表面形成胶膜，经前烘、紫外线曝光显影后，形成了立体光刻图形；经进一步高温固化后，将形成立体图形的聚酰胺酸树脂薄膜转化为聚酰亚胺树脂薄膜[5]。由于该光敏性树脂体系的储存期很短，因此没有商业化价值。1979 年，Rubner 等将 PMDA 与甲基丙烯酸羟乙酯通过酯化反应生成了相应的均苯二甲酸二羟乙酯[6]；将其经二氯亚砜酰氯化后形成了相应的均苯二甲酰氯二羟乙酯，与二苯醚二胺通过缩聚反应形成了光交联性聚酰亚胺前驱体树脂——聚酰胺酸树脂。发现该树脂体系具有一定的光敏性，但光刻图形分辨率较低，为 $5\sim10\mu m$。

将脂环族环丁烷四酸二酐（CBDA）与含甲基丙烯酸羟乙酯的间苯二胺（3-甲基丙烯酸羟乙酯基-1,5-二胺基苯）在 N-甲基吡咯烷酮（NMP）溶剂中通过缩聚反应制备相应的聚酰胺酸（PAA）树脂溶液（质量分数为 20%）。将 PAA 树脂溶液分散在甲醇中析出固体树脂，经洗涤、干燥后得到纯净的 PAA 固体树脂（见图 4.2）。将 PAA 固体树脂溶解在 NMP 溶剂中，加入甲基丙烯酸缩水甘油酯（GMA）

和三乙胺催化剂，在氮气保护下于 70℃ 搅拌反应 12h 后，将树脂溶液在甲醇中析出固体，洗涤、干燥后，将得到相应的光交联性聚酰胺酸酯（PAE-C）树脂[7]。

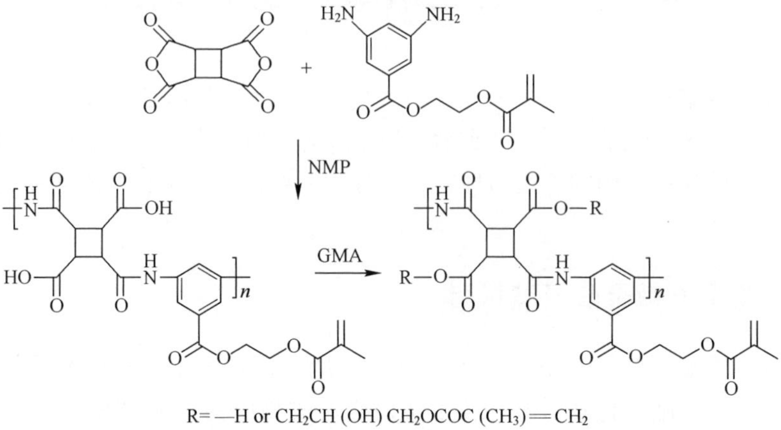

图 4.2　光交联性聚酰胺酸酯（PAE-C）树脂的制备过程

将 PAE-C 固体树脂溶解在 NMP 溶剂中后，加入质量分数为 2.0% 的光引发剂 PPBO（1-[4-(苯硫醚基)苯基]-2-(O-苯甲酰基肟，1-[4-(phenylthio) phenyl]-2-(O-benzoyl-oxime)-1,2-octanedione）及其他助剂，得到光敏聚酰亚胺树脂溶液（n-PSPI）。将 n-PSPI 树脂溶液涂敷在硅圆片表面，在 90℃ 下前烘 2min，曝光后在 120℃ 下后烘 10min，然后在 2.38% 的四甲基氢氧化铵（TMAH）溶液中显影，在去离子水中漂洗，可得到立体光刻图形。后烘温度对曝光区和非曝光区树脂薄膜溶解性具有明显影响（见图 4.3）。随着后烘温度的增加（从 110℃ 到 150℃），曝光区树脂薄膜的溶解性几乎不变，而非曝光区树脂薄膜在大于 140℃ 时溶解性随之提高，所以最佳后烘处理温度为 110～130℃。将形成立体光刻图形的 PAE 树脂薄膜在 250℃/1h 条件下高温固化，可转化为聚酰亚胺薄膜。对于厚度为 2.0μm 的立体光刻图形，光刻分辨率优于 8.0μm。

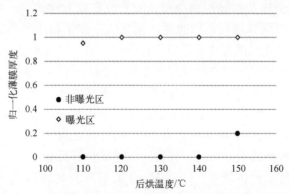

图 4.3　后烘温度对曝光区与非曝光区树脂薄膜溶解性的影响

4.1.2 离子型光敏聚酰亚胺树脂

芳香族四酸二酐和芳香族二胺在极性非质子溶剂中通过缩聚反应首先形成聚酰亚胺前驱体——聚酰胺酸（PAA）树脂；然后，N，N-二甲基氨乙基甲基丙烯酸酯（DMM）与PAA树脂反应生成光敏聚酰胺酸盐树脂溶液。其中芳香族四酸二酐包括PMDA、BTDA、BPDA、ODPA、6FDA等，芳香族二胺包括4,4′-ODA、3,4′-ODA、PDA、MPD、BAPP等。图4.4是一种代表性的离子型光交联性聚酰胺酸酯树脂，由PMDA、ODA和DMM在NMP溶剂中形成[8]。

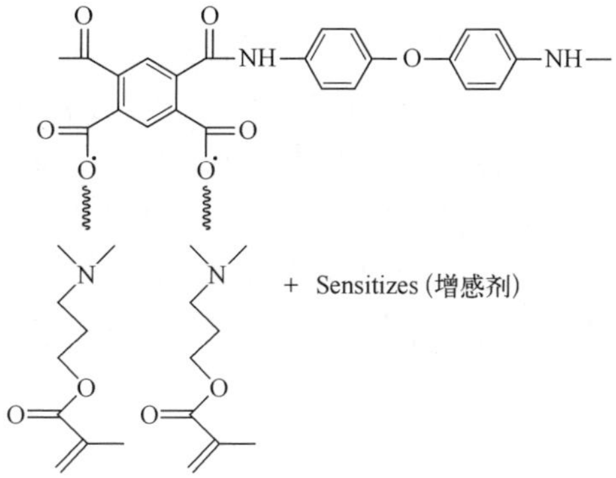

图4.4 离子型光交联性聚酰胺酸酯树脂

在离子型光交联性聚酰胺酸酯树脂中加入光敏剂（如4,4-双[二乙基氨基苯]甲酮、Michler's酮等）形成光敏聚酰胺酸酯树脂，其溶剂体系为NMP/乙二醇单甲醚（Methyl Cellosolve），固体含量为17%，溶液黏度为1000mPa·s（25℃）；将其涂敷在硅圆片表面上，旋涂条件为1500（r·min^{-1}）/30s+3000（r·min^{-1}）/2s，形成厚度均匀的液态胶膜；前烘条件为氮气气氛、80℃/60min；经365nm紫外线曝光50～300mJ/cm^{2}后，树脂中甲基丙烯酸酯的双键发生自由基交联反应，使树脂的溶解度显著降低；在DMAC/乙醇混合溶剂中显影90s后，在异丙醇中漂洗，得到立体光刻图形；后固化条件为135℃/0.5h+200℃/0.5h+300℃/0.5h+400℃/0.3h。

该PSPI树脂所需的曝光能量为50～300mJ/cm^2，灵敏度约为标准光刻胶的1/6～1/5。树脂的灵敏度指树脂光刻图形时所需的最低能量，灵敏度数值越低，树脂的灵敏度越高。经过改进后，50%留膜率的灵敏度可降至8～10mJ/cm^2。光刻分辨率随着最终薄膜厚度的变化而变化，当薄膜厚度为1～2μm时，分辨率为3～5μm。金属离子含量可以控制在半导体行业要求的水平上，其中可引起IC储存电路软错误的铀（Uranium）含量可降低至0.3×10^{-9}，碱和碱土金属离子（Na$^+$、K$^+$）含量可降低至0.4×10^{-6}，金属离子（Cu^{2+}、Fe^{2+}和Fe^{3+}）的含量可降低至 0.1×10^{-6}，氯离子（Cl$^-$）含量可降低至 1.0×10^{-6}。经后固化得到的聚酰亚胺薄膜的拉伸强度为 140MPa，断裂伸长率为 11%，介电常数（1kHz，25℃）为 3.2，介电损耗（1kHz，25℃）为 0.0018，介电强度为 307kV/mm，体积电阻率为 1.3×10^{16}Ω·cm，表面电阻率为 1.0×10^{16}Ω。

采用该 PSPI 树脂可光刻得到直径为 10μm 的通孔，其底部清晰干净，孔壁厚度方向呈约 60°坡度，这对半导体绝缘薄膜的应用非常重要。对于条形图案，光刻分辨率可以达到 6μm。

4.1.3 本征型光敏聚酰亚胺树脂

1985 年，J. Pfeifer 等首次报道了一种本征型光敏聚酰亚胺树脂[9]，将含羰基的芳香族四酸二酐（3,3,4,4-二苯甲酮四酸二酐，BTDA）与邻位烷基取代的芳香族二胺通过缩聚反应制备一系列本征型光敏聚酰亚胺树脂[10]。其中，芳香族二胺包括四甲基对苯二胺、双（3,5-二甲基-4,4-二胺基苯）甲烷、双（3,5-二乙基-4,4-二胺基苯）甲烷等。该聚酰亚胺树脂可溶于有机溶剂，添加其他助剂后形成均相溶液。将其涂敷在硅圆片上，经前烘、曝光、显影后可形成立体光刻图形，其特点是无须添加光敏剂，也无须在树脂主链结构中引入光交联基团，三维光刻图形在高温、固化过程中由于没有光敏基团溢出，薄膜厚度损失较小。该树脂既具有光交联特性，又具有热交联特性。经紫外线辐照，树脂主链结构上的羰基与邻近的甲基或乙基可发生光交联反应，导致树脂涂层的溶解度显著下降，在有机溶剂中经显影后形成立体光刻图形。随后，在高温固化过程中树脂进一步发生热交联反应，可明显提高涂层树脂的玻璃化转变温度、模量和强度。

本征型光敏聚酰亚胺树脂的结构对其性能具有重要的影响，其中树脂主链结构中的羰基和邻烷基含量对其感光速度具有显著影响（见表 4.1）。树脂的感光速度越高，其灵敏度越高。由 BTDA 与 TMMDA 通过缩聚反应制备的可溶性 PI（BTDA-TMMDA）具有较高的感光速度。当 BTDA 由物质的量比为 1:1 的 BTDA 与 PMDA 混合物代替时，与 TMMDA 共聚形成的 PI（BTDA/PMDA-TMMDA）与原方法制备的 PI（BTDA-TMMDA）相比，其感光速度提升 8.48 倍；当邻位有四个甲基的 TMMDA 被邻位有两个甲基的 DMMDA 替代时，与 BTDA 通过缩聚反应形成的 PI（BTDA-DMMDA）的感光速度提升了 3.64 倍；当 BTDA 由物质的量比为 2:1 的 BTDA 与 PMDA 混合物代替时，与 DMMDA 共聚形成的 PI（BTDA/PMDA-DMMDA）的感光速度提升 14.9 倍。因此，树脂的光敏性可用下述感光速度公式表述：

$$感光速度 = K \cdot [二苯甲酮]^4 \cdot [邻位甲基]^2$$

式中，K 为常数；[二苯甲酮] 和 [邻位甲基] 为树脂主链结构中二苯甲酮含量和邻位甲基含量。可见，本征型光敏聚酰亚胺树脂的感光速度与二苯甲酮含量的4次方成正比，与邻位甲基含量的2次方成正比。为了提高树脂的综合性能，也可以在树脂主链结构中引入适量的非光敏性链段。

另外，光敏性主要取决于树脂分子量，与特性黏度的平方根呈正比。

表 4.1 本征型光敏聚酰亚胺树脂主链结构对感光速度的影响

二胺	二酐	特性黏度/(dL/g)	分子量（光散射法）	感光速度提升倍数	
				实测值	计算值
TMMDA	BTDA	0.79	42000	1.00	1.00
TMMDA	BTDA/PMDA（1/1）	0.75	38000	8.48	8.77
DMMDA	BTDA	0.97	44000	3.64	2.92
DMMDA	BTDA/PMDA（2/1）	0.93	30000	14.9	9.71

为了进一步改善本征型光敏聚酰亚胺树脂的综合性能，人们合成了其他含羰基的芳香族四酸二酐，将少量（摩尔分数为10%）的 TXDA 与 BTDA 混合，与邻位甲基取代的联苯二胺通过缩聚反应合成可溶性聚酰亚胺树脂 PI（BTDA/TXDA(9/1)-TMMDA）。该 PI 树脂与不含 TXDA 的 PI（BTDA-TMMDA）树脂相比，感光速度提高了 2.67 倍，可得到高对比度的光刻图形。将少量（摩尔分数为10%）的 TXDA 与 6FDA 混合，与邻位甲基取代的联苯二胺通过缩聚反应合成可溶性聚酰亚胺树脂 PI（6FDA/TXDA(9/1)-TMMDA），该 PI 树脂与不含 TXDA 的 PI（6FDA-TMMDA）树脂（感光速度为0.11）相比，感光速度提高了 2900 倍，达到 319，可得到高对比度的光刻图形。将少量（摩尔分数为10%）的 TXDA 与 ODPA 混合，与邻位甲基取代的联苯二胺通过缩聚反应合成可溶性聚酰亚胺树脂 PI（ODPA/TXDA(9/1)-TMMDA），该 PI 树脂与不含 TXDA 的 PI（ODPA-TMMDA）树脂（感光速度为0.30）相比，感光速度提高了 1757 倍，达到 527，可得到高对比度的光刻图形。将少量（摩尔分数为10%）的 TXDA 与 DSDA 混合，与邻位甲基取代的联苯二胺通过缩聚反应合成可溶性聚酰亚胺树脂 PI（DSDA/TXDA(9/1)-TMMDA）的感光速度达到 105，可得到中等对比度的光刻图形。PI（PMDA/TXDA(9/1)-TMMDA）的感光速度为 85，PI（BPDA/TXDA(9/1)-TMMDA）的感光速度仅为 4.0。可以看出，TXDA 引入聚酰亚胺树脂主链结构可显著提高感光速度，提高程度与合成树脂采用的芳香族四酸二酐的分子结构密切相关，按照 BPDA、PMDA、DSDA、BTDA、6FDA、ODPA 的顺序增加，其中 PI（ODPA/TSDA(90/10)-TMMDA(100)）的感光速度达到了 527，可得到高对比度的光刻图形。本征型光敏聚酰亚胺树脂结构对性能的影响如表 4.2 所示。

表 4.2　本征型光敏聚酰亚胺树脂结构对性能的影响

主链结构	感光速度	对比度	热交联反应	可优化的性能
BTDA(100)-TMMDA(100)	100	高	进行	—
BTDA/TXDA(90/10)-TMMDA(100)	267	高	进行	—
6FDA(100)-TMMDA	0.11	—	—	吸水率降低；溶解性、透明性、介电性能增强
6FDA/TXDA(90/10)-TMMDA(100)	319	高	进行	
ODPA(100)-TMMDA(100)	0.30	—	—	吸水率降低；溶解性、黏结性、力学性能增强
ODPA/TXDA(90/10)-TMMDA(100)	527	高	进行	
BPDA(100)-TMMDA(100)	0.40	—	—	CTE 降低；耐热性、力学性能增强
BPDA/TXDA(90/10)-TMMDA(100)	4.0	很低	进行	
PMDA(100)-TMMDA(100)	0.14	—	—	耐热性增强
PMDA/TXDA(90/10)-TMMDA(100)	85	中等	不进行	
DSDA(100)-TMMDA(100)	—	—	—	耐热性增强
DSDA/TXDA(90/10)-TMMDA(100)	105	中等	进行	—

对于 PI（PMDA/TXDA-TMMDA）树脂，在制备过程中改变 TXDA 含量可以改变所制备树脂的感光速度。当 TXDA/PMDA 的摩尔分数由 0 增加到 5%时，树脂感光速度由 0.14 提高到 35；摩尔分数由 5% 增加到 10%时，树脂感光速度由 35 提高到 85，呈线性增长关系。而对于 PI（BTDA/TXDA-TMMDA）树脂，在制备过程中改变 TXDA 含量可以改变所制备树脂的感光速度。当 TXDA/PMDA 的摩尔分数由 0 增加到 10%时，树脂感光速度由 100 提高到 267。TSDA 与 PMDA 或 BTDA 发生共聚反应制备聚酰亚胺共聚树脂的感光速度提高的原因在于，共聚树脂主体结构更有利于吸收曝光过程中的紫外光能量。

对于 PI（ODPA/TXDA(90/10)-TMMDA(100)）树脂，当膜厚为 1μm 时，所需曝光能量为 50mJ/cm²；当膜厚增加至 5μm 时，所需曝光能量提高至 200mJ/cm²；当膜厚增加至 10μm 时，所需曝光能量提高至 900mJ/cm²。PI（6FDA/TXDA(90/10)-TMMDA(100)）树脂也具有相似的光敏特性。这两种共聚树脂都具有比 PI（BTDA(100)-TMMDA(100)）树脂更灵敏的感光特性。

将三氟甲基引入邻位甲基取代的芳香族二胺分子结构中，合成一系列具有不同主链结构的聚酰亚胺树脂，其中一种为由含氟多邻位甲基取代的芳香族二胺（9FMA）与 BTDA 通过缩聚反应制备的可溶性本征型光敏聚酰亚胺树脂（PI-4），不但可溶于 NMP、DMAC、DMF 等极性非质子溶剂，也可溶于 THF、三氯甲烷和丙酮等普通有机溶剂；所制备聚酰亚胺薄膜的玻璃化转变温度 T_g 为 298℃，热分解温度为 516℃，拉伸强度为 102MPa，拉伸模量为 2.7GPa，断裂伸长率为 6.9%，介电常数（1MHz, 25℃）为 2.98，吸水率为 0.58%，450nm 处的透光率为 76.9%[11]。含氟本征型光敏聚酰亚胺树脂的制备过程如图 4.5 所示。

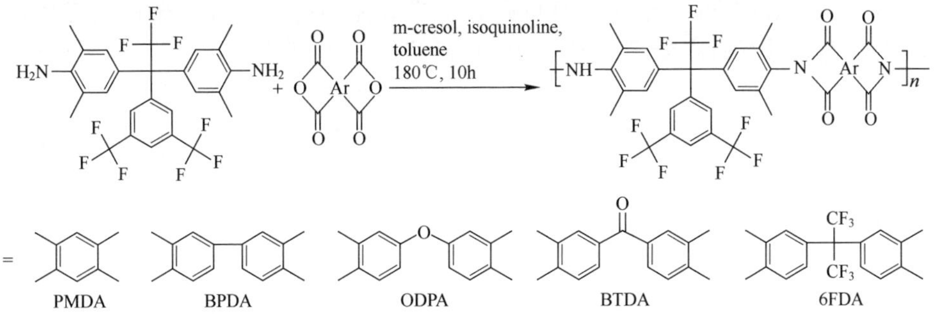

图 4.5 含氟本征型光敏聚酰亚胺树脂的制备过程

将树脂溶解在 NMP 溶剂中形成固体含量为 25% 的均相溶液,经 0.2μm Teflon 过滤器过滤除去机械杂质后,将其涂敷在硅圆片表面,经过 100℃/10min 的前烘后得到均匀的胶膜,经紫外线（i 线）曝光、DMF 显影及醋酸丁酯漂洗后,进行 200℃后固化处理,可得到光刻图形,其分辨率为 5μm,图形尺寸收缩率为 30%,灵敏度为 98mJ/cm²,对比度为 1.69。含氟本征型光敏聚酰亚胺树脂的光敏性如图 4.6 所示。

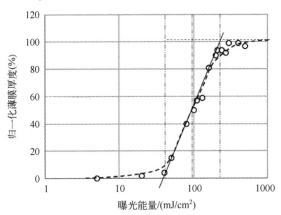

图 4.6 含氟本征型光敏聚酰亚胺树脂的光敏性

含香豆素基团的间苯二胺与 BTDA 通过缩聚反应形成聚酰胺酸（PAA）树脂。将 PAA 树脂涂敷在硅圆片表面,经过前烘、紫外线曝光、TMAH 显影、漂洗、后固化处理后,得到分辨率为 50μm 的光刻图形。光刻前后,聚酰亚胺薄膜表面形貌较光滑,粗糙度约为 0.5nm[12]。本征型光敏聚酰亚胺树脂的制备过程如图 4.7 所示。

有机半导体广泛地应用于有机光电器件,包括有机发光二极管、有机薄膜晶体管（OTFT）和有机太阳能电池等。OTFT 是制造低成本、大面积柔性显示器的关键技术，性能已经接近或超过传统的氢化无定形硅器件（α-Si：H TFT）。目前，OTFT 一般采用有机高分子半导体和有机高分子栅极绝缘体制作而成。人们对有机高分子半导体材料已经进行了大量的研究，而对有机高分子栅极绝缘体材料却研究较少。有机高分子栅极绝缘体材料必须具有较高的介电常数、优良的耐热和抗化学腐蚀性能、高击穿电压等特性，可形成结构完整无缺陷的薄膜，同时具有优良的光刻工艺性，不会引入金属或非金属离子等影响电学性能的杂质。

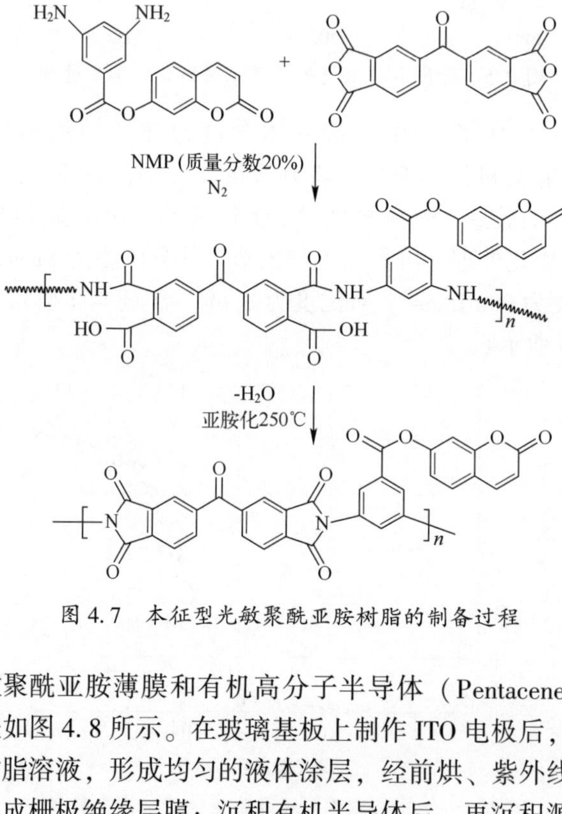

图 4.7　本征型光敏聚酰亚胺树脂的制备过程

利用该光敏聚酰亚胺薄膜和有机高分子半导体（Pentacene）制作有机光电显示器件的过程如图 4.8 所示。在玻璃基板上制作 ITO 电极后，旋转涂敷本征型光敏聚酰亚胺树脂溶液，形成均匀的液体涂层，经前烘、紫外线曝光、显影、漂洗、后固化后形成栅极绝缘层膜；沉积有机半导体后，再沉积源电极，形成有机光电器件，阈值电压为 -6.6V，场效应迁移率为 $0.48cm^2/(V·S)$，I_{on}/I_{off} 为 500，I_{off} 为 $6×10^{-8}A$，明显优于未采用光敏聚酰亚胺树脂的光电器件。

将二苯酮链节和甲基丙烯酸酯侧链同时引入聚酰亚胺树脂主链结构中制备本征型光敏聚酰亚胺树脂（见图 4.9），其中二苯甲酮作为光敏基团在紫外线辐照下可产生多种自由基，而甲基丙烯酸酯侧基在自由基作用下可发生交联聚合反应。所制备的光敏聚酰亚胺具有优良的透光性，截止波长低于 400nm，在 365nm 处具有一定的吸收（见图 4.10）。

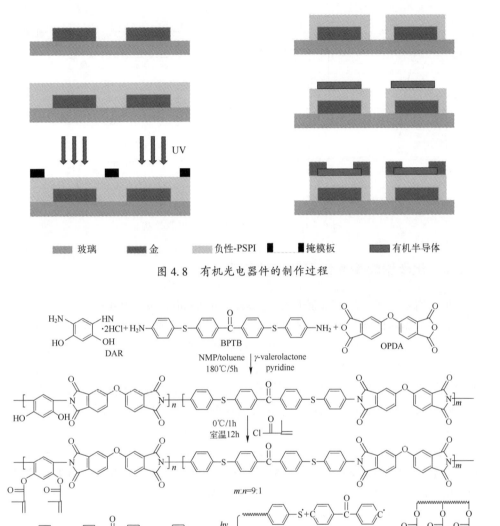

图 4.8 有机光电器件的制作过程

图 4.9 本征型光敏聚酰亚胺树脂的结构及交联机理

随着曝光能量的提高，曝光区树脂薄膜溶解速率快速下降，有利于显影（见图 4.10）。将树脂溶液涂敷在硅圆片表面，经前烘、i 线曝光、显影、漂洗和后固化后，可得到清晰的光刻图形，厚度为 $2\mu m$ 的薄膜的灵敏度为 $150mJ/cm^2$，光刻分辨率为 $5\mu m$[13]。

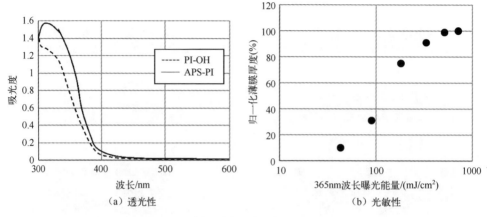

(a) 透光性　　　　　　　　　　(b) 光敏性

图 4.10　本征型光敏聚酰亚胺树脂性质

4.1.4　化学增幅型光敏聚酰亚胺树脂

化学增幅型光敏聚酰亚胺树脂（Chemical Amplification PSPI，CA-PSPI）由聚酰亚胺前驱体树脂、潜伏性光致产酸剂或光致产碱剂及其他助剂组成。在紫外线作用下，潜伏性光致产酸剂或光致产碱剂通过光化学反应释放有机酸或有机碱分子，引起聚酰亚胺前驱体树脂发生化学反应，转化为在显影剂中溶解度发生显著变化的树脂，经显影后得到光刻图形。由于光作用引起的化学反应具有放大效应，较小的曝光能量也可获得很好的光刻效果，因此，CA-PSPI 树脂具有很高的灵敏度。

6FDA 与 1,1-二[4-氨基苯基]-1-[4-羟基苯]甲烷（BHTM）通过缩聚反应制备含苯羟基的聚酰胺酸（PAA）树脂和聚酰亚胺（PHI）树脂（见图 4.11）。所制备的红色粉体 PHPI 树脂的特性黏度为 0.48dL/g，GPC 测定的数均分子量为 6.1×10^4，重均分子量为 10.4×10^4，室温下可溶于 NMP、双（甲氧乙醚乙基）乙醚、1-甲氧基-2-乙酯基丙烷等溶剂中，涂敷在玻璃板表面后，经加热处理可得到透明的聚酰亚胺薄膜，在 365nm 处的透光率为 85%[14]。

将 PHI 树脂在室温下溶解在 2-甲氧基乙醇中形成固体含量为 20% 的均相树脂溶液后，加入交联剂（Cross-linker，2,6-双（羟甲基）-4-甲基苯酚（BHMP））和光致产酸剂（PAG，二苯基碘基-9,10-二甲氧基蒽-2-磺酸盐（DIAS）），搅拌溶解后，形成负性 CA-PSPI 树脂溶液。将其涂敷在硅圆片表面，经 80℃/10min 前烘，365nm 紫外线曝光后，进行加热后烘处理，最后在 2.5% 四甲基氢氧化铵水溶液中显影并在去离子水中漂洗后，得到立体光刻图形。

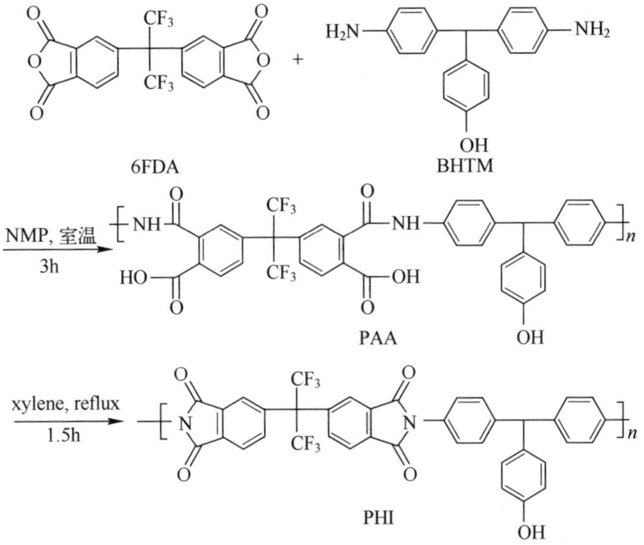

图 4.11 含苯羟基聚酰亚胺树脂的化学制备过程

对于包含 PHI 树脂（质量分数为 70%）+BHMP（质量分数为 20%）+DIAS（质量分数为 10%）的 CA-PSPI 树脂体系，树脂薄膜经 80℃/10min 前烘和 200mJ/cm² 曝光后，在 120℃时的后烘处理时间对曝光区和非曝光区树脂薄膜溶解性具有明显影响。随着后烘时间的增加，曝光区树脂薄膜的溶解速率随之增加，而非曝光区树脂薄膜则几乎不受影响［见图 4.12（a）］。当在 120℃时的后烘时间超过 5min 后，曝光区和非曝光区树脂薄膜溶解速率之比超过 70。光致交联剂用量对后烘后的曝光区和非曝光区树脂溶解性也具有显著影响［见图 4.12（b）］。只有当光致交联剂用量达到 20%后，曝光区和非曝光区树脂薄膜的溶解速率差距才会显著扩大，有利于在显影剂中显影。在最佳条件下，厚度为 2μm 的树脂薄膜的灵敏度 $D_{0.5}=70mJ/cm^2$，对比度 $\gamma=3.8$（见图 4.13）。

图 4.14（a）是模型化合物 DHP 在强酸质子及加热作用下与含酚羟基树脂可进行的 3 种交联反应，形成不溶性交联树脂。首先，DHP 在强酸质子及加热作用下可发生偶联反应，生成二芳苄基醚（Dibenzyl Ether），进而与酚羟基邻位碳发生烷基化反应生成烷基化交联树脂（C-alkylated Polymer）。其次，DHP 在强酸质子及加热作用下与酚羟基发生醚化反应生成醚化交联树脂（O-alkylated Polymer），该树脂可转化为烷基化交联树脂。最后，DHP 在强酸质子及加热作用下与酚羟基邻位碳可发生烷基化反应直接生成烷基化交联树脂。

如图 4.14（b）所示，将潜伏性光致产酸剂（DIAS，质量分数为 10%）、交联剂（BHMP，质量分数为 20%）和含酚羟基的聚酰亚胺树脂（PHI，质量分数为 70%）溶解在 2-甲氧基乙醇中，形成光敏聚酰亚胺树脂体系。将其涂敷在硅圆片表面，经 80℃/10min 前烘，365nm 紫外线曝光 500mJ/cm² 及 120℃/10min 加热处理后，在曝光区树脂中可检测到二苯醚基团及烷基化树脂结构，导致树脂溶解度显著降低，有利于光刻显影。

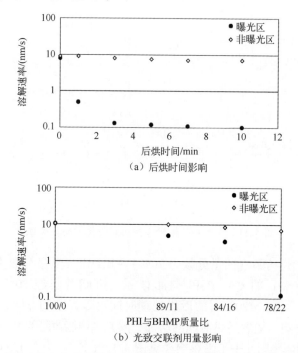

图 4.12　后烘时间和光致交联剂用量对曝光区和非曝光区树脂溶解速率的影响

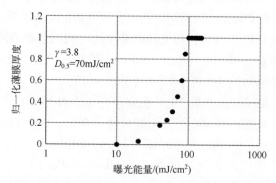

图 4.13　化学增幅型 PSPI 树脂的薄膜厚度随曝光能量的变化

PMDA 和 ODA 在非质子极性溶剂 DMAC 中通过缩聚反应形成聚酰胺酸树脂 PAA（PMDA-ODA），将其稀释后，在甲醇中析出 PAA 固体树脂，其特性黏度为 0.41dL/g。将 PAA 树脂在室温下溶解在 2-甲氧基乙醇中形成固体含量为 13% 的均相树脂溶液后，加入交联剂［Cross-linker，2,6-双（羟甲基）苯酚基甲烷

(MBHP)]和光致产酸剂［PAG，5-丙基磺酸胺基-5H-噻吩-2-烯基-2-(甲苯基)乙腈（PTMA）］，搅拌溶解后，形成负性 CA-PSPI 树脂溶液（见图4.15）。将其涂敷在硅圆片表面，经 80℃/5min 前烘，436nm 紫外线曝光及 130℃/3min 后烘处理后，在2.38% 四甲基氢氧化铵水溶液中显影并在去离子水中漂洗后，得到立体光刻图形[15]。

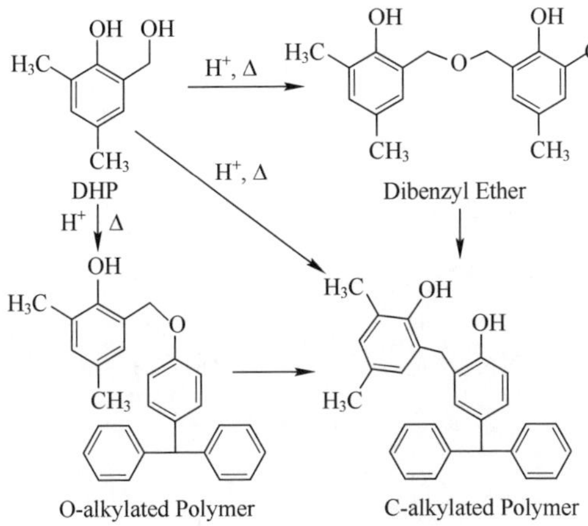

（a）模型化合物

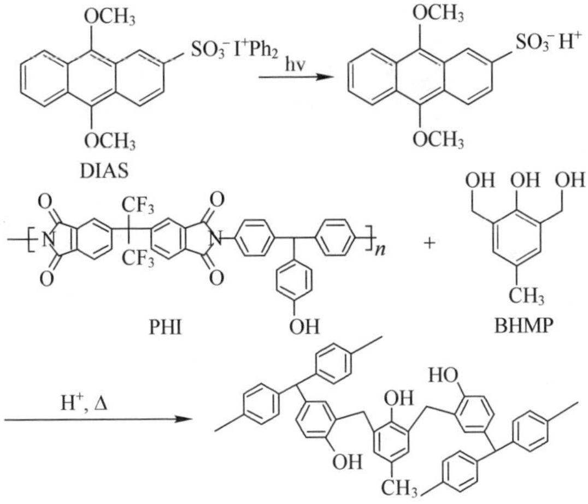

（b）化学增幅型PSPI树脂

图 4.14　模型化合物及化学增幅型 PSPI 树脂的光交联机理

对于包含 PAA 树脂+MBHP+PTMA（质量分数为 10%）的 CA-PSPI 树脂体系，树脂薄膜经 80℃/5min 前烘和 100mJ/cm² 曝光后，PAA/MBHP 质量比对曝光区和非曝光区树脂薄膜溶解性具有明显影响［见图 4.16（a）］。随着 PAA 与 MBHP 配比中交联剂 MBHP 用量的增加，非曝光区树脂薄膜的溶解速率降低，而曝光区树脂薄膜则几乎不溶解，但当交联剂用量太高时树脂发生溶胀现象。另外，后烘处理温度对曝光区和非曝光区树脂薄膜溶解性也有明显影响。当后烘温度超过130℃后，非曝光区树脂薄膜溶解速率急剧下降［见图4.16（b）］，最佳后烘处理温度为120～130℃。

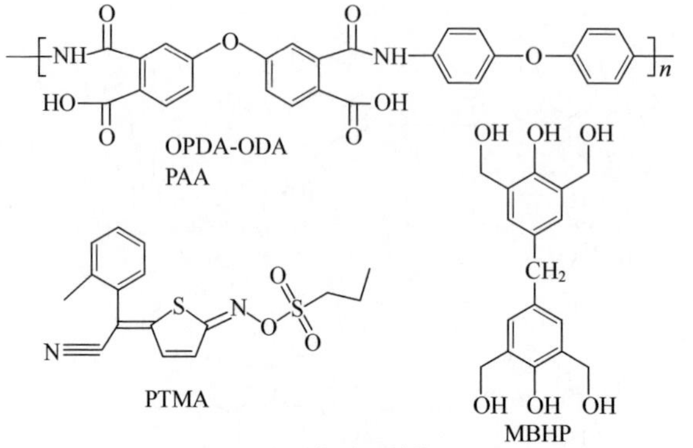

（a）分子结构

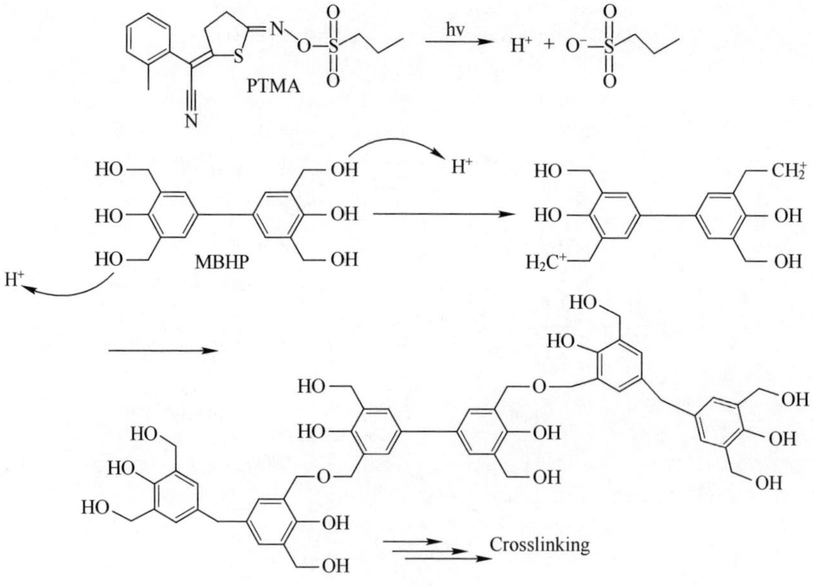

（b）光交联反应

图4.15 CA-PSPI树脂的分子结构及光交联反应

对于PAA树脂（质量分数为65%）+BHMP（质量分数为25%）+PTMA（质量分数为10%）溶解于2-甲氧基乙醇的树脂体系，当薄膜厚度为1.8μm时的灵敏度$D_{0.5}$为30mJ/cm^2，图形对比度$\gamma_{0.5}$为3.0。将该树脂溶液涂敷在硅圆片表面形成液态胶膜，经前烘（80℃/5min）、曝光（100mJ/cm^2）、后烘（130℃/

3min)、显影（2.38% TMAH，40s/25℃）、漂洗（去离子水）后，能够得到干净、轮廓清晰的负性光刻立体图形，分辨率为10μm；经350℃/2h高温固化后得到的图形厚度由1.8μm降至1.1μm，没有发生变形现象，具有很好的耐热稳定性。归一化薄膜厚度随曝光能量的变化如图4.17所示。

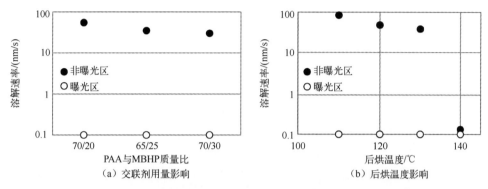

图4.16 交联剂用量及后烘温度对曝光区和非曝光区溶解性的影响

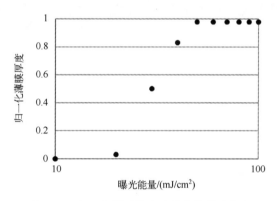

图4.17 归一化薄膜厚度随曝光能量的变化

脂环族四酸二酐和含脂环基团的芳香族二胺先在非质子极性溶剂NMP中通过缩聚反应制备成一种聚酰胺酸（PAA）树脂，将其稀释后，在甲醇中析出PAA固体树脂，其最高特性黏度为0.33dL/g。将PAA树脂在室温下溶解在2-甲氧基乙醇中形成固体含量为13%的均相树脂溶液后，加入光致交联剂（Crosslinker，2,6-双(羟甲基)苯酚基甲烷（MBHP））和光致产酸剂（PAG，5-丙基磺酸胺基-5H-噻吩-2-烯基-2-(甲苯基)乙腈（PTMA）），搅拌溶解后，形成负性CA-PSPI树脂溶液。将其涂敷在硅圆片表面，经80℃/5min前烘，436nm紫外线曝光及110℃/3min后烘处理后，在2.38% 四甲基氢氧化铵水溶液中显影并在去离子水中漂洗后，得到立体光刻图形，分辨率为15μm，厚度为2.7μm，树脂薄膜的灵敏度为210mJ/cm^2，对比度为12[16]。

BPDA 和 ODA 在非质子极性溶剂 DMAC 中通过缩聚反应形成聚酰胺酸 PAA（BPDA-ODA）树脂，在 PAA 树脂中加光致产碱剂 DNCDP 制备一种低温固化的负性光敏聚酰亚胺树脂溶液（见图 4.18），其中 DNCDP 是一种光分解性基团保护的 2,6-二甲基哌啶化合物，在紫外线作用下可释放出脂肪族胺化合物、2,6-二甲基哌啶及二氧化碳（见图 4.19）。

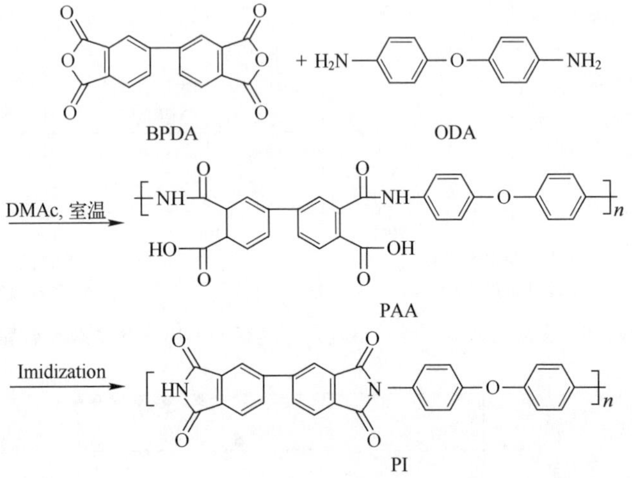

图 4.18 一种低温固化的负性光敏聚酰亚胺树脂的制备过程

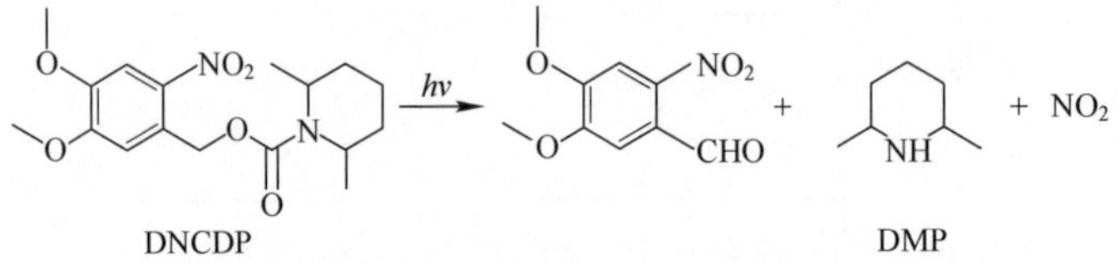

图 4.19 光致产碱剂的光分解反应

在质量分数为 10% 的聚酰胺酸树脂 PAA（BPDA-ODA）中加入 DNCDP（质量分数小于 20%），形成均相树脂溶液。将其涂敷在硅圆片表面，经前烘（100℃/2min）、365nm 紫外线曝光及后烘（130～160℃/5min）处理后，在由 2.38% 四甲基氢氧化铵水溶液和 10% 异丙醇混合形成的显影剂中显影并在去离子水中漂洗后，得到立体光刻图形[17]。

光致产碱剂 DNCDP 用量对 PAA（BPDA-ODA）树脂薄膜的溶解性具有显著影响（见图 4.20（a））。曝光区树脂薄膜的溶解速率随着光致产碱剂 DNCDP 用量的增加而降低，而非曝光区树脂薄膜的溶解速率降低较慢。对于含 10% 异丙醇的显影剂（iPrOH 与 TMAH 的用量比值为 10/90），当光致产碱剂 DNCDP 用量为 10% 时，非曝光区与曝光区树脂薄膜的溶解速率之比约为 100；当光致产碱剂 DNCDP 用量为 15% 时，非曝光区与曝光区树脂薄膜的溶解速率之比约为 370，有利于显影。后烘温度对PAA（BPDA-ODA）树脂薄膜的溶解性也具有显著影响[见图4.20（b）]。当后烘温度低于150℃时，非曝光区与曝光区树脂薄膜的溶解速率差距很小，无法显影；当后烘温度为160℃时，非曝光区与曝光区树脂薄膜的溶解速率之比约为350，有利于显影。

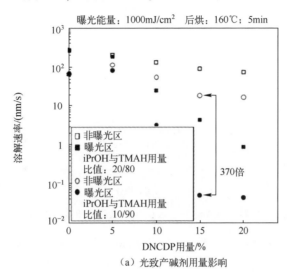

(a) 光致产碱剂用量影响

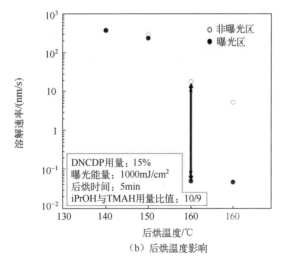

(b) 后烘温度影响

图4.20 光致产碱剂用量及后烘温度对曝光区和非曝光区树脂薄膜溶解性的影响

显影剂组成对PAA（BPDA-ODA）树脂薄膜的溶解性也有明显影响（见图4.21）。曝光区树脂薄膜在2.38% TMAH的水溶液中显影时会发生溶胀；当在2.38% TMAH的水溶液中加入10%异丙醇（iPrOH）时，曝光区树脂薄膜溶解速率很低,而非曝光区树脂薄膜溶解速率很高,非曝光区与曝光区树脂薄膜溶解速率之比为370(见图4.21)。

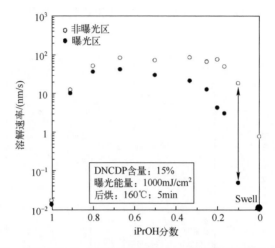

图4.21 显影剂组成对曝光区和非曝光区树脂薄膜溶解性的影响

PAA树脂(质量分数为75%)和DNCDP(质量分数为25%)溶解在DMAC中形成树脂溶液,当薄膜厚度为2.4μm时的灵敏度$D_{0.5}$为220mJ/cm^2,图形对比度$\gamma_{0.5}$为11.7。将该树脂溶液涂敷在硅圆片表面形成液态胶膜,经前烘(80℃/5min)、曝光(1000mJ/cm^2)、后烘(160℃/5min)、显影(2.38% TMAH/10%异丙醇,8min/40℃)、漂洗(去离子水)后得到干净、轮廓清晰的负性光刻立体图形,分辨率为8μm,经200℃/10min高温固化后得到光刻立体图形。薄膜厚度随曝光能量的变化如图4.22所示。

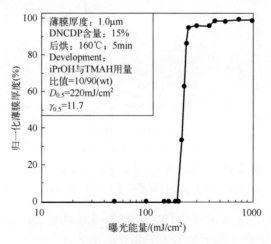

图4.22 薄膜厚度随曝光能量的变化

4.2 正性光敏聚酰亚胺树脂

正性光敏聚酰亚胺树脂溶液通常是由聚酰亚胺前驱体树脂、光致产酸剂、光敏助剂、助黏剂、流平剂等溶解在有机溶剂中形成的均相树脂溶液。将其通过旋转甩胶方法涂敷在硅圆片表面上，形成均匀的液体胶膜，经前烘坚膜并通过掩模板曝光［436nm（g 线）或 365nm（i 线）］后，在碱性水溶液中（如四甲基氢氧化铵，2.38M）显影，去离子水漂洗后形成立体光刻图形，再经高温固化使形成立体光刻图形的前驱体树脂转化为聚酰亚胺树脂。由于正性光敏聚酰亚胺树脂可采用碱性水溶液作为显影液进行显影，与 n-PSPI 树脂必须使用有机溶剂显影液相比，具有可以在超净厂房环境中大规模 IC 生产线上使用且无毒、环保等优点。另外，由于采用普通光刻胶使用的光致产酸剂，因此在正性光敏聚酰亚胺树脂显影后，光刻图形的留膜率高、无溶胀、分辨率高。

为了使正性光敏聚酰亚胺树脂能够在碱性水溶液中显影，必须提高曝光区和未曝光区的溶解性差别，尽量提高曝光区树脂薄膜的溶解度，保持非曝光区树脂薄膜的难溶性。为此，人们系统研究了多种聚酰亚胺前驱体树脂的结构与性能的关系，实现了对树脂结构与性能的有效调控，研制成功多种正性光敏聚酰亚胺树脂体系。正性光敏聚酰亚胺树脂按照前驱体主链结构的不同可分为 4 种类型，包括主链结构中含羧基的可溶性前驱体树脂（含羧基前驱体树脂）、主链结构中含酚羟基的可溶性前驱体树脂（含酚羟基前驱体树脂）、本征可溶性前驱体树脂、化学增幅型前驱体树脂等。下面将分别进行介绍。

4.2.1 含羧基前驱体树脂

将芳香族四酸二酐与芳香族二胺通过缩聚反应制成聚酰胺酸（PAA）树脂，将其与光致产酸剂（如 DNQ 类化合物）按照一定质量比例混合后溶解在有机溶剂中形成光敏聚酰亚胺树脂溶液，通过在硅圆片表面涂膜、前烘、曝光、后烘、显影、漂洗，形成立体光刻图形。由于树脂主链结构中含有大量的羧酸基团，曝光区树脂薄膜在碱性水溶液中具有很好的溶解性，有利于形成立体光刻图形，经高温亚胺化后转化成聚酰亚胺树脂。然而，在曝光区树脂薄膜溶解显影的同时，由于非曝光区树脂薄膜也会有一定的溶解而损失一定的薄膜厚度，导致立体光刻图形质量下降。因此，如何有效调控曝光区与非曝光区树脂薄膜在显影液中的溶解度（显影速率）差距是一个关键问题。

将 6FDA 与芳香族二胺（TPE-R）在非质子极性溶剂 NMP 中通过缩聚反

应制成聚酰胺酸（PAA-3）树脂溶液后，在甲醇/水混合溶剂中析出固体树脂，经干燥后溶解在乙二醇单甲醚形成固体质量分数为20%的均相溶液，再加入20%的光致产酸剂D5SB形成正性光敏聚酰亚胺树脂溶液。将其涂敷在硅圆片表面形成液体树脂胶膜，经前烘（100℃/10min）、紫外线（i线或g线）曝光、后烘（100~120℃）、0.1%TMAH水溶液显影后，得到立体光刻图形，所制备的厚度为3μm的正性光刻图形的分辨率小于10μm。当采用365nm紫外线曝光并经110℃/10min后烘处理时，其灵敏度D_0为100mJ/cm^2，对比度γ为7.1（见图4.23）[18]。

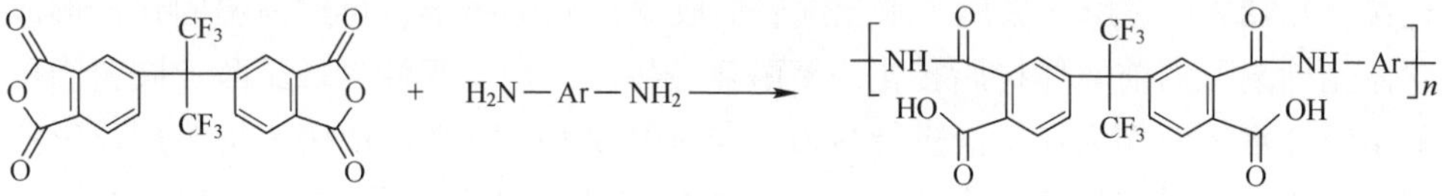

图4.23 正性光敏聚酰胺酸树脂的制备过程

PAA树脂结构对其溶解性有重要影响（见表4.3）。PAA-1和PAA-2的溶解度太高，即使加入质量分数为20%的光致产酸剂[D5SB，2,3,4-tris（1-oxo-2-diazonaphthoquinone-5-sulfonyloxy）-benzophenone，2,3,4-三（1-羰基-2-叠氮萘醌-5-磺酰酯基）-苯乙酮]也无法降低在0.1%的TMAH碱性显影液中的溶解度。PAA-4由于疏水性太强，即使不含光致产酸剂（D5SB）的PAA树脂在0.1%的TMAH碱性显影液中也无法完全溶解。只有PAA-3具有适宜的溶解性，当在该树脂中加入20%的光致产酸剂（D5SB）时无法在显影剂中溶解，而不含光致产酸剂的纯树脂则可溶于显影剂。

表4.3 PAA树脂的溶解性

Ar	特性黏度/(dL/g)	溶解性 薄膜1	溶解性 薄膜2
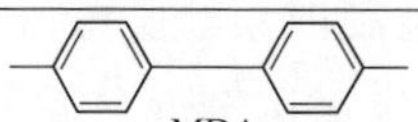 MDA	0.33	S	S
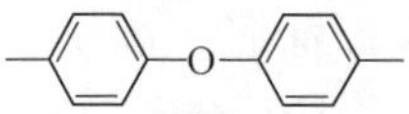 ODA	0.32	S	S
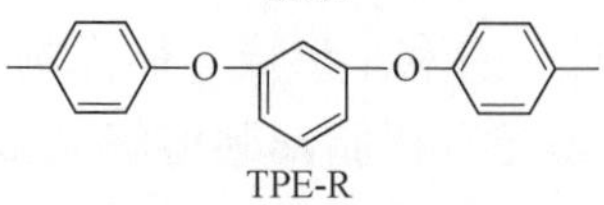 TPE-R	0.50	S	IS
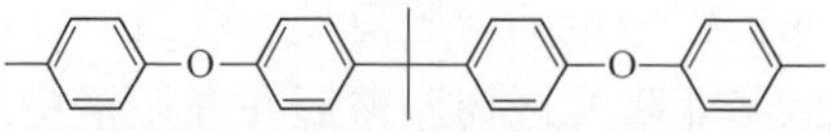 BAPP	0.26	SW	IS

注：特性黏度在30℃的NMP溶剂中进行测试，浓度为0.5g/dL；在0.1%TMAH碱水溶液中，S表示可溶，SW表示溶胀，IS表示不可溶；薄膜1只有PAA，薄膜2含有20%的D5SB。

前烘温度对 PAA-3 树脂薄膜的溶解性具有显著影响 [见图 4.24（a）]。曝光区树脂薄膜的溶解速率随着前烘温度的升高而下降，而非曝光区树脂薄膜的溶解速率则很小，且不受前烘温度变化的影响。当前烘温度超过 110℃时，曝光区与非曝光区树脂薄膜的溶解速率差距迅速变小；当前烘温度为 120℃时，曝光区与非曝光区树脂薄膜的溶解速率差距过小而无法进行显影。当前烘温度为 100℃时，曝光区与非曝光区树脂薄膜的溶解速率之比约为 40，有利于显影。因此，该树脂的最佳前烘温度确定为 100℃。

将 PAA-3 固体树脂溶解在乙二醇甘油酸酯（Diglyme）中形成固体质量分数为 20% 的均相溶液后，再溶解 20% 的含 DNQ 的光致产酸剂 D5SB，得到正性光敏聚酰亚胺树脂溶液。将其涂敷在硅圆片表面形成液体树脂胶膜，经前烘（100℃/10min）、紫外线（i线或g线）曝光、后烘（100℃/10min）、0.1%TMAH 水溶液显影后，得到立体光刻图形，其灵敏度 D_0 为 100mJ/cm^2，对比度 γ 为 7.1。对于薄膜厚度为 3μm 的立体光刻图形，其光刻分辨率为 10μm，经高温固化处理后（200℃/24h），立体光刻图形也不会发生明显的变形。曝光能量对薄膜厚度的影响如图 4.24 所示。

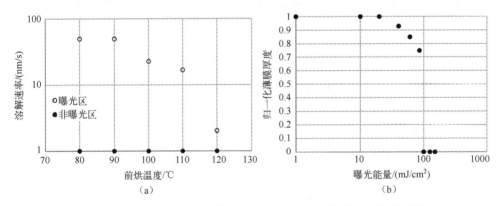

图 4.24 正性光敏聚酰胺酸树脂的前烘温度及曝光能量对溶解性的影响

芳香族四酸二酐混合物（PMDA/BPDA）和含氟芳香族二胺（BTFB）及苯酐封端剂在甲醇溶剂中通过缩聚反应形成聚酰胺酸树脂溶液；在过量甲醇/水混合溶剂中析出固体，经过滤、干燥后得到 PAA 固体树脂（FPAA），其特性黏度为 0.36dL/g（见图 4.25）。将 FPAA 固体树脂溶解在乙二醇甘油酸酯中形成固体含量为 20% 的均相溶液后，再溶解 10%～40% 的含 DNQ 的光致产酸剂 D4SB（2,3,4-tris(1-oxo-2-diazonaphthoquinone-4-sulfonyloxy)-benzophenone，2,3,4-三(1-羰基-2-叠氮萘醌-4-磺酰酯基)-苯乙酮），得到正性光敏聚酰亚胺树脂溶液。将其涂敷在硅圆片表面形成液体树脂胶膜，经前烘（100℃/10min）、紫外线（i线或g线）曝光、后烘（100～120℃）、0.3%TMAH 水溶液显影后，得到立体光刻图形[19]。

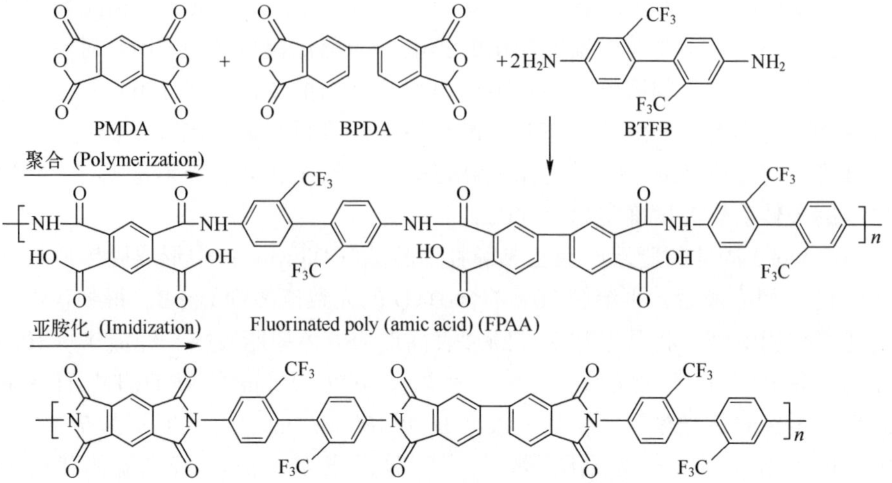

图 4.25　正性光敏聚酰亚胺树脂的化学制备过程

光致产酸剂 D4SB 用量对树脂薄膜的溶解性具有显著影响［见图 4.26（a）］。当光致产酸剂 D4SB 用量在 10%～20%范围内时，曝光区树脂薄膜溶解速率随着 D4SB 用量的增加而缓慢下降；当 D4SB 用量超过 25%时，曝光区树脂薄膜溶解速率快速提高，而非曝光区树脂薄膜溶解速率几乎没有变化；当 D4SB 用量为 30%时，曝光区与非曝光区树脂薄膜的溶解速率之比为 300。

前烘温度对树脂薄膜的溶解性也具有显著影响［见图 4.26（b）］。前烘温度过高会降低树脂薄膜在碱性显影剂中的溶解速率。当前烘温度高于 120℃时，曝光区树脂薄膜的溶解速率下降，使曝光区与非曝光区树脂薄膜的溶解速率差距变小，不利于显影；当前烘温度低于 110℃时，曝光区与非曝光区树脂薄膜的溶解速率差距几乎没有变化，有利于显影。因此，最佳前烘温度为 100～110℃。

（a）光致产酸剂用量影响　　（b）前烘温度影响

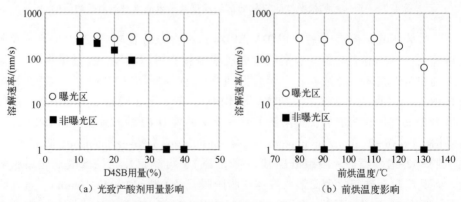

图 4.26　光致产酸剂用量与前烘温度对曝光区与非曝光区树脂薄膜溶解性的影响

显影剂 TMAH 浓度对树脂薄膜的溶解性也有显著影响（见图 4.27）。当 TMAH 的浓度为 2.38%时，曝光区与非曝光区树脂薄膜的溶解速率相差距很大，但两个区域树脂薄膜的溶解速率都太快，显影过程中非曝光区树脂薄膜厚度损失大，即留膜率低，不利于得到高质量的光刻图形。因此，适宜的显影剂 TMAH 浓度为 0.3%。

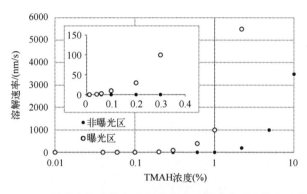

图 4.27 显影剂浓度对曝光区与非曝光区树脂薄膜溶解性的影响

将 FPAA 固体树脂溶解在乙二醇甘油酸酯中形成固体含量 20%的均相溶液后，再溶解 30%的含 DNQ 的光致产酸剂 D4SB 得到正性光敏聚酰亚胺树脂溶液。将其涂敷在硅圆片表面形成液体树脂胶膜，经前烘（100℃/10min）、紫外线（i 线或 g 线）曝光、0.3%TMAH 水溶液显影后，可得到立体光刻图形，其灵敏度 D_0 为 80mJ/cm^2，对比度 γ 为 7.8。对于薄膜厚度为 8μm 的立体光刻图形，其光刻分辨率为 4μm，经高温固化处理后，立体光刻图形也不会发生明显变形。高温固化后，PI 薄膜的热膨胀系数为 10.3×10^{-6}/℃，介电常数为 3.04，吸水率为 1.0%，热分解温度为 570℃。归一化薄膜厚度随曝光能量的变化如图 4.28 所示。

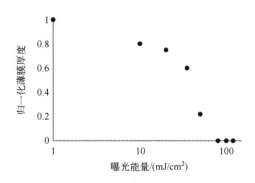

图 4.28 归一化薄膜厚度随曝光能量的变化

在0℃下，芳香族四酸二酐（2,2′,6,6′-联苯四酸二酐，2,2′,6,6′-BPDA）和芳香族二胺（1,3,4-APB）在NMP溶剂中通过缩聚反应形成聚酰胺酸（PAA）树脂溶液后，PAA树脂在三氟乙酸、吡啶、甲苯（物质的量比为1:1:20）的作用下以室温反应24h，将PAA树脂转化为正性光敏PI树脂［见图4.29（a）］。其GPC数均分子量M_n为$1.7×10^4$，重均分子量M_w/数均分子量M_n为4.7。将%PAA树脂溶解在NMP溶剂中后，加入光致产酸剂［DNQ-1，见图4.29（b）］形成均相正性光敏聚酰亚胺树脂溶液。将其涂敷在硅圆片表面形成液体树脂胶膜，经前烘（100℃/10min）、紫外线（i线或g线）曝光、0.1%TMAH水溶液显影后，得到立体光刻图形[20]。

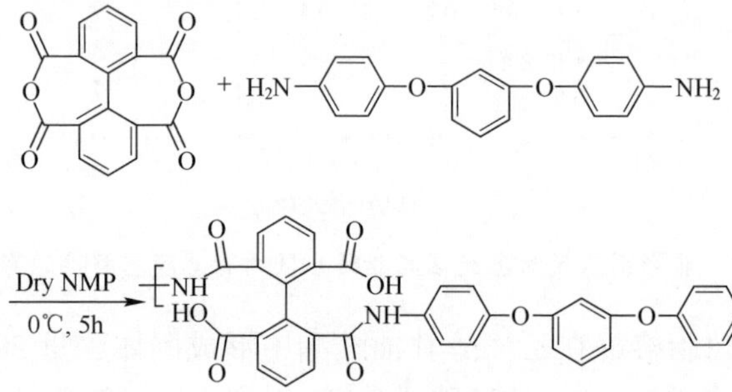

（a）正性光敏PI树脂

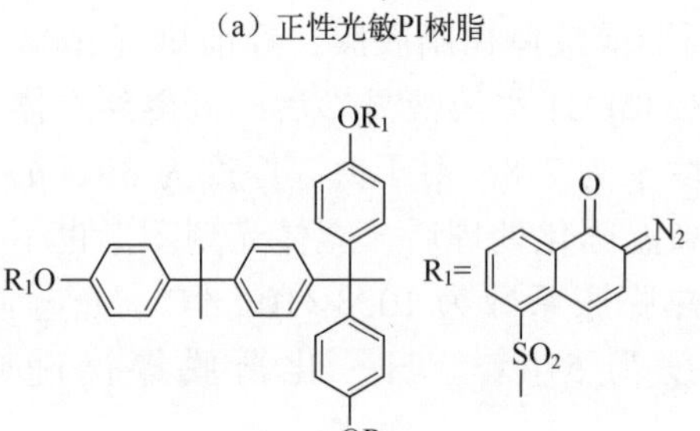

（b）光致产酸剂

图4.29 正性光敏聚酰亚胺树脂和光致产酸剂（DNQ-1）的分子结构

DNQ-1用量对曝光区与非曝光区树脂薄膜的溶解性具有显著影响（见图4.30）。当DNQ-1含量为10%时，曝光区与非曝光区树脂薄膜溶解速率接近，不利于显影；当DNQ-1含量为20%时，曝光区树脂薄膜溶解速率降至接近0的水平，而非曝光区树脂薄膜溶解性则几乎不受影响，溶解速率仍在接近100nm/s的水平，非曝光区与曝光区树脂薄膜溶解速率之比约为900。当DNQ-1含量提高到30%时，曝光区树脂薄膜在显影过程中发生溶胀现象，不再适合显影。因此，当PAA树脂与DNQ-1的质量比为80:20时，有利于得到高质量的立体光刻图形。光敏树脂的灵敏度 D_0 为 110mJ/cm^2，对比度 γ 为 2.0。归一化薄膜厚度随曝光能量的变化如图 4.31 所示。

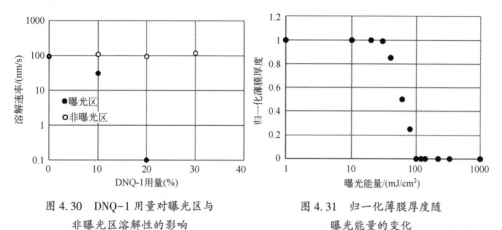

图 4.30 DNQ-1 用量对曝光区与非曝光区溶解性的影响

图 4.31 归一化薄膜厚度随曝光能量的变化

对于薄膜厚度为 $2.0\mu\text{m}$ 的立体光刻图形，其光刻分辨率为 $10\mu\text{m}$，经高温固化处理后，立体光刻图形也不会发生明显的变形，厚度为 $1.45\mu\text{m}$，高温固化后的留膜率为 72.5%。高温固化后，PI 薄膜的热膨胀系数为 $63.9\times10^{-6}/℃$，玻璃化转变温度 T_g 为 280℃，热分解温度为 450℃。

4.2.2 含酚羟基前驱体树脂

在芳香族四酸二酐与含酚羟基的芳香族二胺通过缩聚反应形成主链结构中含酚羟基的聚酰胺酸或聚酰亚胺树脂，或者芳香族四酸二酐与芳香族二胺通过缩聚反应形成聚酰胺酸树脂后，进一步将主链结构上的羧基与含酚羟基化合物通过酯化反应形成含酚羟基的聚酰胺酸树脂。将这些含酚羟基的前驱体树脂溶解在有机溶剂中后，再溶入一定质量比例的光致产酸剂（如含多 DNQ 基团的化合物），形成正性光敏树脂体系溶液。在硅圆片表面进行涂膜、前烘、曝光、后烘、显影、漂洗后，形成立体光刻图形。由于树脂主链结构中含有大量的酚羟基团，曝光区树脂薄膜在碱性水溶液中具有很好的溶解性，有利于形成立体光刻图形，经高温亚胺化后转化成聚酰亚胺树脂。然而，在曝光区树脂薄膜溶解显影的同时，由于未曝光区树脂薄膜也会有一定的溶解而损失一定的薄膜厚度，导致立体光刻图形质量下降。因此，如何有效调控曝光区与非曝光区树脂薄膜在显影液中的溶解速率（显影速率）差距也是一个关键的问题。

6FDA 与芳香族二胺混合物（ODA 和 DHTM）在非质子极性溶剂 NMP 中通过缩聚反应形成聚酰胺酸树脂溶液后，PAA 树脂在甲醇与水（体积比为 1:1）混合溶剂中析出固体树脂，将 PAA 固体树脂与二甲苯混合，在搅拌下加热至回流 1.5h，冷却后，经过滤、洗涤、干燥，得到 PHI 树脂，其特性黏度为 0.36dL/g。将 PHI 树脂溶解在 DMAC 中形成 20% 的均相溶液后，加入光致产酸剂 D4SB，在搅拌溶解后形成正性光敏聚酰亚胺树脂溶液（见图 4.32）[21]。

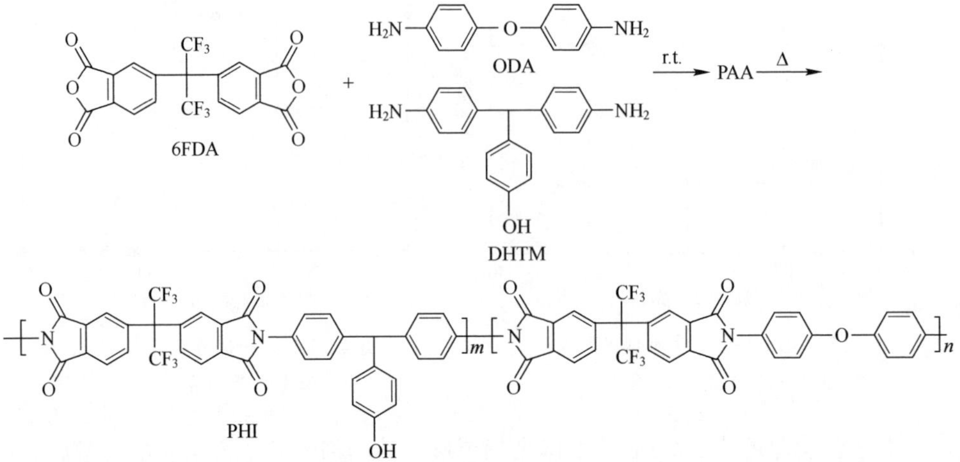

（a）制备过程

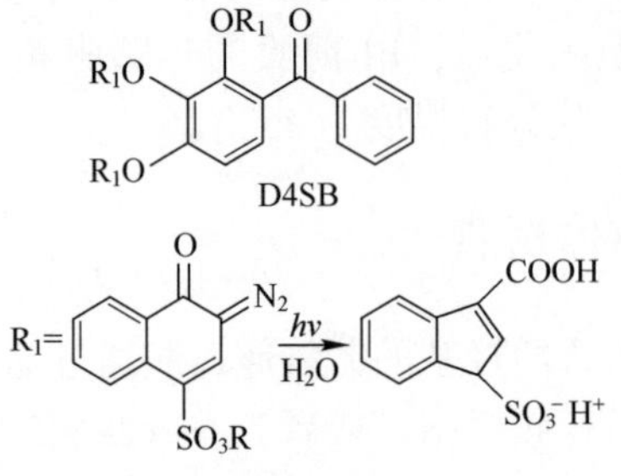

（b）光分解机理

图 4.32　正性光敏聚酰亚胺树脂的制备过程及光分解机理

将其涂敷在硅圆片表面形成液体树脂胶膜，经前烘（80℃/10min）、紫外线（i 线或 g 线）曝光、1.0%TMAH 水溶液显影、去离子水漂洗后，得到立体光刻图形，所制备的厚度为 4μm 的正性光刻图形的分辨率小于 8μm。当采用 365nm 紫外线曝光，经 110℃/10min 后烘处理时，其灵敏度 D_0 为 250mJ/cm^2，对比度 γ 为 5.2（见图 4.33）。

芳香族四酸二酐 PMDA 或 ODPA 与正丁醇反应生成芳香族二酸二丁酯，再通过酰氯化反应生成相应的芳香族二酰氯二丁酯后，与含酚羟基的含氟芳香族二胺 6FBIS 通过缩聚反应生成含酚羟基的含氟聚酰胺酯（PAE）树脂［见图 4.34（a）］。进而，将 DNQ 磺酸氯（1,2-Naphthoquinone diazide-5-sulfonyl chloride，DNQ-SO$_2$Cl）在有机碱三乙胺的作用下与 PAE 树脂主链结构中的酚羟基发生磺酸酯化反应，将

DNQ 基团直接链接在树脂主链上,形成部分酚羟基被 DNQ 基团保护的含氟聚酰胺酯树脂(DNQ-PAE),其中摩尔分数为 25%的酚羟基被 DNQ 基团保护[见图 4.34(b)]。根据所使用芳香族四酸二酐 PMDA 或 ODPA,DNQ-PAE 树脂分为 DNQ-PAE(PMDA-6FBIS)和 DNQ-PAE(ODPA-6FBIS)两种,其特性黏度分别为 0.23dL/g 和 0.16dL/g[22-23]。

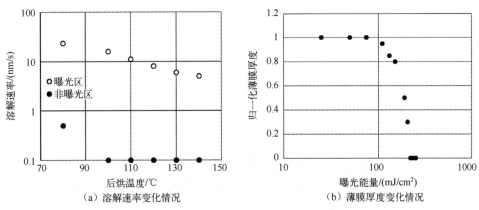

(a)溶解速率变化情况　　　　　(b)薄膜厚度变化情况

图 4.33　溶解速率和薄膜厚度的变化情况

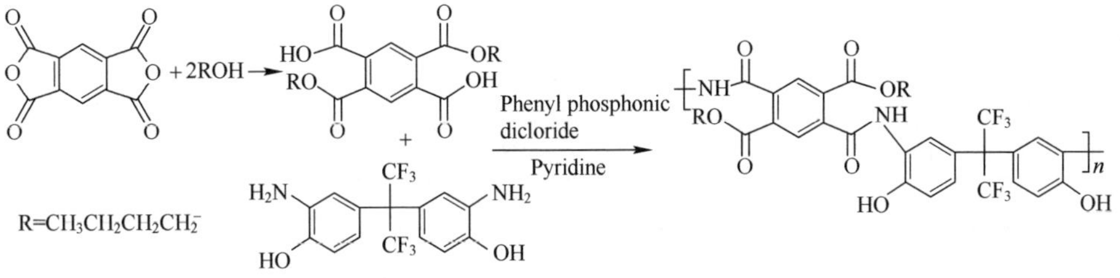

(a)含酚羟基聚酰胺酯树脂制备过程

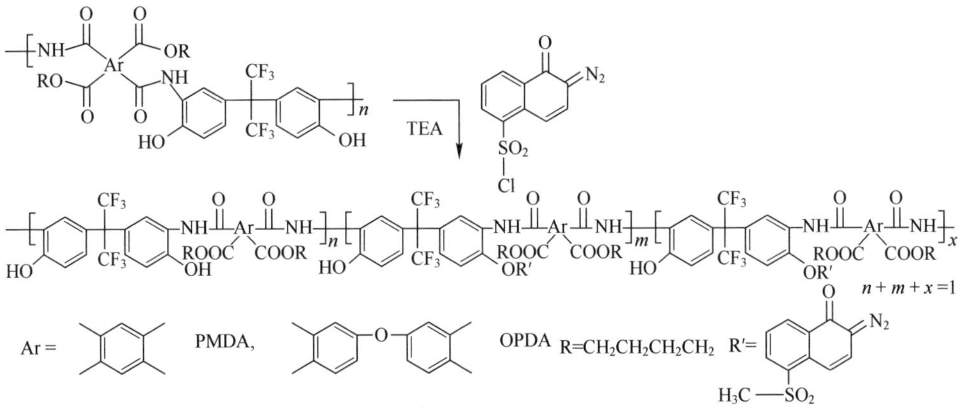

(b)DNQ基团保护树脂制备过程

图 4.34　含酚羟基聚酰胺酯树脂及 DNQ 基团保护树脂的制备过程

将质量分数为75%的PAE固体树脂溶解在γ-丁内酯中形成固体含量为20%的均相溶液后,再溶解25%的含光致产酸剂PIC-3得到正性光敏聚酰亚胺树脂溶液。将其通过5μm Teflon过滤器过滤后涂敷在硅圆片表面形成液体树脂胶膜,经前烘(105℃/40min)、紫外线(i线或g线)曝光、1.25%TMAH水溶液显影、去离子水漂洗后,得到立体光刻图形。

PAE树脂主链结构中DNQ基团含量对曝光区与非曝光区树脂薄膜的溶解性具有显著影响(见表4.4)。当DNQ基团含量低于50%时,曝光区树脂薄膜溶解速率随着DNQ基团含量的增加而快速增加(见图4.35);当DNQ基团含量高于50%时,曝光区树脂薄膜溶解速率随着DNQ基团含量的增加而快速下降,而且非曝光区树脂薄膜发生溶胀,不利于显影;同时,非曝光区树脂薄膜溶解速率随着DNQ基团含量的增加而缓慢下降。当DNQ基团含量为50%时,曝光区与非曝光区树脂薄膜的溶解速率差距最大(比值为17.5)。

表4.4 DNQ基团含量对树脂薄膜溶解性的影响

树 脂	DNQ基团理论含量 (摩尔分数)	DNQ基团测试含量 (摩尔分数)	薄膜溶解速率 /(μm/min)
1	0	0	2.44
2	10%	17%	2.18
3	25%	22%	0.71
4	50%	54%	0.44
5	75%	79%	0.22
6	100%	100%	0.09

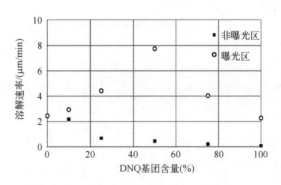

图4.35 DNQ基团含量对曝光区与非曝光区树脂薄膜溶解性差距的影响

DNQ-PAE(PMDA-6FBIS)树脂的灵敏度D_0为176mJ/cm^2,对比度γ为1.68(见图4.36)。对于薄膜厚度为3μm的立体光刻图形,其光刻分辨率为5μm,经高温固化处理后,也不会发生明显的变形,膜厚保持率为94%。高温固化后，PI薄膜的热膨胀系数为47×10⁻⁶/℃，玻璃化转变温度为355℃，热分解温度为455℃。

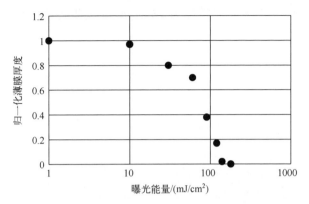

图4.36 DNQ-PAE（PMDA-6FBIS）树脂的薄膜厚度变化

DNQ-PAE（ODPA-6FBIS）树脂的灵敏度 D_0 为185mJ/cm²，对比度 γ 为1.02，膜厚保持率为86%。高温固化后，PI薄膜的热膨胀系数为56×10⁻⁶/℃，玻璃化转变温度为341℃，热分解温度为444℃。

4.2.3 本征可溶性前驱体树脂

在芳香族四酸二酐与柔性芳香族二胺（包括烷基取代的间苯二胺、含柔性烷基的芳香二胺、含砜基二胺等）通过缩聚反应形成可溶性聚酰亚胺树脂，或者芳香族四酸二酐与芳香族二胺通过缩聚反应形成聚酰胺酸树脂后，将生成物进一步在三氟乙酸酐/有机碱作用下转化成可溶性的聚异酰胺酸树脂。将这些树脂溶解在NMP等非质子极性溶剂中后，再溶入DNQ型光致产酸剂形成正性光敏聚酰亚胺树脂溶液。由于这些树脂主链结构中不含强极性基团（如羧基或羟基等），因此在碱性水溶液中溶解性较差。为了实现曝光区树脂薄膜在碱性水溶液中显影形成立体光刻图形，需要在碱性水溶液中加入有机溶剂（如乙醇胺、NMP、异丙醇等），增强对树脂的溶解性，利于显影，得到高质量的立体光刻图形。

含氟芳香族四酸二酐混合物（6FDA）与含氟芳香族二胺混合物（HFBAPP）在NMP溶剂中通过高温亚胺化反应可生成可溶性聚酰亚胺树脂（PI（6FDA-HFBAPP）），GPC测定的数均分子量 M_n 为 2.4×10⁴，重均分子量 M_w 为 4.4×10⁴，M_w/M_n 为1.8，玻璃化转变温度 T_g 为219℃，CTE（60～200℃）为49×10⁻⁶/℃［见图4.37（a）］。将PI（6FDA-HFBAPP）树脂（30g）溶于NMP溶剂（70g）形成固体含量为30%的可溶性PI树脂溶液后，加入光致产酸剂（PC-5，9.0g），搅拌溶解后，形成正性光敏聚酰亚胺树脂溶液[24]。

将其过滤后涂敷在硅圆片表面形成液体树脂胶膜,经前烘(90℃/10min)、紫外线(i线或g线)曝光、乙醇胺/NMP/H_2O(1/1/1)溶液显影、去离子水漂洗后,得到立体光刻图形,膜厚为15μm时的灵敏度D_0为1500mJ/cm^2 [见图4.37(b)]。

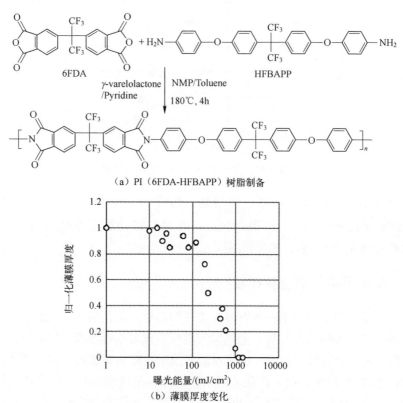

图4.37 PI(6FDA-HFBAPP)树脂制备及其薄膜厚度变化

PI(6FDA-HFBAPP)树脂薄膜具有优异的介电性能(见图4.38),介电常数随着频率的提高而降低。纯树脂薄膜的介电常数在1GHz时为2.52,在2GHz时为2.52,在10GHz时为2.44,在20GHz时为2.41;纯树脂薄膜的介电损耗在1GHz时为0.0023,在2GHz时为0.0024,在10GHz时为0.0029,在20GHz时为0.0027。对于含10% PC-5的PI树脂薄膜,经300℃高温固化后,在1GHz时的介电常数为2.73,介电损耗为0.0024;在20GHz时的介电常数为2.63,介电损耗为0.0035,CTE为36×10^{-6}/℃。

聚异酰亚胺(PII)树脂作为聚酰亚胺前驱体树脂与光致产酸剂D4SB组成正性光敏聚酰胺树脂。其中,PII树脂的制备过程是,先由6FDA和3,3-二氨基二苯砜(3,3-DDS)在NMP溶剂中通过缩聚反应生成聚酰胺酸(PAA)树脂，然后在三氟乙酸酐/三乙胺作用下转化成 PII 树脂（见图 4.39）。将 PII 树脂溶解在环戊酮溶剂中形成质量分数为 20%的均相溶液后，加入光致产酸剂 D4SB 形成均相正性光敏聚酰亚胺树脂溶液。将其涂敷在硅圆片表面形成液体树脂胶膜，经前烘（60℃/10min）、紫外线（i 线或 g 线）曝光、后烘（80～170℃/10min）、5.0%TMAH 水溶液显影后，得到立体光刻图形[25]。

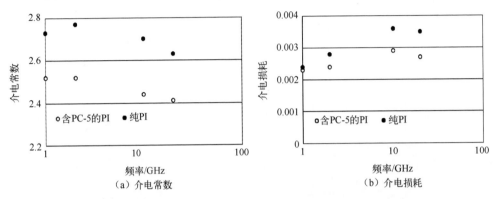

（a）介电常数　　　　　　　　　　（b）介电损耗

图 4.38　PI（6FDA-HFBAPP）/PC-5 树脂薄膜的介电常数及介电损耗

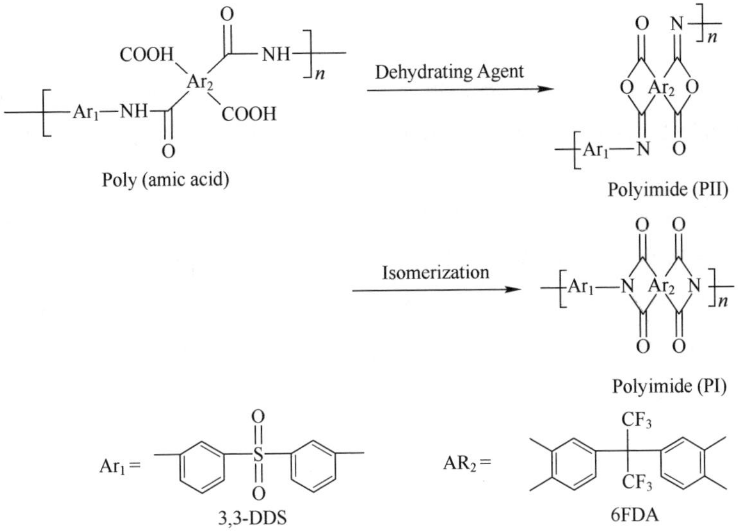

图 4.39　正性光敏聚异酰亚胺树脂的制备过程

D4SB 用量对曝光区树脂薄膜的溶解性具有显著影响，而对非曝光区树脂薄膜的溶解性则没有明显影响［见图 4.40（a）］。当 D4SB 用量超过 10%时，曝光区与非曝光区树脂薄膜的溶解速率差距变大；当 D4SB 用量为 20%时，曝光区树脂薄膜的溶解速率比非曝光区的溶解速率高约 80 倍［见图 4.40（a）］。

后烘温度对曝光区和非曝光区树脂薄膜的溶解性都具有显著影响［见图4.40（b）］。当后烘温度低于90℃时，曝光区与非曝光区树脂薄膜的溶解速率差距不大；当后烘温度为100～150℃时，曝光区与非曝光区树脂薄膜的溶解速率差距变大。最佳的后烘温度为130℃。

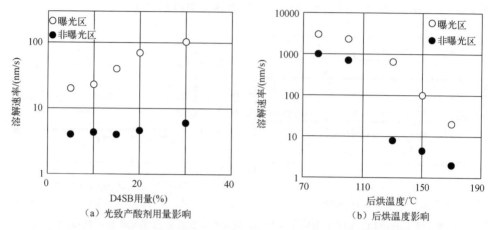

图4.40 光致产酸剂用量及后烘温度对曝光区与非曝光区树脂薄膜溶解性的影响

当PII树脂与D4SB的质量比为80∶20时，厚度为5μm的光敏树脂经i线曝光及150℃/10min后烘处理的灵敏度D_0为300mJ/cm^2，对比度γ为4.5，图形分辨率为2.5μm，经高温固化处理后，立体光刻图形也不会发生明显的变形。

含氟聚异酰亚胺（FPII）树脂作为聚酰亚胺前驱体树脂与光致产酸剂D4SB组成正性光敏聚酰亚胺树脂，其中FPII树脂的制备过程是，先由含氟芳香族四酸二酐（6FDA）和BPDA混合物与含氟芳香族二胺（TFDB）在NMP溶剂中通过缩聚反应生成聚酰胺酸（FPAA）树脂后，在三氟乙酸酐/三乙胺作用下转化成FPII树脂（见图4.41）。将FPII树脂溶解在环戊酮溶剂中形成固体含量为20%的均相溶液后，加入光致产酸剂D5SB形成均相正性光敏聚酰亚胺树脂溶液。将其涂敷在硅圆片表面形成液体树脂胶膜，经前烘（80℃/10min）、紫外线（i线或g线）曝光、后烘（80～170℃/10min）、TMAH/异丙醇混合水溶液显影后，得到立体光刻图形[26]。

D5SB用量对曝光区树脂薄膜的溶解性具有显著影响，而对非曝光区树脂薄膜的溶解性则没有明显影响［见图4.42（a）］。当D5SB用量超过20%时，曝光区与非曝光区树脂薄膜的溶解速率之比约为3；当D5SB用量为30%，曝光区树脂薄膜的溶解速率约是非曝光区溶解速率的5倍。

前烘温度对曝光区和非曝光区树脂薄膜的溶解性都具有显著影响［见

图4.42（b）]。随着前烘温度的提高，曝光区与非曝光区树脂薄膜的溶解速率差距变小；当前烘温度高于100℃时，曝光区与非曝光区树脂薄膜的溶解速率差距太小，不再适合显影。因此，最佳的前烘温度为70～90℃。

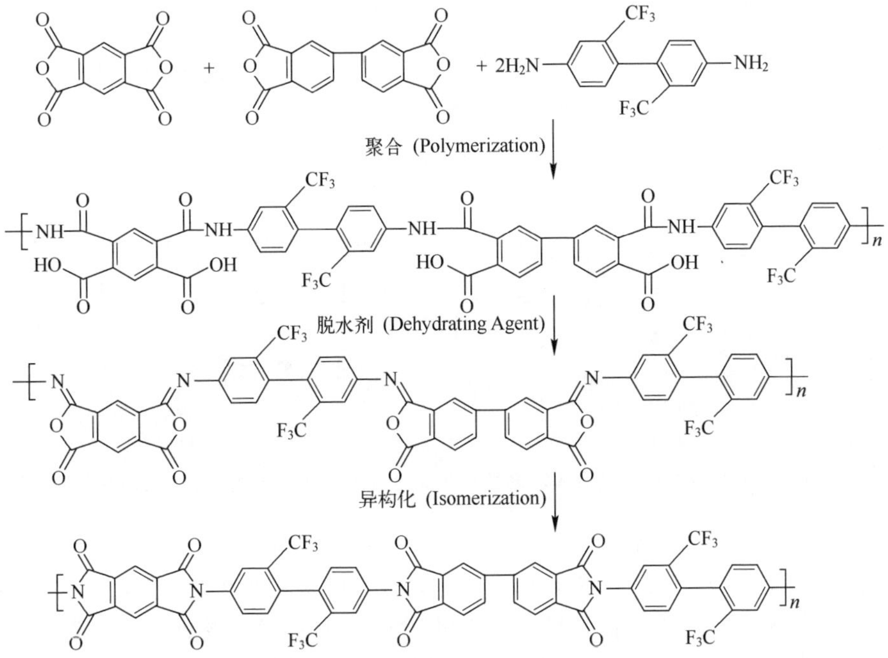

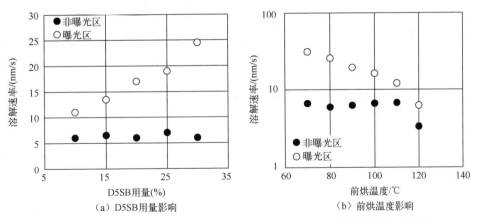

图4.41 含氟聚异酰亚胺树脂的制备过程

(a) D5SB用量影响

(b) 前烘温度影响

图4.42 D5SB用量及前烘温度对曝光区和非曝光区树脂薄膜溶解性的影响

显影剂中异丙醇浓度对曝光区和非曝光区树脂薄膜的溶解性都具有显著影响（见图4.43）。随着显影剂中异丙醇浓度的提高，曝光区与非曝光区树脂薄膜的溶解速率差距变大；当显影剂中异丙醇浓度高于30%且在45℃下显影时，曝光区树脂薄膜比非曝光区树脂薄膜的溶解速率高4倍；当显影剂中异丙醇浓度为50%时，曝光区树脂薄膜比非曝光区树脂薄膜的溶解速率高8倍，适合显影。因此，显影剂中异丙醇的最佳浓度为50%（见图4.43）。

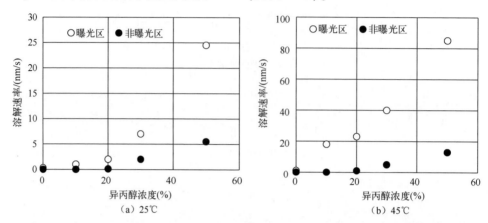

图4.43 显影剂中异丙醇（IPA）浓度对曝光区和非曝光区树脂薄膜的溶解性的影响

将20g FPII树脂溶解在80g环戊酮溶剂中形成固体含量为20%的均相溶液后，加入6.0g光致产酸剂D5SB形成均相正性光敏聚酰亚胺树脂溶液。将其涂敷在硅圆片表面形成液体树脂胶膜，经前烘（80℃/10min）、紫外线（i线或g线）曝光、后烘（120℃/10min）、TMAH/异丙醇（1/1）混合水溶液显影后，得到厚度为3.5μm的立体光刻图形，其光敏树脂的灵敏度D_0为250mJ/cm^2，对比度γ为1.5。对于薄膜厚度为10μm的立体光刻图形，其光刻分辨率为3.0μm，经高温固化处理后，不会发生明显的变形。高温固化后，PI薄膜的热膨胀系数为10.8×10^{-6}/℃，介电常数为2.89，吸水率为0.8%，热分解温度为565℃。

4.2.4 化学增幅型前驱体树脂

芳香族四酸二酐与芳香族二胺通过缩聚反应形成聚酰胺酸树脂，主链结构中的羧基与氯甲氧基乙醚在有机碱作用下通过酯化反应形成含乙氧基甲酯基团的聚酰胺酯树脂，将其与光致产酸剂PAG进行复配形成化学增幅型光敏聚酰亚胺树脂。其中，光致产酸剂PAG在紫外线作用下产生的强酸催化含乙氧基甲酯基聚酰胺酯树脂发生酯解反应，生成含羧基聚酰胺酸树脂，其易于在碱性水溶液中溶解，实现高质量显影。或者将聚酰胺酯树脂与含乙烯氧基乙酯化合物及光致产酸剂PAG复配，得到化学增幅型光敏聚酰亚胺树脂。其中，光致产酸剂PAG在紫外线作用下产生的强酸催化含乙烯氧基乙酯化合物发生醚解反应生成多酚羟基化合物，其易于在碱性水溶液中溶解，实现高质量显影。由于光化学反应先产生强酸，再由强酸引发后续化学反应生成可溶性物质，因此这类光敏树脂具有化学增幅效应，有利于获得厚膜光刻图形。

6FDA 与 2,2-双[3-胺基-4-羟基苯基]六氟丙烷（6FBIS）在非质子极性溶剂中通过缩聚反应形成聚酰胺酸树脂。聚酰胺酸树脂再通过亚胺化反应生成主链结构中含酚羟基的聚酰亚胺树脂（PI（6FDA-6FBIS））。该树脂主链结构中的酚羟基在室温下与 DNQ 磺酰氯在有机碱催化剂三乙胺作用下形成磺酸酯，使含酚羟基的聚酰亚胺树脂（PI（6FDA-6FBIS））转化成主链结构中含 DNQ 光致产酸基团的聚酰亚胺树脂。当树脂 DNQ 基团含量为 13%～15% 时，经紫外线曝光后，曝光区树脂薄膜与非曝光区树脂薄膜的溶解速率差距最大。当树脂 DNQ 基团含量超过 32% 后，曝光区树脂薄膜与非曝光区树脂薄膜的溶解速率没有明显差距，说明树脂薄膜都具有很好溶解性，无法进行光刻显影。DNQ 基团含量为 15% 的树脂，经 365nm 紫外线曝光后，再经 2.38%TMAH 水溶液显影，得到厚度为 7～8μm 的立体光刻图形，灵敏度为 300mJ/cm2，对比度为 6.7。经 350℃/0.5h 高温固化后，立体光刻图形变形不多，具有优良的耐热稳定性[27]。

6FDA 与 6FBIS 在非质子极性溶剂 NMP 中通过缩聚反应形成聚酰胺酸（PAA）树脂后，在 PAA 树脂中加入间二甲苯，在 150℃/1.5h 条件下，PAA 树脂通过高温亚胺化反应生成主链结构中含酚羟基的聚酰亚胺树脂［PI（6FDA-AHHFP），见图 4.44］。将 PI（6FDA-AHHFP）树脂溶解在四氢呋喃溶剂中后，加入叔丁醇钾，在 0℃下滴加双叔丁醇碳酸酯，在室温下搅拌反应 6h 后，将反应液倒入大量冷却的甲醇中析出叔丁氧羰基保护的聚酰亚胺树脂 6F-t-BOC，其 GPC 重均分子量和数均分子量分别为 3.9×10^5 和 1.34×10^5 [28]。

将 6F-t-BOC 树脂（85g）与光致产酸剂 NBAS（15g）溶解在 Diglyme 溶剂中形成的均相溶液涂敷在硅圆片表面形成液体树脂胶膜，经前烘（90℃）、紫外线（i 线或 g 线）曝光、后烘（100～120℃）、2.38%TMAH 水溶液显影后，可得到立体光刻图形，所制备的厚度为 5μm 的正性光刻图形的分辨率小于 1μm。当采用 365nm 紫外线曝光、110℃/10min 后烘处理时，其灵敏度为 270mJ/cm^2，对比度为 4.2（见图 4.45）；当采用 365nm 紫外线曝光、120℃/10min 后烘处理时，其灵敏度为 180mJ/cm^2，对比度为 3.4；当采用 436nm 紫外线曝光、110℃/10min 后烘处理时，其灵敏度为 650mJ/cm^2，对比度为 2.7。曝光及后烘处理后，树脂主链结构中约 24% 的酚羟基团被脱保护释放出来，以利于在碱性水溶液显影剂中显影。薄膜厚度与脱保护比例变化情况如图 4.45 所示。

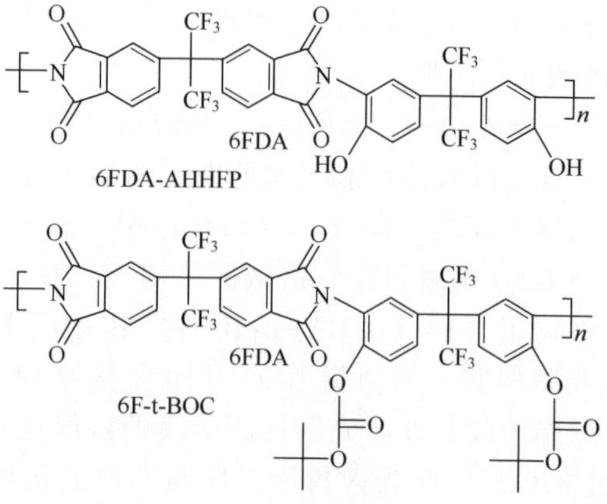

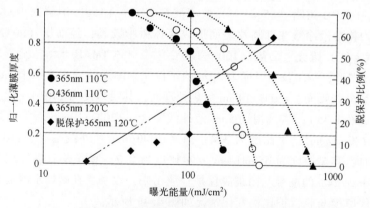

(a) 制备过程

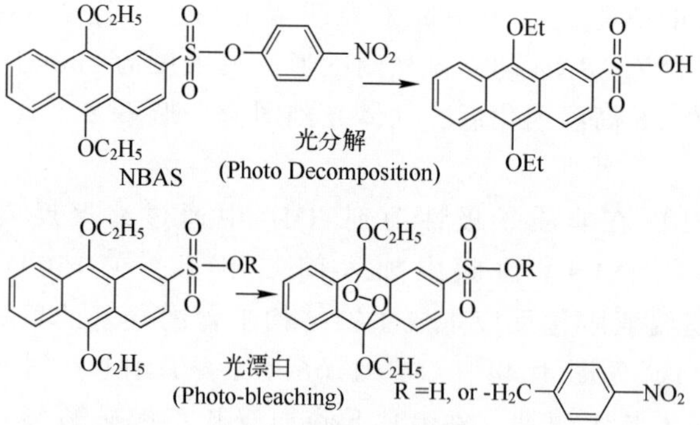

(b) 光分解机理

图4.44 正性光敏聚酰亚胺树脂的制备过程及光分解机理

图4.45 薄膜厚度与脱保护比例变化情况

T. Nakano 等制备了羧基封端的在碱性水溶液中可溶的聚酰亚胺树脂 SPI，将其与含乙烯基醚的光致交联剂 BIS-AF-DEVE 及光致产酸剂 DIAS 等一起溶解在有机溶剂中形成正性光敏聚酰亚胺树脂溶液。将其涂敷在硅圆片表面形成液体树脂胶膜，经前烘（120℃/10min）、紫外线（i 线或 g 线）曝光、后烘（120℃/10min）、3%氢氧化钾水溶液显影后，得到立体光刻图形（见图 4.46），所制备的厚度为 1μm 的正性光刻图形的分辨率不大于 25μm。当采用 365nm 紫外线曝光时，其灵敏度为 137mJ/cm^2[29]。

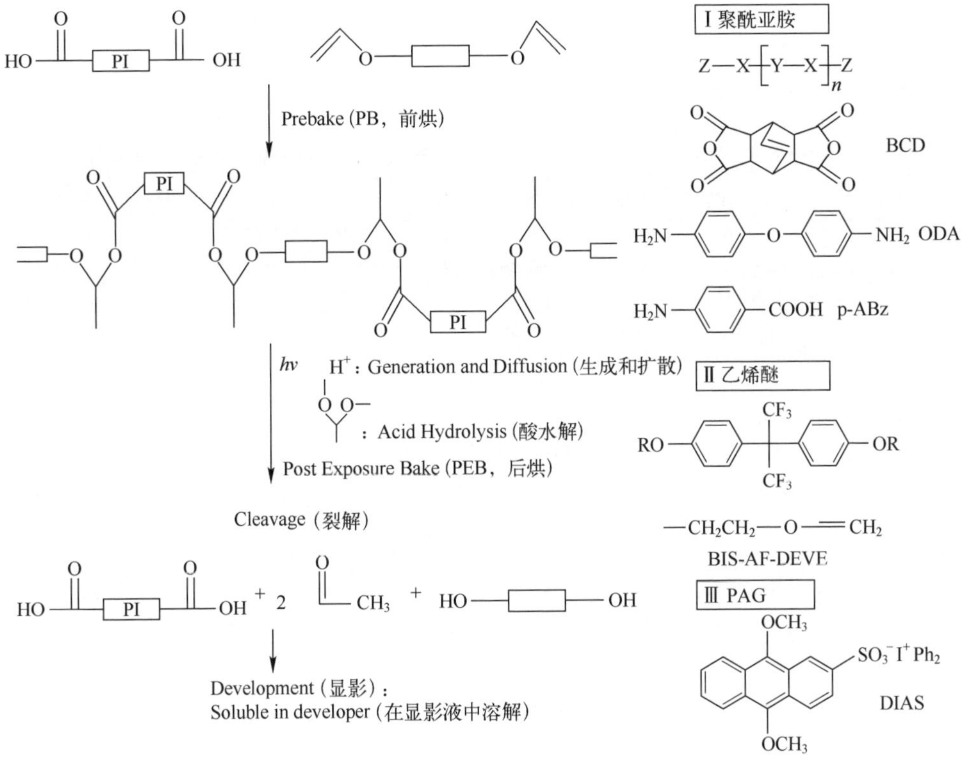

图 4.46 正性光敏聚酰亚胺树脂的制备过程

将降冰片烯酸酐 NA 作为封端剂作用在 NMP 溶剂中使芳香族四酸二酐 ODPA 和芳香族二胺 ODA 通过缩聚反应生成 NA 酸酐封端的聚酰胺酸（PAA）树脂后，加入氯甲基乙醚和三乙胺，使 PAA 树脂的部分羧基与氯甲基乙醚反应生成部分乙醚基甲酯化的 PAA 树脂 NEC-PAAE（见图 4.47）[30]。将 30g NEC-PAAE 树脂和 5.7g 光致产酸剂 DINS 溶解在 70g NMP 溶剂中形成均相正性光敏聚酰亚胺树脂溶液。将其涂敷在硅圆片表面形成厚度为 15μm 的液态树脂胶膜，经前烘（90℃/4min）、紫外线（i 线或 g 线）曝光、后烘（100℃/3min）、2.38%TMAH 水溶液显影、去离子水漂洗后，可得到立体光刻图形。

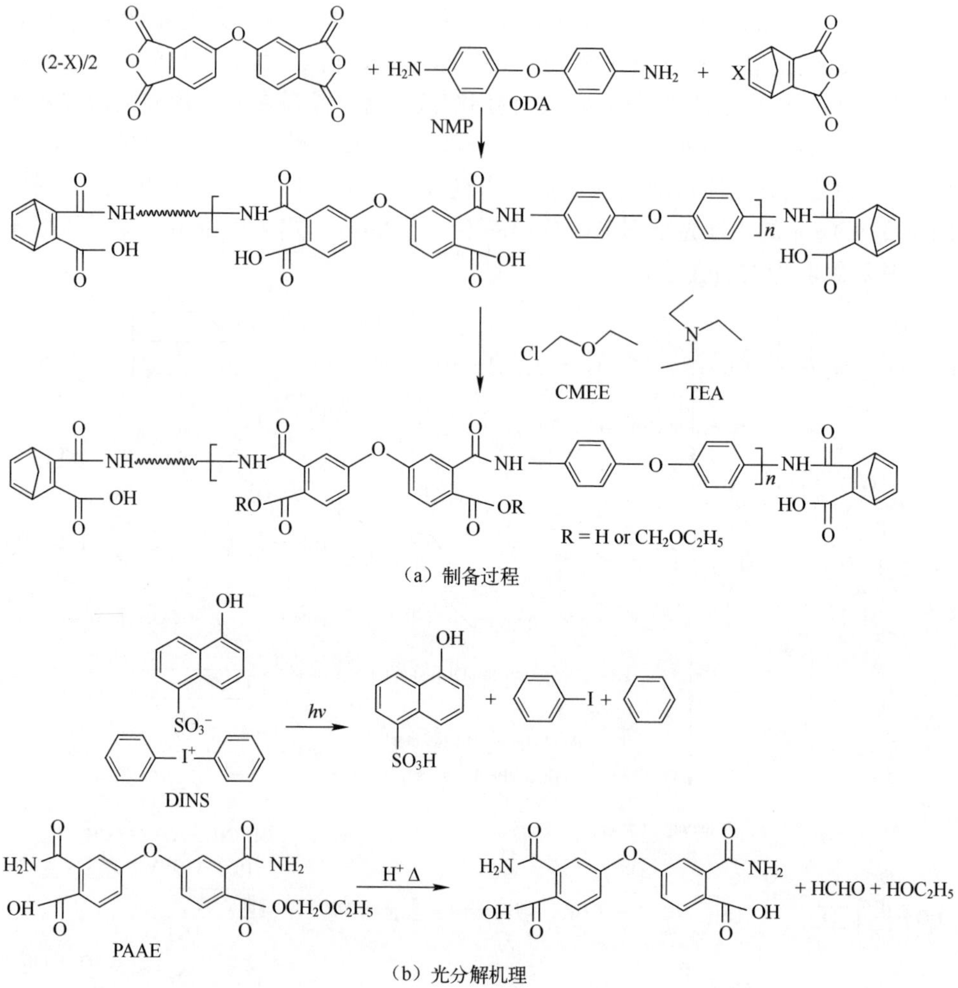

(a) 制备过程

(b) 光分解机理

图 4.47　正性光敏聚酰亚胺树脂的制备过程及光分解机理

光致产酸剂 DINS 的用量对曝光区树脂薄膜的溶解性具有显著影响，而对非曝光区树脂薄膜的溶解性则没有明显影响 [见图 4.48（a）]。当 DINS 用量超过 16% 时，曝光区与非曝光区树脂薄膜的溶解速率之比超过 250，达到接近饱和状态；进一步增加 DINS 用量至 23%，曝光区与非曝光区树脂薄膜的溶解速率差距也不再明显增加。

后烘温度对曝光区和非曝光区树脂薄膜的溶解性都具有显著影响 [见图 4.48（b）]。随着后烘温度的升高，曝光区与非曝光区树脂薄膜的溶解速率几乎不变；当后烘温度高于 100℃ 时，曝光区树脂薄膜的溶解速率差距开始减小，曝光区与非曝光区树脂薄膜的溶解速率差距变小，不适合显影。因此，最佳的后烘温度为 90～100℃。

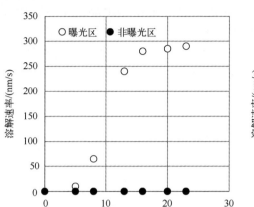
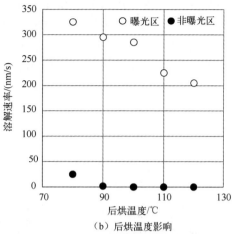

(a) DINS用量影响　　　　　　　　(b) 后烘温度影响

图 4.48　光致产酸剂 DINS 用量及后烘温度对曝光区和非曝光区树脂薄膜溶解速率的影响

将 30g PAA 树脂（NEC-PAAE，酯化度为 60%）和 4.8g 光致产酸剂（DINS，16%）溶解在 70g NMP 溶剂中形成均相正性光敏聚酰亚胺树脂溶液。将其涂敷在硅圆片表面形成厚度为 10μm 的液态树脂胶膜，经前烘（90℃/4min）、紫外线（i 线或 g 线）曝光、后烘（100℃/3min）、2.38%TMAH 水溶液显影、去离子水漂洗后，能够得到立体光刻图形。所制备的厚度为 10μm 的正性光刻图形的分辨率小于 5μm。当采用 365nm 紫外线曝光时，其灵敏度为 1100mJ/cm^2，对比度为 0.96。薄膜厚度随曝光能量的变化情况如图 4.49 所示。

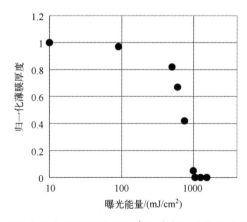

图 4.49　正性光敏聚酰亚胺树脂的薄膜厚度随曝光能量的变化情况

在上述研究的基础上，将二甲基马来酸酐 MA 作为封端剂，芳香族四酸二酐 ODPA、芳香族二胺 ODA 与脂肪族二胺 SiNH2 混合物在 NMP 溶剂中通过缩聚反应形成 MA 酸酐封端的聚酰胺酸（EC-PAA）树脂（见图 4.50）；将上述的 EC-PAAE 树脂与 EC-PAA 树脂按 40:60 的质量比混合后加入 NMP 溶剂中后，加入 13%的光致产酸剂（DINS 或 DDTS）形成均相正性光敏聚酰亚胺树脂溶液。其中，光致产酸剂（DINS 或 DDTS）在低于 220℃时是稳定的，超过此温度后将快速分解 [见图 4.50（b）]，DINS 在超过 260℃后热失重不再有明显变化，停留在一个水平上，DDTS 在超过 300℃后热失重也趋于稳定[31]。

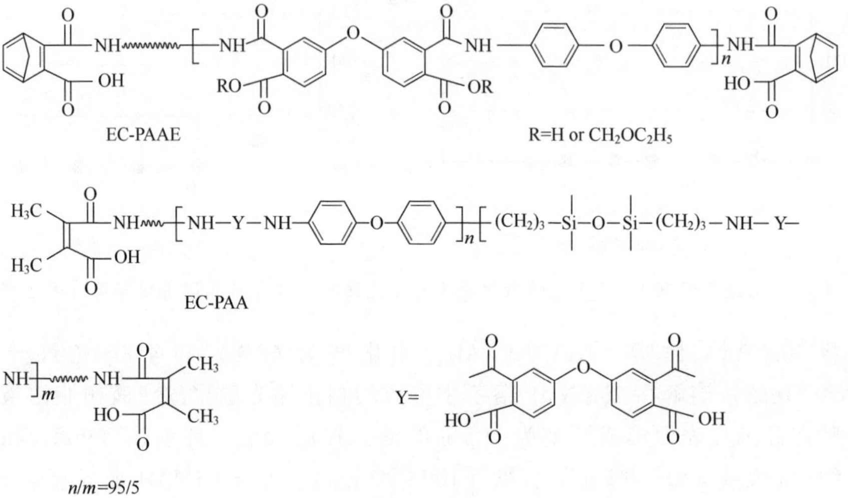

图 4.50 正性光敏聚酰亚胺树脂的制备过程及光致产酸剂的热稳定性

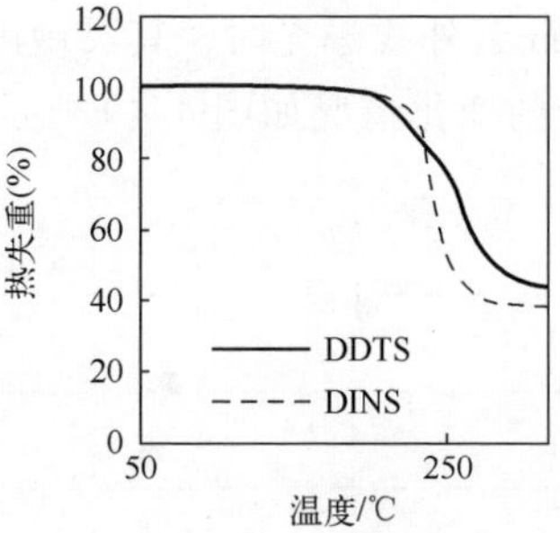

后烘温度对曝光区和非曝光区树脂薄膜的溶解性都具有显著影响（见图 4.51）。随着后烘温度从 110℃提高至 130℃，曝光区与非曝光区树脂薄膜的溶解速率都随之降低；当后烘温度达到 130℃时，非曝光区树脂薄膜的溶解速率降低至接近 0，曝光区树脂薄膜的溶解速率约为非曝光区的 600 倍，最适合显影；当后烘温度提高至 140℃时，曝光区与非曝光区树脂薄膜的溶解速率之比降低至 100 左右，显影性下降。因此，最佳的后烘温度为 130℃。

将 87g EC-PAAE/EC-PAA（40/60）混合树脂溶解在 186g NMP 溶剂中后，再溶入 13g 光致产酸剂 DINS 形成固体含量为 35%的均相光敏树脂溶液，溶液黏度为 3210mPa·s。将其涂敷在硅圆片表面形成厚度为 10μm 的液态树脂胶膜，经前烘（90℃/4min）、紫外线（i 线）曝光、后烘（130℃/3min）、2.38%TMAH 水溶液显影、去离子水漂洗后，可得到立体光刻图形，薄膜厚度为 12μm 时的灵敏度 D_0 为 700mJ/cm^2，对比度 γ 为 0.87，图形分辨率为 6.0μm。经高温固化处理后，立体光刻图形也不会发生明显的变形，厚度减少约 29%。经 310℃高温固化的树脂薄膜具有突出的力学性能，其拉伸强度可达到 150MPa，断裂伸长率可达到 28%（见图 4.52），玻璃化转变温度 T_g 为 317.8℃，CTE 为 58×10^{-6}/℃（100~200℃），热分解温度为 480℃。薄膜厚度随曝光能量的变化情况如图 4.53 所示。

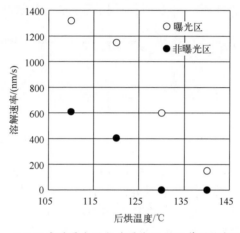

图 4.51 后烘温度对曝光区与非曝光区树脂薄膜溶解性的影响

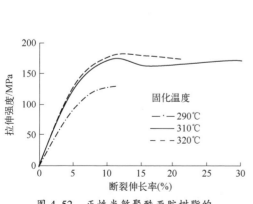

图 4.52 正性光敏聚酰亚胺树脂的高温固化薄膜的力学性能

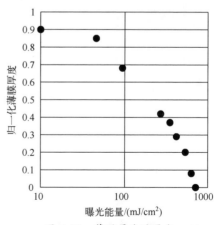

图 4.53 薄膜厚度随曝光能量的变化情况

4.3 正性光敏聚苯并咪唑树脂

聚苯并咪唑（Polybenzoxazole，PBO）树脂的主链结构由芳环（苯环）链节与苯并咪唑芳杂环链节交替链接而成，具有优异的耐高温性，可代替聚酰亚胺树脂，广泛应用于半导体制造与封装领域（见图 4.54）。PBO 树脂的制备通常先由芳香族二酰氯及其衍生物与含酚羟基芳香族二胺通过缩聚反应生成含羟基聚酰胺（Poly(o-hydroxy amide)，PHA）树脂，然后在高温下进一步发生环化脱水反应转化成 PBO 树脂。由于 PHA 树脂结构中含有大量酚羟基团，在碱性水溶液中具有比 PAA 树脂更合适的溶解性能，故已广泛应用于制备正性光敏 PBO 树脂[32]。

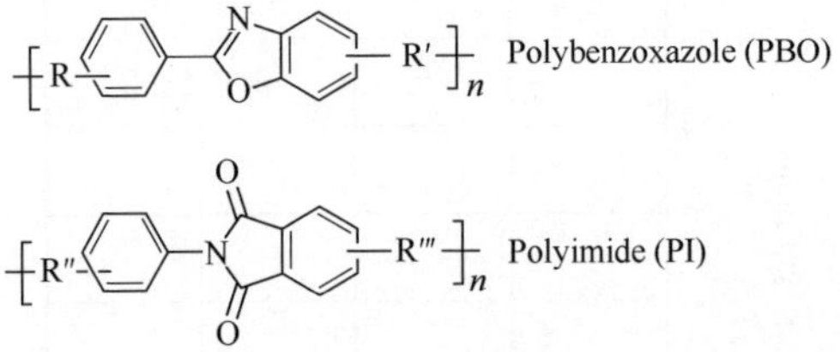

图 4.54 聚苯并咪唑树脂和聚酰亚胺树脂的主链结构比较

正性光敏 PBO 树脂通常为 PHA 树脂与 DNQ 类光致产酸剂溶解在有机溶剂中形成的均相黏稠溶液。其中，DNQ 类光致产酸剂在未经曝光条件下，在碱性水溶液中难以溶解，经紫外线曝光后，发生光分解反应生成有机酸类物质，与 PHA 树脂一起在碱性水溶液显影剂中可快速溶解，实现高质量显影（见图 4.55）。

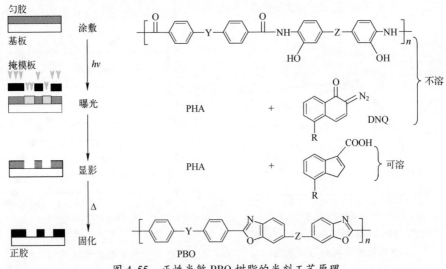

图 4.55 正性光敏 PBO 树脂的光刻工艺原理

正性光敏 PBO 树脂的制备过程主要包括 3 个步骤：①合成活化的芳香族二酯；②将其与含羟基芳香族二胺通过缩聚反应生成含羟基聚酰胺（PHA）树脂，经分离、纯化、干燥后，得到纯化的 PHA 固体树脂；③将纯化 PHA 固体树脂溶解在有机溶剂中后，再溶解光致产酸剂，形成均相正性光敏 PBO 树脂溶液。为了避免微量氯离子对半导体器件的污染，多种不含氯的树脂制备新方法被发现。

4.3.1 PBO 前驱体树脂结构与性能

1. 含羟基聚酰胺（PHA）树脂

将 1,3-间苯二苯酯与含羟基芳香族二胺（6FBIS）加入 NMP 溶剂中，在 215℃下搅拌反应 12h 后，将反应液导入大量甲醇/水混合溶液中析出固体，经水洗、干燥后得到含羟基聚酰胺树脂（见图 4.56）[33]。当反应在 185℃/6h 条件下进行时，得到含羟基 PHA 树脂，其 GPC 数均分子量 M_n 为 4500，$M_w/M_n=1.4$；当反应在 185℃/24h 条件下进行时，得到部分苯并咪唑化的含羟基 PHA 树脂，其 GPC 数均分子量为 7600，$M_w/M_n=1.5$，苯并咪唑化程度为 18%；当反应在 205℃/12h 条件下进行时，得到部分苯并咪唑化程度更高的含羟基 PHA 树脂，其 GPC 数均分子量为 8000，$M_w/M_n=1.5$，苯并咪唑化程度为 22%。

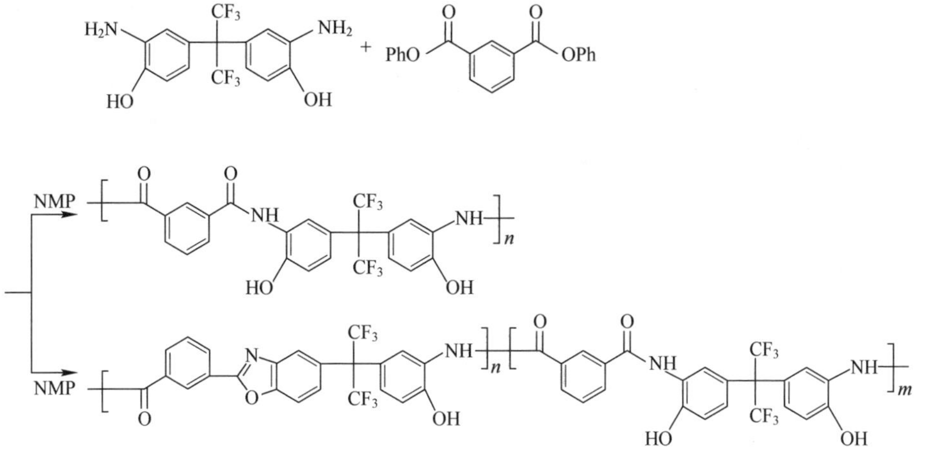

图 4.56 由 1,3-间苯二苯酯与 6FBIS 制备 PHA 树脂的过程

在含羟基聚酰胺树脂溶液中再溶解 PHA 固体树脂质量为 30% 的 DNQ 类光致产酸剂 S-DNQ（见图 4.57），形成正性光敏 PBO 树脂溶液[34]。将该树脂溶液旋涂在硅圆片表面形成液态胶膜，经前烘（110℃/3min）、436nm 紫外线曝光 200mJ/cm^2、2.38% TMAH 水溶液室温下显影后，得到清晰的正性立体光刻图

形。S-DNQ 用量对曝光区和非曝光区树脂薄膜的溶解性都具有显著影响（见图 4.58）。随着 S-DNQ 用量提高至 30%，非曝光区树脂薄膜溶解速率随之降低，而曝光区树脂薄膜的溶解速率一直很高，约为 100nm/s；当 S-DNQ 用量达到 20% 时，非曝光区树脂薄膜的溶解速率降低至 10nm/s；当 S-DNQ 用量达到 30% 时，非曝光区树脂薄膜的溶解速率降低至 0，曝光区与非曝光区树脂薄膜的溶解速率之比约为 1000，适合显影并得到高质量的立体光刻图形。该正性光敏树脂薄膜厚度为 1.3μm 时的灵敏度 D_0 为 100mJ/cm^2，对比度 γ 为 5.0，条形光刻分辨率为 8.0μm。PHA 树脂立体光刻图形经 150℃/20min+250℃/30min+350℃/30min 高温固化后转化为 PBO 树脂立体光刻图形，其立体形状没有发生明显变化。正性光敏 PBO 树脂薄膜厚度变化情况如图 4.59 所示。

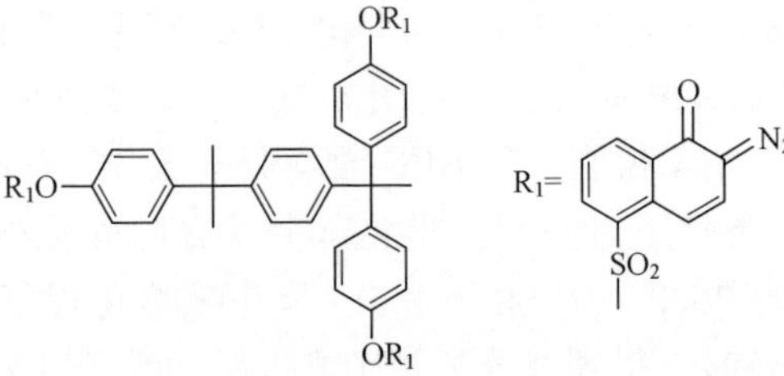

图 4.57　光致产酸剂 S-DNQ 分子结构

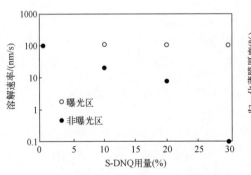

图 4.58　正性光敏 PBO 树脂曝光区与非曝光区树脂薄膜的溶解速率差距

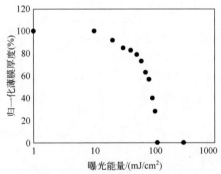

图 4.59　正性光敏 PBO 树脂的薄膜厚度变化情况

2. 含羟基聚甲亚胺树脂

将 1,3-间苯二甲醛与含羟基芳香族二胺（6FBIS）在 NMP/甲苯（1/1）混合溶液中回流搅拌反应 1h 后，在减压下除去甲苯并带出反应副产物——水；将反应液导入大量甲苯/环己烷（2/1）混合溶液中析出固体，经洗涤、干燥后得到含羟基芳香族聚甲亚胺树脂（见图 4.60）[35]。

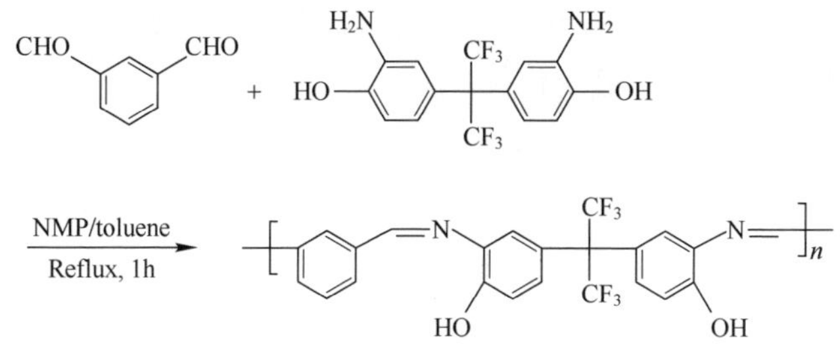

图 4.60 含羟基芳香族聚甲亚胺树脂制备过程

在含羟基聚甲亚胺树脂溶液中再溶解树脂质量为 30% 的 DNQ 类光致产酸剂 S-DNQ，形成正性光敏 PBO 树脂溶液。将该树脂溶液旋涂在硅圆片表面上形成液态胶膜，经前烘（100℃/1min）、436nm 紫外线曝光（200mJ/cm^2）、2.38% TMAH 水溶液室温下显影后，得到正性立体光刻图形。S-DNQ 用量对曝光区和非曝光区树脂薄膜的溶解性都具有显著影响。随着 S-DNQ 用量提高至 30%，非曝光区树脂薄膜的溶解速率随之降低，而曝光区树脂薄膜的溶解速率一直很高，约为 100nm/s。当 S-DNQ 用量达到 20% 时，非曝光区树脂薄膜的溶解速率降低至 10nm/s；当 S-DNQ 用量达到 30% 时，非曝光区树脂薄膜的溶解速率降低至 0，曝光区与非曝光区树脂薄膜的溶解速率之比约为 1000，适合显影并得到高质量的立体光刻图形。该正性光敏树脂薄膜厚度为 2.8μm 的灵敏度 D_0 为 120mJ/cm^2，对比度 γ 为 2.2，条形光刻分辨率为 10.0μm。含羟基芳香族聚甲亚胺树脂立体光刻图形经 150℃/30min+250℃/30min+300℃/30min 高温固化后转化为 PBO 树脂立体光刻图形，其立体形状没有发生明显变化。

为了能够使正性光敏 PBO 树脂采用环境友好的溶剂体系，降低传统极性非质子溶剂（如 NMP、DMAC、DMF、DMSO 等）对超净间操作人员健康的影响，降低废溶剂排放对环境的影响，将 1,3-间苯二甲醛与含羟基芳香族二胺（6FBIS）在乳酸乙酯（EL）/甲苯（1/1）混合溶液中回流（130℃）搅拌反应 1h 后，通过减压蒸馏除去甲苯，并带出反应产生的副产物——水，得到含羟基聚甲亚胺（PHAM）树脂的 EL 溶液。将该树脂溶液经双叔丁基碳酸酯/有机碱处理，得到含叔丁氧基酯基聚甲亚胺树脂（见图 4.61），该树脂溶液具有较好的储存稳定性。

在含羟基聚甲亚胺树脂 EL 溶液中再溶解树脂质量为 25% 的 DNQ 类光致产酸剂（S-DNQ），形成正性光敏 PBO 树脂溶液。将该树脂溶液旋涂在硅圆片表面上形成液态胶膜，经前烘（80℃/1min）、436nm 紫外线曝光（300mJ/cm^2）、2.38% TMAH 水溶液室温下显影后，得到正性立体光刻图形。该正性光敏树脂薄膜厚度为 1.7μm 的灵敏度 D_0 为 250mJ/cm^2，对比度 γ 为 2.5，薄膜厚度为 2.0μm 的条形光刻分辨率为 10.0μm。含羟基芳香族聚甲亚胺树脂立体光刻图形经100℃/30min+200℃/30min+350℃/1h高温固化后转化为PBO树脂立体光刻图形，其立体形状没有发生明显变化。

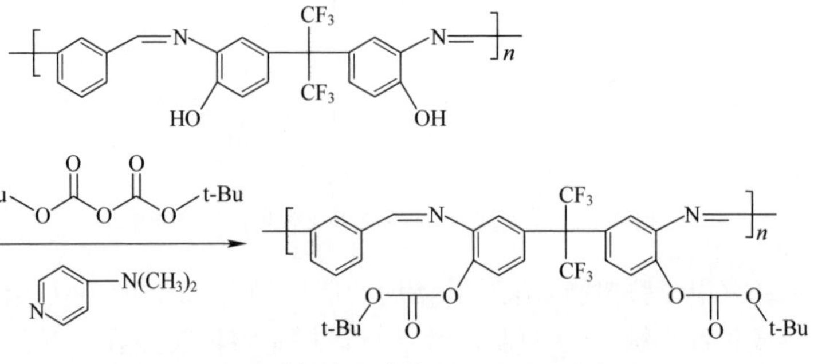

图4.61 含叔丁氧基酯基聚甲亚胺树脂制备过程

3. 其他含羟基聚酰胺树脂

将1,3-间苯二甲酸与1,1′-[羰酸基]-二苯并三唑通过酯化反应生成1,3-苯二甲酸苯并三唑酯后，将其与4,4′-二氨基-3,3′-二羟基-联苯通过缩聚反应生成含羟基聚酰胺（PHA）树脂（见图4.62）[36]。

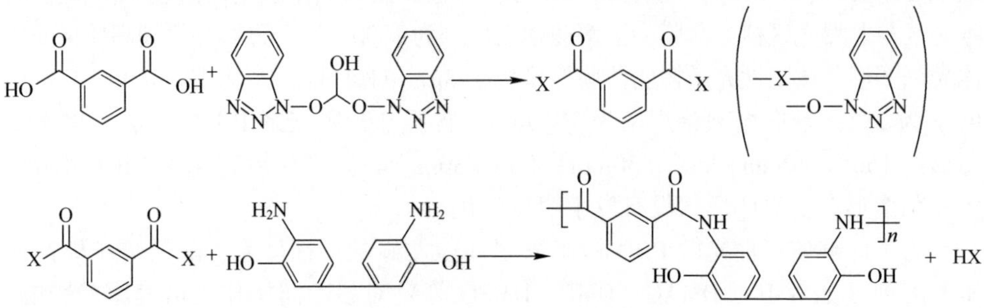

图4.62 不含氯离子的PBO树脂制备方法

将1,3-间苯二甲酸与[苯并噁嗪-2-硫羰基]通过酯化反应生成活化的1,3-苯二甲酸苯并噁嗪酯与N,N′-间苯二甲酰胺-双[苯并噁嗪-2-硫羰基]，将其与含羟基芳香族二胺在NMP溶剂中通过缩聚反应生成含羟基聚酰胺树脂（见图4.63）。

在含羟基聚酰胺（PHA）树脂溶液中再溶入PHA固体树脂质量为30%的DNQ类光致产酸剂S-DNQ，形成正性光敏PBO树脂溶液。将该树脂溶液旋涂在硅圆片表面上形成液态胶膜，经前烘（115℃/3min）、436nm紫外线曝光、0.8% TMAH水溶液室温下显影后，得到清晰的正性立体光刻图形，树脂薄膜厚度为2.7μm的灵敏度D_0为80mJ/cm^2，对比度γ为2.2，条形光刻分辨率为8.0μm。PHA树脂立体光刻图形经150℃/20min+250℃/30min+350℃/30min高温固化后转化为PBO树脂立体光刻图形，其立体形状没有发生明显变化[37]。

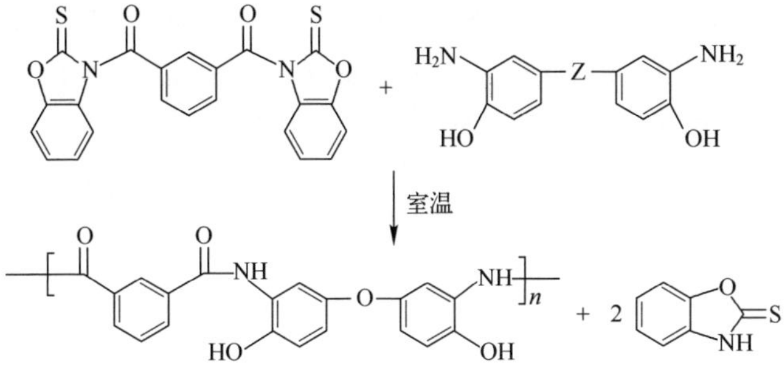

第 4 章 层间互连用光敏性绝缘树脂

图 4.63 通过活化芳香族二酰胺中间体制备的 PBO 树脂

4. 含羟基聚（酰胺-酰胺酸）树脂

将 4,4′-二苯醚二甲酰氯（OBBC）、偏苯三酸酐酰氯与含羟基芳香族二胺（6FBIS）溶解在 NMP 溶剂中，通过缩聚反应形成树脂溶液，将其分散在大量水中析出固体，过滤、洗涤、干燥后得到含羟基聚（酰胺-酰胺酸）树脂（见图 4.64），其特性黏度为 0.17dL/g。将 5.0g PHA-OH 固体树脂溶解在 15g NMP 溶剂中形成固体含量为 20% 的均相 PAHA 树脂溶液后，再溶入 1.25g 光致产酸剂 PIC-3，形成正性光敏树脂溶液（见图 4.64）。将该树脂溶液旋涂在硅圆片表面上形成厚度为 3μm 的液态胶膜，经前烘（110℃/3min）、365nm 紫外线曝光、0.6% TMAH 水溶液室温下显影、去离子水漂洗后，得到正性立体光刻图形[38]。

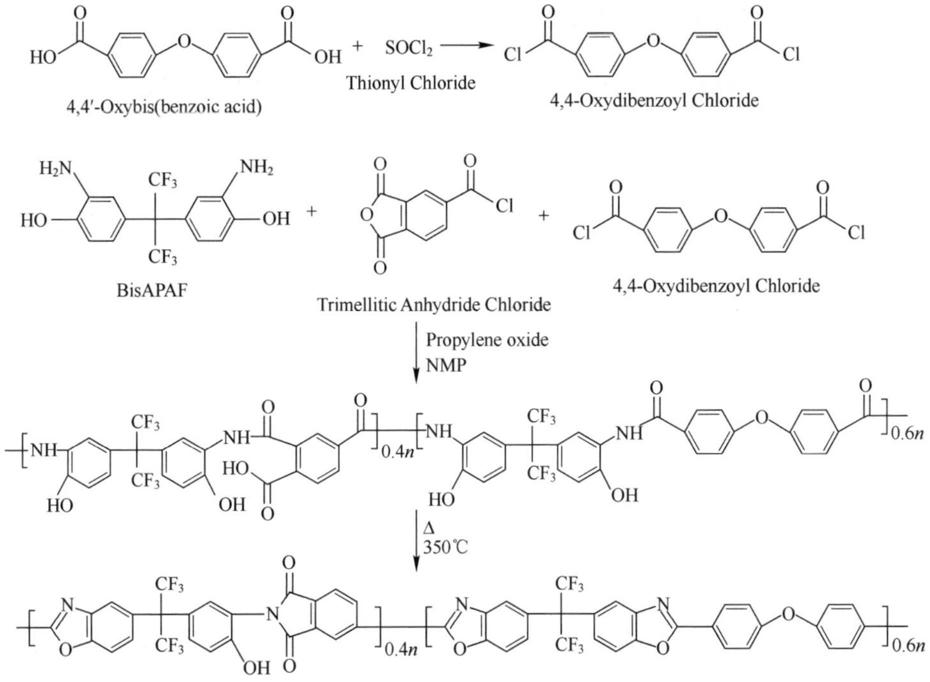

图 4.64 含羟基聚（酰胺-酰胺酸）树脂及其 PBO 树脂

对于 PHA-CO2H/PIC（5/1.25）光敏树脂体系，曝光区与非曝光区树脂薄膜的溶解速率分别为 0.253μm/s 与 0.070μm/s，两者相差 3.6 倍。当树脂薄膜厚度为 3.0μm 时，灵敏度 $D_{0.5}$ 为 256mJ/cm^2，对比度 γ 为 1.14；3.0μm 厚树脂薄膜的光刻条形分辨率为 5μm（见图 4.65）。树脂立体光刻图形经 350℃ 高温固化后转化为 PBO 树脂立体光刻图形，其立体形状没有发生明显变化。

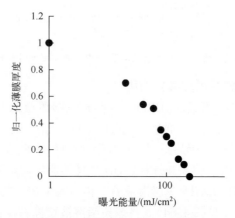

图 4.65 光敏 PBO 树脂的光敏性

4.3.2 化学增幅型光敏 PBO 前驱体树脂

与普通光敏聚酰亚胺或聚苯并咪唑树脂相比，化学增幅型光敏树脂（CA-PSPBO）具有更强的灵敏度。通过叔丁氧基羰基（tert-Butoxylcarbonyl，t-BOC）对 PBO 前驱体树脂主链结构上的酚羟基保护，形成含叔丁氧基酯基的 PBO 前驱体树脂，将其与光致产酸剂 PAG 组合形成化学增幅型光敏树脂溶液。在紫外光照射下，光致产酸剂释放的 Lewis 酸会引发含叔丁氧基酯基的 PBO 前驱体树脂主链结构上的叔丁氧基酯基发生分解反应，生成含酚羟基的 PBO 前驱体树脂，使曝光区树脂薄膜易于在碱性水溶液中溶解显影，形成高质量的立体光刻图形。

1. 酸催化脱保护前驱体树脂

将 1,3-间苯二苯酯与含羟基芳香族二胺（6FBIS）溶解在 NMP 溶剂中形成均相溶液，在 185℃ 下搅拌反应 6h 后，冷却至室温，加入 5-降冰片烯-2-酸酐，搅拌反应 3h 后，将反应液分散在大量甲醇/水（1/1）混合溶液中析出固体树脂，经水洗、干燥后溶解在 NMP 溶剂中形成均相溶液，加入 N,N-二甲基氨基吡啶（DMAP）和叔丁基碳酸酯，将反应液在室温下搅拌 1h 后，分散在大量 1M HCl 水溶液中，析出固体树脂，过滤、洗涤、干燥后，得到含叔丁氧基酯基的 PBO 前驱体树脂（见图 4.66）[39]。

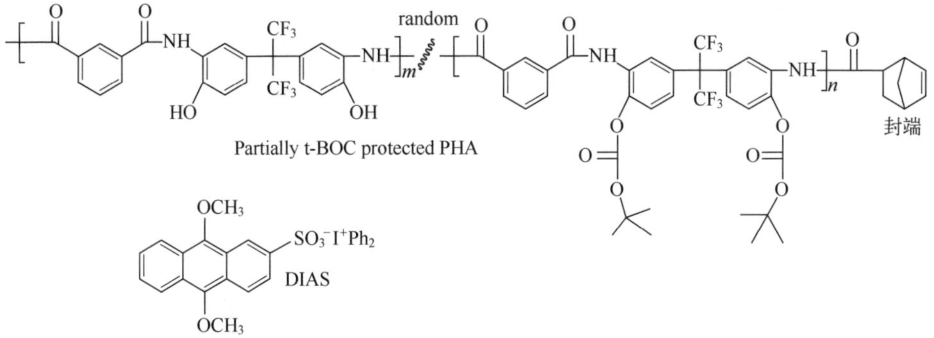

图 4.66 含叔丁氧基酯基的 PBO 前驱体树脂及其光致产酸剂

将含叔丁氧基酯基的 PBO 前驱体树脂溶解在有机溶剂中形成均相溶液后，再溶入光致产酸剂 DIAS，其中树脂与 DIAS 的质量比为 70/30。将该树脂溶液旋涂在硅圆片表面上形成液态胶膜，经前烘（80℃/3min）、365nm 紫外线曝光、2.38% TMAH 水溶液室温下显影、去离子水漂洗后，得到正性立体光刻图形。叔丁氧基酯基含量对曝光区和非曝光区树脂薄膜的溶解性都具有显著影响 [见图 4.67（a）]。当叔丁氧基酯基含量为 30% 时，曝光区与非曝光区树脂薄膜都具有很好的溶解性，溶解速率达到 10^3 nm/s；当叔丁氧基酯基含量为 50% 时，非曝光区树脂薄膜的溶解速率降低至 0，而曝光区树脂薄膜的溶解速率基本没有变化，曝光区与非曝光区树脂薄膜溶解速率之比约为 10^4，适合显影并得到高质量立体光刻图形。进一步提高叔丁氧基酯基含量至 80% 时，不但非曝光区树脂薄膜的溶解速率降低至 0，而且曝光区树脂薄膜溶解速率也降低至 $0.2\sim0.3$ nm/s，曝光区与非曝光区树脂薄膜的溶解速率之比为 $2\sim3$，已不再适合显影。

后烘温度对曝光区与非曝光区树脂薄膜溶解性也具有明显影响 [见图 4.67（b）]。当后烘温度低于 100℃ 时，非曝光区树脂薄膜的溶解速率降低至 0，而曝光区树脂薄膜溶解速率达到 10^2 nm/s，曝光区与非曝光区树脂薄膜溶解速率之比约为 10^3，适合显影得到高质量立体光刻图形。当后烘温度高于 130℃ 时，曝光区树脂薄膜溶解速率达到 10^3 nm/s，同时非曝光区树脂薄膜溶解速率也升高至 10nm/s，曝光区与非曝光区树脂薄膜溶解速率之比约为 10^2；当后烘温度高于 140℃ 时，曝光区树脂薄膜溶解速率仍为 10^3 nm/s，而非曝光区树脂薄膜溶解速率升高至 10^2 nm/s，曝光区与非曝光区树脂薄膜溶解速率之比下降，约为 10，已不适合显影。因此，最佳后烘温度为 $105\sim125℃$。

树脂薄膜厚度为 $1.0\mu m$ 时的灵敏度 D_0 为 60mJ/cm^2，对比度 γ 为 2.5，条形光刻分辨率为 $10\mu m$（见图 4.68）。PHA 树脂立体光刻图形经 150℃/20min + 250℃/30min + 350℃/30min 高温固化后转化为 PBO 树脂立体光刻图形，其立体形状没有发生明显变化。

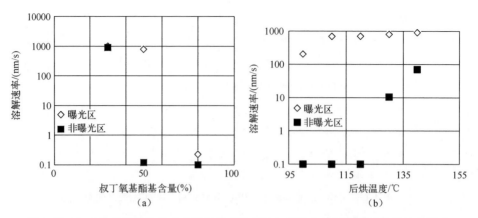

图 4.67　叔丁氧基酯基含量及后烘温度对曝光区与非曝光区树脂薄膜溶解性的影响

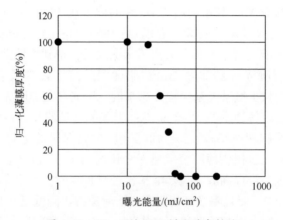

图 4.68　CA-正性 PBO 树脂的光敏性

2. 酸催化交联型前驱体树脂

将 1,3-间苯二苯酯与含羟基芳香族二胺（6FBIS）溶解在 NMP 溶剂中形成均相溶液，在 185℃下搅拌反应 6h 后，冷却至室温，加入降冰片烯酸酐（NA），搅拌反应 3h 后，将反应液分散在大量甲醇/水（1/1）混合溶液中析出固体树脂，经水洗、干燥后得到 NA 封端的含羟基聚酰胺（PHA-NI）固体树脂（见图 4.69）。

然后，将 PHA-NI 固体树脂溶解在 2-甲氧基乙醇形成质量分数为 13% 的树脂溶液后，再溶入交联剂 MBHP 和光致产酸剂 PTMA，形成三组分的负性光敏 PBO 树脂溶液。其中，PHA-NI、MBHP、PTMA 的质量比为 85:10:5。

将该树脂溶液旋涂在硅圆片表面上形成液态胶膜，经前烘（110℃/3min）、365nm 紫外线曝光、2.38% TMAH 水溶液室温下显影、去离子水漂洗后，得到负性立体光刻图形。树脂薄膜厚度为 1.1μm 时的灵敏度 D_0 为 20mJ/cm^2，对比度 γ

为 9.8，条形光刻分辨率为 10μm（见图 4.70）。PHA 树脂立体光刻图形经 150℃/20min+250℃/30min+350℃/30min 高温固化后转化为 PBO 树脂立体光刻图形，其立体形状没有发生明显变化。

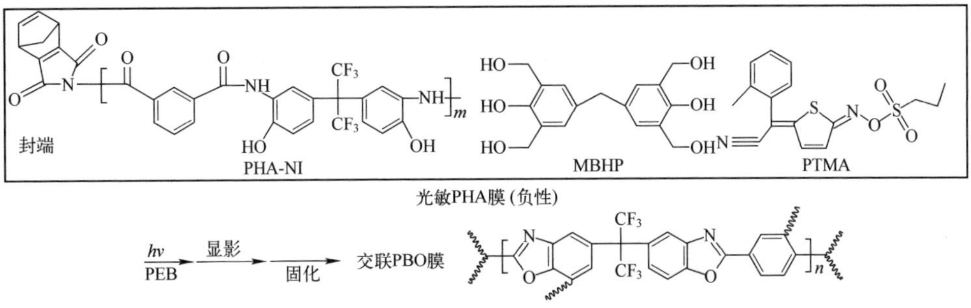

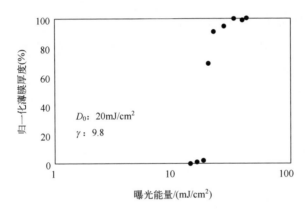

图 4.69　化学增幅型负性光敏 PBO 树脂

图 4.70　化学增幅型负性光敏 PBO 树脂的光敏性

　　将金刚烷二甲酰氯与含羟基芳香族二胺（6FBIS）溶解在含 LiCl 的 NMP 溶剂中，通过缩聚反应形成含羟基聚酰胺 PAHA 树脂（见图 4.71），其 GPC 数均分子量为 $2.4×10^4$。将其溶解在环己酮中形成均相溶液后，再溶入酸解交联剂 TVEB 和光致产酸剂 DIAS，形成三组分的正性光敏 PBO 树脂溶液。其中，PAHA、TVEB、DIAS 的质量比为 80:15:5（见图 4.72）。将该树脂溶液旋涂在硅圆片表面上形成液态胶膜，经前烘（110℃/3min）、365nm 紫外线曝光、2.38% TMAH 水溶液室温下显影、去离子水漂洗后，得到正性立体光刻图形[40]。

　　在前烘热交联处理过程中，TVEB 中的乙烯基与 PAHA 树脂主链结构中的酚羟基发生交联反应形成交联网状结构树脂，在显影剂碱性水溶液中不溶解，经紫外线曝光后，交联网状结构树脂发生酸解反应释放出可溶性 PAHA 树脂、多羟乙基苯醚化合物及乙醛分子，在显影剂碱性水溶液中易溶解（见图 4.72）。因此，TVEB、DIAS 的用量对曝光区和非曝光区树脂薄膜的溶解性具有显著影响［见

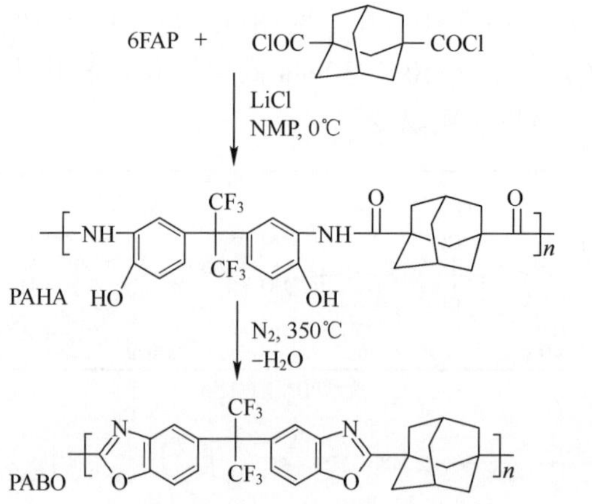

图 4.71 含金刚烷结构 PBO 前驱体树脂制备过程

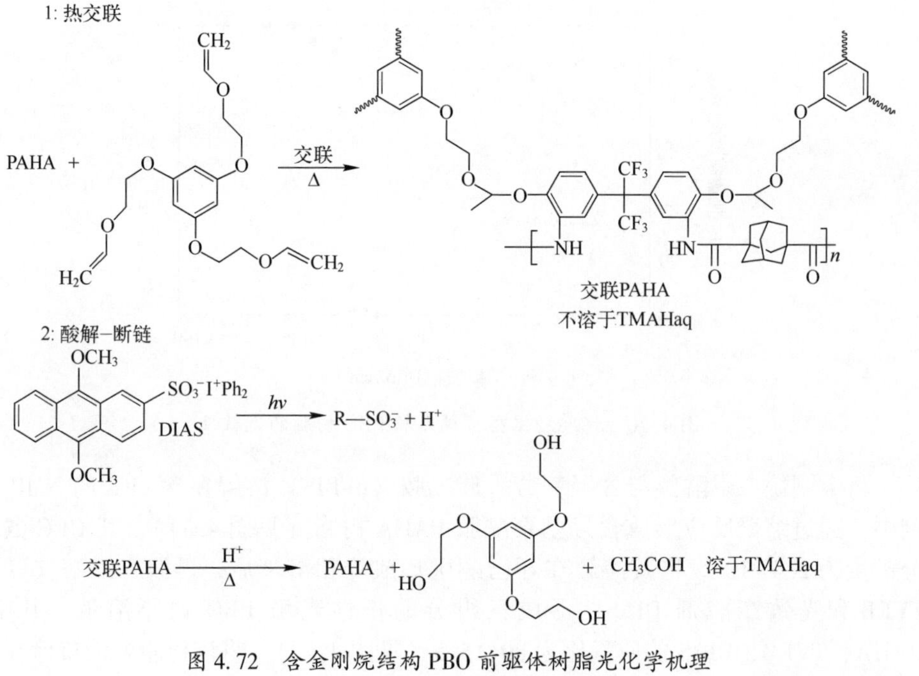

图 4.72 含金刚烷结构 PBO 前驱体树脂光化学机理

图4.73（a）]。涂敷在硅圆片上的树脂薄膜经 120℃/5min 的前烘处理，再经 365nm 紫外线曝光（100mJ/cm²）及 120℃/5min 的后烘处理，如果树脂体系中不含光致产酸剂 DIAS，非曝光区树脂薄膜的溶解度随着 TVEB 用量从 0 增加到 15%，溶解速率从 100nm/s 逐渐降低到 0.8nm/s。如果在含有 15% 的 TVEB 树脂体系中加入 2.5% 的光致产酸剂 DIAS，则曝光区树脂薄膜的溶解速率达到 10nm/s，而非曝光区树脂薄膜的溶解速率降低至 0.6nm/s，曝光区与非曝光区树脂薄膜的

溶解速率差距较小，不适合显影得到高质量图形。如果在含有 15% 的 TVEB 树脂体系中加入 5.0% 的光致产酸剂 DIAS，则曝光区树脂薄膜的溶解速率达到 20nm/s，而非曝光区树脂薄膜的溶解速率降低至约 0.15nm/s，曝光区与非曝光区树脂薄膜的溶解速率之比约为 200，适合显影并得到高质量图形。如果在含有 15% 的 TVEB 树脂体系中加入 7.5% 的光致产酸剂 DIAS，则曝光区与非曝光区树脂薄膜的溶解速率差距进一步扩大，约为 250 倍，仍可显影得到高质量图形。因此，树脂体系中 PAHA 树脂、TVEB、DIAS 的最佳质量比为 80:15:5。

对于 PAHA 树脂、TVEB、DIAS 质量比为 80:15:5 的光敏树脂体系，后烘温度对曝光区与非曝光区树脂薄膜溶解速率的差距也具有明显影响［见图 4.73（b）］。当后烘温度低于 110℃时，曝光区与非曝光区树脂薄膜溶解速率差距较小，而且非曝光区树脂薄膜的溶解速率仍较高，不利于获得高品质的光刻图形；当后烘温度高于 130℃时，非曝光区树脂薄膜容易残留，难以获得干净的光刻图形。因此，最佳后烘温度为 115～125℃。

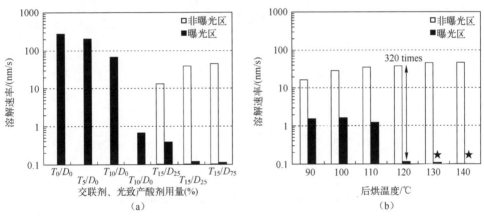

图 4.73　交联剂、光致产酸剂用量及后烘温度对曝光区与
非曝光区树脂薄膜溶解速率差距的影响

树脂薄膜厚度为 2.0μm 的灵敏度 D_0 为 40mJ/cm^2，对比度 γ 为 4.0，条形光刻分辨率为 10μm（见图 4.74）。PAHA 树脂立体光刻图形经 150℃/20min + 250℃/30min + 350℃/1h 高温固化后转化为 PBO 树脂立体光刻图形，其立体形状没有发生明显变化。

3. 低介电常数前驱体树脂

将金刚烷二甲酰氯（ADC）与含羟基芳香族二胺（6FBIS）溶解在含 LiCl 的 NMP 溶剂中，通过缩聚反应形成含羟基聚酰胺 PAHA 树脂（见图 4.75），其 GPC 数均分子量和重均分子量分别为 $1.26×10^4$ 和 $2.21×10^4$。将其溶解在环己酮中形成固体含量为 15% 的均相 PAHA 树脂溶液后，再溶入交联剂 OBHB 和光致产酸剂 PTMA，形成三组分的正性光敏 PBO 树脂溶液。其中，PAHA、OBHB、PTMA 的质量比为 85:10:5。将该树脂溶液旋涂在硅圆片表面上形成液态胶膜，经前烘（100℃/2min）、365nm 紫外线曝光、后烘 [（120~140）℃/（5~10）min]、2.38% TMAH 水溶液室温下显影、去离子水漂洗后，得到正性立体光刻图形[41]。

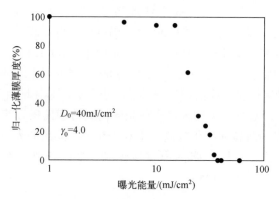

图 4.74　PBO 前驱体树脂的灵敏度

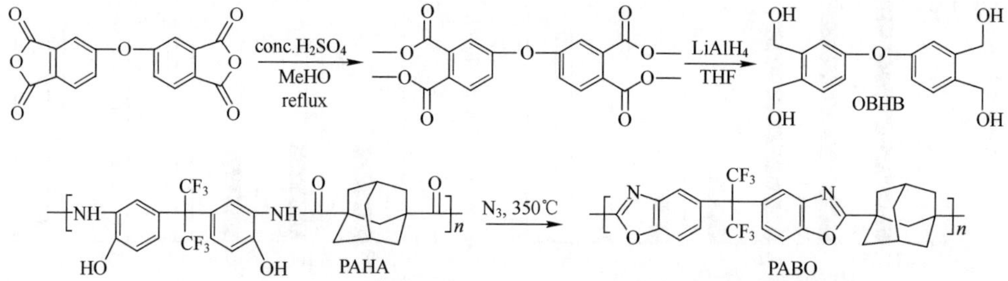

图 4.75　含羟基 PBO 前驱体树脂 PAHA 及交联剂 OBHB 的化学结构

对于 PAHA 树脂/交联剂 OBHB/光致产酸剂 PTMA 光敏树脂体系，当固定 PAHA 与 PTMA 的质量比为 85:5、后烘温度为 125℃/10min 时，增加 OBHB 用量可明显提高曝光区与非曝光区树脂薄膜溶解速率的差距 [见图 4.76（a）]。当 OBHB 用量为 0% 时，曝光区与非曝光区树脂薄膜都具有很好的溶解性，溶解速率达到 300nm/s；当 OBHB 用量为 5% 时，曝光区与非曝光区树脂薄膜仍然具有很好的溶解性；当 OBHB 用量为 10% 时，非曝光区与曝光区树脂薄膜溶解速率相差约 12 倍。因此，OBHB 的最佳用量必须大于 10%。

后烘温度对曝光区与非曝光区树脂薄膜溶解速率差距也具有明显影响 [见图 4.76（b）]。当后烘温度为 130℃时，非曝光区树脂薄膜的溶解速率降仍然高达 100nm/s，而曝光区树脂薄膜溶解速率降低至小于 10nm/s，非曝光区与曝光区树脂薄膜溶解速率之比约为 10；当后烘温度高于 140℃时，非曝光区树脂薄膜溶解速率仍约为 100nm/s，而曝光区树脂薄膜溶解速率降低至 0.2～0.3nm/s，非曝光区与曝光区树脂薄膜溶解速率之比约为 1000，适于显影。因此，最佳后烘温度为 130～140℃。

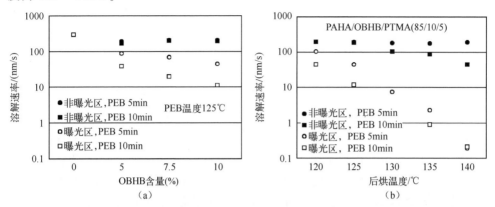

图 4.76　OBHB 用量及后烘温度对曝光区与非曝光区树脂薄膜溶解速率差距的影响

将 PAHA/OBHB/PTMA（85∶10∶5）光敏树脂的环己酮溶液旋涂在硅圆片表面上形成液态胶膜，经前烘（100℃/2min）、365nm 紫外线曝光、后烘（140℃/5min）、2.38% TMAH 水溶液室温下显影 10s、去离子水漂洗后，得到正性立体光刻图形。当树脂薄膜厚度为 2.2μm 时，灵敏度 $D_{0.5}$ 为 14.4mJ/cm^2，对比度 γ 为 2.4，条形光刻分辨率为 7.0μm（见图 4.77）。PAHA 树脂立体光刻图形经 150℃/20min+250℃/30min+350℃/1h 高温固化后转化为 PBO 树脂立体光刻图形，其立体形状没有发生明显变化。所制备树脂薄膜具有很低的介电常数，未加交联剂及光致产酸剂的树脂薄膜的介电常数为 2.55，添加交联剂及光致产酸剂的树脂薄膜的介电常数为 2.62（见表 4.5）。

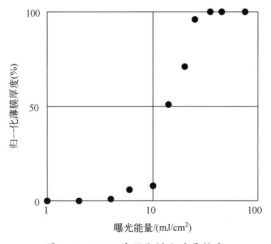

图 4.77　PBO 前驱体树脂的灵敏度

表 4.5　高温固化 PBO 树脂薄膜的介电性能

薄膜样品	厚度/μm	折射指数			介电常数
		n_{TE}	n_{TM}	n_{AV}	
PABO	6.5	1.5244	1.5211	1.5233	2.55
Nega-PSPABO-I	6.5	1.5436	1.5394	1.5422	2.62
Nega-PSPABO-II	4.6	1.5705	1.5394	1.5581	2.67
Nega-PSPABO	4.1	1.5828	1.5738	1.5798	2.75

光致产酸剂 PTMA 在紫外光作用下产生的 Lewis 质子酸，使 OBHB 交联剂分子中羟甲基（—CH_2OH）与质子酸（H^+）反应生成苄基正离子（—CH_2^+），同时脱出水分子；苄基正离子（—CH_2^+）与 PAHA 主链结构中芳香环上的酚羟基发生亲电取代反应生成 C-烷基化产物或与 O-烷基化产物。这些反应使在碱性水溶液中可溶的含酚羟基 PBO 前驱体树脂转化成难溶的交联网状聚合物（见图 4.78）。与含有酚羟基的 MBHP 交联剂相比，OBHB 的亲电取代反应形成了大量醚键化的交联产物，不含有极性的酚羟基，有利于降低树脂薄膜的介电常数及介电损耗等。

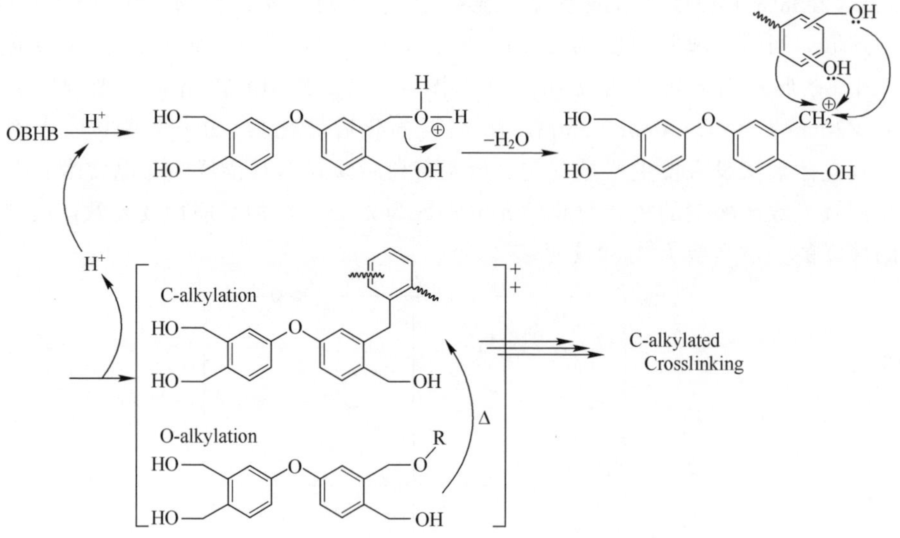

图 4.78　OBHB 交联剂的光交联机理

4. 高透明性前驱体树脂

将 4,4′-二苯醚二甲酰氯（OBBC）与含羟基芳香族二胺 SAP 溶解在含 LiCl 的 NMP 溶剂中，通过缩聚反应形成树脂溶液，将其分散在大量乙醇溶剂中析出固体，过滤、洗涤、干燥后得到含羟基聚酰胺 PHA-S 树脂（见图 4.79），其

GPC 数均分子量为 2.80×10^4，所制备的 PBO 树脂薄膜具有很好的透明性，其 400nm 处的透光率达到或超过 90%。将其溶解在 DMAC 溶剂中形成固体含量为 20%的均相 PAHA 树脂溶液后，再溶入酸解交联剂 TVEB 和光致产酸剂 PTMA，形成三组分的正性光敏 PBO 树脂溶液。其中，PAHA、TVEB、PTMA 的质量比为 80∶15∶5。将该树脂溶液旋涂在硅圆片表面上形成液态胶膜，经前烘（100℃/2min）、365nm 紫外线曝光、后烘［(120～140)℃/(5～10)min］、2.38% TMAH 水溶液室温下显影、去离子水漂洗后，得到正性立体光刻图形[42]。

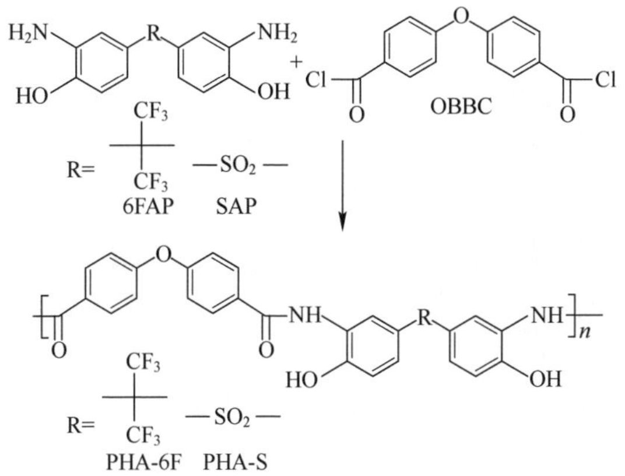

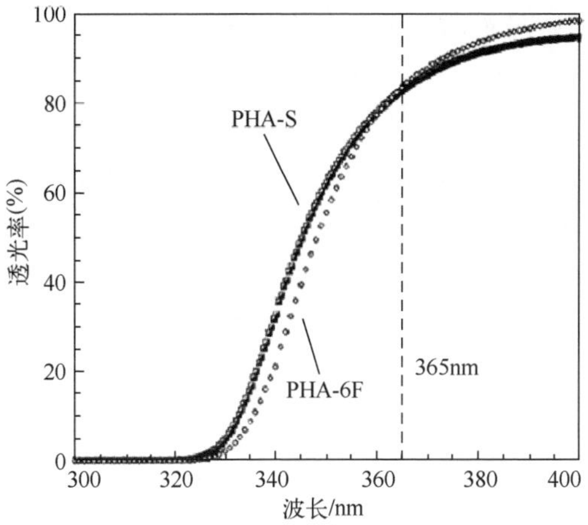

图 4.79 透明性 PBO 前驱体树脂的制备过程及其透光率

对于 PHA-S 树脂/交联剂 TVEB/光致产酸剂 PTMA 光敏树脂体系，当固定 PAHA、TVEB、PTMA 的质量比为 80∶15∶5，前烘温度从 80℃/5min 提高至 130℃/5min 时，树脂薄膜溶解速率随着前烘温度的提高而降低；当前烘温度超过110℃/5min时，树脂薄膜溶解速率接近至0，故最佳前烘条件为110～130℃[见图4.80（a）]。当后烘温度从80℃/5min提高至130℃/5min时，树脂薄膜溶解速率随着前烘温度的升高而提高；当后烘温度超过120℃/5min时，树脂薄膜溶解速率接近450nm/s，故最佳后烘条件为120～130℃。树脂体系中交联剂TVEB的用量对树脂薄膜溶解速率也具有明显影响[见图4.80（b）]。

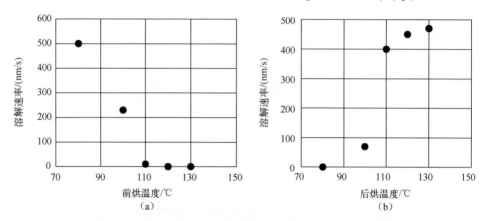

图4.80 前烘温度和后烘温度对树脂薄膜溶解速率的影响

对于PHA-S树脂/交联剂TVEB/光致产酸剂PTMA光敏树脂体系，当固定PAHA、PTMA的质量比为80∶5时，树脂体系中交联剂TVEB的用量对树脂薄膜溶解速率具有明显影响[见图4.81（a）]，当TVEB的用量超过10%后，树脂薄膜溶解速率接近0，故最佳TVEB用量为10%。当固定PAHA、TVEB的质量比为80∶15时，树脂体系中光致产酸剂PTMA的用量对树脂薄膜溶解速率也具有明显影响[见图4.81（b）]，当PTMA的用量超过1%后，树脂薄膜溶解速率快速升高，当PTMA的用量为5%时，树脂薄膜溶解速率达到450nm/s，故最佳PTMA用量为3～5%。

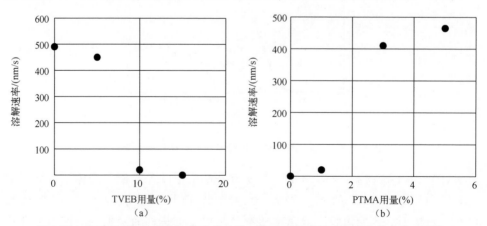

图4.81 交联剂TVEB用量和光致产酸剂PTMA用量对树脂薄膜溶解速率的影响

将 PHA-S/TVEB/PTMA（81/14.3/4.8）光敏树脂的 DMAC 溶液旋涂在硅圆片表面上形成液态胶膜，经前烘（120℃/5min）、365nm 紫外线曝光、后烘（120℃/5min）、2.38% TMAH 水溶液室温下显影、去离子水漂洗后，得到正性立体光刻图形。当树脂薄膜厚度为 1.5μm 时，灵敏度 $D_{0.5}$ 为 14mJ/cm^2，对比度 γ 为 2.7，4.5μm 厚度树脂薄膜的光刻条形分辨率为 10μm（见图 4.82）。PAHA 树脂立体光刻图形经 250℃/1h+300℃/1h+350℃/1h 高温固化后转化为 PBO 树脂立体光刻图形，其立体形状没有发生明显变化。

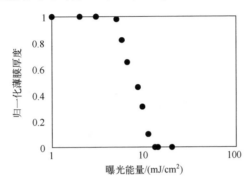

图 4.82　高透明性光敏 PBO 前驱体树脂的灵敏度

5. 低温固化前驱体树脂

将 4,4′-二苯醚二甲酰氯（OBBC）与含羟基芳香族二胺（6FBIS）溶解在含 LiCl 的 NMP 溶剂中，通过缩聚反应形成树脂溶液，将其分散在大量乙醇溶剂中析出固体，过滤、洗涤、干燥后得到含羟基聚酰胺 PHA-6F 树脂（见图 4.83），其 GPC 数均分子量为 2.50×10^4，M_w/M_n=1.6。将其溶解在 DMAC 溶剂中形成固体含量为 20% 的均相 PAHA 树脂溶液后，再溶入光致产酸剂交联剂 S-DNQ 和光致产酸剂 PTMA，形成三组分的正性光敏 PBO 树脂溶液，其中 PHA-6F、S-DNQ、PTMA 的质量比为 15:3:2。将该树脂溶液旋涂在硅圆片表面上形成液态胶膜，经前烘（120℃/5min）、365nm 紫外线曝光、2.38% TMAH 水溶液室温下显影、去离子水漂洗后，得到了正性立体光刻图形[43]。

对于 PHA-6F/PTMA 光敏树脂体系，当 PTMA 用量（相对于 PHA-6F）从 0 增加到 30% 时，树脂薄膜的溶解速率随着 PTMA 用量的提高而逐渐降低，但曝光区与非曝光区树脂薄膜的溶解速率差距不足够大，无法获得高质量光刻图形［见图 4.84（a）］。将 S-DNQ 加入上述两组分体系中形成 PHA-6F/S-DNQ/PTMA（70:0～20:10）三组分光敏树脂体系，当固定 PHA-6F/PTMA 的质量比为 70:10 时，增加 S-DNQ 的用量可显著增大曝光区与非曝光区树脂薄膜的溶解速率差异［见图 4.84（b）］。当 S-DNQ 的用量达到 10% 时，曝光区与非曝光区树脂薄膜的溶解速率之比约为 100，但非曝光区树脂薄膜溶解速率仍达到 1nm/s；当 S-DNQ

用量进一步提高至 15%时,非曝光区树脂薄膜溶解性降低至 0,曝光区与非曝光区树脂薄膜的溶解速率之比约为 1000,有利于获得高质量光刻图形。

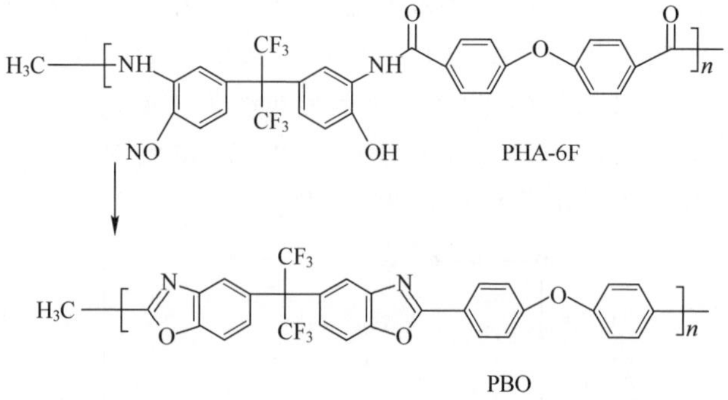

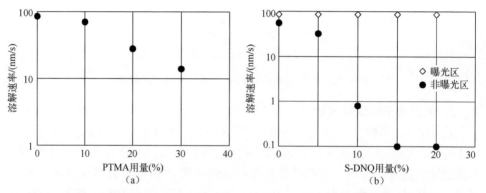

图 4.83　低温固化 PBO 前驱体树脂的制备过程

图 4.84　光致产酸剂 PTMA 用量和光致产酸交联剂 S-DNQ 用量对树脂薄膜溶解速率的影响

前烘温度对树脂薄膜的溶解性具有明显影响。当前烘温度从 80℃/5min 提高至 120℃/5min 时,树脂薄膜溶解速率随着前烘温度的提高而降低;当前烘温度超过 120℃/5min 后,树脂薄膜溶解度接近至 0,故最佳前烘温度为 120℃(见图 4.85)。

将 PHA-6F/S-DNQ/PTMA (75/15/10) 光敏树脂的 20% DMAC 溶液旋涂在硅圆片表面上形成液态胶膜,经前烘(120℃/5min)、365nm 紫外线曝光、后烘(120℃/5min)、2.38% TMAH 水溶液室温下显影、去离子水漂洗后,可得到正性立体光刻图形。当树脂薄膜厚度为 1.5μm 时,灵敏度 $D_{0.5}$ 为 15mJ/cm^2,对比度 γ 为 2.5;2.1μm 厚树脂薄膜的光刻条形分辨率为 8μm(见图 4.86)。PAHA 树脂立体光刻图形经 250℃/10min 高温固化后转化为 PBO 树脂立体光刻图形,其立体形状没有发生明显变化。

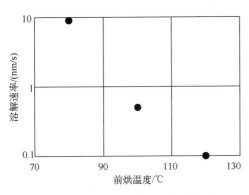
图 4.85 前烘温度对树脂薄膜溶解速率的影响

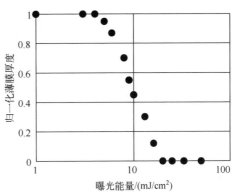
图 4.86 正性光敏 PBO 树脂的灵敏度

研究发现，磺酸（Sulfonic Acid）可在低温（250℃）下有效催化含羟基聚酰胺（PHA）树脂通过环化反应转化为聚苯并咪唑（PBO）树脂，磺酸的分子结构对上述反应具有明显影响（见图 4.87）。PTMA 不但可以作为优异的光致产酸剂，在紫外光作用下迅速产生 Lewis 酸-丙基磺酸，而且可作为热致产酸剂，在加热作用下也可以快速释放出丙基磺酸，可在低温下高效催化 PHA 树脂快速完全转化为 PBO 树脂。对甲基苯磺酸也具有与丙基磺酸同样的催化效果。但是，由 S-DNQ 在紫外线作用下产生的萘基磺酸，在 250℃ 下催化 PHA 树脂转化为 PBO 树脂的转化率只有 60%。因此，对于 PHA-6F/S-DNQ/PTMA（75/15/10）光敏树脂体系，S-DNQ 和 PTMA 必须同时存在，除作为正性光敏树脂的光致产酸剂外，S-DNQ 还是非曝光区树脂薄膜的阻溶剂，PTMA 还作为低温固化催化剂（见图 4.88）。

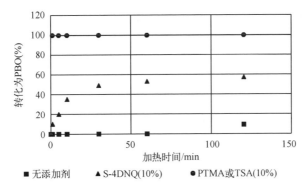
图 4.87 磺酸分子结构对 PHA 树脂低温转化为 PBO 树脂的影响

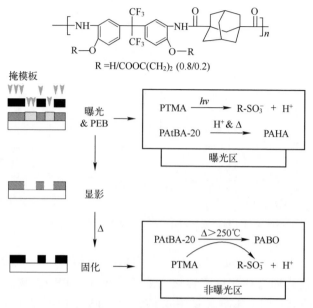

图 4.88 PBO 树脂的低温固化机理

4.4 光敏聚合物树脂主要性能及典型应用

4.4.1 光敏聚合物树脂的典型应用

光敏聚合物树脂材料已经应用于先进 IC 制造与封装领域，成为 WL-CSP（Wafer-Level Chip Scale Packaging）、3D-SiP（System in Package）、IPD（Integrated Passives Devices）等制造的核心关键材料。WL-CSP 已经成为以手机等代表的消费类电子产品的核心技术，是一种低成本、高产能、半气密性的 IC 封装技术，只占用约原芯片面积的 20%，同时可明显降低生产成本。另外，WL-CSP 可有效降低互连点数（Interconnects），提高信号传输速率，成为延续摩尔定律的有效途径。WL-CSP 主要包括扇外互连（Fan-out Interconnects），如 BGA（Ball grid array），采用信号再分配层（Redistribution layers）和聚合物底填充技术（Polymer Underfilling）。WL-CSP 还包括 3D 集成技术，如硅圆通孔技术（Through-Silicon Vias，TSV）、硅圆与硅圆键合技术（Wafer-to-Wafer Bonding，W2WB）等，形成多芯片叠层结构，缩短信号传输距离，降低功率消耗。聚合物材料由于具有优异的耐热性、化学稳定性及低内应力等特点，可作为芯片表面的保护及钝化层材料，在 WL-CSP 制造过程中发挥着关键的作用。

目前，市场上出现多种光敏聚合物树脂材料，包括聚酰亚胺、聚苯并咪唑、苯并环丁烯树脂、环氧树脂、聚丙烯酸酯、有机硅树脂等。其中，光敏聚酰亚胺树脂和光敏聚苯并咪唑树脂由于具有优异的综合性能而得到广泛应用。树脂涂层在金属化表面应具有很好的平坦化能力，可形成致密平坦的涂层，以利于后续的金属化布线制作。树脂固化特性包括温度、速度及收缩率等是人们高度关注的问题，尤其对于温度敏感器件。树脂与导体铜具有很好的界面相容性，防止铜离子迁移也是一个令人关注的问题。另外，材料的力学性能对于非底填充 WLP 的失效模式具有重要的影响，要求材料具有高断裂伸长率及高拉伸强度。

聚酰亚胺涂层已经成为记忆芯片等的标准钝化层材料，用于保护芯片表面，以免在后续工序及测试过程中受到损伤。另外，采用光敏聚酰亚胺树脂代替传统材料还可以明显降低生产成本，提高生产效率。近年来，随着先进封装技术（如 WLP、SiP 和 MCM-D 等）的快速发展，对光敏聚酰亚胺树脂材料提出了更高的性能要求。光敏聚合物树脂包括 PSPI 和 PS-PBO 树脂等，主要用于 WLP 制作过程中的多层再布线层间绝缘介质层（Redistribution Layers）、焊料凸点应力缓冲吸收层（Solder Bump Stress Buffers）、芯片键合和钝化层（Wafer Bonding and Passivation Layers）等（见图 4.89）。

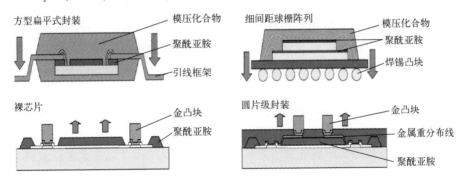

图 4.89 PSPI 树脂在先进 IC 封装中的典型应用

光敏树脂经高温固化后的树脂薄膜必须具有突出的耐热性能，以便承受封装过程中回流焊等高温工序冲击，还要求材料具有优异的黏结强度、力学性能及抗化学腐蚀性，同时还要求材料具有低介电常数及介电损耗、高电绝缘、低吸潮等特性，光敏树脂溶液应具有优异的光刻工艺性，包括工艺窗口宽、储存稳定好、环境友好、成本低等。

光敏前驱体树脂溶液经涂敷、光刻、显影后得到立体光刻图形后，需要高温固化将前驱体树脂转化为高温树脂。树脂薄膜的高温固化温度为 200~400℃。固化过程中，由于有机小分子物质逸出，树脂薄膜体积发生收缩，可能导致立体光刻图形产生一定程度的形变，同时产生内应力。因此，要求光敏树脂具有低固化温度、低尺寸变形及低应力等特点。通常光敏聚酰亚胺树脂需要在325～350℃的高温下固化，近年来市场上出现了可在230～250℃温度下固化的新产品。内应力不仅是树脂薄膜与基板之间由于热膨胀系数（CTE）不匹配而产生的，同时也与树脂薄膜在高温固化过程中的体积收缩有关。光敏聚酰亚胺树脂的固化收缩率为20%～47%，而光敏苯并环丁烯树脂的固化收缩率只有2%～14%。体积收缩率与高温固化过程中溶剂挥发量及产生的小分子副产物量有关，一般来讲，挥发越少，体积收缩越少。平坦度（Degree Of Planarization，DOP）也是光敏树脂的一项重要性能指标，尤其高密度多层金属互连结构对其要求更高。一般来讲，光敏树脂的体积收缩率越高，平坦度越低。与导体铜的相容性（Compatibility）也是光敏树脂必须具备的一项重要技术指标。可采用金属绝缘半导体（Metal Insulator Semiconductor，MIS）结合偏压温度应力（Bias Temperature Stress）的方法测试铜在聚合物中的迁移能力。光敏聚酰亚胺树脂通常都具有很好的抗导体铜的迁移性。

4.4.2　正性光敏聚合物树脂

正性光敏聚合物树脂包括光敏聚酰亚胺树脂和光敏聚苯并咪唑树脂，是主链结构中含酚羟基的树脂与光致产酸剂PAG等形成的混合物。其中，含酚羟基树脂包括含羟基聚酰胺酯树脂和含羟基聚酰亚胺树脂。光致产酸剂PAG经紫外线（i线或g线）曝光后，转化为可溶解在碱性水溶液中的新型化学物质，大幅提高曝光区域混合树脂层膜的溶解性能，而非曝光区域的混合树脂层膜的溶解性能则保持不变。因此，通过碱性显影液可以完全溶解或刻蚀曝光区域的混合树脂层膜，而保留非曝光区域的混合树脂层膜，从而形成正性光刻图形。经高温固化后，含羟基聚酰胺酯树脂转化为含羟基聚酰亚胺树脂，而含羟基聚酰亚胺树脂转化为聚苯并咪唑树脂，两者都具有优良的耐热性能。正性光敏聚合物树脂具有感光速度快、图形分辨率高、工艺稳定、重复性好、成本低、采用水性显影剂、有利于减少超净间有机挥发浓度、保护操作人员人身健康等优点，可广泛应用于集成电路封装过程中的芯片表面钝化层膜、应力缓冲保护层膜、α-粒子遮挡层膜、BGA/CSP/WLP的凸点制作介质、多层互连结构的层间介质等。

1. 正性光敏聚合物树脂的特点

正性光敏聚合物树脂主要包含下列组分：①带羟基的聚酰胺酯或含羟基聚酰亚胺树脂；②光致产酸剂；③光敏助剂；④助黏剂；⑤溶剂；⑥稳定剂；⑦其他功能性添加剂；等等。正性光敏聚合物树脂具有优良的光刻工艺性能，曝光能量达100～150mJ/cm^2；显影剂采用碱性水溶液，显影过程中立体图形不溶胀，刻蚀立体图形结构精细，陡直对比度高；刻蚀立体图形结构在后续高温烘烤过程中保持性好，图形材料力学与电学等综合性能优异，可明显简化光刻工艺过程。与非光敏性聚酰亚胺树脂不同，正性光敏聚合物树脂的光刻制图工艺简单，省去了光刻胶涂覆、去光刻胶等工序，可明显节约生产成本，提高产品质量。

正性光敏聚合物树脂具有下述特点：①适合所有的紫外曝光设备（g线、i线）；②感光速率快，曝光能量为 $100 \sim 150 mJ/cm^2$；③图形分辨率高，为 $3\mu m$；④工艺性能好，采用碱性水溶液作为显影剂；⑤黏附性能好，与单晶硅、陶瓷、金属的表面具有优良的黏附性能；⑥固化温度低，为 300~350℃，也可在 250℃下固化；⑦电学性能优异，能够承受长时间高压蒸煮试验环境；⑧与负性光敏聚酰亚胺树脂相比，成本较低，有利于降低生产成本。

2. 光刻制图工艺

1）芯片预处理

单晶硅表面处理：单晶硅表面可经氧等离子体处理，或在烘箱中高温脱水处理（烘箱为 120℃/30min，热台为 120℃/4min），以获得良好的黏附性能。

2）旋涂制膜

正性光敏树脂溶液通常用于一次性旋转涂敷芯片表面。旋涂速度与时间根据所涂芯片面积大小、形状、质量及所希望得到的涂层厚度和均匀性确定。通常，层膜厚度随旋涂速度的提高而降低（见图 4.90）。

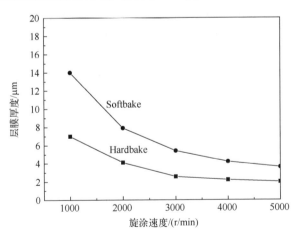

图 4.90 正性光敏树脂溶液的旋涂速度与层膜厚度的关系曲线

典型的旋涂工艺参数如下：①在芯片中央部位滴涂 2~5mL 正性光敏聚合物树脂；②在低速下（600~800r/min）旋转 6~12s，以将树脂溶液均匀分散地涂在芯片表面，使所涂树脂溶液的覆盖边缘距芯片边缘为 5~10mm；③高速（3000~5000r/min）旋涂 10~20s；④为了改善涂敷层膜的均匀性，可以再增加

5～15s 的定型旋转时间。

为了避免旋涂器皿的交叉污染和外来杂质颗粒的污染，建议旋涂器皿在每次使用后都在自动清洗设备上清洗。可采用 NMP、γ-丁内酯或环戊酮（HTR-D2）作为清洗溶剂。γ-丁内酯和环戊酮可以用于芯片的背面漂洗。环戊酮也可用于去除芯片边角部位胶点。滴涂针头直径通常为 0.125in（内径），其输液导管可采用 Teflon 或相似的聚合物材料。

3）前烘坚膜

除带氮气保护的烘箱外，多用途的热台在涂胶后芯片的软烘时使用更方便、更易控制与操作。所用热台的温度波动范围应为 -1～1℃，以保证刻蚀图形的均匀性。在热台上的软烘时间根据层膜厚度的不同应控制为 60～300s，温度控制为 120～140℃。过高的温度和过长的烘烤时间可能会引起光敏剂的分解反应，降低显影速率。

对于厚膜（大于 10μm），可采用两阶段烘烤的方法，以避免溶剂快速挥发引起的层膜内空洞缺陷。第一阶段为（90～110）℃/(1～2)min，紧跟着第二阶段 [(130～140)℃/(2～5)min]。

单独采用烘箱或将烘箱与热台组合使用也是有效的方法。在烘箱内的烘烤时间取决于烘箱的尺寸、一次烘烤芯片的数量等。烘烤的芯片应水平放置，避免烘烤过程中层膜厚度发生变化。

如果采用热台与烘箱相组合的方式，建议先在热台上以 90～110℃ 烘 1～2min；然后在烘箱中以 120～140℃ 烘烤 30～60min。

4）紫外曝光

曝光能量取决于聚酰亚胺树脂的膜厚及基板的反光特性。曝光时的光学聚焦深度约为前烘层膜的 30%。

5）刻蚀显影

显影剂与漂洗剂体系为 2.38% 四甲基氢氧化铵水溶液/去离子水。显影剂浓度可根据膜厚进行适当调节。显影时间取决于聚酰亚胺树脂的软烘温度与时间、聚酰亚胺层膜的厚度、曝光能量及刻蚀显影的方式等。旋转喷洗显影是一种有效的刻蚀显影方法。对于较厚的聚酰亚胺层膜，可以采用两次显影的方法。

采用去离子水漂洗后甩干。去离子水漂洗过程中采用较高的旋转速度（2000～4000r/min）有利于快速洗净残留的显影液。采用浸泡刻蚀显影约需要 20～80s 的时间，显影过程中应连续搅拌后，采用去离子水漂洗、甩干。

6）热固化薄膜

加热至完全亚胺化的过程可以在热台或氮气保护的烘箱中进行。代表性的热固化工艺为，以 3～6℃/min 的升温速度从室温加热到 250℃ 后，在 250℃ 下保温 30～60min。如果需要，则热固化温度可提升到 350℃。为了避免聚酰亚胺薄膜被高温空气氧化，烘箱应缓慢降温。当烘箱温度低于200℃时，样品才能从烘箱中取出。

7）返工修理

前烘后的聚酰亚胺树脂层膜可采用下述工艺进行返工处理：①在NMP溶剂中85℃/5min；②在NMP溶剂中室温/5min；③去离子水漂洗3次。

3. 正性光敏聚合物树脂的主要性能

正性光敏聚合物树脂适合宽谱带（g线和i线，350～435nm）曝光，可在许多基质材料表面上光刻制作精细图形，包括单晶硅、砷化镓、氧化铝和玻璃等，主要应用于IC芯片表面的钝化膜、应力缓冲保护膜、多层金属互连结构的层间介电绝缘膜，可应用于多种封装形式，包括TSOP/QFP、FBGA/CSP、CSP、WLP及SiP等。

正性光敏聚合物树脂为黏稠、均相液体，适合旋涂或滚涂。根据溶液黏度与固体含量的不同通常分为不同等级，包括黏度范围为40～50mPa·s，固体含量为17%～18%；黏度范围为1000～1200mPa·s，固体含量为39%～40%；黏度范围为1800～2000mPa·s，固体含量为42%～43%。正性光敏聚合物树脂通常含能够增加黏性的成分，即使芯片表面没有进行助黏处理，树脂在芯片上涂膜时一般也具有良好的黏附性。产品特点是光刻工艺窗口宽、工艺参数较易控制、批次间重复性好。完全固化后的聚酰亚胺树脂层膜具有耐热性能优异、力学性能好等特点。

正性光敏聚合物树脂溶液通常采用氟化塑料瓶包装，外套黑色塑料袋，包装规格分为100g、250g、500g、1kg、2.5kg等。产品应在低温（−15℃）下避光储存。使用前，包装瓶须在室温下放置2h以上醒胶，待包装瓶内树脂的温度与室温达到平衡时再开启瓶盖，以避免树脂吸附空气中的潮气，影响树脂的性能。开启瓶盖后的树脂最好在7天内用完。产品应在安全的黄光下使用，操作间通风条件应良好。操作人员应戴保护手套和眼镜。如果操作人员不慎接触到树脂溶液，则可参照产品的安全数据手册处理。表4.6是日本Tory公司PW系列PSPI树脂的主要性能。

表4.6 Tory公司PW系列PSPI树脂的主要性能

	性　　能		PW-1000	PW-1200	PW-1500	PW-2000
树脂溶液性能	液体黏度/(mPa·s)		1500	1500	1500	1500
	固体含量（%）		38	40	40	40
	储存期	−16℃	9个月	9个月	9个月	9个月
		4℃	6个月	6个月	6个月	6个月
		室温	1个月	1个月	1个月	1个月

续表

性　　能			PW-1000	PW-1200	PW-1500	PW-2000
光刻工艺性能	涂胶		spin	spin	spin	spin
	前烘/(℃/min)		120/3	120/3	120/3	115/3
	曝光能量/(mJ/cm^2)	3μm	175	150	150	100
		7μm	650	550	550	250
	显影/s		20～120	20～120	20～120	20～120
	固化/(℃/min)		320～380	250～380	250～380	250～380
固化后膜性能	膜厚范围/μm		3～7	3～10	3～7	3～7
	拉伸强度/MPa	320℃	130	150	150	150
	拉伸模量/GPa	320℃	3.0	3.9	3.8	3.8
断裂伸长率（%）		250℃	—	20	20	20
		320℃	30	20	20	20
		350℃	20	20	10	20
		380℃	10	20	10	20
		400℃	10	20	10	20
T_g（DMA）/℃		250℃	—	230	250	235
		320℃	270	305	320	310
		350℃	270	305	380	310
		380℃	270	305	400	315
		400℃	270	305	430	320
CTE(×10^{-6}/℃)		TMA	36	36	36	36
内应力/MPa		250℃	—	26	35	30
		320℃	28	36	38	36
介电常数		1MHz	2.9	2.9	2.9	2.9
介电强度		kV/mm	>420	>420	>420	>420
体积电阻率		Ω·cm	>1×10^{16}	>1×10^{16}	>1×10^{16}	>1×10^{16}
表面电阻率		Ω	>1×10^{16}	>1×10^{16}	>1×10^{16}	>1×10^{16}
吸水率（%）			0.6	0.6	0.6	0.6

数据来源：Tory公司产品手册 *Positive Tone Photosensitive Polyimide Coatings*。

4.4.3 负性光敏聚酰亚胺树脂

1. 负性光敏聚酰亚胺树脂的特点

负性光敏聚酰亚胺树脂主要包含下列组分：①带光敏基团的聚酰亚胺前驱体树脂；②光敏引发剂；③内置助黏剂；④溶剂；⑤光敏交联剂；⑥稳定剂；⑦其他功能性添加剂；等等。负性光敏聚酰亚胺树脂的特点：①适合所有的紫外线曝光设备（g线、i线）；②感光速率快，曝光能量为 $100\sim200\text{mJ}/\text{cm}^2$；③图形分辨率高，$3\sim10\mu\text{m}$；④工艺窗口宽；⑤黏附性能好；⑥电学性能优异，能够承受长时间高压蒸煮试验环境；⑦固化膜厚范围宽，$3.0\sim15\mu\text{m}$。

2. 光刻制图工艺性能

1）芯片预处理

单晶硅表面处理：单晶硅表面可经氧等离子体处理，或者在烘箱中高温脱水处理（烘箱为120℃/30min，热台为120℃/4min），以获得良好的黏附性能。

2）树脂旋涂

通常用于一次性旋转涂敷芯片表面。旋涂速度与时间根据所涂芯片的面积大小、形状、质量及所希望得到的涂层厚度和均匀性确定，可参照产品的旋涂速度与层膜厚度曲线确定大致的旋涂速度和时间（见图4.91）。

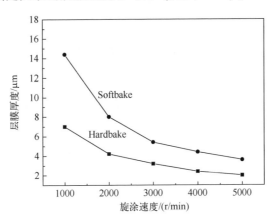

图4.91 负性光敏聚酰亚胺树脂的旋涂速度与层膜厚度关系曲线

典型的旋涂工艺参数如下：①在芯片中央部位滴涂 $2\sim5\text{mL}$ 光敏聚酰亚胺树脂；②在低速（$1000\sim1500\text{r}/\text{mim}$）下旋转 $7\sim25\text{s}$，将树脂溶液均匀分散地涂在芯片表面，使所涂树脂溶液的覆盖边缘距芯片边缘为 $5\sim10\text{mm}$；③高速（$2000\sim4000\text{r}/\text{mim}$）旋涂 $30\sim45\text{s}$；④为了改善涂敷层膜的均匀性，可以再增加 $5\sim15\text{s}$ 的定型旋转时间。

为了避免旋涂器皿的交叉污染和外来杂质颗粒的污染，建议旋涂器皿在每次使用后都要在自动清洗设备上清洗。可采用 NMP、γ-丁内酯或环戊酮（HTR-D2）作为清洗溶剂。γ-丁内酯和环戊酮可以用于芯片的背面漂洗。环戊酮也可用于去除芯片边角部位胶点。滴涂针头直径通常为 0.125in（内径），其输液导管可采用 Teflon 或相似的聚合物材料。

3）前烘坚膜

除带氮气保护的烘箱外，多用途的热台在涂胶后芯片的软烘时使用更方便、更易控制与操作。所用热台的温度波动范围应为 $-1\sim1℃$，以保证刻蚀图形的均匀性。在热台上的软烘时间根据层膜厚度的不同应控制为 $30\sim300s$，温度控制为 $110\sim140℃$。过高的温度和过长的烘烤时间可能会引起树脂的交联反应，降低显影速率。

对于厚膜（大于 $10\mu m$），可采用两阶段烘烤的方法，以避免溶剂快速挥发引起的层膜内空洞缺陷。第一阶段为 $(90\sim110)℃/(1\sim2)min$，紧跟着为第二阶段 $[(110\sim140)℃/(2\sim5)min]$。

单独采用烘箱或将烘箱与热台组合使用也是有效的方法。在烘箱内的烘烤时间取决于烘箱的尺寸、一次烘烤芯片的数量等。烘烤的芯片应水平放置，避免烘烤过程中层膜厚度发生变化。

如果采用热台与烘箱相组合的方式，建议先在热台上以 $90\sim110℃$ 烘 $1\sim2min$；然后在烘箱中以 $110\sim140℃$ 烘烤 $30\sim60min$。

4）紫外线曝光

曝光能量取决于聚酰亚胺树脂的膜厚及基板的反光特性。曝光时的光学聚焦深度约为软烘层膜的 30%（见图 4.92）。

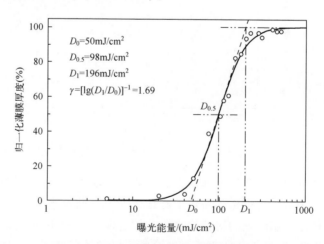

图 4.92 典型负性光敏 PI 树脂的光敏曲线

5) 刻蚀显影

根据聚酰亚胺树脂的化学结构不同,可采用不同的显影剂与漂洗剂体系,主要包括:①γ-丁内酯-醋酸丁酯混合物/醋酸丁酯;②N,N-二甲基甲酰胺/醋酸丁酯;③环戊酮/PGMEA;等等。显影时间取决于聚酰亚胺树脂的软烘温度与时间、聚酰亚胺层膜的厚度、曝光剂量及刻蚀显影的方式等。旋转喷洗显影是一种有效的刻蚀显影方法。

采用乙酸丁酯/异丙醇漂洗 10～20s 后甩干。漂洗过程中采用较高的旋转速度(2000～4000r/mim)有利于快速溶解聚酰亚胺树脂,以避免聚酰亚胺红色斑点的形成。对于较厚的聚酰亚胺层膜,可以采用两次显影的方法。采用浸泡刻蚀显影需要 40～120s,显影过程中应连续搅拌。

6) 热固化制膜

加热至完全亚胺化的过程可以在热台或氮气保护的烘箱中进行。代表性的热固化工艺为,以 3～6℃/min 的升温速度从室温加热到 350℃后,在 350℃下保温 30～60min。为了避免聚酰亚胺薄膜被高温空气氧化,烘箱应缓慢降温。当烘箱温度低于 200℃时,样品才能从烘箱中取出。

7) 返工修理

软烘后的聚酰亚胺树脂层膜可采用下述工艺进行返工处理:①在 NMP 溶剂中 85℃/5min;②PI 去胶剂,70℃/5min;③NMP 溶剂,室温/5min;④去离子水漂洗 3 次。

3. 负性光敏聚酰亚胺树脂的主要性能

负性光敏聚酰亚胺树脂适合宽谱带(g线和i线:350～435nm)曝光,可在许多基质材料表面上光刻制作精细图形,包括单晶硅、砷化镓、氧化铝和玻璃等,主要应用于 IC 芯片表面的应力缓冲保护膜、钝化膜及多层布线的层间介电绝缘膜。

负性光敏聚酰亚胺树脂为黏稠、均相液体,适合旋涂或滚涂。根据溶液黏度与固体含量不同分为 3 个等级,包括溶液黏度范围为 1000～2000mPa·s,固体含量为 30%～31%;黏度范围为 3000～4000mPa·s,固体含量为 32%～33%;黏度范围为 4000～6000mPa·s,固体含量为 35%～36%。光敏树脂中通常含有增加自身黏性的组分,即使芯片表面没有经过助黏处理,树脂在芯片上涂膜一般也具有良好的黏附性。完全固化后的聚酰亚胺树脂层膜的内应力较低,同时具有低的介电常数与介电损耗及较小的热膨胀系数和优良的力学性能。负性光敏聚酰亚胺树脂通常具有光刻工艺窗口宽、工艺参数较易控制、批次间重复性好等特点。同时,固化后层膜的内应力和介电常数较低、耐热性优异。代表性负性光敏聚酰亚胺树脂的主要性能如表 4.7 所示。

表 4.7 负性光敏聚酰亚胺树脂的主要性能

性 能			HD-4100	HD-4104	HD-4110	PN-2000
树脂溶液性能	液体黏度/(mPa·s)		3600±660	1700±350	7500±800	1500
	固体含量（%）		33.2±5.0	30.5±3.0	36.0±5.0	40
	溶剂		NMP	NMP	NMP	—
	储存期	-18℃	24个月	24个月	24个月	12个月
		室温	1个月	1个月	1个月	1个月
光刻工艺性能	涂胶		spin	spin	spin	spin
	前烘/(℃/s)		90/100+ 100/100	90/100+ 100/100	90/120+ 110/120	100/180
	曝光能量/(mJ/cm²)	i线	200～400/ 10.5μm	200～400/ 10.5μm	400～500/ 20.0μm	500 11.6μm
	后烘/(℃/s)		—	—	—	120/60
	显影/s		30	30	50	50/2.35% TMAH
	漂洗					去离子水
	固化/(℃/min)		350～390/60	350～390/60	350～380/60	200/60
固化后膜性能	膜厚范围/μm		4～11	3～7	8～20	3～7
	拉伸强度/MPa	200℃/1h	—	—	—	108
		320℃/1h	165	165	165	118
		350℃/1h	190	190	190	122
		375℃/1h	200	200	200	—
拉伸模量/GPa		200℃/1h				3.5
		320℃/1h	3.0	3.0	3.0	3.9
		350℃/1h	3.4	3.4	3.4	3.9
		375℃/1h	3.5	3.5	3.5	—
断裂伸长率（%）		200℃/1h	—	—	—	34
		320℃/1h	30	30	30	28
		350℃/1h	50	50	50	25
		375℃/1h	45	45	45	—
T_g (DMA)/℃		200℃/1h	—	—	—	220
		320℃/1h	260	260	260	311
		350℃/1h	290	290	290	334
		375℃/1h	325	325	325	—

续表

性　能		HD-4100	HD-4104	HD-4110	PN-2000
CTE($\times 10^{-6}$℃)	320℃/1h	60	60	60	36
内应力/MPa	320℃/1h	29	29	29	36
介电常数	1MHz	3.2	3.2	3.2	2.9
介电损耗	1MHz	0.001	0.001	0.001	0.005
介电强度	kV/mm	250	250	250	450
体积电阻率	$\Omega \cdot cm$	2.4×10^{16}	2.4×10^{16}	2.4×10^{16}	1×10^{16}
表面电阻率	Ω	3.3×10^{16}	3.3×10^{16}	3.3×10^{16}	1×10^{16}

数据来源：HD Microsystems 公司产品手册。

4.4.4 非光敏聚酰亚胺树脂

非光敏聚酰亚胺树脂主要由助黏剂、聚酰亚胺前躯体——聚酰胺酸（或酯）、功能性添加剂等混合而成，通过加热亚胺化可转化成聚酰亚胺涂层膜。单晶硅表面可经氧等离子体处理，或者在烘箱中高温脱水处理（烘箱为120℃/30min，热台为120℃/4min），以获得良好的黏附性能。非光敏 PI 树脂可借助普通光刻胶实现光刻制图，典型工艺如下：①通过旋涂方式，在硅圆表面涂敷非光敏 PI 树脂；②软烘，(100~140)℃/(30~60)min；③在前烘后的非光敏聚酰亚胺树脂表面涂敷普通光刻胶（负胶或正胶）；④软烘；⑤通过掩模板曝光；⑥显影；⑦去光刻胶；⑧漂洗；⑨后烘，亚胺化得到聚酰亚胺图形。光刻图形的最小线宽与软烘后的涂层厚度有关，一般为软烘后涂层厚度的4倍。

1. 非光敏聚酰亚胺树脂的特点

这类树脂具有下述特点：①自助黏结，无须外加助黏剂，对单晶硅、陶瓷、金属铝、铜等表面具有优良的黏附性；②完全固化后，图形的膜厚可调范围为 3~10μm；③可借助标准的光刻胶及其显影剂进行光刻制图（正性胶、负性胶均可）；④具有高耐热性能、高玻璃化转变温度、高热分解温度；⑤抗应力崩裂；⑥抗金属离子迁移性好；⑦可在最终热固化前进行返工修改图形。

该树脂溶液中含有内置的助黏成分，无须外加其他的助黏剂。例如，HMDS是一种常用的光刻胶助黏剂，会明显降低聚酰亚胺与基质的黏附性。该树脂溶液通常用于一次性旋转涂敷芯片表面。旋涂速度与时间根据所涂芯片的面积大小、形状、质量及所希望得到的涂层厚度和均匀性确定，可参照产品的旋涂速度与层膜厚度曲线而确定大致的旋涂速度和时间。典型的旋涂工艺参数如下：①在芯片中央部位滴涂 3～5mL 非光敏聚酰亚胺树脂；②在低速（1000～1500r/min）下旋转 7～25s，使树脂溶液均匀地分散地涂在芯片表面，使所涂树脂溶液的覆盖边缘距芯片边缘为 5～10mm；③高速（2000～4000r/min）旋涂 30～45s；④为了改善涂敷层膜的均匀性，可以再增加 5～15s 的定型旋转时间。

为了避免旋涂器皿的交叉污染和外来杂质颗粒的污染，建议旋涂器皿在每次使用后都要在自动清洗设备上清洗。可采用 NMP、γ-丁内酯或环戊酮（HTR-D2）作为清洗溶剂。γ-丁内酯和环戊酮可以用于芯片的背面漂洗。环戊酮也可用于去除芯片边角部位胶点。滴涂针头直径通常为 1/8″（I.D.），其输液导管可采用 Teflon 或相似的聚合物材料。

Tory 公司 SP 系列非光敏 PI 树脂产品的主要性能如表 4.8 所示。

表 4.8 Tory 公司 SP 系列非光敏 PI 树脂产品的主要性能

性能		单位或条件	SP-341	SP-453	SP-483	SP-043
树脂溶液性质	液体黏度	mPa·s	3600	5000	18000	5500
	固体含量	%	16	21	23	19
	溶剂		NMP	NMP	NMP	NMP
	过滤精度	μm	1	1	1	1
	离子含量	$\times 10^{-6}$	Na<0.1 K<0.1 Fe<0.1 Ca<0.1 Cu<0.1 Cr<0.1 —	Na<0.1 K<0.1 Fe<0.1 Ca<0.1 Cu<0.1 Cr<0.1 —	Na<0.1 K<0.1 Fe<0.1 Ca<0.1 Cu<0.1 Cr<0.1 —	Na<0.1 K<0.1 Fe<0.1 Ca<0.1 Cu<0.1 Cr<0.1 Cl<2.0
	储存期	@-16℃	12 个月	12 个月	12 个月	24 个月
		@4℃	6 个月	6 个月	6 个月	6 个月
光刻工艺性能（借助正性光刻胶光刻图形）	膜厚范围	μm	3～7	3～7	3～10	4.8～12.5
	PI 图形显影剂		碱性水溶液	碱性水溶液	有机溶液	碱性水溶液
	最高固化温度	℃	250～350	250～350	180～220	250～350
固化后薄膜性能	拉伸强度	MPa	180	140	140	230
	拉伸模量	GPa	2.9	3.6	3.6	4.7
	断裂伸长率	%	80	50	50	55
	T_g（DMA）	℃	330	300	300	—
	CTE（TMA）	$\times 10^{-6}$/℃	40	40	40	17
	T_5 热分解温度	℃（TGA）	560	560	560	600

续表

性　　能		单位或条件	SP-341	SP-453	SP-483	SP-043
固化后薄膜性能	介电常数	@1MHz	3.2	3.2	3.2	3.3
	介电强度	V/μm	>300	>300	>300	>300
	体积电阻率	Ω·cm	>1×10^{16}	>1×10^{16}	>1×10^{16}	>1×10^{16}
	表面电阻率	Ω	>1×10^{16}	>1×10^{16}	>1×10^{16}	>1×10^{16}
	吸水率	%	—	—	—	0.8

数据来源：Tory公司产品手册。

2. 光刻制图工艺

1）旋涂胶膜

根据聚酰亚胺层膜的厚度要求，确定树脂的旋涂工艺参数。旋涂速度与层膜厚度之间存在着对应关系。用户需根据自己的实际需求，确定涂敷工艺参数。

2）前烘坚膜

除带氮气保护的烘箱外，多用途的热台在涂胶后芯片的软烘时使用更方便、更易控制与操作。所用热台的温度波动范围应为$-1\sim1℃$，以保证刻蚀图形的均匀性。在热台上的软烘时间根据层膜厚度不同应控制为$30\sim60min$，温度控制为$120\sim140℃$。过高的温度和过长的烘烤时间可能会引起树脂的亚胺化反应，降低显影速率。对于厚膜（大于$10\mu m$），可采用两阶段烘烤的方法，以避免溶剂快速挥发引起的层膜内空洞缺陷。第一阶段为$(90\sim110)℃/(1\sim2)min$，紧跟着为第二阶段$[(120\sim140)℃/(30\sim60)min]$。

单独采用烘箱或将烘箱与热台组合使用也是有效的方法。在烘箱内的烘烤时间取决于烘箱的尺寸、一次烘烤芯片的数量等。烘烤的芯片应水平放置，避免烘烤过程中层膜厚度发生变化。如果采用热台与烘箱相组合的方式，建议先在热台上以$90\sim110℃$烘$1\sim2min$；然后在烘箱中以$120\sim140℃$烘烤$30\sim60min$。

3）旋涂光刻胶

根据聚酰亚胺树脂层膜的厚度不同，光刻胶的厚度一般为$1.5\sim3\mu m$。光刻胶的涂敷工艺参数根据厂家提供的产品信息确定。所用的光刻胶必须能够承受较长的刻蚀显影时间以完全刻蚀聚酰亚胺树脂层。光刻胶的软烘工艺为，热台上$(110\sim130)℃/(1\sim2)min$，光刻胶应在低于聚酰亚胺树脂的软烘温度下进行软烘，以避免在光刻胶与聚酰亚胺树脂之间形成过渡界面层。

4）曝光

曝光能量根据厂家提供的产品信息确定。

5）后烘

曝光后，烘烤应在比聚酰亚胺树脂层膜软烘温度更低的温度下进行，一般为（100～120）℃/（30～60）min。延长烘烤时间将硬化显影前的光刻胶层膜。

6）刻蚀显影

以四甲基氢氧化铵为基础的正性光刻胶显影液，如 OPD 262、OPD 4262 等，可用于刻蚀显影剂。显影时间取决于聚酰亚胺树脂的软烘温度与时间、聚酰亚胺层膜的厚度、曝光能量及刻蚀显影的方式等。旋转喷洗显影是一种有效的刻蚀显影方法，首先旋转喷洗 40～60s 以除去大部分光刻胶，然后开始形成 Puddle，再延长 20～30s 的喷洗时间以完成 Puddle。整个 Puddle 时间为 20～80s，采用去离子水漂洗 10～20s 后甩干。去离子水漂洗过程中采用较高的旋转速度（2000～4000r/mim），有利于快速溶解聚酰亚胺树脂，以避免聚酰亚胺红色斑点的形成。对于较厚的聚酰亚胺层膜，可以采用两次显影的方法。

采用浸泡刻蚀显影方法需要 20～80s 的时间，显影过程中应连续搅拌，然后采用去离子水漂洗，最后甩干。

7）去光刻胶

曝光后，光刻胶层膜可采用多种通用的光刻胶溶剂去除，包括 RER 500、RER 550 和 RER 600 等。这些溶剂还可以去除光刻胶的边缘胶斑。但是，不要使用 NMP，它会浸蚀和除掉软烘后的聚酰亚胺层膜。去除光刻胶可在光刻流水线设备上进行，首先喷洗 6～10s，然后甩干即可。对于较厚的光刻胶，可采用二次去胶的方法完全除去残留的光刻胶。

8）热固化过程

加热至完全亚胺化的过程可以在热台或氮气保护的烘箱中进行。代表性的热固化工艺为，以 3～6℃/min 的升温速度从室温加热到 350℃后，在 350℃下保温 30min。为了避免聚酰亚胺薄膜被高温空气氧化，烘箱应缓慢降温。当烘箱温度低于 200℃时，样品才能从烘箱中取出。

9）返工

软烘后的聚酰亚胺树脂层膜可采用下述工艺进行返工处理：①在 NMP 溶剂中 85℃/5min；②PI 去胶剂，70℃/5min；③NMP 溶剂，室温/5min；④去离子水漂洗 3 次。

表 4.9 展示了典型光刻制图工艺参数。

表 4.9 非光敏聚酰亚胺树脂的典型光刻制图工艺参数

序号	工 艺	SP-341	SP-483	SP-042
1	干燥芯片	热台 230℃/120s	热台 230℃/120s	热台 230℃/120s

续表

序号	工艺	SP-341	SP-483	SP-042
2	涂胶	700（r/min）/10s+3s slope+3500（r/min）/30s	700（r/min）/10s+3s slope+3500（r/min）/30s	700（r/min）/10s+3s slope+1400（r/min）/30s
3	前烘	热台 95℃/90s+125℃/90s	热台 95℃/150s+125℃/150s	热台 95℃/150s+125℃/150s
4	旋涂正性光刻胶	500（r/min）/2s+4000（r/min）/30s	500（r/min）/2s+3300（r/min）/30s	500（r/min）/2s+3600（r/min）/30s
5	软烘正性光刻胶	热台 105℃/120s	热台 105℃/120s	热台 110℃/120s
6	曝光（Canon501 PLA）	150mJ/cm²（软接触式）	150mJ/cm²（软接触式）	100mJ/cm²（软接触式）
7	刻蚀显影	四甲基氢氧化铵水溶液（搅拌浸泡式）	四甲基氢氧化铵水溶液（搅拌浸泡式）	四甲基氢氧化铵水溶液（NMD-3）（搅拌浸泡式）
8	漂洗	去离子水：4次	去离子水：4次	去离子水：4次
9	去光刻胶	（1）丙酮喷洗 10s；（2）异丙醇喷洗 10s；（3）甩干（4000（r/min）/10s）	（1）丙酮喷洗 10s；（2）异丙醇喷洗 10s；（3）甩干（4000（r/min）/10s）	N-Butyl Acetate
10	热固化（热台，N₂）	（1）140℃/5min；（2）180℃/5min；（3）350℃/5min	（1）140℃/5min；（2）180℃/5min；（3）350℃/5min	（1）140℃/30min；（2）200℃/30min；（3）350℃/60min
11	图形膜厚	3.0μm	10μm	10μm

4.5 光敏苯并环丁烯树脂

随着超大规模集成电路（ULSI）的特征尺寸不断缩小和信号处理速度越来越快，布线密度越来越高，由此寄生的电阻、电容所引起的信号传输延迟、串扰和功耗已经严重阻碍了高速度、高密度、低功耗和多功能超大规模集成电路的发展，成为亟待解决的问题[44]。当超大规模集成电路的特征尺寸减小到 0.18μm 时，由互连寄生的电阻、电容所引起的信号传输延迟（t_{RC}）已经达到整个芯片延迟的80%以上（见图4.93）。t_{RC}可由下面的公式描述：

$$t_{RC} = 2\rho k \varepsilon_0 (4L^2/P^2 + L^2/T^2)$$

式中：ρ 为金属导线的电阻率；k 为层间介质材料的相对介电常数；ε_0 为真空极化度；L 为导线长度；P 为线间距；T 为导线截面积。由上述公式得出，采用具有更高电导率的金属导线和更低介电常数的层间介质材料成为减小 t_{RC} 的最直接有效的方法。因此,具有更高电导率和更好电子迁移阻隔性的 Cu 互连代替 Al 互连成为制造超大规模集成电路的必然选择。

层间介质材料的介电常数可由 Clausius-Mossotti 公式来描述[45]:

$$k = \frac{1+2\left(\dfrac{P_m}{V_m}\right)}{1-\left(\dfrac{P_m}{V_m}\right)}$$

式中:k 为介电常数;P_m 为摩尔极化度;V_m 为摩尔体积分数。由 Clausius-Mossotti 公式得知:降低分子摩尔极化度和增大材料摩尔体积分数是降低材料介电常数的有效方法。

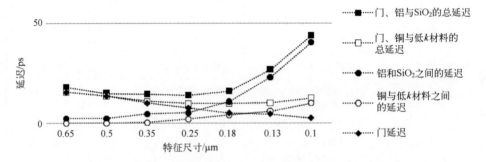

图 4.93 器件内部延迟和 RC 延迟随特征尺寸的变化规律

开发低介电常数层间介质材料代替目前正在应用的 SiO_2 已经成为微电子行业所必须迎接的挑战[46]。超大规模集成电路对低介电常数层间介质材料的要求非常苛刻,要求其具有高耐热性、低介电常数、低介电损耗、低吸湿性及高力学性能等综合的优异性能,具体的要求如表 4.10 所示[47]。

表 4.10 低介电常数层间介质材料的性能要求

电 性 能	力学性能	化学稳定性	热稳定性
低介电常数	膜厚均匀	高化学稳定性	高耐热稳定性
各向同性	黏附性好	高刻蚀选择性	高玻璃化转变温度(T_g)
低漏电电流	低应力	低吸湿性、高耐水性	低热收缩率
高击穿强度	高弯曲模量	低气体渗透性	导热性好
低介电损耗	高硬度、低收缩率	高纯度	
高可靠性	抗裂纹性能好	不腐蚀金属	
	高流平性	存储稳定性好	

通常,降低层间介质材料介电常数及介电损耗的主要途径包括以下两点。

(1) 降低分子摩尔极化度。从材料化学结构的角度考虑,通过引入氟原子或饱和脂肪链结构,可以有效降低分子链的共轭程度。表 4.11 的数据显示[48-49],C—C 和 C—F 具有最低的极化度,所以含有氟原子或饱和脂肪链结构的材料均具备较低的介电常数。氟原子具有较高的电负性,对电子的束缚能力非常强,使得氟原子可以有效降低化合物的极化度,而束缚电子能力较弱的化学键就会导致较高的极化度。例如,含 C=C 和 C≡C 结构较多的材料由于 π 键电子云的流动使材料有较高的极化度。其中含有延长 C≡C 共轭结构的材料更是由于其电子云的离域而产生更高的极化度,因此分子链结构共轭程度的降低也可以降低材料的介电常数[50]。

表 4.11 化学键的极化度与键能

化学键类型	极化度/Å³	平均键能/(kcal/mol)
C—C	0.531	83
C—F	0.555	116
C—O	0.584	84
C—H	0.652	99
O—H	0.706	102
C=O	1.020	176
C=C	1.643	146
C≡C	2.036	200
C≡N	2.239	213

注:1kcal=4.184kJ;1Å=0.1nm。

(2) 增大材料摩尔体积。除原子种类和化学键类型可以影响材料的介电常数外,原子和化学键密度的降低也可以减小材料的介电常数。通常,降低材料密度有如下两种方法。①采用更"轻"的原子代替原子量较大的重原子,如相对于无机 SiO_2,有机聚合物材料往往具有更低的介电常数,采用更轻的 C 原子和 H 原子代替较重的 Si 原子和 O 原子便是降低材料密度的原因之一。相对于以网络结构交联的 SiO_2,有机聚合物的链段堆砌密度一般更低。引入 H 或 CH_3 这类较轻并且占据较大体积的基团也能够明显降低材料的密度[51]。②增大原子周围的活动空间也能够降低材料密度[51],在材料中创造具有纳米级尺度的小孔以增加分子的自由体积是其中最直接有效的方法。材料的介电常数与空隙率之间的关系大致可以通过下面的公式表达:

$$f_1\frac{k_1+k_e}{k_1+2k_e}+f_2\frac{k_2-k_e}{k_2+2k_e}=0$$

式中，f_1、f_2 分别代表两种组分的体积分数；k_1、k_2 代表介电常数；k_e 代表共混材料的实际介电常数。文献表明，这一公式对多孔材料的介电性能的预测与试验结果拟合度较高[52-53]。虽然在材料中引入适量的纳米微孔可以降低材料的介电常数，但是过量的纳米微孔会减弱材料的力学性能并增加材料的吸水率，反而会导致材料的介电常数增高[54]。

苯并环丁烯树脂（Benzocyclobutene，BCB）由于具有优异的介电性能、良好的力学性能，以及较强的热稳定性和热氧化稳定性等特点，而且固化温度适中，因此在微电子封装中作为多层布线层间绝缘、IC 应力缓冲/钝化层、铝及 GaAs 的介质内层等得到广泛应用。相较其他有机聚合物材料，苯并环丁烯树脂具有更低的介电常数和介电损耗，能够有效地降低互连信号传输延迟、串扰和功耗，是近年来在超大规模集成电路（ULSI）制造与封装中的一类重要的层间绝缘介质材料。

4.5.1 BCB 树脂结构及性能特点

BCB 树脂是一类具有交联网络结构的有机聚合物材料。陶氏化学公司开发的 Cyclotene 系列苯并环丁烯树脂的化学结构和固化机理如图 4.94 所示[55]。这类材料固化后具有非常高的交联密度，具有很好的热稳定性和尺寸稳定性，T_g 达到 350℃以上，分子结构中不含极性基团，且分子结构完全对称。苯并环丁烯基团完全固化后生成饱和的脂肪链结构，因此这类树脂具有很低的介电常数和介电损耗，介电常数在 2.65 左右。同时由于含有硅氧烷螺旋链结构，吸水率也很低，一般为 0.2%左右[56]。鉴于苯并环丁烯独特的固化机理，这类树脂具有良好的加工性能，可制备出具有不同固化程度的 B 阶段树脂，树脂加工过程中流平性良好，完全固化后的树脂薄膜具有非常高的平整度。通过在 B 阶段树脂中加入合适的光敏剂，还可制备出具有光敏性的苯并环丁烯树脂。正因为苯并环丁烯树脂具有优异的综合性能，使得它已经在超大规模集成电路中得到广泛的应用，并被微电子行业高度认可，成为目前低介电层间介质材料的最优选择之一[57]。

1. BCB 树脂发展历程

苯并环丁烯分子结构（见图 4.95）中含有的四元环丁烯环与六元苯环共处在一个平面上。早在 1910 年，Finkelstein 在用碘离子取代氯苄和溴苄时发现，α,α,α',α'-四溴代邻二甲苯 1 与碘化钠反应可以合成 1,2-二溴代苯并环丁烯 2[58]。此后 45 年间，关于苯并环丁烯方面的研究进展非常缓慢，直到 1956 年，Cava 等人[59]重复了 Finkelstein 的试验，并在随后首次合成了全碳氢结构的苯并环丁烯 4，同时证明合成过程中生成的中间体为邻二甲烯醌。1959 年，Jensen 和

Coleman 合成了 1,2-二苯基苯并环丁烯，并发现它与马来酸酐能在室温下反应，生成 1,4-二苯基-1,2,3,4-四氢化萘酸酐[60]，而且证明了该反应机理为苯并环丁烯热开环后转变成邻二甲烯醌中间体，然后与马来酸酐发生 Diels-Alder 反应。该研究成果大大激发了人们的研究兴趣，在随后的 20 多年中，出现了许多关于苯并环丁烯母体的新合成方法和新的小分子化合物的研究成果，研究重点大多集中在单体合成和固化机理等方面[61-65]。

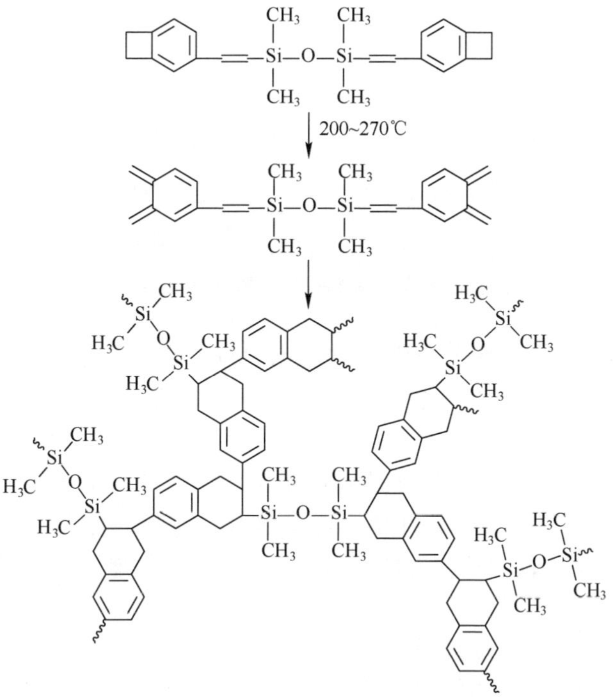

图 4.94 苯并环丁烯树脂的化学结构和固化机理

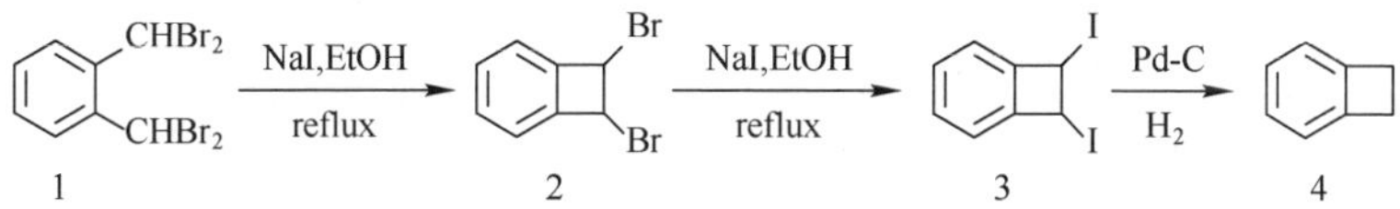

图 4.95 苯并环丁烯的分子结构和合成路线

苯并环丁烯母体的合成条件苛刻、难度大，在合成过程中可生成高反应活性的邻二甲烯醌中间体，因此采用溶液法合成需要在超高稀释溶液中进行，以避免中间体之间相互反应。这种方法不适合大量合成苯并环丁烯母体[58-60,66-67]。随后 Spangler[68-69]、Cava[70] 和 Cuthbertson[71,72] 等人开始采用快速真空热解法（Flash Vacuum Pyrolysis，FVP）制备苯并环丁烯母体及其小分子衍生物，特别是 Schiess 和 Hetizmann[73] 通过热解邻甲基苄氯 5 脱去 HCl，成功合成了 BCB 母体及其他小分子衍生物（见图 4.96）。尽管该路线合成条件苛刻，但步骤少、原料便宜易得、产物易分离纯化，适合大规模连续化生产，因此该方法经过不断完善，发展成为目前合成 BCB 及其小分子衍生物的经典合成路线[74-76]。

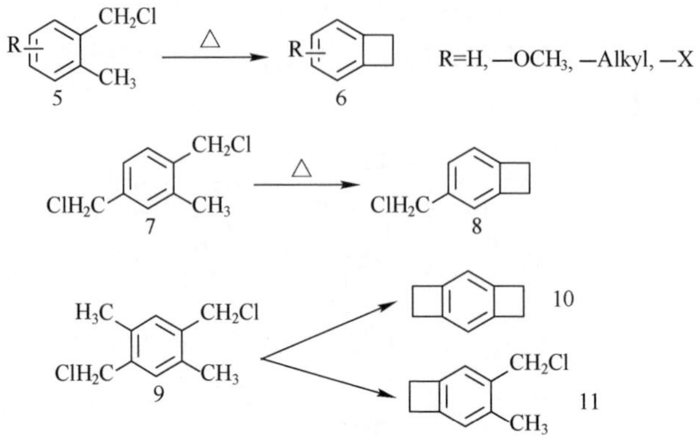

图 4.96 真空热解法制备苯并环丁烯母体及其小分子衍生物

20 世纪 70 年代末，陶氏化学公司的 Kirchhoff 等人开展了全世界第一次的关于苯并环丁烯聚合和改性的研究，通过持续不断的努力，于 1985 年申请了第一项关于苯并环丁烯及其聚合物的专利[77]。与此同时，美国通用公司 Dayton 研究中心（URDI）的 Tan 和 Arnold 也成功制备了大量新型双苯并环丁烯单体及其聚合物[78-80]。从此，许多关于苯并环丁烯单体及其树脂的合成与应用的专利和研究成果相继被报道，使其迅速发展成为一类新型的高性能聚合物材料，并广泛应用于微电子和航空航天领域。

2. BCB 树脂固化反应机理

苯并环丁烯单体的结构通常可划分为两大类：单体中仅含有一个或多个苯并环丁烯基团的为第一类[81-84]；单体中含有苯并环丁烯基团之外的、能与邻二甲烯醌中间体发生环加成反应的不饱和基团的为第二类，如乙烯基和乙炔基等[80,85-88]。苯并环丁烯单体受热会开环形成邻二甲烯醌中间体，最简单的苯并环丁烯母体的聚合机理已经过系统研究，开环速率常数如下[89-90]：

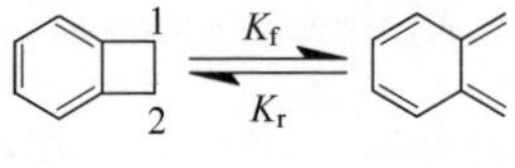

母体开环速率常数：$K_f = 2.8 \times 10^{14} \exp(-39.9 \text{kcal}/RT) \text{ s}^{-1}$，1kcal=4.185kJ，RT 为室温。

逆反应速率常数：$K_r = 2.2 \times 10^{13} \exp(-29.3 \text{kcal}/RT) \text{ s}^{-1}$，1kcal=4.185kJ，RT 为室温。

从表 4.12 中发现，随着温度不断升高，苯并环丁烯单体开环反应半衰期不断缩短，到 200℃ 以上时，反应明显加速。当苯并环丁烯四元环 1，2 位有取代基时，开环反应温度会稍有降低[91]。

表 4.12 苯并环丁烯单体开环反应动力学常数 K 和半衰期随温度变化情况

$T/℃$	$K/(1/s)$	半衰期/h
25	$2.5×10^{-15}$	$7.6×10^{10}$
100	$1.7×10^{-9}$	$1.1×10^{5}$
150	$9.6×10^{-7}$	$2.2×10^{2}$
200	$1.4×10^{-4}$	1.4
250	$7.8×10^{-3}$	$2.5×10^{-2}$

如果体系中含有亲双烯体（如乙烯基或乙炔基）等，那么在苯并环丁烯单体开环后，邻二甲烯醌中间体就会按照 Diels-Alder 机理优先与其反应；如果体系中不包含亲双烯体，则邻二甲烯醌中间体会发生自偶联反应，产生螺旋中间体，再发生系列重排，按照双自由基机理聚合成高分子材料与一部分低聚体，苯并环丁烯母体的开环聚合机理如图 4.97 所示[81-84,92]。

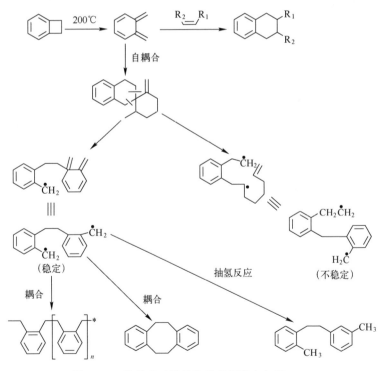

图 4.97 苯并环丁烯母体的开环聚合机理

如图4.98中的"12"所示，对于双苯并环丁烯单体，桥连基团 x 可为饱和结构或含有亲双烯体的不饱和结构。如果 x 中含有两个亲双烯体结构，邻二甲烯醌中间体会与其发生 Diels-Alder 反应，生成如图4.98所示的具有交联网络结构的聚合物。如果 x 为饱和桥连基团，则可发生理想聚合反应，生成线性聚合物（1,2,5,6-二苯基环辛烷）13，或按照双自由基机理聚合成具有梯形链结构的聚合物（双邻二甲苯）14。但是，双苯并环丁烯单体在反应过程中需要高度有序排列才能满足这两种聚合途径的需求，通常这种情况在现实中是不可能发生的。Kirchhoff、Tan 和 Arnold 的研究结果证明了在聚合过程中双苯并环丁烯单体的随机取向，导致生成的邻二甲烯醌中间体之间相互随机反应，最后形成具有交联网络结构的树脂[77,84,93]。

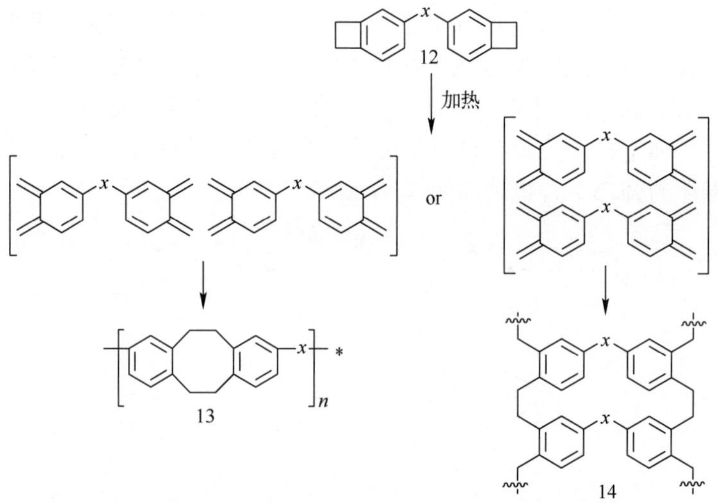

图4.98 含饱和桥连基团双苯并环丁烯单体的聚合机理

3. BCB 树脂性能特点

由于苯并环丁烯单体独特的聚合机理，以及由此形成的交联网络结构，赋予了苯并环丁烯树脂优异的化学、物理性能，主要特点如下[93-97]。

（1）固化温度低，可在 170～300℃下进行热聚合，无须加入催化剂，聚合速度随温度升高而逐渐加快，通过控制热聚合温度和时间，可以获得部分固化或完全固化的树脂。

（2）聚合过程中无小分子放出，聚合物结构致密、气孔少。

（3）具有高耐热性。高的交联密度赋予材料良好的耐热性，具有高的玻璃化转变温度和优良的尺寸稳定性。

（4）具有优良的综合力学性能：完全固化的树脂具有高的储存模量和损耗模量，而且高温下的力学性能保持率很高。

(5) 完全聚合后，树脂具有三维立体网络结构，不溶不熔，表现出优异的化学稳定性。

(6) 具有优异的介电性能和电绝缘性能：介电常数为 2.65～2.85，介电损耗为 0.002～0.004，体积电阻率可达 $10^{16}\Omega\cdot cm$ 以上。

(7) 具有很差的耐湿性，吸水率一般低于 0.5%。

(8) 具有良好的加工性，具有不同分子量的 B 阶段树脂是可溶、可熔的，熔体黏度低、加工窗口宽，既可成膜也可注射成型。

(9) 具有比一般有机材料和无机材料更好的流平性能，平整度一般大于 95%，单层膜很容易实现几到几十微米。

(10) BCB 树脂完全无毒，具有优良的生物相容性，可制成人体植入材料和医用器具等。

4. BCB 树脂在 IC 电路封装中的典型应用

商业化应用最成功的 BCB 树脂产品为陶氏化学公司在 20 世纪 90 年代中期开发的 Cyclotene 系列苯并环丁烯树脂。该系列苯并环丁烯树脂基本垄断了全球市场[98]，主要应用于多层电路的层间绝缘膜、芯片表面的钝化/应力缓冲层膜、硅圆级芯片尺寸封装的黏结材料、微电子机械系统的绝缘层和平坦化层、BCB 树脂光波导材料等领域[99]。

1) 多层电路的层间绝缘膜

BCB 树脂由于具有优异的综合性能，可作为多层布线技术中多层金属互连结构的层间介电材料、多芯片模块多层金属互连基板（见图 4.99）的介电材料、高频 GaAs 芯片上的多层集成电路层间介质材料等。BCB 树脂具有低介电常数、高平坦化性、优良的光刻工艺性，单位面积的焊点数减少 95%，密封 I/O 端子数减少 85%，密封盖板减少 67%，接口减少 75%，由热应力和过载荷产生的应力明显减小，对腐蚀和水汽的敏感性也大为降低[98,100-103]。

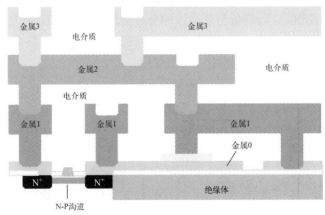

图 4.99 多层金属互连基板示意图

2）芯片表面的钝化/应力缓冲层膜

BCB树脂层膜具有低介电常数、低吸湿性、黏附良好，以及化学惰性、热稳定性、力学性能良好等特性，可防止信号传输过程产生难以忽略的延迟、串扰、噪声等，可有效阻滞电子迁移、降低漏电流、吸收界面间应力、防止器件崩裂等[99,104]。苯并环丁烯树脂薄膜同时具备缓冲功能，能够有效地降低由于撞击、振动、热应力引起的电路崩裂，可以在后续的加工、封装和后处理过程中保护元器件免受损伤。作为层间绝缘材料（见图4.100），BCB树脂薄膜比其他材料具有明显优势，其介电常数（约为2.65）比其他材料的低，更适合高频电路，能够提高信号传输速度，降低传输损耗。

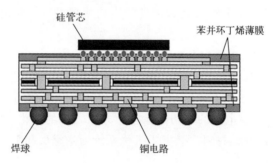

图4.100 BCB树脂在BGA焊球与管芯之间的层间绝缘膜

3）硅圆级芯片尺寸封装的黏结材料[105-108]

随着半导体技术向系统化、集成化方向发展，硅圆级芯片尺寸封装带来了更高的成品率及生产制造效益，进一步降低了生产成本。但硅圆级芯片尺寸封装要求的键合温度更低，对封装材料提出了非常严格的要求，普通的有机材料很难达到。目前基本上使用苯并环丁烯树脂作为硅圆级芯片尺寸封装的有机黏结材料（见图4.101），在250℃下能够实现3.0×10^{-4}Pa·cm^3/s氦（He）气的良好气密性，使其成为理想的硅圆级低温气密性键合黏结材料，同时具备优异的平坦化能力，作为钝化层和缓冲层，能很好地应用于硅圆级芯片尺寸封装集成电路的重布线（BAG焊球的再分布和键合）。

4）微电子机械系统（MEMS）的绝缘层和平坦化层[108-109]

随着微电子机械系统功能越来越强大，单层微线圈结构已经满足不了先进微电磁系统的要求，因此多层微线圈结构的集成组合将是微电子机械系统的发展趋势。其中，封装连续多层微线圈的绝缘材料将对微型器件的集成过程和最终性能起到关键作用。目前一般先采用光刻工艺来构建多层微沟槽电镀池，然后电镀导线和磁力微线圈，要求绝缘材料具有良好的连续多层加工性能和优异的平坦化能力，同时还要具有高击穿电压和低介电常数。苯并环丁烯树脂相较于传统的聚酰亚胺树脂具有更好的平坦化性能、绝缘性能及更优异的多层加工性能，因此，采用苯并环丁烯树脂封装的 MEMS 器件性能更好。有研究者在双层结构的 MEMS 中，发现 BCB 树脂封装的器件明显比 PI 封装的器件更平整，并通过光刻工艺，以 BCB 树脂作为钝化层构建电镀沟槽，用来电镀 Ni-Fe 电磁体。

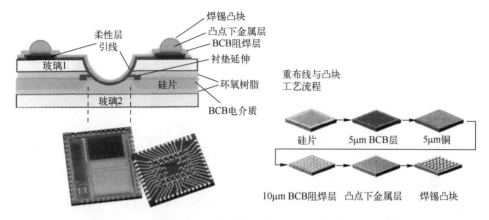

图 4.101　BCB 树脂层膜在硅圆级芯片尺寸封装中的黏结材料

5）BCB 树脂光波导材料[110-111]

聚合物光波导器件已成为宽频通信领域的关键，用于激光、放大器、逻辑电路等光通道。聚合物光波导器件早期最广泛使用的是丙烯酸酯类材料。它的质地均匀，易加工，透明性优良。但这类材料并不具备耐受片上（on-chip）直接互连对热性能的要求（300℃）。苯并环丁烯树脂由于自身的优异性能适合在此高温下使用。苯并环丁烯树脂薄膜在 1300nm 波长段的光损耗较低，最低可达到 0.04dB/cm[112]。覆银后的苯并环丁烯光波导反射镜的光反射率能达到 71%，整个光波导纤维内部的光反射率能达到 74%，同时具有良好的基材黏附性、低吸水性、良好的含氟氧等离子刻蚀性能和高耐热稳定性，玻璃化转变温度达到 350℃以上。因此，苯并环丁烯树脂是一类优异的光波导聚合物材料，可用于光波导反射镜的制造。

4.5.2　双 BCB 聚合单体

将不同的活性基团引入 BCB 的分子结构中，或者将不同的活性基团引入两个 BCB 之间的连接基团中，可获得具有不同结构的双 BCB 官能团的活性聚合单体，通过热固化或聚合可得到具有不同性能的 BCB 树脂[93-94]。由于通过裂解得到的苯并环丁烯母体不含有活性反应基团，很难与中间连接基团通过反应得到双官能团的 BCB 单体。因此，通常需要将苯并环丁烯母体进行活化后，通过亲电或亲核取代反应生成带有双官能团的聚合单体（见图 4.102）。苯并环丁烯母体通过不同反应途径可得到 15～22 的多种含活性基团的 BCB 中间体[77,113-116]，包括 4-溴苯并环丁烯 15、4-氨基苯并环丁烯 17、4-羟基苯并环丁烯 20 和 4-羧基苯并环丁烯 21 等反应性官能团的 BCB 中间体。以这些含官能团的 BCB 中间体为基础，可以合成各种双苯并环丁烯聚合单体[117]。另外，4-氨基苯并环丁烯 17 和 4-羟基苯并环丁烯 20 也可以用作高分子链封端剂。

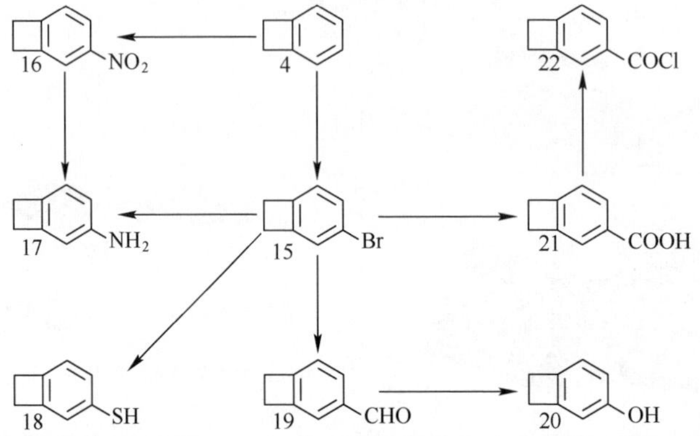

图 4.102　含活性基团的 BCB 分子结构

BCB 母体也可以先合成多种 3,6-双取代活性反应基团的 BCB 活性单体[76,94,118]，然后通过它们进一步得到具有设定结构的苯并环丁烯聚合单体（见图 4.103）。

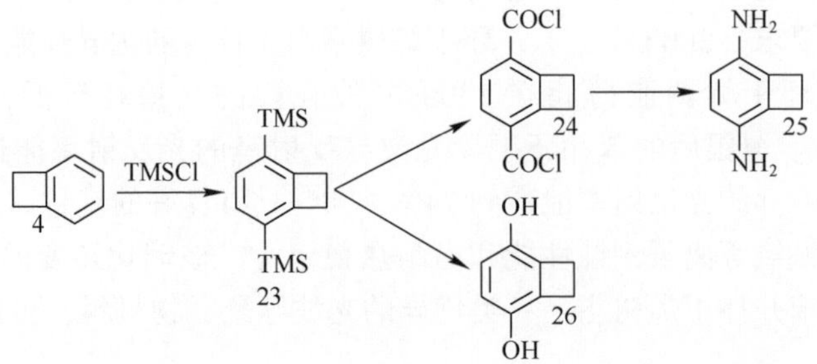

图 4.103　具有 3,6-双取代活性反应基团的苯并环丁烯聚合单体

1. 含酰亚胺结构的双 BCB 聚合单体

众所周知，聚酰亚胺树脂是一类具有优异综合性能的高分子，含芳杂环的树脂主链结构赋予其突出的热稳定性、热氧化稳定性及优异的力学性能[119-121]。在苯并环丁烯聚合单体中引入刚性的酰亚胺结构，将其聚合后可得到含酰亚胺结构的苯并环丁烯树脂，具有优良的热稳定性和热氧化稳定性及优异的加工性能。这类树脂可以通过下述 3 条路线得到。

（1）由 4-氨基苯并环丁烯和不同的芳香族二酐经化学亚胺法合成双苯并环

丁烯聚合单体，或者以 4-氨基苯并环丁烯为封端剂，按照设计的分子量加入不同芳香族二酐和芳香族二胺，经化学亚胺法得到双苯并环丁烯封端的聚合物齐聚物（见图 4.104）。可采用一步乙酸回流法制备双苯并环丁烯单体 27~33，但产率较低，一般在 50%~70% 之间。采用乙酸酐/吡啶脱水两步法合成单体 27，产率达到了 85% 以上[84,122-123]。其中单体 27、29、33 在固化前表现出熔融转变，熔点分别为 219℃、249℃、180℃。以 4-氨基苯并环丁烯为封端剂，将 6FDA 与各种芳香族二胺通过缩聚反应形成聚酰胺酸树脂溶液后，在乙酸/甲苯回流下通过一步法制备了具有不同分子量的双苯并环丁烯封端聚酰亚胺齐聚物 34~37，其聚

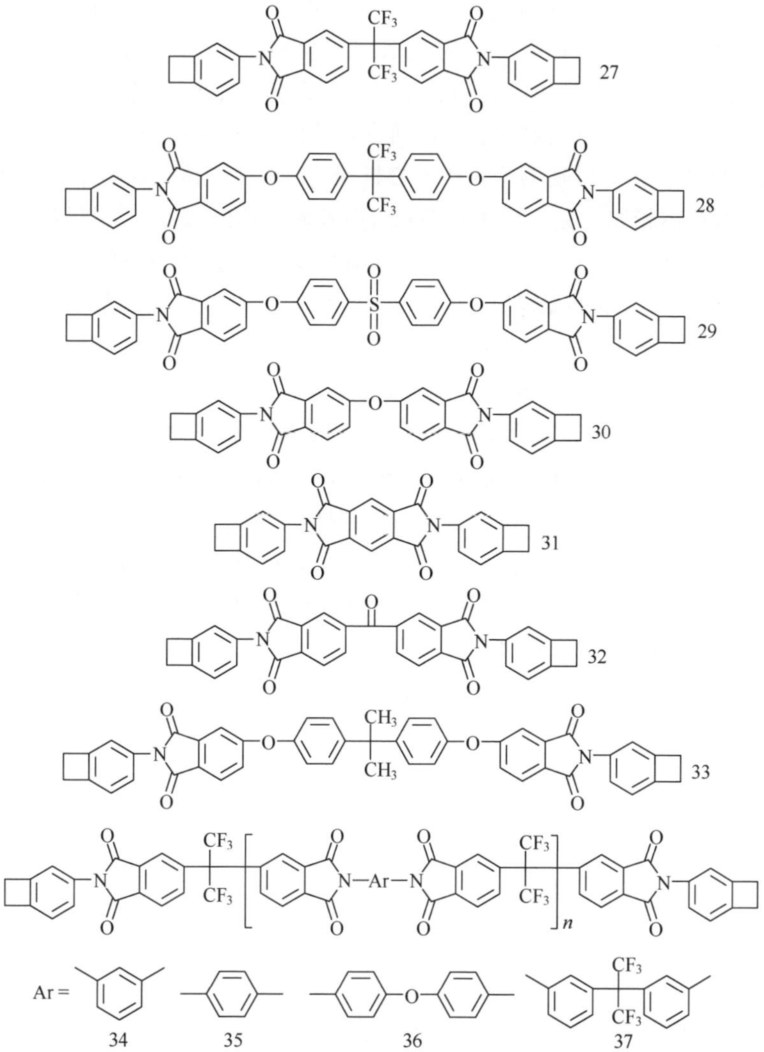

图 4.104 含酰亚胺结构的双苯并环丁烯单体及树脂

合度在 0～10 范围内，玻璃化转变温度在 75～110℃ 之间。这类双苯并环丁烯聚合单体和齐聚物在 300℃ 以下能够完全固化。固化后的树脂表现出优良的耐热稳定性。起始热分解温度和 10% 热失重温度都在 450℃ 以上，玻璃化转变温度超过 250℃。其中，单体 27 完全固化的树脂表现出优异的热老化性能，在 343℃ 空气中老化 200h 后，热失重小于 5%。

（2）从苯并环丁烯母体或带活性反应基团的单体出发，首先合成一端带苯并环丁烯基团的单体，再通过各种化学手段在该单体的另一端接上马来酰亚胺基团，从而得到单苯并环丁烯封端的 AB 型单体。这类单体在 300℃ 以下能够完全固化，固化机理为苯并环丁烯基团开环后生成的邻二甲烯醌中间体与马来酰亚胺基团之间发生 Diels-Alder 反应，固化后得到含酰亚胺结构的苯并环丁烯树脂；或者从 4-氨基苯并环丁烯出发，首先与各种酸酐进行酰亚胺化反应，合成含酰亚胺结构的单苯并环丁烯封端单体后，再通过各种化学方法在该单体的另一端接上乙炔基或苯乙炔基，从而得到单苯并环丁烯封端的 AB 型单体。这类单体的固化机理与上述 AB 型单体相同，完全固化后得到含酰亚胺结构的苯并环丁烯树脂。

以苯并环丁烯母体为起始原料，与对硝基苯甲酰氯 38 在低温下经傅克反应得到单苯并环丁烯封端的硝基化合物 39，再经还原和马来酸酐酰亚胺化得到 AB 型单体 41[124]；以中间产物 40 为原料，首先与 4-硝基邻苯二甲酸酐酰亚胺化，再经还原和马来酸酐酰亚胺化，得到 AB 型单体 45（见图 4.105）。以单苯并环丁烯封端的硝基化合物 39 为原料，与含氨基的苯酚在 K_2CO_3 催化下发生 Williams 反应，再经马来酸酐亚胺化得到 AB 型单体 48～51，产率为 90%～100%[88,125]。以 4-溴苯并环丁烯为起始原料，在氯化亚铜催化下经两步反应合成 AB 型单体 54，总产率为 50%～70%[126-128]。从苯并环丁烯单封端的苯酚 55 出发，利用经典的 Williams 反应，得到硝基化合物 57，再经还原和酰亚胺化，最终得到苯并环丁烯 AB 型单体 59[127]。上述各种 AB 型单体中 51 在常温下为液体，其他均为晶体，容易纯化，且熔点很低，在 95～157℃ 时，单体熔融后黏度很低，表明它们具有非常优异的加工性能。这些单体在 250℃ 下完全固化后的树脂具有良好的热性能，玻璃化转变温度在 200～317℃ 的范围内，5% 热失重在 430～470℃ 的范围内，同时弯曲强度为 152～207MPa，弯曲模量为 3.10～3.52GPa[93]。

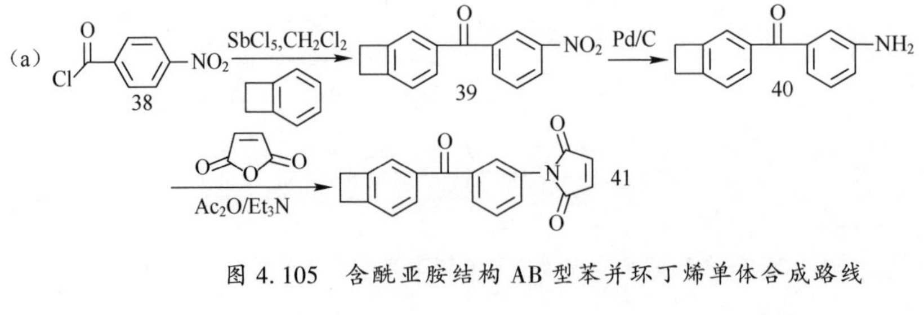

图 4.105 含酰亚胺结构 AB 型苯并环丁烯单体合成路线

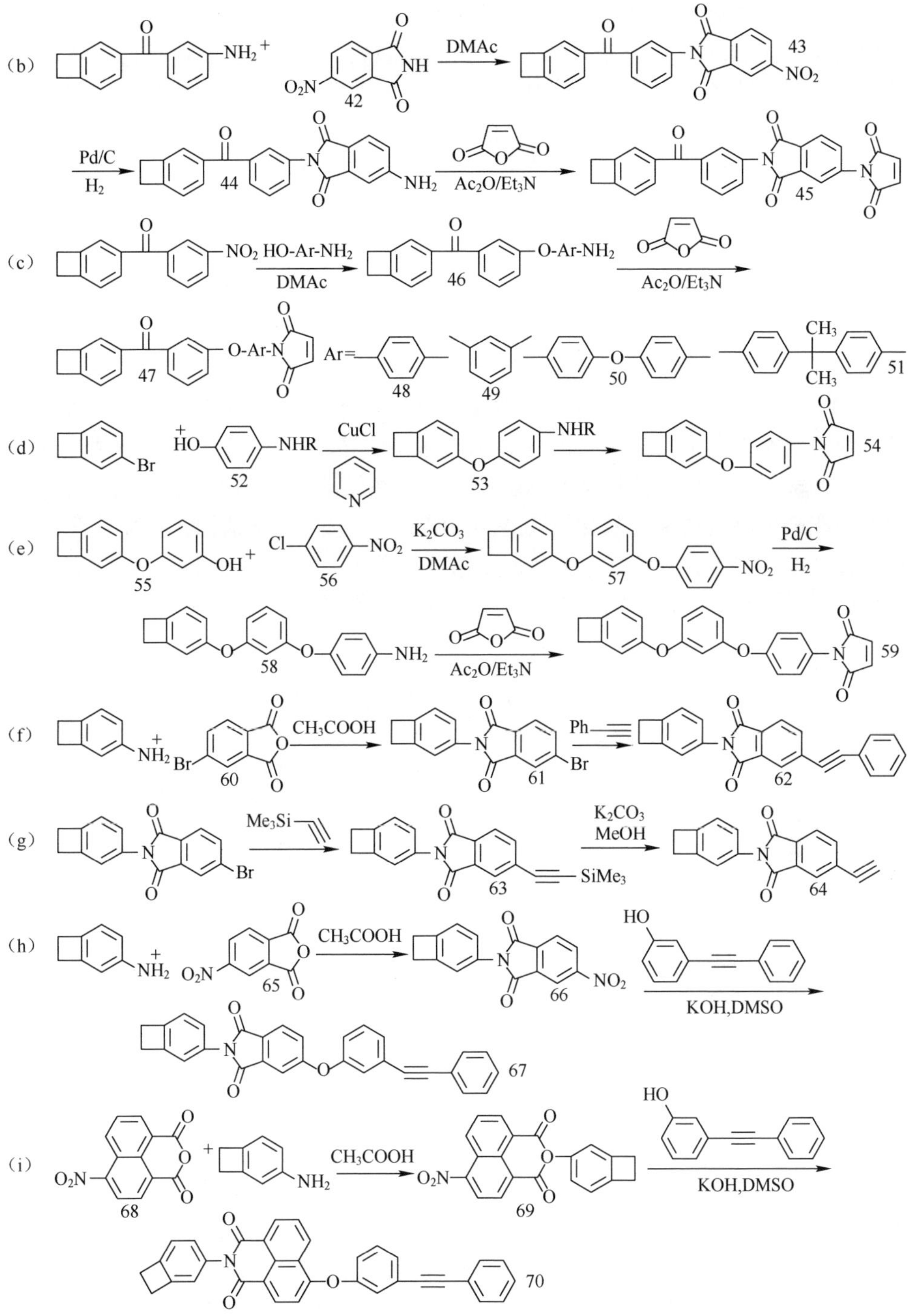

图 4.105　含酰亚胺结构 AB 型苯并环丁烯单体合成路线（续）

另一类含酰亚胺结构的苯并环丁烯 AB 型单体一端为苯并环丁烯基团,另一端为乙炔基团。以 4-氨基苯并环丁烯为起始原料,与 4-溴代苯酐反应,将酰亚胺结构先引入分子中,然后通过 Heck 反应,合成另一端为苯乙炔封端的苯并环丁烯单体 62,总产率达到 60%[129]。以硅甲基乙炔为原料,通过两步反应,合成另一端为乙炔基的单体 64,总产率在 80%以上[130]。从 4-氨基苯并环丁烯出发,通过酰亚胺化和亲核取代两步反应,分别得到含苯醚酰亚胺和萘醚酰亚胺结构的苯并环丁烯单体 67 和 70,总产率分别为 20%和 70%[131-132]。DSC 测试显示上述这类单体的固化机理并不是按照 Diels-Alder 机理进行的,而是苯并环丁烯基团和乙炔基各自进行的交联固化,最后得到完全固化的含酰亚胺结构的苯并环丁烯树脂。

(3) 第 3 条路线为双苯并环丁烯单体和双马来酰亚胺单体按等物质的量共混。混合物在高温下按照 Diels-Alder 反应机理进行聚合,最后得到含酰亚胺结构的苯并环丁烯树脂,其性能与 AB 型含酰亚胺结构苯并环丁烯树脂基本相同。这类树脂合成路线的变化较多(见图 4.106),可选择含醚结构、含酰亚胺结构或其他结构的双苯并环丁烯单体。这条路线具有较大的缺点,很难准确控制两种单体物质的量正好相同,同时不容易完全混合均匀[123,133-136]。

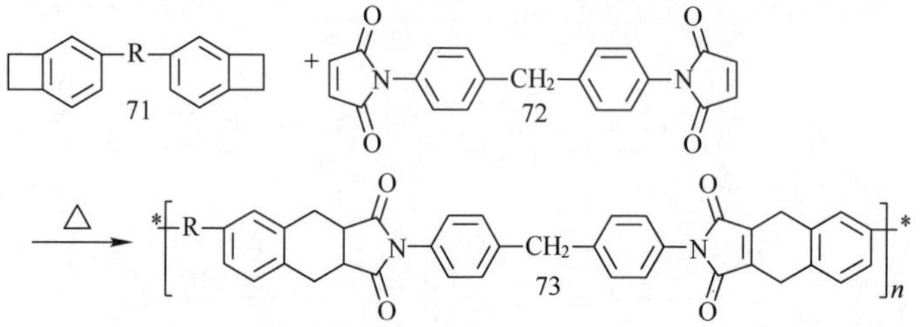

图 4.106 双苯并环丁烯单体和双马来酰亚胺单体共混

2. 含硅氧烷结构的双 BCB 聚合单体

主链为 Si—O—Si 结构的有机硅聚合物由于其独特的有机/无机化学结构,赋予了其优异的耐热性和低吸水率,特别是在它的化学结构中不含有强的极性基团,决定了它是一类绝缘性能优良的聚合物材料[137]。将硅氧烷结构引入苯并环丁烯单体中后,通过聚合得到的高分子材料将兼具苯并环丁烯和有机硅聚合物的优异特点。陶氏化学公司的 Schrock[138-141]等人以 4-溴苯并环丁烯为起始原料,通过一步反应合成了含硅氧烷结构的苯并环丁烯单体 75 后,又以 4-乙烯基苯并环丁烯为原料,合成了另一种含硅氧烷结构的苯并环丁烯单体 77(见图 4.107)。单体 75 经过溶液热预聚得到具有高分子量的 B 阶段树脂溶液,可以直接用来制备苯并环丁烯树脂薄膜涂层。由于具有优异的综合性能,该产品已经成为迄今为止商业化最成功的苯并环丁烯树脂,在微电子行业中得到了广泛应用。

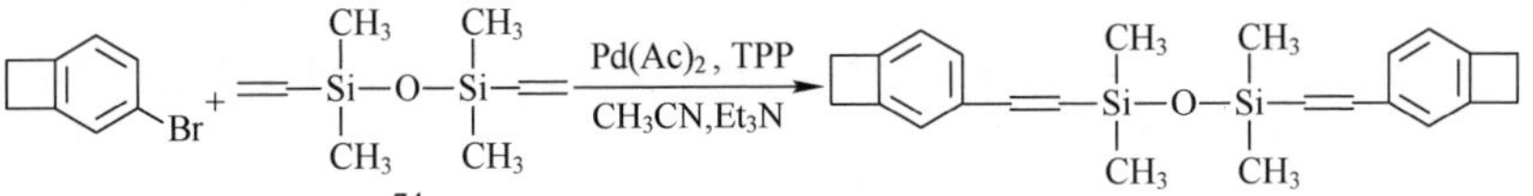

图 4.107 含硅氧烷结构苯并环丁烯单体制备过程

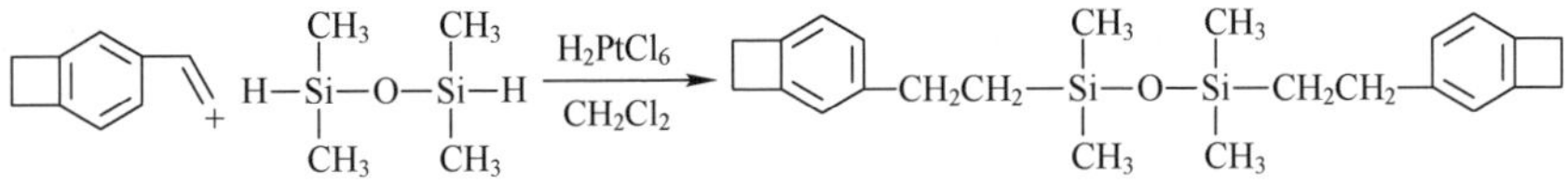

3. 含芳醚结构的双 BCB 聚合单体

聚芳醚是一类具有优良耐热性的高分子材料，由于分子结构中不含强的极性基团和大的共轭结构，因此这类材料具有优良的电绝缘性能。但是，这类材料由于主链中含有大量的柔性醚键，导致其玻璃化转变温度较低，一般低于 300℃[142]。将芳醚结构引入双苯并环丁烯聚合单体中后，通过聚合得到含芳醚结构的苯并环丁烯树脂。由于苯并环丁烯基团开环聚合后生成脂肪链结构，将破坏聚芳醚主链中苯环和氧原子之间的 p-π 共轭，使聚合后的苯并环丁烯树脂比相应的聚芳醚具有更低的介电常数和介电损耗。同时，高的交联密度将有可能提高树脂的玻璃化转变温度。从 4-羟基苯并环丁烯出发，在 CsF 催化下与 4,4'-二氟化合物 78 发生亲核取代反应，生成含芳醚结构的单体 79～81[143]，总产率均在 70% 以上（见图 4.108）。以 4-溴苯并环丁烯为起始原料，通过 Ullmann 醚化反应一步合成含苯醚和萘醚结构的双苯并环丁烯单体 82 和 83[144,145]，产率较低，分别为 46% 和 38%。这是因为在合成的过程中，氯化亚铜有可能催化苯并环丁烯开环，生成低聚体等副产物。

以 4-氯苄基苯并环丁烯为起始原料，与双酚 A 在碱性条件下反应，同时采用 n-Bu$_4$NHSO$_4$ 相转移剂，合成双苯并环丁烯单体 87[146]，产率达到 100%。以 4-氯苄基苯并环丁烯为封端剂，合成含双酚 A 和砜结构的芳醚低聚体 88[147-149]。为了得到具有更低介电常数和介电损耗及吸水率更小的含芳醚结构苯并环丁烯树脂，将具有更低摩尔极化率的氟原子引入含芳醚结构的苯并环丁烯单体中[150]。以 4-羟基苯并环丁烯为起始原料，与 $\alpha,\alpha,\alpha,2,3,5,6$-七氟甲苯反应，合成具有高氟含量的双苯并环丁烯单体 90。按照相同的方法，制备具有高氟含量的双苯并环丁烯封端的芳醚低聚体 92。这类高氟含量的单体和齐聚物的熔融温度很低，具有良好的加工性能。

4. 含饱和或不饱和烷烃结构的双 BCB 聚合单体

通过 Heck 反应和催化氢化反应可以合成一系列含饱和烷烃结构和烯烃结构的双苯并环丁烯单体 93～98[77-78,117,151]。采用同样的方法，合成含乙炔结构的双苯并环丁烯单体 100 和 101（见图 4.109）。这类双苯并环丁烯单体为全碳氢化学结构，不含极性基团，由其聚合的树脂具有优异的电绝缘性能和良好的疏水性，当频率为 $10^3 \sim 10^7$ Hz、温度从室温到 200℃变化时，介电常数基本保持不变，介电损耗小于 0.001，介电击穿强度达到 4×10^6 V/m。这类树脂还具有良好的耐热稳定性，特别是单体 100 和 101 在高温下将被热解成类似石墨的物质，在 600℃空气中的失重仅为 20%。

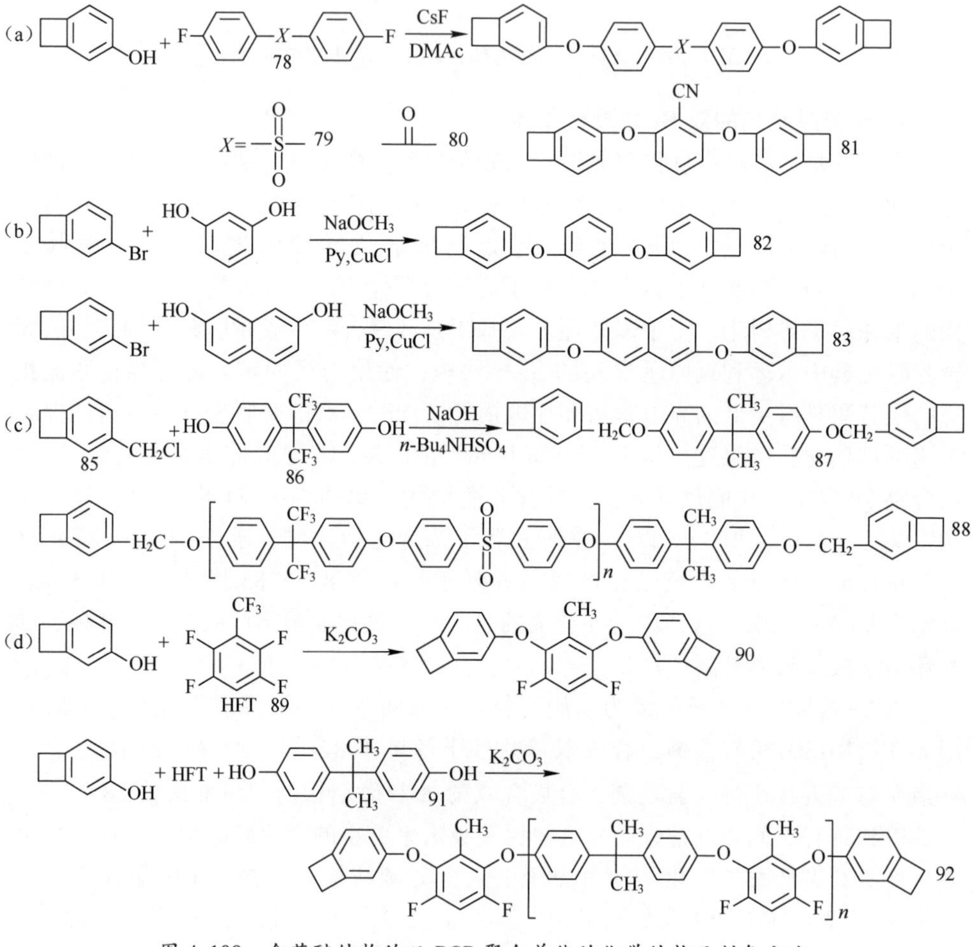

图 4.108　含芳醚结构的双 BCB 聚合单体的化学结构及制备方法

5. 含酰胺或羰基结构的双 BCB 聚合单体

聚酰胺是一类高性能聚合物材料，具有高耐热稳定性、耐化学腐蚀性、高强度、高模量和较好的介电绝缘性能。但这类材料由于分子间的氢键作用非常强，高度结晶，难溶且难熔，加工成型困难[152-153]。采用 4-氨基苯并环丁烯和不同的二酰氯反应，合成一系列含酰胺结构的双苯并环丁烯单体 103～106（见图 4.110）[154]。采取另一条路线，选择 4-酰氯苯并环丁烯与不同二胺反应，同样合成一系列含酰胺结构的双苯并环丁烯单体 102 和 107[78]。直接将 BCB 母体进行傅克反应，合成含双酮结构的双苯并环丁烯单体 109[124]。上述这类单体的熔点为 60～187℃，熔融后表现出很低的黏度，具有良好的加工性能。由其聚合后的树脂具有良好的热稳定性，起始热分解温度都在 450℃ 以上，高温下力学性能保持率非常好。

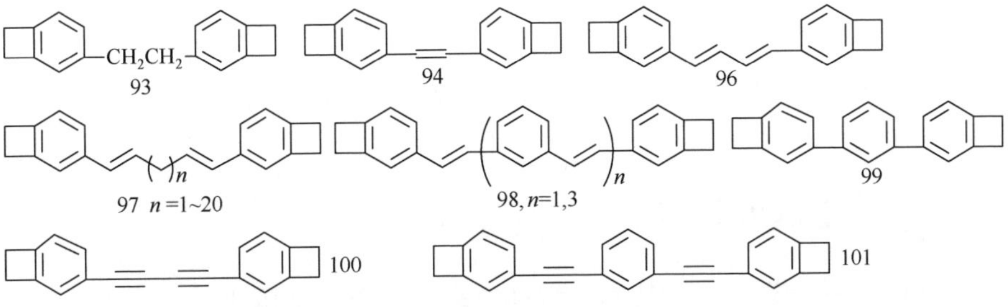

图 4.109　含烷烃、烯烃和炔烃结构的双苯并环丁烯单体

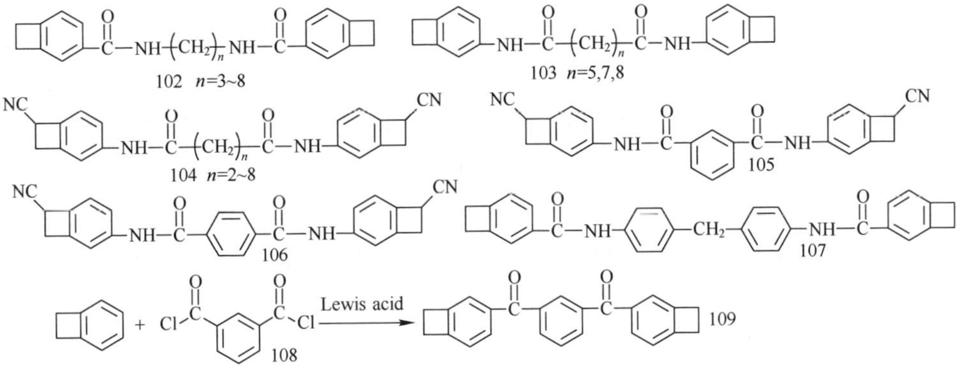

图 4.110　含酰胺结构和酮结构双苯并环丁烯单体及其制备

6. 含酯结构的双 BCB 聚合单体

以 4-酰氯基苯并环丁烯为起始原料，分别与不同结构的二酚和二醇发生酯化反应，合成含酯结构的苯并环丁烯单体 110～112[78]。以 4-羟基苯并环丁烯为封端剂，与双酚 A 和碳酰氯发生酯化反应，合成双苯并环丁烯封端的聚酯低聚体 113[154-156]。这类单体和低聚体熔融温度低，熔融后黏度小，具有良好的加工性能。由这单体聚合后的树脂具有良好的力学性能和耐化学溶剂性能（见图 4.111）。

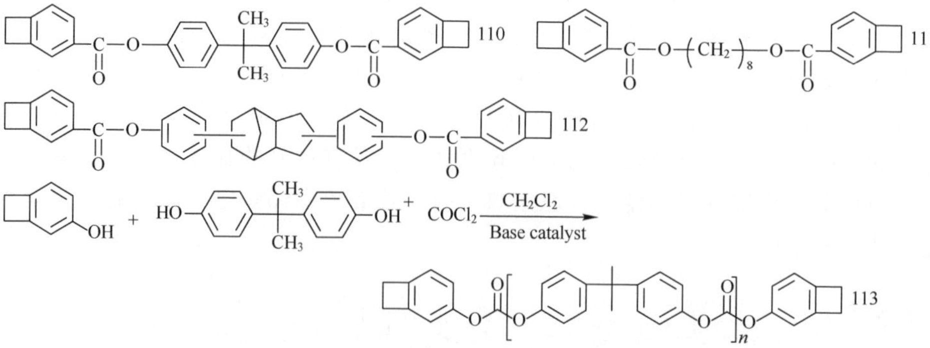

图 4.111　含酯结构的双苯并环丁烯单体及其制备

4.5.3　B 阶段 BCB 树脂

随着 IC 电路制造与封装技术向着高集成化、布线细微化、芯片大型化和薄型化方向的快速发展，人们对电子封装材料提出了更严格的要求，包括低介电常数、低介电损耗、低吸湿性、低热应力、耐高压、耐高频、高绝缘性等。相较于其他传统有机聚合物材料（如环氧树脂和聚酰亚胺等），BCB 树脂具有优异的绝缘性能，如低的介电常数和介电损耗、突出的加工性能、良好的力学性能和化学稳定性及低吸水率等综合优异性能[157]。因此，BCB 树脂作为低介电常数、低介电损耗电子封装材料一直受到人们的高度重视[158]。

BCB 树脂一般由双 BCB 聚合单体经热聚合反应得到。但是，由于所生成的 BCB 树脂主链结构中通常含有饱和脂肪链段，树脂的热稳定性和热氧化稳定性较差。为改善苯并环丁烯树脂的热稳定性，可以在双 BCB 聚合单体分子结构中的桥连链段中引入刚性的酰亚胺结构[159-161]。含酰亚胺结构的 BCB 树脂具有优良的加工性能、优异的热稳定性和热氧化稳定性及固化温度低等特点。但是，由于酰亚胺环为强极性结构，电绝缘性较差，吸水率较高[162-166]。因此，设计合成既具有优异的热稳定性又兼具低介电常数和低吸水性的含酰亚胺结构的 BCB 树脂是一个挑战。目前用来降低聚合物材料介电常数的方法主要有两种。①在聚合物分子结构中引入低原子极化度的含氟基团。氟原子由于体积小、电负性强，赋予了 C—F 键强极性和低极化度。氟化的聚合物通过在主链或侧基引入氟原子或含氟基团，降低整个分子的极化度，从而表现出较低的介电常数。②在聚合物分子主链中引入含氟基团、醚键、大体积的侧基、非共面扭转结构及不对称取代基等。这些结构有助于降低聚合物链间作用力，破坏链段的有效堆砌，增加链段的自由体积，从而降低聚合物的介电常数[167-171]。

1. 含氟酰亚胺结构的 BCB 树脂

将含氟芳香族四酸二酐与 4-氨基苯并环丁烯通过缩合反应，合成两种含氟基团和酰亚胺结构的双 BCB 单体（BCB-3 和 BCB-4，见图 4.112）。通过在分子结构中引入含氟基团及酰亚胺结构，提高树脂的耐热性和热氧化稳定性；同时，酰亚胺结构中带有的大体积苯侧基，增加了分子间的自由体积，有效降低了树脂的介电常数和介电损耗。而且，在酰亚胺结构的主链及苯侧基上引入多个三氟甲基，可以降低树脂的介电常数，同时降低它们的吸水率。作为对比，合成另外两种单体 BCB-1 和 BCB-2。

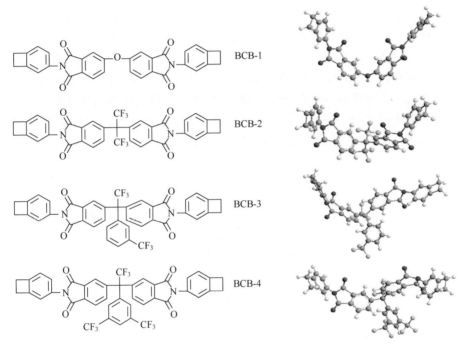

图 4.112　含氟基团和酰亚胺结构的双 BCB 聚合单体及其空间结构

1) 溶解性能

由于酰亚胺环为强极性结构，在 BCB 单体中引入酰亚胺基团可能会减弱单体的溶解性能。表 4.13 列出了 4 种 BCB 单体在不同有机溶剂中的溶解性能。结果显示，单体 BCB-1 的溶解性能较差，只能溶于高沸点溶剂 NMP 中，而其他 3 种含氟单体具有良好的溶解性能，不仅能溶于高沸点溶剂（如 NMP 和 DMAC）中，而且在低沸点溶剂中也能很好地溶解，如溶于 CH_2Cl_2 和 THF 溶剂中。由此可见，三氟甲基和苯侧基的引入，能很好地破坏分子间的堆砌紧密度，从而增强单体的溶解性能。

表 4.13　含酰亚胺结构 BCB 单体在不同有机溶剂中的溶解性能

单体	NMP	DMAC	THF	CH_2Cl_2	Acetone	Ethanol	N-hexane
BCB-1	++	+-	--	--	--	--	--
BCB-2	++	++	++	++	++	--	--
BCB-3	++	++	++	++	++	--	--
BCB-4	++	++	++	++	++	--	--

注：++表示室温下 24h 内完全溶解；+-表示室温下 24h 内部分溶解；--表示室温下 24h 不溶解。

2）热固化行为

BCB 树脂是一类热固性树脂，固化机理为：BCB 基团上的四元环在高温下发生开环反应，生成高反应活性的邻二甲烯醌中间体后，相互之间反应，或者与亲双烯体之间发生 Diels-Alder 反应，从而交联生成具有网络结构的树脂。图 4.113 比较了 4 种 BCB 单体在 10℃/min 升温条件下的 DSC 曲线。BCB-1 单体在固化放热前没有熔融转变，在 302～309℃ 时有一个很尖锐的固化放热峰。单体 BCB-2、BCB-3 和 BCB-4 在固化放热前都有明显的熔融转变，熔点 T_m 分别为 215℃、218℃ 和 243℃，同时在 230～270℃ 时有一个很宽的固化放热峰。

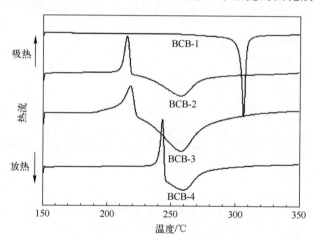

图 4.113　含酰亚胺结构 BCB 单体的 DSC 曲线

固化条件的选择和优化对热固性树脂的最终性能至关重要，一般采用 DSC 方法确定热固性树脂的固化程序。比较 4 种 BCB 聚合单体在 5℃/min、10℃/min、15℃/min 和 20℃/min 升温条件下的 DSC 曲线，将外推放热峰顶点温度在 0℃/min 时的数值设定为固化温度，外推得到的放热结束温度设定为后固化温度。以 BCB-3 单体为例，图 4.114 是它在不同升温速度下的 DSC 曲线。由图 4.114 发现，随着升温速度的加快，放热峰顶点温度 T_p 和结束温度 T_e 都不断升高。由于 BCB-1 单体的放热峰非常窄且尖，通过外推得到它的 T_p 和 T_e 非常接近,分别为298℃和300℃,所以确定它的固化条件为300℃固化6h。另外3种含氟单体的T_p分别为243℃、243℃和245℃,T_e分别为256℃,258℃和257℃,确定它们的固化条件为245℃固化2h和260℃后固化4h。研究发现,苯并环丁烯树脂在空气中和惰性条件下的固化机理不同,TGA测试发现它在空气中固化质量会增加1%～2%。这表明空气中的氧气参与了固化反应,会对树脂的性能产生不利的影响[162],所有BCB单体都需要在N_2保护的条件下进行固化。

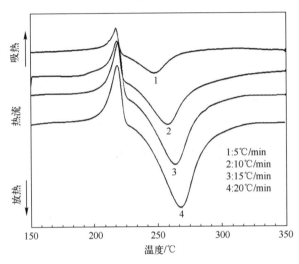

图4.114　BCB-3在不同升温速度下的DSC曲线

图4.115为含酰亚胺结构的BCB单体和它们完全固化后的树脂的红外谱图。通过比较发现,固化后的树脂在1475cm^{-1}附近的苯并环丁烯四元环C—H面内伸缩振动特征吸收峰完全消失,同时在1505cm^{-1}附近出现了一个新的吸收峰,这是四元环开环后的亚甲基C—H对称伸缩振动吸收。由此可以证实,4种BCB单体在上述确定的固化条件下已经固化完全。

BCB树脂是一种热固性树脂,通过苯并环丁烯官能团在200～300℃高温下发生开环后,相互交联固化形成具有网络结构的树脂。图4.116为含酰亚胺结构苯并环丁烯树脂的固化过程。对于固化温度和时间的选择,采用了DSC监控和红外分析相结合的方法,通过DSC扫描曲线测试这类双苯并环丁烯单体在不同升温速度下的固化放热峰,由不同速度对应的放热峰温度和放热结束温度外推得到固化温度和后固化温度。

BCB-1单体的固化条件为:N_2环境下300℃固化6h。其他3种含氟单体的固化条件为:N_2环境下245℃固化2h,260℃后固化4h。树脂的测试试样制备过程如下。①BCB-1:称取10g单体置于直径为5cm的模具中,以4℃/min的升温速度将模具升温到300℃,同时加压2～3MPa,保温保压半小时后,停止加热,

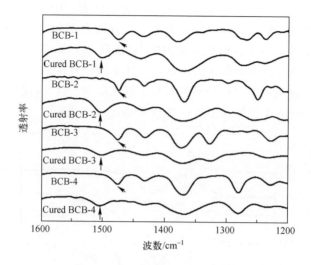

图 4.115 含酰亚胺结构的 BCB 单体和树脂的红外谱图

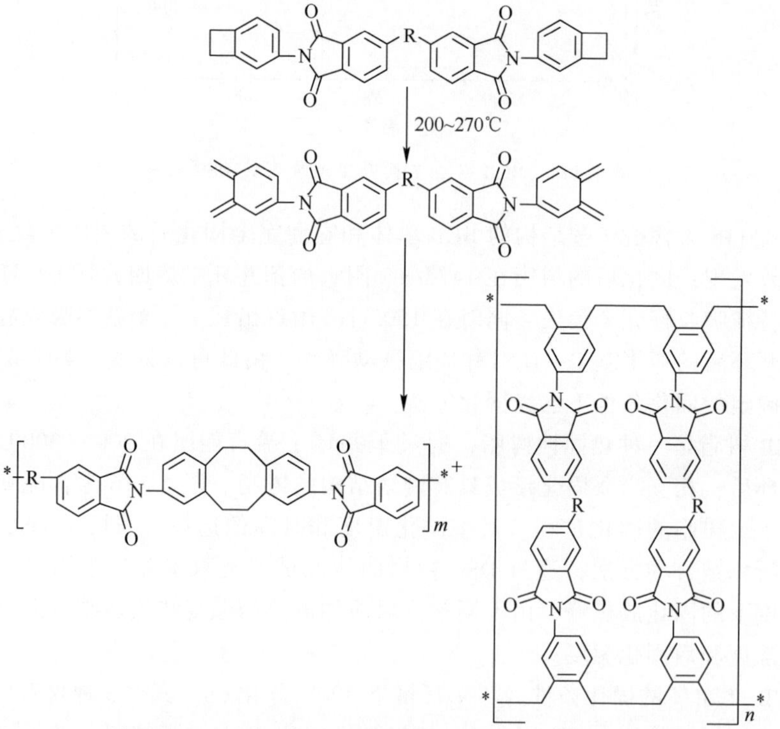

图 4.116 含酰亚胺结构苯并环丁烯树脂的固化过程

待温度自然冷却到100℃以下时卸去压力,任其冷却到室温,脱模得到部分固化的树脂成型件,再将其放到N_2环境中以300℃的温度继续固化5.5h,冷却到室温后,得到完全固化的树脂片。②其他3种单体:称取10g单体置于直径为5cm的模具中,以4℃/min的升温速度将模具升温到245℃并保温10min后,加压2~3MPa并保温保压20min,停止加热,让其自然冷却到100℃以下,卸去压力后,继续冷却到室温,脱膜后,得到部分固化的树脂成型件,再将其放到N_2环境中以245℃的温度继续固化1.5h,260℃后固化4h,自然冷却到室温后,得到完全固化的树脂片。

3) 耐热性能

树脂的耐热性能分别用TGA和DMA进行表征。图4.117比较了4种含酰亚胺结构的BCB树脂的DMA曲线。结果表明,固化后,BCB树脂的玻璃化转变温度为390~407℃,表明它们具有非常优异的耐热性能,较高的交联密度和庞大的酰亚胺刚性结构阻碍了分子链段自由运动。因此,这类树脂具有很高的玻璃化转变温度。其中,BCB-1树脂的玻璃化转变温度最高,介电损耗$\tan\delta$最大值对应的温度为407℃,这是因为ODPA无其他侧基,分子链的规整性最高,固化后树脂的分子主链堆砌最为紧密;BCB-4树脂的玻璃化转变温度最低,$\tan\delta$最大值对应的温度为390℃,这是因为所含的酰亚胺结构NFDA带有大量的CF_3和大体积的苯侧基。如表4.14所示,这4种树脂的玻璃化转变温度按BCB-1、BCB-2、BCB-3、BCB-4的顺序递减,与树脂主链的规整度和刚性有关。

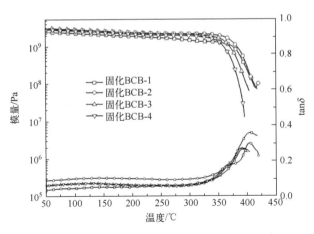

图4.117 含酰亚胺结构BCB树脂的DMA曲线

图4.118是它们分别在N_2和空气中的热分解(TGA)曲线。4种树脂表现出相似的热分解行为,在400℃之前无论是在N_2还是在空气条件下都没有明显的热

失重（小于1%）。这4种树脂在N_2和空气中的起始热分解温度分别在404℃和526℃之上，5%热失重温度分别在446℃和438℃之上，10%热失重温度分别在500℃和482℃之上，表明这类树脂具有良好的热稳定性和热氧化稳定性。对比BCB-1和其他三种含氟BCB树脂，我们发现，无论是在N_2还是在空气条件下，含氟BCB树脂都比BCB-1表现出更高的起始热分解温度和相应的热失重温度，表明含氟基团的引入提高了BCB树脂的热稳定性。

表4.14 含酰亚胺结构BCB树脂的耐热性能

热固化树脂固化	TGA				DMA		TMA
	T_d /℃	T_5 /℃	T_{10} /℃	R_w (%)	G'_{onset} /℃	$T_{tan\delta}$ /℃	CTE ($\times10^{-6}$/℃)
固化BCB-1[a]	404	446	500	68	—	—	—
固化BCB-2[a]	497	504	528	62	—	—	—
固化BCB-3[a]	448	495	535	62	—	—	—
固化BCB-4[a]	431	482	521	50	—	—	—
固化BCB-1[b]	526	438	482	1	366	407	38.8
固化BCB-2[b]	539	480	514	5	357	406	57.1
固化BCB-3[b]	553	483	514	6	348	394	49.3
固化BCB-4[b]	556	486	506	13	340	390	48.5

注：a表示在氮气条件下；b表示在空气条件下；T_d表示起始分解温度；T_5表示5%热失重温度；T_{10}表示10%热失重温度；R_w表示700℃残重；CTE表示热膨胀系数；G'_{onset}表示模量拐点温度；$T_{tan\delta}$：$tan\delta$最大值对应的温度。

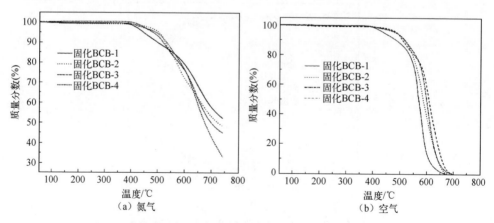

图4.118 含酰亚胺结构BCB树脂的TGA曲线

这类含酰亚胺结构的BCB树脂的CTE为38.8~57.1 10^{-6}/℃，比其他不含酰亚胺结构的BCB树脂的CTE小，普通BCB树脂的CTE一般为60~80 10^{-6}/℃，

4) 力学性能

采取模压成型方式,将含酰亚胺结构的 BCB 单体加入模具中,在上述程序下模压成型并部分固化,再卸去压力,脱模后将部分固化的模压件继续在 N_2 条件下按相应的固化程序完全固化,待模压件自然缓慢冷却到室温后,将模压件裁剪成力学样条进行测试。表 4.15 列出了 4 种含酰亚胺结构 BCB 树脂的力学性能。它们的弯曲强度为 53~89MPa,弯曲模量为 2.94~3.23GPa。树脂较脆,这是由于单体的分子量小,使固化后的树脂交联密度很大所引起的。这类树脂具有较高的弯曲模量。

表 4.15 含酰亚胺结构 BCB 树脂的力学性能

热固化树脂	弯曲强度/MPa	弯曲模量/GPa
BCB-1	53	3.23
BCB-2	89	2.94
BCB-3	77	3.01
BCB-4	75	3.03

5) 电绝缘性能及介电性能

表 4.16 是含酰亚胺结构 BCB 树脂的电学性能。它们的表面电阻率 ρ_s 为 2.89×10^{16}~$7.18\times10^{17}\Omega$,体积电阻率 ρ_v 为 3.21×10^{15}~$8.06\times10^{16}\Omega\cdot cm$。介电常数 ε 为 2.71~3.21,介电损耗 $\tan\delta$ 为 0.001~0.004。数据表明,这类 BCB 树脂均具有优异的电绝缘性能。通过比较发现,随着树脂含氟量的增加,树脂的介电常数和介电损耗不断降低。其中,BCB-4 树脂的电学性能最优,介电常数和介电损耗分别达到了 2.71 和 0.011。这是因为聚合物的介电常数与分子自由体积成反比,与摩尔极化度成正比。摩尔极化度越低,自由体积越大,聚合物的介电常数就越小。氟原子和含氟基团具有极小的摩尔极化度,氟的电负性很高,使得含氟聚合物分子之间静电排斥作用增大,自由体积增加,因而具有较低的介电常数和介电损耗。此外,由于 BCB-3 和 BCB-4 引入大体积带—CF_3 的苯侧基,破坏了分子间的紧密堆积,增大了分子间的自由体积,所以它们固化后的树脂具有更低的介电常数[172]。

表 4.16 含酰亚胺结构 BCB 树脂的电学性能

热固化树脂	w(F)(%)	ρ_v/($\Omega\cdot cm$)	ρ_s/Ω	ε	$\tan\delta$	W_u(%)
BCB-1	0	3.21×10^{15}	2.89×10^{16}	3.21	3.83×10^{-3}	0.67
BCB-2	16.4	1.95×10^{16}	2.12×10^{17}	3.02	1.95×10^{-3}	0.55

续表

热固化树脂	$w(F)$（%）	$\rho_v/(\Omega \cdot cm)$	ρ_s/Ω	ε	$\tan\delta$	W_u（%）
BCB-3	14.6	8.06×10^{16}	4.05×10^{17}	2.81	1.37×10^{-3}	0.47
BCB-4	20.1	5.65×10^{16}	7.18×10^{17}	2.71	1.05×10^{-3}	0.41

注：$w(F)$为氟含量；ρ_v为体积电阻率；ρ_s为表面电阻率；ε为介电常数；$\tan\delta$为介电损耗；W_u为室温浸泡24h后的吸水率。

6）吸水性能

吸水性能对材料的介电稳定性具有非常大的影响[173-174]。在实际应用中，封装材料会暴露在不同的温度和湿度条件下，为提高电子器件的可靠性，要求封装材料具有低的吸水率。图4.119是4种含酰亚胺结构BCB树脂在室温条件下6d内的吸水率测试结果，发现随着浸泡时间的延长，这类树脂的吸水率稍有增加，6d后吸水率为0.63%～1.05%。相比于陶氏化学公司开发的含硅氧烷结构苯并环丁烯树脂（吸水率为0.4%左右），含酰亚胺结构的BCB树脂的吸水率稍高。这是因为引入的酰亚胺结构极性较强。但总体上说，这类BCB树脂还是具有较低的吸水率。而且我们发现，按BCB-1、BCB-2、BCB-3、BCB-4的顺序，树脂的吸水率依次降低，其中BCB-4树脂具有最好的吸水性能，这是因为它的含氟量最高，而氟原子具有非常好的疏水性能[175]。

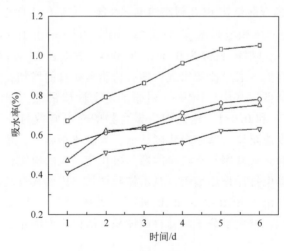

图4.119　室温下含酰亚胺结构BCB树脂的吸水性能

综上所述，含氟酰亚胺结构的双BCB单体具有优良的溶解性能，固化放热前表现出熔融转变，熔点为215～243℃，固化放热峰为230～275℃。经固化形成的热固化树脂，具有优异的热稳定性和热氧化稳定性，玻璃化转变温度为390～407℃，起始热分解温度为400℃以上，氮气或空气条件下5%热失重温度均大于

440℃。热固化树脂具有良好的力学性能,弯曲强度为 53～89MPa,弯曲模量为 2.94～3.23GPa。热固化树脂具有突出的电绝缘性能及介电性能,同时具有很低的吸水率,其中含氟量最高的 BCB-4 树脂综合性能最为优异。

2. 含苯侧基硅氧烷结构的 BCB 树脂

随着 IC 电路制造与封装技术的发展,信号处理速度越来越快,布线密度进一步增加,原本在低速信号处理和宽布线间距时并不强烈的 RC 延迟引起的信号传输延迟、串扰和功耗变成严重的问题而必须加以解决。要降低 RC 延迟,纯粹从材料的角度出发有两条途径:①使用具有更高电导率的金属导线,如使用铜导线代替铝导线;②使用具有更低介电常数和介电损耗的层间绝缘材料[45,56,176-178]。因为通过 CVD 法沉积的铜导线必须在 400℃的高温下退火 2h,以便形成具有致密结构的金属导线,要求层间绝缘材料在具有低介电常数的同时还必须具有更好的耐热性[173,179-180]。

芯片制造与封装用层间绝缘材料主要包括聚酰亚胺(PI)、聚苯并噁唑(PBO)、BCB 树脂等[181-185]。其中,BCB 树脂具有非极性的 C—H 结构,不含极性基团,热聚合后生成饱和的脂肪链结构,使苯并环丁烯树脂的分子具有非常低的摩尔极化度,以及更低的介电常数、介电损耗和吸水率。BCB 树脂是一类热固性树脂,高的交联密度赋予其高的玻璃化转变温度、优异的热稳定性和良好的尺寸稳定性,使其成为低介电层间绝缘材料的最优选择之一[57,95,143,186]。

美国陶氏化学公司 20 世纪 90 年代开发了 Cyclotene 系列苯并环丁烯树脂,具有非常低的介电常数和介电损耗,介电常数为 2.6 左右,吸水率也很低,耐热性好,加工性能优良[102,187-189]。这类 BCB 树脂的聚合单体为 1,1,3,3-四甲基-1,3-双[2'-(4'苯并环丁烯基)乙烯基]二硅氧烷(DVS-bisBCB)。由于这类树脂的侧链为脂肪族的甲基,耐热稳定性较差,所制备的树脂薄膜在空气中、150～300℃时会发生热失重,导致薄膜的介电常数增加,产生微裂纹并使吸水率变大[190]。对这类树脂进行氟化,不仅可以增强它的耐热稳定性,而且可以降低树脂的介电常数,但氟化工艺与 CVD 法沉积铜电路工艺难以匹配[191]。

针对含硅氧烷结构苯并环丁烯树脂存在的问题,合成苯并环丁烯封端的二苯基硅氧烷树脂,该树脂具有良好的耐热稳定性、优异的电绝缘性能及低吸水率。无论在空气或氮气条件下,这类树脂在小于 400℃时均没有明显的热失重(小于 1%)[192-193]。但是,由于封端基团苯乙烯和硅环丁烯固化后的交联密度较低,树脂的玻璃化转变温度很低,T_g 仅为 70～90℃。可见,在苯并环丁烯树脂侧链上引入刚性的芳香基团代替甲基,将大大增强树脂的热稳定性和热氧化稳定性,降低树脂的吸水率,同时保持树脂的低介电常数和低介电损耗及优异的加工性能,从而得到综合性能优异的适合层间绝缘材料的苯并环丁烯树脂。

将刚性苯侧基代替 DVS-bisBCB 中的甲基,制备系列含苯侧基硅氧烷结构的

BCB 树脂（见图 4.120），以提高树脂的耐热稳定性，降低吸水率，同时保持树脂优异的介电性能。所制备的两种单体（BCB-1 和 BCB-2）与 DVS-bisBCB（BCB-3）具有类似的分子结构。

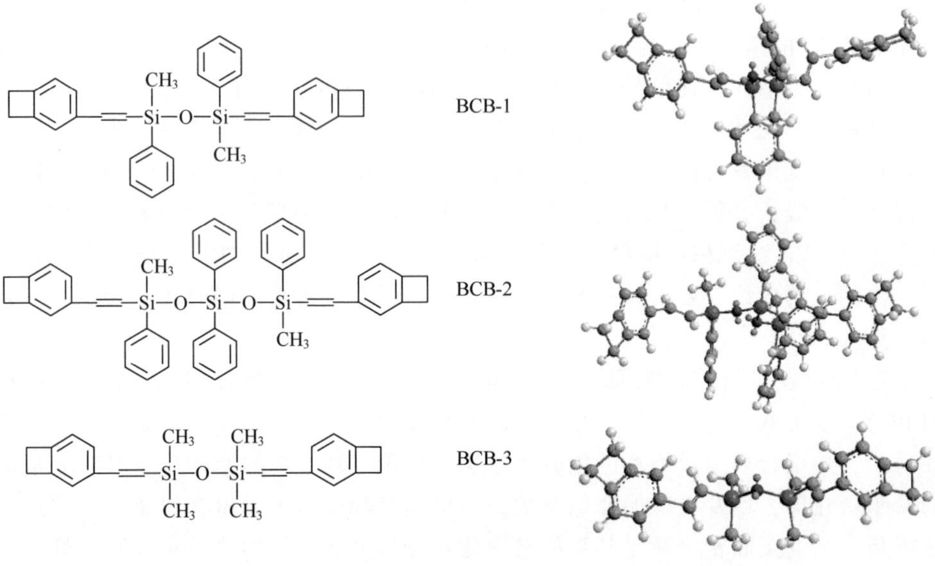

图 4.120　含硅氧烷结构苯并环丁烯单体的分子结构和空间结构

1）制备方法

如上所述，苯并环丁烯树脂的固化机理是苯并环丁烯四元环在 200～300℃ 条件下发生开环，生成具有高反应活性的邻二甲烯醌中间体后相互反应，或者与亲双烯体，如乙烯基等发生 Diels-Alder 反应，进而交联成具有网络结构的树脂。图 4.121 为含多苯侧基硅氧烷结构苯并环丁烯树脂的固化过程。制备时采用 DSC 监控方法确定含硅氧烷结构苯并环丁烯树脂的固化程序，测试 3 种含硅氧烷结构苯并环丁烯单体在不同升温速度下的固化放热曲线，由不同速度对应的放热峰顶点温度和放热结束温度外推得到它的固化温度和后固化温度。发现这 3 种单体具有相同的固化行为，在 10℃/min 升温速度下含硅氧烷结构 BCB 单体的放热峰温度区间大致相同。最终外推得到 3 种单体的固化程序为：在 N_2 条件下以 245℃ 的温度固化 2h 后，以 260℃ 的温度后固化 4h。

2）流变性能

3 种含硅氧烷结构的双苯并环丁烯单体室温下均为液体，是由分子主链中柔性的 Si—O—Si 结构所赋予的。3 种单体中 BCB-2 的黏度最大，达到 28272mPa·s，BCB-3 的黏度最小，只有 83mPa·s。这是因为苯侧基的引入不仅增大了单体的分子量，而且苯侧基的体积比甲基大得多，使分子结构的位阻增大，阻碍了分子链段的运动,从而表现为单体黏度的增大。图 4.122 为这类单体在 5℃/min 升温速度下的流变曲线。从图中可以发现,BCB-1 和 BCB-2 初始黏度较大,在 30~100℃时随着温度升高,黏度逐渐变小。这类含硅氧烷结构的 BCB 单体在 100~200℃时黏度基本保持不变,当温度升到 225℃时,黏度迅速增大,表明树脂已经开始凝胶。流变曲线证实这 3 种单体在 100~200℃时的复合黏度小于 0.2,且非常稳定,表明这类单体具有非常宽的加工窗口和优异的加工性能,适合浇注成型。

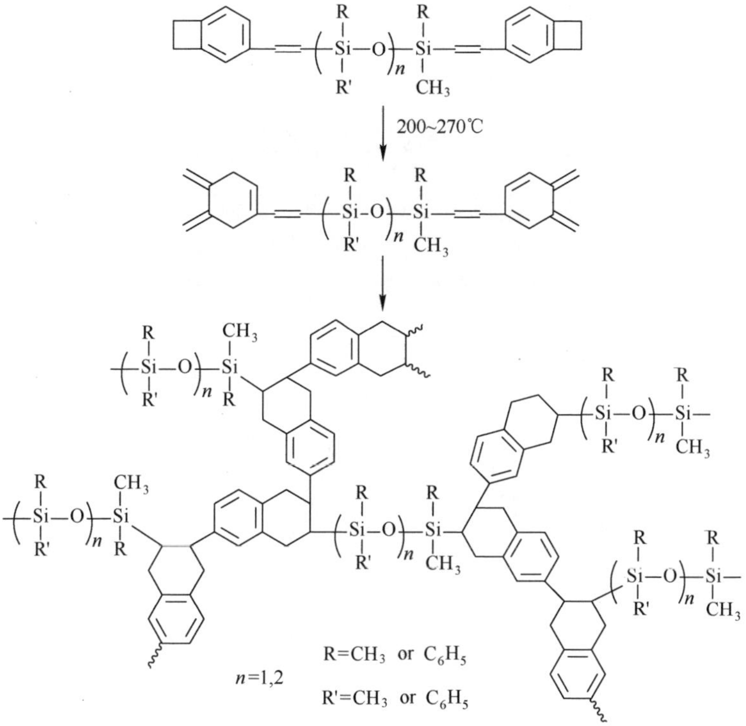

图 4.121 含多苯侧基硅氧烷结构 BCB 树脂的固化过程

3) 固化行为

图 4.123 是含硅氧烷结构 BCB 单体以 10℃/min 速度升温时的 DSC 曲线。从图中可以发现,这类含 BCB 单体具有相同的热固化行为,在 220~280℃时出现一个非常大的固化放热峰,其中单体 BCB-2 单位质量的固化放热量最小,BCB-3 的最大,这是因为 BCB-3 的分子量最小且单位质量内官能团含量最高。

固化条件的选择和优化对完全固化后树脂的性能影响非常大,测试含硅氧烷结构 BCB 单体在 5℃/min、10℃/min、15℃/min、20℃/min 升温速度条件下的 DSC 曲线后,外推放热峰顶温度在 0℃/min 升温速度条件下的值,将它设定为固化温度，将外推得到的放热结束温度设定为后固化温度。图 4.124 是 BCB-1～BCB3，在不同升温速度下的 DSC 曲线。

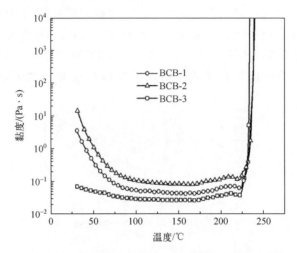

图 4.122　含硅氧烷结构双苯并环丁烯单体的升温流变曲线

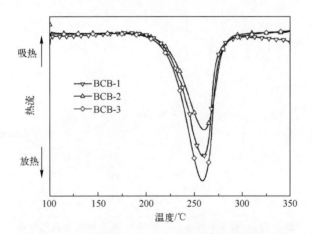

图 4.123　含硅氧烷结构苯并环丁烯单体的 DSC 曲线

随着升温速度的加快，放热峰顶点温度 T_p 和结束温度 T_e 都不断升高。外推得到含硅氧烷 BCB 单体放热峰顶点温度和放热结束温度均非常接近，都在 245℃和 257℃附近，它们的固化条件为 245℃固化 2h 和 260℃后固化 4h。苯并环丁烯树脂在空气中和惰性条件下的固化机理不同，TGA 测试发现它在空气条件下的固化质量会增加 1%～2%，表明空气中的氧气参与了固化反应，这会大大影响树脂的性能，因此我们采取将所有的 BCB 单体都放在 N_2 条件下进行固化的方法。

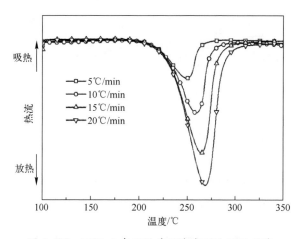

图 4.124　BCB-1 在不同升温速度下的 DSC 曲线

4）耐热性能

含硅氧烷结构 BCB 树脂的耐热性能分别用 TGA 和 DMA 进行表征。表 4.17 列出了相应的热分析结果。图 4.125 是这类含硅氧烷结构 BCB 树脂的 DMA 曲线。这类 BCB 树脂具有很高的玻璃化转变温度，通常为 257～383℃，表明这类树脂具有优异的耐热性能。这是因为这 3 种含硅氧烷结构苯并环丁烯树脂的交联密度很大，交联结构能够有效地阻碍分子链段自由运动，从而提高树脂的玻璃化转变温度，即使树脂的桥连结构为柔性的硅氧烷链段。BCB-1 树脂的玻璃化转变温度最高，为 383℃，比 BCB-3 树脂的 T_g 高 27℃。这是由于 BCB-1 单体分子侧链上有两个刚性的大体积苯侧基，极大地阻碍了分子链段的自由运动。相比于 BCB-1 和 BCB-3，BCB-2 树脂的玻璃化转变温度低得多，仅为 257℃。这是因为 BCB-2 具有更长的 Si—O—Si—O—Si 链段，因此具有更好的柔性。

表 4.17　含硅氧烷结构 BCB 树脂的热分析结果

热固化树脂	T_d/℃	T_5/℃	T_{10}/℃	DMA		
				R_w（%）	G'_{onset}/℃	$T_{tan\delta}$/℃
BCB-1（N_2）	496	473	490	30.4	364	383
BCB-2（N_2）	501	475	492	24.6	223	257
BCB-3（N_2）	493	467	484	21.5	338	356
BCB-1（Air）	473	482	490	17.1	—	—
BCB-2（Air）	485	472	480	12.7	—	—
BCB-3（Air）	471	474	479	6.7	—	—

注：T_d 为起始分解温度；T_5 为 5% 热失重温度；T_{10} 为 10% 热失重温度；R_w 为 700℃ 残重；G'_{onset} 为储存模量拐点；$T_{tan\delta}$ 为正切值最大时的温度。

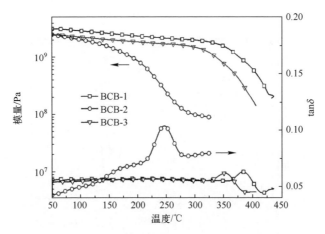

图 4.125　含硅氧烷结构 BCB 树脂的 DMA 曲线

图 4.126 是这类含硅氧烷结构 BCB 树脂分别在 N_2 和空气中的热分解 TGA 曲线。它们具有相似的热分解行为，在小于 470℃ 时，无论是在 N_2 还是在空气条件下都没有明显的热失重（小于 1%）。这类苯并环丁烯树脂在 N_2 和空气中的起始热分解温度分别在 493℃ 和 471℃ 之上，5% 热失重温度分别在 467℃ 和 472℃ 之上，10% 热失重温度分别在 484℃ 和 479℃ 之上，表明这类树脂具有良好的热稳定性和热氧化稳定性。而且无论是在 N_2 还是在空气中，BCB-1 和 BCB-2 树脂在 700℃ 时的残碳都比 BCB-3 有显著提高。此外，这类含硅氧烷结构 BCB 树脂在空气中 500～650℃ 时出现二次失重，主要原因为树脂在空气中发生热氧化分解，造成二次失重。

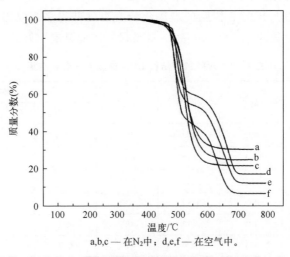

a,b,c — 在 N_2 中；d,e,f — 在空气中。

图 4.126　含硅氧烷结构 BCB 树脂的 TGA 曲线

图 4.127 是含硅氧烷结构 BCB 树脂在 300℃空气中的热老化曲线,空气流速为 100mL/min,发现 BCB-1 和 BCB-2 树脂具有良好的热老化性能,而 BCB-3 树脂的热老化性能稍差一些,130h 后热失重达到 20%以上。通过对这 3 种含硅氧烷结构 BCB 树脂的耐热性能进行分析,发现在 BCB 树脂结构中引入刚性的苯侧基能够显著地提高 BCB 树脂的热稳定性和热氧化稳定性。

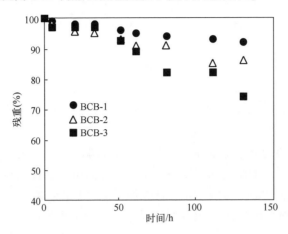

图 4.127 含硅氧烷结构 BCB 树脂在 300℃空气中的热老化曲线

5) 力学性能

采用浇注成型工艺,将 BCB 单体倒入模具中,先在 100℃真空下脱泡 10min,然后在 N_2 条件下进行固化,固化完成后自然冷却到室温,再裁剪成力学样条进行测试。表 4.18 列出了 3 种含硅氧烷结构 BCB 树脂的力学性能。它们的弯曲强度为 53~81MPa,弯曲模量为 2.44~3.05GPa。拉伸强度为 33~56MPa,杨氏模量为 1.48~1.63GPa,断裂伸长率为 1.8%~2.5%。树脂比较脆,力学性能一般,这是因为树脂的交联密度很大。

表 4.18 含硅氧烷结构 BCB 树脂的力学性能

热固化树脂	弯曲强度/MPa	弯曲模量/GPa	拉伸强度/MPa	杨氏模量/GPa	断裂伸长率(%)
固化 BCB-1	64	3.05	37	1.63	1.8
固化 BCB-2	81	2.84	56	1.48	2.5
固化 BCB-3	55	2.44	33	1.55	2.1

6) 电绝缘性能和吸水性能

表 4.19 是 3 种含硅氧烷结构 BCB 树脂的电学性能和吸水率。它们的表面电阻率 ρ_s 为 $(2.23\sim2.55)\times10^{15}\Omega$,体积电阻率 ρ_v 为 $(2.68\sim2.98)\times10^{16}\Omega\cdot cm$,介电常数 ε 和介电损耗 $tan\delta$ 非常低,分别为 2.60~2.64 和 0.002 左右。测试结

果表明，这类含硅氧烷结构 BCB 树脂均具有优异的电绝缘性能。这是因为这类 BCB 树脂分子结构对称，不含有强极性基团，使得分子的摩尔极化度很低，而聚合物的介电常数与分子的摩尔极化度成正比。测试结果还显示这类 BCB 树脂的电学性能没有明显差异，说明苯侧基的引入对树脂的电学性能影响不大。

表 4.19 含硅氧烷结构 BCB 树脂的电学性能和吸水率

热固化树脂	ρ_v [$\times 10^{16}$/($\Omega \cdot cm$)]	ρ_s ($\times 10^{15}$/Ω)	ε (@1MHz)	$tan\delta$ ($\times 10^{-3}$)	W_u (%)
BCB-1	2.85	2.38	2.61	2.23	0.14
BCB-2	2.98	2.55	2.64	2.36	0.16
BCB-3	2.68	2.23	2.60	2.12	0.17

注：ρ_v 为体积电阻率；ρ_s 为表面电阻率；ε 为介电常数；$tan\delta$ 为介电损耗；W_u 为室温浸泡 24h 后的吸水率。

吸水率对材料的介电稳定性具有非常大的影响[173,194]。在实际应用中，封装材料将会暴露在不同的温度和湿度条件下，为提高电子器件的可靠性，要求封装材料具有低吸水率。如表 4.19 所示，这 3 种树脂的吸水率 W_u 非常低，为 0.14%~0.17%。这一方面是因为这类 BCB 树脂结构中不含强极性基团，另一方面是因为分子结构中硅氧烷链段具有螺旋结构，疏水的侧甲基和侧苯基向外撑开，屏蔽了主链的硅氧烷结构，使水分子很难接近亲水性的硅氧烷结构，因此具有良好的疏水性能[195]。

总之，含苯侧基硅氧烷结构 BCB 聚合单体常温下为液体，在 100~200℃ 时具有很低的黏度，在 230℃ 以上时开始凝胶化，具有优异的加工性能。经 245℃/2h 固化和 260℃/4h 后固化形成的热固化树脂具有优异的热稳定性和热氧化稳定性，玻璃化转变温度为 257~383℃，起始热分解温度和 5% 热失重温度均在 470℃ 以上，弯曲强度为 55~81MPa，拉伸强度为 33~56MPa，表面电阻率和体积电阻率分别达到 $10^{16}\Omega$ 和 $10^{15}\Omega \cdot cm$，介电常数和介电损耗分别为 2.6 和 0.002 左右，吸水率小于 0.2%。

3. 主链含硅氧烷结构的侧链型 BCB 树脂

BCB 树脂一般是由 BCB 封端的热固性树脂。这类树脂完全固化后在主链上生成饱和的脂肪链结构，热稳定性较差[190,191]。为了提高树脂的耐热性，设计合成了主链为苯基和硅氧烷链段交替的侧链型 BCB 树脂（见图 4.128）。由双二甲胺基硅烷与 1,4-双（羟基二甲基硅基）苯通过一步缩聚反应直接制备了具有高分子量的侧链型 BCB 树脂（SiBu），可直接用于制备树脂薄膜，不需要经过高温预聚步骤，以达到简化树脂制备工艺的目的。另外，在树脂主链结构中引入苯基和硅氧烷链段交替结构，以达到提高树脂耐热氧化稳定性的目的。在树脂侧链上引入大量的乙烯基，以制备光敏性 BCB 树脂（SiViBu）。

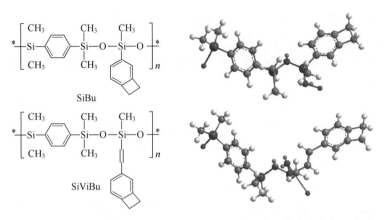

图 4.128 主链含硅氧烷结构的侧链型 BCB 树脂的化学结构和空间结构

1) 制备方法

主链含硅氧烷结构的侧链型苯并环丁烯树脂由四步反应路线实现,具体化学制备过程如图 4.129~图 4.131 所示。

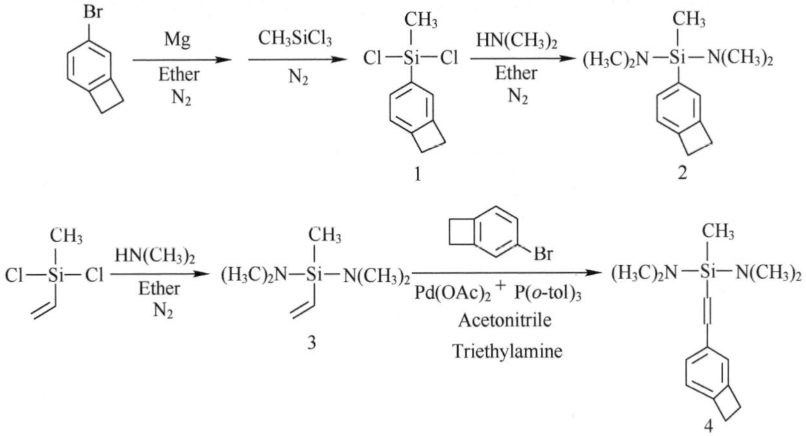

图 4.129 双二甲胺基硅烷的合成

双二甲胺基硅烷 2 由两步化学反应得到。第一步为 4-溴代苯并环丁烯与金属镁粉制成格氏试剂后,与甲基三氯硅烷反应得到化合物甲基-4-溴苯并环丁烯基二氯硅烷 1。反应以微量碘为引发剂,反应过程中加入大量的乙醚作为溶剂来辅助降温,并通过调节滴入 4-溴代苯并环丁烯的速度来控制反应的剧烈程度,滴加过程中无须加热即可使反应保持稳定回流。第二步为化合物甲基-4-溴苯并环丁烯基二氯硅烷 1 与无水二甲胺反应,生成目标产物双二甲胺基硅烷 2,同时副产物氯化氢与过量的二甲胺反应生成二甲胺盐酸盐,呈白色粉末析出。二甲胺的沸点较低,仅为7℃,而该反应为放热反应,因此应尽量使滴加速度缓慢,控制反应温度低于0℃。这两步反应的产物1和目标产物2均对水十分敏感,遇水即可发生反应,生成其他副产物,所以整个反应包括后处理应尽量在隔绝空气的条件下快速进行。

与双二甲胺基硅烷2的合成相似,双二甲胺基硅烷4也是由两步反应得到的,但是反应路线完全不同。第一步为甲基乙烯基二氯硅烷与无水二甲胺反应,生成中间产物双二甲胺基硅烷3。反应过程中严格控制滴加速度,使反应混合物低于0℃。第二步为中间体双二甲胺基硅烷3与4-溴苯并环丁烯进行Heck反应,生成目标产物双二甲胺基硅烷4。催化剂为三邻甲苯基膦和乙酸钯,催化机理为三邻甲苯基膦与乙酸钯在反应液中原位络合成四(三邻甲苯基膦)乙酸钯,同时进一步还原成四(三邻甲苯基膦)钯,零价钯催化溴代苯并环丁烯氧化乙烯基上的氢原子与乙烯基成键,生成目标产物结构。但四(三邻甲苯基膦)钯非常活泼,很容易被氧化成钯黑,反应过程中如有痕量的氧气进入,就会与四(三邻甲苯基膦)钯发生连锁反应,将其全部氧化成钯黑,使其失去催化活性,导致反应中止[196]。因此反应过程中的所有步骤均需进行严格的无水无氧操作。目标产物双二甲胺基硅烷4的结构经^{1}H-NMR、质谱和元素分析等方法进行了详细的表征。

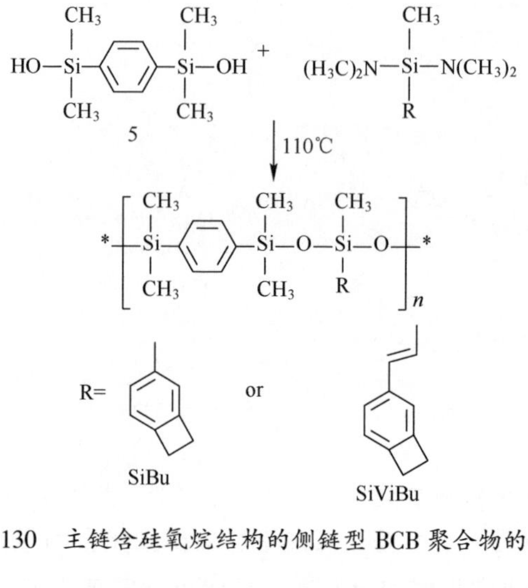

图4.130 主链含硅氧烷结构的侧链型BCB聚合物的合成

1,4-双(羟基二甲基硅基)苯的合成按照参考文献采取两步反应。首先为1,4-对二溴苯与金属镁粉经格氏反应生成格氏试剂,再和二甲基氯硅烷反应生成1,4-双(氢基二甲基硅基)苯。第二步为1,4-双(氢基二甲基硅基)苯在碱性条件下水解,相应的两个氢原子置换成羟基。水解反应的最后一步使用KH_2PO_4缓冲溶液，严格控制反应混合物的 pH 值，以免产物在强碱性的条件下相互缩合，生成低聚体。1,4-双(羟基二甲基硅基)苯 5 的结构经 ^{1}H-NMR、红外、质谱和元素分析等方法进行了详细的表征。

由于聚合物 SiBu 和 SiViBu 常温下均为黏稠的液态物质，具有良好的加工性能，可以配制不同固含量的甲苯溶液。可以采用溶液涂膜或者直接浇注成型后，加热交联以获得树脂薄膜或浇注件。这类树脂的制备过程和机理如图 4.131 所示，采用 DSC 和红外监控的方法详细研究了这两种聚合物的固化性能，综合 DSC 研究结果和溶液涂膜法制备树脂的特点，选择聚合物 SiBu 的固化条件为 N_2 下 80℃/1h、150℃/1h、210℃/1h、255℃/1h 和 310℃/1h，聚合物 SiViBu 的固化条件为 N_2 下 80℃/1h、150℃/1h、210℃/1h、245℃/1h 和 260℃/1h。低温阶段除去聚合物中的溶剂，高温阶段使树脂交联固化。

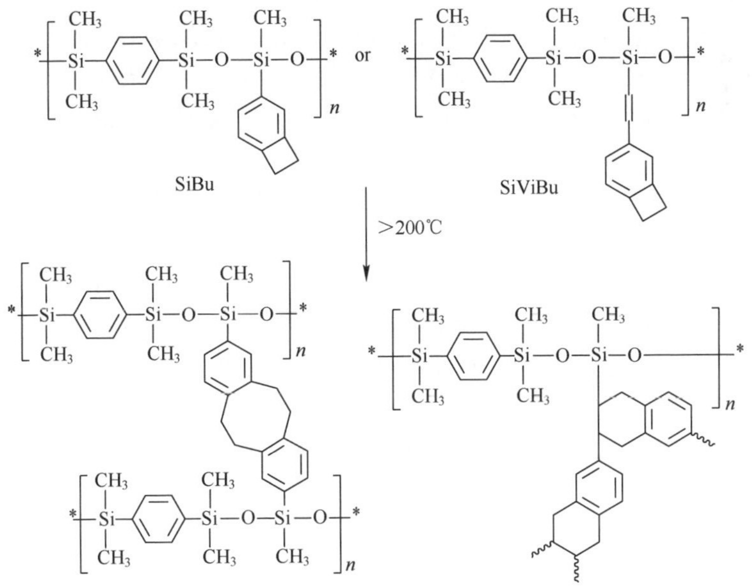

图 4.131　主链含硅氧烷结构的侧链型 BCB 树脂的制备过程和机理

侧链型 BCB 树脂 SiBu 和 SiViBu 是由 1,4-双(羟基二甲基硅基)苯 5 与双二甲氨基硅烷发生脱二甲胺反应，按照逐步聚合机理缩合而成的[197]。由于双二甲氨基硅烷和二硅醇之间的反应活性非常高，进行聚合反应时，如按等摩尔反应物一次投料，将很难控制聚合物的分子量，导致分子量过大，聚合物凝胶。采用不等物质量投料法，控制双二甲胺基硅烷的加入量，第一次投料时只加入等物质量的 98%，然后每隔 30min 加入 15μL 双二甲氨基硅烷，同时控制聚合物溶液的固含量低于 30%，反应过程中不断监测聚合物溶液黏度的变化，待溶液达到预定黏度后停止反应。得到的两种聚合物常温下为黏稠的液态物质，利用乌氏黏度计测定了聚合物的特性黏度分别为 0.83dL/g 和 0.78dL/g，聚合物在甲苯中具有良好的溶解性，利用凝胶渗透色谱法测定了两种聚合物的分子量和分子量分布（以聚苯乙烯为标）。表 4.20 列出了 GPC 测试数据，数均和重均分子量都在 $9×10^4$ 以上，说明聚合得到了高分子量侧链型苯并环丁烯聚合物。

表 4.20 聚合物 SiBu 和 SiViBu 的 GPC 和 DSC 测试结果

样 本	M_w ($×10^4$g/mol)[a]	M_n ($×10^4$g/mol)[a]	M_w/M_n	T_g（未固化）/℃	固化反应焓 /(J/g)
SiBu	18	16	1.1	−23	259
SiViBu	15	9.4	1.6	−2	360

注：a 由凝胶渗透色谱仪测定，甲苯为流动相，聚苯乙烯为标准。

2）固化行为

苯并环丁烯四元环在高温下发生开环反应，生成高反应活性的邻二甲烯醌中间体后相互反应，生成环二聚体或聚邻二甲苯，或者与亲双烯体（比如与吸电子基团相连的乙烯基）之间发生 Diels-Alder 反应，进而相互交联生成具有网络结构的树脂。

图 4.132 是两种侧链型苯并环丁烯聚合物在 10℃/min 升温速度下的 DSC 扫描曲线。两种侧链型苯并环丁烯聚合物常温下为橡胶态，它们的玻璃化转变温度分别为-23℃和-1℃，与文献[198]所述的硅橡胶一致。同时由于聚合物 SiViBu 所带的侧基为 4-苯并环丁烯基乙烯基，比聚合物 SiBu 的侧基 4-苯并环丁烯基体积更大，产生的位阻也更大，因此玻璃化转变温度要稍高一些。聚合物 SiBu 在 213～325℃之间出现一个大而宽的固化放热峰，而聚合物 SiViBu 比 SiBu 的起始放热温度高出 15℃，在 228～276℃之间出现一个窄而尖的固化放热峰（见表 4.21）。

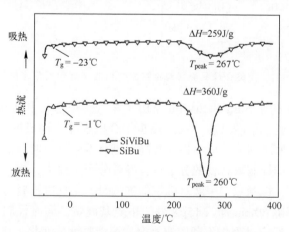

图 4.132 聚合物 SiBu 和 SiViBu 的 DSC 曲线

表 4.21 聚合物 SiBu 和 SiViBu 的 DSC 数据分析

样　本	T_g/℃	固化放热峰/℃			固化焓/(J/g)
		T_{onset}	T_{peak}	T_{end}	
SiBu	−23	213	267	325	259
SiViBu	−1	228	260	276	360

聚合物 SiBu 的固化焓也比 SiViBu 的固化焓小得多，两者分别为 259 和 360J/g。这是由于两者的固化机理不同所致，聚合物 SiBu 中由于不含有亲双烯体结构，固化机理为高温下生成的邻二甲烯醌中间体相互之间成环，进而交联成网络结构的树脂；而聚合物 SiViBu 中含有乙烯基，固化机理为邻二甲烯醌中间体与乙烯基之间发生 Diels-Alder 反应，进而交联成网络结构的树脂。DSC 研究结果证明两种侧链型苯并环丁烯聚合物侧链上的苯并环丁烯官能团具有很高的反应活性，能够在高温下开环，将线性聚芳基硅氧烷交联成网络结构的树脂。

固化程序的选择对热固性树脂的性能影响非常大，必须对热固性树脂的固化程序进行优化。采用不同升温速度下 DSC 方法，并结合涂膜成型工艺的特点来获得两种侧链型苯并环丁烯聚合物的固化程序，分别测试了聚合物 SiBu 和 SiViBu 在 5℃/min、10℃/min、15℃/min、20℃/min 升温速度条件下的 DSC 曲线。图 4.133 为聚合物 SiViBu 在不同升温速度下的 DSC 曲线，然后外推得到聚合物在 0℃/min 时固化放热峰的顶点温度和放热结束温度。

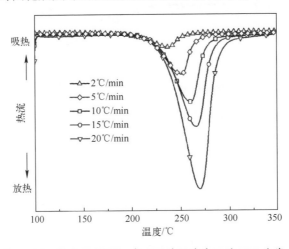

图 4.133　聚合物 SiViBu 在不同升温速度下的 DSC 曲线

随着升温速度加快，放热峰顶点温度 T_p 和结束温度 T_e 都不断升高。根据 DSC 测试结果和涂膜成型工艺的特点，确定了两种树脂的固化程序，聚合物 SiBu 的固化程序为 N_2 条件下 80℃/1h、150℃/1h、210℃/1h、255℃/1h 和 310℃/1h；而聚合物 SiViBu 的固化程序为 N_2 条件下 80℃/1h、150℃/1h、210℃/1h、245℃/1h 和 260℃/1h。固化程序的低温阶段使溶剂彻底挥发，而高温阶段使树脂固化完全。固化后的树脂在 1475cm^{-1} 附近没有观察到苯并环丁烯四元环 C—H 面内伸缩振动特征吸收峰，但在 1505cm^{-1} 附近出现了一个中等强度的吸收峰。这可以被解析为苯并环丁烯四元环开环后的亚甲基 C—H 对称伸缩振动吸收。SiViBu 固化后的树脂在 985cm^{-1} 附近没有观察到乙烯基 C—H 面外变形振动特征吸收峰。这进一步证明了树脂的交联机理为邻二甲烯醌中间体与乙烯基之间发生 Diels-Alder 反应[199]。红外对比谱图表明聚合物 SiBu 和 SiViBu 在上述固化条件下能够固化完全。

3）耐热性能

图 4.134 比较了两种侧链型 BCB 固化树脂在 N_2 和空气中的热分解曲线。无论在 N_2 还是空气条件下，500℃ 之前两种树脂都没有明显的热失重（小于 2%）。树脂 SiBu 在 N_2 和空气中的起始热分解温度分别为 521℃ 和 505℃，5% 热失重温度分别为 553℃ 和 530℃。同样，树脂 SiViBu 在 N_2 和空气中的起始热分解温度分别为 528℃ 和 504℃，5% 热失重温度分别为 526℃ 和 508℃。两种树脂在 700℃ 时的残重非常高，无论 N_2 还是空气条件下均超过了 70%，最高甚至达到了 85.9%。这在苯并环丁烯树脂中是非常罕见的，表明这类树脂具有十分优异的热稳定性、热氧化稳定性和阻燃性能。

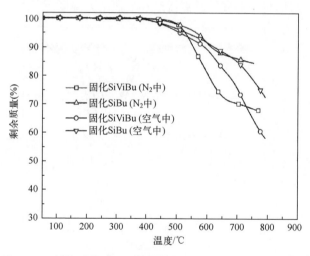

图 4.134 侧链型苯并环丁烯树脂 SiBu 和 SiViBu 的 TGA 曲线

侧链型 BCB 固化树脂具有优异的耐热稳定性，主要取决于聚芳基硅氧烷的热分解机理（见图 4.135）。在略低于起始分解温度的高温下，硅氧烷主链发生链剪切重排，进而产生易挥发的小分子化合物。上述两种聚合物中热稳定性较差的苯并环丁烯基取代在侧链上，保证了主链为苯基和二硅氧烷链段交替结构，从而最大限度地保留了聚芳基硅氧烷优良的耐热性。而且，发生主链剪切重排的反应温度要比苯并环丁烯官能团开环固化温度要高，因此在主链热降解之前，侧链上的苯并环丁烯基团已经热交联完全，大大抑制了硅氧烷链段的运动，从而最大限度地阻止了链剪切重排反应的发生[197]。

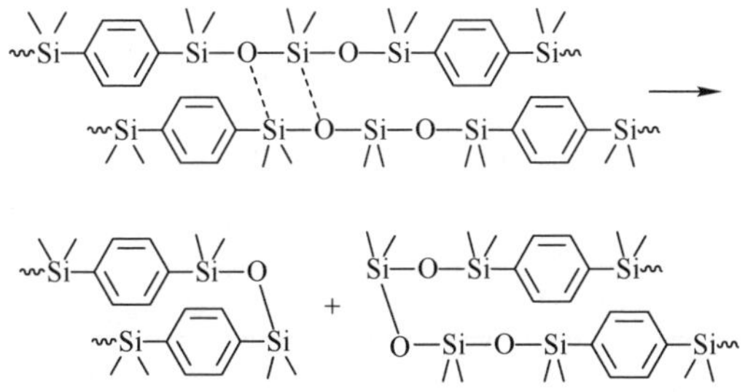

图4.135 聚芳基硅氧烷的链剪切重排示意图

图4.136为侧链型苯并环丁烯树脂SiBu和SiViBu的DMA曲线，发现这类树脂的储存模量均随温度升高而快速下降，主要是因为树脂主链中含有高柔性的Si—O—Si链段所致。树脂SiBu和SiViBu的储存模量拐点温度分别为190℃和225℃，正切值顶点对应温度分别为218℃和256℃，表明两者均具有非常高的玻璃化转变温度，分别达到了218℃和256℃。相比于交联前的聚合物，交联后树脂的玻璃化转变温度大大提高，说明侧链上的苯并环丁烯基团受热后进行了有效交联，而且交联密度很大。而且树脂SiViBu的玻璃化转变温度比SiBu高出近40℃，是因为聚合物SiViBu侧链上的乙烯基参与了固化反应，使树脂SiViBu具有更高的交联密度所致。

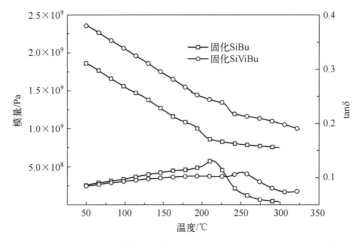

图4.136 侧链型苯并环丁烯树脂SiBu和SiViBu的DMA曲线

4）力学性能

将聚合物 SiBu 和 SiViBu 制备成25%固含量的甲苯溶液后，在玻璃板上涂膜，按上述固化条件固化后得到无色透明的树脂薄膜，按要求裁剪成力学试样进行测试。表4.22比较了 BCB 树脂 SiBu 和 SiViBu 的力学性能，拉伸强度分别为 34MPa 和 39MPa，杨氏模量分别为 1.39GPa 和 1.88GPa，断裂伸长率分别为 2.6%和2.8%。

表4.22 侧链型 BCB 树脂 SiBu 和 SiViBu 的力学性能

样　品	拉伸强度/MPa	杨氏模量/GPa	断裂伸长率（%）
固化 SiBu	34	1.39	2.6
固化 SiViBu	39	1.88	2.8

5）电学性能和吸水性能

表4.23是两种侧链型苯并环丁烯树脂的电性能和吸水率。其表面电阻率分别为 $2.41×10^{-15}\Omega$ 和 $2.33×10^{-15}\Omega$，体积电阻率分别为 $1.85×10^{-16}\Omega\cdot cm$ 和 $1.68×10^{-16}\Omega\cdot cm$，介电常数和损耗非常低，介电常数分别为2.66和2.64，介电损耗分别为0.0022和0.0021。结果表明，这两种侧链型苯并环丁烯树脂具有优异的绝缘性能，因为聚芳基硅氧烷的主链和苯并环丁烯侧基均为低极性结构，聚合物固化后，树脂的分子摩尔极化度低，而聚合物的介电常数与分子的摩尔极化度成正比。

表4.23 侧链型苯并环丁烯树脂 SiBu 和 SiViBu 的电性能和吸水率

样　品	W_u（%）		ε（@1MHz）	ρ_v（$×10^{-16}\Omega\cdot cm$）	ρ_s（$×10^{-15}\Omega$）	$tan\delta$（$×10^4$）
	I	II				
固化 SiBu	0.15	0.21	2.66	1.85	2.41	2.23
固化 SiViBu	0.16	0.23	2.64	1.68	2.33	2.12

注：W_u（I）为室温下水中浸泡24h后的吸水率；W_u（II）为高压锅水煮24h后的吸水率；ε 为介电常数；ρ_v 为体积电阻率；ρ_s 为表面电阻率；$tan\delta$ 为介电损耗。

这两种树脂的吸水率非常低，室温下和沸水中24h内的吸水率均低于0.25%。这一方面是由于树脂的结构中不含有强的极性基团，另一方面是由于分子中的硅氧烷链段具有螺旋结构，疏水的侧甲基向外撑开，屏蔽了主链的硅氧烷结构，使水分子很难与其接触，而且固化后的树脂具有高的交联密度，致密的结构也可以进一步降低水分子在树脂中扩散，因此这类树脂表现出良好的疏水性能[195]。

6）光学性能

由于树脂结构中不含有强的极性基团及除苯环外没有其他大的共轭结构，而且含有类似无机玻璃化学结构的 Si—O—Si 键,大大提高了树脂的透明性[195]。树脂薄膜具有很好的透光性(见表 4.24),两种树脂的截止波长很低,分别为 321nm 和 314nm,紫外光透过率非常高,在 365nm 波长的透光率分别为 74% 和 84%,而且在可见光区的透明性更好,在 400nm 波长的透光率达到了 85% 以上,表明这类苯并环丁烯树脂具有良好的光学透明性。

表 4.24 苯并环丁烯树脂 SiBu 和 SiViBu 的光学性能

样　品	λ_{cut}/nm	T_{365}(%)	T_{400}(%)	T_{450}(%)	T_{500}(%)
SiBu	321	74	85	90	93
SiViBu	314	84	90	94	97

注:λ_{cut} 为截止波长;T_{365}、T_{400}、T_{450} 和 T_{500} 分别为归一化膜厚在 365nm、400nm、450nm、500nm 波长时的透光率,膜厚均为 10μm 左右。

4.5.4 光敏性 BCB 树脂

普通 BCB 树脂不具有感光功能,光刻制图时必须借助光刻胶(Photoresist)完成制图工艺。首先,将 B 阶段 BCB 树脂溶液旋涂在基板上,通过前烘处理除去部分溶剂,形成具有一定硬度的胶膜;其次,将光刻胶旋涂在经前烘的 BCB 树脂胶膜上面,经曝光、显影后得到光刻胶图形;再次,将暴露出的 BCB 树脂进行显影刻蚀,再利用化学去膜剂除去覆在 BCB 树脂薄膜上的光刻胶层;最后,经热固化得到 BCB 薄膜。由于在刻蚀的过程中一般采用 O_2/C-F 混合气体进行等离子刻蚀,要求严格控制工艺条件。由于工艺步骤烦琐,设备和环境要求高,因此器件成品率很低。随之在市场上出现了既具有 BCB 树脂的优良性能又具有感光刻蚀性的光敏性 BCB 树脂。

光敏性 BCB 树脂溶液经紫外线曝光、显影后可以直接形成具有精细图形的 BCB 树脂薄膜图形,大大简化了光刻制图工艺的过程(见图 4.137)。与非光敏性 BCB 树脂不同,光敏性 BCB 树脂制图工艺简单,省去了光刻胶涂敷、除胶等步骤,可以获得分辨率更好的 BCB 树脂薄膜图形或通孔,可显著降低生产成本。

光敏性 BCB 树脂根据光刻后所得图像的不同可分为两类:负性光敏性 BCB 树脂和正性光敏性 BCB 树脂。负性光敏性 BCB 树脂经掩模曝光后,曝光区膜层在显影液中的溶解速率小于非曝光区膜层在显影液中的溶解速率,从而得到与掩模板图像相反的图形。正性光敏 BCB 树脂正相反,经掩模曝光后,曝光区膜层在显影液中的溶解速率大于非曝光区膜层在显影液中的溶解速率,从而得到与掩模板图像相同的图形。负性光敏 BCB 树脂具有感光速度快、图形分辨率高、线条的深宽比较大、制作方法成熟、使用相对低毒的化学试剂显影等特点，制成的 BCB 树脂器件性能可靠，在微电子制造与封装领域被广泛应用。

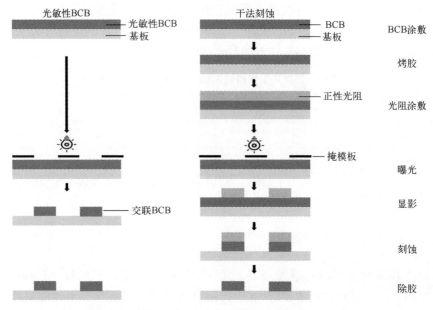

图 4.137　光敏性 BCB 和非光敏性 BCB 树脂的光刻工艺区别

负性光敏 BCB 树脂主要以聚合单体 75（DVS-BCB）为基础，加入一定的光敏剂及增感剂，在一定温度下固化成膜，再经过曝光显影得到所需要的布线电路，这类材料显影时对时间极为敏感，使显影终端不稳定，容易发生漂移，从而在前烘和显影之间存在时间延迟[200]，对工艺极为严格的需求致使其应用具有一定局限性。正性光敏 BCB 树脂由于在原理上完全不同于负性光敏 BCB 树脂，具有在显影时不溶胀、使用水性显影剂、刻蚀图形更精细等特点，受到了人们的关注[201-202]。

1. 负性光敏 BCB 树脂

目前开发最成功和商业化应用最广泛的光敏性 BCB 树脂是陶氏化学公司开发的 Cyclotene™ 系列树脂。这类光敏性 BCB 树脂是聚合单体 75 在 160～200℃ 高温条件下热预聚一定时间所得到的具有高分子量的 B 阶段树脂。光敏剂为双叠氮化合物 BAC-M[140-141]，光敏原理如图 4.138 所示：在 i 线（365nm）曝光区域，双叠氮化合物吸收能量，叠氮基分解成氮气和氮烯中间体，氮烯中间体具有非常高的反应活性，惰性条件下与苯并环丁烯 B 阶段树脂中剩余的乙烯基发生插入反应，从而将不同的 B 阶段树脂交联起来，形成交联的网络结构，使树脂的溶解性能变弱或不溶。而非曝光区域则不发生交联反应，这样在曝光区和非曝光区之间产生很大的溶解性差异，经溶剂浸泡显影后，非曝光区的树脂膜层全部溶解而曝光区的树脂图膜保存下来，从而获得转印精良的光刻图形[203]。

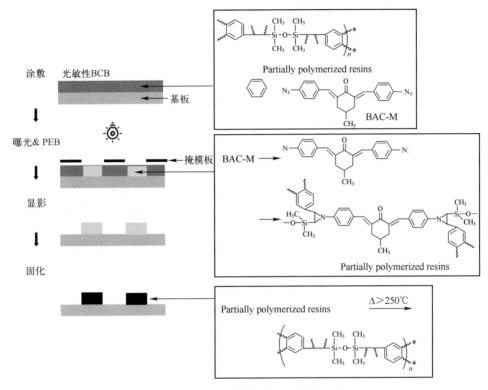

图 4.138 Cyclotene™ 系列树脂的光敏原理

Cyclotene™ 系列光敏性 BCB 树脂中的苯并环丁烯前体树脂本身并不具有光敏性，只是通过外加光敏剂 BAC-M 才获得光敏树脂配方。这类光敏 BCB 树脂在图形制作过程中分辨率较低。通过格氏反应和羟醛缩合反应能够得到含肉桂酰基的双苯并环丁烯单体 116[204]。将其在高温下热预聚一定时间后得到部分聚合的苯并环丁烯树脂 117，其化学结构中还含有大量未反应的肉桂酰基团，使得这类苯并环丁烯树脂本身就具有光敏性，因此不需要外加光敏剂，只需加入一定量的引发剂就可以进行后续的光刻工艺（见图 4.139）。

2. 正性光敏 BCB 树脂

正性光敏 BCB 树脂采用有机碱水溶液作为显影剂，与负性光敏 BCB 树脂的有机显影剂相比，具有绿色、环保、低毒、无刺激性气味等优点，同时具有更高的光刻分辨率，具有良好的发展前景。陶氏化学公司[201-202]在负性光敏"Cyclotene™"的基础上成功开发出了正性光敏 BCB 树脂，商品名为 Cyclotene AD6000系列，制备过程如图 4.140（a）所示。先由 4-溴苯并环丁烯与丙烯酸反应，合成 4-丙烯酸基苯并环丁烯 118，然后将其与单体 DVS-BCB 以一定比例混合均匀并在高温下预聚一定时间，制备出侧链上带羧基的 B 阶段树脂 119。以 119 为主体树脂，加入一定量的重氮萘醌磺酸酯（DNQ）制备成正性光敏 BCB 树脂 120。

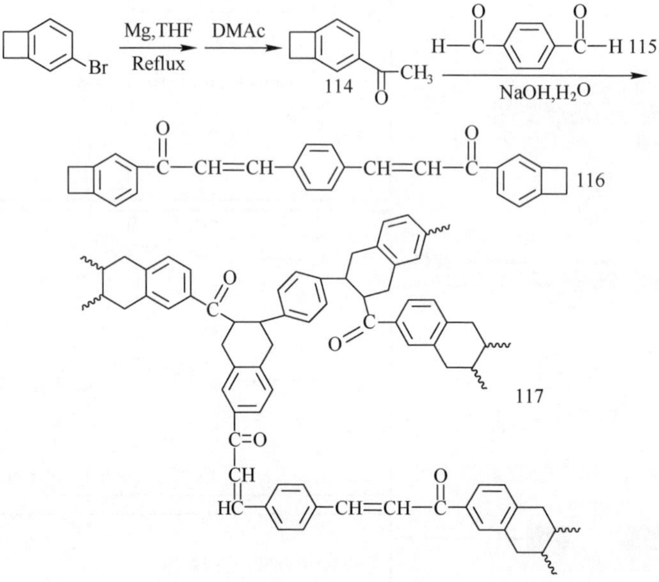

图 4.139　含对苯二肉桂酰桥联结构的双苯并环丁烯单体及树脂的制备

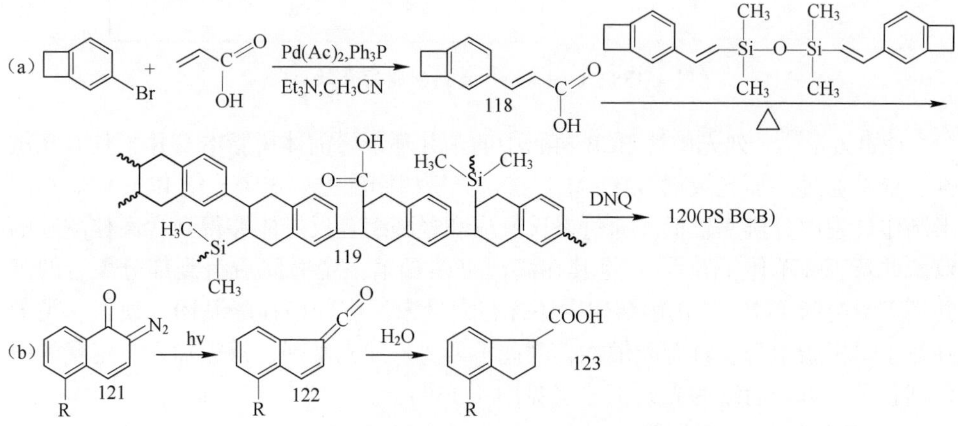

图 4.140　正性光敏 BCB 的合成及 DNQ 的分解机理

这类光敏 BCB 树脂的感光机理参见参考文献 [205] ～ [207]，曝光区的 DNQ（121）在紫外线照射下光解成酮烯 122。在显影过程中，酮烯 122 在碱性水溶液中转变成茚酸 123，释放羧基，而苯并环丁烯树脂 119 的侧链上也带有羧基，两者相互促进，使之在碱性水溶液中的溶解速率加快 [见图 4.140（b）]。

而非曝光区的 DNQ 将 BCB 树脂 119 侧链上的羧基包裹起来,使之不溶于水基碱性显影液。因此,上述光敏 BCB 树脂经光刻后得到高分辨率的正性光刻图形。由这类正性光敏 BCB 树脂热固化后形成的 BCB 树脂薄膜具有优良的抗蚀能力,同时具有优良的电绝缘性能、耐热稳定性、黏附性和机械性能等[208]。

3. 含硅氧烷结构 BCB 树脂的光刻工艺性

当 BCB 树脂在超大规模集成电路和 MCM 模块中用于应力缓冲层防止芯片开裂、作为介电绝缘层隔离层间电路时,需要经过精细的再加工才能得到相应的电极触点和复杂的电路图形。而这些精细的图层加工一般是通过光刻工艺来实现的。最初使用的非光敏性 BCB 树脂,要完成刻蚀得到复杂的电路图形,需要在 BCB 树脂表面涂敷一层光刻胶后,再经曝光、刻蚀和除胶等工艺得到。由于这种加工方法中刻蚀工艺步骤烦琐,易于产生缺陷,成品率较低,而且所用设备庞杂,维护费用高昂,产品的成本较高。而采用光敏性 BCB 树脂,直接曝光后,在曝光区和非曝光区产生很大的溶解性差异,经溶剂显影后即可获得复杂的电路图形,省去了光刻胶及相应的工艺步骤,为涂层的精确加工提供一种更简单的工艺流程,所以光敏性 BCB 树脂得到了更加广泛的应用[1-6]。

微电子领域应用最多的光敏性 BCB 树脂是陶氏化学公司开发的 Cyclotene™ 系列树脂,其单体分子结构与 BCB-3 相同[140,209]。将 BCB-3 通过加热预聚合反应生成具有设定分子量的 B 阶段树脂溶液后,加入双叠氮化合物光敏剂(见图 4.141)。光敏原理为,曝光区的双叠氮化合物生成高反应活性的氮烯中间体后,与 B 阶段树脂中剩余未反应的乙烯基发生插入反应,生成不溶的具有交联网络结构的树脂,从而在曝光区和非曝光区间产生很大的溶解性差异,经溶剂显影后获得精细的光刻图形。

1)B 阶段 BCB 树脂的制备方法

将 BCB-3 聚合单体直接加热预聚制备 B 阶段 BCB 树脂。对于光敏性 BCB 树脂,必须首先得到具有高分子量的前体树脂。因为高分子量的前体树脂溶液旋涂后,能够形成平整均匀且厚度可控的树脂图层,完全固化后,树脂薄膜坚硬连续、不龟裂、无气泡。结合前面的研究和文献资料得知,苯并环丁烯树脂在 160~200℃ 的高温下能缓慢聚合,通过控制聚合时间,可以获得具有不同聚合度的 B 阶段树脂(见图 4.142)。因此,制备高分子量 B 阶段树脂的方法有两种:单体直接热预聚法和溶液热预聚法[209]。

(1)单体直接热预聚法。

在装有机械搅拌、氮气导管和回流冷凝管的 100mL 三口圆底烧瓶中加入 50g 含硅氧烷结构的双 BCB 单体,在氮气保护下快速搅拌反应物,同时加热使反应物温度升至 190℃,保持温度恒定,搅拌反应一定时间,停止加热,将反应物冷却至室温,常温下呈无色透明固体。

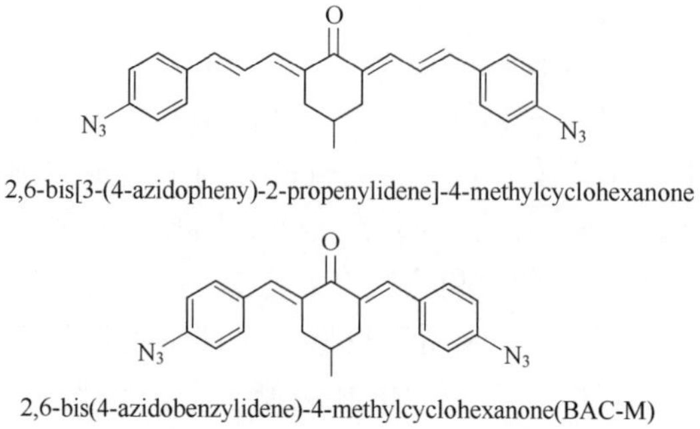

图4.141 双叠氮化合物光敏剂的化学结构

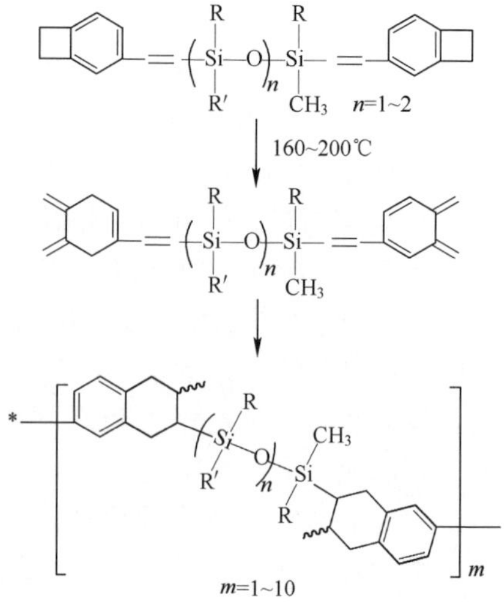

图4.142 B阶段树脂的制备机理

单体直接热预聚法要求单体先在高温下预聚一定时间，制备成高分子量的B阶段树脂，然后将其配制成一定固含量的树脂溶液。它要求获得的高分子量B阶段树脂同时具有良好的溶解性能。由于苯并环丁烯为热固性树脂，充分固化后为交联网络结构，不溶不熔，不能再加工成型，因此需要准确控制热预聚时间，使树脂的固化程度低于凝胶点。苯并环丁烯B阶段树脂的制备机理与固化机理相似，即在高温下苯并环丁烯四元环与乙烯基发生 Diels-Alder 反应，从而预聚成低聚体。

为了确定合适的预聚温度和预聚时间，采用流变测试研究了 BCB-1 单体在不同温度下的恒温流变曲线，图4.143 为 BCB-1 分别在190℃、200℃和210℃时的恒温流变性能。发现，恒温初段树脂的黏度随时间的增加而缓慢上升，恒温后期，树脂的黏度迅速上升，表明其已经开始凝胶。

为了确定单体 BCB-1 在此温度下的凝胶时间，图4.144 给出了 BCB-1 在该温度下的储存模量 G' 和损耗模量 G'' 随时间变化的曲线。由图可见，起始 G' 和 G'' 均随恒温时间的增加而缓慢变大，当树脂开始凝胶时，G'' 迅速增加，与 G' 曲线相交，按照流变学理论，G' 和 G'' 的交点即为树脂固化过程中的凝胶点。忽略升温段时间，可得出 BCB-1 在190℃下的凝胶时间为139min。按照相同的方法获得了 BCB-1 在200℃和210℃下的凝胶时间。发现随着温度的升高，树脂的凝胶时间越来越短，表明其固化速度越来越快。

参考预聚时间长短和试验的可操作性两方面，BCB-1 的预聚条件设为190℃、125min 较为合适，此时树脂预聚体的黏度已经较大，但还未出现凝胶，而且时间为125min，试验的操作和控制比较容易，得到的B阶段树脂在常温下为固体，溶于间三甲苯后制备出 25%固含量的树脂溶液，黏度非常低，仅有 15mPa·s，不适合旋涂工艺。

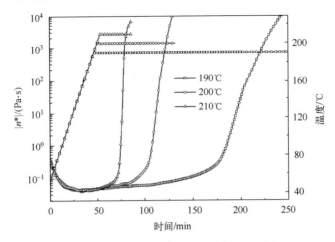

图 4.143　BCB-1 在不同温度下的恒温流变曲线

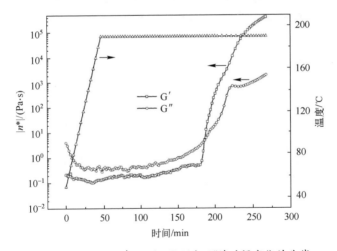

图 4.144　BCB-1 在 190℃下 G' 和 G'' 随时间变化的曲线

GPC 测试结果表明树脂的分子量分布较宽，其中还有大量未反应的单体，导致树脂溶液的黏度很低。这是因为在单体热预聚法的恒温后期，随着树脂分子量的增加，黏度变得非常大，使树脂的各部分受热不均，从而导致每一部分树脂的预聚程度不同，因此分子量分布非常宽。采用 DSC 测试单体和相应 B 阶段树脂的固化放热曲线（见图 4.145），发现 B 阶段树脂的固化放热峰明显变小，通过积分得到单体和 B 阶段树脂的固化放热峰面积后，计算出 B 阶段树脂的聚合程度为 0.56。

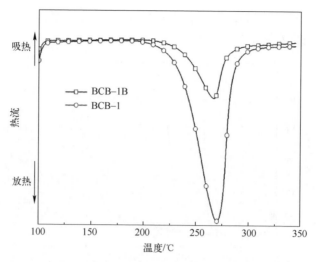

图 4.145　BCB-1 单体和 B 阶段树脂的 DSC 曲线

图 4.146 是 BCB-2 在不同温度下的恒温流变曲线，按照相同方法获得的 BCB-2 在不同温度下的凝胶时间也有相同的规律。

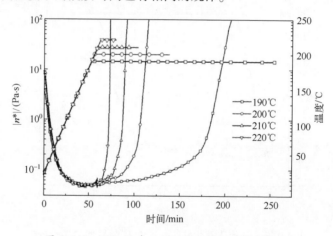

图 4.146　BCB-2 在不同温度下的恒温流变曲线

（2）溶液热预聚法。

采用溶液加热预聚反应制备了 B 阶段 BCB 树脂。在装有机械搅拌、氮气导管和回流冷凝管的 500mL 三口圆底烧瓶中加入 50g 含硅氧烷结构双 BCB 单体和 150g 间三甲苯，在氮气保护下快速搅拌使反应混合物形成均相溶液后，加热使反应混合物温度升至 165～168℃，溶液呈回流状态，继续搅拌反应，直至溶液获得理想的黏度时停止加热，冷却至室温后，溶液呈无色透明状。

采用溶液热预聚法的关键是寻找一种合适的溶剂，要求溶剂的沸点为 160～

200℃，而且需要对苯并环丁烯单体和生成的 B 阶段树脂具有良好的溶解性能。由于苯并环丁烯单体和生成的 B 阶段树脂的化学结构均为非极性的，因此根据相似相溶原理，选择非极性的芳烃类溶剂比较合适。本书选择沸点为 168～170℃ 的 1,3,5-三甲苯作为预聚溶剂。

以 BCB-1 为例，配制 25％固含量的三甲苯溶液，跟踪树脂黏度随时间的变化规律。随着预聚时间的增加，溶液黏度缓慢上升，表明树脂的分子量在不断变大，预聚 33.5h 后，预聚溶液黏度达到 350mPa·s，停止加热（见图 4.147）。GPC 测试的 M_w 达到 $138.5×10^3$，分子量分布较窄，为 1.79。DSC 测试结果表明，树脂的聚合程度为 0.66，树脂黏度适中，适合旋涂工艺。

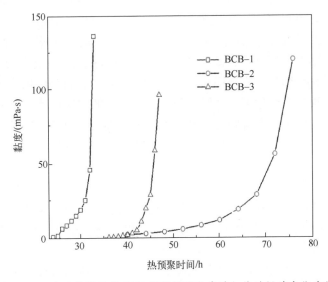

图 4.147　含硅氧烷结构 BCB 预聚树脂黏度随加热时间的变化曲线

比较两种高分子量 B 阶段 BCB 树脂的制备方法，发现溶液热预聚法制备的 B 阶段 BCB 树脂工艺更容易控制，得到的树脂固化程度更高、分子量更大且分布更窄，树脂黏度适中，更适合旋涂施工工艺。采用与 BCB-1 相同的溶液热预聚工艺，制备高分子量的 B 阶段 BCB-2 和 BCB-3 树脂溶液（见表 4.25）。

表 4.25　含硅氧烷结构的 BCB 单体和 B 阶段树脂的黏度、聚合程度及分子量

单　体	预聚时间 /h	黏度 /(mPa·s)	固化焓 /(J/g)	α	M_w ($×10^3$g/mol)	M_n ($×10^3$g/mol)	D
BCB-1	0	0	551	—	—	—	—
BCB-1B	33.5	350	191	0.66	138.5	77.5	1.79
BCB-2	0	0	392	—	—	—	—

续表

单体	预聚时间/h	黏度/(mPa·s)	固化焓/(J/g)	α	M_w (×10³g/mol)	M_n (×10³g/mol)	D
BCB-2B	76	120	107	0.73	142.8	80.7	1.76
BCB-3	0	0	802	—	—	—	—
BCB-3B	48	208	215	0.73	155.5	102.4	1.52

注：BCB-1B、BCB-2B 和 BCB-3B 分别代表由相应单体制备的 B 阶段树脂；固化焓由 DSC 测试得到；α 为 B 阶段树脂的聚合程度；D 为 B 阶段树脂的分子量分布。

将含硅氧烷结构的 B 阶段树脂溶液采用玻璃片涂膜法制备完全固化的树脂薄膜，采取阶梯升温程序来固化成膜，相应的程序为 80℃/1h、150℃/1h、210℃/1h 和 260℃/2h。低温阶段使溶剂彻底挥发，高温阶段使树脂固化完全。B 阶段树脂薄膜经上述固化程序后，苯并环丁烯四元环和乙烯基的特征吸收完全消失，表明树脂已经完全固化。完全固化后，由 BCB-1B 固化得到的树脂薄膜在自然冷却到室温的过程中发生龟裂，薄膜分裂成大小不一的树脂碎片。而由 BCB-2B 和 BCB-3B 固化得到的树脂薄膜在自然冷却后均匀透明，不开裂，具有一定韧性。裁成拉伸样条后测试力学性能（见表 4.26），其拉伸强度分别为 52MPa 和 35MPa，杨氏（拉伸）模量分别为 1.7GPa 和 1.8GPa，断裂伸长率分别为 3.1% 和 2.5%。在 N_2 条件下，完全固化的树脂薄膜无色透明，这是因为树脂结构中不含有强的极性基团及除苯环外没有其他大的共轭结构，而且含有类似无机化学结构的 Si—O—Si 键，大大提高了树脂的透明性[195]。树脂的截止波长很短，为 302～311nm，紫外光透过率非常高，365nm 波长处的透光率为 62.7%～73.7%。优良的光学透明性有利于光刻曝光时紫外光源透过，提高紫外光的利用率，从而提高树脂的灵敏度。

表 4.26 BCB-2 和 BCB-3 树脂薄膜的力学性能及光学性能

固化单体	拉伸强度/MPa	拉伸模量/GPa	断裂伸长率（%）	λ_{cut}/nm	透光率(365nm)
BCB-1	—	—	—	311	62.7%
BCB-2	52	1.7	3.1	316	64.1%
BCB-3	35	1.8	2.5	302	73.7%

注：λ_{cut} 为截止波长；透光率为紫外光在 365nm 波长处的透过率；膜厚均为 10μm 左右。

2）负性光敏 BCB 树脂的光刻工艺性

在装有机械搅拌、氮气导管和回流冷凝管的 500mL 三口圆底烧瓶中加入 B 阶段树脂和间三甲苯，搅拌至完全溶解，得到一定固含量的无色透明的 B 阶段树脂溶液后，在暗室中称取适量的光敏剂 BAC-M 加入溶液中，反应 12h，最终得到黄色透明溶液。将负性光敏苯并环丁烯前体树脂溶液滴在事先处理好的洁净硅片表面,经两段式高速匀胶,在硅片表面形成均匀的胶层。将硅片转移到设定好温度的热台,一段时间后,在硅片表面的胶层充分硬化,形成一层光亮平整的树脂层。前烘完成的覆胶硅片在降至室温后被送入接触式高压汞灯 i 线 (365nm) 曝光机中进行真空曝光。曝光结束后,硅片在显影液中超声显影。用乙酸丁酯清洗残余的显影剂,并在热台上烘干或用热风烘干。最终将硅片送入对流烘箱,在 250℃下完全固化成坚硬的苯并环丁烯树脂涂层。

含硅氧烷结构 B 阶段 BCB 树脂本身是非光敏性的,没有光化学反应活性,通过向其中加入光敏性的双叠氮类化合物,如 BAC-M,可以得到具有光敏性的树脂配方。光敏树脂溶液经旋涂匀胶、曝光、显影和固化等工艺步骤后可以制备出精细图形。其光敏反应机理为:在 i 线(365nm)曝光区域,光敏性的双叠氮化合物吸收能量,叠氮基分解成氮气和氮烯中间体,氮烯中间体具有非常高的反应活性,惰性条件下与苯并环丁烯 B 阶段树脂中未参与预聚的乙烯基发生插入反应,进而将不同的 B 阶段树脂交联起来,形成交联的网络结构,使树脂的溶解性能变弱或根本不溶。而非曝光区域则不发生上述类似的交联反应,这样在曝光区和非曝光区产生很大的溶解性差异,经溶剂浸泡显影后,非曝光区的树脂图层全部溶解,而曝光区的树脂图层保存下来,从而获得转印精良的光刻图形(见图 4.148),将其继续在 N_2 下完全固化后获得坚硬的、具有复杂电路图形的树脂图层[203]。

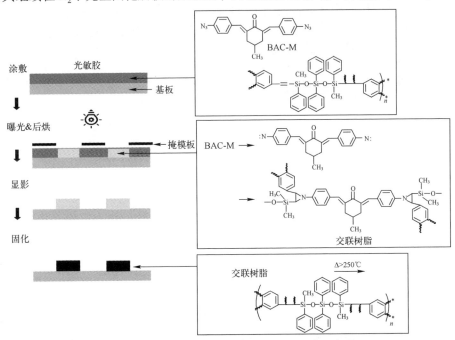

图 4.148　BCB-2B 树脂的光刻原理及工艺示意图

光敏性树脂要获得转印精良的光刻图形,就必须具有严格优化的光刻工艺条件。特别是这类光敏性 BCB 树脂,即使在工艺流程控制上比一般的干法刻蚀或湿法刻蚀材料要简单,但它在显影过程中对时间极为敏感,对工艺要求非常严格[210]。因此,必须对光刻工艺进行系统地研究,以获得优化的光刻施工工艺,从而提高转印图形的质量。

对于负性光敏苯并环丁烯树脂而言,要获得显影、不发生漂移、终端稳定且转印精良的光刻图形,最关键的因素是曝光区与非曝光区之间的溶解性差异。溶解反差越大,光刻过程越容易控制,得到的图形对比度越高,因此最后得到的光刻图形也就越精确。曝光区与非曝光区之间的溶解反差是由显影剂、光敏剂用量、前烘温度和前烘时间等因素决定的。通过对这些影响溶解反差的主要因素进行详细考察,可以确定由苯并环丁烯 B 阶段树脂、光敏剂所组成的光敏树脂在不同光刻条件下的性能变化规律,并以此来确定最佳的光刻工艺条件。

(1) 显影剂。

对于负性光敏 BCB 树脂,所使用的成膜树脂为溶液法热预聚 76h 得到的 BCB-2 的 B 阶段树脂,固含量为 25%。对光敏性树脂而言,显影剂的选择非常关键。表 4.27 是光敏性 BCB-2 树脂的光刻工艺参数。通过筛选大量的单一溶剂作为显影剂,如二乙二醇二甲醚、二乙二醇单甲醚、环戊酮、环己酮、四氢呋喃、甲苯、二甲苯、间三甲苯和石油醚等,发现很难获得稳定的光刻图形。将上述溶剂与石油醚按体积比进行复配,将得到的混合溶剂作为显影剂,最终发现体积比为 1:4 的石油醚和环戊酮混合溶剂作为显影液能得到比较清晰的光刻图形(见图 4.149),基于此,确定显影液为体积比 1:4 的石油醚和环戊酮的混合液。

表 4.27 光敏性 BCB 树脂的光刻工艺参数

试 验 条 件	参 数
前体树脂	BCB-2B,25%固含量,120mPa·s
光敏剂用量	相对于树脂净质量的 10%
涂胶方式	旋转涂胶(1000r/10s+3000r/40s)
前烘温度	80℃
前烘时间	10min
曝光模式	真空曝光
曝光能量	700mJ/cm^2
掩模类型	全透光版
显影时间	1min
显影方式	超声显影
显影温度	30℃
漂洗液	乙酸丁酯

图 4.149　显影完全后光刻图形的显微镜照片（×50）

（2）光敏剂用量。

光敏剂的加入量直接影响曝光区和非曝光区之间的溶解速率之比。根据光敏剂的工作原理，光敏剂的加入比例越高，光刻效果越好。然而光敏剂作为树脂成膜剂以外的成分在光刻完成后的高温后烘中热分解，分解的残渣会留在树脂中，影响涂层的力学性能和绝缘性能。另外，光敏剂的价格非常昂贵，因此要求在达到适宜的溶解速率的前提下，光敏剂的用量越少越好。

曝光区的溶解速率随光敏剂用量的增加而迅速下降，当光敏剂的用量达到5%时，曝光区基本接近不溶，而非曝光区的溶解速率随其用量的增加稍有提高（见图 4.150）。当光敏剂用量为 5%时，非曝光区与曝光区之间的溶解速率比 $r_{unexp.}/r_{exp.}$ 达到 21，统筹考虑，采用比较少的光敏剂加入量，最终确定光敏剂的用量为 5%时比较合适。

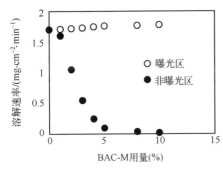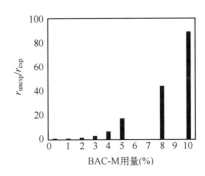

图 4.150　光敏剂用量与溶解速率的关系

（3）前烘温度及时间。

前烘温度是影响负性光敏苯并环丁烯前体树脂的重要因素之一。在前烘过程中，树脂由溶液状态转化为固态树脂涂层。一方面，比较高的前烘温度有利于溶剂的快速挥发，从而节省该步骤的工艺时间；另一方面，光敏剂双叠氮化合物 BAC-M 耐热稳定性有限，Naoki Yasuda 等人[211]报道光敏剂双叠氮化合物 BAC-M 的起始热分解温度为 120℃ 左右，因此为了避免光敏剂的热分解失效，前烘温度的上限应低于 120℃。

在相同的前烘时间内，在 70～80℃ 的前烘温度范围内，曝光区与非曝光区之间的溶解速率之比较小（见图 4.151）。这是因为在此温度范围内，溶剂挥发不充分，涂层中还残存大量的有机溶剂，使得树脂即使在曝光后仍然具有很高的溶解速率，从而导致曝光区和非曝光区之间的溶解速率之比较小。在 80～100℃ 的范围内，曝光区与非曝光区之间的溶解速率之比明显增大，表明涂层中的溶剂经前烘后已经大部分挥发。而在 100～120℃ 范围内，曝光区和非曝光区之间的溶解速率随温度升高反而降低。这是因为涂层中的部分光敏剂已经热分解，生成的高反应活性双氮烯中间体与树脂中的乙烯基发生插入反应，将 B 阶段树脂交联成具有更大分子量的树脂网络。

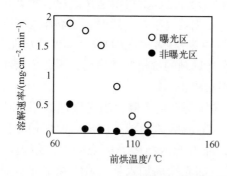 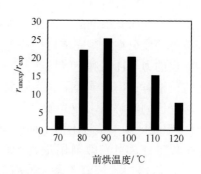

图 4.151　前烘温度与溶解速率的关系

由此可见，前烘温度选择在 80～90℃ 之间，可以实现比较适宜的溶解速率比值。

除了前烘温度，前烘时间也是一个非常重要的光刻工艺参数。在普通的芯片制造工艺中，光刻胶的前烘时间一般在数十秒到 2min 之间，可以大大提高设备使用率和产能，降低成本。负性光敏苯并环丁烯前体树脂中使用了大量的高沸点溶剂间三甲苯，由于前烘温度设为 80℃，相对较低，所以通常前烘时间要长一些，以保证大部分溶剂挥发，得到表面干燥、尺寸稳定的涂层，以便进行下一步的曝光工艺。

当前烘时间超过 10min 时，曝光区与非曝光区的溶解速率都趋于稳定（见图 4.152）。表明此时树脂中的溶剂已经大部分被除去，获得了表面干燥的树脂涂层。更长的前烘时间不仅不能带来更佳的溶解速率和溶解速率之比，反而使曝光区和非曝光区的溶解速率同时下降，这可能是因为部分光敏剂因热分解，进而与 B 阶段树脂发生交联，降低了溶解速率比值所致。

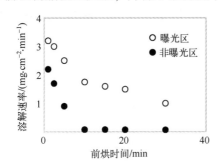
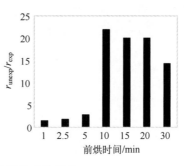

图 4.152　前烘时间与溶解速度的关系

（4）光刻工艺性。

通过系统研究负性光敏 BCB 树脂溶解速率的影响因素，可以掌握各种因素对光刻图形质量的影响规律，并确定优化的光刻施工工艺（见表 4.28）。

表 4.28　优化的光敏苯并环丁烯树脂光刻工艺条件

试 验 条 件	参　　数
前体树脂	BCB-2B，25%固含量，120mPa·s
光敏剂用量	相对于树脂净质量的 5%
涂胶方式	旋转涂胶（1000r/10s+3000r/40s）
前烘温度	80℃
前烘时间	10min
曝光模式	真空曝光
曝光能量	700mJ/cm^2
掩模类型	全透光版
显影液	体积比为 1/4 的石油醚和环戊酮混合物
显影时间	1min
显影方式	超声显影
显影温度	30℃
漂洗液	乙酸丁酯

在优化的光刻工艺条件下，负性光敏 B 阶段 BCB 树脂经旋转匀胶、前烘、曝光、显影等工艺后得到了高质量的涂层图形。图形线条陡直、曲线圆滑、棱角锐利，对掩模图形的转印准确，没有明显的图形扭曲和溶胀变形。图层与底层硅片的黏结良好，未见气孔、褶皱和龟裂，分辨率为 10μm 左右，曝光充分、显影完全，再经过 250℃ 后烘后的图形扫描电镜照片如图 4.153 所示，发现图形中的

线条及线条间距保持了均匀陡直的状态，涂层致密，整体图形保持完整，没有明显的图形塌陷、扭曲和飘移。涂层线条的侧面电镜照片表明图形线条圆滑陡直，厚度为 $4\sim5\mu m$（见图 4.154）。

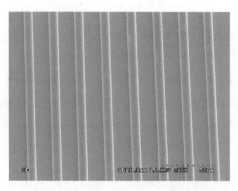

图 4.153　负性光敏苯并环丁烯前体树脂的扫描电镜照片

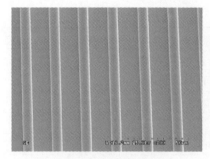　　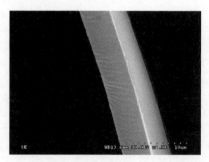

（a）经后烘后图形的扫描电镜照片　　　　（b）经后烘后图形线条侧面的扫描电镜照片

图 4.154　经后烘后苯并环丁烯树脂光刻图形的扫描电镜照片

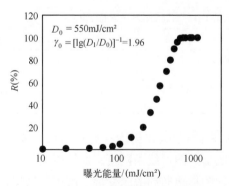

图 4.155　负性光敏苯并环丁烯树脂的感光特性曲线

通过上述优化的光刻工艺，可以得到高质量的负性光刻图形，表明所制备的负性光敏 BCB 树脂具有良好的光刻性能。通过测试不同曝光能量下的留膜率，我们确定了该树脂的感光特性曲线，并由此确定了树脂的感光度和对比度，如图 4.155 所示。图中，D_0 为光敏树脂的起始曝光能量，表示此时光化学交联反应开始发生；$D_{0.5}=320mJ/cm^2$，表示树脂对光的敏感程度；D_1 为感光完全所需要的曝光能量；$\gamma = \left[\lg\left(\dfrac{D_1}{D_0}\right)\right]^{-1} = 1.96$ 为感光对比度值，反映树脂的感光特性、图形边缘状况和分辨能力。γ 越大，说明材料内部感光特性越趋向于一致，所得的图形边缘越陡直，分辨率也越高[212]。相较于陶氏公司开发的 Cyclotene™ 系列树脂，我们得到的光敏性苯并环丁烯树脂完全感光所需要的曝光能量要稍多一些。这可能是因为在树脂的结构中引入了苯侧基：一方面苯侧基对 i 线光源有一定的吸收；另一方面苯侧基具有更大的空间位阻效应，在一定程度上增加了双氮烯中间体接近乙烯基的难度，降低了光交联反应的发生效率[140]。

按上述光敏树脂配方制备的光敏树脂，其中 BCB-2 的固含量为 25%，光敏剂用量为纯树脂质量的 5%，黏度为 120mPa·s。在冰箱中冷冻保存（-20～-10℃）60 天，测试树脂的黏度为 131mPa·s，基本保持不变。树脂仍然均一透明，没有出现凝胶和结块，表明树脂的低温储存稳定性优异。图层后烘后，经拉伸试验测定了薄膜的力学性能，拉伸强度和拉伸模量分别为 49MPa 和 1.9GPa，断裂伸长率为 2.9% 左右，与纯树脂相比并没有明显的变化，表明少量光敏剂的加入对树脂的力学性能没有明显影响。电学性能测试发现光敏树脂与纯树脂的电学性能基本相同，没有显著变化。其介电常数和介电损耗分别为 2.65 和 0.0024。光敏树脂涂层完全固化后不溶于或溶胀任何有机溶剂，具有非常好的耐溶剂性能。但树脂涂层可以被热的浓硫酸和双氧水混合液腐蚀，硅片表面洁净如初，因此可以利用这些特点选择合适的工艺条件来进行某一步骤的修复和返工。

总之，采用溶液热预聚法制备高分子量 B 阶段 BCB 树脂，树脂黏度适宜，所制备的 BCB-2B 和 BCB-3B 树脂薄膜均一透明，不龟裂，有一定韧性。由 BCB-2B 和光敏剂 BAC-M 制备的光敏性 BCB 树脂具有优良的感光灵敏度和对比度，厚度为 5μm 的树脂薄膜的图形分辨率达到 10μm，经进一步后固化形成的树脂薄膜具有优良的电绝缘性能、耐热性能和储存稳定性。

光敏性聚合物树脂具有高耐热性、高绝缘性、低介电损耗等特点，兼具光刻制图工艺性，作为多层互连结构的层间绝缘材料，在芯片表面钝化、凸点制作、高密度积层封装基板等方面具有重要的应用价值。随着 BGA、CSP、WLP、SiP 等先进封装技术的快速发展，PSPI 树脂和 PS-PBO 树脂必须实现低温固化（小于 250℃）、高温使用（大于 260℃）。为了满足高频信号传输的使用需求，要求 PSPI 树脂必须降低介电损耗及吸水率；PS-BCB 树脂具有优异的介电性能，包括低介电常数及低介电损耗，在射频电路制造中将发挥重要的作用。

参 考 文 献

[1] Töpper M. Wafer Level Chip Scale Packaging. In: Lu D, Wong C, eds. Materials for Advanced Packaging. Boston: Springer, 2009: 547-600.

[2] Liu P, Wang J, Tong L. Advances in the fabrication processes and applications of wafer-level packaging. J. Elect. Packaging, 2014, 136 (2): 024002.

[3] Roberts C. Polyimide and polybenzoxazole technology for wafer-level packaging. Chip Scale Review, 2015: 26-31.

[4] Fukukawa K, Ueda M. Recent progress of photosensitive polyimides. Polym J, 2008, 40 (4): 281-296.

[5] Kerwin R, Goldrick M. Thermally stable photoresist polymer, *Polym*. Eng Sci, 1971, 11 (5): 426-430.

[6] Rubner R, Ahne H, Kuhn G E. Photopolymer—the direct way to polyimide patterns. Photogr Sci Eng, 1979, 23 (5): 303-309.

[7] Choi S M, Kwon S, Yi M. Synthesis and characterization of negative—type polyamic acid ester with 1-methacryloyloxy-2-propanoate group. Appl Polym Sci, 2006, 100 (3): 2252-2258.

[8] Hiramoto N Y H. New photosensitive high temperature polymers for electronic applications. J Macromol Sci Chem, 1984, A21 (13&14): 1641-1663.

[9] Pfeifer J, Rohde O. Polyimides: synthesis, characterization and applications. Proc 2nd Tech Conf Polyimides, 1995: 130-136.

[10] Rohde O, Smolka P, Falcigno P A. Novel auto-photosensitive polyimides with tailored properties. Polym. Eng Sci, 1992, 32 (21): 1623-1629.

[11] Li H, Liu J, Rui J, et al. Synthesis and characterization of novel fluorinated aromatic polyimides derived from 1, 1-bis (4-amino-3, 5-dimethylphenyl) -1- (3, 5-ditrifluoromethylphenyl) -2, 2, 2-trifluoroethane and various aromatic dianhydrides. J Polym Sci, Part A, Polym Chem, 2006, 44: 2665-2674.

[12] Pyo S, Lee M, Jeon J, et al. An Organic Thin-Film Transistor with a Photoinitiator-Free Photosensitive Polyimide as Gate Insulator. Adv Funct Mater, 2005, 5 (4): 619-626.

[13] Jiang X, Li H, Wang H, et al. A novel negative photoinitiator-free photosensitive polyimide. Polymer, 2006, 47: 29-42.

[14] Ueda M, Nakayama T. A new negative-type photosensitive polyimide based on poly (hydroxyimide), a cross-linker, and a photoacid generator. Macromolecules, 1996, 29: 6427-6431.

[15] Watanabe Y, Fukukawa K, Shibasaki Y, et al. Three-component negative-type photosensitive polyimide precursor based on poly (amic acid), a crosslinker, and a photoacid generator. J Polym Sci, Part A, Polym Chem, 2005, 43 (3): 593-599.

[16] Watanabe Y, Shibasaki Y, Ando S, et al. New Negative-type Photosensitive Alkaline-developable Semi-aromatic Polyimides with Low Dielectric Constants Based on Poly (amic acid)

from Aromatic Diamine Containing Adamantyl Units and Alicyclic Dianhydrides, A Cross-linker, and A Photoacid Generator. Polym J, 2005, 37 (4): 270-276.

[17] Fukukawa K, Shibasaki Y, Ueda M. Direct patterning of poly (amic acid) and low-temperature imidization using a photo-base generator. Polym Adv Tech, 2006, 17: 131-136.

[18] Haba O, Okazaki M, Nakayama T, et al. Positive-Working Alkaline-Developable Photosensitive Polyimide Precursor Based on Poly (amic acid) and Dissolution Inhibitor. J Photopolym Sci Tech, 1997, 10: 56-60.

[19] Seino H, Mochizuki A, Haba O, et al. A positive-working photosensitive alkaline-developable polyimide with a highly dimensional stability and low dielectric constant based on poly (amic acid) as a polyimide precursor and diazonaphthoquinone as a photosensitive compound. J Polym Sci, Part A, Polym Chem, 1998, 36: 2261-2267.

[20] Sakayori K, Shibasaki Y, Ueda M. A Positive-Type Alkaline-Developable Photosensitive Polyimide Based on the Poly (amic acid) from 2,2′,6,6′-Biphenyltetracarboxylic Dianhydride and 1, 3-Bis (4-aminophenoxy) benzene, and a Diazonaphthoquinone. Polym J, 2006, 38 (11): 1189-1193.

[21] Nakayama T, Mochizuki A, Ueda M. New positive-type photosensitive polyimide: poly (hydroxyimide) with diazonaphthoquinone. React Funct Polym, 1996, 30: 109-115.

[22] Hsu S, Lee P, King J, et al. Novel positive-working aqueous-base developable photosensitive polyimide precursors based on diazonaphthoquinone-capped polyamic esters. J Appl Polym Sci, 2003, 90: 2293-2300.

[23] Hsu S, Lee P, King J, et al. Synthesis and characterization of a positive-working, aqueous-base-developable photosensitive polyimide precursor. J Appl Polym Sci, 2002, 86: 352.

[24] Miyagawa T, Fukushiwa T, Oyama T, et al. Photosensitive fluorinated polyimides with a low dielectric constant based on reaction development patterning. J Polym Sci, Part A, Polym Chem, 2003, 41: 861-871.

[25] Mochizuki A, Teranishi T, Ueda M. Positive-working alkaline-developable photosensitive polyimide precursor based on polyisoimide using diazonaphthoquinone as a dissolution inhibitor. Polym, 1995, 36 (11): 2153-2158.

[26] Seino H, Haba O, Ueda M, et al. Photosensitive polyimide-precursor based on polyisoimide: dimensionally stable polyimide with a low dielectric constant. Polym, 1999, 40: 551-558.

[27] Mochizuki H, Omote T, Koseki K, et al. Preparation and Properties of Positive Photosensitive Polyimides Containing o-naphthoquinonediazide in the Polymer Side Chains. J Photopolym Sci Tech, 1989, 2: 43-44.

[28] Omote T, Koseki K, Yamaoka T. Fluorine-Containing Photoreactive Polyimides 6 Synthesis and Properties of a Novel Photoreactive Polyimide Based on Photoinduced Acidolysis and the Kinetics for Its Acidolysis. Macromolecules, 1990, 23: 4788-4795.

[29] Nakano T, Iwasa H, Miyagawa N, et al. Positive-type photopolyimide based on vinyl ether crosslinking and de-crosslinking. J Photopolym Sci Tech, 2000, 13 (5): 715-718.

[30] Jung M S, Lee S, Lee J, et al. Preparation of a chemically amplified photosensitive polyimide based on norbornene-end-capped poly (amic acid ethoxymethylester). J Polym Sci, Part A,

Polym Chem, 2005, 43: 5520-5528.

[31] Jung M, Joo W, Choi B, et al. A chemically amplified positive-working photosensitive polyimide based on a blend of poly (amic acid ethoxymethyl ester) and poly (amic acid). Polym, 2006, 47: 6652-6658.

[32] Fukukawa K, Ueda M. Recent Development of Photosensitive Polybenzoxazoles. Polym J, 2006, 38 (5): 406-418.

[33] Ebara K, Shibasaki Y, Ueda M. Photosensitive poly (benzoxazole) based on precursor from diphenyl isophthalate and bis (o-aminophenol). Polym, 2003, 44: 333-339.

[34] Ebara K, Shibasaki Y, Ueda M. New synthetic route for photosensitive poly (benzoxazole). J Polym Sci, Part A, Polym Chem, 2002, 40 (20): 3399-3405.

[35] Ebara K, Shibasaki Y, Ueda M. Photosensitive poly (benzoxazole) via poly (o-hydroxy azomethine) II. Environmentally benign process in ethyl lactate. Polym J, 2004, 36: 489-494.

[36] Ueda M, Oikawa H, Teshirogi T. 1, 1′-carbonyldioxy dibenzotriazole: a new, reactive condensing agent for the synthesis of amides, esters, and dipeptides. Synthesis (Stuttgart), 1983: 908-909.

[37] Ebara K, Shibasaki Y, Ueda M. Direct Synthesis of Photosensitive Poly (benzoxazole). J Photopolym Sci Tech, 2001, 14: 55-60.

[38] Hsu S, Chen H, Tsai S. Novel positive-working and aqueous-base-developable photosensitive poly (imide benzoxazole) precursor. J Polym Sci, Part A, Polym Chem, 2004, 42: 5990-5998.

[39] Ebara K, Shibasaki Y, Ueda M. Chemically Amplified Photosensitive Poly (benzoxazole). J Photopolym Sci & Tech, 2003, 16 (2): 287-292.

[40] Fukukawa K, Shibasaki Y, Ueda M. A photosensitive semi-alicyclic poly (benzoxazole) with high transparency and low dielectric constant. Macromolecule, 2004, 37: 8256-8261.

[41] Fukukawa K, Shibasaki Y, Ueda M. Negative-type chemically amplified photosensitive semi-alicyclic polybenzoxazole via acid-catalyzed electrophilic substitution. Polym J, 2005, 37 (2): 74-81.

[42] Toyokawa F, Fukukawa K, Shibasaki Y, et al. Ando and M. Ueda, Synthesis of a highly transparent poly (o-hydroxyamide) in the i-line region and its application to photosensitive polymers. J Polym Sci, Polym Chem, 2005, 43: 2527-2535.

[43] Toyokawa F, Shibasaki Y, Ueda M. A novel low temperature curable photosensitive polybenzoxazole. Polym J, 2005, 37 (7): 517-521.

[44] 杨建义, 周强, 王明华. GaAs1×4 光功分器的制作. 光电子·激光, 1999, 10 (3): 203-206.

[45] 今井淑夫, 横田力男. 聚酰亚胺的基础与应用. 日本聚酰亚胺研究会, 2002.

[46] Beekmann K, Buchanan K, Noakes A. Trikon Technologies. UK—Semiconductor International, 2001, 10: 1-3.

[47] Maier G. Low dielectric constant polymers for microelectronics. Prog Polym Sci, 2001, 26 (3): 3-65.

[48] Miller K J, Hollinger H B, Grebowiczd J, et al. On the conformations of poly (p-xylyene) and its mesophase transitions. Macromolecules, 1990, 23: 3855-3859.

[49] Pine S H. Organic Chemistry. New York: McGraw-Hill, 1987.

[50] Ho P S, Leu J, Lee W W, et al. Low dielectric constant materials for IC applications. Berlin: Springer, 2003: 4-5.

[51] Ho P S, Leu J, Lee W W, et al. Low dielectric constant materials for IC applications Berlin: Springer, 2003: 6-7.

[52] Azzam R M A, Bashara N M. Ellipsometry and polarize light. Amsterdam: Elsevier, 1977.

[53] Nguyen C V, Beryers R B, Hawker C J. Structure-property relationships for nanoporous poly (methyl-silsesquioxane) films with low-dielectric constants prepared via organic/inorganic polymer hybrids. Polymer Preprint, 1999, 40: 398-401.

[54] Chen Y W, Kang E T. New approach to nanocomposites of polyimides containing polyhedral oligomeric silsesquioxane for dielectric applications. Mater Lett, 2004, 58: 3716-3719.

[55] Bothra S, Kellam M. Feasibility of BCB as an interlevel dielectric in integrated circuits. J Electronic Materials, 1994, 23 (8): 819-826.

[56] Maier G. Low dielectric constant polymers for microelectronics. Prog Polym Sci, 2001, 26: 36-39.

[57] Pardo F. Inductor for integrated circuit applications. the Lucent Technologies Inc Patent US Pat, 2008001700-A1, 2008.

[58] Finkelstein H. Synthesis of 1, 2-dibromobenzocyclobutene by sodium iodine. Chem Ber, 1910, 43: 1528-1530.

[59] Cava M P, Napier D R. Synthesis of potent oral anabolic-androgenic steroids. J Am Chem Soc, 1956, 78: 500-501.

[60] Jensen F R, Coleman W. E. Unsaturated four-membered ring compounds Ⅱ 1, 2-diphenylbenzocyclobutene, a compound having unusual reactivity. J Am Chem Soc, 1958, 80: 6149-6149.

[61] Klundt I L. An excellent review of the basic chemistry of benzocyclobutene. Chem Rev, 1970, 70 (4): 471-487.

[62] Oppolzer W. A review on the use of intramolecular ring closures of benzocyclobutenes to synthesize natural products. Synthesis, 1978: 794-808.

[63] McCullough J J. A review on o-xylylene and isoindenes as reaction intermediates. Acc Chem Res, 1980, 13: 270-281.

[64] Boekelheide V. A review of cyclophanes with numerous examples involving benzocyclobutenes. Acc Chem Res, 1980, 13 (3): 65-74.

[65] Martin N, Seoane C, Hanack M. A review on the synthesis and reactions of o-quinodimethanes. Org Prepr Proc Int, 1991, 23 (2): 239-252.

[66] Sanders A, Giering W P. New synthesis of benzocyclobutene. J Org Chem, 1973, 38 (17): 3055-3055.

[67] Cava M P, Napier D R. Condensed cyclobutene aromatic systems II Dihalo derivatives of benzocyclobutene and benzocyclobutadiene dimmer. J Am Chem Soc, 1957, 79 (7): 1701-1705.

[68] Spangler R J, Bechmann B G, Kim J H. A new synthesis of benzocyclobutenes: Thermal and electron impact induced decomposition of 3-Isochromanones. J Org Chem, 1977, 42 (18): 2989-2996.

[69] Spangler R J, Bechmann B G. A new synthesis of 4, 5-dimethoxybenzocyclobutene, 4, 5-methyldioxy-benzocyclobutene and 4-methoxybenzocyclobutene. Tetrahedron Lett, 1976, 17 (29): 2517-2518.

[70] Cava M P, Deana A A. Condensed cyclobutene aromatic compounds VI The pyrolysis of 1, 3-dihydroisothianaphthene-2, 2-dioxide: A new synthesis of benzocyclobutene. J Am Chem Soc, 1959, 81 (6): 4266-4268.

[71] Cuthbertson E, MacNicol D D. Tellurium extrusion: synthesis of benzocyclobutene and naphtob. cyclobutene. Tetrahedron Lett, 1975, 16 (24): 1893-1894.

[72] Higuchi H, Sakata Y, Misumi. New synthetic method of 2, 2, paracyclophane, benzocyclobutene and lepidopterene: pyrolysis of arylmethyl phenyl selenids. Chemistry Lett, 1981: 627-628.

[73] Schiess P, Heitzmann M, Rutschmann S, et al. Preparation of benzocyclobutenes by flash vacuum pyrolysis. Tetrahedron Lett, 1978, 19 (46): 4569-4572.

[74] Merello M J, Trahanovsky W S. On the mechanism of the formation of benzocyclobutene by flash vavuum pyrolysis of o-methylbenzylchloride. Tetrhedron Lett, 1978, 19 (46): 4435-4438.

[75] Schiess P, Rutschmann S, Toan V V. Formation of substituted benzocyclobutenes through flash vacuum pyrolysis. Tetrahedron Lett, 1982, 23 (36): 3669-3672.

[76] Walker K A, Markoski L J, Moore J S. A high-yield route to 1, 2-dihydrocyclobutabenzene-3, 6-dicarboxylic acid. Synthesis, 1992: 1265-1268.

[77] Kirchhoff R A. Alkynyl-bridged poly (arylcyclobutene) resins: US4687823. 1987.

[78] Kirchhoff R A. Polymers derived from poly (arylcyclobutenes): US4540763. 1985.

[79] Tan L S, Arnold F E. Dynamic birefringence studies on the mechanism of γ relaxation of polyolefins. Polym Prepr, 1985, 26 (2): 176-179.

[80] Tan L S, Arnold F E. High-temperature thermosetting resins based on Diels-Alder polymerization of compatible mixture of bisbenzocyclobutenes and bismaleimides. Polym Prepr, 1986, 27 (1): 453-458.

[81] Ito Y, Nakatsuka M, Saegusa T. Syntheses of polycyclic ring systems based on the new generation of o-quinodimethanes. J Am Chem Soc, 1982, 104: 7609-7622.

[82] Ito Y, Nakatsuka M, Saegusa T. An efficient and versatile generation of o-xylylenes by fluoride anion. J Am Chem Soc, 1980, 102: 863-865.

[83] Ito Y, Nakatsuka M, Saegusa T. New stereoselective synthesis of steroids. J Am Chem Soc, 1981, 103: 476-477.

[84] Tan L S, Arnold F E. Benzocyclobutene in polymer synthesis. I. Homopolymerization of bis-benzocyclobutene aromatic imides to form high-temperature resistant thermosetting resins. J

Polym Sci Part A: Polym Chem, 1988, 26: 1819-1834.

[85] Kirchhoff R A, Schrock A K, Hahn S F. Unsaturated alkyl monoarylcyclobutane monomers: US4724260. 1988.

[86] Kirchhoff R A, Schrock A K, Hahn S F. Polymeric monoarylcyclobutane compositions: US4783514. 1988.

[87] Tan L S, Arnold F E. Factors influencing the analysis of polymer surface functional groups. Polym. Prepr, 1985, 26 (2): 178-179.

[88] Bishop M T, Bruza K J, Laman S A, et al. AB-BCB-Maleimide resins for high temperature composites. Polym. Prepr, 1992, 33 (1): 362-365.

[89] Wong P K. Olefinic bezocyclobutene polymers: US4667004. 1987.

[90] Wong P K, Handlin D L. Anionic polymerization process: US4708990. 1987.

[91] Chino K, Takata T, Endo T. Polymerization of o-quinodimethanes III Polymerization of o-quinodimethanes bearing electron-withdrawing groups formed in situ by thermal ring-opening isomerization of corresponding benzocyclobutenes. J Polym Sci Part A: Polym Chem, 1999, 37: 1555-1563.

[92] Chapman O L, Tsou U E, Johnson J W. Thermal isomerization of benzocyclobutene. J Am Chem Soc, 1987, 109: 553-559.

[93] Kirchhoff R A, Bruza K J. Benzocyclobutenes in polymer synthesis. Prog Polym Sci, 1993, 18: 85-185.

[94] Farona M F. Benzocyclobutenes in polymer chemistry. Prog Polym Sci, 1996, 21: 505-555.

[95] Kirchhoff R A, Carriere C J, Braza K J, et al. Benzocyclobutenes: A new class of high performance polymers. J Macromol Sci-Chem, 1991, 28: 1079-1113.

[96] Keekeun L, Jiping H, Ryan C, et al. Biocompatible benzocyclobutene (BCB) -based neural implants with micro-fluidic channel. Biosensors and Bioelectronics, 2004, 20: 404-407.

[97] Tetelin A, Pellet C, Laville C, et al. Fast response humidity sensors for a medical microsystem. Sensors and Actuators B, 2003, 91: 211-218.

[98] Ying-Hung S, Philip G, ang-HiI J, et al. Benzocyclobutene-based polymers for microelectronics. Chemical innovation, 2001, 31 (12): 40-47.

[99] 王娇, 唐先忠, 赵松楠, 等. 光敏苯并环丁烯的合成研究. 材料导报, 2007, 21 (8): 56-58.

[100] M L, J L, C H. Chip structure used for processor of electronic equipment has electroplated copper-containing layer that is arranged in second opening and over first organic layer: US2008048328-A1. 2008.

[101] Yoon M, Kim T, Kim D. Effects of thermal stress on the performance of benzocyclobutene-passivated transistors. Japanese journal of applied physics part 1-regular papers short notes & review papers, 2004, 43: 1910-1913.

[102] Lin M. Integrated circuit chip has metal post formed in polymer layer: US2007273032-A1. 2007.

[103] Shimoto T, Matsui K, Utsumi K. Cu photosensitive-BCB thin-film mi; to; auer technology for high-performance multichip-module. Multichip modules, 1994, 2256: 115-120.

[104] 田民波. 电子封装工程. 北京: 清华大学出版社, 2003: 463-464.

[105] 刘玉菲, 李四华, 吴亚明. 用苯并环丁烯进行圆片级硅-硅气密性键合. 电子元件与材料, 2006, 25 (2): 55-57.

[106] Kirchhoff R A. Processing Procedures for Dry-Etch Cyclotene Advanced Electronics Resins (Dry-Etch BCB). The Dow Chemical Company, 1997.

[107] 黄发荣. 苯并环丁烯聚合物材料. 航空材料学报, 1998, 18 (2): 53–62.

[108] 蒋玉齐. 高量程 MEMS 加速度计封装研究. 上海: 中国科学院研究生院上海微系统与信息技术研究所, 2004.

[109] Markus O, Volker S, Stephanus B. Microcoils and microrelays-an optimized multilayer fabrication process. Sensors and Actuators A: Physical, 2000, 83: 124-129.

[110] Wolff S, Giehl A R, Renno M, et al. Metallic waveguide mirrors in polymer film waveguides. Appl Phys B, 2001, 73: 623-627.

[111] Beechinor J T, McGlynn E, OReilly M, et al. Optical characterization of thin film benzocyclobutene (BCB) based polymers. Microelectronic Engineering, 1997, 33: 363-368.

[112] Fischbeck G, Moosburger R, Toeppers M. Design concept for singlemode polymer waveguides. Electron Lett, 1996, 32: 212-215.

[113] Lloyd J B F, Ongley P A. The electrophilic substitution of benzocyclobutene-II: Benzoylation, sulphonation, bromination and chlorination. Tetrahedron, 1965, 21: 245-254.

[114] Lloyd J B F, Ongley P A. The electrophilic substitution of benzocyclobutene-I: Nitration, acetylation and hydrobromination. Tetrahedron, 1964, 20: 2185-2194.

[115] Bruza K J, Young A E. Process for preparing aminobenzocyclobutenes: US 5274135. 1993.

[116] Thomas P J, Pews R G. Bromination of benzocyclobutene by liquid bromine. Synth Commun, 1991, 22: 2335-2336.

[117] Kirchhoff R A, Schrock A, Gilpin J A. Prepolymer processing of arylcyclobutene monomeric compositions: US4642329. 1987.

[118] Martin D C. Device for the preparation of wort: WO 94101388. 1994.

[119] 丁孟贤, 何天白. 聚酰亚胺新型材料. 北京: 科学出版社, 1998: 1-10.

[120] 高生强, 杨士勇. 高性能聚酰亚胺材料及其在电工电子工业中的应用. 绝缘材料通讯, 1999: 11-18.

[121] 刘金刚, 何民辉, 范琳, 等. 先进电子封装中的聚酰亚胺树脂. 半导体技术, 2003, 10: 37-41.

[122] Zhang Y, Gao J, Shen X, et al. The preparation, characterization, and cure Reactions of new bisbenzocyclobutene-terminated aromatic imides. Journal of Applied Polymer Science, 2006, 99: 1705-1719.

[123] Tan L S. Benzocyclobutene in polymer synthesis based on bisbenzocyclobutene and a bismaleimide. J Polym Sci Part A: Polym Chem, 1988, 26: 3103-3117.

[124] Tan L S, Arnold F E. Resin systems derived from benzocyclobutene- maleimide compounds: US4916235. 1990.

[125] Bruza K J, Kirchhoff R A. Proceedings of the 15th Annual Meeting of the Adhesion Society. Carolina, 1992: 154-155.

[126] Bacibm R G R, Steward O J. Highly selective catalytic process for synthesizing 1-hexene from ethylene. J Cehm Soc, 1965: 4953-4957.

[127] Williams A L, Kinney R E, Bridger R F. Solvent - assisted Ullmann ether synthesis. Reactions of dihydric phenols. J Org Chem, 1967, 32: 2501-2505.

[128] Lindley J. Tetrahedron report number 163: Copper assisted nucleophilic substitution of aryl halogen. Tetrahedron, 1984, 40: 1433-1456.

[129] Weir J R, Patel B A, Heck R F. Palladium-catalyzed triethylammonium formate reductions 4 Reduction of acetylenes to cis-monoenes and hydrogenolysis of tertiary allylic amines. J Org Chem, 1980, 45: 4926-4931.

[130] Takahashi S, Kuroyama Y, Sonogashira K, et al. A convenient synthesis of ethynylarenes and diethylarenes. Synthesis, 1980: 627-629.

[131] Williams V F J, Relles H M, Manello J S, et al. Reactions of phenoxides with nitro-substituted phthalate esters. J Org Chem, 1977, 42: 3419-3425.

[132] Williams F J D P E. Reactions of phenoxides with nitro- and halo-substituted phthalimides. J Org Chem, 1977, 42: 3414-3419.

[133] Corley L S. Bisbenzocyclobutene/bisimide/free radical polymerization inhibitor composition: US4927907. 1990.

[134] Corley L S. Bisbenzocyclobutene/bisimide compositions: US4973636. 1990.

[135] Bartamann M. Preparation of polyimide from bis - imide and benzocyclobutene: US4719283. 1988.

[136] Denny L R, Soloski E J. High temperature bisbenzocyclobutene (BCB) terminated resin properties. Polym Prepr, 1988, 29 (1): 194-197.

[137] 冯玉圣. 有机硅高分子及其应用. 北京: 化学工业出版社, 2004: 1-5.

[138] Schrock A K, Jackson T L. Polyorganosiloxane-bridged bisbenzocyclobutene monomers: US 4812588. 1989.

[139] Devries R A, Ash M L, Frick H R. Process for purifying vinylically - unsaturated organosilicon compounds: US5138081.

[140] Oaks F L, Calif S C, Moyer E S, et al. Photodefineable cyclobutarene compositions: US6083661.

[141] Foster P S, Ecker E L, Rutter E W, et al. Photodefineable formulation containing a partially polymerized bisbenzocyclobutene resin: US5882836.

[142] Treichel H. Low dielectric constant materials. Journal of electronic materials, 2001, 30 (4): 290-298.

[143] Loon-seng T, Venkatasubramanian N, Mather P T, et al. Synthesis and thermal properties of

thermosetting bis-benzocyclobutene-terminated arylene ether monomers. J Polym Sci, Polym Chem, 1998, 36: 2637-2651.

[144] Corley L S. Bisbenzocyclobutene/bisstyrene radical polymerization inhibitor composition: US4935477. 1990.

[145] Corley L S. Polymers made from quaternary ammonium acrylic monomers: US4973637. 1990.

[146] Wong P K. Modified bisphenols containing arylcyclobutenealkyl ethers and cured compositions therefrom: US4943665. 1990.

[147] Wong P K. Thermosetting resin compositions: US4921931. 1990.

[148] Wong P K. Functionalized elastomeric polymers: US4978721. 1990.

[149] Wong P K. Functionalized elastomeric polymers: US988770. 1991.

[150] Parker, Regulski. Method of producing improved microstructure and properties for ceramic superconductors: US5525586. 1993.

[151] Corley L S. Bisbenzocyclobutene/bisimide/dicyanate ester composition: US5157105. 1992.

[152] Negi Y S, Suzuki Y I, Kawamura I, et al. Synthesis and characterization of soluble polyamides. J Polym Sci Part A: Polym Chem, 1996, 34: 1663-1668.

[153] Alvarez J C, Delacampa J G, Lozano A E, et al. Thermal and mechanical properties of halogen-containing aromatic polyamides. Macromol Chem Phys, 2001, 201: 3142-3148.

[154] Marks M J, Sekinger J K. Synthesis, cross-linking, and properties of benzocyclobutene- terminated bisphenol A polycarbonates. Macromolecules, 1994, 27: 4106-4113.

[155] Marks M J, Newton J, Scott D C, et al. Branching by reactive end groups. Synthesis and thermal branching of 4-hydroxybenzocyclobutene/p-tert-butyl-phenol coterminated bisphenol A polycarbonates. Macromolecules, 1998, 31: 8781-8788.

[156] Marks M J, Erskine J S M D A. Products and mechanism of the thermal cross-linking of bisphenol A polycarbonates. Macromolecules, 1994, 27: 4114-4128.

[157] Kirchhoff R A, Carriere C J, Braza K J, et al. Rondan, Sammler R. L. Benzocyclobutenes: A New Class of High Performance Polymers. J Macromol Sci-Chem, 1991, 28: 1079-1113.

[158] Maier G. Low dielectric constant polymers for microelectronics. Prog Polym Sci, 2001, 26: 3-65.

[159] Wilson D, Stenzenberger H D, Hergenrohter P M. Polyimides (Eds). New York: Blackie & Son, 1990.

[160] 丁孟贤, 何天白. 聚酰亚胺新型材料. 北京: 科学出版社, 2003: p1-10.

[161] Hergenrother P M, Bryant R G, Jensen B J, et al. Phenylethynyl-terminated imide oligomers and polymers therefrom. J Polym Sci Part A: Polym Chem, 1994, 32: 3061-3067.

[162] Loon-seng T, Aronld F E. Benzocyclobutene in polymer synthesis I Homopolymerization of bisbenzocyclobutene aromatic imides to form high-temperature resistant thermosetting resins. J Polym Sci Part A: Polym Chem, 1988, 26: 1819-1834.

[163] Loon-seng T, Aronld F E. Benzocyclobutene in polymer synthesis III Heat - resistant thermosets based on Diels-Alder polymerization of bisbenzocyclobutene and a Bismaleimide. J

Polym Sci Part A: Polym Chem, 1988, 26: 3103-3117.

[164] Loon-seng T, Venkatasubramanian N, Mather P T, et al. Synthesis and thermal properties of thermosetting bis-benzocyclobutene-terminated arylene ether monomers. J Polym Sci Part A: Polym Chem, 1998, 36: 2637-2651.

[165] Marks M J, Schrock A K. Arylcyclobutene terminated carbonate polymer: US5198527. 1993.

[166] Zhang Y, Gao J, Shen X, et al. The preparation, characterization, and cure reactions of new bisbenzocyclobutene-terminated aromatic imides. J Appl Polym Sci, 2006, 99: 1705-1719.

[167] Kulkarni M, Kothawade S, Arabale G, et al. Synthesis and characterization of polyimides and co-polyimides having pendant benzoic acid moiety. Polymer, 2005, 46: 3669-3675.

[168] Lee Y J, Huang J M, Kuo S W, et al. Low-dielectric, nanoporous polyimide films prepared from PEO-POSS nanoparticles. Polymer, 2005, 46: 10056-10065.

[169] Sasaki T, Moriuchi H, Yano S, et al. High thermal stable thermoplastic – thermosetting polyimide film by use of asymmetric dianhydride (a-BPDA). Polymer, 2005, 46: 6968-6975.

[170] Hu Z Q, Wang M H, Li S J, et al. Ortho alkyl substituents effect on solubility and thermal properties of fluorenyl cardo polyimides. Polymer, 2005, 46: 5278-5283.

[171] Kim Y J, Chung I S, In I, et al. Soluble rigid rod-like polyimides and polyamides containing curable pendent groups. Polymer, 2005, 46: 3992-4004.

[172] Yang S Y, Ge Z Y, Yin D X, et al. Synthesis and characterization of novel fluorinated polyimides derived from 4,4'-2,2,2-Trifluoro-1-(3-trifluoromethylphenyl)-ethylidene diphthalic anhydride and aromatic diamines. J Polym Sci Part A: Polym Chem, 2004, 42: 4143-4152.

[173] Long T M, Swager T M. Molecular design of free volume as a route to low-k dielectric materials. J Am Chem Soc, 2003, 125: 14113-14119.

[174] Gupta V, Hernandez R. Charconnet P. Materials Science and Engineering: A, Structural Materials: Properties. Microstructure and Processing, 2001, 317: 249-256.

[175] Hu H P, Gilbert R D, Fornes R E. Chemical modification of cured MY720/DDS epoxy resins using fluorinated aromatic compounds to reduce moisture sensitivity. J Polym Sci Part A: Polym Chem, 1987, 25: 1235-1248.

[176] Ho P S, Leu J, Lee W W, et al. Low dielectric constant materials for IC applications. Berlin: Springer, 2003.

[177] Yesodha S K, Pillai C K S, Tsutsumi N. Stable polymeric materials for nonlinear optics: a review based on azobenzene systems. Prog Polym Sci, 2004, 29: 45-74.

[178] Ghosh M K, Mittal K L. Polyimides: Fundamentals and Applications. New York: Marcel Dekker, 1996.

[179] Ryan E T, McKerrow A J, Leu J, et al. Materials issues and characterization of low-k dielectric materials. Mrs Bull, 1997, 22: 49-55.

[180] Li Z J, Johnson M C, Sun M W. Mechanical and dielectric properties of pure-silica-zeolite

low-k materials. Angewandte Chemie international edition, 2006, 45: 6329-6332.

[181] Yang S Y, Ge Z Y, Yin D X, et al. Synthesis and characterization of novel fluorinated polyimides derived from 4, 4-2, 2, 2- Trifluoro-1-(3-trifluoromethylphenyl) ethylidene. diphthalic anhydride and aromatic diamines. J Polym Sci, Polym Chem, 2004, 42: 4143-4152.

[182] Ibrahim M H, Shuh-Ying L, Mee-Koy C, et al. Multimode interference wavelength multi/demultiplexer for 1310 and 1550 nm operation based on BCB 4024-40 photodefinable polymer. Optics Communications, 2007, 273 (2): 383-388.

[183] Ken-ichi F, Yuji S, Mitsuru U. A photosensitive semi-alicyclic poly (benzoxazole) with high transparency and low dielectric constant. Macromolecules, 2004, 37: 8256-8261.

[184] Sutherlin D M, Bikales N M, Overberger C G, et al. Encyclopedia of polymer science and engineering. New York: Wiley, 1989: 279-280.

[185] Nalwa H S, Suzuki M, Takahashi A, et al. Kageyama, Polyquinoline/bismaleimide composites as high-temperature-resistant materials. Appl Phys Lett, 1998, 72: 1311-1313.

[186] Morgan R A, Strzeleck E M. Vertical cavity surface-emitting laser for optoelectronic device: the Finisar Corp Patent, US2008037606-A1. 2008.

[187] Hu C, Chen S. Circuit board structure by low dielectric layer so: the Phoenix Precision Technology Corp Patent, US2008029895-A1. 2008.

[188] Kim J M, Lee S, Baek C W. BCB-based wafer-level packaged single-crystal silicon multiport RF MEMS switch. Electronics Letters, 2008, 44: 118-119.

[189] Ma B, Lauterwasser F, Deng L, et al. New thermally cross-linkable polymer and its application as a hole-transporting layer for solution processed multilayer organic light emitting diodes. Chem Mater, 2007, 19: 4827-4832.

[190] Case C, Kornblit A. Proceedings of the low dielectric constant materials and interconnects workshop. Sematech, 1996: 387-391.

[191] Blanchet G B. Deposition of amorphous fluoropolymers thin films by laser ablation. Appl Phys Lett, 1993, 62 (5): 479-481.

[192] Harkness B R, Tachikawa M. An examination of a styrenic thermoset formed by an α, ω 4-vinylphenyl functional diphenylsiloxane oligomer. Chem Mater, 1998, 10: 1706-1712.

[193] Harkness B R, Tachikawa M, Takeuchi K. Silacyclobutane-functionalized siloxane thermosets: An examination of their properties and potential as copper metal site selective coatings, Chem Mater, 1998, 10: 4154-4158.

[194] Gupta V, Hernandez R, Charconnet P. Effect of humidity and temperature on the tensile strength of polyimide/silicon nitride interface and its implications for electronic device reliability. Materials Science and Engineering: A, Structural Materials: Properties, Microstructure and Processing, 2001, 317: 249-256.

[195] 李光亮. 有机硅高分子化学. 北京: 科学出版社, 1998: 5-21.

[196] Heck R F, Nolley J P J. Palladium-catalyzed vinyl hydrogen substitution reaction with aryl,

benzyl and styryl halides. J Org Chem, 1972, 37: 2320-2322.

[197] Lauter U, Kantor S W, Schmidt-Rohr K, et al. Macknight, Vinyl-Substituted Silphenylene Siloxane Copolymers: Novel High - Temperature Elastomers. Macromolecules, 1999, 32: 3426-3433.

[198] Dennis Z, Kantor S W, Macknight W J. Thermally Stable Silphenylene Vinyl Siloxane Elastomers and Their Blends. Macromolecular, 1998, 31: 850-856.

[199] Hahn S F, Martin S J, MacKely M L. Thermally induced polymerization of an arylvinylbenzocyclobutene monomer. Macromolecules, 1992, 25: 1539-1545.

[200] Garrou P E H R H, Dibbs M G. Rapid thermal curing of BCB dielectric. IEEE, 1993, 16 (1): 46-47.

[201] Ying Hung S, Devries R A, Dibbs M G. Acid functional polymers based on benzocyclobutene: US 6361926B1. 2002.

[202] Ying Hung S, Edmund S, Thurston S. A novel positive-tone and aueous-base- developable photosensitive benzocyclobutene-based material for microelectronics. Singapore: Proceedings of 6th Electronics Packaging Technology Conference (EPTC) (IEEE Cat. No.04EX971), 2004.

[203] Patai S. The Chemistry of the Azido Group (Patai's Chemistry of Functional Groups). London: Interscience, 1971: 441-501.

[204] 王娇, 唐先忠, 赵松楠, 等. 光敏苯并环丁烯的合成研究. 材料导报, 2007, 21 (8): 56-58.

[205] Fukushima T, Hosokawa K, Oyama T, et al. Synthesis and photosensitivity of soluble polyimides. J Polym Sci Part A: Polym Chem, 2001, 39: 934-946.

[206] Fukushima T, Oyama T, Iijima T, et al. New concept of positive photosensitive polyimide: Reaction development patterning (RDP). J Polym Sci Part A: Polym Chem, 2001, 39: 3451-3463.

[207] Miyagawa T, Fukushima T, Oyama T, et al. Photosensitive fluorinated polyimides with a low dielectric constant based on reaction development patterning. J Polym Sc Part A: Polym Chem, 2003, 41: 861-871.

[208] Scheck D, Rogers B. Pre-develop bake for end point stabilization with photo-BCB polymers. International Symposium on Advanced Packaging Materials, 1998: 82-85.

[209] Pamela S F, Ernest L E, Edward W, et al. Photocurable formulation containing a partially polymerized divinylsiloxane linked bisbenzocyclobutene resin: the Dow Chemical Company Patent, US5882836. 1999.

[210] Philip E G, Robert H H, Mitchell G D. Rapid thermal curing of BCB dielectric. IEEE transaction on advanced packaging, 1993, 16: 46-48.

[211] Yasuda N, Yamamoto S, Wada Y, et al. Yanagida, Photocrosslinking reaction of vinyl-functional polyphenylsilsesquioxane sensitized with aromatic bisazide compounds. Journal of Polymer Science Part A Polymer Chemistry, 2001, 39: 4196-4205.

[212] 顾振军, 孙猛. 抗蚀刻及精细加工技术. 上海: 上海交通大学出版社, 1989: 3-4.

第 5 章

环氧树脂封装材料

环氧树脂封装材料主要用于保护 IC 芯片免受外部环境因素的影响,包括外部应力及冲击、热冲击、潮气侵蚀、紫外线照射等,同时作为芯片的电绝缘体,确保 IC 芯片在长期使用过程中能够正常工作。塑封电路具有精确的形状尺寸,可实现在 PCB 上的精准安装。

随着 IC 芯片 I/O 端子数的不断增多,封装尺寸越来越小、封装厚度越来越薄、封装密度不断提高。封装技术从早期的通孔插装(Through Hole)开始,经历了表面贴装(Surface Mounting Technology,SMT)及目前的三维封装(3D Packaging)。封装形式从双列直插式封装(Dual Line Package,DIP)、四边形扁平封装(Quad Flat Package)及小外形封装(Small Outline Package,SOP)开始,经历了表面贴装,包括薄四边形扁平封装(Thin Quad Flat Package,TQFP)和薄型小外形封装(Thin Small Outline Package,TSOP),然后又发展到平面阵列封装,焊球或凸点代替了金属引线,包括球栅阵列封装(Ball Grid Array,BGA)和芯片级封装(Chip Scale Package,CSP)等,显著缩小了封装尺寸,大幅增加了 I/O 端子数及提高了信号传输速度。

环氧树脂封装材料主要包括环氧塑封料(Epoxy Molding Compound,EMC)和环氧底填料(Epoxy Underfill,EU)两种类型,下面分别介绍。

5.1 环氧塑封料

5.1.1 环氧塑封料特性与组成

为了满足 IC 电路封装的可靠性及加工工艺等要求,环氧塑封料必须具有下述特性,包括:①高可靠,高耐热,高纯度,高热导率,与芯片、引线框架的黏结力强;②成型工艺性好,熔体流动性高,固化速率快,固化收缩率低,脱模性好。先进封装形式包括多芯片叠层封装（Stack Die Package）、系统封装（System in Package, SiP）等，熔体注塑流道越来越窄，要求 EMC 具有更高的熔体流动性，同时对塑封 IC 电路的可靠性和环境稳定性也提出了更高的要求。为了满足先进封装技术的需求，除饼状料（Pellet）外，EMC 还可做成粒状料（Granular Form）和片状料（Sheet），以满足新塑封工艺的使用需求。

近年来，随着塑封 IC 电路尺寸不断减小、厚度不断变薄，对环氧塑封料的性能提出了越来越高的要求，主要包括：高耐潮性、低应力、低 α 射线、耐浸焊和回流焊性等。

（1）高耐潮性。塑封料封装本质上是一种非气密性封装。水分或潮气会在热固性树脂中扩散、渗透达到芯片表面。在水分子的作用下，塑封料中含有的少量杂质离子（如 Na^+、K^+、Cl^- 等）会在芯片表面发生电化学反应，腐蚀芯片上的金属布线。这些杂质主要来自原材料及生产环境中的污染。因为金属导体（如铜、铝等）都是活泼金属，容易在酸性或碱性环境中受到腐蚀。环氧塑封料的 pH 值都小于 7，氯离子易腐蚀金属铝。为了降低环氧塑封料中氯离子的含量，需要从环氧树脂、酚醛树脂及硅微粉的生产过程控制入手，降低可水解氯的含量，并通过优化提纯工艺最大限度地降低塑封料中的水分。除降低杂质离子含量外，还可以通过对硅微粉表面进行活化改性处理提高塑封料的耐潮湿性，使水分渗透芯片的距离尽可能地长；通过加入偶联剂提高塑封料与引线框架的黏结力，防止水分从塑封料与框架的界面处渗透到芯片。

（2）低应力。IC 电路封装需要采用多种材料，除硅晶芯片外，还有芯片表面钝化膜、引线框架、金属引线、焊料、封装基板等，这些材料与塑封料的热膨胀系数（CTE）相差较大。在塑封料的加热固化过程中，由于各种材料 CTE 的差异会使封装器件内部产生内应力，可能会导致封装器件翘曲、耐湿热性变差、塑封料开裂、表面钝化膜开裂、金属布线滑移、电性能劣化、界面处形成裂缝等问题。引起塑封料内应力的因素，主要包括塑封料的弹性模量、热膨胀系数、玻璃化转变温度及吸潮性等。可以通过降低塑封料的弹性模量，提高其强度和韧性，减小塑封料的热膨胀系数，使之与器件内部材料的热膨胀系数尽可能地接近，以降低塑封器件的内应力。

环氧树脂的热膨胀系数约为 $60×10^{-6}/℃$，而硅微粉的热膨胀系数约为 $0.6×10^{-6}/℃$，前者约是后者的 100 倍。提高硅微粉填料的含量可有效降低塑封料的热膨胀系数。但是，增加硅微粉的含量会提高塑封料的熔体黏度，降低注塑过程中的流动性，同时降低塑封料的抗冲击韧性，对 IC 电路的金丝引线造成冲击，不但降低了塑封料的加工性，还会影响塑封器件的可靠性。与传统的无定形硅微粉相比，采用球形硅微粉作为填料在增加塑封料填料含量的同时，还可以缓解填料尖端部位形成的应力集中，减少塑封料在模具内的磨损等。向塑封料中添加增韧剂（如有机硅树脂等）可降低模量，形成所谓的"海岛结构"，既可以降低塑封料的弹性模量，又可以保持塑封料的耐热性，不会降低玻璃化转变温度。

(3) 低α射线。封装材料中的放射性元素发出的α射线可破坏IC电路中存储的信息，导致IC电路不能正常工作，产生软误差（Soft Error）。放射性元素主要来自SiO_2填料，通过选用低铀含量的石英矿石或人工合成硅微粉，可解决该问题。目前，人工合成硅微粉的铀含量（质量分数）可降低至$1×10^{-10}$量级。另外，在芯片表面涂敷聚酰亚胺钝化膜可以有效屏蔽α射线对IC电路的影响。

(4) 耐浸焊和回流焊性。表面贴装过程中，焊接封装外壳的温度高达210~260℃。当封装器件处于吸湿状态时，水分子气化产生了大量蒸汽，当蒸汽压力超过封装材料的破坏强度时，会造成封装器件内部剥离或器件开裂。因此，提高塑封材料的耐湿热性能，提高材料在200℃以上高温环境下的强度及其与芯片、引线框架的黏结力，以及提高塑封料耐浸焊和回流焊性的关键技术，可采用降低热膨胀系数和弹性模量的手段。主要包括以下方法：①增加硅微粉填料用量，通过硅微粉不吸潮、不透湿等特性，降低塑封料的吸湿性；②降低环氧树脂和酚醛树脂的吸湿性、透湿性，如在树脂主链结构中引入烷基、含氟基团等憎水基团；③优化固化剂和固化促进剂，使树脂基体与固化剂及促进剂反应形成更紧密的交联结构；④提高环氧树脂的耐热性能，如采用高官能度的环氧树脂等。

图5.1 环氧塑封料的圆柱状饼料产品

环氧塑封料（EMC）主要由酚醛固化剂、环氧树脂、硅微粉和碳黑等组成。将各组分按一定质量比例称取并混合均匀，再将物料经炼胶机或双螺杆挤出机热熔混炼均匀，冷却后呈固体片状料，然后粉碎形成粉料；将粉料预压成具有设定质量和尺寸的圆柱状饼料（见图5.1），包装并低温储存。使用时经微波快速加热变软后，转移至注塑机，加热后注塑进入含有IC芯片的模具中，在加热作用下树脂发生交联固化反应形成热固性树脂，冷却后得到塑封IC电路（见图5.2）。

(1) 环氧树脂。环氧树脂具有高黏结强度、低收缩性、耐化学药品性、耐湿性、较高的耐热性及优良的电绝缘性等特点。另外，环氧树脂具有优良的加工性，熔融温度低、熔体流动性高、固化温度低、固化时间短，非常适合制造环氧塑封料。环氧塑封料中使用的环氧树脂主要包括邻甲酚醛型环氧树脂（CNE）、联苯型环氧树脂、双酚A型环氧树脂、芳萘型环氧树脂、脂环族双环戊二烯型环氧树脂及多官能团型环氧树脂等，其中邻甲酚醛型环氧树脂和联苯型环氧树脂在环氧塑封料中使用最广泛。EMC常用环氧树脂的分子结构如图5.3所示。

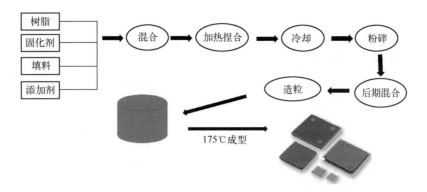

图 5.2　EMC 制造过程及其塑封 IC 电路

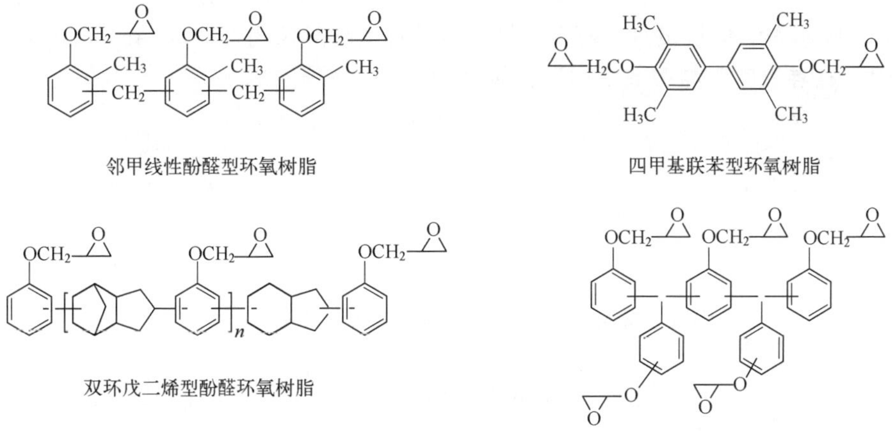

图 5.3　EMC 常用环氧树脂的分子结构

邻甲酚醛型环氧树脂是一种线性多官能团缩水甘油醚环氧树脂，可有效增加环氧固化交联网络的交联密度；由于具有类似酚醛树脂的化学结构，邻甲酚醛型环氧树脂还具有优良的耐湿热性能、耐化学腐蚀性能、力学机械性能和电气绝缘性能[1]。邻甲酚醛型环氧树脂的聚合度（n）为 0～20，相对分子量为 500～3500，环氧当量可分为 190～205g/eq 和 200～230g/eq 两种；软化点为 60～90℃，熔体黏度（ICI 150℃）为 0.3～2Pa·s，水解氯含量为 (300～500)×10^{-6}，氯离子（Cl^-）含量小于 $5×10^{-6}$。环氧当量指标对环氧树脂性能具有重要影响。当环氧树脂的环氧当量低时，所制备的环氧塑封料的弯曲强度高、耐热性好；对于环氧当量值相同但具有不同结构的环氧树脂，其树脂黏度越高，树脂软化点也越高。环氧塑封料的玻璃化转变温度增加，螺旋流动长度会缩短、吸水率增加。由于邻甲酚醛型环氧树脂熔体黏度较大，填料用量增加时塑封料熔体黏度变大，难以满足使用要求。近年来，市场上出现了多种新型环氧树脂，包括熔体黏度低、吸水率低、耐热性好的双官能团或多官能团联苯型环氧树脂、含脂环结构的环氧树脂及含多烷基取代基的环氧树脂等。

联苯型环氧树脂在150℃时的熔体黏度约为0.02Pa·s，而邻甲酚醛型环氧树脂的黏度约为0.7Pa·s。显然，联苯型环氧树脂具有较低的熔体黏度，可以填充更高比例的填料。此外，该树脂具有优良的耐湿性能和较低的内应力，是一种本征型阻燃环氧树脂[2]。因此，近年来普遍采用联苯型低黏度环氧树脂替代原来使用的邻甲酚醛型环氧树脂，以制造高添加量的低吸水率塑封料。

双环戊二烯型环氧树脂（DCPD）具有低黏度（150℃时为0.7Pa·s）、低吸湿性（耐湿性能优于CNE和四甲基联苯型环氧树脂）、高黏结强度，以及耐热性能和电性能优异等特点，但阻燃性较差。为了满足无铅、无卤阻燃等环保要求，具有低吸水率、低模量且具有自熄性的多芳环型环氧树脂（Multi Aromatic Resin，MAR）在环氧塑封料中的使用量也显著增加（见图5.4）。

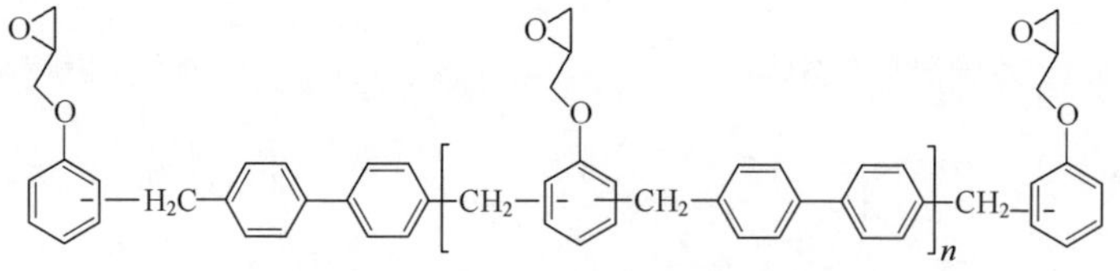

图5.4 多芳环型环氧树脂的分子结构

（2）固化剂。由于线性酚醛树脂在耐热性、耐湿性、电性能、固化性能和储存稳定性等方面具有优良的综合性能，被广泛用作EMC的固化剂，常用酚醛树脂的化学结构如图5.5所示。与其他类型的环氧树脂固化剂（如酸酐、多胺等）相比，线性酚醛树脂与环氧树脂的固化物具有固化速度快、成型工艺性好、机械强度高、耐热性好、介电性能优异、吸水率低、成型收缩率小等优点。通过调节酚醛树脂的分子量及其分布，精确控制固化剂的用量，可有效调控环氧塑封料的成型工艺性、力学性能及电学性能等。

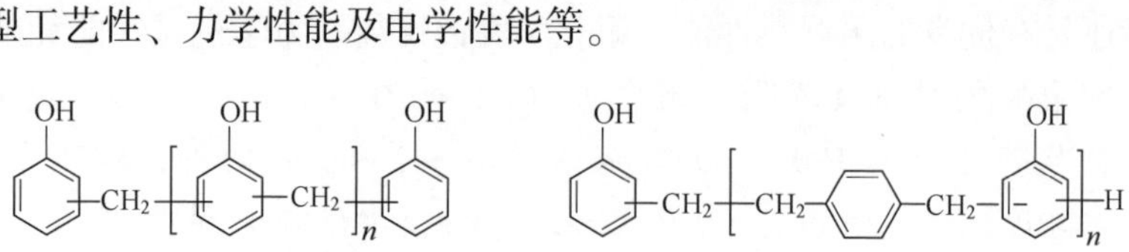

图5.5 EMC常用酚醛树脂的化学结构

（3）无机填料。填料是环氧塑封料中最主要的成分之一，也是含量最高的组分，约占总量的75%～90%。在环氧塑封料中加入填料可以降低热膨胀系数，增加热导率，降低吸湿率，增加弹性模量，减少固化时塑封料的收缩应力等。常用的填料为二氧化硅微粉，也称硅微粉，包括结晶型和无定形两类。结晶型硅微粉由天然硅石/矿物制备而成；而无定形硅微粉则由熔融天然硅石制备而成，也称熔融硅微粉，通常用高纯天然硅石制备。熔融硅微粉由于具有高纯度、耐化学腐蚀性、低热膨胀性、高电绝缘性和价格低等优点，被广泛用于 EMC 制造中。

熔融硅微粉还可分为片状硅微粉、球形硅微粉两类。片状硅微粉通过粉碎熔融硅石来制备，而球形硅微粉则是将天然硅石颗粒熔化后，以喷雾形式喷到液化石油气和氧气的高温火焰中，通过表面张力自发成球完成制备。与天然硅微粉相比，采用碱性硅酸盐、四氯化硅或烷氧基硅烷制备的硅微粉称为合成硅微粉，其形状可以为片状或球形。

从微观结构讲，填料粒子的形状、尺寸、粒度分布、平均粒径、比表面积的选择及填料的含量都会影响 EMC 的流动性。为了增强 EMC 的加工性，通常采用球形硅微粉，因为它能有效降低 EMC 成型时的剪切应力，增强环氧塑封料的流动性，提高填料含量。另外，半导体封装体在使用过程中会产生大量的热量，需要使用高热导率和散热性能的填料，如结晶型二氧化硅、氧化铝、氮化硅等，以提高 EMC 的散热性能。填料的热膨胀系数由小到大的排列顺序为：球形二氧化硅、氧化铝、结晶型二氧化硅；热导率由小到大的排列顺序为：球形二氧化硅、结晶型二氧化硅、氧化铝[3]。因此，在选择填料时，需要综合考虑多方面的因素。

近年来，随着表面贴装技术的广泛应用，对低吸水率的环氧塑封料的需求越来越大。为了降低塑封料的吸水率，需要在塑封料中添加大量的 SiO_2 填料。但高填充量的填料往往会增加熔体黏度，降低熔体流动性，导致塑封工艺性下降。

（4）硅烷偶联剂。偶联剂不仅可增强无机填料与有机树脂基体间的界面黏结性，还可提高 EMC 与半导体芯片的界面黏结性。从化学结构看，偶联剂主要包括硅烷类、锆类、钛酸酯类和有机络合物等，其中最常用的是硅烷偶联剂。硅烷偶联剂的有机官能团（如环氧基、胺基及其他反应基团），可与环氧树脂、酚醛树脂发生反应，不仅可以增强固化物的耐湿性和耐热性，还可有效提高固化物与芯片和引线框架的黏结强度[4]。采用硅烷偶联剂对填料颗粒进行表面处理，可有效改善填料在 EMC 中的分散问题，降低树脂成型时的黏度[5]。此外，硅烷偶联剂还可用于提高 EMC 与芯片表面及相关材料（包括银、铜、金或作为引线框架的42%镍铁合金等）间的黏结强度。例如，含硫基的硅烷偶联剂可有效提高环氧塑封料和镀银引线框架间的黏结力，这主要是因为硅烷与引线框架间形成的化学键[6]。由氨基硅烷改性环氧树脂制备的 EMC 具有优良的黏结性能、弯曲强度和热性能[7]。比较研究具有不同分子结构的有机硅偶联剂对硅微粉填充 EMC 的流变行为和力学性能的影响，发现 3-缩水甘油醚氧基丙基三甲氧基硅烷和 3-氨丙基三乙氧基硅烷处理的填料对固化物的拉伸强度有较大影响，而采用 3-氨丙基三乙氧基硅烷及一级或二级氨基硅烷偶联剂混合物处理的填料则对 EMC 的流变行为有较大影响[8]。

(5) 阻燃剂。环氧树脂具有易燃性，如双酚 A 环氧树脂的极限氧指数 (LOI) 仅为 25，而半导体封装要求环氧塑封料达到 UL94-V0 的阻燃等级。因此，通常需要在环氧塑封料中加入阻燃剂，以增强其阻燃性。溴化环氧树脂与锑基阻燃剂组合可有效增强环氧塑封料的阻燃性，并得到了广泛应用。但是，随着全球环保标准的提高，传统的含卤、含锑阻燃剂已逐步被淘汰，市场上出现了多种新型绿色环保型阻燃剂，可满足环氧塑封料的使用要求。目前，绿色环保阻燃体系主要包括磷系阻燃体系、氮系阻燃体系、硅系阻燃体系、磷硅协同阻燃体系、金属氧化物阻燃体系等，其中含磷含氮阻燃剂、氢氧化铝和氢氧化镁等都已经在环氧塑封料中获得实际应用。

此外，人们还研究了不加入阻燃剂，只通过树脂本身的自熄性，使环氧塑封料达到 UL94-V0 阻燃等级的树脂体系[9-10]。这类环氧塑封料已经商业化[11]。一种含磷酚醛树脂固化剂（BDPN）对邻甲酚醛环氧树脂——线性酚醛树脂体系具有明显的阻燃效果[12]；当磷含量超过 1.8% 时，即可达到 UL94-V0 阻燃等级（见图 5.6）。

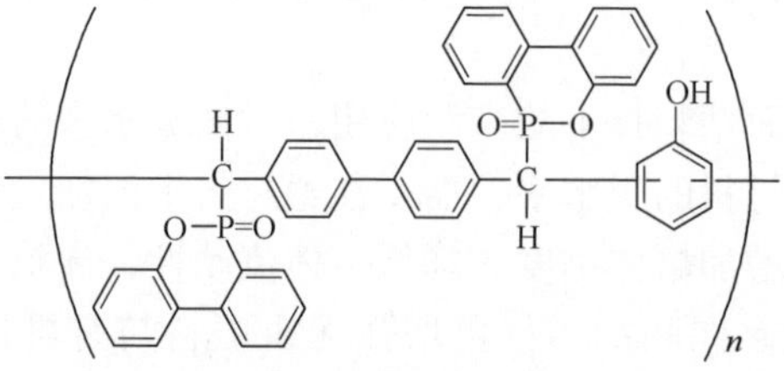

图 5.6　含磷酚醛树脂固化剂（BDPN）的化学结构式

(6) 固化促进剂。固化促进剂是一种促进环氧树脂与固化剂发生交联反应的催化剂。由于环氧塑封料产品为单组分，固化促进剂影响着塑封料的固化速度，决定着塑封料的固化行为，对塑封料的耐热性能、电学性能、力学性能、吸湿性、成型工艺性和低温储存稳定性等都有显著的影响。从半导体芯片能够承受的耐热温度、EMC 的固化特性及 EMC 熔体黏度等方面考虑，EMC 成型的最高固化温度一般为 170~180℃。在此温度范围内，常用的固化促进剂主要包括：有机磷化合物，如三苯基膦；有机胺化合物，如 DBU（1,8-重氮基-双环（5,4,0）十一烯-7）等。

近年来，随着封装产品的薄型化及环保化，潜伏性固化促进剂越来越受人们的青睐。采用潜伏性固化促进剂可显著提高 EMC 的固化速度、熔体流动性和封装可靠性。以 XYLOK 酚醛树脂为固化剂，以联苯型环氧树脂为基体树脂，比较研究 2-苯基-4,5 二羟基甲基咪唑（2PHZ-PW）、三苯膦-1,4-苯醌加和物（TPP-BQ）、二甲基-咪唑三聚异氰酸盐（2MA-OK）3 种固化促进剂的潜伏性能及其对环氧塑封料性能的影响，发现固化促进剂分子结构对 EMC 的螺旋流动长度、熔体黏度、凝胶化时间、固化行为具有重要影响[13]。在研究固化物的热性能、电学性能和机械性能时发现，不同潜伏性固化促进剂对环氧塑封料固化特性的影响有明显区别。低潜伏性固化促进剂的固化速度快、固化时间短。较快的固化速度有利于提高固化物的模量和玻璃化转变温度。潜伏性固化促进剂的分子结构对环氧塑封料的固化速度和转化率有显著影响，决定着最终固化产品的使用性能。采用不同的化学分析测试手段，将不同的测试结果进行关联，有助于选择合适的固化促进剂，增强 EMC 的可靠性[14]。刘金刚等人对比研究了三苯基膦（TPP）、四苯基膦-二羟基二苯砜络合物（TPP-DHS）及三苯基膦-对苯醌络合物（TPP-BQ）3 种固化促进剂对环氧塑封料的固化特性、熔体流动性及固化物性能的影响，发现热潜伏性固化促进剂对苯酚-芳烷基型本征阻燃环氧树脂/酚醛固化剂体系具有优良的潜伏催化效应。使用热潜伏性固化促进剂可显著提高环氧塑封料的熔体稳定性。以 TPP-DHS 为固化促进剂制备的环氧塑封料工艺性能最佳，胶化时间为 49s，螺旋流动长度为 920mm[15]。

（7）其他添加剂。着色剂、脱模剂等也是环氧塑封料的重要组成部分。其中着色剂起着色作用，以遮盖所封装器件的设计及防止光透过，使用的着色剂通常为无机颜料——高色素碳黑。一方面是由于碳黑具有优良的着色能力和遮盖力，另一方面是由于其具有优良的电学性能、耐湿性能和耐热性能等。

脱模剂的主要作用就是使固化后的产品易于从模具中取出。其用量选择要适当，使用量大虽然容易脱模，但会导致密封性和环氧塑封料的黏结强度下降。最常用的脱模剂有烃蜡（如巴西棕榈蜡）和合成蜡等。

为了改善环氧塑封料的流动性，降低塑封内应力，还会在环氧塑封料中加入应力吸收剂（如合成橡胶、聚硅氧烷等）。另外，环氧塑封料中也可加入能捕获 Na^+ 和 Cl^- 等的离子捕获剂。

5.1.2　环氧塑封料封装工艺性

1. 饼状环氧塑封料

环氧塑封料是一种单组分、含潜伏性固化剂的热固性树脂基复合材料，包含酚醛树脂固化剂、环氧树脂基体、固化促进剂、阻燃剂及填料等十几种组分。随着 IC 电路封装技术的发展，塑封料的组成、配方及性能都在不断更新和完善。为了满足 IC 电路封装厂家对提高生产效率、降低制造成本的需求，研制了无后固化型塑封料及快速固化型塑封料，最快成型时间缩短至 20s，后固化时间从 2h 缩短至零，即无须后固化；为了满足大功率 IC 电路封装的高散热需求，出现了高导热型塑封料；为了满足大规模 IC 电路封装的高散热需求，市场上出现了低应力型及低 α 射线型塑封料；为了满足大规模 IC 电路封装的表面贴装技术（SMT）的使用需求，研制了低吸水、低热膨胀、高耐热型塑封料；为了满足球栅阵列封装（BGA）的使用需求，研制了高玻璃化转变温度、低翘曲、高黏结型塑封料。总之，随着 IC 电路封装技术的不断发展，塑封料制造技术也随之不断提高及完善，产品已经实现了系列化、高性能化和功能化，下面简要介绍几种代表性的饼状环氧塑封料。

(1) 普通型。其包括结晶硅微粉型和熔融硅微粉型两类，结晶硅微粉型塑封料的填料全部为结晶型 SiO_2 微粉，具有线膨胀系数较大、热导率较高、成本较低等特点，主要用于封装二极管、三极管等分立器件和中、小规模 IC 电路。典型产品包括 KH-407 系列、EME-1200 系列、MP-3500 系列等。

熔融硅微粉型塑封料的填料全部为熔融型 SiO_2 微粉，性能特点是线膨胀系数较小、热导率较低、成本较高，主要用于封装大规模 IC 电路及大尺寸分立器件。典型产品包括 EME-1100 系列、HC-10-II 系列、KH-407-1 系列等。

(2) 快速固化型。多柱头自动封装模具（Auto Mold）大幅提高了 IC 电路的封装生产效率，每个封装周期仅为 30～50s，甚至 20s。为了适应这种封装技术，塑封料厂家研制出快固化型塑封料，具有快速固化的性能特点，凝胶化时间仅为 13～18s。虽然大幅缩短了封装循环时间，但仍能保证塑封器件的耐湿性和耐热冲击性要求。

(3) 无后固化型。为了提高竞争力，提高生产效率，无须后固化的塑封料研制成功。通过采用特殊的固化促进剂，无后固化型塑封料封装的 IC 电路仍具有良好的耐湿性和耐热冲击性。

(4) 高导热型。为了满足大功率分立器件、高热量器件对高热导率的使用需求，采用结晶型硅微粉与氧化铝、碳化硅、氮化硅等混合形成的高热导填料及高填充技术，研制了高导热塑封料。代表性产品包括 KH-407-5 系列（北京科化）、EME-5900HA 系列（日本住友）、MP-4000 系列（日东电工）等。

(5) 低应力型。塑封料与 IC 电路的芯片、引线框架、表面钝化膜、焊点等的热膨胀系数差距很大。加热固化过程中，因热膨胀系数不匹配使封装器件内部产生应力，导致塑封器件开裂、表面钝化膜开裂、金属布线滑动、界面处形成裂纹、电性能劣化、耐湿性下降等。塑封料产生应力的原因主要包括塑封料固化时产生的固化收缩力及温度变化时产生的热应力，其中后者占主导地位。随着 IC 电路向着芯片大型化、封装薄型化、布线微细化方向的发展，热应力控制问题变得越来越重要。

由于塑封料的热膨胀系数明显高于 IC 电路芯片、引线框架、表面钝化膜、焊点等的热膨胀系数，降低塑封料的热膨胀系数成为降低塑封器件内应力的关键。但是，降低塑封料的热膨胀系数伴随着提高其玻璃化转变温度及弹性模量。常用的方法是在塑封料中提高硅微粉的填充量和加入低应力改进剂来降低塑封料的热膨胀系数。增加填料含量可有效降低塑封料的热膨胀系数，但会提高弹性模量，降低熔体流动性，使加工性能变差。使用球形硅微粉可大幅提高填充量至 75%~80%。

2. 粒状环氧塑封料

近年来，从半导体存储器封装到系统封装，采用粒状环氧塑封料进行的压缩模塑取代了采用饼状塑封料进行的传递模塑，并且已经进入稳定生产状态。传递模塑半导体封装工艺已有几十年的历史。为了满足先进封装（如 QFN）和晶圆级封装的要求，近年来发展了粒状环氧塑封料。图 5.7 比较了压缩模塑和传递模塑的封装工艺过程。

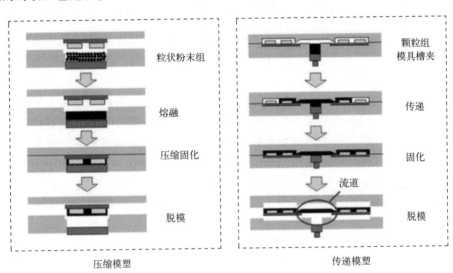

图 5.7 压缩模塑与传递模塑的封装工艺过程

与传递模塑相比，压缩模塑具有如下特点。

（1）材料利用率高。压缩模塑工艺避免了使用用于残胶、浇口等的模塑料，减少材料浪费。

（2）熔融 EMC 流动长度短。当加压时，熔融 EMC 只需流动较短的距离，这可以降低模塑过程中的填料分离和金线偏移（见图 5.8）[16]。模塑时应尽量避免填料分离，否则可能会影响封装的可靠性。与传递模塑不同，压缩模塑的流动长度较短，即使进行大尺寸封装，也不容易出现问题。

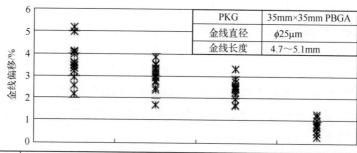

成型条件	传递模塑			压缩模塑
传递时间/s	5	10	15	10
成型温度/℃	175			
成型压力/MPa	8			10
固化时间/s	90			
预热/s	10			10(真空时间)

图 5.8　压缩模塑与传递模塑金线偏移比较

（3）易于控制模塑压力。压缩模塑易于控制真空，孔隙率的降低可通过调整机器参数来实现。压缩模塑也可以提供低模塑压力，利于制备对压力敏感的结构，如 MEMS 装置等。

（4）可实现连续模塑，且模具使用寿命长。由于在压缩模塑过程中采用离型膜来保护模具，模具不易变脏或破坏。同时，在连续模塑过程中，塑封料不会出现剥落或黏附在模具表面的现象，明显降低了模具的更换频率和维护成本。

（5）易适应多种封装厚度。传递模塑需要多个模具来制备不同厚度的产品，而压缩模塑只需通过控制模塑过程中塑封料粉的用量，即可得到不同厚度的产品，更加方便经济。

与饼状塑封料不同，粒状塑封料的比表面积更大。但是，细小的颗粒易于成团（阻滞现象），导致难以对颗粒准确称重，难以在送料机上传送，或者不能在模具中均匀地喷洒颗粒料。树脂组成和颗粒尺寸是导致阻滞现象形成的主要原因。低玻璃化转变温度（T_g）的粒状塑封料在室温下易于发生阻滞，高 T_g 环氧树脂更适合制备粒状塑封料。当填料比表面积较小时，液体添加剂容易覆盖在填料上，阻滞也容易发生。因此，比表面积大的填料更适合粒状塑封料。此外，应尽量降低塑封料中超细颗粒含量。与大颗粒相比，超细颗粒更容易软化。

精确或均匀的颗粒喷洒也十分关键。如果喷洒不连续，则会出现未填充或产品厚度不均匀的问题，特别是在薄型模塑中更为明显。这种现象在厚度较大的模塑料中不常见，因为较厚的模塑料中有更多的颗粒。喷洒连续性与颗粒尺寸分布相关。如果颗粒尺寸分布较宽，则喷洒不一致的问题将会发生。如果颗粒尺寸分布较窄，喷洒不一致的问题则较少出现。可在加工过程中对颗粒尺寸的分布进行有效控制。

此外，控制粒状 EMC 的熔融和膨胀也十分重要（见图 5.9）[16]。如果粒状 EMC 熔融不充分，则将引起导线弯曲。如果粒状 EMC 熔融得太完全，则熔融的 EMC 将会从模具中泄漏或者产生气泡。类似地，部分粒状模塑料在真空过程中容易膨胀，由于导线与熔融的粒料黏结在一起，膨胀将引起导线弯曲。总之，具有中等熔融和膨胀行为的 EMC 颗粒适用于模塑压缩工艺。EMC 颗粒的熔融和膨胀行为受多个因素的影响，如树脂类型、填料尺寸和颗粒尺寸等。

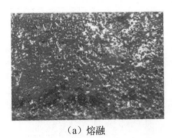 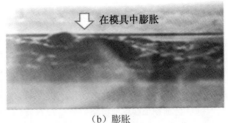

（a）熔融　　　　　　　　　　　（b）膨胀

图 5.9　粒状 EMC 的现象

颗粒会污染基板，通过改进模塑设备可彻底解决这一难题。大尺寸的产品模塑后易于翘曲，通过采用低 CTE 和低模量的颗粒 EMC 可有效解决这一问题。当塑封料较薄时，由于没有足够的厚度满足激光打标要求，或者激光标记的可读性较差，采用与传统炭不同的新型着色剂可显著增加激光标记的对比度。

3. 片状环氧塑封料

近年来，片状环氧塑封料（Sheet Epoxy Molding Compound，SEMC）已经成功应用于半导体封装（见图 5.10）[16]中，如有机互连封装基板表面模塑、晶圆级封装和倒装芯片封装 CSP（FC-CSP）等。

图 5.10　片状环氧塑封料

与其他封装和模塑技术相比，SEMC 具有很多优点（见表 5.1）。在模塑大尺寸薄型产品时，需要解决填充均匀性、厚度控制等难题。与粒状塑封料相比，由于 SEMC 片层厚度已预先确定，且在模塑时流动长度较短，因此 SEMC 在控制薄型封装件的厚度方面具有明显优势。类似地，由于流动距离短，模塑均匀性也较好。不足之处是，与粒状 EMC 相比，SEMC 的加工成本较高。

表 5.1 片状环氧塑封料与其他塑封料的对比

材料形式		EMC				液体
		片状	粒状	饼状		分配
模塑体系		压缩	层压	压缩	传递	压缩
机器可用性	大面板	手动	全自动	全自动	无	无
	12in 晶圆	手动	手动	全自动	全自动	全自动
材料	成本	高	高	中	低	高
	利用率	优	良	优	差	良
处理	储存期	优	优	优	优	差
	适用期					
封装均匀性	位置相关性	优	良	优	差	较差
	薄型模塑厚度控制	优	良	良	较差	良
封装翘曲	单位共面性	良				较差

5.1.3 环氧塑封料结构与性能

环氧塑封料主要用于保护 IC 电路芯片免受外部环境的破坏，包括外部物理作用（如压力、冲击等）和化学作用（如潮气、紫外辐照热能等）的破坏；同时，环氧塑封料为芯片提供散热通道，还充当了芯片内部与外界电路联通的桥梁。随着 IC 电路封装技术向着薄型化、高度集成化（如系统级封装 SiP）、微型化、高密度多层化（如 3D 叠层封装）方向的快速发展，人们对环氧塑封料提出了更高的性能要求。另外，环境保护法案（WEEE 指令、RoHS 法案等）的提出对环氧塑封料的发展也产生了很大的冲击。无铅焊料替代传统有铅焊料使回流焊的温度从 220～230℃ 提高到了 260～280℃，不但要求大幅提高塑封料的耐热稳定性，能够承受更高温度的冲击，还必须具有无卤阻燃性能。因此，可耐受无铅焊接工艺温度的无卤阻燃塑封料制造技术成为一个发展热点。

自 2000 年开始，市场上出现了自熄性苯酚-芳烷基型（Phenol-Aralkyl）塑封料[17]，具有优良的阻燃性和环境友好性。经过多年发展，采用苯酚-芳烷基型环氧树脂及固化剂已成为制备无卤阻燃绿色塑封料的主流技术，可在不添加任何阻燃剂（如氢氧化镁、氢氧化铝等）的情况下，使环氧塑封料达到 UL94-V0 的阻燃等级。采用环氧树脂基体、酚醛树脂固化剂及固化促进剂等是赋予环氧塑封料耐热性、无卤阻燃性及综合性能的关键因素，下面重点讨论该领域的主要进展。

1. 环氧树脂结构对塑封料性能的影响

通过比较研究由不同化学结构环氧树脂制备的环氧塑封料，发现环氧树脂的化学结构可明显影响塑封料的凝胶时间、螺旋流动长度、固化反应速率、熔体黏度、玻璃化转变温度、弯曲性能及黏结强度等[18]，其中联苯型环氧树脂（YX-4000H）与联苯型酚醛树脂（MEH-7800）组成的环氧树脂体系表现出了优良的封装工艺性，其黏结强度为3.45MPa，螺旋流动长度为148cm，黏度为64Pa·s。比较研究含有不对称联苯结构的结晶型环氧树脂［4-(4-缩水甘油醚氧基)-4′-(缩水甘油醚苯氧基)］联苯（p-DGEBP）[19]、商业化的联苯-芳烷基型环氧树脂NC3000H（日本化药）和结晶型环氧树脂YX4000H（日本Yuka Shell），发现p-DGEBP具有更低的熔体黏度，与商业化联苯酚醛固化剂（BPN）混合后，黏度最低可达0.12Pa·s；该树脂体系反应活性适中（活化能为82.5kJ/mol），树脂结构中引入的醚键和不对称联苯结构赋予了p-DGEBP/BPN树脂体系优良的综合性能，包括优良的力学性能（拉伸强度为73MPa、弯曲强度为110MPa）、耐热性能（玻璃化转变温度T_g为120℃）、电绝缘性能（介电常数为4.0）及较好的阻燃性能（LOI为32.2）和低吸湿率（0.77%）等。

大功率器件封装技术的快速发展对塑封料的耐热性能提出了更高的要求。将环氧树脂与其他耐高温聚合物（如聚酰亚胺、双马来酰亚胺、苯并噁嗪和氰酸酯树脂等）复合可明显提高塑封料的耐热性能[20-23]。通过氰酸酯与环氧树脂的共聚反应，在环氧树脂基体中可形成热稳定的三嗪结构，固化树脂的T_g明显提高。通过提高氰酸酯与环氧树脂的投料配比，可将固化树脂的T_g提高至275℃，明显提高了材料的耐热性能。将双酚A型氰酸酯和联苯型环氧树脂进行共聚反应也可明显提高塑封料的耐高温性能[24]。向氰酸酯/环氧树脂体系中引入含三嗪结构的三缩水甘油基异氰脲酸酯（TGIC）环氧树脂，发现TGIC促进了氰酸酯与环氧树脂的固化反应，提高了交联密度和三嗪结构含量，改善了固化树脂的T_g和热稳定性，但耐高温老化性能有所降低[25]。在氰酸酯/环氧树脂（CE/EP）共聚物中加入聚酰亚胺（PI），也可提高环氧塑封料的耐热性能。PI树脂可在氰酸酯/环氧树脂中均匀分散，制备的CE/EP-PI固化树脂的玻璃化转变温度达到270℃，断裂韧性可提高到2.06MPa·m$^{1/2}$，模量也明显增加，高温长时稳定性优异[23]。

1）无溴阻燃性环氧树脂

新型IC电路封装技术对环氧塑封料提出了更高的性能要求，包括高耐热性、低吸潮性、无溴阻燃性、低应力及低成本等。传统环氧塑封料难以满足上述要求。针对环氧树脂的无溴阻燃难题，通过在环氧树脂中加入其他阻燃剂来代替含溴阻燃剂，其他阻燃剂包括膨胀型阻燃剂（IFR）、氮系阻燃剂、磷系阻燃剂、硅系阻燃剂及金属氢氧化物阻燃剂等，被证明是一条有效的途径。这些阻燃剂在燃烧过程中不会产生有害气体。但磷系阻燃剂本身具有一定的毒性，在使用过程中有可能污染被保护的电子元器件，降低环氧塑封料的耐湿性及可加工性等，其实际应用受到一定程度的限制。

环氧塑封料主要由环氧树脂及其固化剂、固化促进剂等组成，其中环氧树脂及其固化剂的阻燃性决定了塑封料的阻燃性能，而传统的邻甲酚醛环氧树脂是不具备阻燃性的。通过系统研究发现，含联苯结构、萘环结构及双环戊二烯结构的环氧树脂具有较好的阻燃性。图 5.11 所示为几种代表性的塑封料用环氧树脂的化学结构，其中苯酚−联苯型环氧树脂具有自熄性，包括苯酚−亚联苯型环氧树脂（环氧树脂1）、联苯型环氧树脂（环氧树脂3）等。另外，与其他环氧树脂形成的复合树脂体系也可制得阻燃型塑封料。双环戊二烯型环氧树脂（环氧树脂4）具有高耐热性、低应力、低吸潮性等优点；邻甲酚醛型环氧树脂（环氧树脂5）和双酚 A 型环氧树脂（环氧树脂6）都是典型的传统通用型环氧树脂。

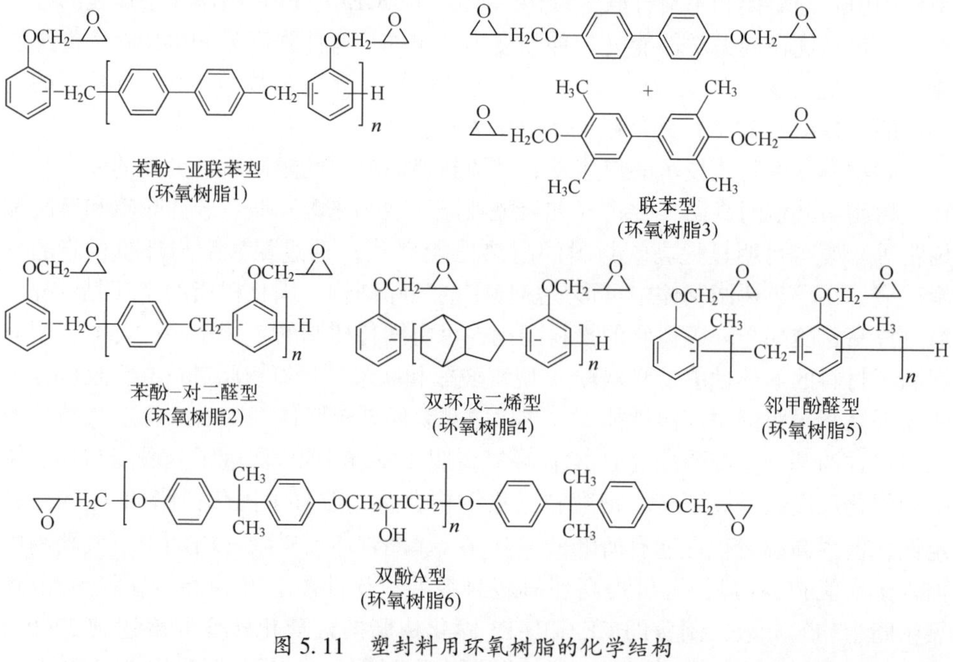

图 5.11　塑封料用环氧树脂的化学结构

苯酚−芳烷基型环氧/酚醛树脂固化物中含有大量芳香结构，固化后形成的固化网络结构具有较低的交联密度，在高温下表现出较低的弹性。当树脂体系在高温加热条件下分解产生挥发性物质时，这种低弹性有助于在固化物表面形成泡沫层，可有效阻止热量在燃烧过程中的传递（见图 5.12）。另外，树脂中含有的高耐热稳定型多芳香结构也有助于提高燃烧过程中形成的泡沫层的热稳定性；酚醛树脂同时起到了固化剂与阻燃剂的作用，其分子结构对固化物的阻燃性能有直接影响[3]。

将含氟基团引入酚醛树脂或联苯型环氧树脂的主链结构中，可进一步提升或改善塑封料的阻燃性及工艺性[4]。将 4，4′-双甲氧甲基联苯（BMMB）与 3-

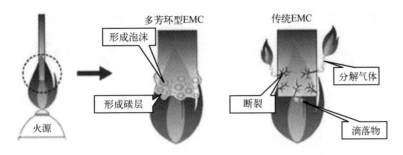

图 5.12 苯酚-芳烷基型环氧/酚醛树脂的阻燃机理

三氟甲基苯酚在对甲基苯磺酸（p-TS）作用下反应，可得到浅红色固体酚醛树脂（FBP），其软化点为66℃，羟基当量为271g/eq，GPC（凝胶渗透色谱）数均分子量（M_n）为1589g/mol。FBP树脂与环氧氯丙烷进一步发生环氧化反应，可得到含氟联苯型环氧树脂（FBE），其软化点为58℃，环氧当量为355g/eq，GPC数均分子量（M_n）为1623g/mol（见图5.13）。

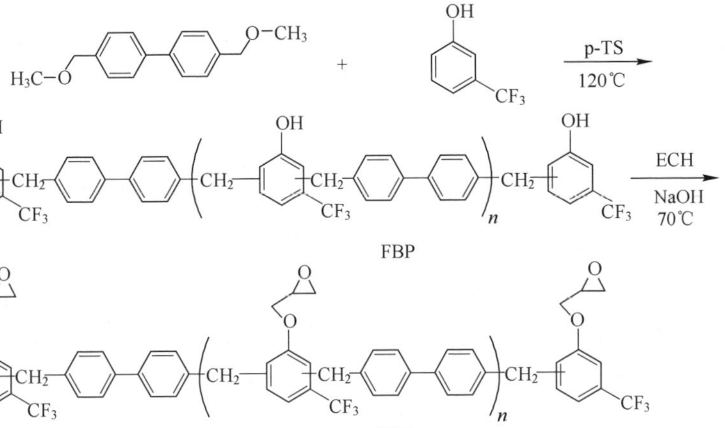

图 5.13 含氟联苯型酚醛树脂及环氧树脂的制备过程

将含氟联苯型酚醛树脂（FBP）与含氟联苯型环氧树脂（FBE）配合，加入质量分数为1.0%的三苯基膦（TPP），形成FBE/FBP/TPP树脂体系。将该树脂体系加热至150℃/2h固化，再在180℃/3h环境下进行后固化，得到了固化树脂体系EP-1（FBE/FBP）。由含氟联苯型环氧树脂（FBE）与联苯型酚醛树脂（BP，MEH7851ss）复合形成树脂体系EP-2（FBE/BP）。由商业化联苯型环氧树脂（BE，NC3000）与含氟联苯型酚醛树脂（FBP）复合制备EP-3（BE/FBP）。作为对比，由商业化联苯型环氧树脂（BE，NC3000）与联苯型酚醛树脂（BP）复合制备EP-4（BE/BP）。

图 5.14 分别为 4 种树脂体系的熔体黏度随温度变化的熔体流变曲线和 DSC 曲线。联苯型树脂体系的熔体黏度随温度升高而逐渐降低；当温度达到 100～127℃时，各树脂体系分别达到最小黏度，其中 EP-1 黏度为 1.3Pa·s（122℃），EP-2 黏度为 2.5Pa·s（120℃），EP-3 黏度为 1.3Pa·s（127℃），EP-4 黏度为 5.1Pa·s（115℃）。同纯商业化的联苯型环氧树脂（BE）与联苯型酚醛树脂（BP）制备的 EP-4 相比，含氟树脂体系（EP-1、EP-2 和 EP-3）都具有更低的熔体黏度和更宽的工艺窗口。其中 EP-3 的最小熔体黏度值为 1.3Pa·s（127℃），低于 10Pa·s 的温度范围为 90～150℃，而 EP-4 的最小熔体黏度为 5.1Pa·s（115℃），低于 10Pa·s 的温度范围为 100～130℃。

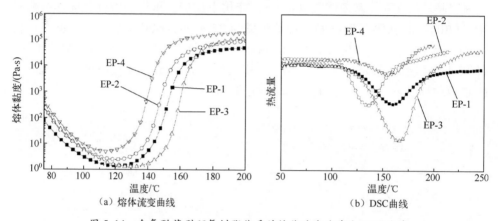

(a) 熔体流变曲线　　　　(b) DSC 曲线

图 5.14　含氟联苯型环氧树脂体系的熔体流变曲线和 DSC 曲线

图 5.14（b）比较了 4 种树脂体系的 DSC 曲线。EP-3 具有最高的放热反应峰值温度（157℃），高于 EP-1（152℃）、EP-4（150℃）和 EP-2（130℃）。放热反应热流量按 EP-3、EP-1、EP-2、EP-4 的顺序递减。图 5.15 为 4 种树脂体系的 DMA 曲线和 TGA 曲线。树脂固化物的玻璃化转变温度分别为：EP-1，151℃；EP-3，149℃；EP-2，139℃；EP-4，129℃。树脂固化物的热分解温度约为 400℃。可以看出，含氟联苯型环氧树脂固化物的耐热性明显高于非含氟树脂固化物。

含氟联苯型环氧树脂固化物具有优良的综合力学性能，其拉伸强度为 71～80MPa，拉伸模量为 2.2～2.7GPa，断裂伸长率为 3.1%～5.3%，弯曲强度为 117～135MPa，弯曲模量为 2.4～2.6GPa，介电常数（1MHz）为 3.8～4.2，介电损耗（1MHz）为 $(3.5～4.5)\times10^{-3}$，体积电阻率为 $(0.5～1.6)\times10^{17}\Omega\cdot cm$，表面电阻率为 $(0.8～4.6)\times10^{16}\Omega$，吸水率为 0.27%～0.37%。含氟联苯型环氧树脂固化物表现出优异的阻燃性能，EP-1 和 EP-3 都达到了 UL94 V-0 阻燃等级，EP-2 和 EP-4 达到了 UL94 V-1 阻燃等级，该系列树脂的极限氧指数

(LOI) 相当，为 35.9～37.6。

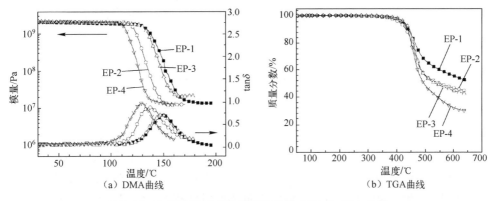

图 5.15 含氟联苯型环氧树脂体系的 DMA 和 TGA 曲线

将含磷基团或含硅基团引入环氧树脂体系中，也可赋予树脂优良的无溴阻燃性能及综合性能[5]。将含磷和含硅基团的环氧树脂改性剂 DOPO-TMDS 和 DOPO-DMDP（见图 5.16）加入邻甲酚醛型环氧树脂（CNE）和酚醛树脂（PN）体系中（见图 5.17），加入固化促进剂三苯基膦（TPP），搅拌混合均匀后进行固化，制备一系列不同磷或硅含量的环氧树脂固化物，包括 EP-1a（DOPO-TMDS 含量为 10%，P 含量为 1.0%，Si 含量为 0.9%）、EP-1b（DOPO-TMDS 含量为 15%，P 含量为 1.5%，Si 含量为 1.4%）、EP-1c（DOPO-TMDS 含量为 20%，P 含量为 2.0%，Si 含量为 1.8%）、EP-2a（DOPO-DMDP 含量为 10%，P 含量为 1.0%，Si 含量为 0.9%）、EP-2b（DOPO-DMDP 含量为 15%，P 含量为 1.5%，Si 含量为 1.3%）、EP-2c（DOPO-DMDP 含量为 20%，P 含量为 2.0%，Si 含量为 1.8%）。

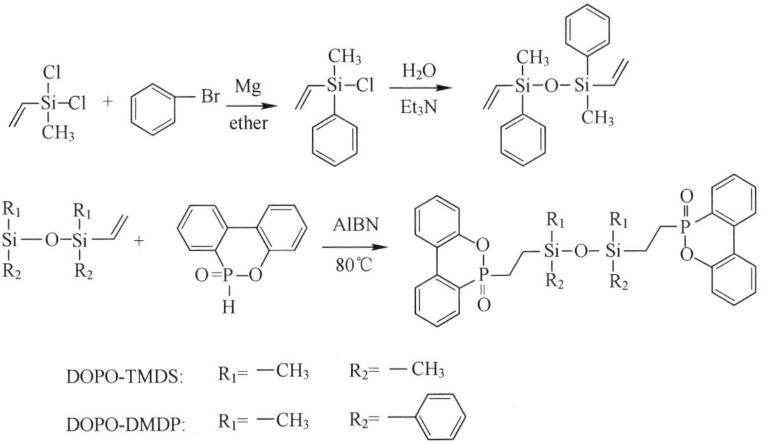

图 5.16 含磷和含硅阻燃剂的制备方法

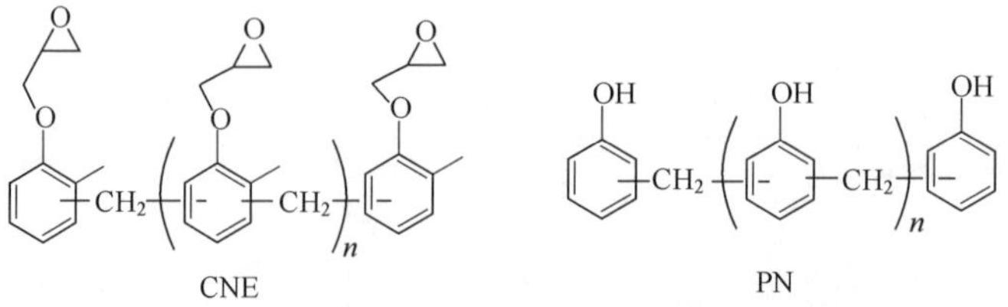

图 5.17 邻甲酚醛环氧树脂和酚醛树脂的分子结构

与不含磷/硅阻燃剂的 CNE/PN 树脂相比，含磷/硅阻燃剂的树脂的拉伸强度明显提高（见表 5.2）。随着含磷/硅阻燃剂含量的增加，树脂的拉伸强度和弯曲强度随之提高，拉伸模量和弯曲模量也随之提高。当含磷/硅阻燃剂的质量分数为 10% 时，EP-1a 的拉伸强度为 76.7MPa，明显高于不含磷/硅阻燃剂的树脂（CNE-PN，68.4MPa）；当含磷/硅阻燃剂的质量分数为 20% 时，EP-1c 的拉伸强度升高至 97.4MPa；当含磷/硅阻燃剂的质量分数为 10% 时，EP-2a 的弯曲强度为 144MPa，较不含磷/硅阻燃剂的树脂（CNE-PN，127MPa）提高了 13.4%；当含磷/硅阻燃剂的质量分数为 20% 时，EP-2c 的弯曲强度升高至 164MPa，较 EP-2a（144MPa）提高了 13.9%。

表 5.2 含磷/硅阻燃剂对环氧树脂固化物力学性能的影响

样　品	拉伸强度/MPa	拉伸模量/GPa	弯曲强度/MPa	弯曲模量/GPa
CNE/PN	68.4	2.59	127	2.88
EP-1a	76.7	2.60	136	3.11
EP-1b	94.2	2.72	152	3.30
EP-1c	97.4	2.73	152	3.31
EP-2a	86.6	2.80	144	3.13
EP-2b	92.5	2.81	158	3.32
EP-2c	94.7	2.81	164	3.41

随着含磷/硅阻燃剂加入量的增加，树脂固化物的玻璃化转变温度 T_g 逐渐降低，而阻燃性明显提高（见图 5.18）。EP-1c 和 EP-2c 的 T_g 分别为 141℃ 和 138℃，均比未添加含磷/硅阻燃剂的树脂（177℃）低，主要归因于含磷/硅阻燃剂的软化作用。而树脂的极限氧指数（LOI）则随着含磷/硅阻燃剂添加量的增加而升高，呈线性增长关系。

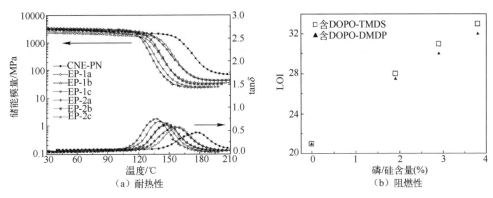

(a) 耐热性　　(b) 阻燃性

图 5.18　含磷/硅阻燃剂对树脂耐热性及阻燃性的影响

不含磷/硅阻燃剂的树脂固化物阻燃等级为 UL94 V-2；当含磷/硅阻燃剂的质量分数超过 10%时，树脂固化物阻燃等级达到 UL94 V-1；当含磷/硅阻燃剂的质量分数超过 15%后，树脂固化物阻燃等级达到 UL94 V-0，表现出优良的无卤阻燃性能（见表 5.3）。

表 5.3　含磷/硅阻燃剂对树脂阻燃性能的影响

样品	LOI	UL94	TTI	pHRR/(kW/m²)	THR/(mJ/m²)
CNE-PN	21	NOT V-2	51	754	59.0
EP-1a	28	V-1	57	630	58.2
EP-1b	31	V-1	—	—	—
EP-1c	33	V-0	61	360	49.8
EP-2a	27.5	V-1	53	549	57.1
EP-2b	30	V-1	—	—	—
EP-2c	32	V-0	54	474	47.0

含不对称联苯结构的结晶型环氧树脂不但具有高熔体流动性，同时还具有优良的阻燃性能[19]。先将 4,4′-联苯二酚与硫酸二甲酯在氢氧化钠水溶液中反应生成 4-甲氧基-4′-羟基联苯（Ⅰ）；然后，Ⅰ与对甲氧基溴苯在氢氧化钾作用下生成 4-甲氧基-4′-（对甲氧基苯氧基）联苯（Ⅱ）；Ⅱ在 HBr 和乙酸混合物水溶液中回流 24h 生成 4-羟基-4′-（对羟基苯氧基）联苯（Ⅲ）；Ⅲ与卤代环氧丙烷在氢氧化钠水溶液中反应生成双环氧基化合物-4-环氧丙烷氧基-4′-（对-环氧丙烷氧基苯氧基）联苯（DGEBP），其熔点为 165.7℃，环氧值为 199g/eq，从丙酮/乙醚混合溶液中可以获得 DGEBP 的单晶。

将 DGEBP 与联苯型酚醛树脂固化剂（GPH65）按照环氧基与酚羟基物质的

量为1:1的比例在120℃下搅拌混合均匀后，再加入摩尔含量为0.75%的三苯基膦（TPP）固化促进剂，形成 DGEBP/GPH65 环氧树脂（A）。经150℃/3h + 180℃/6h 固化后形成热固性环氧树脂固化物 DGEBP/GPH65（A）；为了与其他联苯型环氧树脂比较，在相同条件下又制备了 NC3000H/GPH65（B）和 YX4000H/GPH65（C）环氧树脂（见图5.19）。

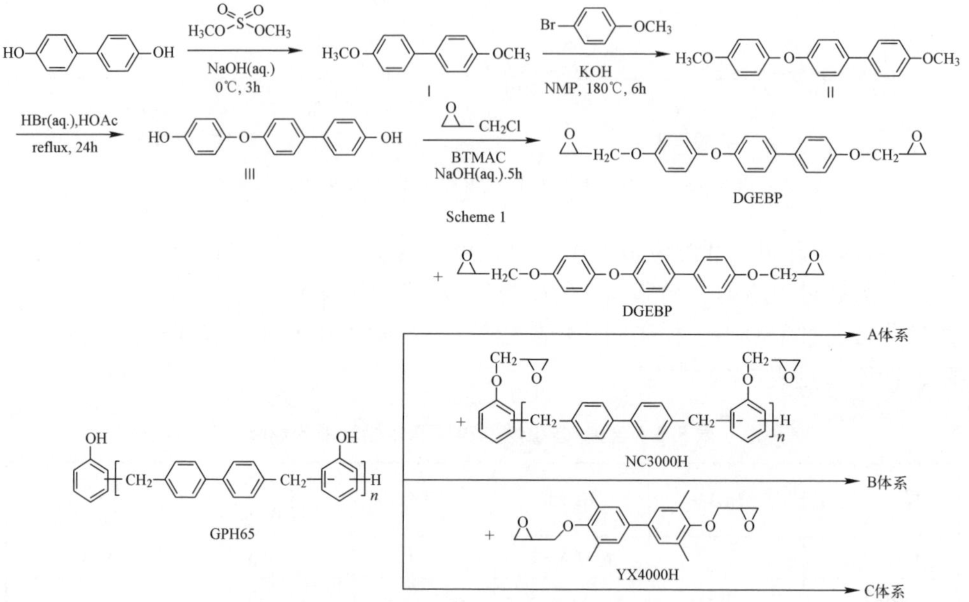

图 5.19　含不对称联苯结构结晶型环氧树脂 DGEBP 的制备过程

在未加 TPP 固化促进剂的条件下，当树脂加热至140℃后 DGEBP/GPH65 具有最低的熔体黏度（0.12Pa·s），明显低于 NC3000H/GPH65（0.27Pa·s）和 YX4000H/GPH65（0.59Pa·s）。当加入 TPP 固化促进剂后，随着温度升高，3 种环氧树脂的熔体黏度均逐渐下降至低谷，然后逐渐升高（见图5.20（a））。DGEBP/GPH65/TPP 树脂黏度降至低谷（小于10Pa·s）时的温度最高，约为135℃，而 NC3000H/GPH65/TPP 和 YX4000H/GPH65/TPP 树脂黏度降至低谷的温度约为120℃。DGEBP/GPH65 树脂的凝胶时间为11min，低于 NC3000H/GPH65（17min），而高于 YX4000H/GPH65（9min）（见图5.20（b））。

经150℃/3h + 180℃/6h 固化后制得的热固性环氧树脂固化物 DGEBP/GPH65/TPP（A）具有优良的综合力学性能（见表5.4），拉伸强度为73.1MPa，弯曲模量为2.03GPa，断裂伸长率为4.6%，弯曲强度为109.8MPa，弯曲模量为2.56GPa，与 NC3000H/GPH65/TPP（B）和 YX4000H/GPH65/TPP（C）树脂相当。图5.21比较了3种环氧树脂固化物的 DMA 曲线，DGEBP/GPH65/TPP（A）树脂的5%热失重温度为415℃，玻璃化转变温度为123℃，与商品化 NC3000H/

GPH65/TPP（B）和 YX4000H/GPH65/TPP（C）耐热性能相当。

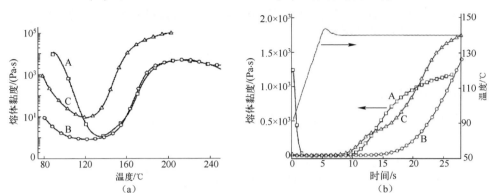

图 5.20 含不对称联苯结构结晶型环氧树脂 DGEBP 的成型工艺性

表 5.4 含不对称联苯结构结晶型环氧树脂的力学性能及耐热性能

体系	$T_g/℃$	5%热失重温度 $T_5/℃$	剩余质量比例 $R_w(\%)$	拉伸强度 σ_t/MPa	拉伸模量 E_s/GPa	断裂伸长率 $\varepsilon_b(\%)$	弯曲强度 ε_f/MPa	弯曲模量 E_F/GPa
A	123	415	21	73.1	2.03	4.6	109.8	2.56
B	124	381	20	68.9	1.71	4.0	103.1	2.02
C	130	412	28	80.4	2.34	4.4	111.3	2.63

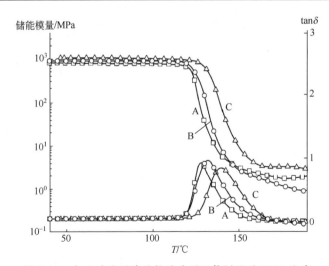

图 5.21 含不对称联苯结构结晶型环氧树脂的 DMA 曲线

DGEBP/GPH65/TPP（A）树脂固化物还具有优良的电绝缘性能及介电性能，体积电阻率为 $5.1×10^{-16}\Omega\cdot cm$，表面电阻率为 $6.8×10^{-15}\Omega$，介电常数（1MHz）为

4.0,介电损耗（1MHz）为0.0038,吸水率为0.77%。此外,树脂固化物的极限氧指数为32,添加硅微粉制成环氧塑封料后阻燃性能可达到UL94 V-0阻燃等级。

2）耐湿热型环氧树脂

以多烷基取代的联苯型环氧树脂与硫醚型多烷基取代二苯酚作为固化剂制备的环氧塑封料具有优良的耐湿热性能,熔体黏度低,成型工艺性及储存稳定性优异。环氧塑封料具有优良的耐热性,在260℃焊浴中的耐受时间为10s[6]。环氧塑封料由下述组分构成:①多烷基取代的联苯型环氧树脂[见图5.22（a）],其中$R^1 \sim R^8$代表H、烷基、苯基、芳烷基或烷氧基,n为0~5;②硫醚型多烷基取代二苯酚固化剂[见图5.22（b）、图5.23],m为0~3,X代表烷基、苯基、芳烷基或烷氧基;③无机填料;④固化促进剂等。

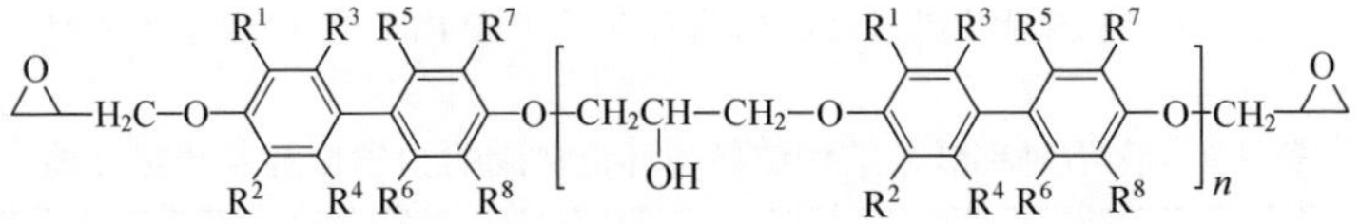

图5.22 多烷基取代的联苯型环氧树脂及硫醚型多烷基取代二苯酚固化剂的分子结构

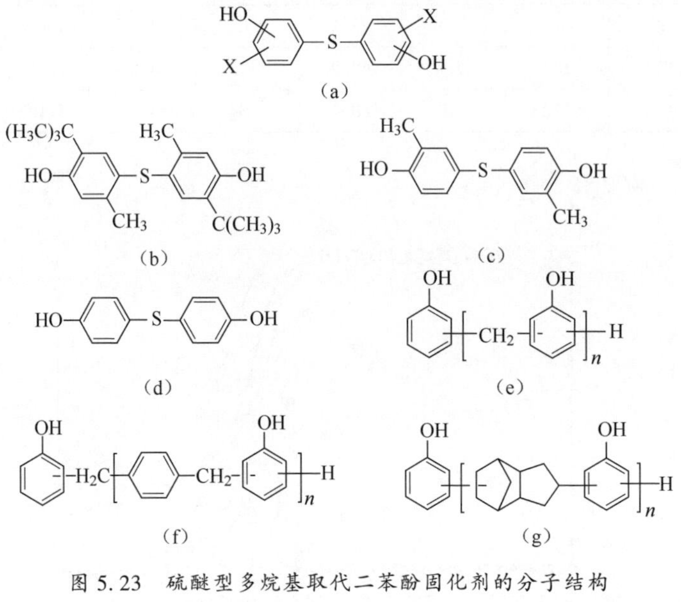

图5.23 硫醚型多烷基取代二苯酚固化剂的分子结构

表5.5所示的是典型的耐湿热性环氧塑封料的组成及主要性能。试样1~3为耐湿热型环氧塑封料,对比样1未使用含硫二酚固化剂,对比样2为环氧塑封料配方,其使用的环氧树脂A为8份溴化环氧树脂与100份邻甲酚醛型环氧树脂的混合物,该配方是目前最为广泛使用的。耐焊性测试方法为:将16个样品（80 I/O

QFP）置于相对湿度为85%、温度为85℃的环境中300h；然后，在260℃焊浴中浸10s，观察已经破裂样品的个数。结果表明，试样1～3的环氧塑封料在储存稳定性、成型性、流动性、耐湿性、低应力方面均具有突出的特性。对比样1未使用含硫固化剂，使用了四甲基联苯环氧树脂，树脂的耐热性较差。在耐焊性试验中，在16个样品中发现3个失效。对比样2同样未使用含硫固化剂，使用了邻甲酚醛型树脂与含溴环氧树脂，在耐焊性测试中16个样品全部失效。另外，试样1～3的环氧塑封料在未使用含溴阻燃剂的情况下，其阻燃特性也达到了UL94V-0阻燃水平。可见，由多烷基取代的联苯型环氧树脂及硫醚型多烷基取代二苯酚固化剂复合制备的环氧塑封料不但具有优良的耐热性能，还具有突出的本征阻燃性能和耐湿热性能。

表 5.5 耐湿热型环氧树脂塑封料的组成及主要性能

	组成及性能		试样1	试样2	试样3	对比样1	对比样2
试样	环氧树脂份数		四甲基联苯环氧 $R^1 = R^2 = R^7 = R^8 = -CH_3$；$R^3 = R^4 = R^5 = R^6 = -H$				A
			100	100	100	—	100
	硫二酚份数		B	C	D	无	无
			3	9	32	无	无
	多羟基苯酚固化剂份数		E	F	I	F	E
			53	80	47	89	51
	球形熔融 SiO_2 份数		898	1081	1026	1080	966
	三苯基膦份数		1	1	1	1	1
	三氧化锑份数		0	0	0	0	0
	巴西棕榈蜡份数		1	1	1	11	1
	硅烷偶联剂份数		1	11	1	1	1
	碳黑份数		1	11	1	1	1
测试结果	储存稳定性 螺旋流动保留率（%）		90	84	88	84	86
	成型工艺性 凝胶时间/s		73	78	79	90	55
	流动性 螺旋流动/cm		84	93	85	90	65
	固化物性能	吸湿率（%）	0.36	0.35	0.33	0.35	0.42
		弹性模量/(kg/mm^2)	2100	1950	2010	2160	2340
		耐焊性	0/16	0/16	0/16	0/16	0/16
	阻燃性		UL94V-0	UL94V-0	UL94V-0	UL94V-0	UL94V-0

由苯酚-芳烷基型环氧树脂与酚醛树脂作为固化剂制备的环氧塑封料也具有优良的耐湿热性[7]（见表5.6），其中环氧树脂1为苯酚-苯异丙基型环氧树脂，环氧树脂2为苯酚-苯亚甲基型环氧树脂，环氧树脂3属于普通型邻甲酚醛环氧树脂。耐焊性测试方法为：将10个测试样品（52 I/O QFP，封装厚度2.05mm）在温度为85℃、相对湿度为60%的恒温、恒湿环境中放置168 h后，再在240℃焊浴中浸泡30 s；然后，观察计算发生破裂样品的个数。结果表明，苯酚-芳烷基型环氧树脂固化物吸潮率均较低（0.14%～0.17%）。由环氧树脂1制备的塑封料经耐焊性测试后，10个样品中失效0～2个；由环氧树脂2制备的塑封料经耐焊性测试后，20个样品中失效18个；而采用传统邻甲酚醛型环氧树脂制备的塑封料，经过耐焊性测试后，10个样品全部失效。可以看出，苯酚-芳烷基型环氧树脂具有优异的耐湿热性。

表5.6 苯酚-芳烷基型环氧树脂塑封料的耐湿热性能

组成及性能	配方1	配方1	配方1	对比配方1	对比配方2
环氧树脂1，质量份	100	100	100	0	0
环氧树脂2，质量份	0	0	0	100	0
环氧树脂3，质量份	0	0	0	0	100
酚醛固化剂，质量份	32	32	32	46	53
三苯基膦，质量份	3.5	3.5	3	1.25	1.5
硅微粉（质量分数）	78%	80%	82%	80%	82%
凝胶时间/s	22	23	38	37	31
螺旋流动/cm	77	67	50	107	81
拉伸黏结强度/MPa	10.8	8.25	9.68	7.22	4.73
吸水率（%）	0.15	0.14	0.14	0.17	0.22
耐焊性	9/10	8/10	10/10	2/10	0/10

由双酚F型环氧树脂制备的塑封料具有突出的耐湿热性[8]。塑封料的测试条件如下。①耐焊接性：将20个样品（160 I/O QFP）暴露于温度85℃、相对湿度85%的条件下168h；然后，采用红外再流焊加热（最高温度245℃）2min后，统计外部爆裂的样品数量。②耐高温焊接性：测试方法与①相同，只不过将红外再流焊温度升高到260℃。③黏附性：将20个样品（160 I/O QFP）暴露于温度85℃、相对湿度85%的条件下168h；然后，经红外再流焊装置（最高温度245℃）加热2min后，采用超声缺陷检测仪检查每个样品引线框架中的镀银部分，对发生剥离缺陷的样品进行计数。④吸水率：将20个样品（160 I/O QFP）在干燥状态进行称重。然后，在85%相对湿度、85℃恒温恒湿条件下放置168h

后，分别称重，计算吸水率。⑤封装特性：将每个样品（160 I/O QFP）按照上述③所述的检测办法进行微观检查，观察是否存在气泡封装缺陷等。

从表 5.7 中可以看出，由双酚 F 型环氧树脂制备的塑封料具有优良的黏附性、耐焊接性、耐高温焊接性，以及优良的封装特性及阻燃性等。配方 4 以双酚 F 型环氧树脂为基体，以苯酚-对二甲苯型化合物为固化剂，同时添加 95%球形硅微粉和 0.5%硅烷偶联剂，制备的固化物阻燃性达到了 UL94 V-0 级别，在耐焊接性、黏附性等各项测试中，20 个样品均未出现失效。当联苯型环氧树脂（环氧树脂 3）与双酚 F 型环氧树脂（环氧树脂 1）按相同质量比（50%）进行混合后形成的混合环氧树脂作为塑封料的环氧基体时（对比配方 1），在耐 240℃高温的焊接测试中，发现 20 个样品中的 5 个出现了失效；而在耐 260℃高温的焊接测试中，20 个样品均失效。当以环氧树脂 2 作为塑封料的环氧基体时（对比配方 2），所制备塑封料的黏附性及封装特性都较差，在耐 240℃高温的焊接测试中，20 个样品中的 5 个失效，在耐 260℃高温的焊接测试中，20 个样品中的 10 个失效。

表 5.7 双酚 F 型环氧塑封料的组成及主要性能比较

组成及性能	配方 1	配方 2	配方 3	配方 4	对比配方 1	对比配方 2
环氧树脂 1（%）	2.1	1.6	1.1	2.3	3.1	0
环氧树脂 2（%）	0	0	0	0	0	2.8
环氧树脂 3（%）	2.1	1.6	1.1	0	3.1	0
环氧树脂 4（%）	0	0	0	0	0	0
固化剂（%）	3.7	2.7	1.7	1.6	5.7	3.1
硅微粉（%）	91	93	95	95	87	93
硅烷偶联剂（%）	0.5	0.5	0.5	0.5	0.5	0.5
吸水率（%）	0.24	0.15	0.11	0.13	0.29	0.12
阻燃性（UL94）	V-0	V-0	V-0	V-0	V-1	V-0
黏附性	0/20	0/20	0/20	0/20	20/20	10/20
封装特性	好	好	好	好	好	气孔缺陷
耐焊接性	0/20	0/20	0/20	0/20	5/20	5/20
耐高温焊接性	4/20	2/20	0/20	0/20	20/20	10/20

3）高耐热含硅环氧树脂

含硅环氧树脂集优良的耐热性和阻燃特性于一体。在燃烧过程中，含硅基团的低表面能特性促使硅原子迁移到环氧树脂的表面，形成氧化硅耐热保护层，避免树脂发生进一步的热降解，故含硅环氧树脂被认为是"环境友好型"阻燃剂。将邻甲酚醛型环氧树脂（CNE200）或双酚 A 型环氧树脂（BE188）与三苯基硅醇（TPSO）反应可制备含硅环氧树脂；将环氧化合物与二苯基硅二醇（DPSD）反应也可制备含硅环氧树脂（见图 5.24）[9]。通过控制含硅化合物与环氧树脂的投料比，可制备不同硅含量的环氧树脂。通过系统研究固化后含硅环氧树脂的阻燃性与热稳定性，发现引入硅基团后环氧树脂的阻燃性能与耐热性能均有明显的提高。采用含氮或含磷固化剂对含硅环氧树脂进行固化后，含硅环氧树脂固化物的极限氧指数（LOI）会进一步提高。

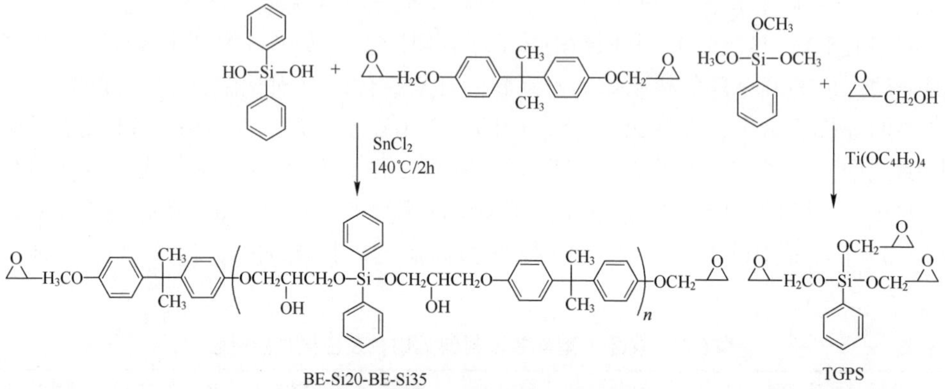

图 5.24 含硅环氧树脂的制备过程

将二苯基硅二醇（DPSD）与双酚 A 型环氧树脂（BE188）按 2:1 的质量比进行混合反应，生成 BE-Si20 含硅环氧树脂。采用双氰胺固化后，含硅环氧树脂固化物的极限氧指数值为 23；采用含磷固化剂 BAPPPO（双(氨基苯基)苯氧膦）固化后，树脂固化物的 LOI 值升高至 29.5，阻燃性能的提升主要归因于 Si/P 的协同作用。

将苯基硅三甲醚与环氧丙醇在四丁醇氧基钛酸酯（Ti(OC$_4$H$_9$)$_4$）的作用下制备含硅反应型环氧单体三缩水甘油基苯基硅烷（TGPS）[10]。将不同比例的 TGPS、二氨基二苯甲烷（DDM）固化剂和双酚 A 型环氧树脂（EPON828）配合制备共混树脂体系。与其他含硅化合物不同，TGPS 与 EPON828 具有良好的相容性，可按任一比例进行混合。随着 TGPS 比例的增加，共混树脂体系的玻璃化转变温度（T_g）下降。共混树脂体系（TGPS/EPON828/DDM）的热分解过程是分阶段进行的。无论在空气中还是在氮气中，在第一阶段，随着 TGPS 比例的减少，热分解温度与失重最快时的温度均升高；在第二阶段，随着 TGPS 比例的增加，失重最快阶段的温度增加。这主要归因于第二阶段发生的成碳反应，同时生成的碳硅残余物起到了热绝缘作用，从而提高了含硅环氧体系的阻燃性。在 800℃ 高温条件下，TGPS/DDM 环氧树脂在空气中的成炭率为 12%，而 EPON828/DDM 树脂的成炭率为 0；在氮气中的成炭率为 40%，远远高于 EPON828/DDM 的 22%；表明 TGPS 具有优良的反应型阻燃性。

第 5 章 环氧树脂封装材料

传统阻燃树脂通常采用两种方法进行制备：一种是"添加型阻燃剂"法，将阻燃剂在树脂加工过程中以物理形式分散于基体中；另一种是"反应型阻燃剂"法，将反应型阻燃剂作为聚合单体，或者作为扩链剂及交联剂，在树脂制备过程中通过参与化学反应形成固化树脂。本征型阻燃树脂自身具有特殊的物理化学性质，不需要添加任何阻燃剂即具有优良的阻燃特性。例如，聚苯乙炔、聚苯并噁唑（PBO）、聚苯并咪唑（PBI）、聚酰亚胺（PI）树脂等。但是，本征型阻燃树脂通常具有制造成本高、加工困难等缺点，只能应用于特殊领域。

将环氧树脂与马来酰亚胺树脂共混形成互穿网络树脂（IPN），然后与双氰胺（DICY）、DDM 和亚磷酸二乙酯（DEP）等进行固化，固化后的热固性环氧-马来酰亚胺树脂具有高玻璃化转变温度、高耐热稳定性及高阻燃性等特点。经含磷固化剂（DEP）固化后的树脂性能得到进一步提升。同时，环氧-马来酰亚胺树脂还具有自熄性。

芳香族二羟基化合物（二酚或二醇）与单 MPGE 通过环氧乙烷加成反应可制备一系列含环氧基团的双马来酰亚胺化合物（见图 5.25）[11]。该类化合物在有机溶剂中具有较低的熔点，良好的溶解性能及较宽的加工窗口。固化后树脂固化物的热稳定性温度超过350℃，玻璃化转变温度超过210℃。含硅烷基团 PBMI-4 是一种理想的阻燃剂，其加热时挥发份少，具有特别强的热氧化稳定性。PBMI-4 的玻璃化转变温度为215℃，氮气与空气中的起始热分解温度分别可达到401℃与391℃。在700℃时，在氮气与空气气氛中的成炭率分别为64.6%与18.5%，

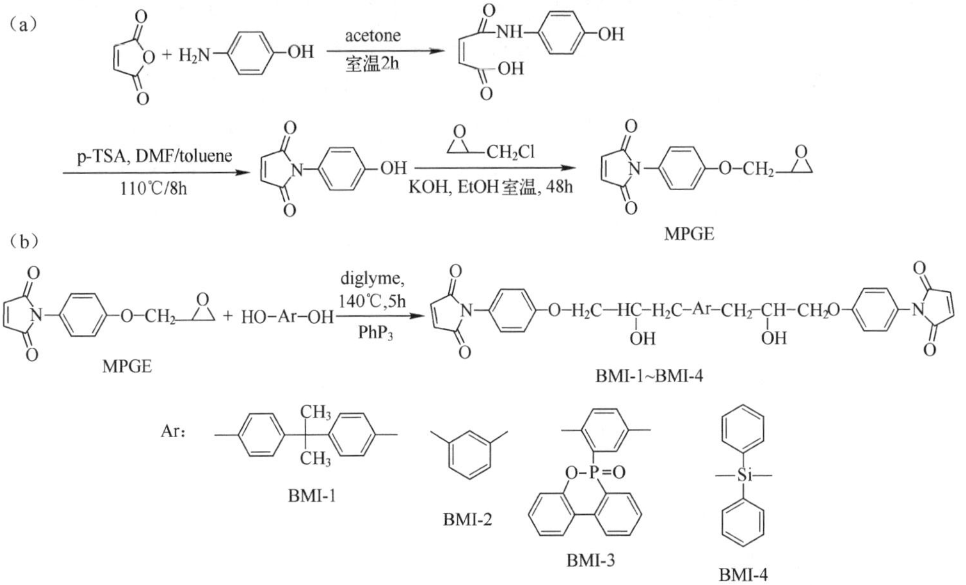

图 5.25 高耐热环氧树脂的制备过程

LOI 值大于 50，这些优良的阻燃性主要归因于 PBMI-4 特殊的含硅结构。将卤素、磷或氮与含硅树脂混合后，这些元素会与硅产生协同阻燃效应。高温下，卤素、磷或氮元素的存在有利于形成炭层，而硅可增强炭层的热稳定性。与硅烷相比，硅氧烷与这些元素具有更好的协同作用[12]。

2. 固化剂结构对塑封料性能的影响

苯酚-芳烷基型酚醛树脂固化剂是塑封料的重要组成部分，同时具有固化剂与阻燃剂的作用，其性能优劣直接影响着塑封料的综合性能。苯酚-芳烷基型酚醛树脂是目前综合性能最优的无卤阻燃型固化剂，其典型产品包括日本化药公司的 GPH-65、GPH-103 系列产品、日本明和化成公司的 MEH-7800、MEH-7851 系列产品及日本 Air Water 公司的 112C 等（见图 5.26）。这些酚醛树脂通常由对苯二氯苄或对苯二甲醇（MEH-7800）与苯酚、4, 4'-双（氯甲基）联苯或 4, 4'-双（甲氧基甲基）联苯（MEH-7851）通过缩聚反应制备而成。在缩聚反应过程中，通过调整两种反应物的摩尔配比可有效控制酚醛树脂的分子量及分子量分布、熔体黏度和树脂的软化点等。树脂软化点为 60～110℃，熔体黏度（ICI 黏度）为 10～150mPa·s。市场上出现了 3 种液体酚醛树脂：MEH-8320（高耐热）、MEH-8000H（低黏度）和 MEH-8005（高黏度）。液体酚醛树脂具有较低的分子量，作为环氧树脂固化剂，更易于与环氧树脂充分混合，表现出优良的固化特性。酚醛树脂 112C 的分子结构较为独特。通过将甲基引入树脂的主链结构，破坏了酚醛树脂结构的规整性，进一步降低树脂的黏度。112C 树脂的 ICI 熔体黏度（150℃）仅为 50mPa·s。酚醛固化剂的低黏度有利于降低最终塑封料的黏度，进一步提高硅微粉填料的填充量，赋予塑封料更为优良的阻燃性。

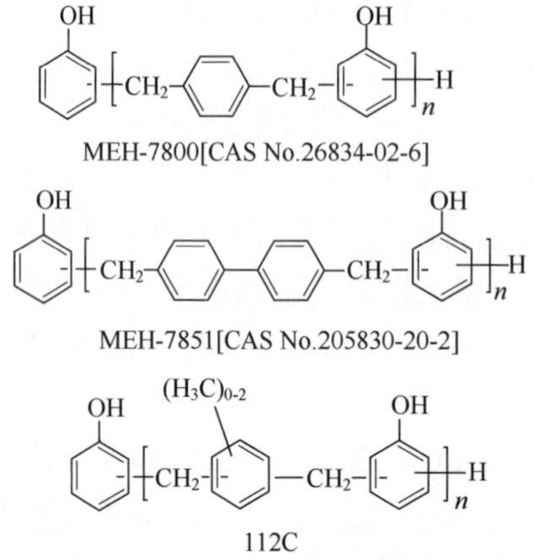

由苯酚与多芳香环化合物通过缩聚反应制备而成的酚醛树脂，具有规整、对称的树脂主链结构，其熔体黏度较高，不利于制备高流动性的塑封料。

通过共聚反应形成共聚型酚醛树脂可以破坏树脂主链结构的对称有序性，降低酚醛树脂的熔体黏度。图 5.27 是一种共聚型酚醛树脂的化学结构。与均聚型苯酚-芳烷基酚醛树脂（如 HE100C 与 HE200C）相比，共聚型酚醛树脂（如 510 与 610C）具有更低的熔体黏度和更好的熔体流动性。

欧盟的 WEEE 与 RoHS 法案中明确限制使用含卤阻燃剂，但并未明确禁止使用同为卤族元素的氟元素[13]。众所周知，含氟塑料，如聚偏氟乙烯（PVDF）、

图 5.26 苯酚-芳烷基型酚醛树脂固化剂的化学结构

聚四氟乙烯（PTFE）等均具有优良的阻燃特性；因此，可将含氟元素引入酚醛树脂主链结构中制备一种含氟苯酚-联苯型酚醛树脂FBP（见图5.28）[4,14]。在酚醛树脂主链结构中引入三氟甲基在一定程度上可以破坏树脂结构的规整性，降低树脂熔体黏度。同时，FBP还具有优良的阻燃性能。此外，一些具有新型分子结构的酚醛树脂固化剂，如含三嗪环苯酚-芳烷基酚醛树脂、苯酚-萘烷基型酚醛树脂等也具有优良的阻燃性能[15]。

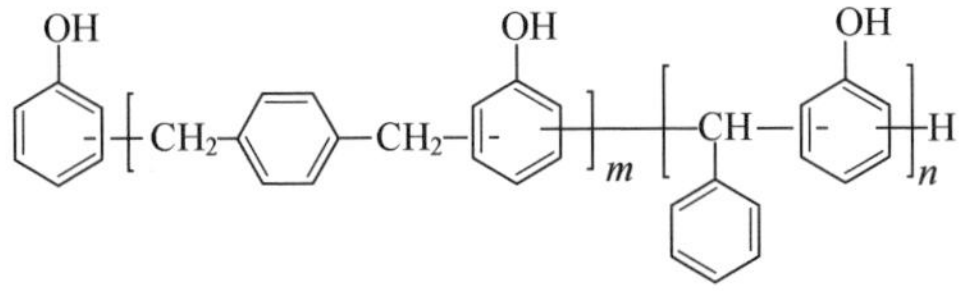

图5.27 共聚型酚醛树脂的化学结构

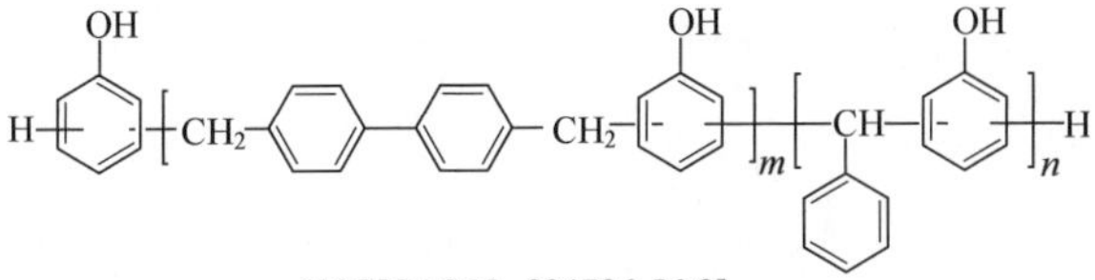

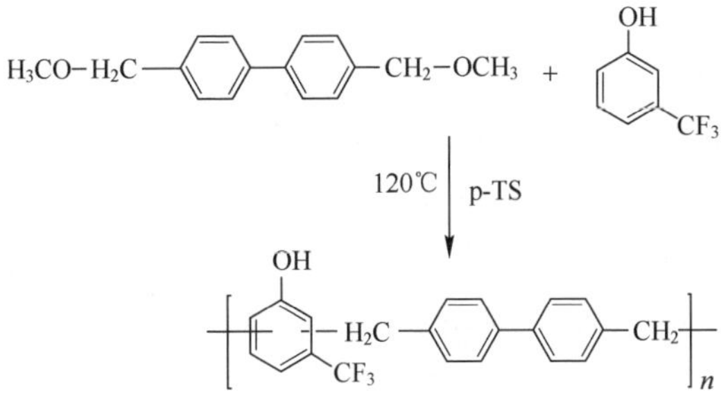

图5.28 含氟酚醛树脂的化学结构

将二苯基氧膦（Diphenylphosphineoxide，DPPO）与1,3-双乙烯基-1,1,3,3-四甲基双硅氮烷（1,3-Divinyl-1,1,3,3-tetramethyldisilazane，DVTMDZ）在三乙基硼/四氢呋喃溶液中于室温下反应6h，生成磷-硅-氮协同阻燃剂（PSiN），其熔点为176℃。将其在160℃下与普通塑封料用环氧树脂（CNE/PN/TPP）均匀混合，制备无溴阻燃环氧树脂，其中CNE/PN环氧基/酚羟基物质的量比为1:1，TPP质量分数为1.0%。将PSiN阻燃剂添加量为10%的树脂体系简称为CNE/PN-10；PSiN阻燃剂添加量为20%的树脂体系简称为CNE/PN-20；不添加PSiN阻燃剂的树脂体系简称为CNE/PN（见图5.29）。该系列树脂经 150℃/3h + 180℃/6h 固化后，再经 210℃ 加热 3h 形成热固性树脂[16]。

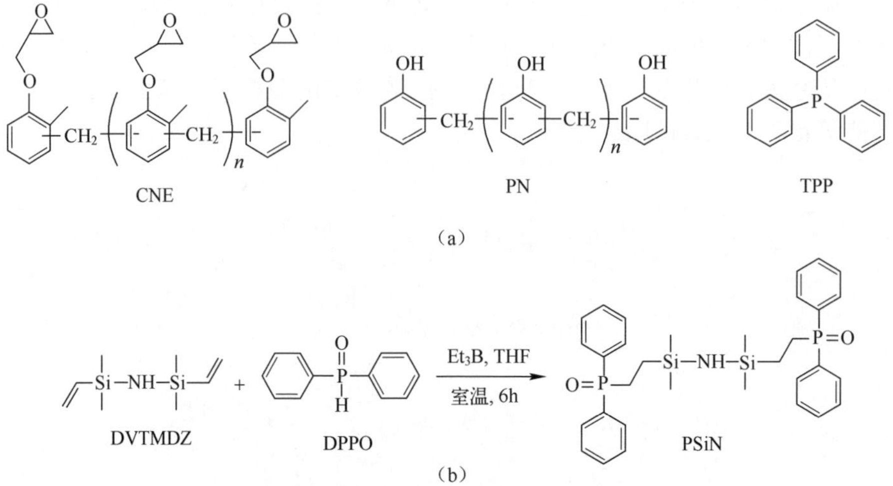

图 5.29 磷-硅-氮协同阻燃剂及环氧树脂的分子结构

磷-硅-氮协同阻燃剂的环氧树脂具有更优良的成型工艺性，包括更低的熔体黏度及更宽的工艺窗口，其最低熔体黏度降为 2.2～2.3Pa·s（120～135℃），凝胶化温度升为 145～147℃。磷-硅-氮协同阻燃剂对环氧树脂熔体黏度具有一定影响（见图 5.30）[17]。当环氧树脂中不含其他固化剂，而只含磷-硅-氮协同阻燃剂时，树脂体系从室温加热至 250℃ 的过程中没有出现任何放热峰，说明磷-硅-氮协同阻燃剂不会参与环氧树脂的固化反应过程。在 CNE/PN/TPP 树脂体系中加入 PSiN 后形成的 CNE/PN-10 和 CNE/PN-20，放热峰值由不含 PSiN 时

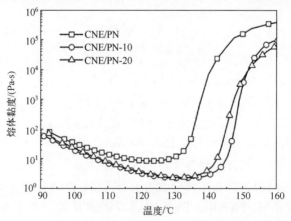

图 5.30 磷-硅-氮协同阻燃剂对环氧树脂熔体黏度的影响

（CNE/PN）的159℃分别提高至168℃和172℃，凝胶化温度由137℃提高至145～147℃，反应焓值从266J/g降低至225J/g和162J/g，说明PSiN阻燃剂在一定程度上延缓了固化反应进程（见图5.31）[17]。

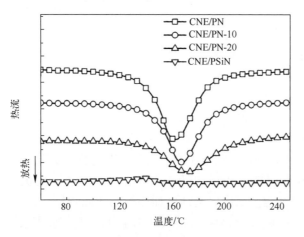

图5.31　磷-硅-氮协同阻燃剂对环氧树脂固化行为的影响

树脂固化物具有优良的耐热性和阻燃性，CNE/PN-10和CNE/PN-20的T_g分别为149℃和143℃，5%热失重温度为399℃（见图5.32）[17]，阻燃等级分别为UL94 V-1和UL94 V-0，说明当PSiN阻燃剂添加量达到20%时，环氧树脂阻燃等级达到UL94 V-0，其极限氧指数（LOI）为32.2，点燃时间为48s，熄灭时间为281s，燃烧时间为9.5s。

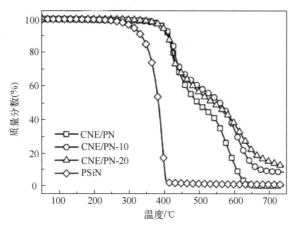

图5.32　磷-硅-氮协同阻燃剂对环氧树脂耐热性能的影响

3. 固化促进剂分子结构对塑封料性能的影响

近年来，随着IC电路封装技术的快速发展，塑封料的作用已不仅体现在传统的芯片保护、芯片散热、信号输入输出通道等方面上，而且逐渐成为挖掘与提升IC电路功能的有效方法。塑封料必须具有无溴阻燃、封装高可靠性及优良工艺性能等特点。实现塑封料无溴阻燃的途径主要包括使用磷系、氮系或硅系等新型阻燃剂及采用本征阻燃型环氧树脂体系等两种方法，其中采用具有本征阻燃特性的苯酚-芳烷基型环氧树脂/酚醛固化剂体系是实现塑封料无溴阻燃的有效手段[26]。但是，使用该树脂体系往往会增加塑封料的熔体黏度，导致成型工艺性下降。另外，为了提高IC电路的封装可靠性（高温尺寸稳定性、高导热等），必须将现有塑封料中硅微粉的含量从传统的70%提高到90%以上。如何保证塑封料在高填料含量下仍具有优良的成型工艺性及封装可靠性成为一个技术难题[27-29]。通过对塑封料的结构与性能进行深入系统研究[30,31]，发现优化固化促进剂的分子结构可有效提高塑封料的综合性能。固化促进剂的主要作用是催化环氧树脂与酚醛固化剂的交联反应，主要包括咪唑类、有机膦类、有机胺类、有机脲类、Lewis碱及其有机盐等。固化促进剂可加速树脂的固化反应，对塑封料的螺旋流动长度、凝胶化时间、动态力学性能及热力学性能等都有明显影响，同时对塑封器件的可靠性也有至关重要的作用。

目前，塑封料中普遍使用的三苯基膦（TPP）与咪唑类固化促进剂在成型工艺性等方面存在明显的缺点。例如，固化促进剂具有较高的催化活性，使其在相对较低的温度下即可催化环氧树脂与固化剂的交联反应，导致塑封料在生产及储存过程中可能发生部分固化反应。在芯片封装过程中，部分固化的塑封料往往会导致材料整体受热不均匀、流动性变差等；封装完成后，芯片与塑封料之间出现离层、翘曲等封装可靠性问题[32]。近年来，BGA、WLP、Fan-out、CSP、MUF等高端封装对固化促进剂的选择提出了更高的要求。目前，塑封料用潜伏性固化促进剂主要包括咪唑类化合物和有机膦类化合物，其中咪唑类化合物有2-甲基咪唑（2MZ，熔点大于140℃）、1,8-二氮杂-双环（5,4,0）-7-十一碳烯（DBU，熔点为-70℃）、2-苯基-4,5-二羟基甲基咪唑（2PHZ-PW，熔点为224℃）、二甲基-咪唑三聚异氰酸盐（2-MA-OK，熔点为160℃）；有机膦类化合物包括三苯基膦（TPP，熔点为80.5℃）和三苯基膦-1,4-苯醌加合物（TPP-BQ，无熔点）等。潜伏性固化促进剂在低温条件下处于惰性状态，不会引发环氧树脂-酚醛树脂的固化反应，而在温度升高到一定程度时可快速引发固化反应。理想的固化促进剂必须具有足够长的潜伏期，其在潜伏期内是稳定的，但在加热到特定温度后可表现出高效的催化活性、优良的熔体流动性和具有较高的交联程度，同时保证封装完成后具有高的可靠性[33-34]。

比较研究2PHZ-PW、TPP-BQ、2-MA-OK 3种潜伏性固化促进剂对塑封料综合性能的影响规律，发现潜伏性固化促进剂对塑封料的熔体流动性及热膨胀系数具有显著影响[35]。将联苯型环氧树脂（Biphenyl）、酚醛树脂固化剂

(XYLOK)、固化促进剂（TPP-BQ、2MA-OK、2PHZ-PW）、硅微粉（质量分数87%）、着色剂、偶联剂等放入高速混合机中，高速混合20min，然后采用挤出机进行混炼挤出，混炼温度为70～120℃。经过压辊、冷却、粗粉碎、细粉碎处理后，再进行360°旋转混合，采用打饼机制饼得到饼状塑封料。研究发现，固化促进剂的分子结构对塑封料的固化行为，包括起始反应温度、反应峰值温度及反应焓变等，都有一定影响。以2MA-OK为固化促进剂的塑封料具有最低的起始反应温度（98.2℃）、最低的反应峰值温度（135.5℃）和最高的反应焓变（16.6J/g）；而采用2PHZ-PW作为固化促进剂的塑封料具有最高的起始反应温度（106.7℃）、最高的反应峰值温度（145.8℃）和最低的反应焓变（15.1J/g），说明3种固化促进剂的潜伏性不同，其顺序为2PHZ-PW、TPP-BQ、2MA-OK（由高至低）。固化促进剂分子结构对塑封料的成型工艺性没有明显影响，其凝胶化时间为35～39s，熔体黏度为14.2～16.7Pa·s，螺旋流动长度为97～107cm。另外，固化促进剂分子结构对塑封料固化物的力学强度具有明显影响，其弯曲强度为128～151MPa，弯曲模量为20.4～22.7GPa，采用2MA-OK作为固化促进剂的塑封料具有最高的弯曲强度和弯曲模量。弯曲模量与环氧树脂的柔韧性相关，柔韧性越好的塑封料弯曲模量越小。而弯曲强度与环氧树脂的固化程度有关，固化程度越高，弯曲强度越高。在实际使用过程中，要求塑封料具有足够的强度，可防止塑封器件断裂；同时也要求塑封料具有一定的韧性，模量不能太高，以防止材料因脆化而断裂。虽然固化促进剂用量在塑封料配方中的质量分数一般不超过1%，但起到了非常关键的作用。随着IC电路封装向着高密度化、薄型化、环保化等方向的不断发展，固化促进剂的选择优化对塑封料综合性能的影响越来越重要。

将环氧树脂（NC3000L和YX4000）、酚醛树脂固化剂（MEH-7851SS）、固化促进剂（TPP、TPP-BQ或TPP-DHS）、偶联剂（KBM-803）、巴西棕榈蜡、有机硅油（SF8421）、水滑石（DHT-4A）、CTBN型端羧基丁腈橡胶、碳黑（MA-600）、球形硅微粉在高速搅拌机中混合均匀。然后，在温度为90℃的双辊开炼机中混炼10min，冷却后粉碎得到塑封料，置于冰柜中冷藏（-18℃）待用。固化促进剂采用三苯基膦（TPP）、三苯基膦-对苯醌络合物（TPP-BQ）或四苯基膦-二羟基二苯砜（TPP-DHS），得到的塑封料分别为EMC-1、EMC-2和EMC-3。将塑封料粉体制成直径为14mm、厚度为30mm的饼状料，再经高频预热至175℃软化后传递至立式注塑机，在7MPa压力下注塑成型，在模具内固化120s后脱模，最后于175℃烘箱中后固化4h，得到塑封料固化物测试样条[36]。

有机膦固化促进剂对环氧树脂固化的催化机理为，当温度达到活化温度时，磷元素上的孤对电子快速进攻环氧基中O原子邻位的缺电子C原子，引发环氧树脂的开环聚合。有机膦固化促进剂的亲核性与其碱性密切相关。碱性越强的促进剂，亲核性也越强。然而，当有机膦固化促进剂分子结构的立体效应占主导地位时，其亲核性不再与碱性成正比关系。比较研究3种采用不同固化促进剂的树脂体系的温度-熔体黏度曲线发现，随着温度升高，熔体黏度下降，达到一个低谷后再升高，最后达到一个稳定的黏度状态（见图5.33）。

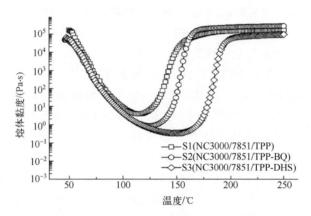

图 5.33 塑封料熔体黏度随温度变化的曲线

树脂体系达到的最低熔体黏度分别为：S1，4000mPa·s（115.5℃）；S2，884.7mPa·s（123.9℃）；S3，344.7mPa·s（146.0℃）。可见，在树脂体系相同情况下，TPP作为固化促进剂的S1样品的熔体黏度最高，在温度高于115.5℃时即可催化环氧树脂与酚醛固化剂的固化反应。通常，为了保证树脂体系与硅微粉充分混炼，塑封料的混炼工艺温度通常为80~110℃。采用TPP作为固化促进剂时，在树脂混炼阶段就可能发生部分固化反应，进而对后续塑封料的生产及使用产生不利影响。

与之相比，采用TPP-BQ与TPP-DHS催化的S2与S3样品在较大的温度范围内表现出了良好的流动性，分别在温度超过123.9℃与146.0℃时才会催化环氧树脂与酚醛固化剂的固化反应，表明TPP-BQ与TPP-DHS具有更好的热潜伏性。与TPP分子结构相比，TPP-BQ结构中苯醌的共振结构增强了络合物的稳定性，减弱了其碱性，表现出较好的潜伏性；而在TPP-DHS分子结构中，庞大的苯环结构由于立体效应也会降低其活性，因此也表现出良好的潜伏性。3种固化促进剂的催化活性由高至低为TPP、TPP-BQ、TPP-DHS。TPP-DHS催化的塑封料具有最低的熔体黏度，可保证塑封料中有机成分与无机成分间的充分浸润，有利于提高塑封料的组成及性能的均一性。TPP催化的塑封料虽然具有良好的固化特性，但熔体黏度较高、成型工艺性较差，而TPP-BQ与TPP-HTS不但具有较高的潜伏温度，同时也具有较低的熔体黏度及较好的成型工艺性。

图5.34中比较了3种塑封料的DSC曲线。三种塑封料的固化峰值温度分别

为143.9℃、164.2℃和188.4℃，表明TPP可在较低的温度下催化环氧树脂与酚醛固化剂的固化反应，这与流变性能测试的结果相符。一般而言，塑封料在传递模塑时的工艺温度为(170±5)℃。采用TPP催化环氧树脂/酚醛固化剂体系时，在温度为143.9℃时即可使固化反应的速率达到最大值，这往往会造成塑封料在尚未完全封装芯片前已经有部分树脂固化，降低芯片封装体的交联度，降低力学性能，并使芯片与塑封料封装体之间由于应力而发生剥离等。相比之下，采用TPP-BQ与TPP-DHS催化环氧树脂/酚醛固化剂体系固化时，其反应速率分别在164.2℃与188.4℃时达到最大值，接近或超过了塑封料传递模塑时的工艺温度，表明固化促进剂TPP-BQ与TPP-DHS具有良好的潜伏性。

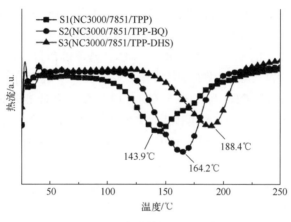

图5.34 塑封料的DSC曲线

随着IC电路封装技术向着更高集成度和更高致密方向的发展，人们对塑封料成型工艺性能提出了更高的要求，要求塑封料具有更高的熔体流动性。熔体流动性差（熔体黏度高）会直接导致封装过程中的引线冲塌（冲丝）等问题的出现。表5.8中比较了3种含膦固化促进剂作用下塑封料的熔体黏度、螺旋流动长度及凝胶化时间。3种塑封料的熔体黏度相近，为2.12～2.24Pa·s，凝胶化时间分别为28s（EMC-1）、30s（EMC-2）、49s（EMC-3），EMC的螺旋流动长度（SF）由低到高依次为EMC-1（600mm）、EMC-2（880mm）、EMC-3（920mm），表明采用潜伏性固化促进剂能提高塑封料的熔体流动性。虽然塑封料中加入的球形硅微粉质量分数达到88%，但由于采用了潜伏型固化促进剂，使得塑封料依然具有优良的高温流动性。在IC芯片封装的过程中，凝胶化时间与塑封料的流动性能密切相关。凝胶化时间短，说明固化促进剂在封装工艺温度下具有快速固化能力，意味着在塑封料还没有完全充满模腔时就已固化定型，导致封装的可靠性下降。但是，凝胶化时间也不能过长，凝胶化时间过长意味着树脂需要较长的时间才能固化定型，表明固化促进剂的催化效果差。TPP催化得到的EMC-1的凝胶化时间为28s，而TPP-BQ与TPP-DHS催化的EMC-2和EMC-3的凝胶化时间分别为30s和49s，表明这两种潜伏型固化促进剂不仅具有良好的热潜伏特性，而且在达到工艺温度时表现出了较高的活性，可快速催化环氧树脂的固化反应。

表5.8 含膦固化促进剂对塑封料工艺性能的影响

样 品	固化促进剂	熔体黏度/(Pa·s)	螺旋流动长度/mm	凝胶化时间/s
EMC-1	TPP	2.24	600	28
EMC-2	TPP-BQ	2.15	880	30
EMC-3	TPP-DHS	2.12	920	49

含膦固化促进剂对塑封料耐热性能及力学性能的影响如表5.9所示。采用热机械分析法（TMA）测试塑封料固化物的线性热膨胀系数（CTE），包括玻璃化转变温度（T_g）以下的α_1和T_g以上的α_2。CTE是评价塑封料高温尺寸稳定性的重要参数，在塑封料实际应用过程中具有重要意义。一般而言，纯环氧树脂/酚醛树脂体系固化物的CTE为$(30\sim60)\times10^{-6}/℃$，而硅芯片的CTE约为$4\times10^{-6}/℃$。塑封料与芯片的CTE越接近，在经历温度循环时产生的内应力越小，封装可靠性越高。为了降低塑封料CTE，在制备过程中需要加入大量的球形硅微粉。提高硅微粉填充量是一种降低塑封料CTE的有效方法，球形硅微粉质量分数为88%的塑封料α_1为$(7.9\sim9.7)\times10^{-6}/℃$，与硅芯片的CTE较为接近，$\alpha_2$为$(25.8\sim34.8)\times10^{-6}/℃$。除提高硅微粉填充量外，固化促进剂的分子结构对塑封料的CTE也有明显影响。以TPP-BQ与TPP-DHS为潜伏性固化促进剂的塑封料T_g以上的热膨胀系数（α_2）较高。

表5.9 含膦固化促进剂对塑封料耐热性能与力学性能的影响

样 品	固化促进剂	α_1（$\times10^{-6}/℃$）	α_2（$\times10^{-6}/℃$）	弯曲强度/MPa	弯曲模量/GPa
EMC-1	TPP	9.7	25.8	92.7	21.2
EMC-2	TPP-BQ	7.9	32.0	130.5	21.0
EMC-3	TPP-DHS	9.5	34.8	135.7	21.5

图5.35所示的是代表性塑封料EMC-3的TMA曲线。EMC-3的T_g为139.5℃，与其他两种塑封料的T_g相差不大。T_g主要由环氧树脂与酚醛固化剂的结构决定，而与固化促进剂的分子结构相关性不大。使用潜伏型固化促进剂的EMC-2与EMC-3的弯曲强度均明显高于EMC-1，这主要是因为使用潜伏型固化促进剂可使环氧树脂与酚醛固化剂的反应更均匀，不会在混料阶段发生部分固化反应，造成固化物局部夹杂异质料，引起弯曲强度下降。

塑封料 EMC-1、EMC-2 和 EMC-3 采用的环氧树脂 NC-3000L 为阻燃型苯酚-芳烷基环氧树脂，固化剂（MEH-7851SS）为阻燃型苯酚-芳烷基酚醛树脂。采用垂直燃烧法对 3 种塑封料的阻燃性能进行测试，每组样品包含 5 个试样。结果表明，3 种塑封料的阻燃性能都达到 UL94 V-1 等级。阻燃测试后塑封料中存在球状的硅微粉分布在残余树脂中间，球形硅微粉有效避免了普通硅微粉产生的空隙，有效降低了塑封料的熔体黏度，改善了熔体流动性。

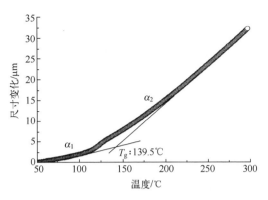

图 5.35　塑封料 EMC-3 的 TMA 曲线

总之，采用三苯基膦-络合物固化促进剂制备的塑封料具有优良的潜伏固化性，可赋予环氧树脂体系较低的熔体黏度，同时可有效提高树脂体系达到最低熔体黏度的温度，螺旋流动长度可达 920mm，150℃时的熔体黏度低至 2.12Pa·s。塑封料固化物具有优良的耐热性能与力学性能，阻燃性能达到 UL94 V-1 级。

4. 代表性环氧塑封料的主要性能

无卤阻燃塑封料包含多种不同的组成配方，如苯酚-芳烷基型环氧树脂与普通酚醛固化剂的混合物、苯酚-芳烷基型环氧树脂与苯酚-芳烷基型酚醛固化剂的混合物、普通型环氧树脂与苯酚-芳烷基型酚醛固化剂混合物等。图 5.36 中列出了几种苯酚-芳烷基型环氧树脂，包括日本化药公司的 NC-2000、NC-3000、CER-3000 系列产品[37]、日本 DIC 公司的 HP-5000[38] 及我国中科院化学所的含氟环氧树脂 FBE 等[4]。

采用共聚型苯酚-芳烷基酚醛树脂作为固化剂可以制备高性能无卤阻燃型塑封料。以共聚型酚醛作为固化剂，与含磷固化促进剂、NC3000 环氧树脂及 SiO_2（质量分数为 85%）混合，通过调节酚醛树脂与环氧树脂的摩尔配比可获得软化点为 70~80℃的树脂基体。所制备塑封料在 175℃时的黏度低于 $2×10^4$ mPa·s，具有优良的工艺性，固化物的总燃烧时间为 47~49s，全部达到了 UL94 V-0 级。研究发现，共聚型苯酚-芳烷基酚醛树脂固化剂的分子结构对塑封料的综合性能有明显的影响[39]。

几种典型塑封料的组成及主要性能如表 5.10 所示，其中 YDCN-500 为邻甲酚醛环氧树脂（日本东都化成产品）；YX-4000H 为结晶型环氧树脂（日本 Yuka Shell 产品）；610C 为共聚型苯酚-芳烷基酚醛树脂（日本 Air Water 产品）；7500 为三苯基甲烷型酚醛树脂（日本明和化成产品）；促进剂采用三苯基磷与 1，4-

对苯醌加成物。

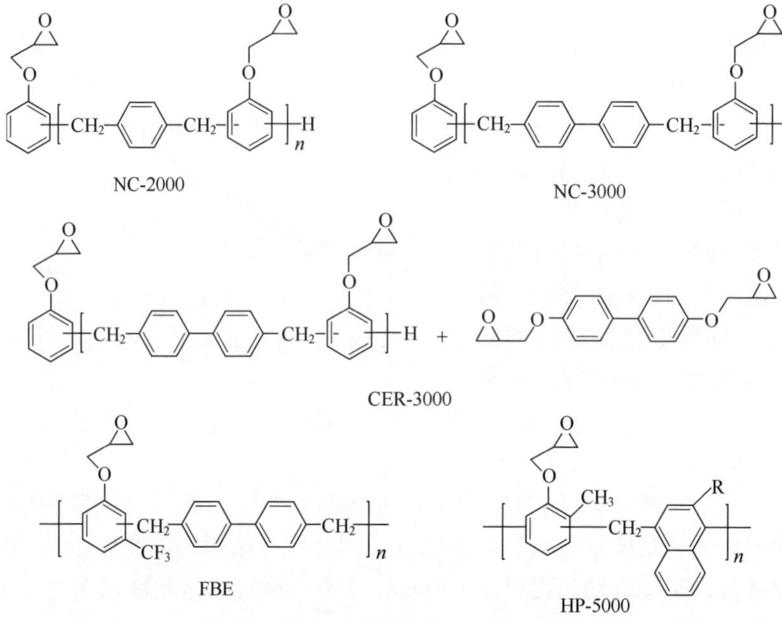

图 5.36 苯酚-芳烷基型环氧树脂的化学结构

表 5.10 典型塑封料的组成及主要性能

组成及性能		EMC-1	EMC-2	EMC-3	EMC-4	EMC-5
组分/g	环氧树脂	YDCN-500 (100)	YH-4000H (100)	NC-3000 (100)	YX-4000H (100)	YX-4000H (100)
	固化剂	610C (67) 7500 (16)	610C (38) 7500 (32)	610C (48) 7500 (11)	610C (28) 7500 (37)	7500 (53)
	促进剂	3.0	3.0	3.0	3.0	3.0
	SiO_2	1439 (88%)	1341 (88%)	1261 (88%)	1310 (88%)	1215 (88%)
	其他	5.5	5.5	5.5	5.5	5.5
性能	L/cm	85	111	92	110	119
	F_T/s	50	32	12	66	106
	阻燃性	V-0	V-0	V-0	V-1	不阻燃

注：L 为螺旋流动长度；F_T 为总燃烧时间。

EMC-1 的邻甲酚醛环氧树脂采用苯酚-芳烷基酚醛树脂 610C 和普通型酚醛树脂 7500 的混合物为固化剂，在添加促进剂、SiO_2 和其他助剂后，其达到了 V-0 级的阻燃级别。比较 EMC-2、EMC-4、EMC-5 可以看出，对于相同的环氧树脂 YH-4000H，当降低酚醛树脂固化剂中 610C 的质量比例时，EMC 的阻燃等级下降，仅采用 7500 固化剂无法达到阻燃效果。可见，610C 酚醛树脂固化剂可赋予 EMC 优良的阻燃特性。对于 EMC-3，在同时采用酚醛固化剂（610C）和苯酚-芳烷基型环氧树脂（NC-3000）时，EMC 的阻燃效果最优异，总燃烧时间只有 12s。将苯酚-萘烷基型环氧树脂（HP-5000）与苯酚-对二亚甲基苯型酚醛树脂（Xylok）固化剂、三苯基磷固化促进剂，80% 的球形 SiO_2 填料、偶联剂、无机阻燃剂、巴西棕榈蜡助剂等混合，制备的塑封料达到 UL-94 V-0 的阻燃等级，总燃烧时间仅为 20s。

由含三氟甲基的苯酚-芳烷基型酚醛树脂（FBP）和环氧树脂（FBE）[4]复合制备的塑封料，其树脂固化物的极限氧指数（LOI）高达 37.6，阻燃等级达到了 UL94 V-0 等级；NC3000/FBP 树脂固化物的 LOI 值达到 36.4，阻燃等级为 V-0；而在相同条件下，NC3000/MEH7851 树脂固化物的极限氧指数达到 35.9，阻燃等级仅为 V-1 级；FBE/MEH7851 树脂固化物同样也为 V-1 级，表明含氟酚醛树脂固化剂与环氧树脂均具有优异的阻燃特性，可达到 V-0 级的阻燃等级。

如图 5.37 所示是一种不对称结晶型环氧树脂（p-DGEBP[40]，熔点为 165～166℃），其不对称的分子结构赋予了环氧树脂很低的熔体黏度，在 170℃ 时，该树脂的熔体黏度只有 50mPa·s，与 YX-4000H 结晶型环氧树脂相当。当与 MEH-7851 混合后，p-DGEBP 体系在 150℃ 时的熔体黏度为 120mPa·s，明显低于 YX-4000H/7851 体系的 270mPa·s。

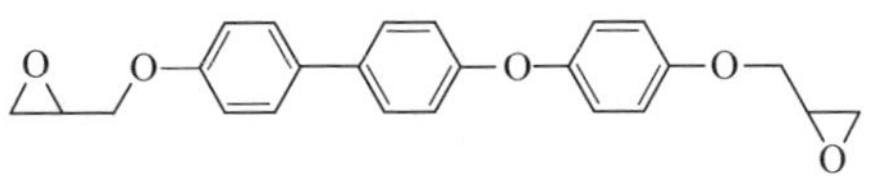

p-DGEBP

图 5.37 不对称结晶型环氧树脂的分子结构

5.1.4 环氧塑封料在先进封装中的典型应用

1. 倒装芯片封装

为了提高信号传播速度，降低传播损耗，IC 电路封装发展了倒装芯片（Flip Chip，FC）技术，采用芯片表面的焊球或焊料凸点代替原来的金丝引线，实现了芯片与外界之间的电气互连。近年来，移动电子设备用量的快速增长促进了 FC 技术的快速发展，FC 封装组件在移动设备中的使用越来越多，包括处理器、控制 IC 等。在 FC 封装过程中，将芯片上的凸点与基板上对应的焊盘通过波峰焊接形成塌陷凸焊点，实现电气互连，在芯片与基板间形成的狭缝则必须由底填料（Underfill）进行填充，以保护形成的塌陷凸焊点，同时防止封装体发生翘曲。

经底填料填充的芯片与基板之间的狭缝，不能出现孔隙等缺陷。间隙高度由凸点高度、凸点间距和阻焊剂等决定，通常在 25μm 左右，甚至更窄。与环氧模塑料相似，底填料是由低黏度环氧树脂与球形二氧化硅或氧化铝等复合而成的，填料形状、粒径及表面状态等都会对底填料的工艺性能及综合性能产生重要的影响。如果填料粒径太大，则底填料加热后形成的熔体流动性差，难以充分浸润黏结界面，易形成空洞、缺陷，与凸点表面黏结性差。通常要求填料粒径远小于凸点高度，基于凸点高度的填料尺寸如表 5.11 所示。

表 5.11 基于凸点高度的填料尺寸

凸点高度	<40μm	40～70μm	>70μm
填料尺寸	5～10μm	10～20μm	20～40μm

在底填料中使用小粒径填料，有利于使熔体充分填充进入芯片与基板的窄间隙内部，具有优良的流动性和填充性；另外，小粒径的填料有利于避免填料与液体环氧树脂分相。但是，小粒径填料的缺点是，可能从模槽排气口或从基板的粗糙花纹处发生溢胶。通过加深排气口的深度，改善基板表面的粗糙度，可彻底解决溢胶问题。

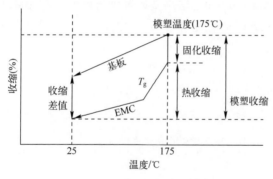

图 5.38 FC 封装中的翘曲

除底填料外，FC 封装组件还需要采用 EMC 对芯片单面进行封装，经常会出现因内应力而出现的翘曲问题。由于基板与底填料的热膨胀系数不匹配，在填充、加热固化并降至室温的过程中，容易发生翘曲。从图 5.38 中可看出封装翘曲导致基板和焊料凸点间连接可靠性遭到破坏的情况[41]。当模塑收缩比基板高时，封装体产生的应力只能通过翘曲的方式表现出来。

通过控制 EMC 的固化收缩率和剩余热收缩率可降低翘曲程度。倒装芯片封装翘曲必须考虑 EMC 的模塑收缩率和基板的热膨胀系数，以及封装体的结构形式。通过控制 EMC 中填料的加入量，选择适宜的树脂种类，可使收缩差距降至最低水平。如果 EMC 的体积远大于基板体积，则 EMC 的模塑收缩率应尽可能低。如果采用高模塑收缩性的 EMC，封装体具有高的 EMC 体积与基板体积的比值，封装翘曲会变得很大，必须根据封装结构来设计 EMC 的收缩程度。

为满足超薄移动设备的使用需求，封装结构越来越向着薄型化方向发展。当 EMC 厚度变得很薄时，芯片上面没有经过模塑（芯片背面是暴露的），空芯基板也变得越来越薄，其 CTE 远高于有芯基板，使得控制封装翘曲变得非常具有挑战性。目前，采用具有更高 CTE 的填料来代替 SiO_2，或者采用更低 CTE 的基板以降低模塑料的封装翘曲同样具有很高的难度。

为了降低制造成本，采用低成本的 Cu 线、镀钯铜线（PCC）和银线来代替金线成为一种发展方向。但是，这些低成本的导线在高加速应力试验（Highly Accelerated Stress Test，HAST）测试后可靠性明显降低[42]，并且键合部位在 HAST 测试后易分层开裂。另外，Cl^- 含量和 pH 值也会影响 HAST 测试时焊线的可靠性。低 Cl^- 含量和高 pH 值的 EMC 表现出优良的焊接可靠性，而高 Cl^- 含量和低 pH 值的 EMC 焊接可靠性最差。

2. QFN 封装

近年来，出现了多种新型 IC 电路封装形式，降低了大批量生产的成本。传统 QFN 和预成型 L/F QFN 如图 5.39 所示[41]。

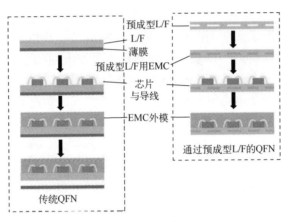

图 5.39 传统 QFN 与预成型 L/F QFN

在制作传统 QFN 时，引线框架（L/F）被固定在耐热薄膜上，薄膜被用于避免模塑过程中的溢料现象。当 QFN 封装变得更薄，线/空间变得更窄时，这种耐热薄膜不能足够稳定地固定精细的引线。同时，薄膜在模塑后剥离，增加了额外成本。为此人们开发了不需要耐热薄膜的预成型引线框架。首先，通过 EMC 预成型 L/F，然后采用 EMC 模塑进行芯片安装和引线键合。通常，采用片状 EMC 利用转移模塑法制成预成型 L/F。由于芯片安装和引线键合过程中需要相对高的温度，用于 L/F 预成型的 EMC 应具有如下特征：①与 Cu 的高黏附性，以避免分层/开裂；②高温下的尺寸稳定性。高玻璃化转变温度和高黏结强度的 EMC 可保证良好的引线键合可靠性（见图 5.40）[41]。模压阵列工艺的球栅阵列（Molded array process-Ball Grid Array，Map-BGA）比传统 SOP、QFP 和 PBGA 具有更高的效率。预成型 L/F 能降低 QFN 封装的成本，Map-BGA 也具有同样的优势。

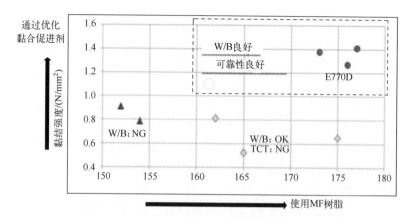

图 5.40　预成型 EMC 理想的性能

通常，Map-BGA 和 PBGA 封装采用的 BT 树脂芯板占了整个基板的大部分成本。无芯基板与模塑基板的制作过程如图 5.41 所示[41]。预成型 L/F 是由一条 L/F 一次性制成的。为了提高生产效率，模塑基板是在大面积平板上制备的（超过 300mm^2）。对于这么大面积的平板模塑，采用转移模塑法制备时会面临诸如填料分离等挑战，难以制备出均匀填充的产品。因此，采用颗粒 EMC 进行压缩模塑，或者采用膜型 EMC 进行层压模塑可以制备出高质量的大尺寸平板模塑件。

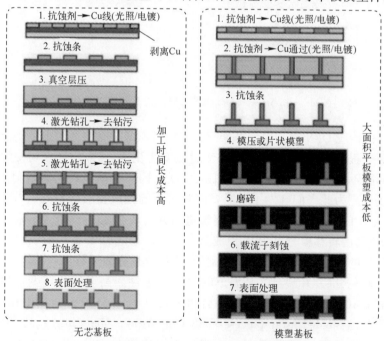

图 5.41　无芯基板与模塑基板的制作过程

模塑基板的制作过程比无芯基板简单。无芯基板耗时较长且加工过程成本较高，而模塑基板采用大尺寸平板，可明显提高生产效率。另外，多层模塑基板可采用多层模塑，主要应用于多层 FC-CSP 基板等领域（见图 5.42）[41]。

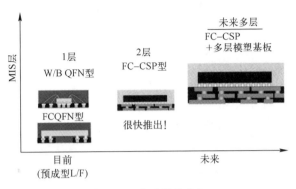

图 5.42　多层模塑基板

模塑基板对 EMC 具有下述性能要求：①优良的铜可镀性，在铜上剥离强度高；②在多层模塑过程中 EMC 层间黏结性能优异；③对基板翘曲的影响小；④为了获得所需的铜可镀性，模塑 EMC 的除垢和表面粗化十分重要。表面粗糙度的提高，可通过除垢处理来实现，该操作有利于提高 Cu 剥离强度。通常，EMC 使用模塑脱模剂脱模。但是，如果使用太多脱模剂或脱模剂作用太强，可能会出现 EMC 间黏结性能差且模塑的 EMC 可能会暴露出来的现象。因此，模塑基板用 EMC 必须具有优异的脱模性。

对于大尺寸平面基板的模塑封装，为了获得较高的批量生产效率，必须严格控制翘曲。翘曲产生和翘曲最小化机理如图 5.43 所示[41]。在模塑后冷却的过程中，EMC 比 Cu 布线基板收缩率低，很容易产生"哭脸"型翘曲。通过适当提高 EMC 收缩程度，可降低模塑基板翘曲程度。

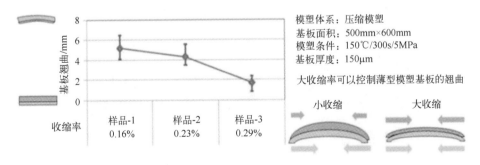

图 5.43　翘曲产生与翘曲最小化机理

此外，除通过控制 EMC 收缩率来控制预成型基板翘曲度外，在不同温度组装时保持模塑基板形状也很重要。采用标准 EMC 在不同热处理后翘曲变化较大，而以高 T_g 树脂 EMC 制备的模塑基板在同等热处理条件下，翘曲变化较小（见图 5.44）[41]。显然，具有高玻璃化转变温度的树脂可使模塑基板具有更高的耐热尺寸稳定性。

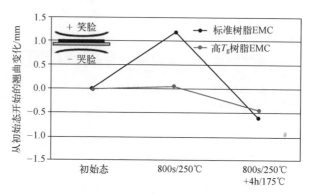

图 5.44　EMC 的翘曲行为比较

3. WLP 封装

扇出型晶圆级封装（Fan-Out Wafer Level Packaging，FO-WLP）是近年来电子封装技术的发展热点之一。为了克服 WL-CSP 的限制，将单个芯片嵌入面板[43]。制备这种面板的常用方法是将芯片面朝下放在指定位置的载板上，然后压缩或印刷成型。将模塑板逐渐与载板分离，平板通常形成晶圆的形状［见图 5.45（a）］。因此，采用标准晶圆加工技术可以在基板表面创建堆积层。芯片周围额外的表面可允许设置更多的 I/O 接口；这些接口既可以在芯片上呈扇形排列，也可以在模塑料上呈扇形散开，在完成堆积层加工和焊球连接后，进行底部减薄、激光标记和单元化，这一点与 WL-CSP 类似。得到的封装品仅比晶圆略大，其大小仅适合容纳 I/O 接口。与 WL-CSP 类似，该封装体易于直接安装在终端 PCB 上。FO-WLP 封装消

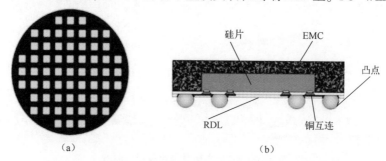

图 5.45　单芯片嵌入模塑晶圆和 FO-WLP 的结构原理图[41]

除了焊线和基板/中介层，可直接贴在印制电路板上［见图 5.45（b）］。

为了增加封装数量并降低制造成本，WLP 封装技术已经实现了将整个 12 寸晶圆硅片进行封装，翘曲控制变得更为重要而关键。通过调整应力指数，12 寸晶圆硅片的翘曲已经从 30mm 降至小于 1mm。应力指数定义为 EMC 的 CTE 乘以 EMC 在室温下的弯曲模量。即 EMC 的 CTE 越高，弯曲模量越大，产生的内应力也越大。为了降低封装体的翘曲，必须降低 EMC 的 CTE 和弯曲模量。对 EMC 来说，提高填料含量是有效降低 CTE 的有效手段，加入应力释放添加剂也可降低弯曲模量。试验证明，应力指数在很大程度上影响着硅片的翘曲及硅片与基板的共平面性。图 5.46 比较了采用固体 EMC 和液体封装料封装硅片的共平面性[41]。可以看出，采用固体 EMC 封装的硅片比液体封装料封装的硅片具有更优良的共平面性，这主要归因于 EMC 较低的应力指数。同时，研究发现，应力指数和共平面性间存在强相关关系（见图 5.47）[41]。

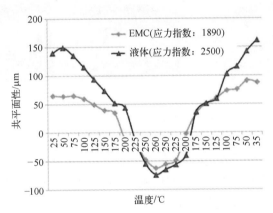

图 5.46　采用固体 EMC 与液体封装料模塑晶圆的共平面性

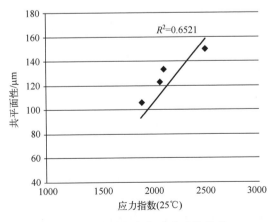

图 5.47　应力指数与共平面性关系

在封装过程中，应确保芯片不发生位置偏移。芯片偏移太大可能会在电路图案化或包装切割时产生问题。芯片偏移可通过载板和 EMC 类型的配合来控制。由于在 EMC 中添加了大量的填料来控制翘曲，硅树脂载板适合用于 EMC。此外，EMC 和载板收缩程度的不同也会影响芯片的偏移。收缩程度相差越大，芯片偏移越严重。

RDL（Redistribution Layer，布线分配层）与 EMC 的界面浸润性对 FO-WLP 封装制造过程具有重要影响。通过仔细选择 EMC 脱模剂，可确保模塑后脱模剂不会大量迁移到 EMC 的表面。如果大量脱模剂溢出 EMC 表面，液体 RDL 将很难浸润 EMC。采用迁移性较低脱模剂的 EMC（如脱模剂 C），液体 RDL 将会在 EMC 上得到良好的浸润和铺展（见图 5.48）[41]。

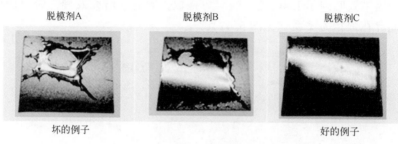

图 5.48 不同类型脱模剂的不同排斥性能

EMC 与 RDL 的黏结性必须足够强，FO-WLP 才能通过可靠性测试。测试方法如下［见图 5.49（a）］：将 RDL 切成 1mm×1mm 的格子，在 RDL 格子上放置一条透明胶带，竖直拉起透明胶带，观察透明胶带上脱离的 RDL 片的数量。添加 3 种低应力添加剂的测试结果如图 5.49（b）所示。A 添加剂的环氧基团含量较低，黏结性能最差。B 添加剂环氧基团含量较高，黏结性能也较差。C 添加剂含有羧酸基团，黏结性能最佳。可见，EMC 的表面极性对 EMC 和 RDL 界间的黏结性能有较大的影响。经模塑的硅片增加了硅片的整体有效 CTE，减弱了模具与 PCB 间 CTE 的不匹配性，从而实现了优异的可靠性。

下一代 FO-WLP 封装在硅片两面均采用 RDL 工艺，需要对 EMC 进行打磨。为了确保 RDL 的整体可靠性，需要对填料滴［见图 5.50（a）］、填料标记［见图 5.50（b）］及底部 EMC 的粗糙度进行控制。为了满足 FO-WLP 结构朝着小型化方向发展的需求，EMC 填料需具有窄间隙填充性能，亟须开发使用细填料的 EMC 材料。通过增加填料的填充量来实现对翘曲的控制。但是，随着填料填入量的提高，EMC 黏度增加，流动性下降，加工过程（如搅拌等）变得更具挑战性。因此，未来 FO-WLP 封装技术需要新的 EMC 材料。

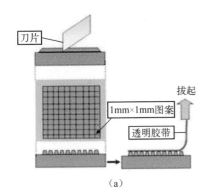

图 5.49 可靠性测试方法及结果

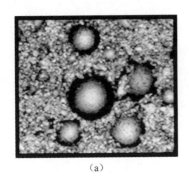 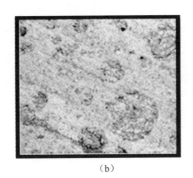

图 5.50 填料滴和填料标记[41]

4. 高温电路封装

碳化硅（SiC）和氮化镓（GaN）制造的功率器件具有高节能、高电流、高击穿电压等特点，在汽车、消费电子、机器人、铁路及基础建设等众多工业领域得到了广泛应用[44-46]。SiC 和 GaN 器件对 EMC 耐热性能具有很高的要求，塑封功率器件经高温老化试验后综合性能不能发生明显的衰减，能够在高温环境中长期使用。表 5.12 中比较了具有不同分子结构的环氧树脂与固化剂，从表 5.13 中可看出由不同环氧树脂与固化剂组合物制备 EMC 的 T_g 值。

图 5.51 比较了 3 种 EMC 的高温储存时间（HTSL）测试结果[41]，其中 A（表 5.13 中的#1）、B（表 5.13 中的#2）和 C（表 5.13 中的#5）分别在 175℃［见图 5.51（a）］和 200℃［见图 5.51（b）］时进行了测试。HTSL 测试为可靠性测试，将塑封器件暴露在指定温度下，观察在特定温度下器件电阻率随时间变化的情况。电阻率是塑封器件在高温处理前后电路电阻的比值。可见，T_g 最低的 EMC A 的耐热性能最差，而 EMC B 和 EMC C 在两个测试温度下均显示了良好的导电稳定性。

表 5.12　环氧树脂与固化剂的分子结构

类　型	化　学　结　构	当量/(g/eq)	
MAR-E.R. (多芳香型环氧树脂)		270～300	环氧当量
BP-E.R. (联苯型环氧树脂)		180～200	
TEM-E.R. (三苯基甲烷型环氧树脂)		165～175	
OCN-E.R. (邻-甲酚醛环氧树脂)		195～220	
MAR-N.R. (多芳香型酚醛树脂)		200～215	OH当量
PN (苯酚酚醛树脂)		103～106	
TPM-N.R. (三苯基甲烷型酚醛树脂)		95～99	

表 5.13 环氧模塑料的 T_g 值

组合物及 T_g		#1	#2	#3	#4	#5
环氧树脂	MAR-E.R.	○	○			
	OCN-E.R.			○		
	TPM-E.R.				○	○
固化剂	MAR-N.R.	○				
	PN		○	○	○	
	TPM-N.R.					○
T_g（TMA）	℃	130	150	160	185	195

注：填料质量分数为 85%；模塑条件为 175℃/2min；后固化条件为 175℃/4h。

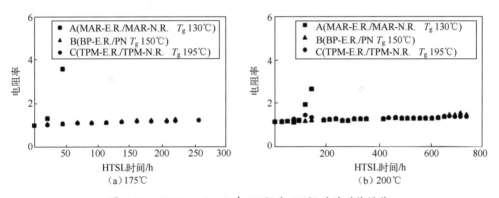

图 5.51 EMC A、B、C 在 175℃和 200℃时的耐热性能

EMC A 由于具有联苯支撑结构，交联点间距较长，交联密度最低，玻璃化转变温度最低，而 EMC C 由于分子结构中具有多个环氧基和羟基反应点，具有高交联密度和 T_g[47]。从黏结可靠性来讲，高 T_g EMC 比低 T_g EMC 的 HTSL 性能更优异。但是，高 T_g EMC 的一个缺点是在高储存温度下更容易分解。图 5.52 中比较了系列 EMC 在 200℃测试 5000h 后的热失重情况[41]。可以看出，在热老化过程中，高 T_g EMC 的热失重较大。

图 5.53 为 EMC A 和 EMC C 在 225℃处理 1000h 后的断面图，图片是从距离 EMC 顶部约 100μm 处拍摄的[41]。可以看到，在接近上表面处有孔隙出现，可能是由于 EMC C 热分解产生的。表 5.14 中对比了中间和顶部热处理前后 EDS 测试的元素分析结果。可以看出，热处理后，在紧邻 EMC 上表面的破坏层中，可观察到 C 和 O 元素的含量发生了明显的改变，而在 EMC 中间区域元素组成并未发生显著的改变。高 T_g EMC 的上端区域已被氧化和破坏，形成了孔洞，而低 T_g

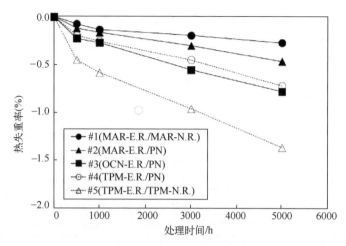

图 5.52　环氧模塑料在 200℃ 的热失重率

EMC 由于其热失重较小，并未出现降解的顶端层。由于 MAR 树脂中刚性联苯支撑链段的存在，采用 MAR 树脂制备的 EMC 具有更低的热分解温度。高 T_g EMC 在高温老化时（如 200℃）具有优良的可靠性。此外，高 T_g EMC（如 TPM 类型）还具有高的初始介电击穿强度（见图 5.54）[41]，击穿强度经长时间高温老化后降低得更快，可能是因为高 T_g、高交联密度的 EMC 在氧化后更容易发生键断裂，并且热分解产生的自由基对介电击穿产生了不利的影响。低 T_g EMC（MAR 类型）的起始介电击穿强度低，但其击穿强度在长时间热老化后不会降低太多。

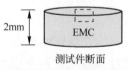

类型	处理前		225℃处理1000h后	
EMC C TPM-E.R. /TPM-N.R.	表面积 EMC		破坏层	孔隙
EMC A MAR-E.R. /MAR-N.R.	表面积 EMC	表面积		

图 5.53　225℃ 处理 1000h 后 EMC 的断面图

表 5.14　EDS 测试的元素分析结果

元　素	热处理前		热处理后	
	中间部分	顶部表面	中间部分	顶部表面
C 质量分数（%）	46.6	47.7	47.4	40.0
O 质量分数（%）	11.5	11.2	11.9	12.6
Si 质量分数（%）	41.9	41.1	40.7	47.4

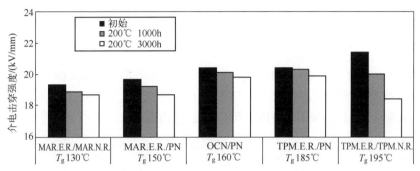

图 5.54　封装用环氧模塑料的介电击穿强度

为了发展下一代适用于 SiC 和 GaN 功率器件的高性能 EMC，必须提高 EMC 的 T_g 及其耐热分解性能，新型高交联密度的树脂结构和具有优异耐热分解性的新型树脂对高功率器件封装用 EMC 具有决定性作用。

5. 指纹传感器封装

指纹识别是一种理想的个人识别方法，具有两大特点，包括"个人独有"和"一生不变"。指纹认证系统可以避免密码管理的不便[48]。目前，指纹认证传感器可分为电容型、电场探测型、光学型、热型和压敏型等种类，指纹识别方法包括平面模型和扫描模型两种类型。平面模型要求人们按压整个指头，而扫描模型只需人们滑动手指。在便携式电子设备产品中，通常采用扫描模型，可减少传感器区域并降低成本[49]。

近年来，指纹认证设备市场发展迅速，2020 年达到约 17 亿美元（见图 5.55）[50]。同时，半导体封装模塑料可保护半导体元件免受外界环境的不良影响，这些不良影响包括机械外力（冲击或压缩）、外来物质、潮湿、高温和紫外线。同时，使用 EMC 的目的是形成封装组件便于安装到基板上，并保持电绝缘性能[51]。

由于光学指纹传感器体积大、成本高，市场上出现了可直接读取指纹的电容型传感器。采用半导体技术可使电容型传感器结构紧凑、价格低廉。电容型传感器利用手指表面与半导体芯片表面距离不同时电容改变的机理实现指纹识别。当手指离开半导体芯片表面时电荷减少。电极被包埋在传感器表面坚硬的保护膜下［指纹传感器横截面见图 5.56（a）］。当手指碰触表面时，根据电极与手指表面距离的不同，电荷被收

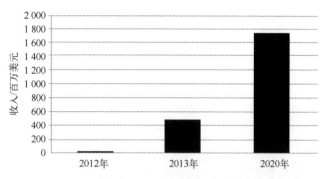

图 5.55　指纹认证设备市场发展趋势

集到电极上,通过电容数据测量阻抗或计算固定电荷下充放电脉冲数得到指纹图像[52]。以前,电容型指纹传感器原来采用蓝宝石玻璃盖片［见图 5.56 (b)］,由于蓝宝石价格较高,人们开发了一种成本低、灵敏度高的薄型封装指纹认证传感器。

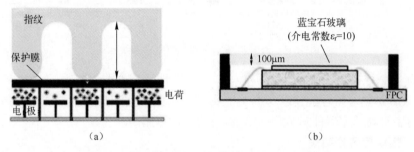

图 5.56　指纹传感器的横截面和指纹认证传感器

指纹传感器封装用 EMC 的一般特性如表 5.15 所示。这类 EMC 含有高添加量的高度球形氧化铝填料,其介电常数约为 7。应根据传感器芯片与封装模具顶端的间距来选择合适的填料粒径(最大填料尺寸需小于该间距)。若填料粒径太大,则其会卡在芯片与模具顶端之间,不仅会造成传感器表面异常,也会造成 EMC 填充不完全。螺旋流动长度较大的 EMC 才适合指纹传感器的封装。

表 5.15　指纹传感器封装用 EMC 的一般特性

项　目	单　位	通用 EMC	高性能 EMC
FC	%	80～90	90
填料类型	—	熔融石英	氧化铝
过筛填料尺寸	μm	20～75	10～32
介电常数	—	4	7
螺旋流动	cm	100～200	150

EMC 封装的模塑型指纹认证传感器的横截面图如图 5.57 所示[41]。连接电极和传感器的连接导线必须同时封装于一体。目前常用 EMC 的介电常数约为 7。通过降低 EMC 厚度可提高识别精度，使其能够与使用蓝宝石玻璃盖片的指纹传感器具有同等的识别精度。固化后的 EMC 需要进行打磨加工，具有高介电常数的 EMC 有利于提高识别精度。由

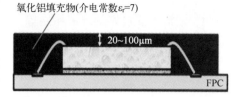

图 5.57 模塑型指纹传感器的横截面图

于传感器精度是由绝缘层介电性能和传感器芯片性能共同决定的，高介电常数 EMC 可以补偿传感器芯片的低性能，有助于通过采用低性能的芯片来降低成本。

提高 EMC 介电常数的有效途径是引入具有高介电常数的填料。表 5.16 中比较了几种常见填料的热膨胀系数和介电常数。陶瓷材料的介电常数比二氧化硅或氧化铝高，更适合用作高介电常数填料，但其热膨胀系数也比二氧化硅高。如果 EMC 的收缩率较大，则封装翘曲和芯片标记可能会成为问题。EMC 厚度随下面有无芯片传感器而不同。即使 EMC 收缩率为常数，较厚部分的绝对收缩值也比较薄部分的大。传感器芯片上 EMC 的绝对收缩值比无传感器芯片的 EMC 收缩值小，导致外观检查时芯片形状在指纹传感器表面很突出。因为无机填料比有机材料（如树脂）的收缩率低，通过增加填料含量可降低 EMC 的收缩率。但是，增加填料会降低 EMC 的熔体流动性，降低塑封的工艺性。EMC 材料需要在模塑收缩、熔体流动性和高介电常数之间进行综合平衡。

表 5.16 常见填料的材料性能

项 目	单 位	结晶二氧化硅（SiO_2）	熔融石英（SiO_2）	氧化钇（Y_2O_3）	氧化铝（Al_2O_3）	氧化锆（ZrO_2）
热膨胀系数	$\times 10^{-6}/K$	1.4	0.5	7.2	7	10
介电常数（1MHz，20℃）	—	4.0	3.8	11	8.9	30

指纹认证传感器最适合用于个人身份证明，如其在移动设备（如智能手机）上的应用。采用氧化铝填料的高介电常数 EMC 有利于降低指纹认证传感器的成本。未来，有望开发出具有更优介电性能和低成本的 EMC 用于制造更低成本和更高识别精度的指纹识别传感器。

5.1.5 发展趋势

随着集成电路封装朝着更薄、更高集成度和多功能化等方向的快速发展，人们对环氧塑封料的性能要求越来越高。环氧塑封料的发展方向为：具有优良力学

性能的环氧树脂,具有更佳耐热性能的环氧树脂,与半导体芯片具有良好黏结性能的环氧树脂,与芯片热膨胀系数匹配的环氧树脂,具有良好加工工艺性能的环氧树脂,耐湿性能良好的环氧树脂等。通过原材料供应商、设计公司、模塑料供应商、设备制造商、装配厂之间的紧密合作,可缩短下一代 EMC 的开发周期。

5.2 环氧底填料

环氧底填料(Epoxy Underfill)主要由低黏度环氧树脂、球形硅微粉及其他添加剂等组成,主要用于填充倒装芯片与有机基板之间由塌陷焊球形成的缝隙,以提高 IC 封装体的可靠性,减小由于芯片与基板热膨胀系数不匹配而引起的内应力。传统环氧底填料在室温下具有很好流动性,通过毛细管作用实现底填料在芯片与基板之间缝隙中的流动。在此基础上,又发展了传统底填料、非流动性底填料(No-Flow Underfill)、模塑型底填料(Molded Underfill)和晶圆级底填料(Wafer-level Underfill)等多种类型,下面分别介绍。

5.2.1 传统底填料

如图 5.58 所示的是一种常见的倒装芯片封装结构[53]。将底填料涂敷在倒装芯片与基板形成的狭缝周围,在毛细管作用下底填料胶液流动进入芯片与基板之间形成的狭缝中,使底填料充分浸润并充满整个狭缝。然后,加热固化后得到无缺陷结构完整的封装体。适合该工艺使用的底填料称为毛细管型底填料(Capillary Underfill)。典型的毛细管型底填料是有机树脂黏合剂与无机填料的混合物,其中有机树脂通常为环氧树脂混合物(见图 5.59),也可以是氰酸酯树脂或其他树脂。除环氧树脂外,还需要加入环氧树脂的固化剂、潜伏性催化剂等,以获得具有较长储存时间和快速固化效果的底填料。底填料的无机填料通常为微/纳米级球形二氧化硅。硅微粉填料可以提高固化后底填料的综合性能,如提高模量、降低

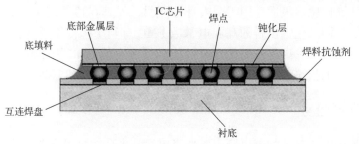

图 5.58 常见倒装芯片的封装结构图

CTE、降低吸湿性等。另外，底填料中还需添加其他组分，如助黏剂、增韧剂及分散剂等，有助于树脂与填料的均匀混合，提高固化后底填料的使用性能。

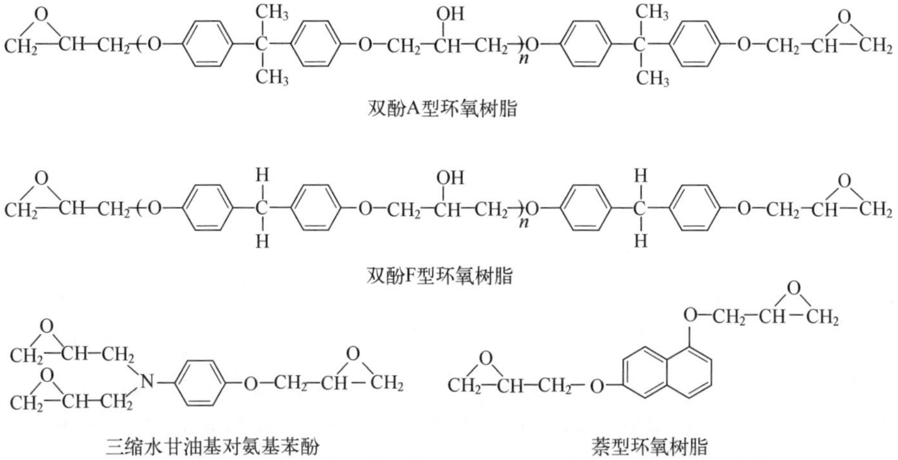

双酚A型环氧树脂

双酚F型环氧树脂

三缩水甘油基对氨基苯酚

萘型环氧树脂

图 5.59　底填料中采用的典型环氧树脂结构式

采用传统底填料的倒装芯片封装工艺过程如图 5.60 所示[53]。①通过针管在基板的焊盘表面涂敷助焊剂；②将芯片的焊球或凸点与基板的焊盘对准后压合在一起，加热使焊球或凸点熔融与焊盘焊接在一起，形成由塌陷焊球或凸点支撑的芯片与基板间的狭缝；③通过喷射溶剂将助焊剂清洗干净；④通过针管施胶将底填料胶液涂敷在狭缝周围，底填料胶液在毛细管作用下被吸入芯片与基板间的空隙中；⑤加热固化使底填料中的环氧树脂固化形成高强度、高模量的交联树脂并将芯片、基板及塌陷焊球或凸点黏结成一个整体。

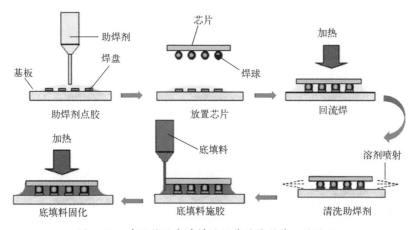

图 5.60　采用传统底填料的倒装芯片封装工艺过程

实现对毛细管型底填料流动性的精确控制是倒装芯片封装的瓶颈性技术。毛细管流动通常较慢且不充分，可能会导致封装内部出现空洞，并使树脂和填料分相，出现不均匀结构等现象。随着芯片尺寸的增大，填充问题变得更加严重。倒装芯片底填料的流体建模，通常可近似为底填料黏结剂在两平行板间的黏性流动，可以使用赫尔-肖氏（Hele-Shaw）模型，采用上述近似方法来模拟底填料的流动。填充长度为 L 的芯片所需的时间为[54]

$$t_{fill} = \frac{3\eta L^2}{\sigma h \cos\theta} \tag{5.1}$$

式中，η 为底填料的黏度；σ 为表面张力系数；θ 为接触角；h 为平行板间隙距离。由式（5.1）可以看出，间隙较小且尺寸较大的芯片需要的填充时间更长。上述近似并未考虑焊料凸点的存在。当焊料凸点之间的距离与间隙高度相当时，这一近似方法将不再适用[55]。因此，该模型不能应用于高密度面阵列的倒装芯片。将透明的石英晶片组装在不同基板上，观察底填料的流动，并采用 3D PLICE-CAD 来建立底填料流动前沿模型[56]。比较外围和面阵芯片，发现凸点通过提供周期性润湿部位，增加了流动前沿的均匀性，沿边缘具有竞争效应。流动前沿汇合处可以形成空洞，流动前沿的汇合处会产生条纹。在流动较慢或不流动区域更容易发生填料沉降。

底填料的流动模型必须考虑接触角对焊料及凸点几何形状的影响。修正的 Hele-Shaw 模型考虑了芯片与基板间的厚度方向，以及焊料凸点平面方向的流动阻力[57]，发现毛细管作用参数在同样间隙高度、间距较大时会达到固定值。随焊点间隙减小，毛细管力将增至最大值，主要归因于焊点接触角较小，底填料润湿焊点。当间隙接近焊点直径时，毛细管力快速下降到零。另外，六角凸点排列在临界凸点间隙时对增加毛细管力十分有效。

在使用底填料前，必须精确计算倒装芯片封装用底填料的体积和质量。底填料体积可以通过计算得到：底填料填充在芯片下间隙的体积-焊料凸点互连的体积+芯片边缘倒角的底填料体积，填充后倒装芯片装置简图如图 5.61 所示。底填料的施胶分配模式主要包括单面型、L 型及改进 U 型 3 种。为了在底部填充过程中得到可靠的结果，必须将适量的底填料以正确的分配方式在适当的时机进行施胶分配。

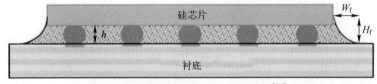

图 5.61 填充后倒装芯片装置简图[58]

1. 底部填充可靠性

倒装芯片的封装可靠性可以通过热循环、热冲击、高温水蒸气压力试验等进行评价。使用底填料可使焊点在热循环中的寿命延长至少一个数量级[59]。在底部填充的倒装芯片封装体中，疲劳寿命高度依赖于底填料的材料性能。不含填料的底填料可使寿命延长 $5\sim10$ 倍，含有填料的低 CTE 底填料可使寿命延长 $20\sim24$ 倍。无论底填料样品中是否含有填料，焊点寿命几乎为常数，与焊点距芯片的中心距离无关[60]，说明底填料可有效耦合焊点间的应力。

倒装芯片底部填充胶的作用在于应力的再分布，而不是减小应力。坚硬的底部填充胶将器件和基板连接起来，将焊点所受的剪切力转化为整个基板上的弯曲应力。底填料在固化时的收缩及固化冷却后的热膨胀系数不匹配，都会给芯片带来很大的应力，有时甚至会造成芯片出现裂纹。通过带有压阻式压力传感器的测试芯片对倒装芯片封装体进行原位应力测试，发现底部填充胶固化过程中的固化工艺会在芯片有源面表面产生压力，在倒装芯片中呈现复杂凸面的弯曲状态，测到的应力也会导致硅片破裂[61]。另外，芯片的残余应力与底部填充胶的 CTE、模量和 T_g 密切相关。

除由温度引起的机械失效外，由潮湿引起的失效，如分层和腐蚀等均为倒装芯片封装体常见的问题。采用高加速应力试验（Highly Accelerated Stress Test，HAST）来检测温度和湿度对封装体的影响，在苛刻的测试条件下，如高温、高湿和高压等（典型的测试条件为 121℃，100% RH，2 个大气压），该测试也叫作高压炉测试（Pressure Cooker Test，PCT）。固化树脂吸收的湿气能够破坏芯片与底填料间的界面连接，在芯片拐角处出现分层，湿气沿着界面扩散，吸收的湿气还会引起焊点失效和吸湿溶胀。界面处的湿气也能够腐蚀焊点与基板间的金属导线。分层使底填料与硅芯片分离，并在周围的焊点上产生应力集中，使这些焊点过早失效。采用有限元分析研究湿度和温度对倒装芯片球栅阵列封装（Flip Chip-Ball Grid Array，FC-BGA）可靠性的影响，发现由潮湿引起的张力对底部金属层和层间介质具有重要的影响[62]。

底填料与其他异质材料，如芯片钝化层、焊料、基板上的阻焊膜等的界面分层，是倒装芯片封装失效的主要原因之一。提高在温度、湿度老化条件下可靠性的有效方法之一是向底填料中加入黏结促进剂或偶联剂，以增强底填料对周围异质材料界面的黏结性。

总之，底填料性能是决定封装体可靠性的关键因素之一。倒装芯片封装中所用底填料的特性要求如表 5.17 所示。但是，在可靠性测试中存在多种失效模式，不同的失效模式对底填料特性的需求可能是互相冲突的。例如，为了有效降低底填料的 CTE，需提高填料的加入量。但含量高的底填料往往黏度大，给施胶分配带来了困难，结果可能引起可靠性问题，如底填料存在空洞或不均匀现象等。因此,对底填料的选择往往取决于具体应用工况,如芯片尺寸、钝化材料、基板材料、焊料类型和封装体在实际使用中所处的环境条件等。

表5.17 倒装芯片封装中所用底填料的特性要求

特 性	要 求
固化温度	<150℃
固化时间	<30min
填料含量(质量分数)	50%~70%
操作期(25℃下,黏度加倍)	>16h
黏度(25℃)	<25kCPS
硬度(邵氏D)	>85
T_g	>125℃
CTE(α_1)	$(22~27)\times 10^{-6}/℃$
模量	5~10GPa
断裂韧性	>1.3MPa·m$^{1/2}$
体积电阻率(25℃)	>10^{13}Ω·cm
介电常数(25℃,1kHz)	<4.0
介电损耗(25℃,1kHz)	<0.005

2. 发展趋势

随着半导体制造技术向着45nm、28nm、16nm,甚至低于5nm的特征尺寸方向发展,倒装芯片封装的凸点间距变窄、凸点尺寸更小、芯片尺寸更大,毛细管底填料工艺面临着巨大的挑战。当芯片尺寸变大及芯片与基板间距变小时,底填料的流动性会遇到巨大挑战。在倒装芯片封装技术中,无铅焊料、ILD(层间电介质)、Cu等都对底填料提出了更苛刻的要求[63]。

高铅和锡铅共晶焊料已广泛应用于芯片封装互连。近年来,针对有害物质的环保法案和消费者对绿色电子产品的需求推动了行业向无铅焊料转移。在众多的无铅焊料替代方案中,近三元共晶Sn-Ag-Cu(SAC)合金成分(熔点217℃)成为人们普遍接受的新型焊料。SAC的最佳组分为95.4Sn/3.1Ag/1.5 Cu,该焊料具有良好的机械性能、抗焊点疲劳和可塑性[64]。但该合金熔点比Sn/Pb共晶焊料的熔点高出30℃,导致焊接工艺温度也随之提高了30~40℃。这种高温工艺对基板影响较大,可能引起基板出现更高的弯曲程度,给所安装的芯片带来很大的热应力。

在无铅焊料普遍使用的情况下,倒装芯片封装所用的底填料也面临着与较高回流焊温度的兼容问题。高回流温度可能引起材料老化、吸湿及机械膨胀等,导致器件破坏。因此,需要进一步提高底填料的耐热稳定性、与各种界面的黏结性能、强度和断裂韧性等。一般来说,填料含量高(低CTE、高模量、低吸湿率)、具有高黏结性的底填料能够与无铅工艺兼容。

随着 IC 电路制造技术向着微型化和高密度化方向发展，信号互连延迟成为一个主要矛盾，需要进一步提高和改善层间电介质（Interlayer Dielectric，ILD）材料和互连材料的使用性能。冶金 Cu 和低介电常数 ILD 可以提高器件的工作速度，降低功耗。与传统的层间介质材料（SiO_2）相比，这些低介电常数材料通常多孔、易碎、CTE 高、机械性能低。低介电常数 ILD 与硅芯片 CTE 的不匹配会在界面处产生较高的热机械应力。为了适应这些变化，必须进一步提升底填料的使用性能。高性能的底填料不仅可通过应力再分散方式保护焊点，而且还为低介电常数 ILD 材料及其与硅的界面提供保护。在底填料的使用材料中，影响低介电常数层间电介质封装可靠性的重要材料特性包括 T_g、CTE 和模量等。

虽然倒装芯片和底填料都面临着新的挑战，毛细管底部填充工艺仍为倒装芯片封装的主流工艺技术。随着引脚间距和间隙高度的不断缩小，对底填料的毛细管流动性提出了更加苛刻的挑战。

5.2.2 非流动性底填料

美国摩托罗拉公司于 1992 年获得了关于集成助焊剂和底填料的专利[65]，引起了人们对非流动性底填料（No-Flow Underfill，NUF）的高度关注。采用非流动性底填料的封装工艺过程如图 5.62 所示。与流动性底填料需要在芯片完成焊接组装后再进行施胶不同，非流动性底部填充工艺在芯片贴片前就需要先在基板焊盘表面上施放底填料[53,66]。然后，将芯片的焊球或凸点与基板的焊盘对准后，再将芯片与基板压合，通过回流焊实现两者的焊接。在回流焊过程中，芯片与基板间通过焊料凸点形成连接，同时底填料得以固化。这种新型的底填料不流动工艺节省了施放助焊剂和清洗助焊剂这两个工艺步骤，避免了底填料在毛细管作用下的流动填充。将焊料凸点回流和底填料固化合并为单一的工艺步骤，提高了底部填充的效率，大大促进了倒装芯片与表面贴装技术（SMT）的兼容性。

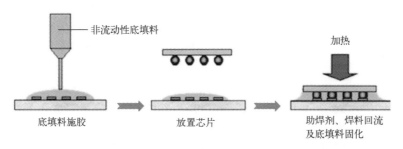

图 5.62 采用非流动性底填料的封装工艺过程（NUF）

非流动性底部填充工艺的关键在于底填料的工艺性[67]，主要包括底填料的潜伏性固化能力和固有助焊能力。非流动性底填料不仅需要具有传统底填料的特点，而且还需要具有下述特点：①必须具有足够的助焊能力，可有效消除焊料凸点和焊盘上的氧化物，以便形成焊点互连；②具有良好的潜伏性固化能力，确保底填料在焊球或凸点波峰焊过程中不会发生固化，如果底填料发生凝胶，则会阻碍熔融的焊料坍塌到接触的焊盘上，使焊点形成率降低；③在回流焊过程中或在低于175℃的离线工艺中，NUF应具有完全固化的能力；④为了形成倒装芯片的连接，NUF的填料含量应尽量低，理想情况下为0，即不含填料。

Co(II)的乙酰丙酮化物是一种有效的非流动性底填料用潜伏性固化催化剂[68-69]，可为非流动性底填料提供足够的固化潜伏期。这种金属螯合物不仅具有潜伏性固化能力，还能提供较宽的固化（温度）工艺窗口，可在较大温度范围内完成固化。通过调控金属离子和螯合物的分子结构，可将环氧树脂的固化行为调整到适合无铅焊料的倒装芯片封装[70]。

助焊能力是非流动性底填料的另一重要特征。在传统倒装芯片封装工艺中，用助焊剂来减少和清除焊料及焊盘中的金属氧化物，以防止它们在高温下再次被氧化。非流动性底填料无须使用助焊剂，而是将贴片前置于基板上。因此，非流动性底填料需要具有一定的自助焊能力以提高对焊料的润湿性，为此人们开发了可回流固化的聚合物助焊剂[71-74]。采用羟基官能化环氧树脂和环己烷结构的环状酸酐反应生成可固化的酸性基团，可以在不使用脱氧剂的情况下同时实现脱氧和固化反应[75]。由于生成了酸性基团，该二元体系在不使用额外脱氧剂的情况下就可以完全浸润普通的Sn基焊料。与加入脱氧剂的三元体系相比（85℃，0.8GPa），二元混合物的玻璃化转变温度可提高至110℃，杨氏模量可提高至1.6GPa。

对非流动性底填料填充的倒装芯片可靠性考核试验结果表明，组件失效的原因主要是靠近PCB处的焊点破裂。由于非流动性底填料中不含填充物，其热膨胀系数较高。由于芯片、底填料和PCB在局部区域热膨胀系数不匹配，产生了局部高应力场，从而导致焊点破裂。一般认为，热膨胀系数低且模量高的底填料有助于获得高可靠性的互连[76]。在底填料中添加二氧化硅对提高可靠性是十分重要的。但是，在非流动性工艺中，底填料在贴片之前就已经施放在基板上了，填料很容易滞留在焊料凸点与焊盘之间，阻碍焊点的形成。倒装芯片热压回流焊（Thermo-Compression Reflow，TCR）步骤如图5.63所示，该过程可清除焊点处的二氧化硅填充物[53,77]。在热压回流焊过程中，底填料被释放在预热过的基板上，然后吸取芯片并将其键合到基板上，在高温下向其施加一定时间的压力以形成焊点。之后，再对组件进行后固化处理。键合压力和温度成为影响成品率的重要参数。图5.64所示的是一种双层非流动性底部填充工艺，其中底层底填料胶液的黏度较高且不含二氧化硅填充物。先将底层的底填料胶液施放在基板上,再施放含有二氧化硅的上层底填料。把芯片贴装在封装基板上,然后进行回流焊,实现电气连接。回流焊过程中形成焊点并固化或部分固化底部填充料[53,78]。如果上层底填料中含 65%(质量分数)的二氧化硅,就可以获得高的成品率[79]。影响双层非流动性底部填充工艺互连成品率的因素十分复杂且互相影响[80]。该工艺的工艺窗口小,底层底填料的厚度和黏度都是影响焊料凸点润湿的关键。此外,此工艺增加了一个倒装芯片的工艺步骤,提高了工艺成本。

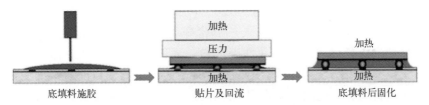

图 5.63 倒装焊芯片热压回流焊步骤

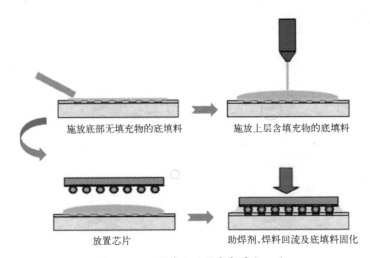

图 5.64 双层非流动性底部填充工艺

纳米二氧化硅经表面改性后可改善其与热固性树脂的界面相容性,获得单颗粒分散、无颗粒团聚、结构均匀一致的环氧底填料,当所制备的纳米改性非流动性底填料的 SiO_2 填料含量达到 50%(质量分数)时,仍能获得良好的互连成品率[81],固化物的 CTE 为 $42×10^{-6}$/℃,在 PB10(5mm×5mm,四周 64 个凸点)芯片上获得了良好的互连成品率。

非流动性底填料极大地简化了倒装芯片的封装工艺过程,推动了倒装芯片工艺向 SMT 方向的发展。最佳的非流动性底部填充工艺,需要系统地调整材料和工艺参数。目前,在倒装芯片的非流动性底部填充组件的材料、工艺和可靠性方面积累了大量数据。由于非流动性底填料中不含二氧化硅填充物,其性能与传统底填料的性能不同,失效模式和可靠性问题通常也与传统倒装芯片底部填充组件不同。

为了改善非流动性底填料倒装芯片封装的可靠性,多种有效的方法得以出现。一是在不降低其他材料性能的前提下,增加其断裂韧性,避免底填料在热循环中开裂。二是采用低 T_g 和低模量的材料来减小底填料中的应力。但这种方法无法让底填料起到应力再分布层的作用。虽然减小了底填料的应力,但不能避免焊点在热/机械应力下的疲劳失效,特别是对于 I/O 端口多、尺寸大且间距小的芯片。三是在底填料中加入二氧化硅填料,使其具有传统底填料的性能。添加纳米二氧化硅的非流动性底填料,采用与 SMT 技术兼容的非流动性底部填充工艺,可实现高可靠性的倒装芯片封装。然而,目前对纳米二氧化硅及其与底填料和焊点之间相互作用的理解还不够深入,需要进行深入的系统研究优化材料和工艺。

5.2.3 模塑型底填料

随着电子封装功能越来越多,封装尺寸越来越小,将芯片通过倒装焊工艺封装在封装基板上成为一种普遍采用的方法。在产品生产线上,倒装芯片采用传统的毛细管底部填充工艺在带形组件上装配,再进行模塑成型。不断增加的成本压力和电子封装领域激烈的竞争使人们必须为装配分包商降低倒装芯片的装配成本[82-83]。虽然底填料性能和点胶工艺技术获得了巨大的进步,但填充工艺仍然为倒装芯片装配流程中最慢的过程。这是由于倒装芯片的装配需要按单元来进行,而 CUF 具有特征毛细管流动的特点。为减轻这种压力,同时不降低产品的可靠性,开发了模塑型底填料(Molded Underfill,MUF)。该工艺结合了模塑和底部填充过程[84,85],材料成本更低,并且在条形产品的批量生产中速度更快。通过传递模塑工艺将 MUF 应用于倒装芯片封装中,模塑料不仅填充了基板与芯片的间隙,还可以包裹整个芯片[86],将底部填充与传递模塑两个工艺合并为一个步骤,不但节省时间,同时还提升了机械稳定性[87]。使用环氧模塑料(EMC)能够提供很好的封装可靠性。与含有 50%~70%(质量分数)二氧化硅填料的传统底填料相比,模塑底填料的填料含量高达 80%(质量分数),能够达到与焊点及基板相接近的低热膨胀系数。与传统模塑料相比,模塑底填料需要小尺寸的填料,有利于降低材料的 CTE[88]。实践证明,模塑底填料适用于倒装芯片封装以提高生产效率。与传统底部填充工艺相比,模塑填充工艺能使生产效率提高 4 倍[89]。

除使用的材料不是仅填充芯片与基板间隙的液体封装材料,而是采用包覆整个器件的模塑料外,模塑底部填充工艺在工艺及模具设计方面,均类似于加压底部填充工艺[90]。采用模塑底部填充工艺的倒装芯片球栅阵列器件的模具设计如图 5.65 所示[53]。

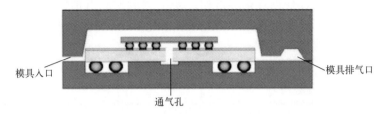

图 5.65　采用模塑底部填充倒装芯片球栅阵列器件的模具设计

　　倒装芯片的几何形状对模塑料的熔体流动性具有显著影响,对模具设计提出很大挑战。由于高度的降低和凸点间距的缩小,气泡可能滞留在芯片下面。实际上,采用声学显微镜观察到了模塑底填料中的气泡[91]。通过改善模塑工艺可将这种几何形状的影响最小化[92]。使用通气孔及几何优化可使得芯片上面与下面的流体阻力相当;也可以使用真空辅助模塑方法以避免空气残留。另一种方法是在基板上设计一个通气孔。尽管这需要对基板进行特殊设计,但这种方法已经证明是可靠的,并且为人们所广泛接受。通过选用合适的填充了小尺寸填料的MUF,并优化真空模塑工艺,可以填充 50μm 级别的小孔隙,并且不会产生模塑孔隙[82]。

　　模塑底部填充工艺的重要参数包括,模塑温度、加持力以及注塑压力等[81]。提高模塑温度有助于降低模塑料的黏度,改善流动性并减小对焊点的应力。模塑的上限温度为焊料熔点 T_m。如果温度达到或接近焊接材料的 T_m,在较高注塑压力下焊料可能熔化,甚至芯片可能会被挤压离开原来的位置。在高模塑温度和高加持力下,低 T_g 基板也容易被破坏。当注塑压力较大时,经常会出现芯片开裂或凸点裂纹等问题。总之,模塑底部填充工艺需要选择最佳的材料、最佳的模具结构及最佳的工艺条件。由于能够增加可靠性并节约成本,模塑底部填充工艺已经引起了业界的高度关注,并为之付出了巨大努力。

　　对倒装芯片封装进行设计时,MUF 比 CUF 表现出诸多优点。CUF 封装会在芯片四周设计倒角,在施胶侧倒角宽度最大,这是由毛细管分配方式决定的。因此,需要减小芯片边缘到封装边缘、两个芯片间以及芯片与相邻的无源元件间的距离。MUF 封装不再需要倒角,使芯片和元件之间离得更近,封装尺寸更小,基板和封装成本更低。同时,由于电容与芯片上电源凸点的通路电感更低,可明显改善电性能。图 5.66 和表 5.18 中比较了采用 MUF 和 CUF 的倒装芯片的封装设计原则[53,82]。从封装设计角度考虑,在 MUF 封装中,芯片之间、芯片与无源元件间、芯片与衬底间的距离,均比传统的 CUF 小。减小的封装尺寸间接节省了 20%～25% 的封装成本,并且通过多层芯片叠加可进一步降低成本[81-82]。整体来说,对 IC 产品不断增加的要求如小型化、速度更快、多功能化以及封装成本更低等,需要对封装过程进行统筹考虑。MUF 封装所具有的设计优势吸引了产品设计者和封装装配人员的高度关注。特别是对于 3D 堆叠技术,模塑底填料可用于有效优化封装结构和工艺。

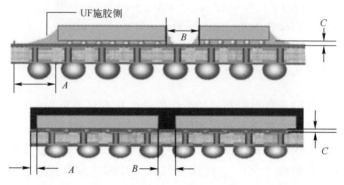

图 5.66 采用 CUF 与 MUF 的倒装芯片的封装设计原则

表 5.18 采用 CUF 与 MUF 的倒装芯片的封装设计原则

	设 计 原 则	CUF	MUF
A	封装边缘到芯片边缘	0.4～1.3mm	0.1～0.2mm
B	芯片之间距离	0.8～1.0mm	0.3～0.4mm
C	芯片与衬底间隙	30～50μm	40～60μm

5.2.4 晶圆级底填料

对于非流动性底填料,助焊、焊料回流和底填料固化合并成一个工艺步骤,不再需要毛细管流动过程,封装工艺得到了极大简化。尽管如此,非流动性底部填充还有其固有的缺点。例如,不能实现大量填充,对封装体的可靠性一直是个难题。另外,非流动性底部填充工艺仍需要单独的底填料施胶工艺步骤,不能完全采用标准 SMT 设备进行生产。为此,提出了一个更好的概念——晶圆级底部填充。它与 SMT 工艺兼容,并且能实现低成本和高可靠性[93-96],其工艺步骤如图 5.67 所示[53]。通过合适的涂敷方法,如印刷或涂敷等,预先将底填料涂敷在已凸点化的晶圆表面上或没有焊料凸点的晶圆表面上。然后,将底填料预固化形成具有一定强韧性的 B 阶段树脂固化物,再将晶圆切割成单个芯片。对于未制作凸点的晶圆,需要在切片前制作凸点;在这种情况下,底填料也可用作掩模。之后，通过标准 SMT 组装装备把单个芯片贴装在基板上。

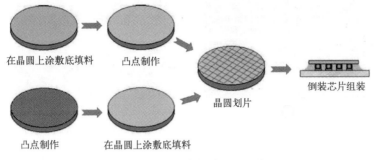

图 5.67 晶圆级底部填充工艺步骤

在某些类型的 WL-CSP 中，需要在晶圆片上使用一层聚合物层膜对 I/O 端口进行再分布，和/或用来增强封装的可靠性。然而，这层聚合物层膜通常没有与基板黏结起来，不能把它看作底填料。晶圆级底填料是指将芯片与基板黏结在一起的黏结胶层。该底填料不是应力缓冲层，而是起着应力再分布层的作用。晶圆级底填料的优点在于它能够实现低成本（因为它不需要对后道工艺进行重大改变）和底部填充封装组件的高可靠性。但是，晶圆级底填料仍然面临着材料和工艺方面的重大挑战，包括均匀地把底填料涂敷在晶圆片上，底填料的预聚合工艺，预聚合底填料的划片及储存、助焊能力、储存寿命、焊料润湿、无须后固化和可返修性等。对于晶圆级底部填充工艺，IC 电路生产（前道）和封装（后道）的一些工序相互融合在一起，使材料供应商、芯片制造厂家与封装公司必须密切配合，才能顺利实现晶圆级封装[97-99]。

在晶圆级底部填充工艺中，在晶圆片划片前必须对涂敷的底填料进行预固化。预固化工艺包括对底填料的部分固化、溶剂蒸发或者两者都有。为了便于划片、储存和处理，预固化后的底填料必须像固体一样，具有一定的机械强度、韧性和稳定性。在最后组装过程中，要求底填料具有"可回流性"，能够熔融并流动，以使焊料凸点能够润湿接触焊盘并形成焊点。因此，底填料固化工艺的控制和底填料的预固化特性都是晶圆级底部填充工艺成功应用的关键因素。利用固化动力学模型可以计算不同底填料在焊料回流工艺过程中固化程度的变化[100]。另外，焊料回流过程中润湿能力的评估，可参考底填料的凝胶行为来进行。根据预固化工艺窗口和预固化底填料的材料性能，已经形成了一种晶圆级底填料封装工艺。图 5.68 中展示了采用上述工艺制作的凸点间距为 200μm 的全阵列倒装芯片的晶圆级底填料封装体[53,101]。

对晶圆级底填料预固化工艺的控制，是实现优良的划片和储存性能以及板级组装焊料互连的关键因素。图 5.69 所示的是一种对未完全固化底填料进行切片

 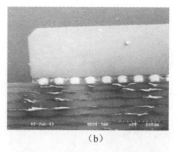

图 5.68　凸点间距为 200μm 的全阵列倒装芯片晶圆级底填料封装体

的工艺，称为晶圆级可返修助焊型底部填充工艺[53,97]。由于未完全固化的底填料会吸收湿气并可能导致组件中出现空洞，需要在涂敷底填料前对晶圆进行切片。涂敷采用两种材料：先用丝网或模板印刷方法涂敷助焊剂，然后采用经改进的模板印刷方法涂敷块状底填料，以保证切割道的清洁。将助焊剂与底填料分开，以确保底填料的储存周期；同时，为了确保在倒装芯片组件中的焊点连接，应防止在焊料凸点顶部沾上底填料中的填充料。在此工艺中，不再需要在基板上施加额外的助焊剂，要求倒装芯片键合工艺中的底填料必须具有适宜的黏附性，以确保芯片与基板的接触。

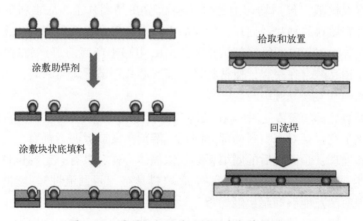

图 5.69　晶圆级可返修助焊型底部填充工艺

首先对底填料进行预固化处理，然后通过涂敷或印刷的方法将胶液涂敷在晶圆片上制作底部填充层。采用薄膜层压工艺，由热固性/热塑性复合树脂组成的固体薄膜在真空条件下被加热层压在凸点晶圆片上[53,102]；在真空条件下加热是为了确保薄膜与晶圆片完全黏附，防止出现孔洞。采用一种不会改变焊料形状的工艺暴露出晶圆片上的焊球/凸点；然后像非流动性底部填充工艺一样，将可固化的助焊黏合剂放置在基板上，进行回流焊（见图 5.70）。

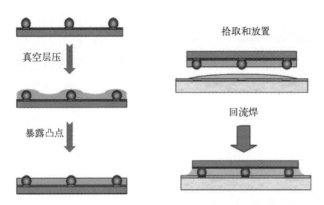

图 5.70　晶圆级底部填充薄膜层压工艺

另外，也可以在制作凸点前完成晶圆级下填充。当采用多层晶圆级底部填充工艺时[103]，可先将具有高含量填充物的晶圆级底填料通过丝网印制在未凸点化的晶圆上并固化；然后，采用激光通孔技术对这层薄膜进行打孔，形成暴露出键合焊盘的微通孔；在微通孔中填满焊膏，经回流焊工艺在通孔上面形成焊料凸点。贴片前，先在基板上涂敷一层聚合物助焊剂，然后像非流动性下填充工艺那样将芯片放置在基板上进行对准，再回流焊（见图 5.71）[53]。

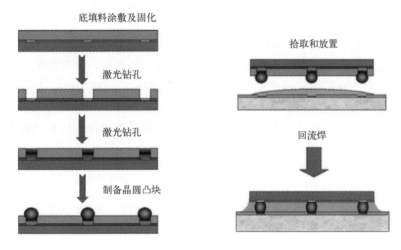

图 5.71　多层晶圆级底部填充工艺

上述工艺的相似之处就是将助焊剂与底填料分别使用。晶圆级底部填充工艺的优点就在于采用不同的材料来实现不同的功能。然而，这可能会在底部填充层中产生不均匀。这种不均匀对可靠性的影响尚不完全清楚。

将光敏性晶圆级封装底填料[104]涂敷在未凸点化的晶圆上，然后在掩模板下经紫外光下曝光使底填料发生交联反应。显影后，未曝光区的底填料被显影液溶

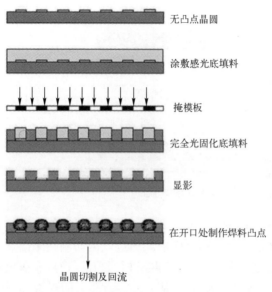

图 5.72 感光晶圆级底部填充工艺

解除掉,同时露出在晶圆片上制作焊料凸点所需的凸点焊盘。在开孔处制作焊料凸点,然后将完全固化后的薄膜留在晶圆上(见图 5.72)[53]。在组装时,需要使用聚合物助焊剂来保持器件在基板上的位置,并提供一定的助焊作用,类似于干膜层压圆片级底部填充工艺。通过加入二氧化硅填料,来提高底填料的使用性能。采用纳米级二氧化硅填料可以避免紫外光发生散射,散射会阻碍光致交联过程。纳米级填料还可以使晶圆片上的底填料薄膜保持透明,有利于划片和组装工艺中的视觉识别。感光性纳米复合晶圆级底填料为晶圆级底部填充提供了一种有效解决方案,可用于细间距的芯片封装。

晶圆级非导电薄膜(Wafer Level Non-Conductive Film,WL-NCF),是一种用于倒装芯片封装的互连胶黏剂[105]。底填料薄膜是一种 B 阶段的高度填充、厚度均匀的薄膜。WL-NCF 可在上下两面覆盖塑料薄膜,类似三明治结构,并以卷装的形式提供[106]。图 5.73 所示的是 WL-NCF 的底部填充流程,具有成本低、易操作、小间距应用等优点,可以通过贴膜机层压在凸点晶圆的有源侧,且不产生孔隙[53]。

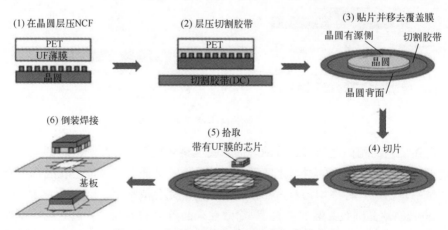

图 5.73 晶圆级非导电薄膜的底部填充流程

WL-NCF 必须具有下述特点,包括:①良好的流动性和浸润性,可允许 NCF 在晶圆正面流动;②与晶圆正面黏结性良好,机械性能优异,可避免 NCF 在划片过程中被破坏;③在热压黏结时可快速软化、流动并与基板浸润。

晶圆级底填料技术是近年来正在发展的新技术,有关晶圆级底填料的倒装芯片封装可靠性的试验数据还处于不断积累阶段。晶圆级底部填充的最佳工艺取决于凸点节距、晶圆和芯片尺寸及封装形式等因素。像晶圆级 CSP 一样,晶圆级底部填充会形成多种工艺并存的局面。

5.2.5 底填料用环氧树脂

环氧树脂是环氧底填料最重要的组成部分之一,具有优异的耐热性能,低收缩性能,低吸湿性能,耐腐蚀性能和黏结性能等优点[107],对发展适于不同封装工艺的环氧底填料具有至关重要的作用。以下讨论近年来该领域取得的一些研究进展。

将 1,3-双(3-氨丙基)-四甲基双硅氧烷(SiNH)与四氢苯酐(THPA)在乙酸酐/吡啶的四氢呋喃溶液中反应生成双四氢苯酰亚胺封端的 SiNH;将 SiNH 与间氯过氧苯甲酸(m-CPBA)在二氯甲烷溶液中反应生成含酰亚胺基及有机硅基的脂环族双环氧化合物-1,3-双[3-(4,5-环氧基-1,2,3,6-四氢苯酰亚胺)丙基]-四甲基双硅氧烷(BISE)(见图 5.74)。

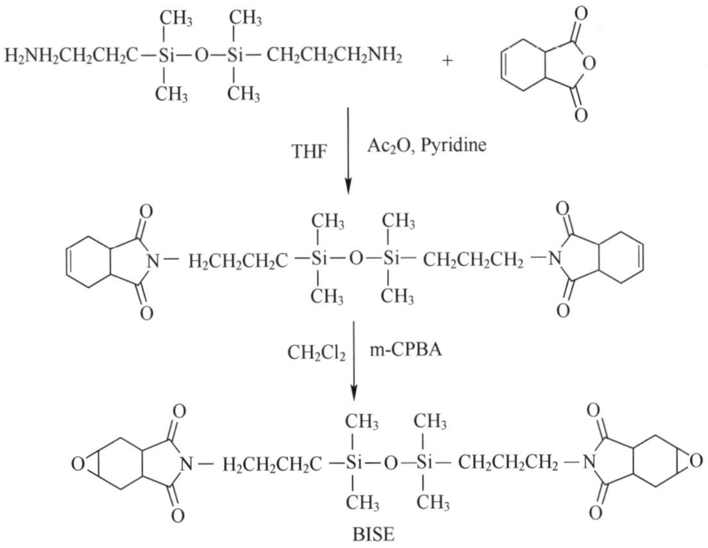

图 5.74 含酰亚胺基及有机硅基的脂环族双环氧化合物的制备过程

将 BISE 或商业化脂环族环氧化合物 ERL-4221 与 4-甲基六氢苯酐（HMPA）或六氢苯酐（HHPA）按环氧基/酸酐基物质的量比为 1∶0.8 在室温下均匀混合；加入质量分数为 1.0%的 1-氰乙基-2-乙-4-甲基咪唑（2E4MZ-CN）作为固化促进剂，然后在 170℃下搅拌一定时间形成液态环氧树脂体系[108]。按照表 5.19 的固化条件进行固化得到热固型环氧树脂固化物。

表 5.19 脂环族环氧树脂的固化条件

样 品	固化温度/℃	固化时间/h	后固化温度/℃	后固化时间/h
BISE/HMPA	180	2	200	2
BISE/HHPA	170	2	190	2
ERL-4221/HMPA	150	2	190	2
ERL-4221/HHPA	140	2	180	2

与商业化脂环族环氧树脂 ERL-4221 相比，BISE/HMPA/2E4MZ-CN 在加热固化过程中释放出的热量较少，其放热峰值温度为 210~220℃（见图 5.75）；同时，在较低温度（120~130℃）就开始出现放热现象，说明固化反应分为两个阶段。BISE/HHPA/2E4MZ-CN 表现出与 BISE/HMPA/2E4MZ-CN 相似的热固化行为。树脂固化物的起始热分解温度超过 300℃，5%热失重温度为 346~348℃，10%热失重温度为 364~365℃，玻璃化转变温度为 102~127℃（见图 5.76）。BISE/HMPA/2E4MZ-CN 树脂固化物与 ERL-4221 树脂力学性能相当，弯曲强度为 63MPa，弯曲模量为 3.35GPa，拉伸强度为 33MPa，拉伸模量为 1.44GPa，体积电阻率为 $2.3\times10^{16}\Omega\cdot cm$，表面电阻率为 $7.3\times10^{16}\Omega$，介电常数（1MHz）为 3.2，介电损耗（1MHz）为 0.0024，吸水率为 0.48%。另外，树脂固化物的极限氧指数为 32，添加硅微粉形成环氧塑封料后阻燃性能可达到 UL 94 V0 阻燃等级。

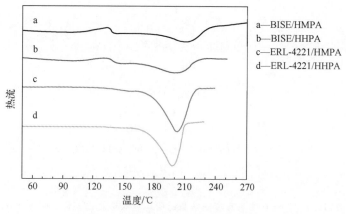

图 5.75 脂环族环氧树脂的固化行为

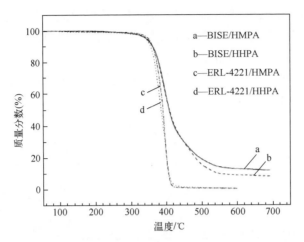

图 5.76 脂环族环氧树脂的耐热性

将含氟基团引入环氧树脂分子结构中制备含氟环氧树脂 1,1-双(4-环氧丙酯苯基)-1-(3'-三氟甲基苯基)-2,2,2-三氟乙烷（BGTF），环氧值为 292g/eq（见图 5.77）[109]。将含氟环氧树脂 BGTF 与酸酐固化剂 4-甲基六氢苯酐（HMPA）按环氧基、酸酐基物质的质量比为 1:1 在搅拌下混合，加入质量分数为 1.0% 的 2E4MZ-CN 固化促进剂，形成 BGTF/HMPA 树脂体系。经 120℃/1h、150℃/2h

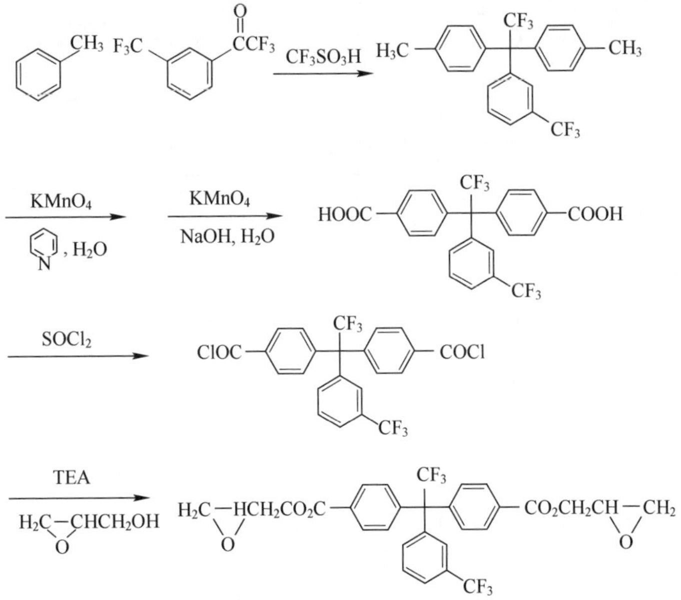

图 5.77 含氟环氧树脂 BGTF 的制备过程

固化后，得到热固性环氧树脂固化物 BGTF/HMPA。将含氟环氧树脂 BGTF 与芳香二胺固化剂 4,4-二氨基二苯甲烷（DDM）按环氧基、氨基物质的质量比为 1:0.8 在搅拌下混合后形成 BGTF/DDM 树脂体系；经 150℃/1h 、190℃/2h 固化后，得到热固性环氧树脂固化物 BGTF/DDM。为了便于比较，将商业化双酚 A 环氧树脂（BADGE）分别与 HMPA 及固化促进剂 2E4MZ-CN 或 DDM 一起制备 BADGE/HMPA 及 BADGE/HMPA 树脂体系（见表 5.20、表 5.21）。

表 5.20 环氧树脂及固化剂的分子结构

组　分	简　写	化 学 结 构
环氧树脂	BGTF	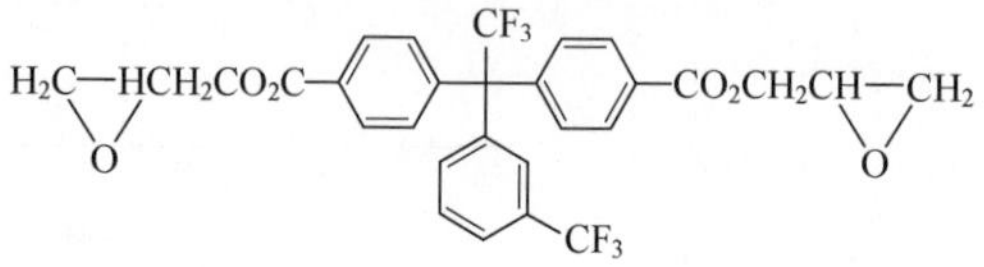
环氧树脂	BADGE	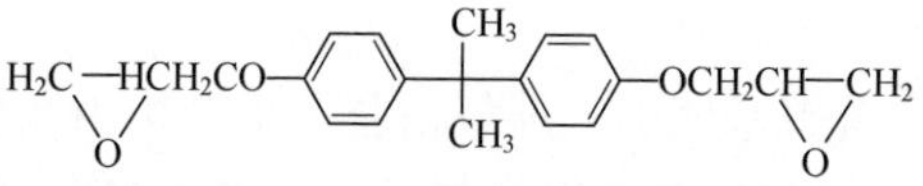
固化剂	HMPA	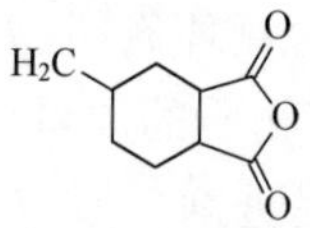
固化剂	DDM	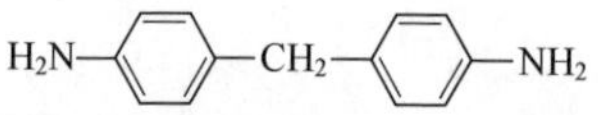

表 5.21 环氧树脂的固化反应条件

样　品	固化温度/℃	固化时间/h	后固化温度/℃	后固化时间/h
BGTF/HMPA	120	1	150	2
BGTF/DDM	150	1	190	2
BADGE/HMPA	130	1	160	2
BADGE/DDM	160	1	200	2

与商业化双酚 A 环氧树脂 BADGE 相比，含氟环氧树脂 BGTF 具有更高的熔融温度，达到最低熔体黏度的温度为 135℃，140℃时熔体黏度为 0.2Pa·s［见图 5.78(a)］。比较 4 个树脂体系的熔体黏度随温度变化的曲线［见图 5.78(b)］，发现 BGTF/DDM 树脂体系熔体黏度较高，100℃时熔体黏度达到 1Pa·s，温度高于 120℃时树脂发生固化反应，树脂熔体黏度快速上升；而 BGTF/HMPA 树脂体系与 BADGE/HMPA 及 BADGE/DDM 树脂体系的流变性能相似，80℃时熔

体黏度降至最低值，为0.2～0.3Pa·s，超过120℃后树脂发生固化反应，树脂熔体黏度快速上升。4个树脂体系在120℃时的凝胶时间为7～17min。

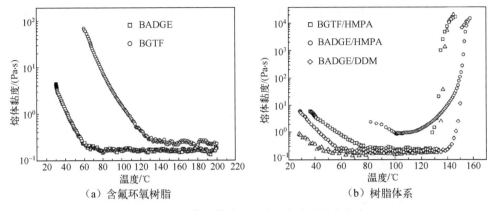

图5.78 含氟环氧树脂及树脂体系的流变曲线

含氟环氧树脂BGTF与不同的固化剂组合形成的树脂体系表现出不同的固化行为，BGTF/HMPA树脂体系的放热峰值为99℃，比BGTF/DDM（93℃）高6℃（见图5.79）。与商业化双酚A环氧树脂（BADGE）相比，含氟环氧树脂表现出较低的耐热性；BGTF/HMPA固化物的T_g为175℃，比BADGE/HMPA（164℃）高11℃；BGTF/DDM固化物的T_g为170℃，比BADGE/DDM（187℃）低17℃，表现出优良的耐热性能。

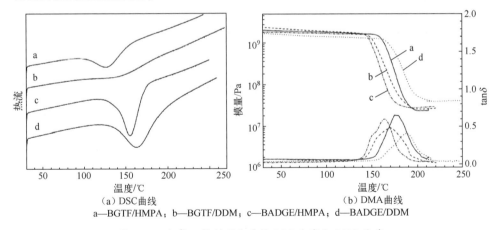

a—BGTF/HMPA；b—BGTF/DDM；c—BADGE/HMPA；d—BADGE/DDM

图5.79 含氟环氧树脂体系的DSC曲线和DMA曲线

BGTF/HMPA树脂固化物与BADGE/HMPA树脂的综合力学性能相当（见表5.22），弯曲强度为123MPa，弯曲模量为2.88GPa，拉伸强度为76MPa，拉伸模量为1.70GPa，体积电阻率为$3.6×10^{16}$Ω·cm，表面电阻率为$2.2×10^{16}$Ω，介电常数（1MHz）为3.2，介电损耗（1MHz）为0.0028，吸水率为0.38%。BGTF/

DDM树脂固化物具有与BADGE/DDM树脂相当的力学性能，弯曲强度为88MPa，弯曲模量为2.79GPa，拉伸强度为56MPa，拉伸模量为1.55 GPa，体积电阻率为$1.2×10^{16}\Omega \cdot cm$，表面电阻率为$2.8×10^{16}\Omega$，介电常数（1MHz）为3.2，介电损耗（1MHz）为0.0021，吸水率为0.40%。可以看出，酸酐固化树脂比有机胺固化树脂具有更高的强度和更低的介电常数及损耗，有利于高频高速信号传输电路的实际应用（见表5.23）。

表5.22 BGTF与BADGE树脂固化物的综合力学性能

样品	弯曲强度/MPa	弯曲模量/MPa	拉伸强度/MPa	拉伸模量/GPa
BGTF/HMPA	123	2.88	76	1.70
BGTF/DDM	88	2.79	56	1.55
BADGE/HMPA	128	2.67	65	1.82
BADGE/DDM	101	2.17	53	1.92

表5.23 环氧树脂固化物的电学与吸水性能

样品	$\rho_v/(\Omega \cdot cm)$	ρ_s/Ω	ε_r (@1MHz)	$tan\delta$	吸水率（%）	
					I	II
BGTF/HMPA	$3.6×10^{16}$	$2.2×10^{16}$	3.2	$2.8×10^{-3}$	0.38	0.85
BGTF/DDM	$1.2×10^{16}$	$2.8×10^{16}$	3.2	$2.1×10^{-3}$	0.40	0.90
BADGE/HMPA	$1.9×10^{16}$	$4.9×10^{16}$	3.5	$7.3×10^{-3}$	0.49	0.92
BADGE/DDM	$2.7×10^{16}$	$4.5×10^{16}$	3.6	$6.9×10^{-3}$	0.41	0.98

注：ρ_v为体积电阻率；ρ_s为表面电阻率；ε_r为介电常数，1MHz，25℃；$tan\delta$为介电损耗；吸水率I为室温浸泡24h；吸水率II为水煮6h。

将1-（4-甲氧基苯基）-2,2,2-三氟甲基乙酮（3FPO）与苯酚在强酸作用下生成1-（4-甲氧基苯基）-1,1-双（4-羟基苯基）-2,2,2-三氟甲基乙烷（3FMO），然后在溴化氢（HBr）/乙酸（AcOH）作用下生成1,1,1-三（4-羟基苯基）-2,2,2-三氟甲基乙烷（3FTO）；3FTO与环氧氯丙烷在碱性条件（NaOH）下反应生成三官能团环氧化合物1,1,1-三（2,3-环氧丙氧基苯基）-2,2,2-三氟甲基乙烷（TEF），其熔点为30℃（见图5.80）[110]。

将酸酐固化剂4-甲基六氢苯酐（HMPA）与含氟三官能团环氧树脂TEF按酸酐基与环氧基物质的量比为0.8:1的比例在60℃下搅拌0.5h混合均匀，然后加入质量分数为0.5%的2E4MZ-CN固化促进剂，形成TEF/HMPA均相液态树脂体系；经80℃/1h、120℃/1h、150℃/1h和170℃/1h固化后，形成热固性环氧树脂固化物TEF/HMPA。将含氟三官能团环氧树脂与芳香族二胺固化剂4,4-二氨基二苯甲烷（DDM）或4,4-二氨基二苯砜（DDS）按氨基、环氧基物质的量

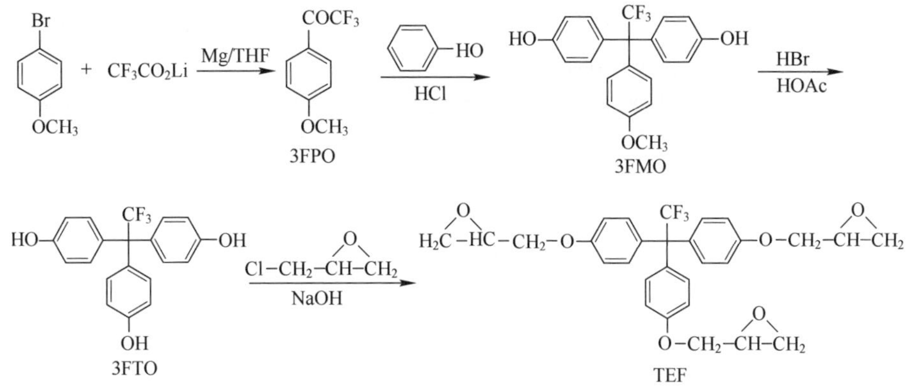

（a）TEF制备过程

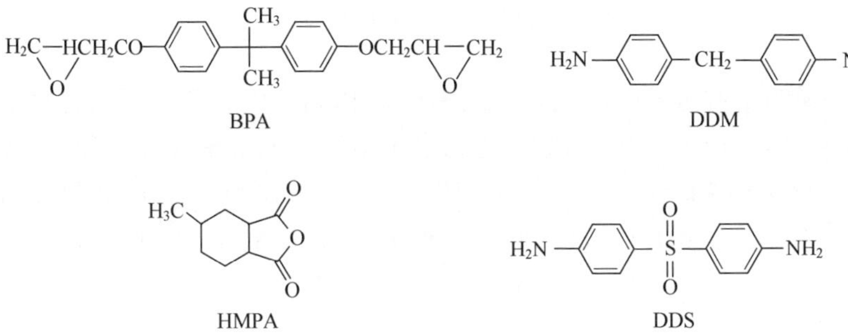

（b）固化剂分子结构

图 5.80　含氟三官能团环氧树脂（TEF）的制备过程及其固化剂的分子结构

比为 1∶1 搅拌混合后形成 TEF/DDM 或 TEF/DDS 树脂体系；经 120℃/1h、150℃/2h、220℃/2h 固化后形成热固性环氧树脂固化物 TEF/DDM 或 TEF/DDS。为了便于比较，将商业化双酚 A 环氧树脂（BPA）分别与 HMPA 及固化促进剂 2E4MZ-CN 或 DDM 或 DDS 制备 BPA/HMPA、BPA/DDM 或 BPA/DDS 树脂体系。

含氟三官能团环氧树脂 TEF 与不同固化剂组合得到的树脂体系表现出不同的固化行为，TEF/HMPA 树脂体系的放热峰值为 122℃，比 TEF/DDM（113℃）高 9℃，比 TEF/DDS（164℃）低 40℃（见图 5.81）。与商业化双酚 A 环氧树脂（BPA）相比，含氟三官能团环氧树脂的耐热性更高；TEF/HMPA 固化物的 T_g 为 185℃，比 BPA/HMPA（142℃）高 43℃；TEF/DDM 固化物的 T_g 为 270℃，比 BPA/DDM（161℃）高 109℃；TEF/DDS 固化物的 T_g 高达 282℃；TEF/HMPA 固化物的 CTE 为 $(46.7 \sim 59.6) \times 10^{-6}$/℃，失重温度均高于 363℃，表现出优良的耐热性能。

TEF/HMPA 树脂固化物与 BPA/HMPA 力学性能相当，弯曲强度为 115MPa，弯曲模量为 2.65GPa；但 TEF/DDM 和 TEF/DDS 树脂固化物的弯曲强度明显低于

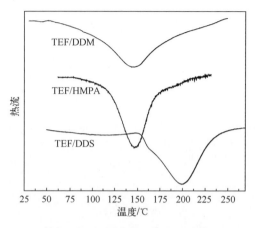

图 5.81 TEF 树脂体系 DSC 曲线

BPA/DDM，说明由有机酸酐固化的 TEF/HMPA 树脂比由有机胺固化的树脂具有更高的力学强度。TEF/HMPA 树脂固化物表现出优异的电绝缘性能和介电性能，体积电阻率为 $8.15\times10^{16}\Omega\cdot cm$，表面电阻率为 $1.65\times10^{16}\Omega$，介电常数（1MHz）为 3.2，介电损耗（1MHz）为 0.00152，吸水率为 0.31%。TEF/DDM 和 TEF/DDS 树脂固化物也表现出与 TEF/HMPA 相似的电绝缘性能和介电性能，有利于高频高速信号传输电路的实际应用（见表 5.24）。

表 5.24 含氟三官能团环氧树脂的主要性能

	TEF/HMPA	TEF/DDM	TEF/DDS	BPA/HMPA	BPA/DDM
T_g（DSC）/℃	185	270	282	142	161
5%热失重温度/℃	348	353	380	387	374
热膨胀系数($\times10^{-6}$/℃)	59.6	54.2	46.7	—	—
弯曲强度/MPa	115	66	64	126	101
弯曲模量/GPa	2.65	2.29	2.49	1.95	2.17
体积电阻率/($\Omega\cdot cm$)	8.15×10^{16}	2.31×10^{16}	1.19×10^{16}	2.29×10^{16}	1.90×10^{16}
表面电阻率/Ω	1.65×10^{16}	6.93×10^{16}	4.51×10^{16}	1.71×10^{16}	4.90×10^{16}
介电常数（@1MHz）	3.2	3.4	3.5	3.2	3.5
介电损耗（@1MHz）	1.52×10^{-3}	2.09×10^{-3}	3.14×10^{-3}	1.45×10^{-3}	7.30×10^{-3}
吸水率（%）	0.31	0.37	0.87	0.48	0.49

基于有机基板封装的倒装芯片中的底填料具有决定性作用，底部填充工艺过程不易控制，成为倒装芯片批量生产的瓶颈。随着硅晶圆技术向着纳米技术的快速发展，特征尺寸已可以小于 5nm，凸点节距和芯片基板间距进一步缩小，无铅

焊料已经替代有铅焊料，低 k 层间介质和铜互连材料已经广泛应用，这些技术革新都对底填料及其工艺带来了新挑战。传统底部填充技术已经取得了较大进步，同时开发出许多新技术，包括非流动性底部填充、模塑型底部填充以及晶圆级底部填充等。非流动性底部填充工艺通过将助焊剂整合到底填料中，去掉了毛细管流动工艺，将焊料回流与底填料固化合并为一个步骤，简化了传统倒装芯片底部填充工艺。然而，由于非流动性底填料中二氧化硅填料会妨碍焊点的形成，非流动性底填料中二氧化硅填充量不能太高，导致非流动性底填料的热膨胀系数偏大，降低了封装的可靠性。为此，开发出了许多提高可靠性的方法，如提高底填料的断裂韧性、采用低 T_g 及低模量底填料以及向底填料中添加其他填充物等。模塑型底部填充工艺将底部填充与模塑工艺结合起来，特别适合于改善倒装芯片封装中的毛细管底部填充胶的流动性和生产效率。为了获得更好的模塑底部填充效果，需要仔细选择材料、优化模具设计和工艺。晶圆级底部填充将前道和后道工艺结合于封装工艺中，成为一种高可靠性、低成本的倒装芯片封装解决方案。通过开发新材料和不同的工艺方法，已经解决了许多材料及工艺方面的难题，包括底填料涂敷、带有底填料的圆片划片、存放时间、图像识别、芯片放置及焊料润湿等。总之，底部填充技术需要封装设计、材料供应商、组装公司以及芯片制造商之间的紧密配合，充分协调材料、工艺及综合性能的相互制约关系成为实现高密度封装的关键技术。

环氧树脂封装材料主要用于保护 IC 芯片免受外部环境因素，包括外部应力及冲击、潮气侵蚀、热冲击、紫外线照射等的影响，同时作为芯片的电绝缘体，确保 IC 芯片在长期使用过程中能够正常工作。随着高密度电子封装技术的快速发展，环氧塑封料和环氧底填料制备技术也将随之不断提升，以满足新的封装工艺和封装形式。

参 考 文 献

[1] 刘岳辉. 塑封料用邻甲酚醛环氧树脂的制备. 北京：北京化工大学，2004.
[2] 谢广超，李兰侠. 电子封装材料-EMC 综述. 集成电路应用，2005，6：10-12.
[3] Iji M, Kiuchi Y. Flame-retardant epoxy resin compounds containing novolac derivatives with aromatic compounds. Polym Adv Technol, 2001, 12: 393-406.
[4] Ding J P, Tao Z Q, Fan L, et al. Synthesis and properties of fluorinated biphenyl-type epoxy resin. J Appl Polym Sci, 2009, 113: 1429-1437.
[5] Ding J P, Tao Z Q, Zuo X B, et al. Preparation and properties of halogen-free flame retardant epoxy resins with phosphorus-containing siloxanes. Polym Bul., 2009, 62 (6): 829-841.
[6] Atsuhito H, Yasuyuki M, Yoshinori N, et al. Epoxy resin composition for semiconductor encap-

sulation: WO02 /057333. 2002.
- [7] Kazuhisa E, Nobuyuki N, Noriaki S. Epoxy resin composition for encapsulating semiconductor: EP1174455. 2002.
- [8] Shimizu H, Niwa K, Tanaka M. Epoxy resin composition and semiconductor device: US6521354. 2003.
- [9] Wu C S, Liu Y L, Chiu Y S. Epoxy resins possessing flame retardant elements from silicon incorporated epoxy compounds cured with phosphorus or nitrogen containing curing agents. Polymer, 2002, 43: 4277-4284.
- [10] Wang W J, Peng L H, Hsiue G H, et al. Characterization and properties of new silicone-containing epoxy resin. Polymer, 2000, 41: 6113-6122.
- [11] Liu Y L, Chen Y J. Novel thermosetting resins based on 4 - (N - maleimidophenyl) glycidylether Ⅱ: Bismaleimides and polybismaleimides. Polymer, 2004, 45: 1797-1804.
- [12] Liu Y L, Chen Y J, Wei W L. Novel thermosetting resins based on 4- (N-maleimidophenyl) glycidylether Ⅰ: preparation and characterization of monomer and cured resins. Polymer, 2003, 44: 6465-6473.
- [13] http://www.strhk.com/forms/Halogen-free Testing.pdf [EB/OL]
- [14] 杨士勇, 丁佳培, 范琳. 含氟酚醛树脂衍生物及其组合物与制备方法: ZL200510117712.2. 2010.
- [15] Iji M, Kiuchi Y, Soyama M. Flame retardancy and heat resistance of phenol-biphenylene-type epoxy resin compound modified with benzoguanamine. Polym Adv Technol, 2003, 14: 638-644.
- [16] Lu D, Wong C P. Materials for Advanced Packaging. Cham: Springer, 2017: 381-385.
- [17] Li Z S, Liu J G, Song T, et al. Synthesis and characterization of novel phosphorous-silicone-nitrogen flame retardant and evaluation of its flame retardancy for epoxy thermosets. J App. Polym Sci, 2014, 131 (24): 40412.
- [18] 郭利静, 张力红, 武红娟, 等. 常用树脂对IC封装用环氧塑封料性能影响. 电子与封装, 2019, 19 (9): 19-23.
- [19] Song T, Li Z S, Liu J G, et al. Synthesis, characterization and properties of novel crystalline epoxy resin with good melt flowability and flame retardancy based on an asymmetrical biphenyl unit. Polym Sci Ser B, 2013, 55 (3-4): 147-157.
- [20] Chen C H, Lee K W, Lin C H, et al. High-Tg, low-dielectric epoxy thermosets derived from methacrylate-containing polyimides. Polymer, 2017, 10 (1): 27.
- [21] Musto P, Gagosta G, Russo P, et al. Thermal oxidative degradation of epoxy and epoxy bismaleimide networks: kinetics and mechanism. Macromolecular Chem & Phys, 2001, 202: 3445-3458.
- [22] Lin H T, Lin C H, Hu Y M, et al. An approach to develop high-Tg epoxy resins for halogen-free copper clad laminates. Polymer, 2009, 50: 5685-5692.
- [23] Wu F, Song B, Hah J, et al. Polyimide incorporated cyanate ester/epoxy copolymers for high-temperature molding compounds. J Polym Sci Part A: Polym Chem, 2018, 56: 2412-2421.
- [24] Wu F, Tuan C C, Song B, et al. Controlled synthesis and evaluation of cyanate ester/epoxy copolymer system for high temperature molding compounds. J Polym Sci Part A: Polym Chem,

2018, 56: 1337-1345.

[25] Li J X, Ren C, Moon K S, et al. Epoxy/triazine copolymer resin system for high temperature encapsulant applications. 2019 IEEE 69th Electronic Components and Technology Conference (ECTC), 2019: 2296-2301.

[26] Iji M, Kiuchi Y. Self-extinguishing epoxy molding compound with no flame-retarding additives for electronic components. J Mater Sci: Mater El, 2001, 12 (12): 715-723.

[27] Chiu H, Chung J. Study of the properties and reliability of EMC packaging material. J Appl Polym Sci, 2010, 90 (14): 3928-3933.

[28] Braun T, Becher K F, Kochi M, et al. Reliability potential of epoxy based encapsulants for automotive applications. Microelectron Reliab, 2005, 45 (9): 1672-1675.

[29] Suhaimi A, Asmah M T. Electrical and reliability performance of molded leadless package for high-voltage application. Procedia Manuf, 2015, 2: 392-396.

[30] 李志生, 周佃香, 刘金刚, 等. 环氧-酚醛树脂体系用固化促进剂的研究与发展. 绝缘材料, 2016, 49 (1): 1-6.

[31] Lee D E, Kim H W, Kong B S, et al, A study on the curing kinetics of epoxy molding compounds with various latent catalysts using differential scanning calorimetry. J Appl Polym Sci, 2017, 134 (35): 45252.

[32] Du X, Xie G, Tan W, et al. Stress reduction of epoxy molding compound and its effect on delamination. 2007 International Symposium on High Density Packaging and Microsystem Integration. Shanghai: IEEE, 2008: 1-5.

[33] Kim W G. Cure properties of self-extinguishing epoxy resin systems with microencapsulated latent catalysts for halogen-free semiconductor packaging materials. J Appl Polym Sci, 2010, 113 (1): 408-417.

[34] 王园园, 田玉洁, 黄文迎. 环氧塑封料固化促进剂的发展现状和前景. 广州化工, 2014, 42 (10): 24-27.

[35] 张未浩. 不同固化促进剂对环氧模塑料的影响. 中国集成电路, 2019, 238: 54-57, 76..

[36] 肖潇, 姜岗岚, 武晓, 等. 固化促进剂对硅微粉复合环氧塑封料性能影响. 绝缘材料, 2018, 51 (12): 23-29.

[37] Ryu J H, Choi K S, Kim W G. Latent catalyst effects in halogen-free epoxy molding compounds for semiconductor encapsulation. J Appl Polym Sci, 2005, 96: 2287-2299.

[38] Takahashi Y, Satou Y. Novel flame retarded epoxy resin "EPICLON© HP-5000". Dic Tech Rev, 2007, 13: 60-62.

[39] Takashi Y, Ryoichi I, Takahiro H. Epoxy resin composition for sealing, and electronic component device using the same: WO2008143016. 2008.

[40] 杨士勇, 宋涛, 封其立. 环氧塑封料与环氧树脂及它们的制备方法 [P]: 201110075118.7. 2011.

[41] Lu D, Wong C P. Materials for Advanced Packaging. Cham: Springer, 2017: 389-416.

[42] May T C, Woods M H. Proceedings of the 16th annual international reliability physics symposium. San Diego, 1978: 33-40.

[43] Rogers B, Scanlan C, Oison T. Implementation of a fully molded fan-out packaging technology. Tempe: Deca Technologies, 2013.

[44] Nezu T. Nikkei Electron, 2013, 1099: 53-60.

[45] Nezu T. Nikkei Electron, 2013, 1150: 33-45.

[46] Abe K. Reality and future prospect of next generation power device and power electronics related apparatus market. Tokyo: Fuji Keizai Co, 2012: 46-55.

[47] Miyairi H, Koike T. Basis & application of structural adhesion. Tokyo: CMC, 2006: 49-55.

[48] http://jp.fujitsu.com/group/labs/techinfo/techguide/list/fingerprint.htm.

[49] http://techon.nikkeibp.co.jp/article/WORD/20060314/114832/.

[50] http://electronics360.globalspec.com/article/4649/apple-samsung-to-drive-fingerprint-sensormarket.

[51] General remarks of epoxy resin, advanced I. Association of epoxy resin technology, 2003, 3: 133-150.

[52] http://www.circuitstoday.com/working-of-fingerprint-scanner-2.

[53] Lu D, Wong C P. Materials for Advanced Packaging. Cham: Springer, 2017: 334-359.

[54] Han S, Wang K K. Analysis of the flow of encapsulant during underfill encapsulation of flip-chips. IEEE Trans Compon Packag Manuf Technol Part B, 1997, 20 (4): 424-433.

[55] Han S, Wang K K, Cho SY. Experimental and analytical study on the flow of encapsulant during underfill encapsulation of flip-chips. Proceedings of the 46th electronic components and technology conference, 1996: 327-334.

[56] Nguyen L, Quentin C, Fine P, et al. Underfill of flip chip on laminates: simulation and validation. IEEE Trans Compon Packag Technol, 1999, 22 (2): 168-176.

[57] Young W B, Yang W L. Underfill of flip-chip: the effect of contact angle and solder bump arrangement. IEEE Trans Adv Packag, 2006, 29 (3): 647-653.

[58] Lewis A, Babiarz A, Ness C Q. Solving liquid encapsulation problem in IC packages. Electronics Engineer, 1998.

[59] Bressers H, Beris P, Caers J, et al. Influence of chemistry and processing of flip chip underfills on reliability. Proceedings of 2nd international conference on adhesive joining and coating technology in electronics manufacturing, Stockholm, Sweden, 1996.

[60] Nysaether J B, Lundstrom P, Liu J. Measurements of solder bump lifetime as a function of underfill material properties. IEEE Trans Compon Packag Manuf Technol Part A, 1998, 21 (2): 281-287.

[61] Palaniappan P, Selman P, Baldwin D, et al. Correlation of flip chip underfill process parameters and material properties with in-process stress generation. Proceedings of the 48th electronic components and technology conference, 1998: 838-847.

[62] Lahoti S P, Kallolimath S C, Zhou J. Finite element analysis of thermo-hygro-mechanical failure of a flip chip package. Shenzhen: Proceedings of IEEE 6th international conference on electronic packaging technology, 2005.

[63] Chen T, Wang J, Lu D. Emerging challenges of underfill for flip chip application. Proceedings of the 54th electronic components and technology conference, 2004: 175-179.

[64] Hwang J S. Lead-free solder: the Sn/Ag/Cu system. Surf Mount Technol, 2000, 18: 30.

[65] Pennisi R, Papageorge M. Adhesive and encapsulant material with fluxing properties: US 5128746. 1992.

[66] Wong C P, Baldwin D. No-flow underfill for flip-chip packages. US Patent Disclosure. 1996.

[67] Wong C P, Shi S H. No-flow underfill of epoxy resin, anhydride, fluxing agent and surfactant: US6180696. 2001.

[68] Wong C P, Shi S H, Jefferson G. High performance no flow underfills for low-cost flip-chip applications. Proceedings of the 47th Electronic Components and Technology Conference, 1997: 850.

[69] Wong C P, Shi S H, Jefferson G. High performance no-flow underfills for flip-chip applications: material characterization. IEEE Trans Compon Packag Manuf Technol Part A: Packag Technol, 1998, 21 (3): 450-458.

[70] Zhang Z, Shi S H, Wong C P. Development of no-flow underfill materials for lead-free bumped flip-chip applications. IEEE Trans Compon Packag Technol, 2000, 24 (1): 59-66.

[71] Johnson R W, Capote M. A, Chu S, et al. Reflow-curable polymer fluxes for flip chip encapsulation. Proceedings of international conference on multichip modules and high density packaging, 1998: 41-46.

[72] ShiS H, Wong C P. Study of the fluxing agent effects on the properties of no-flow underfill materials for flip-chip application. Proceedings of the 48th electronic components and technology conference, 1998: 117.

[73] Shi S H, Wong C P. Study on the relationship between the surface composition of copper pads and no-flow underfill fluxing capability. Proccedings of the 5th international symposium on advanced packaging materials: processes, properties and interfaces, 1999: 325.

[74] ShiS H, Wong C P. Study of the fluxing agent effects on the properties of no-flow underfill materials for flip-chip applications. IEEE Trans Compon Packag Technol Part A: Packag Technol, 1999, 22 (2): 141.

[75] Jang K S, Eom Y S, Choi K S, et al. Synchronous curable deoxidizing capability of epoxy-anhydride adhesive: deoxidation quantification via spectroscopic analysi. J Appl Polym Sci, 2018: 46639.

[76] Shi S H, Yao Q, Qu J, et al. Study on the correlation of flip-chip reliability with mechanical properties of no-flow underfill materials. Proceedings of the 6th international symposium on advanced packaging materials: processes, properties and interfaces, 2000: 271-277.

[77] Miao P, Chew Y, Wang T, et al. Flip-chip assembly development via modified reflowable underfill process. Proceedings of the 51st electronic components and technology conference, 2001: 174-180.

[78] Zhang Z, Lu J, Wong C P. A novel process approach to incorporate silica filler into no-flow underfill: Provisional Patent 60/288, 246. 2001.

[79] Zhang Z, Lu J, Wong C P. A novel approach for incorporating silica fillers into no-flow underfill. Proceedings of the 51st electronic components and technology conference, 2001: 310-316.

[80] Zhang Z, Wong C P. Novel filled no-flow underfill materials and process. Proceedings of the

8th international symposium and exhibition on advanced packaging materials processes, properties and interfaces, 2002: 201-209.

[81] Gross K M, Hackett S, Larkey D G, et al. New materials for high performance no-flow underfill. Denver: Symposium proceedings of IMAPS, 2002.

[82] Oshi M, Pendse R, Pandey V, et al. Molded underfill (MUF) technology for flip chip packages in mobile application. Proceedings of the 59rd electronic components and technology conference, 2010: 1250-1257.

[83] Yen F, Huang L, Kao N, et al. Moldflow simulation study on void risk prediction for FCCSP with molded underfill technology. Proceeding of the IEEE 16th Electronics packaging technology conference EPTC, 2014: 817-821.

[84] Weber P O. Chip package with molded underfill: US 6038136. 2000.

[85] Weber P O. Chip package with transfer mold underfill: US 6157086. 2000.

[86] Gilleo K, Cotterman B, Chen T. Molded underfill for flip chip in package. High density interconnection, 2000: 28.

[87] Braun T, Becker K F, Koch M, et al. Flip chip molding-recent progress in flip chip encapsulation. Proceedings of 8th international advanced packaging materials symposium, 2002: 151-159.

[88] Liu F, Wang Y P, Chai K, et al. Characterization of molded underfill material for flip chip ball grid array packages. Proceedings of the 51st electronic components and technology conference, 2001: 288-292.

[89] Rector L P, Gong S, Miles T R, et al. Transfer molding encapsulation of flip chip array packages. IMAPS proceedings, 2000: 760-766.

[90] Han S, Wang K K. Study on the pressurized underfill encapsulation of flip chips. IEEE Trans Compon Packag Manuf Technol Part B: Adv Packag, 1999, 20(4): 434-442.

[91] Rector L P, Gong S, Gaffney K. On the performance of epoxy molding compounds for flip chip transfer molding encapsulation. Proceedings of the 51st electronic components and technology conference, 2001: 293-297.

[92] Becker K F, Braun T, Koch M, et al. Advanced flip chip encapsulation: transfer molding process for simultaneous underfilling and post encapsulation. Proceedings of the 1st international IEEE conference on polymers and adhesives in microelectronics and photonics, 2001: 130-139.

[93] Shi S H, Yamashita T, Wong C P. Development of the wafer-level compressive-flow underfill process and its required materials. Proceedings of the 49th electronic components and technology conference, 1999: 961-966.

[94] Shi S H, Yamashita T, Wong C P. Development of the wafer-level compressive-flow underfill encapsulant. Proceedings of the 5th international symposium on advanced packaging materials: processes, properties and interfaces, 1999: 337-343.

[95] Gilleo K, Blumel D. Transforming flip chip into CSP with reworkable wafer-level underfill. Proceedings of the pan pacific microelectronics symposium, 1999: 159.

[96] Gilleo K. Flip chip with integrated flux, mask and underfill: WO 99/56312. 1999.

[97] Qi J, Kulkarni P, Yala N, et al. Assembly of flip chips utilizing wafer applied underfill. IPC SMEMA council APEX 2002, proceedings of APEX, San Diego, S18-3-1-S18-3-7.

[98] Tong Q, Ma B, Zhang E, et al. Recent advances on a wafer-level flip chip packaging process, Proceedings of the 50th electronic components and technology conference, 2000: 101-106.

[99] Charles S, Kropp M, Kinney R, et al. Pre-applied underfill adhesives for flip chip attachment. Baltimore: IMAPS proceedings, international symposium on microelectronics, 2001: 178-183.

[100] Zhang Z, Sun Y, Fan L, et al. Study on B-stage properties of wafer level underfill. J Adhes Sci Technol, 2004, 18 (3): 361-380.

[101] Zhang Z, Sun Y, Fan L, et al. Development of wafer level underfill material and process. Singapore: Proceedings of 5th electronic packaging technology conference, 2003: 194-198.

[102] Zenner R L D, Carpenter B S. Wafer-applied underfill film laminating. Proceedings of the 8th international symposium on advanced packaging materials, 2002: 317-325.

[103] Burress R V, Capote M A, Lee Y J, et al. A practical, flip-chip multilayer pre-encapsulation technology for wafer-scale underfill. Proceedings of the 51st electronic components and technology conference, 2001: 777-781.

[104] Sun Y, Zhang Z, Wong C P. Photo-definable nanocomposite for wafer level packaging. Proceedings of the 55th electronic components and technology conference, 2005: 179-184.

[105] Chung C K, Paik K W. Non-conductive films (NCFs) with multi-functional epoxies and silica fillers for reliable NCFs flip chip on organic boards (FCOB). Proceedings of the 57st electronic components and technology conference, 2007: 1831-1838.

[106] Nonaka T, Fujimsru K, Asahi N, et al. Development of wafer level NCF (non conductive film). Proceedings of the 58st electronic components and technology conference, 2008: 1550-1555.

[107] Tong L J, Wang P, Xiao F. Synthesis and properties of novel controlled thermally degradable epoxy resin for electronic packaging. Journal of Functional Materials and Devices, 2006, 12 (2): 147-150.

[108] Tao Z Q, Yang S Y, Chen J S, et al. Synthesis and characterization of imide ring and siloxane-containing cycloaliphatic epoxy resins. Eur Polym J, 2007, 43: 1470-1479.

[109] Tao Z Q, Yang S Y, Ge Z Y, et al. Synthesis and properties of novel fluorinated epoxy resins based on 1,1-bis(4-glycidylesterphenyl)-1-(30-trifluoromethylphenyl)-2,2,2-trifluoroethane. Eur Polym J, 2007, 43: 550-560.

[110] Ge Z Y, Tao Z Q, Liu J G, et al. Synthesis and characterization of novel trifunctional fluorine containing epoxy resins based on 1,1,1-tris(2,3-epoxypropoxyphenyl)-2,2,2-trifluoroethane. Polym J, 2007, 39 (11): 1135-1142.

第 6 章

导电导热黏结材料

导电黏结材料（Electrically Conductive Adhesives，ECA）由聚合物树脂基体、导电填料及稀释剂等组分组成，包括液态膏状导电胶和固态导电胶膜两种类型。ECA 经加热固化后形成的固态黏结相，不但可为被黏结器件部位之间提高优良的导电通道，而且可为封装器件提供足够的力学强度。ECA 的导电性能由导电填料颗粒在固态黏结相中形成相互连接的导电通道提供，而力学强度由加热固化后形成的热固性树脂相提供[1-3]。根据导电性能的各向异性或各向同性，ECA 可分为各向异性导电黏结材料（Anisotrophically Conductive Adhesives，ACA）和各向同性导电黏结材料（Isotropically Conductive Adhesives，ICA）。

导热黏结材料（Thermally Conductive Adhesives，TCA）也用于芯片与引线框架或基板之间的黏结，由聚合物树脂基体、导热填料及稀释剂等组分组成，对提高 IC 电路封装的散热性具有重要作用。芯片黏结材料（Die Attach Adhesive，DAA）主要用于芯片与引线框架或基板之间的黏结，主要由聚合物树脂基体与导电性或绝缘性粉体填料等组成，对 IC 封装的可靠性和服役性具有至关重要的作用。

本章主要介绍导电黏结材料，包括各向同性导电黏结材料及各向异性导电黏结材料、芯片黏结材料和导热黏结材料。

6.1 各向同性导电黏结材料

如上所述，ICA 由聚合物树脂基体和导电填料复合而成，其中导电填料通过导电颗粒之间的接触形成导电通道并为材料提供导电性能。当导电填料含量超过材料临界值后，材料的电学性质从绝缘体转变为导体。渗流理论可以解释 ICA 的电学转变特性。在填料体积分数低时，随着填料含量的增加，ICA 的电阻率逐渐降低；当填料体积分数超过一个临界值后，电阻率发生急剧下降，该填料临界值

被称为渗流阈值 V_c（见图 6.1）。在填料体积分数达到或高于渗流阈值时，所有导电粒子相互接触形成一个三维导电网络；随着填料分数的进一步增加，电阻率仅略有下降[4-6]。因此，根据渗流理论，为了获得导电性，ICA 中导电填料的体积分数必须等于或高于临界体积分数。与焊料类似，ICA 可同时具有电气连接和机械连接双重功能，其中聚合物树脂提供机械稳定性，而导电填料提供导电性。由于填料负载量过高会导致黏接头的力学强度下降，制备 ICA 的最大挑战是如何最大限度地提高导电填料的含量以实现高导电性，并且不会明显劣化材料的力学性能。在典型 ICA 配方中，导电填料的体积分数为 25%～30%[7-8]。

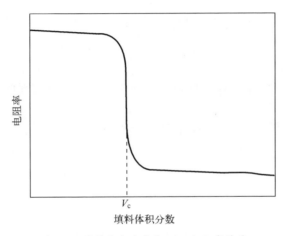

图 6.1 填料体积分数与 ICA 电阻率关系

6.1.1 ICA 的组成及制备

ICA 主要由聚合物树脂基体、导电填料及添加剂等组成，下面介绍树脂基体和导电填料。

1）树脂基体

ICA 的聚合物树脂基体应具有保存期长、室温稳定性好、快速固化、耐热性高、吸湿性低和黏结性高等特点[9]。大多数商业化的 ICA 必须在低温下保存和运输（通常为 -40℃），以防止固化，保存期限对于 ICA 的实际应用是一个非常重要的因素。为了在室温下达到理想的稳定性，必须选择适宜的固化剂。商业化 ICA 通常选用固体固化剂，在室温下不溶于环氧树脂基体，而在较高温度（固化温度）下可溶解于环氧树脂，并快速与环氧树脂发生反应进行固化。采用潜伏性固化剂是一种有效的方法；将咪唑类混合物包覆在聚合物树脂胶囊中，室温下聚合物胶囊不会溶解或与环氧树脂发生反应，而在较高温度下聚合物胶囊外壳破裂，咪唑类分子从胶囊微球中释放出来引起环氧树脂固化反应。快速固化是 ICA 令人关注的特性，缩短固化时间可提高生产能力，降低生产成本。为了实现快速固化，可在环氧树脂基体配方中加入适当的固化剂和催化剂（如咪唑和叔胺等）。

2）导电填料

导电填料使 ICA 具有导电性。为了获得高电导率，填料含量必须等于或高于渗流理论预测的临界含量。常用导电填料如下。

（1）银微粉。银微粉是目前应用最广的导电填料，因为其氧化物（氧化银，Ag_2O）也具有优良的导电性，这在所有具有成本效益的金属中是独一无二的。通常，金属氧化物是电绝缘体，如铜粉在老化后会变成不良导体，镍基和铜基导电胶液容易被氧化，导致其导电稳定性差[7]。ICA 金属银微粉最常见的形状为片状，片状填料比球形填料具有更大的表面积、更多的接触点和更多的电通路。填料粒径一般为 $1\sim20\mu m$，较大的粒径倾向于使材料具有较强的导电性能和较低的黏度[10]。

（2）纳米线银。与传统的微米级银微粉填充 ICA 相比，纳米线银填充 ICA 在较低的填充量时就可获得相似的导电性能，即使纳米线之间具有较少的接触（较低的接触电阻），也具有显著的隧道效应，形成更稳定的导电网络通道[11]。由于较低的填料负载量，填充纳米线银的 ICA 往往具有更好的力学性能（如剪切强度）。

在微米级银微粉填充的 ICA 中添加纳米线银对 ICA 的导电性能产生了负面影响，可能归因于纳米线银产生了额外的接触电阻；但将 ICA 加热到更高的温度时又显著降低了电阻率，可能归因于纳米线银的高活性，而对于微米尺度的浆料，这种温度效应是可以忽略的。银原子在纳米颗粒间的相互扩散有助于显著降低接触电阻和电阻率[12-16]。

（3）原位纳米银包覆银片。采用多巴胺氧化自聚合法在金属银片表面包覆一薄层聚多巴胺作为银离子的化学吸附位点，使还原的银纳米颗粒沉积。然后，采用一步还原法将银纳米颗粒固定在聚多巴胺包覆的银薄片表面，使银纳米颗粒均匀分散在填充银薄片的黏合剂中。这种方法能够得到平均直径小于 50nm 的致密银纳米颗粒层，完全覆盖在银片表面［见图 6.2（a）］，形貌分析表明银纳米颗粒烧结形成了片间互连［见图 6.2（b）］；电学测量表明纳米颗粒在薄片表面的覆盖密度和聚多巴胺涂层的厚度都对银纳米颗粒的烧结及黏合剂的电阻率具有明显影响[17]。

（4）镀银层铜微粉。铜微粉填充 ICA 的一个最大难题是铜微粉的氧化和腐蚀，使 ICA 在高温和高湿条件下导电性能的长期可靠性退化。人们曾试图采用多种有机化合物对铜微粉表面进行防腐保护，但仍没有解决其高温下的热稳定性难

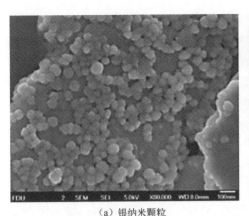
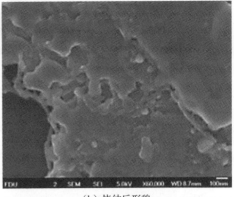

(a) 银纳米颗粒　　　　　　　　　　(b) 烧结后形貌

图 6.2　银片上形成的银纳米颗粒及 180℃ 烧结后银片间纳米颗粒形貌[29]

题。研究发现，在铜微粉表面上镀银涂层，并加入有机胺固化剂，通过对原位氧化/腐蚀进行预防是一种获得导电性稳定的 ICA 的有效途径[18]。有机胺类固化剂可与镀银层铜微粉表面暴露的铜进行配位，防止 ICA 在 150℃ 固化过程中使铜暴露发生氧化反应。固化后形成的二级和三级胺类化合物还能进一步有效地保护暴露在恶劣环境中的铜微粉表面免受氧化/腐蚀。采用球形镀银铜微粉填充的 ICA 表现出很稳定的导电稳定性，主要归因于球形铜微粉上的银涂层覆盖率更完整[19]。

(5) 铜纳米颗粒。在空气中固化时，铜微米棒填充的环氧树脂 ICA 可以形成通畅的导电通道，体积电阻率可低至 $10^{-4}\ \Omega\cdot cm$ [20]。导电通道是在树脂固化过程中通过两个不同的过程形成的，包括填料微观网络结构和填料颗粒之间的导电通道。随着树脂基体交联反应程度的变化，通过填料颗粒之间导电通道的电导率会发生变化。在空气中固化的过程中，在黏合剂中形成导电通道的温度范围内，可以减少黏合剂中 Cu-胺络合物的形成。

在铜纳米颗粒表面包覆有机保护层可以有效防护铜纳米颗粒被空气氧化[21]。有机物包覆铜填料的 ICA 在高温老化过程中的体积电阻率比纯铜填料的 ICA 更稳定，但比传统银填料的 ICA 差。

(6) 碳纳米管 (CNT)。碳纳米管是碳的一种特殊形式[22]，是由石墨片卷成的无缝圆柱体。除生长单壁纳米管 (SWNT) 外，在其他圆柱体内部还可以形成多壁纳米管 (MWNT)。碳纳米管是具有一定扭曲度的手性结构，石墨环以柱状方式连接在一起，手性能够决定纳米管以金属还是半导体的方式导电。碳纳米管具有许多独特而显著的性质，金属碳纳米管的电导率测量值约为 $10^4 S/cm$ [22]。由于碳纳米管具有非常低的密度和高的纵横比，有可能实现在聚合物树脂基体中以非常低的质量百分比负载达到渗流阈值。

在银微粉填充的 ICA 中加入碳纳米管，当银微粉填充量仍低于渗流阈值时，就可以极大地提高 ICA 的导电性[23]，有望通过添加少量碳纳米管来降低银微粉添加量，并达到相同的导电性。尽管碳纳米管具有优异的物理性能，但由于其特殊的表面性质，将其与其他材料结合起来是一个相当大的挑战，必须克服诸如相分离、聚集、分散性差及黏附性差等问题。适当的表面处理可以增强碳纳米管与树脂基体之间的相互作用，从而提高碳纳米管在树脂基体中的分散性，改善 ICA 的力学和电学性能[24-25]。一般来讲，碳纳米管填充的 ICA 比传统的银片填充的 ICA 具有更高的体积电阻率和接触电阻[26]。

（7）AgNPs/还原氧化石墨烯（rGO）。在还原氧化石墨烯纳米片的两侧制备 15~20nm、尺寸分布窄的银纳米颗粒；混合 AgNPs/rGO、银片和环氧树脂制备 ECA。当导电填料总量为 70% 时，AgNPs/rGO 的质量分数为 0.2%，体积电阻率（$8.76 \times 10^{-5} \Omega \cdot cm$）低于填充纯银片的体积电阻率（$1.11 \times 10^{-4} \Omega \cdot cm$）[27]。

（8）低熔点金属填料。为了改善电学性能和机械性能，在 ICA 配方中可使用低熔点金属填料，导电填料粉末涂有低熔点金属。导电粉末可以是 Au、Cu、Ag、Al、Pd 或 Pt，而低熔点金属可从可熔金属中选择，如 Bi、In、Sn、Sb 或 Zn。填充颗粒涂上低熔点金属后，可将其熔融以实现相邻颗粒之间及颗粒与使用该黏结材料连接的黏结焊盘之间的冶金互连[28-29]。此外，短切碳纤维也被用作导电胶的导电填料[4,30]，但碳纤维基导电胶的导电性远差于银填充的导电胶。

6.1.2 ICA 的结构与性能

将环氧树脂（E-44,6601）、固化剂（650，聚酰胺树脂）、硬化剂（缩水甘油醚，Glycidol Ether）、催化剂（偶联剂，KH-550）和溶剂二甲苯在反应瓶中充分搅拌后，加入银微粉，继续搅拌，经超声波中分散 10min，得到银微粉填充的环氧树脂导电胶（ICA）[31]。研究发现，银微粉的粒径及填充量对 ICA 体积电阻率具有明显的影响（见表 6.1）。粒径为 1μm、填充量为 75% 的 ICA（Ag/Ep-1）的体积电阻率为 $7.5 \times 10^{-3} \Omega \cdot cm$，比传统 Sn40/Pb60 焊料的体积电阻率（$3 \times 10^{-4} \Omega \cdot cm$）高 25 倍；当银微粉填充量降低至 56% 时，ICA（Ag/Ep-2）的体积电阻率升高至 $3.64\Omega \cdot cm$；当银微粉的粒径降低至 0.1μm（100nm）、填充量为 56% 时，ICA（Ag/Ep-3）的体积电阻率降低了 90%（$0.365\Omega \cdot cm$）；当进一步降低银微粉的粒径至 0.037μm（37nm）、填充量为 56% 时，ICA（Ag/Ep-4）的体积电阻率降低至 $1.2 \times 10^{-4} \Omega \cdot cm$，约为传统 Sn40/Pb60 焊料的 4 倍。显然，提高银微粉填充量至超过阈值是获得高导电率的有效保障；另外，减少银微粉粒径至纳米级（小于 50nm），并提高银微粉填充量为 56% 时，也可获得高的导电率。

表 6.1　银微粉的粒径及填充量对 ICA 体积电阻率的影响

ICA	银微粉粒径/μm	银微粉填充量（质量分数）	体积电阻率/($\Omega \cdot cm$)	剪切强度/MPa
Sn40/Pb60 焊料	—	95%	3.0×10^{-5}	40.0
Ag/Ep-1	1.0	75%	7.5×10^{-4}	14.7
Ag/Ep-2	1.0	56%	3.64	17.3
Ag/Ep-3	0.1	56%	3.65×10^{-1}	17.5
Ag/Ep-4	0.037	56%	1.2×10^{-4}	17.6

当银微粉填充量为 56% 时，ICA 的剪切强度为 17.3～17.6MPa；提高银微粉填充量至 75% 时，ICA 剪切强度有所下降（14.7MPa）。但是，ICA 的剪切强度都比 Sn40/Pb60 焊料的（40MPa）低，可能因为树脂基体具有较低的剪切强度（30MPa）所致。

将双酚 A 环氧树脂（R-128）、固化剂 4-甲基六氢苯酐（MHHPA）、催化剂 2-乙基-4-甲基咪唑（2E4MZ）按质量比 100∶85∶5 搅拌混合均匀后，超声波分散 30min；然后分别加入 75%、65% 和 55% 的片状银微粉或纳米线银，搅拌均匀后，经超声波分散 30min，使银微粉均匀分散在树脂基体中形成 ICA，分别得到 75% 银微粉填充的 ICA（Ag/Ep-75）、65% 银微粉填充的导电胶（Ag/Ep-65）和 55% 银微粉填充的导电胶（Ag/Ep-55）[32]。55% 纳米线银填充的导电胶（Ag/Ep-55）的体积电阻率随着固化温度的提高而快速降低（见图 6.3）。当固化温度为 180℃/1h 时，固化后 ICA 的体积电阻率为 $46 \times 10^{-4} \Omega \cdot cm$；当固化温度为 250℃/1h 时，固化后 ICA 的体积电阻率为 $10 \times 10^{-4} \Omega \cdot cm$；当固化温度为 300℃/1h 时，

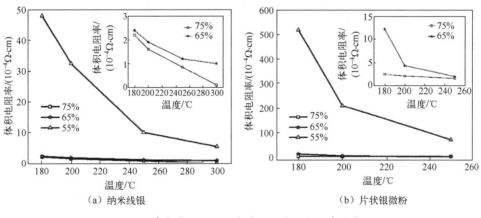

图 6.3　填充量及固化温度对 ICA 体积电阻率的影响

固化后ICA的体积电阻率为0.3mΩ·cm。提高纳米线银填充量至65%后，当固化温度超过180℃/1h时，固化后ICA的体积电阻率降至低于0.23mΩ·cm。随着固化温度从180℃/1h提高至300℃/1h，纳米线银填充量为75%的ICA的体积电阻率从$2.2 \times 10^{-4} \Omega \cdot cm$进一步降低至$0.2 \times 10^{-4} \Omega \cdot cm$，达到Sn40/Pb60焊料（$3.0 \times 10^{-5} \Omega \cdot cm$）的水平。

片状银微粉填充环氧树脂的ICA具有与纳米线银微粉填充的ICA相似的体积电阻率与固化温度关系［见图6.3（b）］。但是，在银微粉填充量相同的条件下，前者的体积电阻率更高，导电率更低。可见，纳米线银微粉填充环氧树脂的ICA不但比片状银微粉填充ICA具有更好的导电性，而且可达到与Sn40/Pb60焊料相当的水平。

将双酚A环氧树脂（R-128）、固化剂4-甲基六氢苯酐（MHHPA）、催化剂2-乙基-4-甲基咪唑（2E4MZ）按质量比100∶85∶5混合后，搅拌均匀，经超声波分散30min；分别加入75%和65%的片状银微粉和纳米线银混合物，搅拌均匀，超声波分散30min，使银微粉均匀分散在树脂基体中形成ICA，分别得到75%银微粉填充的导电胶（Ag/Ep-75）和65%银微粉填充的导电胶（Ag/Ep-65）[33]。图6.4比较了纳米线银微粉用量对两种导电胶导电性能的影响。对于Ag/Ep-75，随着固化温度由150℃/1h提高到300℃/1h，固化后导电胶的接触电阻率逐渐降低，即导电率提高［见图6.4（a）］。当固化温度为200℃/1h时，固化后导电胶的接触电阻率趋于稳定，达到0.17mΩ·cm；当固化温度为300℃/1h时，固化后导电胶的接触电阻率达到$(3\sim4) \times 10^{-2}$mΩ·cm，接近Sn40/Pb60焊料（3×10^{-2}mΩ·cm）的水平。纳米线银与片状银微粉质量比对导电胶的导电性能也有一定影响。当固化温度为150℃/1h时，纳米线银与片状银微粉质量比超过10/65后，固化后导电胶的接触电阻率才能够趋于稳定，达到$2.7 \times 10^{-4} \Omega \cdot cm$；当固化温度超过180℃/1h后，纳米线银与片状银微粉质量比对固化后导

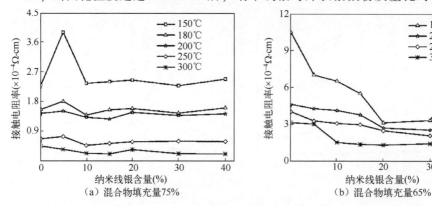

图6.4　片状银微粉与纳米线银混合物填充环氧树脂导电胶的接触电阻率变化

电胶的接触电阻率不再具有明显影响。

对于 Ag/Ep-65，随着固化温度由 150℃/1h 提高到 300℃/1h，固化后导电胶的接触电阻率逐渐降低［见图 6.4（b）］。当固化温度为 200℃/1h 时，固化后导电胶的接触电阻率为 $0.3\mathrm{m\Omega \cdot cm}$；当固化温度为 300℃/1h 时，固化后导电胶的接触电阻率为 $(0.1\sim 0.2)\mathrm{m\Omega \cdot cm}$。纳米线银与片状银微粉质量比对导电胶的导电性能具有明显影响。当固化温度为 180℃/1h 时，纳米线银与片状银微粉质量比超过 20∶45 时，固化后导电胶的接触电阻率为 $0.3\mathrm{m\Omega \cdot cm}$，当纳米线银与片状银微粉质量比超过 30∶35 后，固化后导电胶的接触电阻率又快速升高；当固化温度超过 200℃/1h 时，纳米线银与片状银微粉质量比对固化后导电胶的接触电阻率仍然具有一定影响，尤其在纳米线银与片状银微粉质量比低于 20∶45 时。因此，纳米线银填充量对提高 ICA 的导电率具有重要作用。

采用有机分子对银微粉表面进行处理后，ICA 接触电阻率可得到明显改善。纳米线银表面经过戊二酸（Glutaric Acid）处理后，与片状银微粉混合，形成银微粉填料；然后，与环氧树脂混合形成银微粉质量分数为 65% 的 ICA。当分别进行 180℃/1h 和 250℃/1h 的加热固化时，银微粉表面处理对 ICA 接触电阻率的影响如图 6.5 所示。经 180℃/1h 固化后，在纳米线银与片状银微粉质量比为 0∶65 至 40∶15 的范围内，ICA 的接触电阻率比未处理样品低，即导电率高；在纳米线银与片状银微粉质量比为 20∶45 至 30∶35 的范围内，接触电阻率达到最低值，约为 $1\mathrm{m\Omega \cdot cm}$。在更高固化温度下（250℃/1h），经戊二酸表面处理后的纳米线银与片状银微粉质量比大于 15∶50 时，ICA 接触电阻率比未处理样品低，且随着纳米银线含量的提高，接触电阻率逐渐降低。当纳米线银与片状银微粉质量比大于 40∶15 时，ICA 接触电阻率降低至约 $1\mathrm{m\Omega \cdot cm}$。

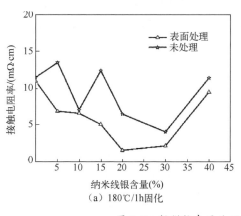 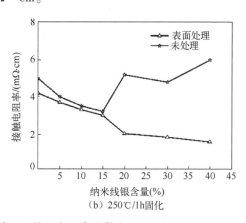

(a) 180℃/1h 固化　　　　(b) 250℃/1h 固化

图 6.5　银微粉表面处理对 ICA 接触电阻率的影响

图 6.6 比较了含 65%的片状银微粉/纳米线银（20/45）的 ICA 经 180℃/1h 和 250℃/1h 固化后的分散状态。可以看出，经 250℃/1h 固化的 ICA 中银微粉的分布更均匀、更致密。

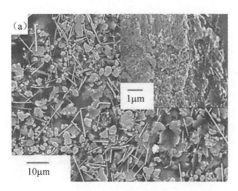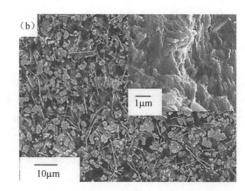

图 6.6 经 180℃/1h 和 250℃/1h 固化后 ICA 中银微粉的分散状态

自 1956 年以来，银微粉填充树脂导电胶 ICA 一直作为 Sn/Pb 焊料的替代材料，应用于电子工业领域，其使用性能也获得了显著改进。与传统焊料相比，ICA 具有许多优点，包括低黏结工艺温度、低基板内应力、环境友好、工艺简单、操作方便等。然而，银填料的高价格一直阻碍着银填充 ICA 的广泛应用。近年来，人们开展了用金属铜取代金属银制备低成本 ICA 的研究工作，取得了令人注目的进展。与银相比，金属铜具有高导电率、低成本、低电荷迁移率等优点，但也具有化学活性高、易被氧化和腐蚀等缺点。由铜微粉填充环氧树脂的 ICA 导电性能不稳定，即使在温度 85℃、湿度 85%、24h 湿热老化过程中，电阻率也会明显升高。为了提高铜微粉的抗氧化性和抗腐蚀性，将低熔点金属或合金，如 Sn、Si/Sn 或银等包覆在铜表面上形成低熔点金属包覆的铜微粉可有效提高铜的抗氧化/腐蚀性，其中银包覆片状铜（Ag/Cu）的效果最好。然而，由于银无法完全包覆铜微粉的所有表面，裸露的铜仍然会被氧化和腐蚀，也会引起 ICA 导电性能的下降。研究发现，采用有机碱分子（如三嗪、胺或氨基酸等）对铜表面进行处理可以提高铜的抗氧化性及抗腐蚀性；但是，由于这些抗腐蚀剂在高温下都不稳定，会引起 ICA 导电性能及力学性能的劣化。

将双酚 F 环氧树脂（DGEBF，环氧当量为 165～173g/eq）、固化剂有机胺（异佛尔酮二胺，IPDA）或有机酸酐（4-甲基六氢苯酐，MHHPA）、催化剂 1-腈乙基-2-乙基-4-甲基咪唑（2E4MZCN）搅拌混合均匀后，加入质量分数 80%的银包覆片状铜（Ag/Cu）微粉搅拌均匀后，经超声波分散，使 Ag/Cu 微粉均匀分散在树脂基体中形成 ICA，得到质量分数为 80% Ag/Cu 的导电胶，经 150℃/1h 固化后测定其导电性能[34]。结果发现，与有机酸酐作为固化剂的 ICA 的体积电阻率（1～2）×10^{-2}Ω·cm）相比，有机胺（IPDA）作为固化剂的 Ag/Cu 微粉填充 ICA 的体积电阻率更低，为（1～2）×10^{-3}Ω·cm；经过 85℃/1050h 的热老化后，有机酸酐和有机碱固化的 ICA 的体积电阻率保持稳定，没有明显升高，表现出优异的耐热稳定性；进而，经过温度 85℃、湿度 85%、1050h 的湿热老化后，有机碱固化的 ICA 的体积电阻率没有明显升高，具有很好的耐湿热稳定性，而有机酸酐（IPDA）固化的 ICA 的体积电阻率随着湿热老化时间的延长而线性增加，耐湿热稳定性差。图 6.7 展示了有机酸酐和有机碱固化 ICA 的体积电阻率随环境老化时间的变化。图 6.8 展示了有机酸酐和有机碱固化 ICA 经 255℃回流焊热冲击后体积电阻率的变化。

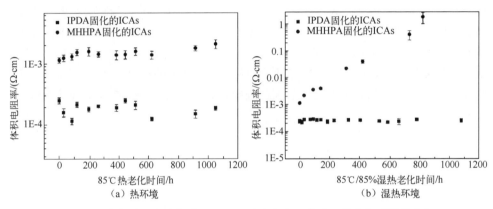

图 6.7 有机酸酐和有机碱固化 ICA 的体积电阻率随环境老化时间的变化

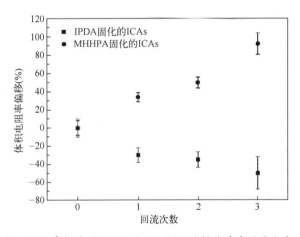

图 6.8 有机酸酐和有机碱固化 ICA 经 255℃回流焊热冲击后体积电阻率的变化

首先，将片状铜微粉在 10%稀硫酸水溶液中处理，然后依次用去离子水、无水乙醇洗涤除去铜微粉表面的氧化物；其次，将铜微粉加入 10%有机酸（Lactic

Acid/乳酸，Glutaric Acid/戊二酸或 Glycollic Acid/羟基乙酸）的无水乙醇溶液中进行超声分散；最后，将铜微粉用无水乙醇洗涤除去残余的硫酸，在真空条件下加热干燥，得到有机酸分子表面处理的片状铜微粉。将双酚 A 环氧树脂（Dow 332）、固化剂 4-甲基六氢苯酐（MHHPA）、催化剂 2-乙基-4-甲基咪唑（2E4MZCN）按质量比 100:85:1 搅拌混合均匀，超声波分散 30min，然后加入经有机酸分子表面改性的片状铜微粉，搅拌均匀，使铜微粉均匀分散在树脂基体中形成 ICA，经 180℃/1h 固化后测定其体积电阻率[35]。

经乳酸分子处理的铜微粉填充量（55%～80%）对 ICA 体积电阻率具有明显影响（见图 6.9）。当铜微粉填充量为 50% 时，ICA 表现出介电材料的特性；当铜微粉填充量为 55% 时，ICA 体积电阻率降低至 $7.3\Omega \cdot cm$；当铜微粉填充量提高至 60% 时，ICA 体积电阻率进一步降低至 $3.2 \times 10^{-3}\Omega \cdot cm$；在铜微粉填充量从 60% 逐渐提高至 75% 的过程中，ICA 体积电阻率逐渐从 $3.2 \times 10^{-3}\Omega \cdot cm$ 降低至 $2 \times 10^{-4}\Omega \cdot cm$。当铜微粉填充量进一步提高至 80% 时，ICA 的黏度太大，流动性太差，无法准确施加在基板表面的预定位置。因此，铜微粉填充量为 75% 是比较合适的。

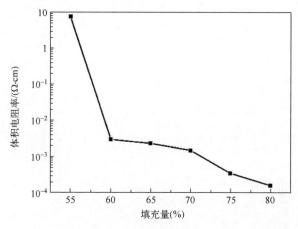

图 6.9　经乳酸分子处理的铜微粉填充量对 ICA 体积电阻率的影响

将铜微粉填充量固定为 75%，对铜微粉表面进行处理的有机酸分子结构对所制备的 ICA 的体积电阻率［见图 6.10（a）］及耐湿热稳定性也具有明显影响。经羟基乙酸处理的铜微粉所制备的 ICA 具有最低的体积电阻率，约为 $10^{-4}\Omega \cdot cm$，而且经 650h 的 85℃/85% RH 湿热老化后体积电阻率也没有发生明显的变化，说明具有很好的抗湿热性能。与羟基乙酸相比，经乳酸和戊二酸处理的铜微粉所制备的 ICA 的体积电阻率虽然稍微有所提高，约为 $3 \times 10^{-4}\Omega \cdot cm$，但也表现出很好的抗湿热性能。另外，有机酸分子结构对所制备的 ICA 的接触电阻的影响没有明显差别,都表现出了优异的抗湿热性能 [见图 6.10 (b)]。

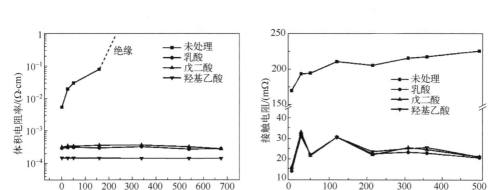

(a) 对体积电阻率的影响　　(b) 对接触电阻的影响

图 6.10　有机酸分子结构对 ICA 体积电阻率及接触电阻的影响

采用有机酸分子对铜微粉表面进行修饰主要是保护片状铜粉在与树脂基体混合制备 ICA 之前不会被氧化。由于吸附在铜表面的有机酸分子可能不会全部覆盖铜表面,通常需要在制备 ICA 时再添加一定的有机酸分子。固定有机酸处理铜微粉的添加量为 75%,分别加入 1%、3% 和 5% 的有机酸分子后,ICA 的体积电阻率明显下降(见图 6.11)。当有机酸分子乳酸添加量为 1% 时,ICA 的体积电阻率从 $3 \times 10^{-4} \Omega \cdot cm$ 下降至 $7.9 \times 10^{-5} \Omega \cdot cm$;当乳酸添加量提高至 3% 时,ICA 的体积电阻率进一步下降至 $4.5 \times 10^{-5} \Omega \cdot cm$;当进一步提高有机酸分子的添加量时,对电学性能不再有明显影响。与戊二酸和羟基乙酸相比,乳酸表现出了最佳的添加效果。

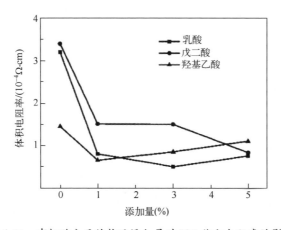

图 6.11　有机酸分子结构及添加量对 ICA 体积电阻率的影响

有机酸分子结构对所制备的ICA的黏结性能也具有明显影响（见图6.12）。经乳酸处理的铜微粉所制备的ICA表现出最佳的黏结性及耐湿热稳定性，其黏结强度达到43MPa，经500h 85℃/85% RH湿热老化处理后黏结强度没有明显下降，与未进行表面处理的铜微粉填充的ICA相当。与乳酸相比，戊二酸和羟基乙酸处理的铜微粉所制备的ICA的导电性及抗湿热性有所弱化。代表性各向同性导电胶的主要性能如表6.2所示，导电胶按照组成可分为单组分、双组分等；按照施胶工艺可分为点胶、丝网印刷等；按照固化条件，可分为室温固化、快速固化和高温固化等。

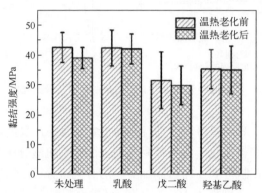

图6.12 有机酸分子结构对ICA黏结性能的影响

表6.2 代表性各向同性导电胶的主要性能

产品	固化	产品应用	货架寿命	黏度(psi)	固化时间	T_g/℃	CTE($\times 10^{-6}$/℃)	体积电阻率/($\Omega \cdot m$)	工作寿命(室温)
3880	单组分，加热固化	采用针筒或丝网印刷工艺，涂填充银的导电胶，可取代锡焊工艺。工作寿命长，可在普通冰箱中储存（不要求-40℃冷藏）	6个月，0℃	>1000	10min/125℃；6min/150℃；3min/175℃	40	45	0.0005	7d
3882	单/双组分，柔性	适合高柔韧性的应用，用于柔性电路的装配和修理	1年，-40℃	>600	24h/23℃；2h/65℃；1h/110℃	-5	N/A 柔性	<0.001	约4h
3883	丝网印刷，单/双组分	丝网或钢板印刷的导电胶	1年，-40℃	>1000	1h/100℃；2～3h/60℃	48	>20	<0.0005	约4h

续表

产品	固化	产品应用	货架寿命	黏度(psi)	固化时间	T_g/℃	CTE(×10^{-6}/℃)	体积电阻率/($\Omega \cdot m$)	工作寿命(室温)
3887	单/双组分，可黏金	建议使用黏结含金基板装置和其他难以黏结的材料	1年，-40℃	>1000	1h/125℃；30min/150℃	31	>100	<0.001	约4h
3888	室温固化，单组分	室温固化导电胶，适用于高强度和高导电性的应用场合	—	>1000	24h/23℃；1h/125℃；30min/150℃	50	>50	<0.001	90min
3889	快速固化，单组分	快速固化针筒式点涂的导电胶，适合高速加工工艺	6个月，-40℃	>1000	6min/130℃；3min/150℃	34	34	<0.0005	24h

6.1.3 提高 ICA 使用性能的方法

1. 提高导电性的方法

通常，ICA 导电性比焊料的差。虽然可以满足大多数电子器件的使用需求，但是进一步提高其导电性一直是人们关注的问题。

（1）消除润滑层。ICA 由树脂基体和片状银填料组成，其中的片状银填料表面存在一层很薄的有机润滑层。该有机润滑层含有脂肪酸与银形成的银盐[36-37]，对 ICA 的性能起着重要作用，包括片状银微粉在黏合剂中的分散状态、黏合剂的流变性等[36-40]。由于该润滑层具有电绝缘性，可降低 ICA 的导电性。为了提高 ICA 的导电性，必须通过使用能够溶解该有机润滑层的化学物质来部分或完全去除该有机润滑层[36-37,41]。但是，如果完全除掉该有机润滑层，ICA 的黏度可能会变大。在理想情况下，该有机润滑层去除剂在室温下是惰性的，不会去除润滑层，但在稍低于树脂固化温度时才具有活性，能够完全去除润滑层。润滑层去除剂可以是固体短链脂肪酸、高沸点脂肪醚（如二甘醇单丁醚或二甘醇单乙醚醋酸酯）和低分子量聚乙二醇等[36-37,41]。这些化学物质可以通过去除 Ag 表面的润滑层并提供紧密的片间接触来提高 ICA 的导电性[36-37,41]。

（2）增加收缩率。一般来说，ICA 在固化前具有较差的导电性，固化后导电性显著提升。ICA 在固化过程中获得导电性，主要是通过树脂基体固化过程中发生的体积收缩来实现 Ag 片之间更紧密地接触[42]。具有高固化收缩率的 ICA 通常具有较好的导电性。因此，增加树脂基体的固化收缩率被认为是提升导电性的一种有效方法。对于环氧树脂基 ICA，可以在配方中添加少量多官能团的环氧树脂以增加交联密度和收缩率，从而提升导电性[42]。

(3) 瞬态液相填料。提高导电性的另一种方法是将瞬态液相烧结金属填料加入 ICA 配方中，所使用的填料是高熔点金属粉末（如 Cu）和低熔点合金粉末（如 Sn-Pb）的混合物。在烧结过程中，将混合物加热到刚好高于最低熔点组分的液相线温度，液相在固相颗粒中具有溶解性并被吸收；随着加热的进行，液相组成发生变化。导电性是通过在树脂基体中由两种粉末原位形成的多个冶金连接来实现的。聚合物树脂黏合剂使金属粉末和待连接的金属同时熔化，并有助于粉末与液体瞬时黏结，形成稳定的导电冶金网络和提供黏结的互穿聚合物网络，这种方法可同时获得优异的导电性和导热性[43-47]。ICA 黏接头的形成包括黏接头的冶金合金化及黏合剂本身内部的冶金合金化，可在湿热老化过程中提供稳定的电气连接。另外，由于 ICA 与电子组件之间的冶金连接，ICA 黏接头具有良好的抗冲击强度。但是，该技术的难点是低熔点和高熔点填料的组合数量有限，只有能够相互溶解的金属填料之间的某些组合才能形成这种冶金连接，选择性有限。为了使这种类型的黏合剂在 ICA 和黏结基板表面之间形成冶金连接，还需要对黏结基板表面进行适当的金属化处理。

(4) 本征导电聚合物。将本征导电聚合物（如聚苯胺，PANI）引入填充了片状银微粉的 ICA 中，有助于形成连续的导电填料网络，使渗流阈值降低[48]。在 Ag/环氧黏结材料中加入 PANI 后，在较低的片状银微粉浓度下就可达到渗流阈值，主要在于添加的聚苯胺在银微粉之间的绝缘区域中充当着电荷载体介质，并在中尺度接触区域降低了隧穿电阻和压缩电阻。聚苯胺通过在两个 Ag 颗粒之间建立接触而降低了收缩电阻。

(5) 聚合物树脂合金。聚合物合金化效应对含银导电黏合剂的导电性具有一定影响。在 ICA 固化和后退火过程中，某些特定的树脂基体成分会引起银微粉填料之间的缩颈（部分烧结），负载银微粉的黏合剂经 150℃ 固化后可获得较低的体积电阻率（$10^{-5}\Omega \cdot cm$）[49]。通过调控树脂基体组成来控制银微粉填料的烧结行为对提高 ICA 制备技术具有重要意义。

2. 提高接触电阻稳定性的方法

在高温和高湿的老化条件下，特别是在 85℃/85%（温度/湿度）条件下，ICA（通常为 Ag 填充的环氧树脂）与非贵金属组件之间的接触电阻会急剧增加。非贵金属表面的氧化和腐蚀是导致 ICA 黏接头在高温、高湿老化过程中接触电阻增大的主要原因，非贵金属表面的氧化可显著提高电阻率，腐蚀也可能使电阻增加[50-52]，其中前者是主要原因（见图 6.13）。非贵金属作为阳极，失去电子被还原成金属离子（$M-ne^-=M^{n+}$），贵金属作为阴极，其反应一般为 $2H_2O + O_2 + 4e^- = 4OH^-$，然后 M^{n+} 与 OH^- 结合形成金属氢氧化物或金属氧化物。在这种电化学（腐蚀）过程中，在电绝缘体界面处可形成一层金属氢氧化物或金属氧化物，导致接触电阻急剧增加[53-54]。

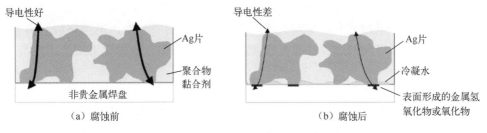

图 6.13　非贵金属电腐蚀对银填充 ICA 导电性的影响

稳定 ICA 的接触电阻的方法主要包括：①减少水分吸收；②添加缓蚀剂；③添加除氧剂；④添加边缘锋利的填料颗粒等。

（1）减少水分吸收。电腐蚀需要水的存在，在发生电偶腐蚀之前，必须在界面形成电解液。因此，防止 ICA 与非贵金属表面发生界面电腐蚀的一种有效方法是降低 ICA 的吸湿性。与高吸湿性 ICA 相比，低吸湿性 ICA 与非贵金属表面具有更稳定的接触电阻[55-56]。由于不会形成电解液，电腐蚀率很低，电解液主要来自树脂基体（如环氧树脂）中的杂质。因此，采用高纯度树脂基体配制的 ICA 具有更好的综合性能。

（2）添加缓蚀剂。防止电腐蚀的另一种方法是在 ICA 配方中加入适量的有机缓蚀剂[54-57]。有机缓蚀剂作为金属和环境之间的屏障层，会在金属表面形成一层薄膜[58-61]，可有效防止金属腐蚀。有机缓蚀剂在特定温度下与环氧树脂发生反应。在 ICA 加热固化过程中，有机缓蚀剂不能与环氧树脂发生反应而被消耗并失去保护作用。图 6.14 显示了有机缓蚀剂对 ICA 与 Sn-Pb 表面接触电阻的影响。有机缓蚀剂对稳定接触电阻具有非常显著的效果。

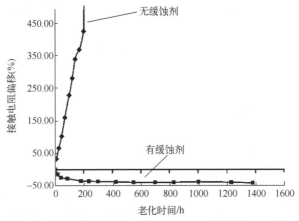

图 6.14　有机缓蚀剂对 ICA 与 Sn-Pb 表面接触电阻的影响

(3) 添加除氧剂。由于氧气会加速电腐蚀，在 ICA 配方中添加适量除氧剂可以减缓腐蚀速率[61]。当氧气通过聚合物黏合剂扩散时，可与除氧剂发生反应并被消耗。但当除氧剂完全耗尽后，氧气会再次扩散到界面加速腐蚀过程。因此，除氧剂只能延缓电腐蚀过程。与有机缓蚀剂相似，除氧剂在固化温度下不能与环氧树脂发生反应[58,62-65]。

(4) 添加边缘锋利的填料颗粒。提升老化过程中接触电阻稳定性的另一种方法是在 ICA 配方中添加适量的边缘锋利的导电氧化物渗透填料颗粒。通过施加一定的压力，使氧化物渗透填料颗粒穿过相邻颗粒和金属焊盘的氧化物层，并将它们固定在适当的位置，可以通过使用聚合物黏合剂来实现，由于聚合物黏合剂在固化时表现出高收缩率[66]。采用该方法制备的银颗粒填充的 ICA 与焊料涂敷的电路板和裸露电路板上的标准表面安装器件（SMD），都表现出优良的接触电阻稳定性[66]。

3. 提高 ICA 抗冲击性的方法

抗冲击性是 ICA 替代焊料的关键性能之一，提高 ICA 的抗冲击强度一直是人们关注的问题。将 ICA 中添加适量金属纳米颗粒可提高其导电性和机械强度，但纳米颗粒的表面张力效应会形成团聚体[67]，导致抗冲击性下降。通过降低导电填料添加量也可以适当提高抗冲击强度[68]，但同时也会降低 ICA 的导电性。低模量树脂基体可以吸收跌落试验中产生的冲击能量[69]，采用低模量树脂基体制备的 ICA 具有较好的抗冲击性，但是会降低其耐热冲击性。另外，保形涂层也可以提高表面安装器件中导电黏接头的抗冲击强度[70]。

ICA 的抗冲击性高度依赖其阻尼性能（介电损耗为 $\tan\delta$）[71]。树脂基体的黏弹性是树脂主链结构运动产生内耗的结果，对 ICA 的断裂行为起着重要作用；介电损耗作为内耗的度量，成为衡量 ICA 通过热量耗散机械能能力的指标[72]。将黏接头的冲击断裂能与 ICA 介电损耗进行定量关联，发现冲击断裂能与相应的介电损耗之间有对数关系。在试验条件下，介电损耗增加始终会提高抗冲击性。因此，通过调控树脂基体的黏弹性可有效改善 ICA 的抗冲击性能。

采用环氧基团封端的聚氨酯（ETPU）作为树脂基体与片状银粉混合制备的 ICA 具有突出的高韧性和优良的黏结性[73-75]。通过调控双酚 F 环氧树脂在树脂基体中的用量可有效调控 ICA 的模量和玻璃化转变温度。以 ETPU 为树脂基体的 ICA 在室温下具有较高的 $\tan\delta$ 值，且随温度的升高，峰值变宽。材料的 $\tan\delta$ 值可以很好地反映材料的阻尼性能和抗冲击性，通常 $\tan\delta$ 值越高，材料的阻尼性能和抗冲击性越好。使用动态机械分析仪（DMA）测量基于 ETPU 树脂的 ICA 的 $\tan\delta$ 和模量随温度的变化（见图 6.15），发现基于 ETPU 树脂的 ICA 比基于双酚 F 环氧树脂的 ICA 具有更高的介电损耗（见图 6.16），说明基于 ETPU 树脂的 ICA 在电子封装中具有更好的阻尼性能和抗冲击性，与非贵金属表面（如 Sn-

Pb、Sn 和 Cu）的接触电阻稳定性相当[73-75]。

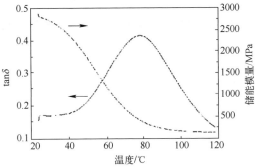

图 6.15　tanδ 和储能模量随温度的变化

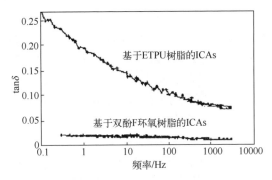

图 6.16　两种 ICA 的 tanδ 随频率的变化

4. 提高 ICA 黏接头高频特性的方法

随着以 5G 手机为代表的高频无线通信技术的快速发展，人们对 ICA 黏结线路的高频特性提出了更高的要求。ICA 可以代替焊料用于黏结高频电路，应用于微波通信领域[76]。在标准微带滤光片的金带中制作一个额外的间隙，通过导电胶黏结银跳线桥接，其中带有跳线的滤波器的品质因数（Q 因子）和损耗因数（L 因子）的频率为 3.5GHz，在最终试验中的频率为 3.5GHz 和 14GHz。试验结果表明，片状银微粉填充的 ICA 具有最高的 Q 因子和最低的 L 因子，成为微波 ICA 的最佳填充材料。通过降低杂质含量，还会进一步降低品质因数[76]。在 FR-4 芯片载体上安装一个带有镀金铜传输线的倒装芯片测试装置[77]，对共晶 Sn-Pb 和 ICA 的性能进行比较评价。发现，在 45MHz～2GHz 的频率范围内，ICA 和共晶 Sn-Pb 焊料表现出几乎相同的行为，并且两种材料的测量传输损耗极小。另外，经过 85℃／85% RH 老化 150h 后，ICA 和共晶 Sn-Pb 接头的 S_{11} 值（输入反射系数，即回波损耗）与老化前相比没有明显变化；但是，共晶 Sn-Pb 接头的 S_{12} 值（反向传输系数，即传输损耗）偏差超过老化后的 ICA 接头。采用由高速

CMOS 驱动、LSI、BGA 封装和电路板组成的专用互连模型[78]，测试其高速信号传输的导电黏接头的可行性、传输特性和供电能力，结果表明，微分脉冲信号在 12Gbit/s 的传输速率下可以通过菊花链结构的 8 个导电黏接头进行传输，在长期传输条件下，导电黏接头会呈现波形退化，归因于 ICA 的高直流电阻（约为焊点直流电阻的 10 倍）；但在传输时间较短的情况下，波形退化也较小，这是因为导电黏接头中 Ag 片的邻近排列能够引起电容耦合干扰效应。

5. 提高 ICA 黏接头可靠性的方法

ICA 需要采用贵金属（如 Au 或 Ag-Pd）导电填料才能在恶劣的环境条件（如 85℃/85% RH 和 40～125℃ 温度循环）下长期使用[79]。大多数 ICA 对 Sn-Pb 表面的黏结效果较差，只有少数特殊的 ICA 在 85℃/85% RH 条件下具有优良的导电稳定性。导电性能的劣化主要归因于接触电阻的增加，黏结电路的体积电阻尽管比焊料高得多，但通常都可保持相当的稳定性，在钝化铜基板上也可获得较好的导电性能。在热循环条件下，带有焊料或 ICA 黏接头和底部填充胶的板载倒装芯片（FCOB）的失效性考核结果表明[80]，ICA 黏结的 FCOB 的寿命在 500～4000 个循环周期范围内，寿命长短主要取决于芯片焊盘上凸点的性质。分层（如在 ICA/凸点界面处）是重要的失效机制，对于 $5\mu m$ 高的 Ni/Au 凸点，可获得最佳的结果（大于 4000 个循环周期）。

为了理解 ICA 互连电路在断裂和疲劳载荷下的性能演变，通过监测 ICA 黏接头在拉伸和疲劳试验（高达 1000 个循环周期）过程中的电阻变化（微欧姆灵敏度），研究了在断裂和疲劳载荷下 ICA 互连的性能[81]。通过对断口观察发现，ICA 黏接头的寿命主要取决于与金属表面的黏结失效时间。ICA 的断裂应变为 20%～38%，弹性区的阻力基本保持不变；但是，当拉力偏离线性弹性行为时，阻力开始迅速增大。在疲劳试验中，将线性位移调至预先设定的最大位移，并调至初始位置。在 1000 次循环荷载作用下，ICA 黏接头的剪切应变通常为 10%，比焊料高一个数量级，说明采用导电黏合剂可能有利于倒装芯片的应用。由于 ICA 的银填料颗粒不能承受大的应变，当环氧树脂基体产生应变时，银填料颗粒必须相对运动。当电阻增加到失效之前界面接触电阻约 70% 程度时，界面裂纹扩展到黏合剂内部[81]。为了从根本上理解 ICA 的疲劳退化，人们考察了 ICA 黏接头在温度和湿度条件下的变化行为[82]。在高温、高湿条件下疲劳寿命会降低。随着温度循环频率的降低，ICA 黏接头的疲劳寿命也明显下降，扩展裂纹暴露在更高载荷下的时间更长，导致了高蠕变载荷的出现[82]。

研究高温下 Ag 填料填充的 ICA 和 Sn-Pb 合金表面的界面退化过程，发现在 150℃ 下的界面退化是由于 Sn 从电镀 Sn-Pb 层优先扩散到 ICA 中的 Ag 填料中引起的[83]。在该扩散过程中，在邻近镀层的 Ag 填料表面上形成了 Ag-Sn 金属间化合物，并且在 Sn-Pb 镀层中形成了许多大的 Kirkendall 空隙。在高温作用下，

ICA 与 Sn-Pb 镀层之间还发生了界面脱黏现象。在 85℃/85% RH 老化过程中，考察 Ag 填料填充的环氧树脂导电胶在镀铜和浸银 PCB 上连接电阻的变化[84]，发现浸银 PCB 的黏结电阻比镀铜 PCB 板的黏结电阻低，而且浸银 PCB 的黏结电阻偏移比镀铜 PCB 的黏结电阻偏移小得多。

研究高温和高相对湿度条件下 ICA 黏接头的力学行为和失效机制[85]，发现 ICA 对基板导电黏接头的耐久性具有重要作用。将 3 种银填充的环氧树脂胶黏剂与 Cu/Ni/Au 和 Cu 金属化的印制电路板（PCB）基板进行黏结，通过双悬臂梁（DCB）测试研究了环境老化对 ICA 黏接头的影响，发现镀铜 PCB 基板导电黏接头界面的水侵蚀速率比 Au/Ni/Cu 金属化得更快，主要归因于表面自由能和界面自由能的差异。在高温老化条件下，三种 ICA 的断裂能均随时间增长而降低，经老化的导电黏接头干燥后，断裂能可在一定程度内恢复，这种现象归因于黏合剂增塑的可逆作用及在 150℃ 条件下干燥期间黏合剂与基板之间黏结强度的恢复。当金属表面氧化后，黏接头的断裂能几乎没有恢复。对于 ICA/Cu 接头，水对黏接头的侵蚀可分为 3 个阶段：从基板上置换黏合剂、铜的氧化和氧化铜的退化。在老化结束时，3 种 ICA/Cu 接头表现出不同的失效模式。ICA-1/Cu 黏接头沿黏合剂/氧化铜界面断裂，而 ICA-2/Cu 黏接头则在氧化铜层内出现断裂。对于 ICA-3/Cu 黏接头，失效发生在黏合剂的第二层；该层与界面相邻并且属于银耗尽层。失效表面的 XPS 分析表明，Cu 在老化过程中可能在电镀 Au/Ni/Cu 的 PCB 基板上向 Au 表面扩散。当导电黏接头暴露于热湿环境中时，在基板表面可检测到氧化铜[85]。

比较研究液晶聚合物（LCP）基板 ICA 黏结点与相同基板材料上无铅焊料（Sn/Ag/Cu）黏结点的可靠性，发现 LCP 基板上 ICA 黏结的电子器件在热循环应力作用下可靠性略低于 Sn/Ag/Cu 焊料[86]。这些电子器件经过热循环和正弦振动两次环境压力测试，没有一个组件在测试中失效，从正弦振动测试结果中看不出明显差异。失效分析结果表明，在两种情况下，大多数失效都发生在组件的引线和黏结材料之间的界面上。

研究动态机械负载（测试板的弯曲）对 ICA 黏接头电阻的影响，发现外加的动态载荷会使黏接头的基本电学参数发生变化[87]。挠度越大，观测到的电阻变化也越大，黏接头电阻的增加不是线性变化的，而且对所有被测 ICA 来说变化都不一样。测试过程中的负载是由测试板（装有 1206 SMD 电阻器的玻璃纤维层压 PCB 板）的一定挠度引起的。

6.1.4 ICA 在 IC 封装中的典型应用

1. 在倒装芯片（FC）中的应用

如何有效使用各向同性导电黏结材料是低成本倒装芯片技术的一个关键问

题。与传统的倒装芯片技术相比，使用 ICA 进行凸点黏结具有许多优点，主要包括：①通过省略活化和纯化过程简化和减少了工艺步骤；②元件和接头盘上的温度载荷较小；③可采用不同的材料进行组合使用；④采用导电黏合剂允许选择加工参数和连接特性；⑤由于不必考虑合金相的形成，对凸点下金属化层（UBM）的要求较少。

1) ICA 凸点倒装芯片

聚合物凸点法是一种低成本、高效率的晶圆级工艺，适合大规模生产。在加速老化条件下（如 85℃/85%RH 和温度循环）的接头电阻稳定性试验数据表明，聚合物倒装芯片互连具有长期稳定性，适用于大多数的刚性、热敏、柔性芯片载体。

使用 ICA 的倒装芯片通常被称为聚合物倒装芯片（PFC）。PFC 工艺是一种模板印刷技术，其中 ICA 通过金属模板印刷在 IC 器件的焊盘上形成聚合物凸点，然后在铝封端焊盘上形成凸点下金属化沉积。实现 PFC 互连的过程，包括 UBM 沉积、ICA 的模板印刷、凸点的形成（ICA 固化）、倒装芯片的黏结（以实现电气互连）、底部填充（以增强机械和环境可靠性）[88-90]。

2) ICA 非凸点倒装芯片

另一种聚合物倒装芯片凸点工艺称为微机械凸点[91-92]。首先，将用于导电聚合物凸点的 Cr/Au 接触金属焊盘沉积在 Si 晶圆上；然后，通过光刻形成凸点孔，高纵横比和直侧壁对导电聚合物凸点的成型非常重要。在光刻之后，将 ICA 胶液通过点胶或丝网印刷工艺填充到凸点孔中，将晶圆在对流炉中加热以除去溶剂。由于厚膜光刻胶和 ICA 胶的固化条件不同，可以将厚膜光刻胶小心地剥离以暴露出干燥的 ICA 凸点，最后把晶圆切成小块。

将带有 ICA 凸点的芯片放置在芯片载体上，并预热到聚合物熔点以上约 20℃，使凸点回流到匹配的芯片载体焊盘上；当芯片载体冷却到聚合物熔点以下时，形成了机械和电气连接。为了提高机械黏结强度，可以在芯片上施加一定压力。这种倒装芯片黏结技术在传感器和储存器系统、光学微机电系统（MEMS）、光电多芯片模块（OE-MCM）和电子系统中具有很大的应用潜力，能够取代传统的焊料倒装芯片技术[92]。

3) 金属凸点倒装芯片

ICA 还可以与具有金属凸点的芯片形成电气互连。为了将 ICA 用于倒装芯片，必须有选择地将其应用于那些需要电气互连的区域，在放置或固化期间材料不得扩散，以避免在电路之间发生短路。丝网印刷通常用来精确地涂敷布置 ICA 浆料，但要满足倒装芯片所需的尺寸和精度要求，黏结过程需要非常精确的图案对准技术[93]。

在芯片或芯片载体上都需要凸起的螺柱或支柱，使用传统的球形接合器形成

Au 螺柱凸点，凸点比创建完整的引线键合要快得多，球形凸点工艺无须用到标准凸点形成的传统溅射和电镀工艺。为了防止黏结面积变得太大，凸点形成圆锥形，这些凸点被一个平面压平，平面度和高度都可以调整。通过将芯片表面与丝网印刷的平坦 ICA 薄层接触，可将 ICA 选择性地转移到凸点尖端上，其转移厚度可通过改变印刷层的厚度来控制；然后，将芯片对准放置在芯片载体上，加热整个组件使 ICA 固化后在芯片和芯片载体之间形成黏结。最后，在芯片和芯片载体之间引入底填胶材料进行固化。由于不需要黏结压力，该方法可采用固化炉加工器件。另外，一种特殊配方的 ICA（银钯合金中含 20% 的钯）可用于阻滞金属银的迁移。图 6.17 所示的是 Au 螺柱凸点和 ICA 浆料形成的倒装芯片互连截面图。

图 6.17　倒装芯片互连截面图

另一种将倒装芯片与金属凸点黏结的方法为：在芯片载体上丝网印刷 ICA，对准和放置芯片，固化 ICA 后形成黏结和底部填充。采用这种方法时，在具有 Ni/Au 金属化的 FR4 芯片载体上，对 ICA 黏结和焊料黏结的倒装芯片进行了对比试验，比较焊料黏结和 ICA 黏结倒装芯片电路失效的热循环（-55～125℃）次数。试验结果表明，ICA 倒装芯片接头的稳定接触至少可以保持 1000～2000 个循环周期，与焊料倒装芯片接头的寿命相当。但是，由于 ICA 样品之间的差异非常大，需要优化组装工艺以实现重复性更高的接头电阻[94]。

2. 在表面贴装（SMT）中的应用

锡铅焊料（Sn-Pb）是表面贴装技术的标准电气互连材料。近年来，随着电子封装技术向着无铅化、绿色化方向发展，采用无铅互连材料（包括 ICA 和无铅焊料等）代替传统有铅焊料成为一个重要课题[94-96]。与焊接技术相比，ICA 技术具有许多优点，包括：①更少的加工步骤，降低了成本；②较低的加工温度，使热敏和低成本芯片载体的应用成为可能；③具有优良的节距性能等[97]。

ICA 黏合剂适用于通过闪金、钝化铜和锡/铅金属化的 160 引脚、25mil（1mil=25.4μm）间距的四方扁平封装器件（QFP）和 0805 芯片组件的电气和机械互连。在恒定温度 60℃、相对湿度 90% 条件下持续 1000h，或经 40～85℃ 的热循环持续 1000h 后，测试器件的接触电阻、表面绝缘电阻（SIR）和黏合剂黏结的机械强度等，发现对导电黏接头的可靠性都没有明显影响[98]。结果表明，3 种金属化方法均能实现 PCB 上芯片组件和 QFP 组件的可靠导电黏结。在控制良好的条件下，且选择了合适的黏合剂时，温度循环试验期间电阻不会显著增加或变化。湿度暴露试验对大多数被测黏合剂的接触电阻和黏结强度影响较小。一般来说，不同的 PCB 金属化之间几乎没有差别（除了 SIR 测量）。对于所有被测试的 ICA 材料，在湿度暴露后均未观察到明显的银迁移的迹象。

近年来，射频识别技术（RFID）在身份识别和安全行业获得越来越广泛的应用，包括医疗保健、无现金售票系统、库存管理和安全识别等。无源 RFID 标签由 RFID 芯片、线圈天线和将芯片连接到线圈天线的基板组成，当线圈天线捕捉到读卡器的信号时，标签就会通电。生产一个 RFID 标签是从铸造加工开始的，在铸造过程中需要制备一个由数千个复杂电路组成的 RFID 晶圆。继而是标签组装，采用背面研磨工艺（一种机械-化学抛光技术）去除晶圆背面多余的硅进行晶圆减薄后，再采用机械切割工艺（使用金刚石涂层的刀片）将 RFID 芯片从晶圆中分离出来。最后，采用一种已建立的组装方法（如引线键合或倒装芯片）将分离的芯片连接到天线上，封装形成一个完整的 RFID 标签。

影响 RFID 技术发挥的一个关键因素是以组装成本为主的制造成本，而采用表面贴装技术是降低组装成本的一种有效方法。目前，ICA 和非导电黏合剂（Un-Conductive Adhesives，UCA）正被用于 RFID 倒装芯片的组装，但只允许串联组装。与使用 ICA 可批量丝网印刷的表面贴装设备相比，串联组装需要更长的组装时间；由于 ICA 对水分和机械应力更为敏感，采用可紫外（UV）固化的环氧树脂将表面贴装在基板上的芯片封装起来，可提高 ICA 的机械强度，并减少在湿气中暴露而导致的接头退化。封装后的 RFID 芯片在所有可靠性测试中都表现出良好的性能，包括热循环（-40~125℃）、30℃/60% RH 和检测距离的主动测试等[99]。

3. 在硅圆级封装（CSP）中的应用

采用镍微粉填充的 ICA 可将陶瓷芯片级封装（CSP-C）安装到 FR-4 基板上[100]，其封装过程如下：①将 ICA 丝网印刷在 FR-4 基板的区域阵列焊盘上；②安装 CSP-C；③固化 ICA 形成黏结点。与 Ag 填充导电黏合胶相比，Ni 填充导电黏合胶具有更高的抗金属迁移能力，与焊料焊点相当，热疲劳寿命是焊点的 5 倍。这种无焊连接技术之所以选择镍而不是银，是因为镍不会发生迁移。CSP-C 陶瓷芯片载体（CTE = $7×10^{-6}$/K）和 FR-4 有机芯片载体（CTE = $16×10^{-6}$/K）的热膨胀系数相差较大，CTE 的不匹配会导致加速热循环（ATC）测试过程中焊点内产生很大的应力，使焊料产生疲劳而过早失效，而 ICA 通常会表现出比焊料更好的热机械性能。另外，由于在 CSP 区域阵列封装中的黏接头以微小的间距排列，黏接头之间的金属迁移一直是一个难以解决的问题。

4. 在其他封装技术中的应用

ICA 在 3D 堆叠、微弹簧、印制电路板（PCB）、太阳能电池等其他封装领域也有重要的应用价值。

1) 3D 堆叠

引线键合工艺需要施加很大的机械力[101-102],以便产生可靠的摩擦焊接连接,通常会在厚度小于 75μm 芯片下方键合的硅晶圆区域内产生潜在的缺陷。引线键合引起的缺陷可以通过下面的芯片黏结材料延伸到键合芯片之外,还可以延伸到堆叠中最初键合的芯片下方的芯片中。采用反向环焊工艺[103]可在一定程度上减轻堆叠芯片封装的这一问题的影响;但是,当芯片进一步减薄到低于 50μm 时,同样的可靠性问题又会重新出现。将引线键合在超薄芯片上是一个巨大的技术挑战,与传统的电气互连相比,采用显著降低黏结作用的电气互连技术会有利于提高生产效率和产品的可靠性。

通过自动针头将导电胶分布在堆叠的集成电路边缘,使 ICA 局部沉积形成电气互连[104]。这种垂直互连工艺可以形成三维电路,而无须施加对超薄芯片或易碎基板造成机械损伤的应力,且互连生产效率可超过 100 个/min。一个典型的采用 ICA 实现的多层垂直互连的堆叠芯片封装如图 6.18 所示。导电浆料在挤压过程中利用自动针头进行分配,可在不施加任何显著机械力的情况下,从一个芯片到另一个芯片或从一个芯片到基板,形成导电互连结构。导电浆料垂直互连工艺对管芯类型、管芯数量(已证明多达 128 个垂直芯片)、堆叠配置或最终封装要求(如 QFN、BGA、WL-CSP 等)均不敏感。

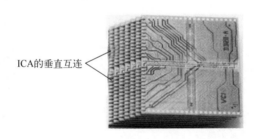

图 6.18 堆叠芯片封装上由 ICA 实现的多层垂直互连

与传统引线键合堆叠芯片互连相比,通过减少周期时间可显著提高加工成本优势,消除了串行芯片连接/引线键合的工艺步骤,有利于在每个工艺设备上进行单个分段而无须考虑芯片数量。此外,消除引线键合工艺并减少可黏结表面上的金厚度,还具有其他成本优势。进一步降低成本还可以通过采用同轴垂直互连的方法来实现,也可以采用多针头分配和打印方法进行导电胶的涂布[104]。

2) 微弹簧

机械弹簧(简称微弹簧)作为一种低应力互连、高密度、低损伤的器件测试探针,在微系统封装中备受关注。由微机械弹簧组成的新型探针是许多高性能设备测试所必需的,其尺寸通常小于几百微米[105],适用于具有较高焊盘密度和较小焊盘间距的芯片,能够在高于 1GHz 的高速信号测试中有效使用。卷曲微悬臂弹簧探针[106]和多层电镀的 S 型微悬臂探针[107]也可应用于探针卡。

微弹簧也可应用于微电子封装。高性能微系统的倒装芯片封装采用标准互连技术，如焊球、金凸点和导电黏合剂；这些互连结构刚性很高，缺乏柔韧性，由硅芯片与封装基板之间热膨胀系数的不匹配可引起微开裂及低 k 介电层损坏等问题。采用薄膜微弹簧[108]，在微作用力下的接触就可实现与金焊盘的可靠电接触[109]。另外，在 MEMS 封装中的盖晶片也可以通过互连通孔和微弹簧来实现器件的电气连接。

为了实现没有光刻步骤就能制造微弹簧探针的目的，需要采用具有三轴平台系统的超精密点胶机，连续重复地分配导电黏合浆料，这形成一种新的三维微结构制造方法[110,111]。其所使用的喷嘴内径为 22μm，最小分配点的直径小至 22μm，通过反复分配导电胶点，可实现高纵横比结构。将基板加热到 350K 以上，分配在基板上的导电胶点中的有机溶剂会挥发，同时胶点的黏度也会增大。当喷嘴横向移动时，会形成悬臂状的悬垂结构［见图 6.19（a）］。在如图 6.19（b）所示的悬臂情况下，对支柱部进行 20 次分配，对杠杆部进行 40 次分配，经 423～523K 固化 30min 后，悬臂的形状没有变化。这表明所制备的微悬臂具有小于 1Ω 的探测电阻，且接触力为 1mN。通过控制分配条件和基板温度还可实现具有更复杂形状（见图 6.20）的螺旋结构。

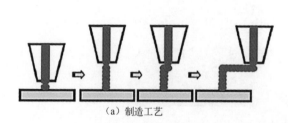
（a）制造工艺

（b）悬臂

图 6.19　导电胶点连续分配制造微悬臂弹簧

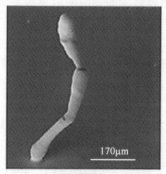
侧视图

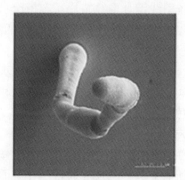
俯视图

图 6.20　导电胶点分配制备的螺旋结构

3) 印制电路板

在电子组装行业，低成本的高密度 PCB 具有很高的商业价值。电镀通孔（PTH）是提高 PCB 使用效率的关键因素之一，因为它占用了 PCB 很大的表面积。节省 PCB 表面积的有效方法就是采用盲孔和埋孔，而制作盲孔和埋孔需要高成本的电镀和连续的分层步骤来实现。全层内部导通孔（ALIVH）技术可以实现电路板任意两个布线层之间的电气连接，具有缩小尺寸、缩短高频电路布线长度和易于自动设计等优点[112-113]。ALIVH 结构的通孔采用内填导电浆料实现可靠的电气互连，可以将组件安装在焊盘下方。该技术可以有效提高电路的空间效率，有利于电路设计和生产，但缺点是需要采用具有特殊性能的层压板、黏合剂和先进的印制技术。将 ALIVH 技术应用于常规双面 PCB 中也是非常有价值的。采用导电黏合浆料填充通孔[114-115]，相比电镀铜填充通孔，具有更好的耐热冲击性能，尤其对于 BGA 封装而言[116]。其他应用包括采用 SBU（顺序堆积）技术在 PCB 内层填充通孔和在外层填充盲孔[117]。填充通孔的导电黏合浆料应具有下述主要性能[116,118]：①低黏度，便于填充高纵横比的通孔；②储存稳定性好，可以保存一定时间；③低电阻率，每个通孔的电阻不超过几十毫欧姆（通孔深度 0.6mm，纵横比 2∶1）；④与通孔壁黏结牢固；⑤具有优良的耐湿热冲击性能，可通过多种可靠性测试，包括焊接冲击测试、-55～125℃的 1000 次热循环测试及 85℃/85% RH 的湿热测试等；⑥与非贵金属（包括纯 Sn 或 Sn-Pb 合金等）的黏结具有稳定的接触电阻。

采用球形铜粉（平均粒径为 3～6μm）填充的 ICA 黏合浆料填充 ALIVH 结构的通孔，可实现低电阻化和高可靠性，铜颗粒之间及铜颗粒与铜箔之间形成了金属键合[119]。采用银粉填充的 ICA 黏合浆料填充机械钻孔[114]（直径为 0.6mm、纵横比为 2.7∶1），形成的互连具有很低的电阻率，平均填充电阻约为 150mΩ，经过 5 次焊接后电阻仍然稳定，没有明显变化[115]。采用导电浆料填充的通孔（直径为 0.5mm）在经过 1000 次热循环（-40～125℃）后仍具有优良的平均填充电阻稳定性，电阻变化率不超过 20%。但是，经过 85℃/85% RH 湿热老化试验后的平均填充电阻变化率都超过了 100%[120]。采用导电黏合浆料填充的具有 Au 金属化的双面 PCB 的通孔，每个通孔的电阻都在 50mΩ 以下，并且在湿热测试后仍具有稳定的电阻[121-122]，这种稳定的电阻值使其很好地应用于电子封装领域。

4) 太阳能电池

薄膜太阳能电池很难与标准焊接接头互连，焊接过程中的高温会对接头和电池产生应力，可能会导致电池发生翘曲甚至损坏。用低温连接技术代替焊接可以避免机械应力的产生，提高了产量和可靠性。采用导电黏结材料在较低温度下实现电气互连，是一种很有价值的替代技术[123]。与传统焊接相比，导电胶黏结的薄膜太阳能电池和接头具有较小的内应力。太阳能电池会产生高电流密度，需要低电阻率及室外条件下的长期稳定性，同时具有优良的光学性能和力学性能，大批量生产需要采用丝网印刷技术涂敷黏合剂。在带有镀银接线片的镀银基板上制成的接触点具有突出的电气性能，其接触电阻与焊接的一样都在毫欧的范围内。以焊接接头作为参照样品一起进行湿热试验，经过 2500h 的 85℃/85% RH、200个温度循环周期（−40～80℃）后，ICA 连接点仍未观察到性能明显下降的现象。

6.2 各向异性导电黏结材料

各向异性导电黏结材料（ACA）仅在热固化后形成固态黏结相的厚度垂直方向（或称 Z 轴方向）上具有导电性，而在平面方向（或称 XY 方向）上不具有导电性。这种导电各向异性是通过使用相对较小体积添加量（5%～20%）的特殊导电填料（颗粒）实现的[7-8,124]。当导电颗粒的体积添加量较小时，导电颗粒在树脂连续相中单独存在，不会发生接触。将其涂敷在两个电子元件上配对的焊盘之间，并施加一定的压力，导电颗粒被夹在上下两个焊盘之间形成导电通道，而其他导电颗粒仍以单独颗粒状态分散在树脂连续相中呈不连续绝缘状态。在适当压力下加热固化后形成的各向异性导电黏结相，在两个焊盘之间的厚度垂直方向上具有优良的导电性能，而在平面方向仍具有良好的电绝缘性（见图 6.21）。

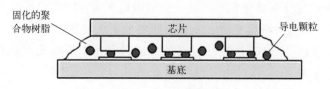

图 6.21　ACA 黏结示意图

6.2.1　ACA 的组成与制备

如上所述，ACA 也由聚合物树脂基体和导电填料复合而成，其中聚合物树脂基体可提高黏结工艺性及力学性能，导电填料通过导电颗粒之间形成的导电通道提供导电功能。

1. 树脂基体

导电黏结材料用树脂基体包括热塑性树脂和热固性树脂两种。热塑性树脂基体包括丙烯酸酯树脂、聚氨酯树脂、有机硅树脂等，在温度低于玻璃化转变温度（T_g）时属于刚性玻璃态材料，热膨胀系数较低，力学强度和模量较高；温度高

于 T_g 时，树脂开始变软，形成橡胶态材料，热膨胀系数变大，力学性能明显降低。因此，提高 T_g 可明显提高器件的耐热性能。为了防止电子器件在装配过程中受到热损伤，材料还必须具有良好的抗冲击性。

热塑性树脂黏结材料的主要优点是内部连接容易拆卸，便于修理或返工操作；缺点是黏附力较低，导电颗粒在树脂连续相中分布均匀性较差，受到热冲击后接触电阻增大[125-126]。另外，一种被称为"回弹"的现象也会增加接触电阻。ACA 黏结材料在适当压力下被黏结在元件表面上，产生内应力；当元件被加热且温度升高时，在内应力作用下，热塑性树脂固有的蠕变特性会造成接触电阻增加，有时会增大到初始电阻的 3 倍以上[125]。

热固性树脂基体包括环氧树脂、双马树脂、氰酸酯树脂、聚酰亚胺树脂等，在特定加热条件下固化时会形成三维交联性结构树脂。热固性树脂在高温下稳定且接触电阻低，这是由于固化后压缩力可使导电颗粒与焊盘保持紧密接触。这些材料的主要优点是能够在高温下保持较高的强度和牢固的黏结力，但固化反应是不可逆的，所以黏结后的元件不能再返工或修复[125-126]。

ACA 的使用温度取决于所采用的树脂基体。一般来讲，丙烯酸树脂主要适用于温度低于 100℃ 的电子器件，环氧树脂或有机硅树脂的使用温度不超过 200℃，双马树脂使用温度不超过 250℃，聚酰亚胺树脂使用温度不超过 350℃。

2. 导电填料

导电填料包括金属或金属合金导电颗粒、导电金属涂层包覆的非金属颗粒、绝缘涂层包覆的金属颗粒、导电纳米颗粒/纳米线颗粒、导电纳米纤维/焊料、自取向磁性导电颗粒等，主要为黏结材料提供导电功能。

1）金属或金属合金颗粒

主要包括各种粒径的金属微球或微粒，如金、银、镍、铟、铜和无铅焊料（Sn-Bi）等[124-125,127-129]。ACA 胶膜的导电填料通常采用球形微粒，其粒径为 $3\sim15\mu m$[130]。

2）导电金属涂层包覆的非金属颗粒

在球形绝缘体表面通过电镀或沉积等方式形成一层连续金属导电层而形成导电金属涂层包覆的非金属颗粒填料。球形绝缘颗粒通常为球形塑料颗粒或玻璃微球等，其中玻璃微球也可以是空心的，而导电金属涂层通常为金、银或镍等。球形塑料颗粒在受到挤压时会在接触面间产生形变，可提供一个较大的接触面积。球形聚苯乙烯（PS）颗粒是一种常用的球形绝缘体芯材，金属涂层的 PS 颗粒的热膨胀系数与热固性树脂黏结材料非常接近，与环氧树脂结合可使热稳定性得到明显改善[125]。另外，玻璃微球也可以作为芯材使用，但由于玻璃不可变形，可能会导致金属涂层与玻璃微球的黏结强度受到影响。

3) 绝缘涂层包覆的金属颗粒

为了实现细节距黏结，带有绝缘涂层的金属颗粒得以发展。绝缘树脂层又被称为微胶囊填料（MCF），只有在压力作用下才会破坏而暴露出下面的导电层。使用 MCF 可在细节距应用中实现更高的填料添加量，从而避免在 PCB 之间产生电气短路[125,130]。一个典型的微胶囊填料填充 ACA 黏结的器件截面示意图如图 6.22 所示。

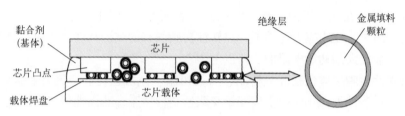

图 6.22　MCF 填充 ACA 黏结的器件截面示意图

4) 导电纳米颗粒/纳米线颗粒

为了满足先进封装对细节距和高性能黏结的要求，使用纳米颗粒的导电黏结材料因其独特的电气、机械、光学、磁性和化学性能受到了高度关注。银纳米颗粒可以通过外部添加或原位生成的方法加入树脂基体[131]。将自组装单分子层（SAM）引入银纳米颗粒表面，可进一步提高 ACA 接头的载流能力[131]。将镍纳米颗粒与溶剂在基底薄膜上共混于环氧树脂混合物中，然后蒸发溶剂使颗粒在垂直薄膜表面的方向取向并固定在树脂中，可形成具有直链结构、镍纳米颗粒作为导电填料的 ACA 胶膜，具有优良的绝缘可靠性[132]。

纳米线颗粒由于体积小和极高的长径比而具有很高的实用性，可用于气体检测 FET 传感器、磁性硬盘、电化学传感器纳米电极、散热和温度控制热电装置等[133-135]。制备纳米线颗粒的关键技术是如何采用光致抗蚀剂形成设定的纳米结构。虽然采用了许多昂贵的方法（如电子束、X 射线、扫描探针光刻等），但所制备的纳米线颗粒的长度仍然无法达到微米级。

另一种成本较低的方法是将金属电沉积到纳米孔模板中，如阳极氧化铝（AAO）[136]和嵌段共聚物自组装模板[137]。嵌段共聚物自组装模板的缺点包括厚度薄（即纳米线颗粒短）、分布不均匀及纳米孔平行度差，而 AAO 的厚度更厚（大于 $10\mu m$）、孔径和密度均匀、孔径大且平行度好。采用 AAO 法制备的双金属 Ag/Co 纳米线颗粒浸渍于聚酰亚胺树脂中[138]形成的 Ag/Co 纳米线颗粒/聚酰亚胺复合薄膜可以得到直径为 200nm 的纳米线颗粒，最大薄膜厚度可达 $50\mu m$，XY 方向上的电阻为 $4\sim 6G\Omega$，Z 方向上的电阻小于 0.2Ω。

5) 导电纳米纤维/焊料

聚偏氟乙烯（PVDF）纳米纤维/Sn58Bi 焊料 ACA 膜可通过静电纺丝制备

PVDF 纳米纤维得到[139]。PVDF 纳米纤维完全覆盖 Sn58Bi 焊锡球,可成功抑制导电焊锡球的运动,并在焊锡球周围起到绝缘层的作用。与常规填料镍颗粒相比,PVDF 纳米纤维/Sn58Bi 焊料 ACA 膜具有更高的可靠性,这是因为其具有稳定的冶金焊点和大的接触面积。

6) 自取向磁性导电颗粒

一种新型的 ACA,可用于高频电路封装。在直流(DC)电磁场存在条件下,通过铁磁粒子在环氧树脂基体内自定向排列实现芯片与基板之间的导电互连,在频率高达 30GHz 时被证实具有非常低的传输损耗[140]。

6.2.2 ACA 的结构与性能

早期的 ACA 主要由热塑性弹性体作为树脂基体,碳纤维作为导电填料,通过均匀混合而成。随后,由焊球或镍球代替碳纤维制成了改进型 ACA 胶膜,目前仍在许多领域广泛使用。热塑性树脂胶黏剂具有易修复等特点,但耐热性差;对导电颗粒的黏附性及位置固定性差,接触电阻在经高温冲击后易升高。而且,在黏结过程中,当黏结面的压力撤出后接触电阻会在一定程度上升高,出现"回春"现象(Spring Back)。这种现象经常出现在电子器件完成黏结后的最初几个星期内。

为了克服这种缺点,热固性环氧树脂 ACA 胶膜被开发。与热塑性树脂 ACA 胶膜相比,热固性环氧树脂 ACA 胶膜具有更好的耐热性和更低的接触电阻。加热固化后,施加在导电颗粒表面上的压缩应力被形成的三维交联热固性环氧树脂所固定;同时,固化收缩作用可赋予材料稳定且低的接触电阻。如果采用镀金(Au)的镍球代替纯镍球作为导电颗粒,则接触电阻可进一步降低。也可以采用镀金/镍(Au/Ni)的交联聚苯乙烯(PS)微球作为导电填料。在 PS 微球表面上形成很薄的金属镀层,在 100℃ 以上的受热/受压作用下在被连接的两个电极间形成一个更大的接触面。由于镀金/镍的交联聚苯乙烯微球与热固性环氧树脂具有相近的热膨胀系数(CTE),两者结合使 ACA 的耐热性获得显著提高。

对于热固性环氧树脂 ACA 胶膜,未固化前胶膜的柔顺性及适宜的黏性对于手工操作胶膜及将胶膜固定在预定的位置而言是很重要的。适宜的黏性热塑性树脂较易获得,而热固性树脂则较难获得,主要因为热固性树脂是小分子量的树脂,流动性太大。另外,热固性环氧树脂 ACA 胶膜还必须具有较长的使用寿命,而且能够快速固化。同时,还必须能够满足窄节距(小于 $100\mu m$)电路黏结的使用要求。

将双酚 A 环氧树脂(Bisphenol A)、双酚 F 环氧树脂(Bisphenol F)及硅氧烷偶联剂(Silane Coupling Agent)在 80℃ 下溶解在甲苯/甲基乙基酮(3/1)混合溶剂中形成均相溶液；冷却至室温后加入固化剂，然后加入镀金/镍（Au/Ni）的交联聚苯乙烯（PS）微球，形成固体含量为45%的黏合剂，各组分的质量比为 Bisphenol A（环氧当量 388g/mol）22g；Bisphenol F（环氧当量 169g/mol）28g；酚氧树脂 Phenoxy Resin（M_w=46,200，T_g=94.0℃）22g；固化剂（Microcapsulated imidazole）22g；偶联剂（KH-560）0.5g；导电填料（Au/Ni-PS 微球）5.5g。将上述 ACA 胶液通过刮刀涂敷在经有机硅处理的厚度为 50μm 的 PET 薄膜表面上，形成具有一定厚度的液态胶膜，经60℃/20min 热处理后得到厚度为 25μm 的 ACA 胶膜。

ACA 胶膜的化学组分对拉伸应力-应变曲线具有显著影响（见图6.23）。在使用 ACA 胶膜黏结电路时，胶膜首先被放置在两个电极之间，然后在室温下压合使两个电极黏结在一起。如果对位不准确，上下两个电极就会产生错位。因此，胶膜必须具有适宜的黏性，使两个电极首先固定在一起，同时还必须容易剥离，以便修复。改变树脂基体中双酚 A 环氧树脂与双酚 F 环氧树脂的质量比，对固化后胶膜的强度（Stress）、韧性（Strain）及黏附性具有明显影响。当固体双酚 A 与液体双酚 F 质量比为 70:30 时，固化后胶膜的拉伸强度最高可达 275g/mm，断裂伸长率达到 200%；未固化胶膜的 90°剥离强度为 0.5，环形黏性强度为 0.5；当固体双酚 A 与液体双酚 F 质量比为 60:40 时，固化后胶膜的断裂伸长率为 200%，拉伸强度最低降至 45g/mm；未固化胶膜的 90°剥离强度升高至 80，

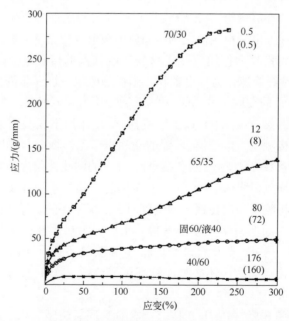

图6.23 ACA 胶膜的化学组分对拉伸应力-应变曲线的影响

环形黏性强度升高至 72。当固体双酚 A 与液体双酚 F 质量比为 40∶60 时，固化后胶膜的断裂伸长率为 200%，拉伸强度最低降至 5g/mm；未固化胶膜的 90°剥离强度升高至 176，环形黏性强度升高至 162。可见，随着树脂基体中固体双酚 A 树脂用量的提高及液体双酚 F 用量的降低，固化后胶膜强度提高而韧性降低，而未固化胶膜的黏结性也随之下降。因此，通过调控固体双酚 A 与液体双酚 F 的用量配比，可有效调控 ACA 胶膜的黏结性及操作工艺性。最佳的固体双酚 A 与液体双酚 F 的质量比为 44∶56。为了提高胶膜的强度和韧性，还需要加入第三环氧树脂或具有高分子量及相似溶解度系数的丁醛树脂等聚合物。

固化剂对 ACA 胶液的凝胶时间及储存稳定性具有显著影响（见表 6.3）。以双酚 A 环氧树脂为基础，将一定量的固化剂加入 ACA 胶液中，分别测试其在 150℃和 180℃条件下的凝胶时间（Gel Time）；将胶液在 40℃储存 30 天后测试其使用寿命。2-甲基咪唑（2-Methylimidazole，2MZ）的凝胶时间最短，而储存寿命最差。对-羟苯基苄基甲基硫鎓基六氟化砷盐（硫鎓盐）具有较短的凝胶时间及较强的储存稳定性，而且用量少；但是，一旦胶液储存超过凝胶时间，就会损失固化能力。另外，硫鎓盐固化剂是一种有机/无机硫鎓盐，具有导电性，在高湿条件下有可能腐蚀电路，引起短路，无法在电子封装领域中广泛使用。

表 6.3 固化剂对 ACA 胶液凝胶时间及储存稳定性的影响

序 号	固 化 剂	用量(%)[a]	凝胶时间/s		稳定性[b]
			150℃	180℃	
1	DICY[1]	10	—	330	
2	ADH[2]	20	700	95	—
3	2MZ[3]	5	16	6	0
4	微胶囊化 2MZ	100	14	7	14
5	硫鎓盐[4]	9	30	5	18

注：1 为 Dicyanodiamide；2 为 Adipic dihydrazide；3 为 2-Methylimidazole；4 为 p-hydroxyphenyl benzyl methyl sulphonium antimony hexafluoride；a 为相对于双酚 A 环氧树脂；b 为 40℃下储存 30 天后的测试凝胶时间。

微胶囊包覆的 2-甲基咪唑表现出最好的固化特性，不但在 150℃和 180℃时具有较短的凝胶时间，而且具有较长的储存期。将胶液 40℃储存 30 天后，其 150℃下的凝胶时间与储存前没有明显变化。将 2-甲基咪唑与液体双酚 A 环氧树脂混合后，加入异氰酸酯，使其在 2-甲基咪唑表面形成一层聚氨酯保护外壳。只有当温度达到一定高度后，2-甲基咪唑才能从保护外壳中释放出来引发环氧树脂的固化反应，是一种潜在固化剂。该固化剂的用量较多，与双酚 A 环氧树脂用量几乎相当，但其固化后的胶膜具有足够高的强度及韧性。该固化剂的缺点是，微胶囊在极性溶剂（如乙醇或丙酮等）中不溶解。为了适应薄膜涂敷工艺，固化剂必须在溶剂中稳定。溶剂采用甲苯/MEK（3/1）混合溶剂，其中甲苯有利于保护微胶囊不被破坏，在80℃下通过热熔工艺可以实现ACA胶膜的制备。

偶联剂种类对ACA的接触电阻也具有显著影响（见图6.24）。由γ-氨丙基三乙氧基硅氧烷和γ-脲丙基三乙氧基硅氧烷作为偶联剂的ACA胶膜表现出相似的导电性，在100℃下经500h高温热处理后接触电阻为0.7~0.8Ω，1000h后接触电阻提高至0.9~1.0Ω；由γ-缩水甘油酯基三乙氧基硅氧烷作为偶联剂的ACA胶膜，在100℃下经500h高温热处理后接触电阻为0.6~0.7Ω，1000h后接触电阻仍然为0.6~0.7Ω，没有明显变化，表现出突出的导电稳定性。与不含偶联剂的ACA胶膜相比，含偶联剂的ACA胶膜不但具有更好的导电性，而且具有更好的导电热稳定性。

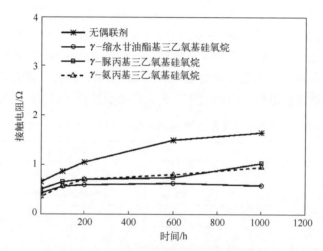

图6.24 偶联剂种类对ACA接触电阻的影响

表6.4比较了5种ACA胶膜产品的主要性能。产品A的树脂基体为热塑性树脂弹性体（聚苯乙烯类），导电填料为金属镍颗粒。初始接触电阻为0.6Ω，存放一周后电阻翻倍，归因于"返春"（Spring-back）现象。该产品模量很高，耐热性好，但室温下黏性差，需要通过增黏剂进行改性才能使用。在80℃下胶膜具有足够的黏性。

表6.4 ACA胶膜的主要性能

性　　能		产品A	产品B	产品C	产品D	产品E
凝胶时间（170℃）/s	初始	—	20	19	19	21
	40℃/11天后	—	9	14	20	19

续表

性　　能		产品A	产品B	产品C	产品D	产品E
黏结剥离强度/(g/cm)	固化前	650	1500	900	400	1200
	固化后	60	88	52	2	96
固化前环黏性		0.3	64	96	2	80
接触电阻/Ω		0.6	0.3	0.5	0.2	0.3
体积电阻率/(Ω·cm)		$>1\times10^{12}$	—	$>1\times10^{12}$	$>1\times10^{12}$	$>1\times10^{12}$
固化后 T_g/℃		—	85	90	103	100

产品 B、C 和 D 的树脂基体都是热固性环氧树脂。产品 B 的导电填料为铅铟合金（Pb-In）微球，直径为 10～30μm，熔点为 170～180℃。该胶膜主要用于线宽大于 200μm 线路板的黏结，断裂伸长率为 300%时的模量很高（大于 300g/mm），表明高分子量树脂的体积含量很高。然而，室温下断裂伸长率低时的模量也低，具有较好的黏性。断裂伸长率超过 150%时的模量很高，主要归因于固化过程中树脂的高黏度及低流动性，这限制了固化早期阶段的流动性，同时有利于低熔体黏度树脂在较大直径导电微球形成的缝隙间流动。虽然固化温度接近铅-铟合金微球的熔点，但是微球不会熔融或扩散，而是发生变形。大约 30% 的线宽为 200μm 的端头电极会与相邻的电极实现电气导通。

产品 C 的导电填料为镀金/镍合金包覆的聚苯乙烯（PS）微球，直径为 10μm，主要用于节距为 140μm 的电路连接。产品 D 的导电填料也为镀金/镍合金包覆的聚苯乙烯微球，直径为 5μm，主要用于节距为 100μm 的电路连接。断裂伸长率超过 100%时的模量很低，主要归因于胶膜的蠕变特性，表明树脂基体中包含了低分子量的环氧树脂。固化前胶膜的黏结剥离强度很低，环形黏性也很小，断裂伸长率低时模量很高，有利于胶膜在需要修复时进行剥离。

产品 E 的导电填料也为镀金/镍合金包覆的聚苯乙烯微球，直径为 6μm，主要用于节距为 100μm 的电路连接。未固化胶膜的断裂伸长率为 150%～200%时的模量与导电微球尺寸具有很好的匹配性，利于高温下熔体树脂的流动。

图 6.25 比较了 5 种固化后 ACA 胶膜的应力-应变曲线。产品 A 具有最高的拉伸强度及断裂伸长率。当断裂伸长率低于 10%时，拉伸强度随着断裂伸长率的增加而迅速提高，表现出很高的拉伸模量。当断裂伸长率大于 10%后，拉伸强度随着断裂伸长率的增加而呈线性提高，模量有所降低。对于产品 B，当断裂伸长率低于 150%时，拉伸强度随着断裂伸长率的增加而提高，模量较高。对于产品 C 和产品 E，当断裂伸长率低于 50%时，拉伸强度随着断裂伸长率的增加而迅速提高，表现出较高的模量。当断裂伸长率大于 50%后，拉伸强度随着断裂伸长率的增加几乎没有变化，模量接近于零。对于产品 D，当断裂伸长率低于 50%时，

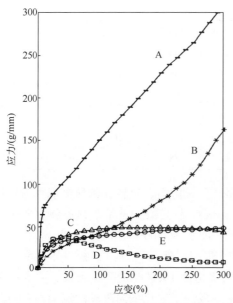

图 6.25　ACA 胶膜的应力-应变曲线

拉伸强度随着断裂伸长率的增加而迅速提高，表现出较高的模量。当断裂伸长率大于 50%后，拉伸强度随着断裂伸长率的增加而逐渐降低，模量表现为负值。

图 6.26 比较了 5 种固化后 ACA 胶膜在 85℃/85% RH 湿热老化过程中室温接触电阻随老化时间的变化。产品 D 具有最低的接触电阻值（约为 0.3Ω），在 85℃/85% RH 湿热老化过程的初期，室温接触电阻值有所增加；之后，随着老化时间的延长，室温接触电阻值不在明显增加。产品 C 具有最差的接触电阻耐湿热稳定性，经 85℃/85% RH 湿热老化 2000h 后，室温接触电阻值提高约 10 倍。5 种 ACA 胶膜的耐湿热性按照产品 D、产品 E、产品 B、产品 C、产品 A 的顺序变差。

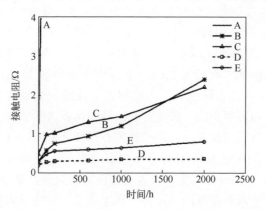

图 6.26　ACA 胶膜在 85℃/85% RH 湿热老化过程中室温接触电阻随老化时间的变化

图 6.27 比较了 5 种固化后 ACA 胶膜在 100℃热老化过程中室温接触电阻随老化时间的变化。产品 B、产品 D 和产品 E 具有更好的耐热稳定性，其接触电阻值在 100℃热老化 2000h 后都没有明显的增加。5 种 ACA 胶膜的耐热性按照产品 B/D/E、产品 C、产品 A 的顺序变差（产品 B、D、E 耐热性相近）。

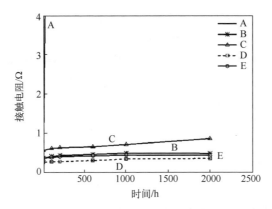

图 6.27　ACA 胶膜在 100℃热老化过程中的室温接触电阻随老化时间的变化

6.2.3　ACA 在先进封装中的应用

1. 在倒装芯片中的应用

在传统芯片封装中，焊点经波峰焊后，芯片与基板（或载片）实现了电气连接。为了实现高可靠性，通常需要采用底部填充胶（Underfill）来填补芯片与基板之间由焊点连接形成的缝隙。填充胶经加热固化后形成一个整体，可将应力均匀地分布在缝隙中的所有材料上，而不仅仅是焊料连接处。近年来，采用 ACA 代替倒装芯片焊点被高度关注。与传统焊料相比，ACA 具有窄节距连接、加工温度低、无铅、无助焊剂残留物、成本低等优点。同时，采用 ACA 的倒装芯片技术不需要额外的底胶充填工艺，ACA 树脂具有底部充填的功能。

ACA 倒装芯片技术已应用于将倒装芯片黏结到刚性载体上[141]，包括晶体管无线电中的 ASIC 裸露芯片组装、个人数字助理（PDA）、数码相机中的传感器芯片及笔记本电脑中的存储芯片等。这些应用的共同特点是 ACA 倒装芯片技术用于组装裸露芯片，间距可缩小至 120μm，采用 ACA 倒装芯片代替焊点连接具有更好的成本效益。ACA 倒装芯片黏结在柔性载体上具有更好的可靠性。因为韧性能够起到缓冲应力的作用，树脂加热固化过程中产生的内应力可通过芯片载体的变形来吸收。研究表明，刚性基极上的残余应力明显大于柔性基极上的残余应力[142]。

采用镀金橡胶颗粒（软质）和镍颗粒（硬质）两种填料的 ACA 可用于镀金凸点倒装芯片与覆铜板的黏结。在压力作用下，软质颗粒接触到焊盘表面并发生形变，从而降低了接触电阻，而硬质颗粒则会使凸点和焊盘变形，与表面紧密接触可以减小接触电阻。ACA 选用硬质填料和软质填料具有相似的电压-电流行为，经过 1000 次热循环和 1200h 的 85℃/85% RH 老化后均具有稳定的接触电阻值[143]。

在各向异性导电黏结薄膜（ACF）中可以填充一种特殊的导电颗粒。该导电颗粒是通过在塑料球体上涂布一层很薄的金属层膜，然后在外面涂敷一层厚度为 10nm 的绝缘树脂膜而制成的（见图 6.28）[144-146]。绝缘树脂膜由大量的绝缘微粉颗粒构成，这些微粉颗粒通过静电吸引附着在金属层表面，使球体的外表面电绝缘。基体树脂可采用热塑性树脂或热固性树脂，固化时会产生压缩力。黏结过程中在加热和适当压力的作用下，与 IC 凸点表面接触的绝缘层会被破坏；而在导电颗粒上的绝缘层保持完整，不会被焊盘压碎，只产生 Z 轴的电气互连，可防止横向短路。使用附加的绝缘层，可通过增加填料百分比（即单位体积黏合剂基体树脂中的颗粒数）来实现细节距和低接触电阻，从而避免发生横向短路的风险。采用这种 ACF 可制造便携式液晶电视[146]。

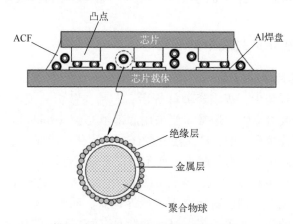

图 6.28　卡西欧的 ACF 结构示意图

与大多数商用 ACA 不同，焊料填充体系的导电性是通过将导电颗粒压到基板和芯片凸点上的接触焊盘实现的，而填充焊料的 ACA 建立了微观的冶金互连。如果树脂基体在工作寿命内发生松弛，则建立的冶金互连可防止发生电气中断。焊料填充 ACA 结合了焊接和黏合剂的优点，使 ACA 的黏接头可靠性更好。另外，由于通过冶金互连建立的接触电阻较低，因此可获得更好的电气性能[147]。采用 Sn-Bi 填充或 Bi 填充的 ACA，所形成的黏接头会形成脆性的金属间化合物，而且与典型导体和涂层材料（如铜、镍、金和钯）之间也存在问题[148]。Bi 或 Sn-Bi 可与锡、铅、锌和铝相匹配。由于 Zn 和 Al 容易被氧化，只有 Sn 和 Pb 是适合 Sn-Bi 或 Bi 填充 ACA 的表面处理材料。Bi 颗粒填充的 ACA 将 Sn-Pb 凸点芯片与镀 Sn-Pb 涂层的基板通过冶金互连可实现高质量的黏结[149]。这些在较低温度下形成的连接点能够耐受高温，图 6.29 是黏接头的形成过程。在黏结温度为 160℃时，Bi 颗粒局部穿透 Sn-Pb 表面的氧化薄层，小液珠快速形成。在 Bi 颗粒完全溶解于固相 Sn-Pb 凸点和涂层间的小液珠后，小液珠会溶解更多的 Sn 和

Pb，直至液体达到黏结温度下的组分平衡。固化后，溶解的 Bi 会以非常细的颗粒形式从饱和溶液中析出。由于熔融是瞬时的，固体小颗粒的重新熔融需要在比第一次熔融更高的温度下进行。固体小颗粒的再熔融可以通过接头处 Bi 的浓度来控制；形成的 ACA 接头在 85℃/85% RH 老化 2000h 后或在温度循环测试（40~125℃）1000h 后均表现出稳定的电阻率。对于无铅应用，可以将纯 Sn 等材料用于芯片凸点和基板上的表面处理[149]。

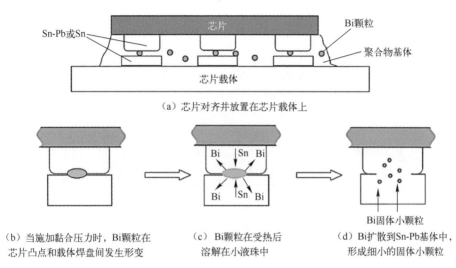

(a) 芯片对齐并放置在芯片载体上

(b) 当施加黏合压力时，Bi颗粒在芯片凸点和载体焊盘间发生形变

(c) Bi颗粒在受热后溶解在小液珠中

(d) Bi扩散到Sn-Pb基体中，形成细小的固体小颗粒

图 6.29　黏接头的形成过程

填充镍球的 ACA 胶膜和带有金球凸点的 LSI 芯片可用于移动通信终端。在 LSI 芯片的侧面增加树脂密封工艺以提高机械强度，同时采用 FR-5 玻璃环氧树脂芯片载体提高器件的耐热性。组装后的寻呼机通过了跌落、振动、弯曲、扭转和高温等一系列测试评价，表明利用倒装芯片黏结方法可实现大规模全自动化生产，每月可生产 30000 个寻呼机模块[150]。

2. 在玻璃载板倒装芯片中的应用

ACA 可能是玻璃倒装芯片应用中最常见的方法。与 TAB（载带自动键合）技术相比，ACA 玻璃倒装芯片技术不仅可使组件实现更高的互连密度、更薄更小的尺寸，而且工艺更简单、成本更低。此外，当间距为 70~100μm 时，使用 ACA 将 IC 芯片直接黏结到 LCD 面板的玻璃上是一个更好的选择。微型和高分辨率的 LCD（如取景器、视频游戏设备显示器或液晶投影仪的光阀等）都采用了玻璃载板倒装芯片技术进行 IC 连接。

在一个晶圆上涂敷厚度为 1~3μm 的 UV 固化型黏合剂，采用 UV 光通过光学掩模对涂覆在晶圆上的黏合膜进行照射，使焊盘上方的黏合膜保持未固化状态且发黏，而芯片其他区域上的黏合膜则被固化，焊盘上黏合膜的黏性使导电颗粒易于黏附在这些部位上。将镀金的树脂微球导电颗粒安放在玻璃载体上,将 UV 固化型黏合膜涂于 LSI 芯片上,施加压力使 LSI 芯片和玻璃载体接触,同时采用 UV 光照射黏合膜。在释放压力后,使芯片的焊端仍然与配对玻璃载体的焊盘实现电气互连(见图 6.30[151-152])。UV 光固化后的黏合膜在施加的压缩力的作用下使导电颗粒发生形变并保持与焊盘的接触。该工艺的优点是不需要凸点电镀,并且在室温 UV 光照射下就可以完成黏结过程,不会因热效应而损坏其他材料,这种方法具有潜在的大规模生产可能性。

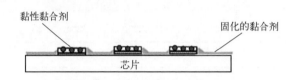

(a)导电颗粒黏附在芯片焊盘区域未固化的黏合剂上

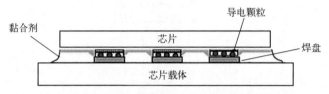

(b)UV固化后黏合剂的压缩力使芯片与玻璃芯片载体保持接触

图 6.30 采用 ACA 的倒装芯片封装结构

MAPLE 黏结法又称为"金属—绝缘体—金属有源面板 LSI 安装"法,是一种玻璃倒装芯片技术。使用均匀分布导电 Au 颗粒的热固性各向异性导电薄膜,将 IC 芯片直接黏结到玻璃基板上。与典型玻璃载板倒装芯片技术需要多个对准步骤相比,这种黏结过程非常简单。首先,将 ACA 胶膜放在玻璃面板上,将 IC 凸点与匹配的玻璃面板焊盘对齐并暂时黏结后,通过高温和压合实现永久性黏结并形成 IC 互连,要求压具表面平整且与 IC 平行[153]。采用 MAPLE 黏结法制作的金属—绝缘体—金属(MIM)面板模块与 TAB 制作的 MIM 面板模块相比,具有更小的面板边缘尺寸、更薄的面板厚度、更少的组装面、更少的工艺和更简单的模块结构,通过所有要求的可靠性测试后,其已用于 MIM 面板模块的批量生产。

3. 在高频用凸点倒装芯片中的应用

在许多低频器件加工中,导电黏结已被证明是一种经济、可靠的解决方案。近年来,ACA 互连的高频特性引起了人们的广泛关注。ACA 黏结的倒装芯片在频率范围为 45MHz~2GHz 的 FR4 芯片载体和 1~21GHz 的高频 Teflon 芯片载体上可以提供与焊料倒装芯片相当的性能。ACA 不同的粒径和材料组分对 ACA 黏接头的高频特性没有明显影响[154-155]。

基于微波网络分析和 S 参数测量，ACA 胶膜倒装芯片接头的微波频率模型建立了。利用该模型模拟了含 Ni 和 Au 两种填料颗粒的 ACA 胶膜倒装芯片互连的高频行为。预测结果表明，镀 Au 聚合物颗粒填充的 ACA 胶膜倒装芯片互连在 13GHz 左右具有与焊料凸点倒装芯片相当的传输和损耗特性，但 Ni 填充的 ACA 胶膜接头只能用于 8GHz，这可能归因于 Ni 颗粒比镀 Au 颗粒具有更大的电感。低介电常数的聚合物树脂和低电感的导电颗粒被认为是高频应用中的理想材料[156]。

4. 在非凸点倒装芯片中的应用

尽管 ACA 通常用于凸点倒装芯片，但在某些情况下，它们也可用于非凸点倒装芯片。非凸点倒装芯片是通过将颗粒引入铝芯片焊盘而不是凸点来建立压力接触的，所施加的压力必须足以破坏铝焊盘上的氧化物。为了实现可靠的互连，在接触焊盘区域要有足够数量的颗粒，并在黏结和固化期间保持原位。除了最大限度地增加接触区域内的颗粒的数量外，也必须将相邻焊盘之间的颗粒数量减至最少以防止短路。黏结和固化过程中的黏结材料的流动性也是一个要考虑的因素。树脂固化过程必须将升温速率控制得足够慢，以便使导电填料颗粒能够从芯片载体迁移到芯片焊盘[157]。

镀镍/金颗粒的应用可为非凸点倒装芯片提供可靠的连接[158]。与含有较小颗粒的 ACA 相比，含有较大颗粒的 ACA 能够解决由表面粗糙度、非平坦或非平行焊盘引起的平面度问题，而含有小颗粒的 ACA 很难实现与非凸点倒装芯片的 100%传导一致性[159]。

采用 ACA 胶膜将裸露非凸点倒装芯片（带铝焊盘）黏结到 PCB 银浆丝网形成的凸点上[160]。固化后形成的 Ag 凸点（直径 70μm，高度 20μm）通过电镀形成镍/金层。研究发现，具有低 CTE（$28×10^{-6}/℃$）、低吸水率（1.3%）的镀 Au 塑料微球填料的胶膜效果最好。与未镀 Ni/Au 的 Ag 凸点相比，镀 Ni/Au 的 Ag 凸点具有较低的初始连接电阻和较低的连接电阻。

采用 ACA 胶膜可以成功实现无凸点芯片和高密度印制线路板（PWB）的电气连接[161]。这种 ACA 胶膜由微米尺寸大小的金属柱（导电颗粒）和热塑性聚合物树脂组成。这些柱子上涂有高 T_g 的绝缘聚合物树脂（如聚酰亚胺），用于将一根柱子与另一根柱子完全分离。黏合剂和绝缘涂层的结合使互连非常牢固，没有任何电气短路。在金属柱的顶部和底部镀上 Ni、Au、Sn/Pb 或其他焊料，以确保优良的电气连接。图 6.31 显示了使用金属柱 ACA 胶膜的倒装芯片互连的截面图。利用该 ACA 胶膜成功地实现了 25μm 的超细节距互连。这种倒装芯片与 FR-4 PWB 上的无凸点焊盘和 Ni/Au 焊盘（间距为 100μm）之间的 ACA 互连，在各种环境测试中显示出了良好的可靠性。

图 6.31　金属柱 ACA 胶膜的倒装芯片互连截面图[161]

5. 在 CSP 和 BGA 中的应用

针对 CSP 和 BGA 的应用，市场上出现了一种各向异性导电黏合剂，称为区域黏合导电（ABC）黏合剂。ABC 黏合剂是一种双区热固性黏合剂，其导电黏合焊盘被填充连续氧化物的介电胶黏剂包围，形成了全区域的黏合。这两个区域都是无溶剂、B 阶段、非黏性的环氧树脂，可在 Mylar 载体隔离膜上使用。与传统的 ACA 相比，ABC 黏合剂的导电区域仅位于黏合焊盘位置。ABC 黏合剂可以为倒装芯片和 CSP 应用提供可靠、低成本、低温、低压的工艺[162]。

1）双层 ACA 胶膜

人们采用 ACA 胶膜开发了一种低成本小型柔性基板 CSP 封装倒装芯片技术[163]。该封装具有灵活性，可以利用现有的引线键合焊盘结构，而不会增加不必要的重新分配和晶圆焊料凸点成本，并且消除了对芯片下封装的需求。ACA 胶膜为两层结构：一层为包含镀 Ni/Au 的聚苯乙烯-二乙烯基苯（PS-DVB）微球的胶膜，另一层为包含固体 Ni 颗粒的胶膜（见图 6.32）。双层结构减少了互连焊盘间距内的颗粒密度，有助于增强平面的绝缘性。同时，双层膜结构具有更多的黏合体积，有助于在黏合互连焊盘上夹带更多的颗粒。研究表明，其所捕获的导电颗粒数远高于单层 ACA 胶膜中的导电颗粒数。说明即使双层 ACA 胶膜中的颗粒密度低，也能够实现两个互连焊盘的电接触，导电颗粒能够更有效地被捕获到双层 ACA 胶膜中的互连焊盘上。如果芯片上具有镀 Ni/Au 的焊盘，芯片载体采用柔性聚酰亚胺薄膜，可为平面度差异提供足够的补偿。在压缩黏合操作过程中，薄膜的柔顺性可使黏合区域的铜线变形并补偿存在的非平面性或不规则性。ACA 黏合剂经 500 次液-液温度冲击（LLTS）老化（-55～125℃）后具有稳定的接触电阻。

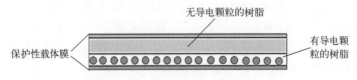

图 6.32　双层 ACA 胶膜示意图

2) 陶瓷芯片载体与有机芯片载体

使用具有不同粒径尺寸导电颗粒的 ACA 评估了陶瓷芯片载体和有机芯片载体，其结构类似于微球栅阵列（μ-BGA）式的芯片级封装（CSP），是 BGA 和倒装芯片器件中的典型代表[164]。采用的陶瓷芯片载体具有 Ag-Pd 厚膜黏合焊盘，有机芯片载体为具有亚微米 Au 涂层 Cu 焊盘的常规 PCB（1oz 铜包覆 FR-5 层压板）。结果表明，有机芯片载体比陶瓷芯片载体更容易获得均匀的导电性和较高的产率。因为 FR-5 芯片载体上的焊盘比厚膜陶瓷芯片载体具有更好的共平面性，表明有机芯片载体和陶瓷芯片载体的最佳工艺条件和黏结材料的选择具有很大的不同。较细颗粒的 ACA 在两种芯片载体上的综合性能较差，而较大颗粒和聚合物芯材颗粒的 ACA 则具有较好的性能，因为可变形的聚合物芯材颗粒补偿了芯片凸点和芯片载体之间的间隙。

6.2.4 ACA 的失效机制

由于 ACA 黏结材料的树脂基体是一种非导电材料，互连接头在一定程度上依赖于压力来保证传统 ACA 的接触。因此，与焊接连接相比，ACA 黏合剂连接显示出了很多不同的失效机制，其中金属间化合物的形成和晶粒的粗化与失效机制有关。失效机制主要包括两种类型：一是在接触区域或导电颗粒表面形成绝缘膜，造成非贵金属的氧化；二是由于黏附力（压缩力）的丧失导致导电元件之间丧失机械接触。

1) 非贵金属的氧化

非贵金属凸点、焊盘和导电颗粒的电化学腐蚀会导致绝缘金属氧化物的形成和接触电阻的显著增加。电化学腐蚀只发生在有水分和不同电化学电位金属存在的情况下。湿度通常会加速氧化层的形成，因此接触电阻也会增加。柔性基板倒装芯片（FCOF）的可靠性测试结果表明，在高温高湿条件下，连接电阻会随着时间的推移而增大[165-166]。在这种情况下，金凸点充当阴极，镍颗粒充当阳极，电绝缘的氧化镍最终在镍颗粒的表面形成。

2) 压缩力的丧失

保持导电部件之间接触的压缩力部分来源于固化 ACA 聚合物树脂基体时产生的固化收缩。ACA 黏结材料的树脂基体的结合强度和黏合剂基体与芯片及芯片载体之间的界面结合强度必须足以维持压缩力。然而，黏合剂的热膨胀、吸湿膨胀及因施加荷载而产生的机械应力往往都会减小固化产生的压缩力。此外，水分不仅会扩散到黏结层，而且还会渗透到黏合剂和芯片/芯片载体之间的界面，导致黏结强度降低，接触电阻因此增大，甚至可能导致完全丧失电接触[167]。

6.2.5 代表性 ACA 性能

Three Bond 公司向市场推出了系列各向异性导电胶产品。3373C 是丝网印刷用各向异性 ACA 导电胶黏剂,能够在高密度多端回路上形成有效的各向异性导电黏结层,其加压黏结允许温度为 120~160℃,与热固薄膜型各向异性 ACA 导电胶黏剂相比,操作更为方便,尤其适用于触摸屏 FPC 引线及液晶面板和膜电键,可根据黏结部分的形状形成相应的涂膜,同时可黏结任意多个接点,还可以对不能焊接的透明导电玻璃进行黏结。与导电橡胶和金属线橡胶相比,黏结后可在无加压状态下固化。3373C 产品的外观为淡黄绿色,黏度为 75Pa·s,比重为 1.01;树脂基体为环氧树脂,储存期为冷藏下 6 个月。

3301F 是由银金属等导电性填充物与合成树脂构成的导电性黏合剂,对塑料、橡胶、陶瓷制品等具有极强的黏结力,对于不能实施焊接的部位也能轻松使用。产品颜色为银色;树脂基体为环氧树脂;黏度为 23Pa·s(25℃);固化条件为 120℃×60min 或 150℃×30min;比重为 3.046;体积电阻率为 $3×10^{-6}Ω·m$;铅笔硬度为 4~7H。主要用于电子元件的黏结,是 3301E 的溶剂稀释型,耐热老化性好。

DELO 公司也向市场推出了系列产品。DELO-MONOPOX AC265 是一种用于黏合倒装芯片的各向异性导电胶,其树脂基体为改性环氧树脂,具有单组分、热固化、无溶剂、无填料等特点,室温下运输或生产的保存时间是 2 个星期,在中温(150~210℃)下具有快速固化的特性。在 PET、FR-4、铜、铝、银等基材上面具有很好的黏结性。在 85℃温度和 85%相对湿度的环境测试中,黏结性能稳定。

该产品主要应用于外露半导体嵌入倒装芯片的电气连接,如智能标签和智能卡等,可通过丝网印刷工艺涂胶,其工艺过程如下:①将胶黏剂涂敷在基材表面上,保证涂胶层没有气泡;②将半导体芯片黏贴在胶点上面;③在 150~210℃ 的温度范围内,施加设定压力对半导体芯片进行固化。操作过程中必须保证黏结表层区域的干净、干燥、无尘,以及没有油脂和其他污染物。表 6.5 是部分 Henkel Loctite 公司的各向异性导电胶产品的主要性能。

表 6.5 各向异性导电胶的主要性能

产品	固化	产品应用	比重	货架寿命	固化时间	T_g/℃	CTE ($×10^{-6}$/℃)
3440	单组分/金聚合物填充	柔性线路板连接,TAB 连接,智能卡 COB、COG,适用于 LCD 组装	1.3	6 个月/5℃	60s/180℃,200psi	120	<50
3445	单组分/易熔焊料为填料	适用于高电流情况,如电源线路,柔性线路板连接,TAB 应用,智能卡及 COB	1.7	6 个月/5℃	60s/180℃,100psi	120	<50

6.3 芯片黏结材料

6.3.1 芯片黏结材料发展历程

芯片黏结材料主要用于芯片与基板或引线框架之间的黏结（见图6.33），对IC封装的可靠性和服役性能具有至关重要的作用；芯片黏结工艺是IC电路封装的重要环节（见图6.34）。随着IC电路封装技术的快速发展，人们对芯片黏结材料的性能也提出了越来越高的要求[168]。

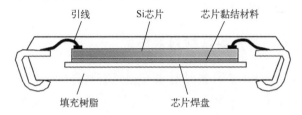

图6.33 芯片黏结材料在传统IC封装结构中的应用

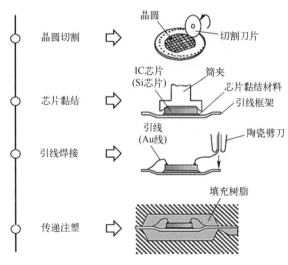

图6.34 传统IC封装的芯片黏结工艺

芯片黏结材料已经被广泛应用于IC电路封装中，对其性能的要求主要取决于封装结构及工艺过程。1980年，金/硅（Au-Si）共晶是应用最广泛的芯片黏结材料；在400℃高温下，硅片与镀金引线框架通过形成金/硅共晶实现芯片与引线框架的黏结。由于芯片与引线框架之间的热膨胀系数不匹配，形成的Au-Si

共晶存在着较高的应力，这是一个一直没有解决的难题。另外，黄金的高昂价格也严重限制了 Au-Si 共晶的广泛应用[169-171]。

焊料也经常被用作芯片黏结材料。焊料具有高导热性和低吸水性等优点，也可增强 IC 封装的可靠性，形成的均匀微观结构可提高封装的抗热疲劳失效能力[172]。但是，焊料也存在着许多缺点，如焊接过程中必须使用助焊剂以确保良好的黏结性，所使用的助焊剂还必须在后续的脱焊过程完全除去，成本高昂；另外，还存在着氯化物排放、环境污染等问题；很高的焊接温度还会导致铜引线框架氧化而增加芯片和框架之间的应力。为了克服 Au-Si 共晶和焊料的缺点，近年来开始采用聚合物导电银浆代替传统的 Au-Si 共晶和焊料作为芯片黏结材料。聚合物银浆由导电银粉填料和聚合物树脂组成，具有较低的成本和理想的综合性能，包括较低的应力和低的加工温度等。

6.3.2　先进封装对芯片黏结材料的要求

先进 IC 电路封装要求芯片黏结材料必须具有高纯度、低杂质含量、快速固化、低应力及在回流焊接过程中对封装开裂具有较高的抵抗能力等特点[170-171]。高纯度的要求不仅对芯片黏结材料至关重要，而且对大多数其他电子封装材料也至关重要；痕量离子污染会导致封装中铝的腐蚀[172]；在导电银浆应用初期，人们对离子污染的敏感性认识不足，后来通过纯化原料和基体树脂及结合特殊的复合技术才最终解决了这个问题。快速固化对提高生产线生产效率至关重要；导电银浆既需要室温储存稳定又需要快速固化（少于 2min），通过仔细选择并优化固化剂和促进剂可实现导电银浆的室温储存稳定与快速固化的兼容。但是，导电银浆在黏结固化过程中经常会形成空隙或缺陷，在一定程度上降低了封装的可靠性，这个问题一直是导电银浆没有完全解决的难题[170]。低内应力是先进电子封装系统的基本要求。将 IC 芯片黏结在铜引线框架或聚合物基板（如玻璃/环氧树脂和聚酰亚胺）上且表面形成布线电路后，芯片与基板之间的 CTE（热膨胀系数）不匹配会导致翘曲并产生内应力（见图 6.35）。研究发现，通过使用低应力芯片黏结材料可以有效降低这种内应力[173-174]。

随着 IC 电路封装技术朝着更高集成度、更高引脚数方向的快速发展，封装抗裂性成为芯片黏结材料的另一个关键特性。在更小、更薄的 IC 封装结构中置入更大尺寸的 IC 芯片，使 IC 封装体的抗裂性成为系统有效运行的必要条件。与表面贴装 IC 电路相关的可靠性问题都是由焊接应力引起的，尤其是将整个封装体暴露在 240~260℃ 的高温环境中，很容易引起封装开裂。在芯片与基板之间置入低应力的芯片黏结材料，可显著改善封装体在回流焊接过程中的抗开裂特性[175-177]。另外，已经替代有铅焊料的无铅焊料的熔点较高，回流焊温度由

220～230℃ 升高至 260～280℃，对芯片黏结材料尤其是封装抗裂性也提出了更高的要求。

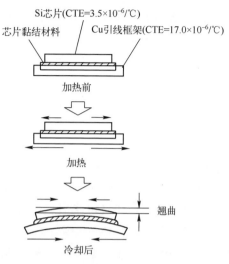

图 6.35　由芯片和基板之间 CTE 不匹配导致的封装翘曲

6.3.3　芯片黏结胶膜

针对先进封装的使用需求，将导电银粉、氧化铝、二氧化硅等填料与环氧树脂、聚丙烯酸酯、硅树脂、聚酰亚胺树脂等基体树脂进行混合，制备多种芯片黏结浆料或胶膜。银填料具有独特的片状形状，平均粒径为 $2\sim10\mu m$，所制备的导电银浆具有优良的铺展性和流变性[172]。以二氧化硅为填料的绝缘胶膜也被用于先进封装中，包括 BGA、堆叠式 CSP 等，以保证硅芯片与基板上的布线电路之间的电气绝缘[178]。芯片黏结工艺主要包括 3 个阶段，即胶液分配、芯片黏结和加热固化[170,172]，将填料均匀分散在基体树脂中形成在室温下可加工、在一定温度下具有适当流动性的胶液或胶膜；然后，将其涂敷或贴覆在芯片表面上，使芯片与引线框架或基板黏结在一起，最后加热固化（见图 6.36）。在芯片黏结工艺中存在着一些实际的挑战，包括低黏度胶液的渗出、高黏度胶液的铺展、低沸点溶剂浆糊的干燥、胶液与反应性稀释剂的脱气等。

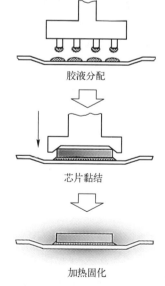

图 6.36　芯片黏结工艺的 3 个阶段

环氧树脂是最常用的基体树脂，具有优良的黏结强度，作为芯片黏结材料具有许多优点。环氧树脂通常由环氧氯丙烷和有机酚钠通过化学反应合成，早期环氧树脂中含有氯和钠等污染物，无法满足 IC 电路封装对材料高纯度的要求。经过多年努力，杂质金属离子污染问题得到了彻底解决。20 世纪 90 年代，市场上出现了以聚丙烯酸酯为基体树脂的芯片黏结胶膜，具有快速固化（1～2min）、储存稳定、低黏度、高流动性等特点[178]。但是，由于耐热性差，无法满足先进封装的需求。随着 IC 电路封装技术的发展，市场上还出现了具有高黏结强度、低吸湿率、耐回流焊、高导热、低应力等特性的多种新型芯片黏结材料，以满足不同的应用要求[178]。

环氧树脂已经广泛应用于先进电子封装，实现了各种封装材料的功能化，但在采用许多不同类型材料的层压堆叠式封装中遇到很多困难。为了制备具有特殊功能的芯片黏结胶膜，丙烯酸类树脂/环氧树脂形成的反应诱导相分离树脂体系引起了人们的关注[179-180]。将丙烯腈（AN）、丙烯酸乙酯（EA）、丙烯酸丁酯（BA）和甲基丙烯酸缩水甘油酯（GMA）通过自由基共聚反应形成丙烯酸酯类橡胶（ACM），其中 GMA 的质量分数分别为 0%、1%、3%、5%，形成 ACM-0、ACM-1、ACM-3、ACM-5[181]；将 ACM 与环氧树脂及其固化剂、催化剂和无机填料等混合制备芯片黏结胶膜，其中环氧树脂为双酚 A 型环氧树脂（DGEBA），DGEBA-h 的数均分子量（M_n）为 496，DGEBA-l 的数均分子量（M_n）为 246；固化剂包括 4,4′-二氨基二苯甲烷（DDM）或酚醛树脂（PN，M_n = 820），固化促进剂为咪唑类化合物（2PZ-CN）。在搅拌作用下，将上述组分按设定质量比依次加入甲乙酮（MEK）中进行溶解形成黏稠的均相胶液；将其涂敷在聚酰亚胺（PI，50μm）薄膜表面上，在 60℃/0.5h 条件下干燥除去部分溶剂，形成厚度为 50μm 的黏结胶膜；进一步干燥后，在表面再覆盖一层 50μm 的 PI 薄膜，形成 PI/胶膜/PI 的三层结构（见图 6.37）。

对于未加固化剂的不含 GMA 的共聚树脂胶膜体系（ACM-0/DGEBA-h），在大多数配比条件下丙烯酸酯类树脂与环氧树脂 DGEBA-h 在低温下是不相溶的。当温度升至 200℃以上时，共混树脂体系相互熔融形成均相树脂体系；但是，随着树脂体系中组分的不同，达到均相体系的温度也不相同。对于 ACM-0/DGEBA-l/DDM（30/56/14）树脂体系，当温度从室温升高至 170℃时，开始出现光散射吸收峰，而且吸收峰强度随着时间的延长而逐渐增大，吸收峰位置逐渐向更小的散射角移动，说明树脂体系中形成了有序的分离相，相结构间距随着时间的延长而逐渐增大（见图 6.38 (a)）。丙烯酸酯类共聚物树脂与环氧树脂在固化前是相互混溶的，而固化后发生了相分离，形成了有序的海岛结构[182]，随着固化程度的提高，海岛结构会变大（见图 6.38 (b)）。

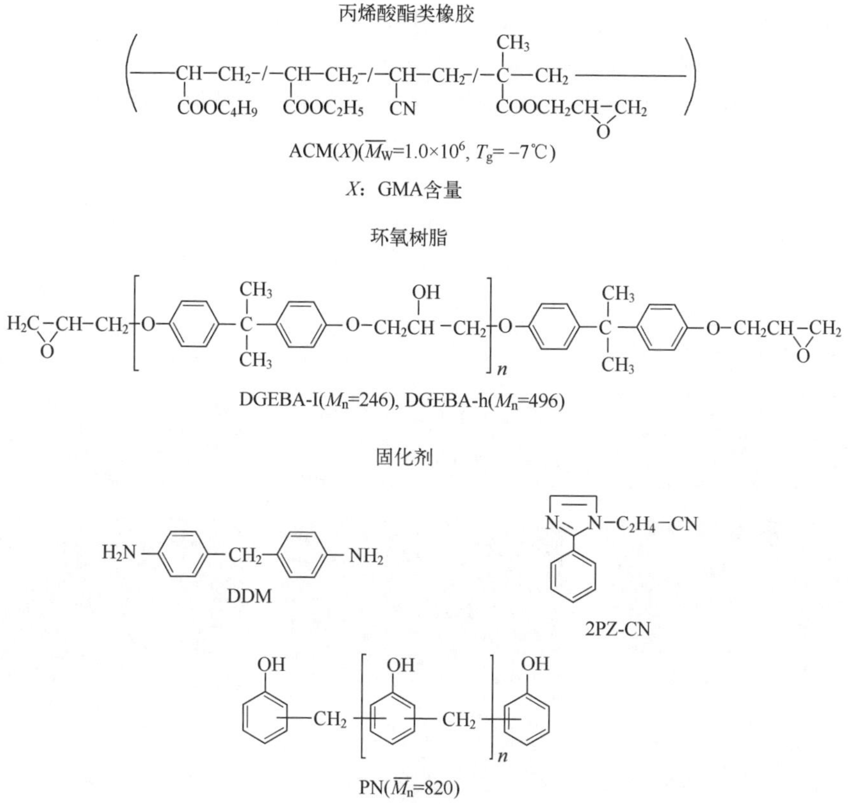

丙烯酸酯类橡胶
ACM(X)($\overline{M}_W$=1.0×10^6, T_g= −7℃)
X：GMA含量
环氧树脂
DGEBA-I(M_n=246), DGEBA-h(M_n=496)
固化剂
DDM
2PZ-CN
PN($\overline{M}_n$=820)

图 6.37　芯片黏结胶膜的组成及其分子结构

强度
330s
150s
120s
105s
95s
90s
0
5
10
15
20
25
散射角/(°)
(a)
105s
120s
150s
330s
10μm
(b)

图 6.38　共混树脂体系在 170℃ 固化过程中的光散射曲线和相衬显微照片[181]

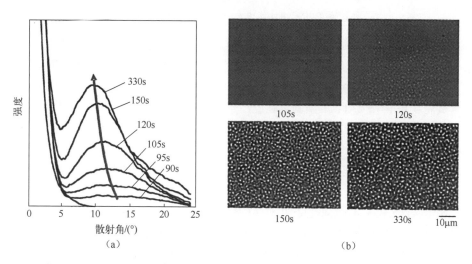

图 6.39 比较了 GMA 含量对 ACM-x/DGEBA-I/DDM（70/23/7）共混树脂体系相分离结构的影响。对于不含 GMA 的树脂体系，形成的海岛结构粒子尺寸很大，粒径约为 0.5~3μm，而且不规则，形成了固定的相结构；而对于 GMA 含量为 5% 的树脂体系，则形成了双-连续相结构，周期性间距约为 0.5μm。

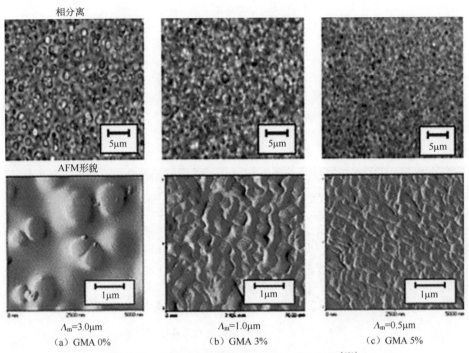

(a) GMA 0%　　(b) GMA 3%　　(c) GMA 5%

图 6.39　共混树脂体系的相分离及 AFM 形貌[181]

对于具有不同 GMA 含量的 ACM-x/DGEBA-I/DDM（70/23/7）共混树脂体系，经过 120℃/1h 固化后形成的黏结胶膜具有不同的黏结特性（见图 6.40）。对于不含 GMA 的共混树脂胶膜，其室温下的 T 型剥离强度很小（约为 250N/m）；当测试温度高于 75℃ 时，T 型剥离强度趋于零。对于 GMA 含量为 5% 的共混树脂胶膜，其室温下的 T 型剥离强度很高（约为 1150N/m），明显高于 GMA 含量为 3% 的共混树脂胶膜（约为 550N/m）；但是，当温度高于 100℃ 时，GMA 含量为 3% 的共混树脂胶膜的 T 型剥离强度略高于 GMA 含量为 5% 的共混树脂胶膜，前者更适合作为芯片黏结胶膜。

图 6.41 比较了不同固化条件对 ACM-3/DGEBA-I/DDM（70/23/7）树脂胶膜 T 型剥离强度的影响。在 60℃/24h 条件下固化的树脂胶膜在室温下的 T 型剥离强度为 620N/m；随着测试温度提高，T 型剥离强度逐渐降低；当测试温度为 60℃ 时，T 型剥离强度为 500N/m；当测试温度为 100℃ 时，T 型剥离强度降至 200N/m；当测试温度为 200℃ 时，T 型剥离强度降至零。在 120℃/1h 条件下固

化的树脂胶膜在室温下的 T 型剥离强度为 500N/m；在测试温度为 60℃时，T 型剥离强度为 250N/m；在测试温度 180℃时，T 型剥离强度为零。显然，低温长时间固化的树脂胶膜具有更高的 T 型剥离强度。

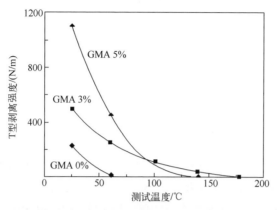

图 6.40　不同共混树脂体系黏结胶膜的黏结强度随温度变化的曲线

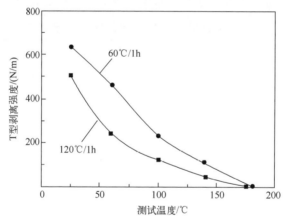

图 6.41　固化条件对共混树脂胶膜黏结强度的影响

将芯片黏结胶膜（丙烯酸类共聚树脂、环氧树脂、固化剂二氨基二苯甲烷的比例为 70:23:7）层压在聚酰亚胺（PI）薄膜上，在 120℃下固化 1h，形成黏结胶膜/PI 双层复合薄膜。PI 薄膜上的环氧树脂相可形成组分梯度结构[183]，其中环氧树脂相邻近 PI 薄膜界面，可提高黏结强度，而丙烯酸类共聚树脂形成了含有纳米级相分离结构的海岛相。对黏结胶膜/PI 双层复合薄膜进行 T-剥离试验后，在剥离面附近可观察到气穴现象（空洞现象）[183]。环氧树脂与填料比例对芯片黏结胶膜储能模量的影响如图 6.42 所示。

表 6.6 比较了两种环氧树脂固化剂（DDM 和 2PZ-CN）对共混树脂胶膜性能的影响。对于 DDM 为固化剂的 ACM/环氧树脂/DDM（70/23/7）树脂体系，经

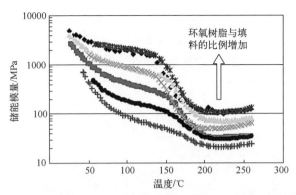

图 6.42　环氧树脂与填料的比例对芯片黏结胶膜储能模量的影响

120℃/1h 固化后形成的黏结胶膜，30℃时的 T 型剥离强度为 509N/m，0℃时的 T 型剥离强度为 2160N/m，弹性模量在 50℃时为 19MPa，在 180℃ 时为 2.0MPa，拉伸强度为 9.0MPa，热膨胀系数为 100×10^{-6}/℃，比 ACM/环氧树脂/2PZ-CN（70/23/5）共混树脂胶膜具有更高的室温下剥离强度和更低的拉伸强度。

表 6.6　环氧树脂固化剂对共混树脂胶膜性能的影响

试样		环氧树脂/ACM/DDM（23/70/7）	环氧树脂/ACM/2PZ-CN（30/70/5）
固化条件		120℃/1h	120℃/1h
相间距（A_m）		1.0μm	<20nm
T 型剥离强度/(N/m)	30℃	509	39
	0℃	2160	2460
模量/MPa[a]	50℃	16	1180
	180℃	2.0	3.0
拉伸强度/MPa[b]		9.0	19.2
热膨胀系数（$\times10^{-6}$/℃）		100	<50[c]

注：a 为 DMA 测试结果；b 的拉伸速率为 30mm/min，样品尺寸为 10mm×100mm×100μm；c 为 μTA 测试结果。

研究人员利用反应诱导聚合物合金技术、精密薄膜制造技术和半导体封装评价技术开发了新型芯片黏结胶膜。在固化之前，该薄膜具有优异的黏结强度、可靠性和耐热性，并且可满足半导体封装组装过程的要求。新型芯片黏结胶膜被用作堆叠封装的行业标准，在最新的便携式电子设备中是不可或缺的，并且对创新电子设备的爆炸性增长起到了重要作用。另外，由于具有天然的应力松弛和耐热性，这类材料在汽车、替代能源和医疗应用等方面也具有广阔的应用前景。

6.3.4　低应力芯片黏结胶膜

芯片黏结胶膜已成为实现 IC 电路封装小型化、薄型化、高密度、高可靠性和高性能封装的关键技术。1988 年，美国杜邦公司推出了一种由热塑性树脂和银填料组成的芯片黏结胶膜[184]。1991 年，日东电工提出了一种新概念，可以减少加工步骤的切割/芯片黏结胶膜。1994 年，日立化学研制成功一种芯片黏结胶膜（HIATTACH），能够在较短时间内（1s）在低温和低压下进行芯片黏结，并且在回流焊接过程中显示出优异的封装抗裂性[185-186]，大大提高了器件的可靠性。此外，还发展了一种新的芯片黏结工艺及其黏结设备，该工艺与芯片使用黏结胶液的工艺完全不同（见图 6.43）。

为了满足先进 IC 电路封装的要求，市场上出现了低应力芯片黏结胶膜材料，对先进电子封装技术的发展产生了重要影响。

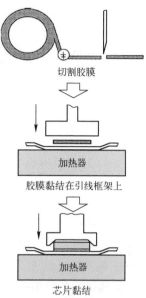

图 6.43 使用芯片黏结胶膜的芯片黏结工艺

图 6.44 是一种 LOC（芯片上的引线框架）封装用的芯片黏结胶膜[171,187-188]。由于 LOC 封装的特殊结构（引线引脚位于硅芯片上方），比 QFP（四方扁平封装）等标准封装的尺寸更小，内部引线通过黏结胶膜附着在芯片表面上，实现了高密度安装，并且适用于 DRAM（动态随机存取存储器）领域的 TSOP（薄小外形封装）[187-188]。

LOC 黏结胶膜的基体树脂是聚酰亚胺树脂，黏结胶膜由 3 层结构组成[171,187-188]，其在聚酰亚胺薄膜两面上涂敷热熔胶形成；在 200～400℃高温和

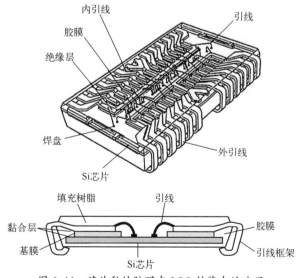

图 6.44 芯片黏结胶膜在 LOC 封装中的应用

10～30N/芯片的高压下进行黏结。由于黏结胶膜直接黏结在硅芯片表面上，要求黏结胶膜必须具有高纯度、低脱气和高耐热性等特性。为了降低热熔胶的加工温度，在刚性树脂主链结构中引入了柔性链段，制备了多种可低温度加工的热熔胶[187-188]。

模塑阵列封装（Molded Array Package，MAP）能够减少工序，降低成本[189]。随着先进封装（如BGA/CSP等）尺寸的增加，出现了许多技术难题。例如，由基板、焊球和金属布线材料CTE不匹配引起的基板翘曲较大，封装内部、外部的连通性差[189]，以及要求芯片黏结胶膜能够有效降低封装内应力。为了满足BGA/CSP等先进封装的使用要求，要求生产具有低黏结温度、低模量的芯片黏结胶膜。

由多个芯片堆叠而成的堆叠式多芯片封装（堆叠式MCP）具有更小、更薄、更高性能等特点，受到人们的高度关注[190-191]，要求用于堆叠式MCP的芯片黏结胶膜减少制造步骤，易于处理较薄的晶圆。2005年，市场上推出了具有切割/芯片黏结双功能的胶膜[192-193]。该胶膜由两层组成，一层是紫外反应切割胶膜，另一层是热固性芯片黏结胶膜。图6.45比较了制造堆叠式MCP的常规工艺（见图6.45（a））和新工艺（见图6.45（b））。常规工艺采用芯片黏结胶膜和芯片切割胶膜两种胶膜，需要两个层压步骤；新工艺采用切割/芯片黏结双功能胶膜，仅需一步层压。采用双功能胶膜可减少制造步骤，并在工艺中容易处理更薄的晶圆[192]。

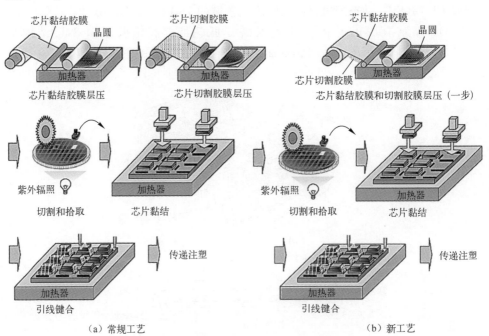

图6.45 制造堆叠式MCP的常规工艺与新工艺

第 6 章 导电导热黏结材料

电子设备的最新发展要求更紧凑、更轻便、功能更强大的组件出现。芯片黏结胶膜广泛应用于智能手机和个人计算机等电子设备的半导体封装中，这些设备对黏结胶膜的要求包括高黏结强度和耐热性。为满足上述要求，必须采用基于反应性诱导相分解的丙烯酸类聚合物基环氧黏合剂。在热循环试验中，基于这些聚合物基体的芯片黏结胶膜在热应力下表现出比基于环氧树脂基体的黏结胶膜更高的柔韧性。另外，聚合物胶膜的性能随环氧树脂和丙烯酸类聚合物含量的不同而有很大差异。为了满足目标性能，人们开发了一种新材料设计方法，称为弱条件组合线性规划，可以使用对用户友好的软件进行优化。

先进电子设备如智能手机、平板电脑、超薄笔记本电脑和支持云存储的服务器正在不断发展。半导体封装成为这些设备的核心，并且也在迅速发展。半导体制造与封装中使用了多种材料，已成为提高多层半导体封装性能的重要技术之一。为了满足对电子器件复杂性的要求，必须提高单位面积半导体的安装密度，必须采用高性能的封装材料。为了黏结多芯片封装的每一层，芯片黏结胶膜被广泛应用。例如，在许多先进 IC 电路封装中必须采用多种类型的芯片黏结胶膜，这些胶膜都具有不同的性能特点（见图 6.46）。图 6.47 显示了堆叠式封装制造工艺对黏结胶膜的性能要求。

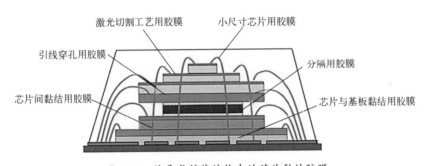

图 6.46 堆叠式封装结构中的芯片黏结胶膜

先进 IC 电路封装具有不同的工艺过程，对芯片黏结胶膜性能也具有不同的要求，主要包括：①胶膜在 60~80℃ 的温度范围内必须具有适当的黏性，并且能够黏附在晶圆上；②由于胶膜主要用于将芯片与基板黏结在一起，因此必须具有较好的韧性，能够通过变形来吸收热膨胀系数差异产生的应力；③在将 IC 电路封装连接到布线基板的焊接过程（约 260℃）中，胶膜不得流动或脱落。由丙烯酸类树脂和环氧树脂组成的反应诱导相分离树脂体系具有柔韧性好、耐热性高、易于设计等特点，制备的芯片黏结胶膜广泛应用于多种先进封装中。

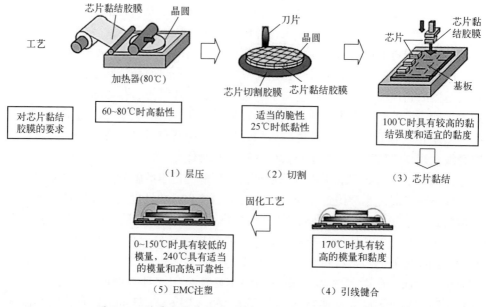

图 6.47 堆叠式封装制造工艺对芯片黏结胶膜的性能要求

6.3.5 高耐热芯片黏结胶膜

导电银浆通常被用于塑料封装中的芯片黏结材料。随着 IC 电路封装向着更高集成度、高引脚数、薄型化、微型化方向的快速发展，导电银浆作为芯片黏结材料遇到更大的技术挑战，主要包括：①回流焊接过程中经常出现封装开裂/分层等现象；②大尺寸芯片黏结过程中的润湿性/铺展性较差，经常出现缺陷或孔隙等；③点胶系统生产率/可加工性较差，难以提高生产效率。因此，采用芯片黏结胶膜代替导电银浆成为克服上述难题的有效途径。

电子工业的无铅化焊接是全球无铅化趋势的一部分[194]。针对铅的环境法律法规要求制造商从包括进口产品在内的电气和电子设备的废物中消除或回收铅，特别是大型日本公司的无铅项目正越来越积极地消除铅。无铅焊料替代品（如 Sn/Ag 和 Sn/Cu 合金）的熔点比传统焊料 Sn/Pb 高 20~30℃，因此 IR 回流焊的最高温度为 245~275℃。通常情况下，整个封装需要暴露在 245~275℃ 的高温环境下完成焊接过程，在此过程中吸收的水分蒸发、膨胀并引起的分层/断裂/封装开裂，继而产生"爆米花"现象（见图 6.48）[175,177,195]。虽然对环氧塑封料进行配方优化明显降低了吸湿率，但是芯片黏结材料仍然存在问题。由于封装开裂是因芯片黏结材料的吸湿和分层而产生的，因此应尽量降低芯片黏结材料的吸湿性，并提高其剥离强度以防止封装开裂。

第6章 导电导热黏结材料

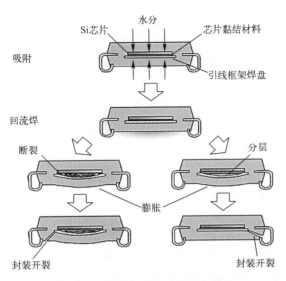

图 6.48 回流焊过程中封装开裂

与传统的封装（如 LQFP）相比，先进封装如 BGA/CSP 等的芯片黏结区域通常非常靠近引线焊盘，容易因所使用的芯片黏结胶液的渗出污染引线焊盘，特别是对于堆叠式 CSP，封装芯片的黏结区域更接近引线焊盘。因此，采用不会出现渗出和污染的芯片黏结胶膜比导电银浆更适合 BGA/CSP 等先进封装。另外，采用芯片黏结胶膜的先进封装还表现出更高的绝缘可靠性、无空隙缺陷及芯片黏结层无倾斜等优点。因此，研制高耐热的芯片黏结胶膜成为一个令人关注的热点。

1. 高耐热芯片黏结胶膜的组成与性能

具有设定树脂主链结构的新型聚酰亚胺树脂成为理想的芯片黏结胶膜用基体树脂。传统上，聚酰亚胺树脂由于具有优异的耐热、机械和电学性能而被广泛应用于航天、航空等高新技术产业领域[196]。作为薄膜或清漆已经广泛应用于微电子制造与封装领域，以实现器件的小型化，提高了性能和可靠性[197]。通常，聚酰亚胺树脂必须在其可溶性的聚酰胺酸前驱体阶段进行加工，然后在 350℃ 以上的高温下进行亚胺化转化成聚酰亚胺薄膜、纤维、复合材料等材料。其很高的加工温度，经常会导致周围材料的热损伤，应用领域也受到限制[198]。为了获得可溶性的聚酰亚胺树脂，实现较低温度下的加工成型，在树脂主链结构中引入柔性结构（如亚烷基、醚和硅氧烷连接基团）是一种有效的途径，并可以合成多种具有较低 T_g 或较低软化温度的聚酰亚胺树脂[199-201]。这些聚酰亚胺树脂具有热塑性，可在高于 T_g 或软化温度时熔融，但难以制备可在低温下加工但在高温时具有优良力学性能的聚酰亚胺薄膜材料。

为了解决这个问题，人们将不同种类的聚合物树脂和填料进行共混，开发了具有多种优异性能而单一组分无法实现的新材料[202-206]。根据这种材料设计，将环氧树脂作为交联剂，将填料作为增强剂，开发了一种新型复合材料，可作为微电子封装用的芯片黏合剂，在高于 T_g 温度下具有较低的流动性和较高的力学强度，这种芯片黏结材料获得了广泛应用，取得了巨大成功。另外，将聚酰亚胺与环氧树脂形成复合材料，也可以改善环氧树脂固有的脆性[204-206]。另外，将环氧树脂与填料进行共混也对聚酰亚胺复合薄膜材料在 T_g 以上的高温流动具有限制作用。该复合薄膜由聚酰亚胺树脂、环氧树脂和已被用作导电银浆填料的片状银粉组成，作为芯片黏结材料在 T_g 以上具有优良的应力松弛性能和较高的高温力学强度。

通常，聚酰亚胺树脂具有较高的吸水率。例如，由脂肪族酯型四酸二酐（EBTA）与柔性芳香族二胺（BAPP）制备的 A 型聚酰亚胺树脂的吸水率为 1.3%。为了降低聚酰亚胺树脂的吸水率，在聚酰亚胺树脂主链结构中引入更长的脂肪族碳链，制备 B 型聚酰亚胺树脂（EBTA/DBTA-BAPP）和 C 型聚酰亚胺树脂（DBTA-BAPP）；发现 C 型聚酰亚胺树脂的吸水率降低至 0.2%，被证明是一种优良的芯片黏结胶膜用基体树脂（见表 6.7）。

表 6.7 聚酰亚胺树脂的吸水率

聚酰亚胺	单体摩尔含量（%）		吸水率（%）
	芳香族二酐	芳香族二胺	
A	EBTA（100）	BAPP（100）	1.3
B	EBTA（50）/DBTA（50）	BAPP（100）	0.7
C	DBTA（100）	BAPP（100）	0.2

$n=2$：EBTA
$n=10$：DBTA

注：吸水率在室温下浸泡 24h 测得。

提高剥离强度是防止芯片黏结材料分层、提高封装抗裂性的有效方法。聚酰亚胺树脂、环氧树脂和银填料通过共混可形成芯片黏结胶膜[207]，考察芯片黏结胶膜的组成与剥离强度的关系，比较黏结行为与薄膜体相及表面性能之间的关系。将芯片黏结胶膜切成 5mm 的正方形片，插入一个厚度为 400mm 的 5mm 正方形硅芯片和一个更大尺寸的裸铜引线框架之间。将硅芯片和引线框架在 0.4MPa 的压力下于 300℃压缩黏结 5s，然后在 180℃的烘箱中加热 1h，使芯片黏结胶膜完全固化。在测试之前，将制备的一半样品在恒温恒湿箱中于85℃和85% RH下处理168h，以0.5mm/s的牵引速度从引线框架中取出硅芯片，测试在试样上进行（试样放置在250℃热台上20s后开始拉伸，见图6.49）。

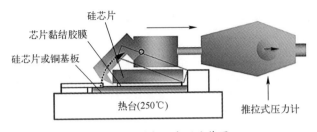

图6.49 剥离强度测试装置

图6.50比较了芯片黏结胶膜在固定银填料含量为40%（质量分数）时，环氧树脂含量对铜引线框架剥离强度的影响。表6.8总结了测定剥离强度时芯片黏结胶膜的失效模式。当环氧树脂含量为10phr（每百克份数）时，铜引线框架的剥离强度最高，但增加至20phr以上后，无论在干燥条件下还是潮湿条件下，剥离强度都随着环氧树脂含量的增加而逐渐降低。

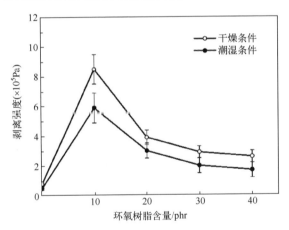

图6.50 环氧树脂含量对铜引线框架剥离强度的影响

图6.51比较了银填料含量与对铜引线框架剥离强度的关系。当固定环氧树脂含量为10phr时，芯片黏结胶膜的银填料含量为40%（质量分数）时具有最高的湿态剥离强度；当银填料含量提高至60%和80%时，铜引线框架的剥离强度显著降低。表明银填料含量为40%时，芯片黏结胶膜具有最佳的黏结性能。

芯片黏结胶膜的组成对其失效模式也具有明显影响（见表6.8）。当环氧树脂含量为10phr时，芯片黏结胶膜的黏结失效模式为内聚破坏（Co）；当环氧树脂含量增加至20phr以上时，黏结胶膜的失效模式转变为薄膜与铜引线框架之间

表 6.8 芯片黏结胶膜的失效模式

样品编号	环氧树脂含量/phr	银粉含量（%）	失效模式	
			干态	湿态
1	0	40	Co	Co
2	10	40	Co	Co
3	20	40	Ad/L	Ad/L
4	30	40	Ad/L	Ad/L
5	40	40	Ad/L	Ad/L
6	10	0	Co	Si/Ad
7	10	20	Co	Si/L
8	10	40	Ad/L	Ad/L
9	10	60	Ad/L	Ad/L
10	10	80	Ad/L	Ad/L

注：Co 表示黏结胶层失效；Ad/L 表示胶膜与铜引线框架间的界面失效；Si/L 表示胶膜与芯片间的界面失效；Si/Ad 表示银填料与胶膜之间的界面失效。

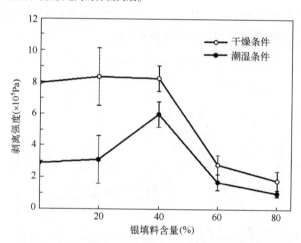

图 6.51 银填料含量与铜引线框架剥离强度的关系

的界面破坏（Ad/L）。固定环氧树脂含量为 10phr，当银填料含量低于 20%（质量分数）时，芯片黏结胶膜的黏结失效模式干态下为内聚破坏（Co），湿态下为银填料与胶膜之间的界面破坏（Si/Ad）；当银粉含量高于 40% 时，黏结胶膜失效模式转变为胶膜与引线框架之间的界面破坏（Ad/L）。

不含环氧树脂组分的黏结胶膜（编号 1）的弹性模量低于含有环氧树脂组分的胶膜（编号 2～5）。编号 1 的胶膜具有热塑性，没有网状结构，在 250℃ 时熔融（见表 6.9），其在室温下的弹性模量为 2.9GPa；随着环氧树脂含量的提高，芯片黏结胶膜中交联网络含量增加，弹性模量也随之增加。当环氧树脂含量高于

10phr 时，室温下弹性模量为 3.8～4.0GPa，250℃下弹性模量为 4～6MPa。

表 6.9 芯片黏结胶膜组成对性能的影响

样品编号	环氧树脂含量/phr	银填料含量(质量分数)(%)	T_g/℃	σ_{max}(×K)/MPa	弹性模量		吸水率(体积分数)(%)	
					20℃/GPa	250℃/MPa	24h	168h
1	0	40	119	351	2.91	熔融	0.06	0.17
2	10		119	412	4.01	6	0.23	0.35
3	20		113	383	3.93	4	0.25	0.40
4	30		109	350	3.58	4	0.32	0.48
5	40		109	368	3.96	5	0.44	0.58
6	10	0	117	307	2.31	2	0.32	0.49
7		20	117	318	2.48	4	0.28	0.43
8		40	119	412	4.01	6	0.23	0.35
9		60	126	456	4.28	16	0.17	0.26
10		80	131	737	10.2	150	0.10	0.15

固定环氧树脂含量为 10phr，芯片黏结胶膜的弹性模量随着银填料含量的提高而提高。当银填料含量为零时，芯片黏结胶膜的弹性模量室温下为 2.31GPa，250℃下为 2MPa；当银填料含量为 40% 时，芯片黏结胶膜的弹性模量室温下为 4.01GPa，250℃下为 6MPa；进一步提高银填料含量至 80% 时，芯片黏结胶膜的弹性模量室温下为 10.2GPa，250℃下为 150MPa。芯片黏结胶膜的拉伸强度约为 35～74MPa。

随着银填料含量的提高，芯片黏结胶膜的 T_g 也随之提高。当银填料含量为零时，芯片黏结胶膜的 T_g 为 117℃；当银粉含量为 60% 时，芯片黏结胶膜的 T_g 为 126℃。环氧树脂和银填料对芯片黏结胶膜的吸水率也具有明显影响。纯聚酰亚胺薄膜的 24h 吸水率仅为 0.06%，添加 10phr 环氧树脂后吸水率得到明显提高。

表 6.10 比较了芯片黏结胶膜的表面性能。与水的接触角 θ 增加可以很好地解释银填料含量在 20% 或更少时，潮湿条件下剥离强度急剧下降的原因，以及硅芯片从内聚破坏到界面破坏的失效模式变化。随着银填料含量的降低，胶膜表面的亲水性增强，具有高亲水性表面的硅芯片与胶膜之间的界面更容易被吸收的水分润湿。

2. 芯片黏结胶膜的抗开裂性

表 6.11 比较了芯片黏结胶膜（DF-A）与导电银浆的主要性能。DF-A 由具有疏水性结构的改性聚酰亚胺基体树脂、最佳含量的环氧树脂和质量分数为 40% 的银填料组成，其吸水率为 0.2%，仅是导电银浆（1.2%）的 1/6，而剥离强度为 0.81MPa，约为导电银浆（0.1MPa）的 8 倍。

表 6.10 芯片黏结胶膜的表面性能

样品编号	环氧树脂含量/phr	银填料含量（质量分数）(%)	表面能/(mN/m)			接触角/(°)		黏结功/(mN/m)	
			γ_s^d	γ_s^p	γ_s	θ^{H_2O}	$\theta^{CH_2I_2}$	W_A^{Si}	W_A^{Cu}
1	0	40	41.6	6.8	48.4	70.7	23.0	94.3	88.7
2	10		37.1	6.5	43.6	73.7	34.7	89.9	84.1
3	20		37.5	5.5	43.0	75.8	35.0	88.1	83.7
4	30		37.0	4.5	41.5	78.5	36.8	85.1	82.3
5	40		34.6	4.0	38.6	81.4	42.3	81.7	79.3
6	10	0	41.0	5.5	46.5	73.7	41.0	90.9	87.1
7		20	38.4	6.1	44.5	73.8	38.4	90.2	85.1
8		40	37.1	6.5	43.6	73.7	37.1	89.9	84.1
9		60	37.3	5.4	42.7	76.1	37.3	87.6	83.4
10		80	36.8	4.9	41.7	77.7	36.8	86.0	82.5

注：γ_s^d 为表面能（色散作用成分）；γ_s^p 为表面能（偶极作用成分）；γ_s 为总表面能；θ^{H_2O} 为与 H_2O 的接触角；$\theta^{CH_2I_2}$ 为与 CH_2I_2 的接触角；W_A^{Si} 为与 Si 的黏结功；W_A^{Cu} 为与 Cu 的黏结功。

表 6.11 芯片黏结胶膜（DF-A）与导电银浆的性能比较

项目		单位	DF-A	银浆	测试条件
组成	基体树脂	—	聚酰亚胺和环氧树脂	环氧树脂	—
	银填料含量（质量分数）	%	40	70	
黏结条件	温度	℃	230	—	—
	压力	N/芯片	0.5	1.0	
	时间	s	1	<1	
	固化	℃，min	180，30	180，60	
封装抗裂性（85℃和85% RH）	245℃		504h OK	24h OK	QFP 14mm×20mm×1.4mm 芯片尺寸：8mm×10mm 引线框架：Cu EMC：CEL-9200
	265℃	—	168h OK	24h NG	
	275℃		168h OK	24h NG	
吸水率（体积分数）		%	0.2	1.2	室温下浸泡24h
剥离强度	245℃	×10⁵Pa	8.1	1.0	芯片尺寸：5mm×5mm 引线框架：Cu
	265℃		8.1	1.0	
	275℃		8.3	0.8	

为了评估 DF-A 的封装抗裂性，采用了 14mm×20mm×1.4mm 的薄型四边扁平封装（LQFP）。LQFP 由硅芯片（8mm×10mm×0.3mm）、芯片黏结薄膜 DF-A

（厚度为30μm）、铜引线框架和环氧塑封料（日立化学 CEL-9200）组成。将该封装体暴露在85℃和85% RH的条件下24～504h，然后在回流焊过程中于265～275℃的高温条件下进行测试。结果表明，在上述可靠性测试过程中，使用DF-A的封装体没有观察到封装开裂现象。因此，DF-A在高回流焊温度（265～275℃）下具有优异的封装抗裂性，这主要归因于低吸水率和高剥离强度，能有效地避免抗爆米花现象的发生[208]。

6.3.6 先进封装用芯片黏结胶膜

为了满足客户对笔记本电脑、移动手机和其他消费电子系统对更小、更薄和更低成本的封装需求，新的先进封装技术变得流行起来。先进封装的特征之一是使用了表面上具有电路的聚合物基板（如玻璃环氧树脂和聚酰亚胺）来代替金属引线框架。在这一领域，需要降低黏结温度、降低应力及避免对表面电路的污染。这些要求导致当前的银浆存在许多问题，因此需要一种用于先进封装的高性能芯片黏结胶膜来满足要求。

对于BGA/CSP等先进封装，必须解决下述关键问题：①由硅芯片与高热膨胀系数的有机基板之间的热膨胀不匹配而引起的芯片翘曲；②有机基板的耐热性差；③薄型封装引起的芯片黏结层的高吸湿性。因此，要求芯片黏结材料必须具有下述特性：①具有低内应力，以减少芯片翘曲；②具有低玻璃化转变温度及低芯片黏结温度（小于200℃）；③具有低吸水率、高剥离强度，以提高封装抗裂性。

将脂肪酯链四酸二酐（DBTA、DDBTA）与柔性芳香族二胺（BAPP）、柔性脂环链二胺（TODE、DODE）及硅氧烷链二胺（TSX、PSX）通过缩合反应形成聚酰胺酸树脂溶液，将其涂敷成膜，高温固化后形成芯片黏结胶膜用的低T_g聚酰亚胺树脂。表6.12比较了聚酰亚胺薄膜的结构与性能[209]。反应合成的聚酰亚胺树脂的M_n为$2.3×10^4$～$3.6×10^4$，M_w为$6.8×10^4$～$12.1×10^4$；含硅氧烷链段的聚酰亚胺（PI-5、PI-6）具有较低的M_n和M_w。硅氧烷链段越长，所制备的聚酰亚胺树脂的T_g越低，在NMP溶剂中的溶解度越低。

PI-1树脂的T_g为120℃，明显低于普通聚酰亚胺（如 ULTEM的$T_g^B \geqslant 200℃$）[210]。T_g较低归因于聚酰亚胺树脂主链中引入了含10个碳原子的柔性脂肪链段（—$(CH_2)_{10}$—）。含12个碳原子脂肪链段（—$(CH_2)_{12}$—）的聚酰亚胺树脂（PI-2）的T_g进一步降低至107℃。将BAPP与脂肪族二胺（TODE或DODE）混合，然后与DBTA共聚得到的聚酰亚胺树脂具有更低的T_g，如PI-3和PI-4树脂的T_g分别为64℃和57℃。将BAPP与硅氧烷二胺（PSX）混合，然后与DBTA共聚得到的聚酰亚胺（PI-6）树脂的T_g可降低至30℃。

表 6.12 聚酰亚胺薄膜的结构与性能

聚酰亚胺	单体摩尔含量（%）		产率（%）	分子量及分布			$T_g/℃$
	芳香族二酐	有机二胺		M_n	M_w	M_w/M_n	
PI-1	DBTA（100）	BAPP（100）	95.0	32,500	121,000	3.73	120
PI-2	DDBTA（100）	BAPP（100）	94.8	33,200	102,600	3.09	107
PI-3	DBTA（100）	BAPP（50）/TODE（50）	95.7	36,700	115,500	3.14	64
PI-4	DBTA（100）	BAPP（50）/DODE（50）	96.3	28,900	88,600	3.07	57
PI-5	DBTA（100）	BAPP（50）/TSX（50）	95.0	26,900	80,800	3.01	64
PI-6	DBTA（100）	BAPP（50）/PSX（50）	92.5	23,800	68,600	2.89	30
分子结构	$n=10$: DBTA；$n=12$: DDBTA $NH_2-(CH_2)_3-O-(CH_2)_2-O-(CH_2)_2-O-(CH_2)_3-NH_2$ TODE $NH_2-(CH_2)_3-O-(CH_2)_4-O-(CH_2)_3-NH_2$ DODE			BAPP $n=1$: TSX；$n=10$: PSX				

聚酰亚胺树脂的吸水率也取决于主链结构（见表 6.13）。含有亲水性醚键链段的 PI-3 吸水率最高（0.33%），而含有疏水性聚硅氧烷链段的 PI-6 吸水率最低（0.01%）。溶解度参数（SP）与聚酰亚胺树脂的吸水率密切相关，聚酰亚胺树脂对水的 SP 值增加，可导致聚酰亚胺树脂的吸水率增加。吸水率差异可以通过比较水与聚酰亚胺的溶解度参数来解释。根据溶解度理论，接近 SP 值的聚合物和溶剂（水）可以互溶[211]。溶剂和聚酰亚胺树脂的 SP 值可根据其化学结构由 Okitsu 方法计算得出[212]。

表 6.13 聚酰亚胺的溶解性和吸水率

聚酰亚胺	溶剂/SP（SP 单位为（MPa）$^{1/2}$）							SP/(MPa)$^{1/2}$	吸水率（质量分数）（%）
	MIBK/8.4	THF/9.1	CHN/9.9	DMAC/10.8	NMP/11.3	DMSO/12.0	DMF/12.1		
PI-1	±	++	++	++	++	±	+	10.8	0.12
PI-2	±	++	++	++	++	±	+	10.6	0.10
PI-3	±	++	++	++	++	±	+	11.3	0.33
PI-4	±	++	++	++	++	±	+	11.2	0.28
PI-5	±	++	++	++	++	±	+	10.9	0.10
PI-6	++	++	++	++	++	±	+	9.9	0.01

注：++表示室温下可溶；+表示 60℃加热可溶；±表示加热仅溶胀。
MIBK 表示甲基异丁酮；THF 表示四氢呋喃；CHN 表示环己酮；DMAC 表示 N,N-二甲基乙酰胺；NMP 表示 N-甲基-2-吡咯烷酮；DMSO 表示二甲基亚砜；DMF 表示 N,N-二甲基甲酰胺。

1. 低应力与芯片翘曲

将两种具有不同热膨胀系数的材料通过热压黏结在一起,在界面处会产生热应力。如果黏结材料不能缓解热应力,则内部应力将保留在界面上,从而产生残余应变。将具有不同 CTE 的硅芯片($3.5\times10^{-6}/℃$)和铜基板($17.0\times10^{-6}/℃$)进行黏结时,产生的残余应力会使硅芯片发生翘曲(见图 6.52)。芯片拐角处的最大热应力 σ_{max} 可由以下公式[213]确定。

$$\sigma_{max} = K \cdot \Delta\alpha \cdot \Delta T \cdot (E_a \cdot E_s \cdot L/d)^{1/2} \qquad (6.1)$$

式中,K 为几何常数;$\Delta\alpha$ 为 CTE 之差;ΔT 为黏结材料的 T_g 与室温之差;E_a 和 E_s 分别为黏结材料和铜基板在室温下的弹性模量;L 为硅芯片的边长;d 为黏结材料的厚度。其中,T_g 和 E_a 是影响黏结材料热应力的两个主要因素。

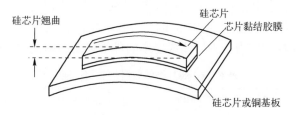

图 6.52 硅芯片翘曲的示意图

图 6.53 显示了芯片黏结胶膜的储能模量(E')和 tanδ 峰值温度(T_g)对硅芯片翘曲度的影响。随着 E' 和 tanδ 峰值温度的降低,翘曲度逐渐减小,芯片黏结胶膜的应力松弛性能得到改善,尤其是 PI-6 胶膜在缓解应力方面最为有效。芯片翘曲度与 E' 之间的相关系数为 0.466(见图 6.53(a)),而翘曲度与 tanδ 峰值温度之间的相关系数为 0.969(见图 6.53(b)),T_g 对翘曲度的影响大于 E'。

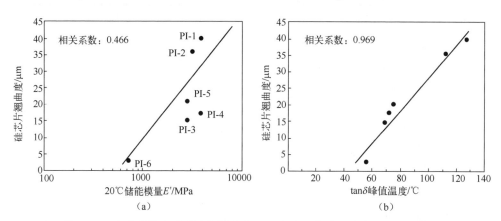

图 6.53 芯片黏结胶膜的储能模量和 tanδ 峰值温度对硅芯片翘曲度的影响
(黏结温度:250℃)

芯片与铜基板在黏结后冷却过程中的热应变差异是由薄膜的运动而部分释放引起的，降低 T_g 比降低 E' 更有利于应力松弛和降低残余应变。

表 6.14 比较了芯片黏结胶膜在 250℃下的剥离强度，失效模式均为薄膜本身的内聚破坏。两组样品的剥离强度表现出不同的行为。对于 Si/Si 试样，在 250℃时黏结强度与储能模量 E' 之间具有良好的相关性：剥离强度随 E' 增加而增加。而对于 Si/Cu 试样，则未观察到这种相关性。黏结行为的差异可以通过翘曲度差异来解释。Si/Si 试样几乎没有由热应力而引起的翘曲，胶膜的 E' 主要影响试样的剥离强度；而 Si/Cu 试样则由于存在热应力而产生翘曲，薄膜的应力松弛特性影响了试样的剥离强度。对于 PI-1 和 PI-2 胶膜，Si/Cu 试样的剥离强度明显低于 Si/Si 试样，主要归因于前者的硅芯片翘曲度比后者大得多。对于 PI-6 胶膜，Si/Cu 试样的剥离强度几乎与 Si/Si 试样的剥离强度相同，这是由于两个试样的硅芯片翘曲度都较小所导致的。因此，在黏结两种具有不同 CTE 的材料时，芯片黏结胶膜的 E' 和应力松弛性能成为影响黏结强度的两个主要因素。

表 6.14 芯片黏结胶膜的黏结性能[a]

聚酰亚胺胶膜	250℃剥离强度/MPa		250℃储能模量 E' /MPa	硅芯片翘曲度/μm	
	Si/Si[b]	Si/Cu[c]		Si/Si[b]	Si/Cu[c]
PI-1	0.84	0.53	6.1	1	40
PI-2	0.43	0.26	2.2	1	36
PI-3	0.51	0.47	3.0	0	15
PI-4	0.58	0.51	3.3	0	18
PI-5	0.59	0.46	3.3	0	21
PI-6	0.50	0.49	2.4	0	3

注：a 表示芯片黏结温度为 250℃；b 表示在硅芯片与硅芯片之间；c 表示在硅芯片与铜基板之间。

2. 低黏结温度

图 6.54 比较了由 PI-1 和 PI-4 两种芯片黏结胶膜所制备的 Si/Si 试样的黏结温度与剥离强度之间的关系。对于 PI-1 胶膜，剥离强度随黏结温度的降低而线性降低，而 PI-4 胶膜的剥离强度几乎不会随着黏结温度（140~250℃）的降低而降低。PI-1 胶膜在界面处的黏结性显著下降，随着黏结温度的降低，失效模式从内聚破坏变为界面破坏；而 PI-4 胶膜由于在界面处的黏结性更好，在 140~250℃时的失效模式为内聚破坏，在 160~250℃时保持着良好的黏结性，从而获得了稳定的剥离强度（见表 6.15）。PI-1 和 PI-4 胶膜黏结性的差异与所用聚酰亚胺树脂的 T_g 差异有关。PI-4 的 T_g（57℃）低于 PI-1（120℃），即使在较低的黏结温度下，PI-4 胶膜也具有足够的流动性来润湿硅芯片的表面，从而提高了低温下的黏结性。

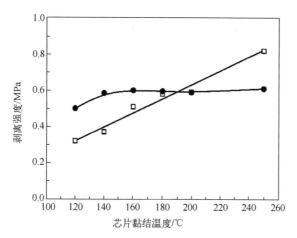

图 6.54　芯片黏结温度与剥离强度之间的关系

表 6.15　试样的失效模式

聚酰亚胺胶膜	芯片黏结温度/℃					
	120	140	160	180	200	250
PI-1	Ad	Ad	Ad	Ad	Ad/Co	Co
PI-4	Ad/Co	Ad/Co	Co	Co	Co	Co

注：Ad 表示胶膜与芯片间的界面破坏；Co 表示胶膜的内聚破坏；Ad/Co 表示混合破坏。

3. 芯片黏结胶膜的综合性能

表 6.16 显示了芯片黏结胶膜（DF-B）和商业化芯片黏结浆料的主要性能。DF-B 由低 T_g 的改性聚酰亚胺基体树脂、热固性环氧树脂和绝缘填料组成，具有相对较低的黏结温度、低的应力和低的芯片翘曲度。图 6.55 是 DF-B 的动态力学曲线。由于基体树脂的 T_g 相对较低（57℃），DF-B 在固化前会在高温下熔融并流动，这就是 DF-B 在 180℃时仍具有黏结性的原因。固化后形成了聚合物网络，DF-B 高温下（高于 100℃）橡胶区的模量增加，具有良好的耐热性和可靠性。对于聚酰亚胺基板和玻璃/环氧树脂基板，DF-B 的剥离强度都达到目前商业化芯片黏结浆料的 4～5 倍，而吸水率则仅为 1/4；DF-B 显示出很高的剥离强度。

为了评价 DF-B 的封装抗裂性，制备了 F-BGA 和堆叠式 CSP 封装。F-BGA（尺寸为 18mm×18mm×0.8mm）由硅芯片、DF-B 薄膜（厚度为 40μm）、具有一层不带阻焊剂的导电层的聚酰亚胺基板和环氧塑封料组成。堆叠式 CSP（尺寸为 8mm×11mm×1.4mm）由两个硅芯片、两个 DF-B 薄膜（厚度为 25μm）、具有一层不带阻焊剂的导电层的聚酰亚胺基板和环氧塑封料组成。将这些封装在 85℃和 60% RH 的条件下暴露 168h，然后在回流焊接过程中于 245℃进行测试。可靠性测试结果表明，使用 DF-B 的两个封装中均未观察到封装开裂，对于 BGA/CSP 等先进封装而言，具有优异的可靠性[208]。

表 6.16 DF-B 与商业化芯片黏结浆料的主要性能

项　　目		单位	DF-B	绝缘浆料	测 试 条 件
组成	基体树脂	—	聚酰亚胺和环氧树脂	环氧树脂	—
芯片翘曲度		μm	20	40	芯片尺寸：5mm×13mm 基板：Cu
芯片黏结条件	温度	℃	180	—	—
	压力	N/芯片	1.0	1.0	
	时间	s	1	<1	
	固化		180℃/30min	180℃/60min	
剥离强度 (250℃)	聚酰亚胺基板	×10⁵Pa	2.4	0.5	芯片尺寸：5mm×5mm 无阻焊剂
	玻璃/环氧树脂基板		7.2	2	
吸水率（体积分数）		%	0.2	0.9	室温下浸泡 24h
封装抗裂性 (85℃、85%RH、168h)	F-BGA		OK	NG	PKG 尺寸：18mm×18mm×0.8mm 无阻焊剂
	堆叠式 CSP		OK	—	PKG 尺寸：8×11×1.4mm 无阻焊剂

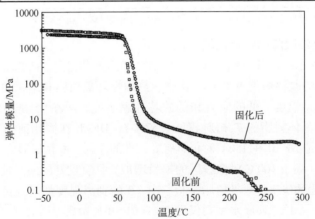

图 6.55　DF-B 的动态力学曲线

4. 芯片黏结胶膜在先进封装中的应用

先进封装技术需要采用多种类型的材料，这些具有特种性能或功能的材料对于完成先进封装而言至关重要。对于倒装芯片封装 BGA/CSP，需要在高密度多层封装基板表面上安装倒装芯片，需要的材料包括基板、底填料、应力保护涂层、阻焊剂、积层布线用光敏聚酰亚胺树脂、微焊球等（见图 6.56）；对于叠层 CSP，所需材料包括多层互连基板、芯片黏结胶膜、塑封料、阻焊剂、积层布线用光敏聚酰亚胺树脂、微焊球等。

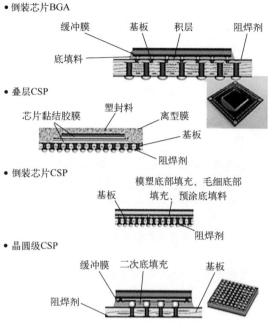

图 6.56 先进封装所需的材料

堆叠式芯片封装已越来越多地用于大容量存储器，其采用薄型芯片（小于 40μm）、薄型芯片黏结胶膜（小于 10μm）和薄型多层互连基板（小于 100μm，无芯），以减小封装的总厚度（见图 6.57）。大尺寸倒装芯片封装的关键问题是防止封装翘曲和阻焊剂开裂，需要仔细平衡底填胶材料、塑封料等材料的性能，以最大限度地减少封装翘曲和阻焊剂开裂。大尺寸倒装芯片封装的细节距和狭窄的芯片/基板间隙对新型封装材料提出了更大的挑战。

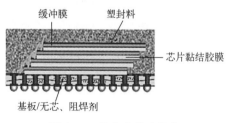

图 6.57 堆叠式芯片封装

应用处理器（AP）是每个移动产品中最重要的组成部分。由于尺寸和功率限制，AP 需要一个独特的集成封装解决方案以满足热、电和机械要求。层叠封装（PoP）结构可以满足这些要求，采用 AP 作为底层封装，并通过焊球与

DRAM（上层封装）连接。PoP 结构的关键问题是如何克服由于芯片和基板之间固有的 CTE 不匹配而导致的翘曲，以确保封装的综合性能及可靠性。将 PoP 封装连接到 DRAM 封装之前，使用塑封料压平 PoP 封装的底部（见图 6.58）[214]。成型后，通过塑封料形成盲孔以暴露出基板顶部金属层上的堆叠界面焊盘。在最终加工之前，通孔采用导电材料进行填充。

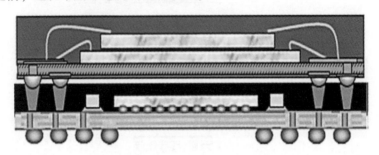

图 6.58　带有通孔的 PoP 封装示意图[214]

裸露式倒装芯片封装已越来越多地用于减小封装的厚度并改善芯片的散热性能。与目前使用毛细填充材料的间隙填充方法相比，使用固态模塑填充（MUF）的一次成型是一种有效的方法，MUF 用于倒装芯片和塑封料的底填胶材料。通过采用 MUF 封装倒装芯片而使芯片顶部暴露在外，可以形成平坦的顶部表面，然后将平盖安装在芯片顶面的平面上可大大提高散热效果。通常还需要使用一个离型膜来确保 MUF 不会流到芯片的背面（见图 6.59）。

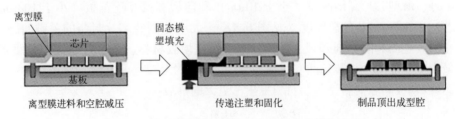

图 6.59　模制矩阵阵列封装形式的裸露式倒装芯片

随着先进封装的结构越来越复杂，对多种材料进行组合、对封装工艺进行优化就变得至关重要。另外，对化学、热、机械和热机械等性能进行模拟也会推动封装新材料的开发和工艺的优化。

6.4　导热黏结材料

随着电子产品向着高集成化、多功能化、小型化、薄型化、轻量化、柔性化、等方向的快速发展,其中电子元件的工作温度也明显提高,高效散热成为一个越来越令人关注的问题。传统电子元件的功率小,对散热效率要求低,其接触电阻、扩散热阻等因素都不会引起人们重视;随着电子元件性能及功能的快速提高,功率和功耗也随之提高,高效散热成为一个重要问题。电子元件的散热不仅与元件本身的散热有关,还与各元件间的互连密度及界面间热传导具有密切关系。因此,在电子元件界面间的热界面材料(Thermal Interface Materials,TIM)成为实现电子产品有效散热的关键核心技术。电子元件的外接表面都是标准的机械抛光面,呈现出粗糙的波浪形态。如果两个元件的外接表面直接接触,散热界面间接触面积比实际面积小很多,造成热阻值很高。如果在两个元件外接表面之间填充一层柔软的高导热胶膜,则可与每个元件的外接表面实现尽可能多的接触,通过其高导热性可有效提高元件间的散热效率。

目前,TIM在电子封装中主要包括两种形式。一种是没有加均热片(Heat Spreader,HS)的封装形式。在芯片与散热片(Heat Flow,HF)之间夹持一层TIM黏结胶膜,形成Si/TIM/HF"三明治"夹层结构,TIM用于填充芯片与散热片之间产生的缝隙和微孔缺陷,以降低热阻抗。另一种是加载均热片的封装形式。在芯片与均热片间及均热片与散热片间各加一层TIM黏结胶膜,形成Si/TIM/Hs/TIM/HF 5夹层结构。图6.60是TIM在5夹层结构中的典型应用。

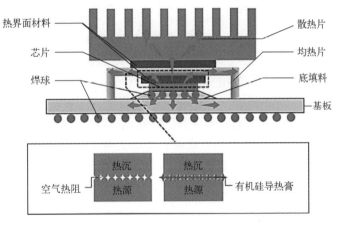

图6.60 TIM在电子封装中的典型应用(5夹层结构)

TIM材料对电子封装结构的散热具有非常重要的作用。随着IC芯片的发热量或热流量(Heat Flux)越来越高,电子封装结构的散热效率也必须随之提高,热阻值随之降低。因此,如何进一步提高TIM的热导性、降低热阻抗(Thermal Impedance)成为电子封装工程中的一大重要课题。

6.4.1 热界面材料的分类

热界面材料主要用于填充两种元件接触表面之间的缝隙，降低热阻抗，其热传导系数（Thermal Conductivity，K）成为评估热界面材料性能的主要参数。TIM应具备下述基本特性：①可压缩性及柔软性；②高导热性；③低热阻尼性；④表面浸润性；⑤适宜的黏结性；⑥对压缩力的敏感性；⑦易加工性；⑧可重复使用性；⑨冷热循环的高稳定性。一般来讲，高分子材料能够同时满足除导热性外的大多数要求。高分子材料是传统的电绝缘材料，导热系数也很低，约为 $0.1 \sim 0.2 W/(m \cdot K)$，热传递效果很差。因此，需要在高分子材料中加入高导热性的无机、金属或石墨粉体填料才可能获得 TIM 所需要的导热性能。

热界面材料主要分为六大类，包括导热膏（Thermal Grease）、相变型导热胶（Phase Change Materials）、弹性体导热垫（Elastomeric Pads）、导热凝胶（Gels）、导热胶（Thermally Conductive Adhesive）、导热带（Thermal Tapes）。另外，焊料也可用作热界面材料。

1. 导热膏

导热膏是一种黏稠液体，具有较强的黏性。通常在 $100 \sim 400Pa$ 压力下使用，界面热阻值约为 $0.2 \sim 1.0 K \cdot cm^2/W$；其树脂基体的主要成分是有机硅油和非硅质的聚合物树脂，导热填料以 AlN 或 ZnO 为主，也可选择 BN、Al_2O_3 或 SiC 等陶瓷粉体或铝粉、银粉、石墨粉、金刚石粉等。填料在树脂基体中的分散状态及流变特性是导电膏的重要性能，黏性太差容易造成导电膏在使用时发生溢出现象（Pump Out），黏性太好则会增加接触热阻（Contact Resistance）及黏结厚度（Bonding Thickness）。

导热膏室温下为液体状态，不需要固化处理，可填充较高体积分数的固体填料，热导率比其他热界面材料高。目前，市场上商品化导热膏的热导率通常为 $2 \sim 6W/(m \cdot K)$，有些产品高达 $8W/(m \cdot K)$，热阻率为 $0.2 \sim 0.6W/(m \cdot K)$。导热膏具有一定的流动性，在较低的扣合压力下，结合厚度可以达到很薄，有利于降低热阻率；缺点是易产生溢出及相分离（Phase Separation）现象，使用过程中易污染环境。为了降低黏度，导热膏中经常含有少量有机溶剂，这些溶剂会随着时间而挥发，使导热膏干涸，改变原有的特性。

2. 相变型导热胶

相变型导热胶具有优良的散热性及工艺性，自 20 世纪 90 年代以来迅速发展成为一种重要的热界面材料。相变型导热胶的树脂基体主要以聚烯烃、环氧树脂、低分子量聚酯、丙烯酸酯等树脂，再添加低熔点蜡或石蜡构成；无机填料包括 BN、Al_2O_3、AlN、ZnO、Al、或 Ag 等微细颗粒等。其相变过程主要由低熔点蜡或石蜡决定，根据电子元件的工作温度，熔点（相变温度）一般控制为 45～60℃。

相变型导热胶通常涂布或丝网印刷在大面积的铝箔或网状玻璃纤维布上下表面上，使用时根据产品需求裁切成适当尺寸。相变型导热胶融合了导热胶与导热膏的优点于一体，在达到相变温度前其特性与导热胶相似，具有高黏性而不会像导热膏一样在扣压时出现溢出、污染环境等问题，操作简便快捷，可直接黏结在散热片或芯片表面。当芯片工作温度超过相变温度（大于45℃）时，部分界面材料由固态变成液态，特性与导电膏相似，具有较强的流动性，容易填充界面间的孔隙并排出空气，黏结性增加，黏结厚度变薄，热阻大幅降低。近年来，相变型界面材料正在逐渐取代导热胶，甚至取代部分导热膏，成为主流产品之一。

目前，相变型界面材料的热导率通常为 $1\sim 3W/(m\cdot K)$，有些产品可达 $6W/(m\cdot K)$，整体性能接近导热膏，热阻为 $0.3\sim 0.7℃\cdot cm^2/W$，并保持了部分导热胶的特性，在扣合时需要较大压力（约300kPa），可能会引起较大的机械应力。相变型界面材料缺点是热导率较低，热阻低于导热膏。相变型界面材料的技术难点是如何稳定其批次间工艺稳定性（Reworkability），它对金属表面具有一定的还原性，在高性能CPU芯片封装中受到一定程度的限制。

3. 弹性导热垫

弹性导热垫是导热膏衍生出来的一种散热材料。在有机硅橡胶中添加导热粉体（如BN、Al_2O_3、AlN、ZnO等）形成导热膏，然后将其涂敷在玻璃布表面形成弹性导热布，具有加工操作简单等特性，施加压力约为700kPa，界面热阻值约为 $1.0\sim 3.0K\cdot cm^2/W$，主要用于标准TO型晶体管的热管理组装。

4. 导热凝胶

导热凝胶是在有机硅油或石蜡中添加导热粉体（如Al、BN、Al_2O_3、AlN、ZnO等）及固化剂等形成的，需要进一步固化处理，通过发生交联反应形成具有较强内凝聚力的结构，可提供比导热胶更有效的传导路径，热导率约为 $1\sim 3W/m$，与导热膏接近。导热凝胶的优点是适应接触表面的不规则性而填补孔隙。由于交联反应产生了内凝聚力，不会发生溢出及移动问题，使用方便简单，缺点是需要固化处理，热导率比导热膏低，黏结力比导热胶低。

5. 导热胶

导热胶是发展较早的热界面材料，主要由环氧树脂与导热填料混合均匀形成导热胶，然后将其涂敷在纤维布或薄膜表面做成大面积双面胶带，再裁切成设定的尺寸。其最大特点是使用方便，可直接黏贴在电子元件表面上，易于在生产线上实现自动化贴装，不会产生溢出和移动等问题。缺点是热导率较低（小于 $1K\cdot cm^2/W$），需要的扣合压力较大，结合厚度较厚，热阻较高。另外，环氧树脂固化后具有较高的弹性模量，易引起由热膨胀系数不匹配导致的内应力问题，相变型导热胶就是为了克服这些缺点而发展起来的。

6. 导热带

导热带主要用于 Heat Sink 贴合材料，主要作用是取消外力夹合装置，降低设备成本。导热带是将含有导热粉体的压敏型胶黏剂涂敷在薄膜上构成的，其热阻值约为 $1.0 \sim 4.0 \text{K} \cdot \text{cm}^2/\text{W}$，主要用于热管理组装的散热材料，不但具有适宜的黏结性，而且具有优良的散热特性。导热带适合具有一定平整度的界面，而不适合用在具有凹陷表面的热管理组装中（如 Over-molded BGA 等）。

7. 焊料（Solder）

焊料金属界面热阻值低于 $0.05\text{K} \cdot \text{cm}^2/\text{W}$。虽然焊料需要高温加工，但在第一级功率芯片（First Level Power Die）的贴合中，若无合适的热界面材料时，焊料也被当作低热阻值的热界面材料使用。焊料不但具有很高的导电率，同时也具有较高的热导率，经常被用作 TIM 材料[215-217]。焊料 TIM 材料的热阻很小[215]，但是其中存在的缺陷或孔洞等会降低焊料的导热性。铟具有高的导热性、低熔化温度和低拉伸强度，也可作为电子封装中的散热黏结材料，用于缓解 IC 芯片和金属散热器之间由于 CTE 不匹配而产生的内应力[218]。铟焊料的无助焊剂技术可以减少孔洞含量[219]。但是，高铟含量的焊料价格昂贵，而且抗压蠕变强度低。使用液相烧结（LPS）方法制备 Sn/In 焊料 TIM 材料[220]，可以明显降低成本，而且在安装散热器后具有较高的结构稳定性，缺点是其热导率仅为纯铟的 1/2。近年来，除固相焊料 TIM 材料外，人们还研制出"湿"焊料 TIM。例如，液态金属[221]和低熔点合金（LMA）[222]，可以提供低至 $0.005 \text{cm}^2 \cdot \text{℃}/\text{W}$ 的界面热阻。但是，这些材料的使用性能在很大程度上取决于相匹配表面的质量，而且在实际电子散热过程中易发生界面脱离，具有潜在的短路风险[222]。与聚合物树脂基 TIM 相比，焊料 TIM 的成本高，组装过程复杂，焊料界面的热冲击性能难以表征。

环氧树脂基 TIM 可能会成为焊料 TIM 的替代材料。环氧树脂导电胶（ECA）通常含有导电微粒填料（如锡、铜、石墨、金和银）[223]，通常为液体或浆料的产品形态，适合胶点分布或丝网印刷，目前被广泛应用于电子器件的导电黏接头。ECA 是无铅的绿色产品，且固化温度低，易于操作使用。作为 TIM 材料被广泛使用的主要障碍包括成本高、在温度循环下性能稳定差等。

总之，从热阻值来比较，导电膏的热阻是目前所有热界面材料中最低的，其他依次为导热凝胶、相变型导热胶、导热胶。从稳定性与使用重复性比较，导热胶和导热凝胶最好，而导热膏和相变型导热胶由于存在溢出及相变问题而较差。除上述的热界面材料外，还有柔性人工石墨垫片、天然石墨垫片、石墨烯垫片等，这些材料的面内热导率相当高（大于 $300\text{W}/(\text{m} \cdot \text{K})$），但面外热导率在 $6\text{W}/(\text{m} \cdot \text{K})$ 以下，且使用时的结合厚度较大，综合热阻值有待进一步提高。

6.4.2 热界面材料性能测试方法

电子设备的性能一直随着 IC 器件功率和功率密度的增加而不断提高，而器件功率及功率密度的增加也伴随着设备散热量的大幅提高，因此对整个设备的散热能力提出了挑战。热界面材料在降低封装热阻及电子器件与外部散热元件之间的热阻方面具有关键性作用。

当两个固体表面接触时，由于每个接触表面上的粗糙度不同，两个接触固体之间的实际接触面积只占表观面积很小的比例，对于受压较小的接触界面则更小[224-225]。在热流穿过两个固体的接触表面时，界面热流主要包括在实际接触区域 A_c 中的固-固传导和通过占据界面非接触区域 A_{nc} 的气隙传导两部分，这种热流收缩称为界面接触热阻（R_c）（见图6.61）。

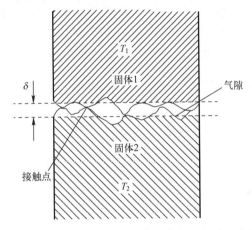

图 6.61 实际接触面积小于表观接触面积的示意图

假设表面微凸体发生塑性变形，则两个名义上的平坦表面 1 和 2 之间的固-固接触热阻（R_{cs}）可由下述公式[224]表述：

$$R_{cs} = \frac{0.8\sigma}{mk_h}\left(\frac{H}{P}\right)^{0.95} \tag{6.2}$$

式中，$\sigma = (\sigma_1^2 + \sigma_2^2)^{0.5}$，$\sigma$ 为均方根粗糙度；$m = (m_1^2 + m_2^2)^{0.5}$，$m$ 为平均粗糙度斜率；H 为较软材料的显微硬度；P 为施加的压力；$k_h = 2k_1k_2/(k_1+k_2)$，为界面的调和平均导热系数。m 由 $m = \tan(\theta)$ 给出，其中 θ 为粗糙表面的斜率。式（6.2）假设在所有压力下和名义上平坦的表面，界面都会发生塑性变形。

对于 Cu/Si 界面，铜的 H 值为 1280MPa[226]，假设 Cu 的粗糙度 σ 为 1μm，抛光硅的 σ 为 0.1μm。当 P = 10psi（68kPa）时，R_{cs} 为 6.2℃·cm²/W；当 P = 100psi（680kPa）时，R_{cs} 为 0.7℃·cm²/W，$m = 0.076\ (\sigma \times 10^6)^{0.5}$[227]。对于非

CPU 产品或大型散热片顶部的散热器，由于界面上施加的压力较小，两个固体之间的接触热阻 R_{cs} 很大。

图 6.62 比较了电子封装中经常使用的两种典型的散热结构。尽管 IC 芯片在实际中是平坦的，但芯片表面通常由于芯片和封装基板之间的热膨胀系数不匹配而翘曲，并且能够导致界面热阻进一步增大。

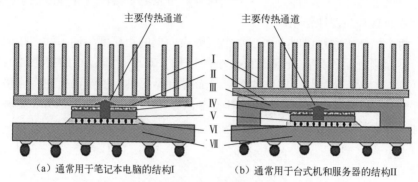

(a) 通常用于笔记本电脑的结构 I　　(b) 通常用于台式机和服务器的结构 II

图 6.62　两种散热结构的示意图

图中 Ⅰ 表示散热器，Ⅱ 表示 TIM，Ⅲ 表示 IHS，Ⅳ 表示 TIM，Ⅴ 表示芯片，Ⅵ 表示底部填充胶，Ⅶ 表示封装基板。

减少 R_c 最常用的方法是在两个固体接触界面间填充高导热的软质材料（见图 6.63），通常称为热界面材料（TIM）。电子封装中热界面材料是保证产品正常使用的必要条件。

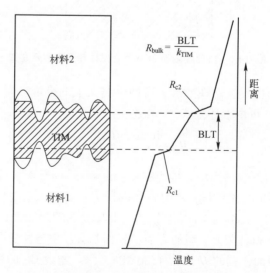

图 6.63　固体接触界面间填充软质导热材料示意图

热界面材料的传热效率一般以热阻或热阻抗来表述,热阻是热界面材料本身的热阻抗与两个表面的接触阻抗的总和(见图6.63),可以表述为[228]

$$R_{TIM} = \frac{BLT}{k_{TIM}} + R_{c1} + R_{c2} \tag{6.3}$$

式中,R_{TIM} 代表热界面材料的总热阻;R_{c1} 和 R_{c2} 分别代表两个表面的表面接触热阻;BLT 代表热界面材料的接合厚度;k_{TIM} 代表热界面材料本身的热传导。这些都是影响热界面材料热阻的重要因素。近年来,电子封装领域在减小 R_{TIM} 方面取得很大进展。IC 芯片的热通量是不均匀的[229-230],中央处理器和高速缓存器都在同一芯片上,大部分热量从中央处理器内(即芯片上较小的区域)耗散;即使在中央处理器内部,热通量(q)也是不均匀的。对于 IC 芯片热通量不均匀的问题,有效的散热方案不仅要使芯片平均温度保持在设计点以下,同时使最热点温度保持在设计点以下也是很重要的[229]。因此,IC 芯片的散热问题成为一个非常重要的问题。

非均匀传热的总热阻可写为[231]

$$\Psi_{j-a} = DF \times R_{jc} + \Psi_{cs} + \Psi_{sa} \tag{6.4}$$

式中,Ψ_{j-a} 表示界面到环境的热阻;R_{jc} 表示芯片均匀受热时界面到外壳的热阻;Ψ_{cs} 表示外壳到散热器的热阻;Ψ_{sa} 表示散热器到环境的热阻;DF 被称为"密度因子",代表 q 和芯片尺寸的不均匀程度[231],其单位为 cm^{-2},对于 $1cm^2$ 均匀受热的芯片,DF 为 1。对于大多数微处理器来说,由于 q 的高度不均匀性和较小的芯片尺寸,DF 通常大于 1;理论上对于非常大的芯片,DF 可以接近零。式(6.4)中 R_{jc} 和 DF 的减小都会导致 Ψ_{j-a} 的减小;若 DF 大于 1,则 R_{jc} 的减小会使 Ψ_{j-a} 减小得更多。R_{jc} 主要代表 TIM 的热阻,近年来电子封装领域在研制 TIM 材料方面取得了显著进步。

热界面材料的热导率可以由下述公式来表述[232]:

$$k_{TIM} = f(k_m, k_p, R_b, \phi) \tag{6.5}$$

式中,k_p 代表填料的热导率,不同填料的热导率范围为 20~1000W/(m·K),而且与填料粒径也有一定关系;k_m 代表树脂基体的热导率,不同树脂基体的热导率范围为 0.1~0.2W/(m·K);ϕ 代表填料的体积分数;R_b 代表填料与树脂基体的界面阻抗,填料体积分数越高,填料与基材的界面阻抗越小。

接合厚度是 TIM 在一定扣接压力下的最小厚度,受填料粒径、体积分数、施加压力及 TIM 的黏性等多种因素的影响。扣接压力越大,接合厚度越小;屈服强度越大,在同样扣接压力下接合厚度增加。屈服强度与填料的体积分数有关,填料体积分数越高,TIM 黏性越大,屈服强度越高;因此,TIM 越难被压缩,接合厚度越大。提高填料体积分数,虽然可以提高热导率,但由于黏性和接合厚度的增加,TIM 本身的热阻不一定会降低,而是需要找到一个最佳的填料百分比。另外,填料粒径过大也会使 TIM 不易被压缩,接合厚度增加。因此,填料粒径的选择很重要，一般将平均粒径控制在 50μm 以内。

接触热阻（Contact Resistance）对于 TIM，除需要考虑 TIM 本身的热导特性外，还需要考虑其与两个接合材料的接触热阻。接触热阻主要受下述因素影响：①接触表面的平整度及粗糙度：若平整度及粗糙度大，则接触阻抗也大；②TIM 的黏性：若黏性越高，则接触阻抗越高；③填料粒径：若填料粒径大，则难填充微孔隙；④TIM 表面张力：表面张力越大，越难浸润接触表面；⑤施加压力：在一定范围内，施加的接合压力越大，接触热阻越小。

由于接触面间存在高低不平的凹洞及空气，无法达到完全接触。增大施加压力及毛细管力能提高实际传热接触面积。通过采用下述几个方法可以降低接触电阻，包括：①增加压力；②减小表面粗糙度；③增加 TIM 热导率；④改变表面化学活性，以增加毛细管力。

TIM 各种性能的测试方法和设备[233-234]是基于 ASTM D5470-93 测试标准建立的[235]，可用于简单快速的基准测试，而无须花费很多时间和金钱来完成封装级测试。测试设备通常在受控接合厚度（如使用垫片[236]）或在受控压力下对材料进行测试，同时能够使用激光测微计[237]、光学测微计[238]、感应传感器[239]直接测量接合厚度，或者使用应变计感应两个相匹配表面之间距离变化引起的形变[240]。TIM 材料常用的可靠性测试方法包括高温和湿度应力测试、高温储存（或烘烤）、温度循环（TC）和功率循环（PC）[241]。另外，机械循环（FMC）、预处理、热重分析（TGA）、差示扫描量热法（DSC）等也适用于 TIM 材料的性能测试[241]。测试设备能够在 95% 可信度下以 $0.03\text{℃} \cdot \text{cm}^2/\text{W}$ 重现性评估 TIM 的热阻[235]，还可验证非平坦表面之间 TIM 的特性[235]。

除按照 ASTM D5470-93 标准进行稳态测量外，还可使用瞬态热分析技术（包括激光闪光[242-243]）对 TIM 材料进行测定。还可对稳态和瞬态方法进行比较分析[243]。另外，光声（PA）技术设备[244]、3ω 方法设备[245]、瞬态热反射（TTR）设备[246]、红外显微镜[247]和 Parker 设备[248]都是被广泛使用的 TIM 材料表征设备，但这些仪器都无法捕获 TIM 材料与应用环境中实际封装和散热器的相互作用。为了确定 TIM 材料性能的可靠性，可采用加速可靠性测试方法来预测倒装芯片应用中导热油脂的泵出效应[249]；在实际的功率循环条件下测试散热器和 IGBT 模块之间的多个 TIM 材料，可以为最终选择材料提供试验数据[250]。带有散热器的裸露芯片 FC-BGA（球栅阵列倒装芯片）封装，在不同使用压力下，对相变 TIM 材料性能具有明显影响[251]。

6.4.3 热界面材料的结构与性能

TIM 必须具有优异的散热性、电绝缘性、易加工性等特性，以及轻质及低成本等优点。TIM 的常用树脂基体包括导热性聚合物、环氧树脂、树脂基复合材料等；导热填料不但具有高的导热性，而且具有高的电绝缘性，主要包括金属氧化物（如氧化铝、氧化硅）、金属氮化物（如 AiN、BN、hBN/CNT、hBN/纳米 Al_2O_3）、纳米石墨、hBN/石墨、碳化硅（SiC）等。填料包括一维（1D）的多壁碳纳米管（CNT）和二维（2D）的片状纳米石墨烯、碳化硼（BN）纳米片、片状纳米石墨（GNP）等。具有二维结构的 GNP 具有高的长径比，可以在导热性差的聚合物树脂基体（PCM）中形成有效的传热通道，所制备的 GNP/PCM 导热材料在 GNP 中的填充量仅为 5%～10%，也具有较高的热导率（2W/m·K）。具有三维结构的片状纳米碳化硅（BNNS）的填充量为 9.6% 的 BNNS/PCM 导热材料的热导率达到 3.13W/(m·K)。功能化的氧化石墨烯（GO）填充量为 20% GO/PCM 导热材料的热导率达到 5.8W/(m·K)。

研制纳米颗粒和纳米管填充的导热材料一直令人关注。当前商用 TIM 材料[252-254]都是通过基准测试来衡量新材料的导热性能的，今后应着重关注使总热阻最小化的问题，而不仅仅着眼于提高导热系数，因为尽管 k_{TIM} 随着体积分数的增加而增加，但是 BLT 和 k_{TIM} 之间存在着竞争效应，热阻达到了最小值。目前还没有建立起有效的物理模型，用于计算 TIM 材料与基底间的接触热阻，这将成为薄膜高导热 TIM 材料的重要发展方向。

将纳米颗粒填充在聚合物树脂基体中制备多种 TIM 材料[255-256]。然而，填充纳米颗粒与填充 CNT 存在着相同的难题，R_b 在纳米颗粒填充复合材料中也起着主导作用。在聚合物树脂基体和导热氧化铝之间的 R_b 值为 $(2.5～5)×10^{-8}\ K·m^2·W^{-1}$，其临界半径（$\alpha=1$）为 5～10nm。在临界半径以内，纳米复合材料的导热系数小于树脂基体的导热系数[257]。填充无机颗粒的聚合物基复合材料的屈服应力随粒径的减小而增加[258]，导致基于纳米颗粒填充 TIM 的 BLT 高于常规的 TIM 材料。

除导热纳米颗粒外，纳米结构聚合物树脂也可用于制作金属基体载体（MMC）与焊料形成的复合材料。MMC 是一种很有效的方法，可以提高 TIM 应用中集成焊料的可能性[259]。由直径为 2μm 的纤维和 In/Bi/Sn 合金组成的多孔网络静电纺丝聚合物复合薄膜，导热系数达到 8W/(m·K)[260]。采用静电纺丝制备的聚酰胺纤维薄膜与铟焊料形成的复合材料，导热系数高达 22W/(m·K)[261]。

将液态球磨剥离的纳米片状石墨（BMEGN）和 AgNW 的分散液与树脂基体聚二甲基硅氧烷（PDMS，Sylgard 184A）搅拌混合均匀，然后加入质量分数为 10% 的 PDMS 固化剂（Sylgard 184B），继续搅拌得到分散均匀的液态树脂；搅拌结束后，在超声波水浴中超声分散 30min；真空脱气后，在氧化铝板表面上通过丝网印刷形成尺寸为 2cm×2cm×0.2cm 的胶膜，然后在 65℃固化反应 8h，得到具有不同 AgNW 含量的柔韧性 BMEGN/AgNMs/PDMS 纳米复合材料导电胶膜[262]。

随着 AgNW 的含量从 0 增加到 2mg/mL，BMEGN 含量为 20% 的 BMEGN/

AgNMs/PDMS 导电胶膜的厚度方向的热导率由 1.2W/(m·K) 提高到 4.94W/(m·K)（见图 6.64（a）），平面方向热导率由 22W/(m·K) 提高到 29.2W/(m·K)（见图 6.64（b））；而 BMEGN 含量为 10% 的 BMEGN/AgNMs/PDMS 导电胶膜的厚度方向热导率由 1.0W/(m·K) 提高到 2.30W/(m·K)，平面方向热导率由 15W/(m·K) 提高到 20W/(m·K)。显然，厚度方向热导率低于平面方向热导率；当 AgNW 含量超过 0.8mg/mL 后，平面方向热导率与厚度方向热导率的比值稳定为 5。另外，不但 AgNW 含量对导电胶膜导热性能具有明显影响，而且 BMEGN 含量也对导电胶膜导热性能具有显著影响。

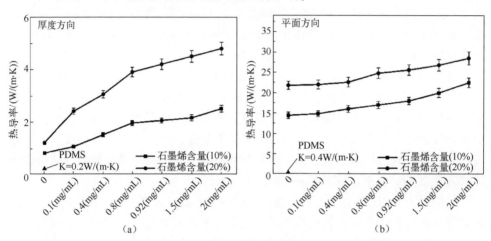

图 6.64 石墨烯含量和银粉填充量对导电胶膜厚度和平面方向导热性能的影响

图 6.65 是导热胶膜导热率随温度变化的曲线。当 AgNW 含量为 2.0mg/mL 时，BMEGN 含量为 20% 的 BMEGN/AgNM/PDMS 导电胶膜的厚度方向导热率在 100℃下为 5.7W/(m·K)，比室温下热导率提高了 16%，主要归因于树脂基体与 AgNW 互连结构的热膨胀系数差异抑制了界面热阻。将 BMEGN/AgNM/PDMS 导电胶膜贴在 CPU 芯片（Inter™ i7-4790）背面，采用应力试验软件工具（OCCT）在设定的电流输出条件下测试其芯片背面的温升（见图 6.66）。当测试时间达到 100s 后，所测试的各种导电胶膜的背面温升都达到最高值，不再随着测试时间延长而增加。随着 AgNW 含量由 0.1mg/mL 逐渐提高到 2.0mg/mL，BMEGN 含量为 20% 的 BMEGN/AgNM/PDMS 导电胶膜经过 1200s 测试后的背面温度由 52.5℃逐渐降低至 42.5℃，明显低于本体树脂的约 60℃和纯 BMEGN 的 57.5℃，说明 AgNW 可明显提高散热效率。对于功率器件 IGBT，BMEGN/AgNM/PDMS 导电胶膜具有相同的散热效果。

碳纳米管（CNT）具有很高的导热性[263]，与树脂基体复合制备的 CNT 填充树脂基复合材料也具有较高的导热性[264-267]。但是，由于 CNT 的导热性具有各向

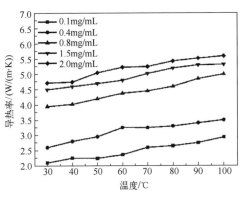
图 6.65　导热胶膜的导热率与温度的关系

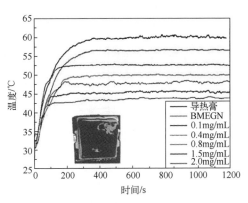
图 6.66　CPU/导电胶膜的背面温升

异性的特点，界面热阻对导热性具有显著影响[268]。CNT 与各种液态树脂基体之间的 R_b 值很高，可达 $8.33×10^{-8} K·m^2/W$[269]。多壁 CNT（MWCNT）在水平和垂直接触下的界面热阻具有与石墨相似的特性，垂直接触的接触热阻小于水平接触的接触热阻[270]。CNT 填充的树脂基复合材料也已经建立起简化的有效介质模型[268]，在 CNT 很低的填充体积分数下就可能达到渗流阈值[271]。纤维基复合材料通常具有很高的屈服应力，可能导致 CNT 基 TIM 的 BLT 很高。与 k_{TIM} 相比，总热阻可能是更合适的评价标准，可用于比较 CNT 基 TIM 与常规 TIM 的使用性能。

在硅晶圆背面上直接生长 CNT 层膜，然后将散热器压在生长的 CNT 层膜上，是一个实现有效散热的方法（见图 6.67）[272]。将聚合物树脂基 TIM 和原位生长的 CNT 结合起来也是一种有效降低热阻的方法（见图 6.68）[273-274]。将铟薄层与垂直生长的 CNT 结合[275]，或者将金属键合 CNT 和焊接键合 CNT 结合[276-277]，都可以显著降低边界热阻。另外，双层排列的 CNT[278]、掺有纳米铜颗粒和 CNT 的复合材料[279]、转移的 VACNT[280] 和反应性金属键合 VACNT[281] 等都是基于 CNT 的导热材料。

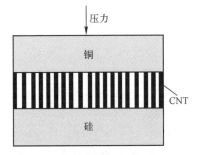
图 6.67　在硅晶圆背面生长碳纳米管层膜[282]

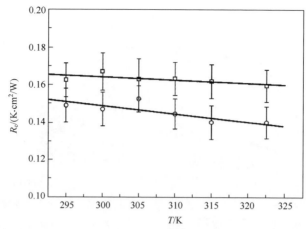

图 6.68 在硅晶圆背面上制备取向碳纳米管层膜的热阻[273]（另一个表面为铜）

石墨纳米片（GNP）也可作为填料制备环氧树脂基导热复合材料。在 GNP 填充量（体积分数）为 25% 时，其热导率可达到传统填料填充量为 70% 时的水平[283]。与传统碳黑（CB）填料相比，尽管 GNP 具有很高的导热系数，但由于其 BLT 比 CB 高，GNP 的使用效果并不理想[284]。采用剥离型 GNP 颗粒填充的树脂基导热复合材料，当 GNP 颗粒填充量（体积分数）仅为 5% 时，导热系数可达 2.4W/(m·K)[285]。通过施加更高压力以压缩相邻 GNP 之间的间隙，可使导热系数提高到 12.4W/(m·K)[286]。

另外，在聚合物树脂基体中添加石墨烯、多层石墨烯[287]、石墨烯-金属复合物[288]等都可使材料的导热系数达到 5.1~9.9W/(m·K)。理论分析表明，基于石墨烯的 TIM，因其几何结构、机械柔韧性和较低的 kapiza 热阻而优于 CNT 和纳米颗粒。

将 100g BC 纤维素纳米纤维和 50g 聚甲基吡咯烷酮（PVP）及 200g 去离子水在 80℃搅拌混合均匀，然后加入 100g AgNO$_3$，继续搅拌 3h，得到 AgNW@BC 水溶液。将 Al$_2$O$_3$ 微粉（粒径为 2μm、15μm、40μm、70μm）搅拌加入 AgNW@BC 水溶液（0.5mg/mL）中，然后加入高导热石墨烯纳米片（GNP）形成悬浮液；经超声波分散 10min 后再在室温下继续搅拌 20min。经真空过滤（滤膜孔径 220nm），将液体涂敷在玻璃板表面形成胶膜，室温下晾干 12h 后得到纸状复合材料。在 25℃/2.5MPa/5min 条件下热压成 AgNW@BC/Al$_2$O$_3$/GNP 复合材料导热胶膜，厚度为 90~120μm；当 Al$_2$O$_3$ 含量为 70% 及 GNP 含量为 17% 时，导热胶膜简称为 70A+17G，其他类似。

对于 AgNW@BC/Al$_2$O$_3$/GNP 纳米复合材料导热胶膜，当 GNP 体积分数低于 5%时（70A+3G 和 70A+5G），导热胶膜的厚度方向热导率低于 3.0W/(m·K)（见图 6.69（a））；当 GNP 体积分数为 9%时（70A+9G），厚度方向热导率迅速升高至8.0W/(m·K);进一步提高GNP体积分数至13%(70A+13G)和17%(70A+17G),厚度方向热导率迅速升高,为9.0~9.1W/(m·K)。与厚度方向热导率相似,平面方向热导率也随着GNP含量的提高而线性提高;当GNP含量为17%时(70A+17G),平面方向热导率达到25W/(m·K)(见图6.69(b))。

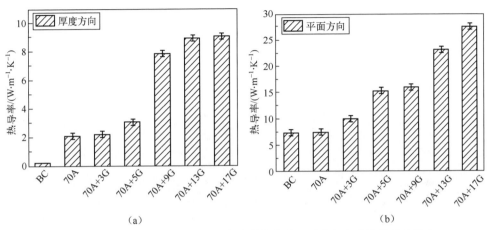

图6.69　AgNW@BC/Al$_2$O$_3$/GNP复合材料导热胶膜的组成对热导率的影响

对于Al$_2$O$_3$含量为70%及GNP含量为17%的AgNW@BC/Al$_2$O$_3$/GNP纳米复合材料导热胶膜(70A+17G),其厚度方向热导率随温度提高而稍微上升(见图6.70),室温下热导率为9.09W/(m·K),当温度升高至200℃时,热导率升高至10W/(m·K),主要归因于较弱的Umklapp生子散射效应。

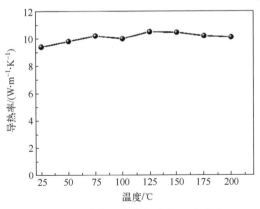

图6.70　厚度方向导电率与温度关系

为了考察AgNW@BC/Al$_2$O$_3$/GNP纳米导热复合材料胶膜作为IC芯片TIM材料的散热性能,将导热胶膜夹在GPC芯片与热沉之间,跟踪考察CPU芯片背面温度随着工作时间的变化(见图6.71)。由70A+17G导热胶膜作为TIM的CPU芯片温度在20min内迅速升温至约40℃；当时间延长至180s时芯片温度也不超过42.5℃，明显低于纯BC作为TIM的芯片温度（约55℃）和70G作为TIM的芯片温度（45℃），说明TIM材料的面外热导率对于降低CPU芯片工作温度具有重要作用，而降低芯片工作温度对于提高芯片可靠性、延长使用寿命具有重要意义（见图6.72）。

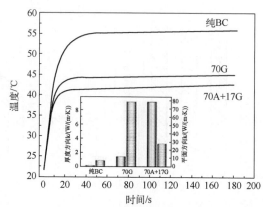

图6.71 CPU芯片背面温度曲线

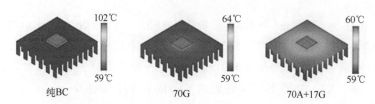

图6.72 采用不同TIM材料的CPU芯片工作温度

薄膜型复合材料主要包括3类，全碳材料、碳基/陶瓷基复合材料和聚合物基复合材料（见表6.17）。全碳材料由于填料高度的面内取向度而具有很高的面内热导率，但面外热导率仅为 $0.05\sim2.0\mathrm{W/(m\cdot K)}$。虽然碳基/陶瓷基复合材料具有很高的面外热导率（$18\mathrm{W/(m\cdot K)}$），但聚合物基复合材料由于具有柔顺性、易加工性和低成本化等优势，仍然是人们追求的目标。

表6.17 薄膜型复合材料导热胶膜的主要性能比较

样品	制备方法	负载量	平面方向/(W/(m·K))	厚度方向/(W/(m·K))	断裂伸长率(%)	测试方法
NFC/RGO	层层自组装	—	12.6	0.042	—	激光闪光技术（LFA）
OCNC/RGO	蒸发	体积分数4.1%	25.66	0.5	—	LFA
PVDF/BN/GNP	溶液浇铸	质量分数30%BN，质量分数2.5%GNP	—	0.72	0.1	ASTM 5470

续表

样品	制备方法	负载量	平面方向 /(W/(m·K))	厚度方向 /(W/(m·K))	断裂伸长率 (%)	测试方法
BNNS-OH/CNF	真空过滤(VF)	质量分数 75%	15	0.45	2.5	LFA
CNC/BN@PDA	VF	质量分数 94%	40	4.8	—	LFA
NFC/Ag	VF	体积分数 2%	6.0	0.8	2.5	LFA
CNF/RGO	VF	质量分数 50%	7.3	0.13	2.1	LFA
PI/HBNN	VF	—	51.1	2.2	—	LFA
PVA/BN	VF	质量分数 90%	120.7	1.1	—	温度波分析
CMC/AgNP@SiCNW	VF	体积分数 90%	20.61	0.98	0.9	LFA
CNT/RGO	VF	体积分数 100%	977	0.38	1.6	LFA
RGO	溶液浇铸	体积分数 100%	61	0.09	—	LFA
RGO/SiC	VF	体积分数 100%	250	17.6	—	LFA
石墨烯 CNR	VF	体积分数 100%	890	5.81	—	LFA
AgNP@BC/Al$_2$O$_3$/GNP	VF	体积分数 74%	27.78	9.09	7.6	LFA

为了进一步提高 TIM 材料的面外热导率,将石墨烯制成具有褶皱结构的石墨烯纸可显著提高其面外热导率[289]。将 0.9g 纳米片状石墨烯(Graphene Nanoplatelets)加入 2L 乙醇中,经超声分散 0.5h,得到均匀分散的石墨烯/乙醇分散液,将其通过直径为 26cm 的聚四氟乙烯(PTFE)微孔膜(孔径 0.22μm)真空过滤,除去溶剂,得到 PTFE 负载石墨烯纸(Gr/PTFE)。将 Gr/PTFE 纸黏附在丙烯酸酯压敏胶带上,然后在双向(轴向和横向)各拉伸 4 倍,得到预拉伸的弹性带。将弹性带缓慢松弛,经拉伸的松弛石墨烯纸由于模量差异会发生褶皱形成褶皱的 Gr/PTFE-压敏胶带复合材料带(见图 6.73);将其浸泡在乙醇溶液中全部溶解去除丙烯酸酯压敏胶带后得到褶皱的 Gr/PTFE 纸。在压机上对褶皱 Gr/PTFE 纸反复施加压力进行压制,得到形状稳定的石墨烯块,其体积形变从压机上取出后应低于 30%(见图 6.74)。所制备的石墨烯块尺寸为 3.6cm×3.6cm×0.9mm,密度约为 0.77g/cm^3,其中石墨烯的体积分数约为 61.5%,具有优异的柔韧性和可弯折性,而且易裁切成不同的形状及尺寸。

蜂窝状石墨烯膜的面外热导率为 143W/(m·K),其压缩模量约为 0.87MPa,具有很好的抗压缩性能(见图 6.75)。随着压缩形变从零增加到 30%,面外热导率逐渐从 143W/(m·K)降低至 110W/(m·K),而面外导热系数也从 240mm^2/s 逐渐降低至 120mm^2/s。该石墨烯导热膜不但具有很高的面外热导率,超过了许多金属材料,而且压缩模量比有机硅橡胶还低,具有很好的变形性。

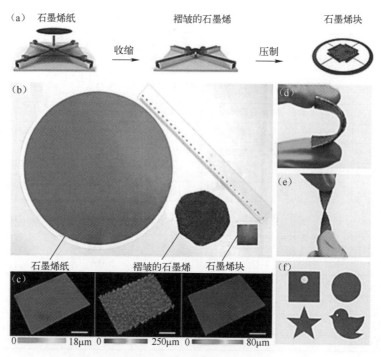

图 6.73 蜂窝状导热石墨烯膜材料的制备过程

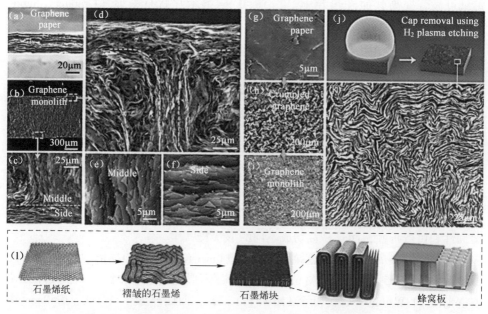

图 6.74 蜂窝状导热石墨烯膜制备过程中的微观结构变化过程

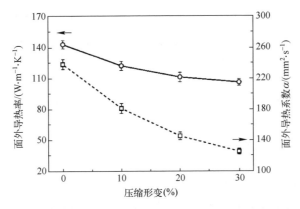

图 6.75 蜂窝状导热石墨烯膜面外导热性随压缩形变的变化

将蜂窝状导热石墨烯膜（2cm×2cm）或商业化导热垫片（热导率约为17W/(m·K)，Fuji Poly XR-m，日本）夹放在加热陶瓷基板与热沉之间，其中热沉连接冷却系统以吸收产生的热量。当加热陶瓷基板200s时，整个测试系统温度迅速上升（见图6.76）；当加热至400s时，没有夹持TIM的测试系统温度迅速上升至105℃，并保持稳定；夹持商业化导热垫片的测试系统温度迅速上升至约67℃，并保持稳定；而夹持蜂窝状导热石墨烯膜的测试系统温度迅速上升至约45℃，并保持稳定。与商业化导热界面材料相比，采用蜂窝状导热石墨烯膜的测试体系温度低了22℃，显示出更好的散热效果。

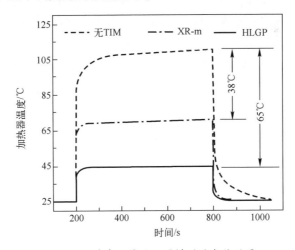

图 6.76 蜂窝状导热石墨烯膜的散热效果

6.4.4 热界面材料模拟预测

为了准确地模拟TIM的物理性能，根据式（6.3）可知，k_{TIM}、BLT 和 R_c 都是重要的参数；通过减小 BLT、增加热导率 k_{TIM} 和减小接触热阻 R_{c1} 和 R_{c2}，可以有效减小 R_{TIM}。目前 TIM 材料主要包括有机硅脂基导热胶、高分子树脂基导热胶、凝胶基导热胶、导电导热胶等。

TIM 材料都是由聚合物树脂基体与具有高热导率的无机微粉填料混合而成的，其导热性能的物理过程非常复杂。一个物理模型是将体电阻（R_{bulk}）和 R_c 分离[228]，还有多种包含 BLT、k_{TIM} 和 R_c 等各种参数的描述模型[228,290-293]，主要集中在油脂、凝胶和相变材料（PCM）等方面，与弹性体相比，这些 TIM 材料使用比较广泛[232]。

1. 热导率（k_{TIM}）预测模型

由于大多数聚合物树脂基 TIM 材料都是通过填充高导热性无机颗粒增加其 k_{TIM} 的，因此这些 TIM 材料可以被视为复合材料，其导热系数可以通过下述公式进行表述[232]：

$$k_{TIM} = f(k_m, k_p, R_b, \phi) \tag{6.6}$$

式中，k_m 是树脂基体的热导率；k_p 是无机颗粒填料的热导率；R_b 是无机颗粒和树脂基体之间的界面热阻；ϕ 是无机颗粒的体积分数。Bruggeman 不对称模型（BAM）与多种聚合物 TIM 材料的试验数据比较吻合[218,232]。图 6.77 比较了多种 k_{TIM} 的试验数据与 BAM 模型的预测结果，可以看出 BAM 在模拟 k_{TIM} 方面很成功。BAM 模型假设 α（毕奥数）为 0.1，若 k_m 为 0.2W/(m·K) 且粒径（d）为 10μm，则当 $\alpha=0.1$ 时 $R_b = 5 \times 10^{-6}$ K·m²·W。无机颗粒与树脂基体之间界面处的 R_b 可能是由于声子失配或界面对聚合物的不完全润湿所致的。在室温下，由于声子失配而引起的 R_b 约为 10^{-8} K·m²/W 的量级[294]；当 d 为 10μm、k_m 为 0.2W/(m·K) 时，α 为 0.0002。与不完全的无机颗粒润湿相比，室温下的声子失配可以忽略不计[294]。

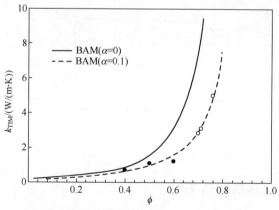

图 6.77 试验数据与不对称模型 BAM 的比较

然而，对于纳米级无机颗粒而言，声子失配可能变得尤为重要。由于聚合物树脂不完全的润湿颗粒而导致的 R_b 可能是颗粒体积分数的函数。随着无机颗粒体积分数的增加，完全润湿表面变得更加困难。

2. TIM 接合厚度（BLT）流变预测模型

通过测定多种硅氧烷基 TIM 的黏度，发现这些 TIM 具有类似于 Herschel-Bulkley（H-B）流体的特性[291]。H-B 流体的黏度（η）由下式给出：

$$\eta = \frac{\tau_y}{\dot{\gamma}} + K(\dot{\gamma})^{n-1} \tag{6.7}$$

式中，τ_y 表示聚合物的屈服应力；$\dot{\gamma}$ 表示应变速率；K 表示稠度指数；n 表示经验常数；稳态 BLT 仅取决于 τ_y。图 6.78 比较了 3 种负载了不同体积分数颗粒的 PLP TIM 的 τ_y。随着无机颗粒体积分数的增加，τ_y 值增加。

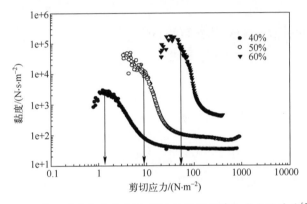

图 6.78 含不同体积分数 PLP TIM 的黏度与剪切应力的关系[220]

当 TIM 材料厚度远大于无机填料颗粒直径时，非均匀体系才能被宏观地视为均匀体系。在较高压力作用下，TIM 的 BLT 通常为 20~50μm。如果粒径为 10μm 量级，则不能将 TIM 视为宏观上的均匀体系。采用弹性模量的有限尺寸标度[295]作为薄渗流体系 TIM 中 τ_y 的量度，当 BLT 远大于 d（在低压下），BLT 模型可进一步简化[292]。

$$\text{BLT} = \frac{2}{3} r \left[c \left(\frac{d}{\text{BLT}} \right)^{4.3} + 1 \right] \left(\frac{\tau_y}{P} \right) \tag{6.8}$$

图 6.79 比较了式（6.7）（S-B 模型）与不同 TIM 材料的试验数据[232]。通过比较研究其他各种 d（大至 80μm，小至 2μm）的颗粒，结果与式（6.7）得出的数据可以很好地匹配[292]。可以采用式（6.7）解释相变材料、油脂和预固化凝胶等，这些 TIM 在 H-B 模型中也可以得到很好的描述。

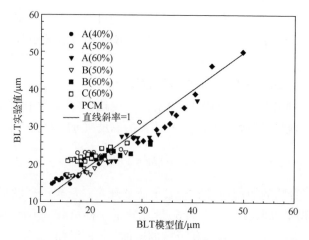

图 6.79　相变材料 S-B 模型与试验数据的比较[291-292]

3. 颗粒体积分数对 TIM 体热阻的影响

TIM 的体热阻可由式（6.9）表述：

$$R_{\text{bulk}} = \frac{\text{BLT}}{k_{\text{TIM}}} \tag{6.9}$$

式（6.9）的 R_{bulk} 还可以表述为

$$R_{\text{bulk}} = \frac{1}{k_{\text{TIM}}} C \left(\frac{\tau_y}{p} \right)^m \tag{6.10}$$

在颗粒负载的聚合物树脂基体中，假设与范德华相互作用相比，静电相互作用可以忽略不计，则 τ_y 可以表示为[258]

$$\tau_y = A \left[\frac{1}{(\phi_m/\phi)^{1/3} - 1} \right]^2 \tag{6.11}$$

式中，A 为常数；ϕ_m 为颗粒的最大体积分数。式（6.11）也可以改写为

$$\tau' = \frac{\tau_y}{A} = \left[\frac{1}{(\phi_m/\phi)^{1/3} - 1} \right]^2 \tag{6.12}$$

式中，τ' 是无量纲的屈服应力。引入 τ' 可将式（6.10）写成

$$\frac{R_{\text{bulk}} p^m}{CA^m} = \frac{\tau'^m}{k_{\text{TIM}}} \tag{6.13}$$

使用 BAM 和式（6.13），通过试验验证了 R_{bulk} 随填料体积分数可以达到最小值[291]（见图 6.80）。

在最佳体积分数时，TIM 热阻最小。通过研究影响热阻的各种因素，包括 ϕ、填料直径和施加压力等，发现在给定压力和填料形状条件下，存在一个最佳的体积分数，若超过该分数 TIM 的热阻就会增加[292]。

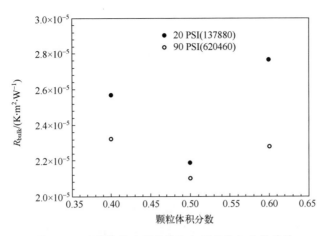

图 6.80 硅基导热油脂的热阻与颗粒体积分数关系

4. 接触热阻（R_c）预测模型

假设 TIM 呈纯液体流动行为，提出了一种不完全润湿的理论[228]。该模型假设 TIM 由于粗糙表面的凹谷中截留的气体而无法填充所有凹谷（见图 6.81）。通过施加外部压力，TIM 表面张力引起的毛细管力和截留空气引起的背压之间的受力达到平衡状态，可以计算 TIM 在界面中的穿透长度。当 k_{TIM} 远小于 $k_{substrate}$ 时，表面化学模型可表述为

$$R_{c1+2} = \left(\frac{\sigma_1 + \sigma_2}{2k_{TIM}}\right)\left(\frac{A_{nominal}}{A_{real}}\right) \tag{6.14}$$

式中，σ_1 和 σ_2 是夹着 TIM 的两个基板表面的粗糙度；A_{real} 可以由 TIM 的穿透长度来计算。

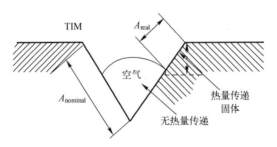

图 6.81 TIM 基板界面附近的传热机理[228]

相变材料表面化学模型与试验结果如图 6.82 所示，这些 TIM 呈半固态和半液态，具有屈服应力和黏性，基于纯液体的表面化学模型还不足以进行 TIM 接触热阻的模拟[291,292]。

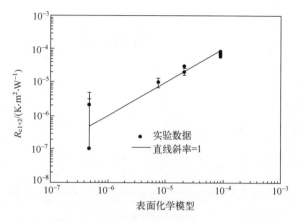

图 6.82 相变材料表面化学模型与试验结果[228]

界面凹谷中 TIM 所覆盖的区域最终将取决于压力和屈服应力。这种关系在某种程度上类似于两个裸露金属的接触，其接触热阻取决于较软材料的压力和硬度，而对于 TIM 来说通常用屈服应力来代替硬度。然而，对各种先进 TIM 的深入研究发现，TIM 的体电阻比 R_c 更占主导地位。对于固化凝胶，提出了 R_c 的半经验模型[293]：

$$\frac{R_c k_{TIM}}{\sigma} = c\left(\frac{G}{P}\right)^n \quad (6.15)$$

其中，$G = (G'^2 + G''^2)^{0.5}$，G' 为 TIM 的储能剪切模量，G'' 为 TIM 的损耗剪切模量。$G' > G''$ 适用于固化的凝胶，而 $G' < G''$ 适用于未固化的凝胶。图 6.83 比较了该模型与 4 种不同配方凝胶的试验数据。

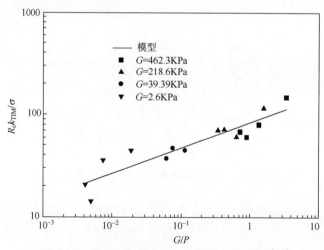

图 6.83 凝胶 TIM 的 $R_c k_{TIM}/\sigma$ 与 G/P 的关系[293]

6.4.5 热界面材料的可靠性

TIM 材料的可靠性和性能劣化研究是一个需要深入研究的问题。目前，商用 TIM 材料能够为新样品提供 $0.03\sim0.1\text{℃}\cdot\text{cm}^2\text{W}^{-1}$ 的热阻[252]，但在高温下长期暴露会导致性能的明显退化，导热性能可能会严重降低。对这些性能退化的机理目前还没有深刻的理解，需要今后通过构建基于物理学的基本模型将聚合物树脂性能的退化与聚合物基复合材料的导热性能联系起来。

TIM 材料在使用过程中经常会暴露于高温和各种恶劣的环境条件下。假设 TIM 产品寿命为 7 年，则相当于连续运行约 61000h 或每天 14h 运行 35000h。如果产品运行温度为 100℃，则在产品寿命期内，TIM 材料中的聚合物树脂将暴露在相对较高的温度下，在高温下聚合物树脂可能会发生降解等多种化学反应[296]。在新电子产品上市之前，不太可能对这些 TIM 材料进行长时间的全寿命测试以确定它们的使用寿命，通常需要进行加速寿命老化测试以了解材料的降解行为。TIM 材料应暴露于比使用温度更高、湿度更大的苛刻环境中进行加速老化测试。例如，如果产品的运行温度为 100℃，则 TIM 材料需要在 125℃ 和 150℃ 高温下进行测试，这样的测试时间比产品寿命短得多。在更高温度下材料将加速降解老化过程，能够在有限时间范围内构建 TIM 材料的降解模型。图 6.84 比较了聚合物树脂基 TIM 的热阻（R_{jc}）随时间和温度的变化关系[232]。

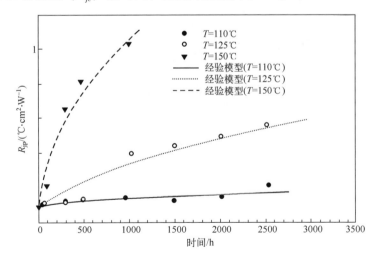

图 6.84　TIM 的热阻随时间的变化曲线

通过曲线拟合经验数据可以得到 Arrhenius 模型：

$$R_{jc}(t)=R_{jc}(t=0)+A\sqrt{t}\exp\left(\frac{-E_a}{k_b T}\right) \qquad (6.16)$$

式中，E_a是活化能；A是加速因子；k_b是玻尔兹曼常数；t表示时间，右侧的第一项是$t=0$（即新制成的TIM，未暴露于高温）时的R_{jc}值。式（6.16）显示了某种类型的扩散过程，其平方根依赖于时间[296]。因此，只要通过在不同（或更高）温度下的匹配数据就可获得A和E_a，然后将使用温度代入式（6.16）中就可得到产品的使用温度和寿命终止时的R_{jc}值。在电子封装行业中，TIM材料通常是为寿命终止时的性能而设计的，需要谨慎地根据其可靠性来选择合适的TIM材料。某些TIM材料在$t=0$时具有最佳的R_{jc}；由于TIM材料在使用过程中可能发生降解反应，在寿命终止时，其性能可能会变差。对于长期暴露于高温而导致的TIM热性能下降的机理目前还没有深刻的理解。

除高温环境外，导热油脂还会遭受另一种类型的降解，通常称之为泵出效应[297]。导热油脂的泵出效应通常发生在温度循环或功率循环之后。将泵出效应与G'和G''的比例相关联，发现油脂的G'大于G''可以避免泵出效应[293]。这主要归因于凝胶作用，凝胶就是一种固化的油脂。图6.85比较了耐热性能的退化速率与G'/G''的关系，发现在$G'>G''$后退化速率接近一个较低的常数。

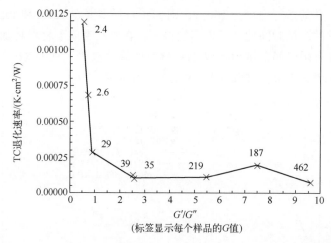

图6.85　温度循环测试过程中G'/G''对耐热性能退化速率的影响[293]

另外，可靠性测试还包括在湿度、温度循环以及机械冲击和振动下的测试等。对于这些可靠性测试，测试机理尚不完全清楚，大多数的可靠性分析都还是经验性的。

6.4.6　代表性热界面材料

美国道康宁公司向市场推出了3种导热界面材料，包括TP-600导热薄膜、TP-2400导热衬垫，它们可以改善电子组件和微组装件的散热性能，具有操作简单,加工灵活等特点。由于采用了预固化处理工艺,热界面材料无须特殊的操作工具,可以再加工,厚度适应范围广,包括汽车、显示器、计算机和电源等电子设备行业。TC-5021导热脂是一种湿法涂敷材料,可以形成很薄的黏结膜,适于大规模自动化生产。

英国 Laird 技术公司推出了一种高性能的热相变材料 T-pcm^{TM}583,在热阻值和可靠性方面达到了消费电子产品用微处理器、芯片组件、图形处理芯片和非标准的专业 IC 电路等先进封装器件的要求(见表6.18)。该产品为不导电的绝缘薄膜,室温下本身具有适当黏性,装配时不需要使用另外的黏合剂或预热。该薄膜产品在50℃开始软化,可将电子元件和导热界面上的微观不平整部位填满,将黏结表面上的微孔中的空气挤出,降低界面的热阻,有效地将热量传导出去,从而降低高速 IC 电路的工作环境温度,使之保持正常工作。

T-flex^{TM} 300 系列产品,主要用于导热缝隙的填充,可适应各种缝隙,热导系数为 1.2W/(m·K),是一种非常柔软的热界面垫料,在很小压力下就可适应表面的不规则凹陷形状,在器件中产生的应力很小。与压缩性很小的填料配合使用,在返修时同一块垫片可以重复多次使用。TIMRONICS 公司的 TIM400 系列产品是由将导热脂涂敷在聚乙烯树脂薄膜基材上制成的,具有流动性、干净无油,不会污染器件,热导率高达 3.7W/(m·K);TIM500 系列产品的热导率也达到 3.7W/(m·K),且具有良好的润湿性。TIM600 系列产品在 360℃高温下呈稳定状态,具有优良的润湿性及导热性,通常情况下不会出现硬化、干化和熔融等现象。TIM700 系列产品使用形状大小经过特别筛选的填料,使界面粒子间的接合达到最佳化,具有超高的热导率(7W/(m·K))以及良好的导电性。TIM700 包括导电和绝缘两种产品,包含由 1/2 至 1/3 的环氧树脂胶黏剂,可快速固化,热导率高。

热界面材料种类很多,每种材料都有各自的优缺点,可适应不同的使用环境及场合,包括芯片最高工作温度、封装器件工作温度、封装用还是散热用、接触材料的表面粗糙度、容许的间隙等。热界面材料是电子封装中的重要材料,随着电子元件发热量逐步提升,热界面材料的作用越来越重要。表6.18和表6.19总结了代表性相变型热界面材料和导热膏的主要性能。

表6.18 代表性相变型热界面材料的主要性能

性 能	T705	Powerstate	T-pcm	Hi-Flow
厚度/mm	0.14	0.064	0.12	0.10
相变温度/℃	45	51	50	55
热阻抗值(@10psi)/(℃·in^2/W)	0.07	0.02	0.05	0.09
热导系数/(W/(m·K))	0.72	3.0	1~3	1.0
体积电阻率/(Ω·cm)	5×10^6	—	—	5×10^6

表 6.19 代表性导热膏的主要性能

性　　能	G-751	G-750	X-23-7762	X-23-7783D
填料	Al+ZnO	Al+ZnO	Al+ZnO	Al+ZnO
最大粒径/μm	100	<45	100	101
黏度/(Pa·s)	350	300	170	150
热导系数/(W/(m·K))	4.5	3.5	4~6（含溶剂）	4~6（含溶剂）
比重/(g/cm^3)	2.50	2.80	2.46	2.45

导电黏结材料经加热固化后形成具有优良导电性的固态黏结相，包括各向异性导电黏结材料和各向同性导电黏结材料两种类型，不但可为被黏结的电子器件提供优良的导电通道，而且可为器件提供足够高的力学强度。导热黏结材料经加热固化后在芯片与基板或引线框架之间形成具有优良导热性的固态黏结相，主要用于提高封装电路的散热性和黏结性。芯片黏结材料由聚合物树脂基体与导电性或绝缘性粉体填料等组成，主要用于芯片与基板或引线框架之间的黏结，对 IC 电路封装可靠性和服役性能具有重要影响。这些黏结材料对于高密度电子封装如 BGA、CSP、WLP、SiP 等的可靠性和使用性能具有非常重要的作用。随着高密度封装技术的快速发展，导电导热黏结材料的综合性能会进一步改进和提高。

参 考 文 献

[1] Wolfson H, Elliot G. Electrically conducting cements containing epoxy resins and silver：US2774747. 1956.

[2] Matz K R. Electrically conductive cement and brush shunt containing the same：US2849631. 1958.

[3] Beck D P. Printed electrical resistors：US2866057. 1958.

[4] Jana P B, Chaudhuri S, Pal A K, et al. Electrical conductivity of short carbon fiber-reinforced carbon polychloroprene rubber and mechanism of conduction. Polym Eng Sci, 1992, 32：448-456.

[5] Malliaris A, Tumer D T. Influence of particle size on the electrical resistivity of compacted mixtures of polymers and metallic powders. J Appl Phys, 1971, 42：614-618.

[6] Ruschau G R, Yoshikawa S, Newnham R E. Resistivities of conductive composites. J Appl Phys, 1992, 73（3）：953-959.

[7] Gilleo K. Assembly with conductive adhesives. Solder Surf Mt Technol, 1995, 19：12-17.

[8] Hariss P G. Conductive adhesives：a critical review of progress to date. Solder Surf Mt Technol, 1995, 20：19-21.

[9] Jagt J C. Reliability of electrically conductive adhesive joints for surface mount applications：a

summary of the state of the art. IEEE Trans Compon Packag Manufact Technol Part A, 1998, 21 (2): 215-225.

[10] Pandiri S M. The behavior of silver flakes in conductive epoxy adhesives. Adhes Age, 1987, 30: 31-35.

[11] Pramanik P K, Khastgir D, De S K, et al. Pressure-sensitive electrically conductive nitrile rubber composites filled with particulate carbon black and short carbon fibre. J Mater Sci, 1990, 25: 3848-3853.

[12] Zhang R, Lin W, Moon K S, et al. Highly reliable copper-based conductive adhesives using an Amine Curing Agent for in situ oxidation/corrosion prevention. IEEE Trans Compon Packag Manufact Technol, 2011, 1 (1): 25-32.

[13] Nishikawa H, Mikami S, Terada N, et al. Electrical property of conductive adhesives using silver-coated copper filler. Greenwich: Electronics system – integration technology conference, 2008: 825-828.

[14] Wu H, Wu X, Liu J, et al. Development of a novel isotropic conductive adhesive filled with silver nanowires. J Compos Mater, 2006, 40 (21): 1961-1968.

[15] Lee H S, Chou K S, Shih Z W. Effect of nano-sized silver particles on the resistivity of polymeric conductive adhesives. J Adhes Adhes, 2005, 25: 437-441.

[16] Ye L, Lai Z, Liu J, et al. Effect of Ag particle size on electrical conductivity of isotropically conductive adhesives. IEEE Trans Electron Packag Manufact, 1999, 22 (4): 299-302.

[17] Fan L, Su B, Qu J, et al. Electrical and thermal conductivities of polymer composites containing nanosized particles. LasVegas: Proceedings of electronic components and technology conference, 2004: 148-154.

[18] Jiang H J, Moon K, Li Y, et al. Surface functionalized silver nanoparticles for ultrahigh conductive polymer compo-sites. Chem Mater, 2005, 18 (13): 2969-2973.

[19] Mach P, Radev R, Pietrikova A. Electrically conductive adhesive filled with mixture of silver nano and microparticles. Greenwich: Electronics system – integration technology conference, 2008: 1141-1146.

[20] Iijima S. Helical microtubules of graphitic carbon. Nature, 1991, 354: 56-58.

[21] Lin X C, Lin F. Improvement on the properties of silver-containing conductive adhesives by the addition of carbon nano-tube. Shanghai: Proceedings of high density microsystem design and packaging, 2004: 382-384.

[22] Qian D, Dickey E C, Andrews R, et al. Load transfer and deformation mechanisms in carbon nanotubepolystyrene composites. Appl Phys Lett, 2000, 76: 2868.

[23] Rutkofsky M, Banash M, Rajagopal R, et al. Using a carbon nanotube additive to make electrically conductive commercial polymer composites. Zyvex Corporation Application Note 9709, 2006. http://www.zyvex.com/Documents/9709.PDF 28.

[24] Mantena K, Jing L, Lumpp J K. Electrically conductive carbon nanotube adhesives on lead free printed circuit board surface finishes. BigSky: 2008 IEEE aerospace conference, 2008: 1-5.

[25] Inoue M, Notsuke T, Sakaniwa Y, et al. Effect of binder chemistry on the electrical conductivity of air-cured epoxy-based electrically conductive adhesives containing copper filler. San Diego: IEEE 65th electronic components and technology conference (ECTC), 2015: 146-150.

[26] Ho L N, Nishikawa H, Takemoto T, et al. Characteristics of electrically conductive adhesives filled with copper nanoparticles with organic layer. Rimini: European microelectronics and packaging conference, 2009: 1-4.

[27] Kang S K, Rai R, Purushothaman S. Development of high conductivity lead (Pb) -Free conducting adhesives. San Jose: Proceedings of 47th electronic components and technology conference, 1997: 565-570.

[28] Kang S K, Rai R, Purushothaman S. Development of high conductivity lead (Pb) -free conducting adhesives. IEEE Trans Compon Packag Manufact Technol Part A, 1998, 21 (1): 18-22.

[29] Jin Y, Yang J, Cheng Y, et al. Fabrication of interconnected silver flakes for conductive adhesives through dopamine-induced surface functionalization. Guilin: 13th international conference on electronic packaging technology and high density packaging (ICEPT-HDP), 2012: 200-202.

[30] Zeng J, Chen X, Ren X, et al. Effect of AgNPs/reduced graphene oxide nanocomposites on the electrical performance of electrically conductive adhesives. Changsha: 16th international conference on electronic packaging technology (ICEPT), , 2015: 39-42.

[31] Wu H P, et al. Development of a novel isotropic conductive adhesive filled with silver nanowires. J Comp Mat, 2006, 40: 1961.

[32] WangY H, Xiong N N, Xie H, et al. J Mater Sci, Mater Electron, 2014.

[33] Xie H, Xiong N N, Wang Y H, et al. Nanosci. & Nanotech, 2016, 16: 1125-1137.

[34] Zhang R W, Lin W, Moon K S, et al. IEEE Trans Compon Pack Manuf Tech, 2011, 1 (1): 25-32.

[35] Chen W J, Deng D Y, Cheng Y R, et al. J Electron Mater, 2015 (5).

[36] Lu D, Tong Q K, Wong C P. A study of lubricants on silver flakes for microelectronics conductive adhesives. IEEE Trans Compon Packag Manufact Technol Part A, 1999, 22 (3): 365-371.

[37] Lu D, Tong Q, Wong C P. A fundamental study on silver flakes for conductive adhesives. Braselton: Proceedings of 4th international symposium and exhibition on advanced packaging materials, processes, properties and interfaces, 1998: 256-260.

[38] Smith-Vargo L. Adhesives that posses a science all their own. Electron Packag Prod, 1986: 48-49.

[39] Jost E M, McNeilly K. Silver flake production and optimization for use in conductive polymers. Bournemouth: Proceedings of ISHM, 1987: 548-553.

[40] Pandiri S M. The behavior of silver flakes in conductive epoxy adhesives. Adhes Age, 1987,

30: 31-35.

[41] Lovinger A J. Development of electrical conduction in silver-filled epoxy adhesives. J Adhes, 1979, 10: 1-15.

[42] Lu D, Tong Q K, Wong C P. Conductivity mechanisms of isotropic conductive adhesives (ICAs). IEEE Trans Compon Packag Manufact Technol Part C, 1999, 22 (3): 223-227.

[43] Gallagher C, Matijasevic G, Maguire J F. Transient liquid phase sintering conductive adhesives as solder replacement. San Jose: Proceedings of 47th electronic components and technology conference, 1997: 554-560.

[44] Roman J W, Eagar T W. Low stress die attach by low temperature transient liquid phase bonding. San Francisco: Proceedings of ISHM, 1992: 52-57.

[45] Gallagher C, Matijasevic G, Capote A. Transient liquid phase sintering conductive adhesives: US5863622. 1998.

[46] Wrosch M, Soriano A. Sintered conductive adhesives for high temperature packaging. 2010 Proceedings 60th electronic components and technology conference (ECTC). 2010: 973-978.

[47] Lower Y, Krebs T, Thomas M. Sinter adhesive—new horizons in semiconductor packaging. Electronics packaging technology conference (EPTC), 2011: 88-92.

[48] Gumfekar S P, Chen A, Zhao B. Silver-polyaniline-epoxy electrical conductive adhesives—a percolation threshold analysis. IEEE 13th electronics packaging technology conference (EPTC), 2011: 180-184.

[49] Inoue M, Tada Y, Muta H, et al. Microstructural control of electrically conductive adhesives with Ag micro-fillers by binder chemistry. 2013 I. E. 3rd CPMT symposium Japan (ICSJ), 2013: 1-4.

[50] Botter H. Factors that influence the electrical contact resistance of isotropic conductive adhesive joints during climate chamber testing. Stockholm: Proceedings of the 2nd international conference on adhesive joining & coating technology in electronics manufacturing, 1996: 30-37.

[51] Gilleo K. Evaluating polymer solders for lead free assembly, Part I. Circuit Assem, 1994: 50-51.

[52] Gilleo K. Evaluating Polymer Solders for Lead Free Assembly, Part Ⅱ. Circuits Assembly, 1994: 51-53.

[53] Lu D, Tong Q K, Wong C P. Mechanisms underlying the unstable contact resistance of conductive adhesives. IEEE Trans Compon Packag Manufact Technol Part C, 1999, 22 (3): 228-232.

[54] Tong Q K, Fredrickson G, Kuder R, et al. Conductive adhesives with superior impact resistance and stable contact resistance. San Diego: Proceedings of the 49th electronic components and technology conference, 1999: 347-352.

[55] Lu D, Wong C P. Novel conductive adhesives for surface mount applications. J Appl Polym Sci, 1999, 74: 399-406.

[56] Lu D, Wong C P. Novel conductive adhesives with stable contact resistance. Braselton: Proceedings of 4th international symposium and exhibition on advanced packaging materials, processes, properties and interfaces, 1999: 288-294.

[57] Cheng C, Fredrickson G, Xiao Y, et al. US Patent, 6344157. 2002.

[58] Leidheiser H. Mechanism of corrosion inhibition with special attention to inhibitors in organic coatings. J Coatings Technol, 1981, 53 (678): 29-39.

[59] Trabanelli G, Carassiti V. Mechanism and phenomenology of organic inhibitors. Fontana MG, Staehle RW (eds) Advanced corrosion science and technology, vol 1. New York: Plenum Press, 1970: 147-229.

[60] Trabanelli G. Corrosion inhibitors. Mansfeld F (ed) Corrosion mechanisms. New York: 1987: Marcel Dekker, 119-164.

[61] Riggs O L. Theoretical aspects of corrosion inhibitors and inhibition. Nathan CC (ed) Corrosion inhibitors, NACE International, Houston, 1973.

[62] Reardon P. New oxygen scavengers and their chemistry under hydrothermal conditions. Corrosion'86, Paper no 175, NACE, Houston, 1986.

[63] Noack M G. Oxygen scavengers. Corrosion'89, Paper no 436, NACE, Houston, 1989.

[64] Reardon P A, Bernahl W E. New insight into oxygen corrosion control. Corrosion'87, Paper no 438, NACE, Houston, 1987.

[65] Romaine S. Effectiveness of a new volatile oxygen scavenger. Chicago: Proceedings of the American power conference, 1986: 1066-1073.

[66] Durand D, Vieau D, ChuA L, et al. Electrically conductive cement containing agglomerates, flake and powder metal fillers: US5180523. 1989.

[67] Kotthaus S, Haug R, Schafer H, et al. Proceedings of 1st IEEE international symposium on polymeric electronics packaging, Norrkoping, 1997: 64-69.

[68] Macathy S. Proceedings of surface mount international. San Jose, 1995: 562-567.

[69] Vona S A, Tong Q K. Proceedings of 4th international symposium and exhibition on advanced packaging materials, processes, properties and interfaces, Braselton, 1998: 261-267.

[70] Liu J, Weman B. Shanghai: Proceedings of the 2nd international symposium on electronics packaging technology, 1996: 313-319.

[71] Rao Y, Lu D, Wong C P. A study of impact performance of conductive adhesives. J Adhes Adhes, 2004, 24 (5): 449-453.

[72] Zwolinski M, Hickman J, Rubin H, et al. Electrically conductive adhesives for surface mount solder replacement. IEEE Trans Compon Packag Manufact Technol Part C, 1996, 19 (4): 241-250.

[73] Lu D, Wong C P. IEEE Trans Compon Packag Manufact Part C, 1999, 22: 324.

[74] Lu D, Wong C P. US Patent, 6740192. 2004.

[75] Rao Y, Lu D, Wong C P. J Adhes Adhes, 2004, 24: 449-453.

[76] Felba J, Friedel K P, Moscicki A. Characterization and performance of electrically conductive

adhesives for micro-wave applications. Helsinki: Proceedings of 4th international conference on adhesive joining and coating technology in electronics manufacturing, 1999: 232-239.

[77] Liong S, Zhang Z, Wong C P. High frequency measurement for isotropically conductive adhesives. Orlando: Proceedings of 51th electronic components and technology conference, 2001: 1236-1240.

[78] Hashimoto K, Akiyama Y, Otsuka K. Transmission characteristics in GHz region at the conductive adhesive joints. Proceedings of electronic components and technology conference, 2008: 2067-2072.

[79] Jagt J C. IEEE Trans Compon Packag Manufact Technol, Part A, 1998, 21 (2): 215.

[80] Nysæther J B, Lai Z, Liu J. IEEE Trans Advan Packag, 2000, 23 (4): 743.

[81] Constable J H, Kache T, Teichmann H, et al. Continuous electrical resistance monitoring, pull strength, and fatigue life of isotropically conductive adhesive joints. IEEE Trans Compon Packag Technol, 1999, 22 (2): 191-199.

[82] Gomatam R, Sancaktar E, Boismier D, et al. Behavior of electrically conductive adhesive filled adhesive joints under cyclic loading, Part I: experimental approach. Braselton: Proceedings of 4th international symposium and exhibition on advanced packaging materials, processes, properties and interfaces, 2001: 6-12.

[83] Yamashita M, Suganuma K. Degradation mechanism of conductive adhesive/Sn-Pb plating interface by heat exposure. J Electron Mater, 2002, 31: 551-556.

[84] Jeahuck L, Cho C S, Morris J E. Proceedings of international conference on electronic materials and packaging, 2007: 1-4.

[85] Xu S, Dillard D A, Dillard J G. Environmental aging effects on the durability of electrically conductive adhesive joints. Int J Adhes Adhes, 2003, 23: 235-250.

[86] Kuusiluoma S, Kiilunen J. The reliability of isotropically conductive adhesive as solder replacement—a case study using LCP substrate. Proceedings of electronic packaging and technology conference (EPTC), 2005: 774-779.

[87] Duraj A, Mach P. Stability of electrical resistance of isotropic conductive adhesives within mechanical stress. Applied Electronics, Pilsen, 2006.

[88] Lin J, Drye J, Lytle W, et al. Subrahmanyan R, Sharma R, Conductive polymer bump interconnects. Orlando: Proceedings of 46th electronic components and technology conference, 1996: 1059-1068.

[89] Seidowski T, Kriebel F, Neumann N. Polymer flip chip technology on flexible substrates-development and applications. Binghamton: Proceedings of 3rd international conference on adhesive joining and coating technology in electronics manufacturing, 1998: 240-243.

[90] Estes R H. Process And reliability characteristics of polymer flip chip assemblies utilizing stencil printed thermosets and thermoplastics. Binghamton: Proceedings of 3rd international conference on adhesive joining and coating technology in electronics manufacturing, 1998: 229-239.

[91] Oh K E. Flip chip packaging with micromachined conductive polymer bumps. IEEE J Sel Top

Quantum Electron, 1999, 5 (1): 119-126.

[92] Gaynes M, Kodnani R, Pierson M, et al. Flip chip attach with thermoplastic electrically conductive adhesive. Binghamton: Proceedings of 3rd international conference on adhesive joining and coating technology in electronics manufacturing, 1998: 244-251.

[93] Bessho Y. Chip on glass mounting technology of LSIs for LCD module. Proceedings of Int'l microelectronics conference, 1990: 183-189.

[94] Nysaether J B, Lai Z, Liu J. Isotropically conductive adhesives and solder bumps for flip chip on board circuits—a comparison of lifetime under thermal cycling. Binghamton: Proceedings of 3rd international conference on adhesive joining and coating technology in electronics manufacturing, 1998: 125-131.

[95] Alpert B T, Schoenberg A J. Conductive adhesives as a soldering alternative. Electron Packag Prod, 1991, 31: 130-132.

[96] Cdenhead R, DeCoursey D. History of microelectronics—part one. Int J Microelectron, 1995, 8 (3): 14.

[97] Nguyen G P, Williams J R, Gibson F W, et al. Electrical reliability of conductive adhesives for surface mount applications. San Diego: Proceedings of international electronic packaging conference, 1993: 479-486.

[98] Rorgren S, Liu J. IEEE Trans Compon Packag Manufact Technol Part B, 1995, 18 (2): 305-312.

[99] Lim S Y L, Chong S C, Guo L, et al. Surface mountable low cost packaging for RFID device. Proceedings of electronic packaging and technology conference, 2006: 255-259.

[100] Takezawa H, Itagaki M, Mitani T, et al. Development of solderless joining technologies using conductive adhesives. Braselton: Proceedings of 4th international symposium and exhibition on advanced packaging materials, processes, properties and interfaces, 1999: 11-15.

[101] Prasad S K. Advanced wirebond interconnection technology. New York: Springer, 2004.

[102] Harman G G. Wirebonding in microelectronics: materials, processes, reliability and yield, 2nd edn. New York: McGraw Hill, 1997.

[103] Carson F. Advanced 3D packaging and interconnect schemes. San Francisco: Kulicke and Soffa symposium at Semicon, 2007.

[104] Andrews L D, Caskey T C, McElrea S J S. 3D electrical interconnection using extrusion dispensed conductive adhesives. Int'l electronics manufacturing technology symposium, 2007, 96-100.

[105] www.formfactor.com/

[106] Kataoka K, Kawamura S, Itoh T, et al. Low contact-force and compliant MEMS probe card utilizing fritting contact. Las Vegas: Proceedings 15th international conference on micro electro mechanical systems (MEMS'02), 2002: 364-367.

[107] Kataoka K, Itoh T, Inoue K, et al. Multi-layer electroplated micro-spring array for MEMS probe card. Maastricht: Proceedings 17th International conference on micro electro mechanical

systems (MEMS'04), 2004: 733-736.

[108] Smith D L, Alimonda AS. A new flip-chip technology for high-density packaging. Orlando: Proceedings 46th electronic components and technology conference, 1996: 1069-1073.

[109] Chow E M, Chua C, Hantschel T, et al. Solder-free pressure contact micro-springs in high-density flip-chip packages. Lake Buena Vista: Proceedings 55th electronic components and technology conference, 2005: 1119-1126.

[110] Itoh T, Kataoka K, Suga T. Fabrication of microspring probes using conductive paste dispensing. Istanbul: Proceedings 19th international conference on micro electro mechanical systems (MEMS'06), 2006: 258-261.

[111] Itoh T, Suga T, Kataoka K. Microstructure fabrication with conductive paste dispensing. Bangkok: Proceedings of the 2nd IEEE international conference on nano/micro engineered and molecular systems, 2007: 1003-1006.

[112] Itou M. High-density PCBs provided for more portable design. Nikkei Electron Asia, 1999, 8 (11). www.nikkeibp.com/nea/nov99/tech/index.html.

[113] Savolanien P J. Advanced substrates for wireless terminals. Espoo: Proceeding of the 4th international conference on adhesive joining & coating technology in electronics manufacturing, adhesives in electronics, 2000: 264-268.

[114] Kisiel R, Markowski A, Lubiak M. Conductive adhesive fillets for double sided PCBs. Zalagerszeg: Proceedings of IEEE Int'l Conf. on polymer & adhesives, 2002: 13-16.

[115] Kisiel R, Borecki J, Felba J, et al. Technological aspects of applying conductive adhesives for inner connections in PCB. Portland: 2004 4th IEEE international conference on polymers and adhesives in microelectronics and photonics, 2004: 121-125.

[116] Felten J J, Padlewski S A. Electrically conductive via plug material for PWB applications. San Jose: IPC printed circuits expo 1997, 1997, S6-6-1-4.

[117] Wakabayashi S, Koyama S, Iijima T, et al. A build-up substrate utilizing a new via fill technology by electroplating. Espoo: Proceedings of 4th international conference on adhesive joining & coating technology in electronics manufacturing, 2000: 280-288.

[118] Dreezen G, Deckx E, Luyckx. Solder alternative: electrically conductive adhesives with stable contact resistance in combination with non-noble metallizations. Prague: Proceedings of European microelectronics and packaging symposium, 2004: 284-92.

[119] Suzuki T, Tomekawa S, Ogawa T, et al. Interconnection technique of ALIVH substrate. 2001 International symposium on advanced packaging materials, 2001: 23-28.

[120] Kisiel R, Borecki J, Koziol G, et al. Conductive adhesives for through holes and blind vias metallization. Wrocław: Proceedings of XXVIII International conference on IMAPS Poland Chapter, 2005.

[121] Kisiel R, Borecki J, Felba J, et al. Electrically conductive adhesives as vias fill in PCBs: the influence of fill shape and contact metallization on vias resistance stability. 28th international spring seminar on electronics technology, 2005: 193-198.

[122] Kisiel R, Borecki J, Koziol G, et al. Conductive adhesives for through holes and blind vias metallization. Microelectron Reliab, 2005, 45 (12): 1935-1940.

[123] Eikelboom D W K, Bultman J H, Sch∈onecker A, et al. Conductive adhesives for low-stress interconnection of thin back-contact solar cells. 29th IEEE photovoltaic specialists conference, 2002: 403-406.

[124] Ogunjimi A O, Boyle O, Whalley D C, et al. A review of the impact of conductive adhesive technology on interconnection. J Electron Manufact, 1992, 2: 109-118.

[125] Asai S, Saruta U, Tobita M, et al. Development of an anisotropic conductive adhesive film (ACAF) from epoxy resins. J Appl Polym Sci, 1995, 56: 769-777.

[126] Chang D D, Crawford P A, Fulton J A, et al. An overview and evaluation of anisotropically conductive adhesive films for fine pitch electronic assembly. IEEE Trans Compon Hybrids Manufact Technol, 1993, 16 (8): 320-326.

[127] Ando H, Kobayashi N, Numao H, et al. Electrically conductive adhesive sheet. European Patent, 0147856. 1985.

[128] Gilleo K. An isotropic adhesive for bonding electrical components. European Patent, 0265077. 1987.

[129] Pennisi R, Papageorge M, Urbisch G. Anisotropic conductive adhesive and encapsulant materials: US5136365. 1992.

[130] Date H, Hozumi Y, Tokuhira H, et al. Anisotropic conductive adhesives for fine pitch interconnections. Italy: Proceedings of ISHM'94, Bologna, 1994: 570-575.

[131] Lu D, Li Y, Wong C P. Recent advances in nano-conductive adhesives. J Adhes Sci Technol, 2008, 22: 815-834.

[132] Majima M, Koyama K, Tani Y, et al. SEI Tech Rev, 2002, 54: 25.

[133] Lieber C M. Nanowire nanosensors for high sensitive and selective detection of biological and chemical species. Science, 2001, 293: 1289-1292.

[134] Prinz G A. Science, 1998, 282: 1660.

[135] Martin C R, Menon V P. Fabrication and evaluation of nanoelectrode ensembles. Anal Chem, 1995, 67: 1920-1928.

[136] Xu J M. Fabrication of highly ordered metallic nanowire arrays by electrodeposition. Appl Phys Lett, 2001, 79: 1039-1041.

[137] Russell T P. Ultra-high density nanowire array grown in self-assembled Di-block copolymer template. Science, 2000, 290: 2126-2129.

[138] Lin R J, Hsu Y Y, Chen Y C, et al. Orlando: Proceedings of 55th IEEE electronic components and technology conference, 2005: 66-70.

[139] Kim T W, Suk K L, Lee SH, et al. Low temperature flex-on-flex assembly using polyvinylidene fluoride nanofiber incorporated Sn58Bi solder anisotropic conductive films and vertical ultrasonic bonding. J Nanomater, 2013, Article ID 534709.

[140] Moon S, Chappell W J. Novel three-dimensional packaging approaches using magnetically

aligned anisotropic conductive adhesive for microwave applications. IEEE Trans Microw Theory Tech, 2010, 58 (12): 3815-3823.

[141] Liu J. ACA bonding technology for low cost electronics packaging applications-current status and remaining challenges. Helsinki: Proceedings of 4th international conference on adhesive joining and coating technology in electronics manufacturing, 2000: 1-15.

[142] Wu C M L, Liu J, Yeung N H. Reliability of ACF in flip chip with various bump height. Helsinki: Proceedings of 4th international conference on adhesive joining and coating technology in electronics manufacturing, 2000: 101-106.

[143] Kishimoto Y, Hanamura K. Anisotropic conductive paste available for flip chip. Binghamton: Proceedings of 3rd international conference on adhesive joining and coating technology in electronics manufacturing, 1998: 137-143.

[144] Sugiyama K, Atsumi Y. Conductive connecting structure: US4999460. 1991.

[145] Sugiyama K, Atsumi Y. Conductive connecting method: US5123986. 1992.

[146] Sugiyama K, Atsumi Y. Conductive bonding agent and a conductive connecting method: US 5180888. 1993.

[147] Nagle R. Evaluation of adhesive based flip-chip interconnect techniques. J Microelectron Packag, 1998, 1: 187-196.

[148] Kivilahti J K. Design and modeling of solder-filled ACAs for flip-chip and flexible circuit application. Liu J (ed) Conductive adhesives for electronics packaging, Electro-chemical Publications Ltd. British Isles: Port Erin, 1999: 153-183.

[149] Vuorela M, Holloway M, Fuchs S, et al. Bismuth-filled anisotropically conductive adhesive for flip-chip bonding. Helsinki: Proceedings of 4th international conference on adhesive joining and coating technology in electronics manufacturing, 2000: 147-152.

[150] Torii A, Takizawa M, Sawano M. The application of flip chip bonding technology using anisotropic conductive film to the mobile communication terminals. Tokyo: Proceedings of Int'l electronics manufacturing technology/Int'l microelectronics conference, 1998: 94-99.

[151] Atarashi H. Chip-on-glass technology using conductive particles and light-setting adhesives. Tokyo: Proceedings of the 1990 Japan international electronics manufacturing technology symposium, 1990: 190-195.

[152] Matsubara H. Bare-chip face-down bonding technology using conductive particles and light-setting adhesives. Yokohama: Proceedings of Int'l microelectronics conference, 1992: 81-87.

[153] Endoh K, Nozawa K, Hashimoto N. Development of 'The Maple Method. Kanazawa: Proceedings of Japan Int'l electronics manufacturing technology symposium, 1993: 187-191.

[154] Sihlbom R, Dernevik M, Lai Z, et al. Conductive adhesives for high-frequency applications. IEEE Trans Compon Packag Manufact Technol Part A, 1998, 20 (3): 469-477.

[155] Dernevik M, Sihlbom R, Axelsson K, et al. Electrically conductive adhesives at microwave frequencies. Seattle: Proceedings of 48th IEEE electronic components & technology conference, 1998: 1026-1030.

［156］Yim M J, Ryu W, Jeon Y D, et al. Microwave model of anisotropic conductive adhesive flip-chip interconnections for high frequency applications. San Diego: Proceedings of 49th electronic components and technology conference, 1999: 488-492.

［157］Gustafsson K, Mannan S, Liu J, et al. The effect on ramping rate on the flip chip joint quality and reliability using anisotropically conductive adhesive film on FR4 substrate. San Jose: Proceedings of 47th electronic components and technology conference, 1997: 561-566.

［158］Connell G. Conductive adhesive flip chip bonding for bumped and unbumped die. San Jose: Proceedings of 47th electronic components and technology conference, 1997: 274-278.

［159］Oguibe C N, Mannan S H, Whalley D C. Flip-chip assembly using anisotropic conducting adhesives: experimental and modelling results. Binghamton: Proceedings of 3rd international conference on adhesive joining and coating technology in electronics manufacturing, 1998: 27-33.

［160］Hirai H, Motomura T, Shimada O, et al. Development of flip chip attach technology using Ag paste bump which formed on printed wiring board electrodes. Hong Kong: Proceedings of Int'l symposium on electronic materials & packaging, 2000: 1-6.

［161］Eriguchi F, Maeda M, Asai F, et al. Development of 0.025 mm pitch anisotropic conductive film. Int J Microcircuits Electron Packag, 1999, 22 (1): 38-42.

［162］Connell G, Zenner R L D, Gerber J A. Conductive adhesive flip-chip bonding for bumped and unbumped die. San Jose: Proceedings of 47th electronic components and technology conference, 1997: 274-278.

［163］Li L, Fang T. Anisotropic conductive adhesive films for flip chip on flex packages. Helsinki: Proceedings of 4th international conference on adhesive joining and coating technology in electronics manufacturing, 2000: 129-135.

［164］Ogunjimi S M, Whalley D, Williams D. Assembly of planar array components using anisotropic conductive adhesvies—a benchmark study Part I: experiment. IEEE Trans Compon Packag Manufact Technol Part C, 1996, 19 (4): 257-263.

［165］Liu J. Reliability of surface-mounted anisotropically conductive adhesive joints. Circuit World, 1993, 19 (4): 4-15.

［166］Chan Y C, Hung K C, Tang C W, et al. Degradation mechanisms of anisotropic conductive adhesive joints for flip chip on flex applications. Helsinki: Proceedings of 4th international conference on adhesive joining and coating technology in electronics manufacturing, 2000: 141-146.

［167］Kristiansen H, Liu J. Overview of conductive adhesive interconnection technologies for LCDs. IEEE Trans Compon Packag Manufact Technol Part A, 1998, 21 (2): 208-214.

［168］Asakura H. Nikkei Microdev, 1999, 4: 74.

［169］Makino N, Ichimura K. Suzuki Electron Parts Mater, 1981, 20 (11): 69.

［170］Yamazaki M. Die bonding technology for high performance of LSI package. Proceedings of LSI assembly technology forum, ISS industrial systems, 1996.

［171］Kanno Y. Current die bonding technology for novel package. Proceedings of VLSI assembly technology forum Part II, ISS industrial systems, 1998.

[172] Maekawa I. Triceps, 1998, 12: 21.

[173] Bolger C J. 14th National SAMP technology conference, 1982.

[174] Bolger J C, Morano S L. Adhes Age, 1984, 27 (7): 17-20.

[175] Harada M, Gekkan Semicond World, 1992, 9: 119.

[176] Kobayashi O, Gekkan Semicond World, 1994, 5: 53.

[177] Ishio S, Maruyama T, Miyata K, et al. Technical report of the Institute of Electronics. Information and Communication Engineers, 1994, 155 (11): 65.

[178] Yamada K, Dohdoh T. Electron Parts Mater, 2007, 4: 93.

[179] Yamanaka K, Inoue T. Polymer, 1989, 30: 662.

[180] Inoue T. Prog Polym Sci, 1995, 20: 119.

[181] Iwakura T, Inada T, Kbder M A, et al. e-Journal Soft Materials, 2006, 2: 13-19.

[182] Iwakura T, Inada T, Kader M, et al. J Soft Mater, 2006, 2: 13-19.

[183] Gou Y, Aoyama Y, Takahara A, et al. J Netw Polym, 2008, 29: 31.

[184] Wasulko M W, Stauffer G A. Microelectr Manuf Test, 1988, 9.

[185] Takeda S, Masuko T, Yusa M, et al. Die bonding adhesive film, Hitachi Chemical Technical Report, 1995, 24: 25.

[186] Takeda S, Masuko T, Miyadera Y, et al. A novel die bonding adhesive-silver filled film. San Jose: Proceedings of 47th electronic components & technology conference (ECTC), 1997: 518.

[187] Uno T. Gekkan Semicond World, 1992, 9: 114.

[188] Kawamura T, Suzuki T, Sugimoto H, et al. Hitachi cable, 1993, 12: 37.

[189] Yasuda M. Hitachi chemical technical report, 2003, (40): 7.

[190] Haruta R. J Jpn Inst Electron Packag, 2007, 10 (5): 353.

[191] Akejima S. J Jpn Inst Electron Packag, 2007, 10 (5): 375.

[192] Matsuzaki T, Inada T, Hatakeyama K. Hitachi chemical technical report, 2006, (46): 39.

[193] Ebe K, Senoo H, Yamazaki O. J Adhes Soc Jpn, 2006, 42 (7): 280.

[194] Li H, Johnson A, Wong C P. IEEE Trans Compon Packag Technol, 2003, 26 (2): 466.

[195] Yoshida T. Gekkan Semicond World, 1994, 5: 72.

[196] Clair A K S, Clair T L S. Polym Eng Sci, 1982, 22 (1): 9.

[197] Makino D. Recent progress of the application of polyimides to microelectronics. Kodansha: Polymers for microelectronics, 1994: 380-402.

[198] Wilson D. Recent advances in polyimide composites. High Perform Polym, 1993, 5: 77.

[199] Harris F W, Beltz M W. SAMPE J, 1987, 23: 6.

[200] Furukawa N, Yamada Y, Kimura Y. High Perfom Polym, 1996, 8: 617.

[201] Hedrick J L, Brown H R, Volksen W, et al. Polymer, 1997, 38 (3): 605.

[202] Li L, Chung D D L. Composites, 1991, 22 (3): 211.

[203] Nakamura Y. J Adhes Soc Jpn, 2002, 38 (11): 442.

[204] Gaw K, Kikei M, Kakimoto M, et al. React Funct Polym, 1996, 30: 85.

[205] Su C C, Woo E M. Polymer, 1995, 36 (15): 2883.

[206] Kimoto M. J Adhes Soc Jpn, 2000, 36 (11): 456.

[207] Masuko T, Takeda S. J Netw Polym Jpn, 2004, 25 (4): 181.

[208] Takeda S, Masuko T. Novel die attach films having high reliability performance for lead-free solder and CSP. Las Vegas: Proceedings of 50th electronic components and technology conference (ECTC), 2000: 1616.

[209] Masuko T, Takeda S, Hasegawa Y. J Jpn Inst Electron Packag, 2005, 8 (2): 116.

[210] Hsiao S H, Huang P C. J Polym Res, 1997, 4 (3): 183.

[211] Fedors R F. Polym Eng Sci, 1974, 14 (2): 147.

[212] Okitsu T. Secchaku, 1996, 40 (8): 342.

[213] Bolger J C. Polyimide adhesives to reduce thermal stress in LSI ceramic packages. 14th National SAMPE technology conference, 1982: 257-266.

[214] Kim J, Lee K, Park D, et al. Application of through mold via (TMV) as PoP base package. The proceedings of 58th electronic components and technology conference, 2008: 1089-1092.

[215] Chiu C P, Maveety J G, Tran Q A. Characterization of solder interfaces using laser flash metrology, Microelectron Reliab, 2002, 42: 93-100.

[216] Pritchard L S, Acarnley P P, Johnson C M. Effective thermal conductivity of porous solder layers. IEEE Trans Compon Packag Technol, 2004, 27 (2): 259-267.

[217] Hu X, Jiang L, Goodson KE. Thermal characterization of eutectic alloy thermal interface materials with void-like inclusions. San Jose: Proceedings of annual IEEE semiconductor thermal measurement and management symposium, 2004: 98-103.

[218] Too S S, Touzelbav M, Khan M, et al. Indium thermal interface material development for microprocessors. Proceedings of the 25th annual international conference IEEE SEMI-THERM, 2009: 186-192.

[219] Chaowasakoo T, Ng T H, Songninluck J, et al. Indium solder as a thermal interface material using fluxless bonding technology. Proceedings of the 25th annual international conference IEEE SEMI-THERM symposium, 2009: 180-185.

[220] Dutta I, Raj R, Kumar P, et al. Liquid phase sintered solders with indium as minority phase for next generation thermal interface material applications. J Electron Mater, 2009, 38 (12): 2735-2745.

[221] Hamdan A, McLanahan A, Richards R, et al. Characterization of liquid-metal microdroplet thermal interface material. Exp Therm Fluid Sci, 2011, 35: 1250-1254.

[222] Roy C K, Bhavnani S, Hamilton M C, et al. Investigation into the application of low melting temperature alloy as wet thermal interface materials. J Heat Mass Transfer, 2015, 85: 996-1002.

[223] Conductive epoxy: pros and cons. Circuit Insight. http://www.circuitinsight.com/programs/49690.html.

[224] Yovanovich M M, Marotta E E. Thermal spreading and contact resistances, In: Bejan A,

Kraus AD (eds) Heat transfer handbook. Wiley, Hoboken, 2003: 261-395.

[225] Madhusudana C V. Thermal contact conductance. New York: Springer, 1996.

[226] Iwabuchi A, Shimizu T, Yoshino Y, et al. The development of a Vickers-type hardness tester for cryogenic temperatures down to 4.2 K. Cryogenics, 1996, 36 (2): 75-81.

[227] Lambert M A, Fletcher L S. Thermal contact conductance of non-flat, rough, metallic coated metals, J Heat Transfer, 2002, 124: 405-412.

[228] Prasher R. Surface chemistry and characteristic based model for the thermal contact resistance of fluidic interstitial thermal interface materials. J Heat Transfer, 2001, 123: 969-975.

[229] Mahajan R, Chiu C P, Chrysler G. Cooling a chip. Proc IEEE, 2006, 94 (8): 1476-1486.

[230] Watwe A, Prasher R. Spreadsheet tool for quick-turn 3D numerical modeling of package thermal performance with non-uniform die heating. New York: Proceedings of 2001 ASME international mechanical engineering congress and exposition, 2001, Paper No2-16-7-5.

[231] Torresola J, Chrysler G, Chiu C, et al. Density factor approach to representing die power map on thermal management. IEEE Trans Adv Packag, 2005, 28 (4): 659-664.

[232] Prasher R S. Thermal interface materials: historical perspective status and future directions. Proc IEEE, 2006, 98 (8): 1571-1586.

[233] Aoki R, Chiu CP. Testing apparatus for thermal interface materials. Proc SPIE Int Soc Opt Eng, 1999, 3582: 1036-1041.

[234] Solbrekken G L, Chiu C P, Byers B, et al. The development of a tool to predict package level thermal interface material performance. 7th Intersociety conference on thermal and thermomechanical phenomena in electronic systems, 2000, 1: 48-54.

[235] Chiu C P, Solbrekken G L, Young T M. Thermal modeling and experimental validation of thermal interface performance between non-flat surfaces. 7th Intersociety conference on thermal and thermomechanical phenomena in electronic systems, 2000, 1: 52-62.

[236] Liu C, Chung D D L. Graphite nanoplatelet pastes vs. carbon black pastes as thermal interface materials, Carbon, 2009, 47: 295-305.

[237] Xu J, Munari A, Dalton E, et al. Silver nanowire array - polymer composite as thermal interface material. J Appl Phys, 2009, 106: 124-310.

[238] Kempers R, Kolodner P, Lyons A, . et al. A high-precision apparatus for the characterization of thermal interface materials. Rev Sci Instrum, 2009, 80: 95-111.

[239] Carlberg B, Wang T, Fu Y, et al. Nanostructured polymer-metal composite for thermal interface material application. Electronic components and technology conference, 2008: 191-197.

[240] Liu C, Chung D D L. Nanostructured fumed metal oxides for thermal interface pastes. J Mater Sci, 2007, 42: 9245-9255.

[241] Due J, Robinson AJ. Reliability of thermal interface materials: a review. Appl Therm Eng, 2013, 50: 455-463.

[242] Chiu C P, Solbrekken G. Characterization of thermal interface performance using transient thermal analysis technique. San Diego: 1999 ISPS conference, 1999.

[243] Smith B, Brunschwiler T, Michel B. Comparison of transient and static test methods for chip-to-sink thermal interface characterization. Microelectron J, 2009, 40: 1379-1386.

[244] Cola B A, Xu J, Cheng C, et al. Photoacoustic characterization of carbon nanotube array thermal interface. J Appl Phys, 2007, 101: 54-313.

[245] Cahill D G. Thermal conductivity measurement from 30 to 750K: the 3-omega method. Rev Sci Instrum, 2009, 61: 802-808.

[246] Burzo M G, Raad P E, Komarov P L, et al. Measurement of thermal conductivity of nanofluids and thermal interface materials using the laser-based transient thermoreflectance method. 29th IEEE SEMI-THERM symposium, 2013: 194-199.

[247] McNamara A J, Sahu V, Joshi Y K, et al. Infrared imaging microscope as an effective tool for measuring thermal resistance of emerging interface materials. Honolulu: ASME/JSME 2011 8th thermal engineering joint conference, 2011.

[248] Platek B, Falat T, Matkowski P, et al. Heat transfer through the interface containing sintered nanoAg based thermal interface material. Helsinki: 2014 electronics systemintegration conference, 2014.

[249] Chiu CP, Chandran B, Mello K, et al. An accelerated reliability test method to predict thermal grease pump-out in flip-chip applications. Proceedings of 51st electronic components and technology conference, 2001: 91-97.

[250] Morris G K, Polakowski M P, Wei L. Thermal interface material evaluation for IGBT modules under realistic power cycling conditions. 2015 IWIPD, 2015: 111-114.

[251] Bharatham L, Fong W S, Leong C J, et al. A study of application pressure on thermal interface material performance and reliability on FCBGA package. International conference on electronic materials and packaging (EMAP), 2006.

[252] Samson E, Machiroutu S, Chang J Y, et al. Some thermal technology and thermal management considerations in the design of next generation IntelR CentrinoTM mobile technology platforms. Intel Technol J, 2005, 9 (1): 75-86.

[253] He Y. Rapid thermal conductivity measurement with a hot disk sensor: Part 1. theoretical considerations. Pittsburgh: Proceedings of the 30th North American thermal analysis society conference, 2002: 499-504.

[254] Standard test method for thermal transmission properties of thin thermally conductive solid electrical insulation materials. ASTM D5470-93.

[255] Irwin P C, Cao Y, Bansal A, et al. Thermal and mechanical properties of polyimide nanocomposites. 2003 Annual report conference on electrical insulation and dielectric phenomena, 2003: 120-123.

[256] Fan L, Su B, Qu J, et al. Effects of nano-sized particles on electrical and thermal conductivities of polymer composites. 9th international symposium on advanced packaging materials, 2004: 193-199.

[257] Putnam S A, Cahill D G, Ash B J, et al. High-precision thermal conductivity measurements as

a probe of polymer/nanoparticle interfaces. J Appl Phys, 2003, 94 (10): 6785-6788.

[258] Shenoy A V. Rheology of filled polymer system. Kluwer Academic, Boston, 1999: 1-390.

[259] Carlberg B, Wang T, Liu J, et al. Polymer-metal nano-composite films for thermal management. Microelectron Inter, 2009, 26 (2): 28-36.

[260] Carlberg B, Wang T, Fu Y, et al. Nanostructured polymer-metal composite for thermal interface material application. Electronic components and technology conference, 2008: 191-197.

[261] Zanden C, Luo X, Ye L, et al. Fabrication and characterization of a metal matrix polymer fibre composite for thermal interface material applications. 19th international workshop on thermal investigations of ICs and systems—therminic, 2013: 286-292.

[262] Chang T C, Kwan Y K, Fuh Y K. Composites Part B, 2020, 191: 107954.

[263] Kim P, Shi L, Majumdar A, et al. Thermal transport measurements of individual multiwalled nanotubes. Phys Rev Lett, 2001, 87 (21): 215502.

[264] Hone J, Llaguno M C, Biercuk M J, et al. Thermal properties of carbon nanotubes and nanotube-based materials. Appl Phys A Mater Sci Process, 2002, 74: 339-343.

[265] Biercuk M J, Llaguno M C, Radosavljevic M, et al. Carbon nanotube composites for thermal management. Appl Phys Lett, 2002, 80 (2): 2767-2769.

[266] Thostenson E T, Ren Z, Chou T W. Advances in the science and technology. Compos Sci Technol, 2001, 61: 1899-1912.

[267] Liu C H, Huang H, Wu Y, et al. Thermal conductivity improvement of silicone elastomer with carbon nanotube loading. Appl Phys Lett, 2004, 84 (21): 4248-4250.

[268] Nan C W, Liu G, Lin Y, et al. Interface effect on thermal conductivity of carbon nanotube composites. Appl Phys Lett, 2004, 85 (16): 3549-3551.

[269] Huxtable S, Cahill D G, Shenogin S, et al. Interfacial heat flow in carbon nanotube suspensions. Nat Mater, 2003, 2: 731-734.

[270] Prasher R S. Thermal boundary resistance and thermal conductivity of multiwalled carbon nanotubes. Phys Rev B, 2008, 77: 075424.

[271] Hu X, Jiang L, Goodson K E. Thermal conductance enhancement of particle-filled thermal interface materials using carbon nanotube inclusions. Las Vegas: 9th Intersociety conference on thermal and thermomechanical phenomena in electronic system, 2004.

[272] Xu J, Fisher T S. Enhanced thermal contact conductance using carbon nanotube arrays. Las Vegas: 2004 Inter society conference on thermal phenomena, 2004: 549-555.

[273] Hu X, Padilla A, Xu J, et al. 3-omega measurements vertically oriented carbon nanotubes on silicon. J Heat Transfer, 2006, 128: 1109-1113.

[274] Xu J, Fisher T S. Thermal contact conductance enhancement with carbon nanotube arrays. Anaheim: 2004 international mechanical engineering congress and exposition, 2004, IMECE2004-60185.

[275] Tong T, Zhao Y, Delzeit L, et al. Dense vertically multiwalled carbon nanotube arrays as thermal interface materials. IEEE Trans Compon Packag Technol, 2007, 30 (1): 92-100.

[276] Wasniewski J R, Altman D H, Hodson S L, et al. Characterization of metallically bonded carbon nanotube-based thermal interface materials using a high accuracy 1D steady-state technique. J Electron Packag, 2012, 134: 020901.

[277] Barako M T, Gao Y, Marconnet A M, et al. Solder-bonded carbon nanotube thermal interface materials. 13th IEEE ITHERM conference, 2012: 1225-1232.

[278] Wang H, Feng J F, Hu X J, et al. Reducing thermal contact resistance using a bilayer aligned CNT thermal interface material. Chem Eng Sci, 2010, 65: 1101-1108.

[279] Zhang P, Li Q, Xuan Y. Thermal contact resistance of epoxy composites incorporated with nano-copper particles and the multi-walled carbon nanotubes. Compos Part A, 2014, 57: 1-7.

[280] Peacock M A, Roy C K, Hamilton M C, et al. Characterization of transferred vertically aligned carbon nanotubes array as thermal interface materials. J Heat Mass Transfer, 2016, 97: 94-100.

[281] Barako M T, Gao Y, Won Y, et al. Reactive metal bonding of carbon nanotube array for thermal interface application. IEEE Trans Compon Packag Manufact Technol, 2014, 4 (12): 906-1913.

[282] Xu J, Fisher T S. Enhanced thermal contact conductance using carbon nanotube arrays. Las Vegas: 2004 Inter society conference on thermal phenomena, 2004: 549-555.

[283] Yu A, Ramesh P, Itkis M E, et al. Graphite nanoplatelet—epoxy composite thermal interface materials. J Phys Chem Lett, 2007, 111: 7565-7569.

[284] Lin C, Chung D D L. Graphite nanoplatelet pastes vs. carbon black pastes as thermal interface materials. Carbon, 2009, 47: 295-305.

[285] Xiang J, Drzal L T. Investigation of exfoliated graphite nanoplatelets (xGnP) in improving thermal conductivity of paraffin wax-based phase change material. Sol Energy Mater Sol Cells, 2011, 965: 1811-1818.

[286] Shtein M, Nadiv R, Buzaglo M, et al. Thermally conductive graphene-polymer composites: size, percolation, and synergy effects. Chem Mater, 2015, 27: 2100-2106.

[287] Shahil K M F, Balandin A A. Thermal properties of graphene and multilayer graphene: applications in thermal interface materials. Solid State Commun, 2012, 152: 1331-1340.

[288] Goyal V, Balandin A A. Thermal properties of the hybrid graphene-metal nano-microcomposites: application in thermal interface materials. Appl Phys Lett, 2012, 100: 073113.

[289] Dai W, Ma T F, et al. ACS NANO, 2019, 13: 11561-11571.

[290] Prasher R S, Koning P, Shipley J, et al. Dependence of thermal conductivity and mechanical rigidity of particle laden polymeric thermal interface materials on particle volume fraction. J Electron Packag, 2003, 125 (3): 386-391.

[291] Prasher R S, Shipley J, Prstic S, et al. Thermal resistance of particle laden polymeric thermal interface materials. J Heat Transfer, 2003, 125 (6): 1170-11772003.

[292] Prasher R S. Rheology based modeling and design of particle laden polymeric thermal interface material. IEEE Trans Compon Packag Technol, 2005, 28 (2): 230-237.

[293] Prasher R S, Matayabus J C. Thermal contact resistance of cured gel polymeric thermal interface materials. IEEE Trans Compon Packag Technol, 2004, 27 (4): 702-709.

[294] Prasher R, Phelan P. Microscopic and macroscopic thermal contact resistances of pressed mechanical contacts. J Appl Phys, 2006, 100: 063538.

[295] Sepehr A, Sahimi M. Elastic properties of three-dimensional percolation networks with stretching and bond-bending forces. Phy Rev B, 1988, 38 (10): 7173-7176.

[296] Tansley T L, Maddison D S. Conductivity degradation in oxygen polypyrrole. J Appl Phys, 1991, 69 (11): 7711-7713.

[297] Mahajan R, Chiu C P, Prasher R. Thermal interface materials: a brief review of design characteristics and materials. Electron Cooling, 2004, 10 (1): 8.

第 7 章

光刻胶及高纯化学试剂

光刻胶又称光刻蚀剂（Photoresist），将其涂敷在芯片或基板表面形成液态胶膜，经前烘后曝光（紫外光、准分子激光、电子束、离子束、X射线等），使其溶解度发生明显变化；经后烘后在显影剂中显影，溶解曝光后溶解度高的部分，留下溶解度低的部分形成光刻图形。光刻胶主要用于集成电路和半导体分立器件的细微加工，通过光化学反应，经曝光、显影等光刻工序将所需要的精细图形从光罩（掩模板）转移到待加工的基片上。通常，集成电路芯片在制造过程中需要进行10～50道光刻工序，光刻胶被认为是芯片制造的最为重要的"燃料"。正是由于光刻工艺及材料的不断发展，才使得芯片特征尺寸越来越小，集成度越来越高，单个晶体管平均造价越来越低。本章主要介绍光刻胶的结构、制备及其在集成电路制造中的应用。

电子级高纯化学试剂，或称高纯化学试剂，是集成电路制造的细微加工过程中不可缺少的一类关键性材料，主要用于清洗芯片、刻蚀掺杂及沉淀金属等工序。按照IC电路的制备成本，前道工序生产所用的化工材料约占IC电路材料总成本的15%，其中高纯化学试剂约占5%，包括无机、有机及混合溶液等上百个品种。高纯化学试剂是为了满足微电子制造技术的发展需求而出现的，随着微电子制造技术的不断升级换代及新技术的不断涌现，对相应的高纯化学试剂提出了更高的要求；同时，高纯化学试剂制造技术又反过来制约着微电子制造技术的发展。

下面分别对光刻胶和高纯化学试剂进行讨论。

7.1 光 刻 胶

7.1.1 光刻胶基本知识

感光沥青作为人类第一张照片所使用的感光材料于1826年问世，成为光刻胶发展历史的起源。19 世纪中期，人们将重铬酸盐与明胶混合，经曝光、显影后得到光刻图形，革新了当时的印刷业。20 世纪 50 年代，含重氮萘醌的酚醛树脂系光刻胶同样诞生于印刷业，目前是电子工业中应用最多的光刻胶产品之一。1954 年，Eastman-Kodak 公司发明了聚乙烯醇肉桂酸酯及其衍生物类光刻胶体系，合成了人类第一种感光性聚合物——聚乙烯醇肉桂酸酯，这是人类首次将光刻胶应用于电子工业。1958 年，该公司又开发了环化橡胶-双叠氮系光刻胶，使集成电路制造的产业化成为现实。

在半导体制造领域，集成电路尺寸是用所谓的技术节点来描述的。技术节点定义的权威文件是国际半导体技术蓝图（International Technology Roadmap for Semiconductors，ITRS）。它是由国际半导体制造技术联盟（Semiconductor Manufacturing Technology Initiative，SEMATECH）和全球 IC 电路生产商共同制定的。逻辑器件与存储器件对各自光刻层的线宽要求不一样，对其技术节点的定义也有差别。逻辑器件一般使用栅极长度作为技术节点的标志。例如，32nm 技术节点的逻辑器件，其栅极长度是 32nm，栅极层周期是 130nm。与逻辑器件不同，存储器件的栅极是由密级线条构成的，它代表了整个器件中的最小周期。逻辑器件密级图形的周期一般要远大于同一技术节点的存储器件，32nm 逻辑器件的第一层金属周期是 100nm 左右，而不是 64nm。从一个技术节点到下一个技术节点，器件的关键线宽是按 70%缩减的。例如，32nm 节点的下一个节点就是 22nm 节点。根据摩尔定律，一个新的技术节点的研发需要 18 个月到两年的时间。同时，随着集成度的提高，晶体管的平均造价一直以每年 30%～35%的速度下降。为了尽早将新节点技术市场化，生产商也会推出"半节点"产品。例如，45nm 和 32nm 之间的 40nm 逻辑器件。表 7.1 列出了各技术节点所代表 IC 器件中的关键线宽。2015 年，ASML 公司开始量产 EUV 光刻机，2019 年，利用 EUV 光刻技术，台积电等公司已经实现 7nm 工艺节点芯片的大批量生产，并继续向 5nm、3nm 芯片推进[1]。

表 7.1 各技术节点所代表集成电路器件中的关键线宽

逻辑器件节点（Logic Node）	45nm	40nm	32nm	28nm	20nm	16nm	14nm
衬底材料（Substrate）	SOI	Bulk	SOI	Bulk	Bulk	SOI	Bulk
栅极周期（CPP）	185nm	165nm	130nm	115nm	90nm	64nm	64nm
第一层金属周期（MI Pitch）	150nm	120nm	100nm	90nm	64nm	64nm	48nm
等价的半周期节点（DRAM/Flash Node）	75nm	60nm	50nm	45nm	32nm	32nm	24nm

新技术节点的集成电路产品研发需要新的仪器设备和工艺材料，新仪器设备与新工艺材料是协同发展的。例如，光刻工艺离不开曝光机和光刻胶。随着 IC 电路细微加工的线宽越来越小，光刻胶这一光刻工艺的"燃料"一直备受业内

人士的高度重视。

1. 光刻工艺过程

目前，微电子工业中主流的掩模板曝光方式主要有接触式曝光和投影式曝光两种。其中，将掩模板直接放在光刻胶表面进行曝光的方式称为接触式曝光。此曝光方式所形成的光刻图像的分辨率可以通过以下公式进行计算：

$$L=3\sqrt{0.5\lambda d}$$

式中，L 为等距线宽；λ 为曝光源光波长；d 为光刻胶厚度。接触曝光的光效率高，但在基片和掩模板对准过程中容易造成划伤，从而产生缺陷。由于基片和掩模板的硬接触可能会造成机械损伤，可以采用接近式曝光，曝光时在掩模板和光刻胶表面之间留一狭缝。对接触式曝光公式进行推导，接近式曝光的成像分辨率由下述公式决定：

$$L=3\sqrt{\lambda(S+0.5d)}\cong 3\sqrt{s\lambda}$$

式中，S 为掩模板和光刻胶表面的距离，其最大值为 $10\mu m$，该方式的最佳成像分辨率可达 $3\mu m$。

目前集成电路制造中应用最广泛的曝光方式是投影式曝光。投影式曝光可以避免光刻胶和掩模板的直接接触，也就相应降低了掩模板的制造难度并简化了光刻工艺。该方法的分辨率遵循基础应用光学中的 Raleigh 法则。

$$\delta=\kappa\frac{\lambda}{N_A}$$

式中，δ 为能够分辨的两点或两线之间的距离；λ 为光波长；κ 为工艺常数，根据 Raleigh 法则，为 0.5；N_A 为透镜开口数

$$N_A=\frac{1/2D}{f}$$

其中，D 为透镜直径；f 为焦距。

δ 的值越小，图像分辨率越高，光刻的最小特征尺寸越小。由上述公式可以看出，集成电路技术节点的推进得益于光刻机曝光光源波长 λ 的减小、光刻机镜头透镜开口数 N_A 的提高和工艺常数 κ 的降低。光源波长和透镜开口数的改进取决于光刻设备的研发，工艺常数取决于光刻胶的解像力、界面的平坦度、照明方式的对比度等。随着光刻工艺的发展，适配更低波长、具有更强解像力的光刻胶产品不断被开发出来。表 7.2 比较了光刻技术与集成电路发展的关系。目前，使用 13.5nm 光源的极紫外光刻机已经量产并投入使用。

表 7.2 中所列出的多种光源，由于波长不同，其能量也有很大差别（见表 7.3）。从深紫外光源（248nm）开始，光源的辐射能量已经超过了化学键的键能，光刻胶涉及的反应以辐射化学为主，又可称作辐射胶。

表 7.2 光刻技术与集成电路发展的关系

时间	1986 年	1989 年	1992 年	1995 年	1998 年	2001 年	2004 年	2007 年	2010 年
IC 集成度	1M	4M	16M	64M	256M	1G	4G	16G	64G
技术水平/μm	1.2	0.8	0.5	0.35	0.25	0.18	0.13	0.10	0.07
可能采用的光刻技术	g 线	g 线	g线 i线 KrF	g线 i线 KrF	i 线 KrF	KrF	KrF+ RET ArF	ArF+ RET F_2 PXL IPL	F_2+RET EPL EUV IPL EBOW
备注	(1) g 线：436nm 光刻技术　　　(2) i 线：365nm 光刻技术 (3) KrF：248nm 光刻技术　　(4) ArF：193nm 光刻技术 (5) F_2：157nm 光刻技术　　　(6) RET：光网增强技术 (7) IPL：电子投影技术　　　　(8) PXL：近 X 射线技术 (9) IPL：离子投影技术　　　　(10) EUV：极紫外光刻技术 (11) EBOW：电子束直写技术								

表 7.3 光刻技术与集成电路发展的关系

光源	相应波长/nm	能量/eV
紫外	350～450	2.7～3.5
深紫外	180～265	5～7
X 射线	0.4～5.0	5～7
电子束	0.01～0.001	20.000～200.000
离子束	<0.001	>200.000

光源波长决定光刻工艺，光刻工艺需要与之匹配的光刻胶。光刻胶虽然种类繁多，使用工艺条件也有所不同，但都遵循如图 7.1 所示的光刻工艺流程。通常，光刻工艺流程包括基片处理、涂胶、(前烘)、曝光、(后烘)、显影、(坚膜)、刻蚀、去胶等步骤，下面介绍其中的几个步骤。

(1) 基片处理：该工序的主要目的是对基片进行清洗和改性，主要包括脱脂清洗、高温处理和表面改性等步骤。首先采用有机溶剂或碱性脱脂剂对基片进行清洗，其次使用酸性清洗剂，最后使用去离子水反复冲洗。清洗后再将基片进行高温烘烤脱水（150～160℃）。为增强光刻胶与基片之间的黏附性，需将基片的亲水性改变为疏水性，可以通过涂敷增强剂的方式进行表面改性。

(2) 涂胶：将光刻胶均匀涂敷在基片上的过程称为涂胶，工业生产上常用的涂布方式有旋转涂布、辊涂、浸胶及喷涂等，在电子工业中应用最多的是旋转涂布。旋转涂布的涂胶厚度主要取决于光刻胶自身的黏度和转速，膜厚-转速曲线是光刻胶的重要特性之一。

(3) 前烘：通过加热的方式去除胶膜中残存溶剂的过程称为前烘，在电子工业中通常使用对流烘箱或热板进行处理。前烘可以方便后续加工，同时消除胶

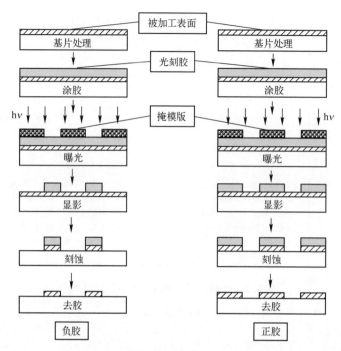

图 7.1 负胶和正胶的光刻工艺流程

膜的机械应力。前烘对于曝光成像有较大影响,主要影响条件是温度和时间,需要根据光刻胶的种类和厚度进行设定。

(4) 曝光:曝光是光刻工艺的核心步骤。经过前烘的基片通过传送带被传送到光刻机里进行曝光。光线通过掩模板把掩模板上的图形投影在基片表面的光刻胶上,激发光化学反应。正确的曝光量是影响成像质量的关键因素。曝光能量由光强和曝光时间决定。光刻胶的种类和胶膜厚度不同所需要的曝光能量也不同,固定光源的光刻机的曝光强度通常是固定的,曝光能量通过曝光时间进行调控。

(5) 后烘:部分曝光后的基片需要进行第二次烘烤,即所谓的曝光后烘烤(Post-Exposure Bake, PEB)。后烘过程能够使得光化学反应更加充分,对于化学增幅型光刻胶来说至关重要,直接关系到光刻图形的质量。重氮萘醌-酚醛树脂紫外正性光刻胶为提高图形质量,有时也需要进行后烘。

(6) 显影:光刻胶的显影一般分为两步,显影和漂洗。显影方式有浸入、喷淋等。喷淋显影能够较快显出图形,一般显影时间在 1min 以内。漂洗也是十分重要的显影步骤,如环化橡胶-双叠氮系紫外负胶在显影时有溶胀现象,漂洗时能够使图形收缩,有助于提高图形质量。

(7) 坚膜:光刻工艺完成后,有时还需要对光刻胶再进行一次烘烤,目的是使光刻胶图形更加坚硬,为后续工艺提供方便,通常被称作坚膜烘烤(Hard

Bake)。坚膜烘烤可以去除残留显影液，并使胶膜韧化。坚膜烘烤的温度必须控制好，不能高于光刻胶的玻璃化转变温度，否则光刻胶会软化，破坏光刻图形的形状。坚膜烘烤主要用于 i 线（365nm 波长）的光刻工艺，在 248nm 以后已经较少使用。

（8）去胶：传统光刻胶仅有图形转移的作用，在完成刻蚀、离子扩散和金属化等步骤后，通常需要将胶膜从基片上去除。这一步骤可以使用专用去胶剂，也可以使用氧等离子体进行干法去胶。对于环化橡胶–双叠氮系负性胶还可以采用硫酸/双氧水的混合溶液进行去胶。

在光刻工艺过程需要使用许多专用设备和材料。专用设备包括匀胶显影机、光刻机、套刻误差测量仪、扫描电子显微镜及去胶清洗机。专用材料包括各种抗反射图层、光刻胶、抗水顶盖图层、显影液及各种有机溶剂等。在光刻工艺过程中，掩模、曝光系统和光刻胶三者及其相互作用最终决定了光刻胶形成图形的形状及质量。在集成电路或半导体分立器件制造的过程中，往往需要多次甚至几十次的光刻工艺过程，每次光刻工艺过程都需要完成以上主要工序。光刻之后，需要对光刻胶形成的光刻图形进行检测，看其是否符合设计要求。首先是测量图形的套刻误差，即光刻胶所形成光刻图形和晶圆衬底上前面工序所形成图形是否能够精确对准。其次是测量图形的尺寸及形状，一般是依靠高分辨率的电子显微镜来测量光刻图形的形貌及形状。测量合格的晶圆才能被送到下一道工艺。

2. 光刻胶分类

根据光刻胶的用途，大致可分为 3 类：①粗刻蚀类，主要用于制作普通印制电路板（PCB）；②半微细光刻类，主要用于制作细金属滤波器，厚膜集成电路等；③微细光刻类，主要用于制作集成电路（IC）、大规模集成电路（LSIC）和超大规模集成电路（ULSI）等。

根据光刻胶最终的成像效果，可分为正性光刻胶和负性光刻胶。负性光刻胶在曝光后显影时形成的光刻图案与所用掩模板（光罩）相反；正性光刻胶形成的光刻图案与所用掩模板相同，两者的生产工艺流程基本一致[2]。

根据光刻胶所需的曝光光源（或辐射源）的不同，又可分为紫外光刻胶、深紫外光刻胶、极紫外光刻胶（EUV, 13.5nm 光刻胶）、电子束光刻胶、粒子束光刻胶和 X 射线光刻胶等。其中紫外光刻胶应用最早，在数十年前就在印刷工业和电子工业中被广泛使用，产品众多，可分为正性和负性两种，根据所用光源波长的不同又被分为 g 线（436nm）胶和 i 线（365nm）胶[3]。

3. 光刻胶的性能评价

光刻胶是光刻工艺中最重要的材料，其性能好坏直接关系到光刻工艺的成败。一种新型光刻胶的好坏，必须经过充分的工艺评估后才能确定。光刻胶主要性能评估方法包括以下几种。

1) 光敏性与对比度

光敏性（Sensitivity）是指光刻胶对曝光能量的敏感程度。光刻胶的光敏性是由材料本身的性质决定的，与曝光的波长及工艺参数也有关，如烘烤的温度和时间。光刻胶的光敏性可以用对比度曲线（Contrast Curve）来定量描述。图 7.2 是典型的光刻胶对比度曲线。该曲线是显影后残留在基片表面上光刻胶厚度随曝光能量变化的曲线。对于正胶，随着曝光能量的增大，达到一个临界值后显影后光刻胶的厚度开始减少，随后残留的光刻胶厚度随曝光能量的增大基本上都是线性变化的，直到光刻胶完全消失为止。我们把这一线性段的斜率定义为光刻胶的对比度。负胶与正胶正好相反，曝光能量越大，残留的光刻胶越多。

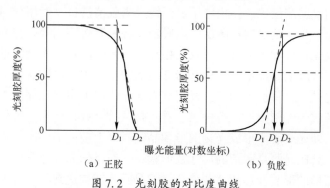

图 7.2 光刻胶的对比度曲线

图 7.3 是一个试验测得的负性光刻胶对比度曲线示例。通过分析对比度曲线，可以直接推测光刻胶的工艺性能。对于正胶，对比度曲线可以分为 4 个部分。①低能量曝光区域（暗区）：在这个区域，曝光能量很小，不足以激发光化学反应，光刻胶厚度的变化主要是因为表面成分在显影液中溶解。在光刻工艺中，掩模板上的图形使光刻胶分为透光区和不透光区，低能量曝光区域的对比度曲线，实际上就是不透光区的光刻胶对散射光（Flare）的敏感程度。在实际生产中，要求不透光区域的胶厚变化为 0，也就是低能量区域的胶厚变化为 0。

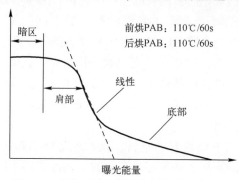

图 7.3 试验测得的负性光刻胶对比度曲线

②"肩部"区：随着曝光能量的增大，光化学反应开始发生，对比度曲线进入"肩部"，光刻胶随曝光能量的增大缓慢变薄。③"线性"区：通过"肩部"区后，曲线很快进入线性区。④"底部"区：通过"线性"区后，曲线进入"底部"区，最后慢慢消失。对比度曲线从"肩部"到"底部"的行为，可以直接预示光刻图形的质量。

图7.4是一个掩模曝光的工艺过程示意图。投射在光刻胶上的曝光强度从遮光处的0到最大强度，再到下一个遮光处的0。由于边缘光学效应，这种光强变化是渐变的，并不是光刻工艺所希望的陡变。这种渐变的光强投影在光刻胶上，显影后所得的光刻胶图形切面就会如图7.4（c）所示。对比度曲线的"肩部"对应图形的"Top-rounding"，"肩部"越明显，"Top-rounding"也越明显；线性区域对应光刻胶图形的侧壁，对比度越高，光刻胶图形的侧壁越陡直；"底部"则对应光刻胶图形的"Footing"，同样也是"底部"越明显，"Footing"越明显。因此，较好的光刻胶应该具有较小的"肩部"、较小的"底部"和较高的对比度。

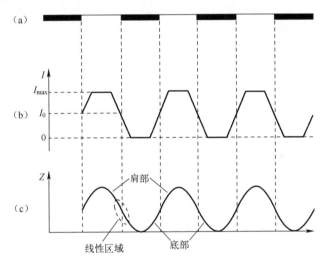

图7.4 掩模曝光时光强的分布示意图及显影后光刻胶的剖面示意图

2）分辨率

光刻胶的图形分辨率不仅与自身性能有关，而且与光刻机曝光系统的分辨率有关。光刻机的分辨能力通常用图形边缘处的空间图像对比度来定量表示，定义为

$$\text{ILS} = \frac{1}{I_{\text{Edge}}} \cdot \left.\frac{\partial I(x)}{\partial x}\right|_{\text{Edge}}$$

式中，I_{Edge}和$\partial I(x)/\partial x|_{\text{Edge}}$分别是图形边缘处的光强及其斜率。空间图像对比度纯粹是由掩模和曝光系统决定的，没有考虑光刻胶的影响。对于一台确定型号和

波长的光刻机,其分辨率还与光照条件的设置相关,使用常规照明、环形照明、Quasar 照明所得到的空间图形的对比度是不一样的。曝光时,应该根据图形的尺寸选取最佳的光照条件。

在对不同光刻胶进行性能评估时,为了避免光刻机分辨率的影响,应使用同样的光刻机和曝光工艺参数进行曝光。光刻胶的分辨率极限可以使用含有不同周期图形的掩模板来评估。接近光刻胶的分辨极限时,显影后的图形具有较大的边缘粗糙度(Line-Edge Roughness,LER)。

3)抗刻蚀性和抗离子注入性

在光刻工艺过程中,光刻的下一道工序就是刻蚀或离子注入。在做刻蚀时,没有光刻胶保护的地方,反应气体直接与衬底接触,把光刻胶形成的图形通过刻蚀转移到衬底上。因此,光刻胶必须要有一定的抗刻蚀能力。同样,在做离子注入时,有光刻胶保护的地方离子束也无法穿透,应具有很好的抗离子注入能力。

目前,微电子工艺过程中的常规刻蚀方法是反应离子刻蚀(Reactive Ion Etch,RIE)。反应离子刻蚀过程在真空腔中进行。先将化学气体(O_2,CF_4等)以一定流量和压力引入真空腔中,在高压交直流电场的作用下产生等离子体。这些等离子体和衬底反应,生成物大部分是气体,被真空系统抽走。与化学液体刻蚀相比,RIE 工艺有很多优点:①光刻胶与衬底之间的黏结强度对刻蚀影响不大;②刻蚀所消耗的化学材料较少;③刻蚀过程可以完全自动化;④能够实现定向刻蚀。

光刻胶对反应离子刻蚀的承受能力是由分子结构来决定的。人们已经建立了光刻胶分子结构与其刻蚀速率的关系,提出了多种研究模型,其中使用最普遍的是 Ohnishi 模型。该模型认为聚合物的刻蚀速率与其分子结构中的碳元素的含量成反比。绝大多数光刻胶都较好地符合 Ohnishi 规律。除碳元素含量外,聚合物的主链结构也对刻蚀速率产生影响。碳原子构成的环状结构对等离子体刻蚀具有较强的抵抗能力。例如,没有环状结构的 PMMA 材料,抗等离子体刻蚀能力很差。为了提升光刻胶对刻蚀的抵抗能力,可在聚合物主链结构中引入具有环状结构的链段或基团,或者把具有环状结构的有机分子混合在光刻胶中。此外,还可以添加萘、蒽及其衍生物等稠环芳烃,如在 PMMA 中添加 5%的蒽分子可以提升 25%的抗刻蚀能力。

在实际应用中,除抗刻蚀能力外,光刻胶还需要具备一定的抗离子注入能力。在整个 IC 电路制造工艺过程中,离子注入次数可能多达 20~30 次。为了对半导体进行有效控制的离子掺杂,需要通过光刻胶涂层控制离子注入量。根据掺杂的需要,注入的离子包括 P、As、Sb、B、In 和 O 等元素,注入的剂量一般为 10^{11}~$10^{18}\mathrm{cm}^{-2}$;离子束的能量范围为 1~400keV,注入流量范围为 10^{12}~$10^{14}\mathrm{cm}^{-2}\mathrm{s}^{-1}$。

通过调整光刻胶厚度,可以保证注入的离子主要停留在光刻胶层中,不会对光刻胶下面衬底的电学性质产生影响。离子注入光刻胶中遵循一定的分布规律，对应于一定的能量，离子的浓度在某一深度达到最大值。光刻胶的厚度必须大于这一峰值对应的深度，才能保证离子主要停留在光刻胶层中。

在离子束的轰击下，光刻胶聚合物中的原子键会被打断，释放出 H_2，失去 H 原子的光刻胶逐步碳化，在表面形成硬壳状的富 C 层，给下一步光刻胶的清洗带来挑战。

4）Fab 对光刻胶的评估方法

光刻胶被大量应用于实际生产之前必须通过 Fab 的评估。光刻胶的评估一般包括 3 个部分：第一，判断这一材料是否符合 Fab 的基本要求，包括供应的稳定性、质量控制的可靠性等；第二，评估材料的工艺参数和基本性质，包括与各种有机溶剂的兼容性、材料在较高温度（35℃）下储存的稳定性等（见表 7.4）。第三，评估光刻胶的光刻工艺性。光刻工艺性评估需要针对具体的光刻层要求来进行。例如，某被评估的光刻胶是为了用于 20nm RX 光刻层的，那么就应该使用 RX 掩模和 RX 曝光条件进行曝光显影，然后对光刻胶图形做各种测量和分析，判断其光刻工艺窗口是否符合要求。表 7.5 列出了 20nm RX 光刻层评估的参数。由于 20nm RX 是 193nm 浸没式曝光，表中还列出了浸没式工艺的要求，如浸出和接触角。

表 7.4 光刻胶评估内容（Fab 的基本要求及工艺参数）

评估内容	评估的参数		单位	规格
第一部分评估的内容（材料的制备和供应的稳定性、质量控制）		是否有成熟的生产方法和工艺	Y/N	—
		材料中的金属含量	ppb(10^{-9})	—
		光学参数（n/k）	—	—
	不同批次产品的一致性（batch to batch）	液体中大于 200/180/160nm 的颗粒数	个/mL	—
		1500r/min 旋涂时的厚度	nm	±1nm
		产品光敏感度的稳定性	mJ	—
		密集与独立线条线宽之差的稳定性	nm	±1nm
		独立线条线宽的稳定性	nm	±1nm
		密集线条线宽的稳定性	nm	±1nm
	室温下 6 个月内产品性能的稳定性	旋涂的胶厚的变化	nm	—
		液体中颗粒数的变化	个/ml	—
		光刻胶临界曝光能量的漂移	mJ/cm^2	—
		光学参数（n/k）的变化	—	—
		光刻后光刻胶图形侧壁角度的变化	—	—
		价格	美元	—

续表

评估内容	评估的参数		单位	规格
第二部分评估的内容（材料工艺参数和基本性质）	前烘（PAB）的温度和时间		℃/s	—
	后烘（PEB）的温度和时间		℃/s	—
	n/k@ 193nm		—	—
	n/k@ 248nm		—	—
	n/k@ 633nm		—	—
	柯西系数		—	—
	材料中 C、H、O、N 的比例		%	—
	比重		g/mol	—
	与主要有机溶剂的混合试验	溶剂的名称	—	—
		与 70%GBL/30%NBA 有机溶剂的兼容性	—	没有沉淀
		与 Ethyl lactane 有机溶剂的兼容性	—	没有沉淀
		与 PGMEA 有机溶剂的兼容性	—	没有沉淀
		与 GBL 有机溶剂的兼容性	—	没有沉淀
		与 Cyclohexanone 有机溶剂的兼容性	—	没有沉淀
	材料的闪点		℃	—
	烘烤时的放气量	放气量和放气的主要成分	—	—

表 7.5 光刻工艺评估光刻胶（以 20nm RX 光刻层为例）

评估内容	评估的参数	单位	RX
曝光条件	曝光时的光照条件（$N_A/\sigma_o/\sigma_i/$极化设置/光瞳形状）	—	1.3/0.8/0.6/XY/30°Quaser
	掩模类型	—	双极（Binary）、亮场（BF）
	需要分辨的图形周期/线宽/线间距	nm	90/45/45
	需要实现的独立线条宽度	nm	45
	需要实现的独立沟槽宽度	nm	45
	正胶还是负胶	p/n	正胶（p）
	光刻胶厚度	nm	100～135
	反射率控制	%	<0.5%
	显影液/冲淋液	—	TMAH/去离子水（DIW）
工艺性能	能容忍的线宽偏差	nm	±4.5nm
	在 5% EL 处的聚焦深度	nm	100
	能容忍的曝光能量变化范围（EL）	%	—
	线宽随设计周期的变化（Linearity）	nm	—
	光刻胶图形切片照片	—	—
	晶圆上图形尺寸与对应掩模尺寸之比（密集线条/独立线条/独立沟槽）	nm	<3.0（计算时掩模上图形的尺寸已被除了4）

续表

评估内容	评估的参数	单位	RX
工艺性能	密集线条/独立线条/独立沟槽尺寸随后烘（PEB）温度的变化率	nm/℃	<1.0
	线宽粗糙度（LWR，3δ）	nm	<2.5
	清除光刻胶所需要的最小曝光能量（E_0）	mJ/cm^2	—
	密集与独立线条宽度的偏差	nm	—
	后烘延误导致的线宽变化	nm/h	—
	致命的缺陷密度	个/晶圆	0
	光刻胶与衬底的刻蚀选择性	—	—
	返工工艺	—	—
	光刻胶旋涂后的颗粒密度	个/晶圆	<20
与本光刻层相关的性能要求	浸出测试结果	—	—
	浸没式曝光的前接触角/后接触角	—	—
	单线条间断缺陷密度	—	—
	亮场和暗场处线宽的差别	—	—
	显影后光刻胶图形厚度的损失	nm	—
	图形的平整度	nm	—
	线条的扭曲	—	—

7.1.2 紫外光刻胶

由于投入工业生产较早，紫外光刻胶是目前应用最为广泛的光刻胶，其工艺成熟、配套技术完整。在紫外光刻胶几十年的使用过程中，通过众多研发人员的努力，曝光中光线的衍射、反射和散射等所造成的分辨率下降问题得到了很好的解决，扩大了紫外光刻胶的应用范围。紫外光刻胶可以分为负性和正性两种，负性光刻胶经300～450nm紫外光照射后，曝光区的树脂产生交联，形成三维网状结构或分子量变大，在显影液中的溶解性变差，而非曝光区则仍然易溶解于显影液，经显影液冲洗后形成与掩模板图像相反的光刻胶图形。正性光刻胶则正好相反，在紫外光照射后，曝光区胶膜发生光分解或降解反应，在显影液中的溶解性明显提升，而未曝光区胶膜则不受影响，经显影后形成与掩模板图像相同的光刻图形。下面分别讨论几种常见的紫外光刻胶[4]。

1. 负性光刻胶

1）重铬酸盐-胶体树脂系负性光刻胶

1843年，英国人Fox Talbot首先使用重铬酸盐-明脂作为光刻胶材料，以热水为显影液，三氯化铁为腐蚀液做印版，并在1852年申报专利。这一负性光刻胶推动了当时印刷业的发展，并且在许多场合中沿用至今。

反应机理：1920年，M. Biltz和J. Eggert揭示了重铬酸盐与明胶的交联机理：在光还原反应中四价铬 Cr(Ⅵ)转变为三价铬 Cr(Ⅲ)，三价铬作为一个强络合配位中心，能够与胶体分子上的活性官能团形成配位键而产生交联反应，使曝光区溶解度下降。

重铬酸盐-胶体树脂系光刻胶主要由重铬酸盐和胶体树脂组成，其中重铬酸盐多采用重铬酸铵，胶体树脂包括天然树脂和合成树脂两大类，天然树脂包括明胶、蛋白质和淀粉等，合成树脂包括聚乙烯醇、聚乙烯吡咯烷酮和聚乙烯醇缩丁醛等。由于这类光刻胶在存放过程时会发生暗光学反应，即使在完全避光条件下放置数小时也会产生交联现象，因此必须即用即配。

制备方法：天然树脂的杂质含量较高，需要通过特殊处理才能使用。合成树脂质量相对较好，纯度较高，也需要通过试验确定配方。例如，聚乙烯醇往往需要将大分子量的树脂与小分子量的树脂进行复配，才能使用。重铬酸盐与树脂的配比需要根据实际情况确定。在配制过程中，还需要添加染料、流平剂等，以提高光刻胶的性能与产品质量。

2）聚乙烯醇肉桂酸酯系负性光刻胶

通过酯化反应将肉桂酸酰氯感光基团接枝在聚乙烯醇树脂主链上，获得聚乙烯醇肉桂酸酯系光刻胶。作为最早合成的感光高分子材料，与重铬酸盐-胶体树脂光刻胶相比，该体系光刻胶光灵敏度高、分辨率高，并且由于不会发生暗反应，可以长时间储存。但由于这类光刻胶与硅基片的黏附性较差，在电子工业中未能获得广泛应用[5]。

感光机理：通过紫外光照射，肉桂酰基团中的双键打开，不同基团上的双键相互作用，形成环状结构。从结果上看，曝光区树脂胶膜产生交联，形成难溶性的立体交联网状结构，大幅降低其在显影液中的溶解度；而非曝光的树脂胶膜性质不变，在显影液中仍具有很好的溶解性，在显影过程中溶液完全溶解除去。曝光区和非曝光区溶解速率的差距导致了光刻图形的形成。

合成方法：聚乙烯醇肉桂酸酯的制备方法主要包括吡啶法和低温碱液法。

① 吡啶法：将精制的聚乙烯醇在无水吡啶中膨润，升温至50℃左右，缓慢滴加肉桂酰氯。滴加完毕后，保温反应数小时，加入丙酮稀释，然后将稀释后的溶液在搅拌下缓慢注入去离子水中，使聚乙烯醇肉桂酸酯析出。析出的絮状物用水洗至吡啶气味基本消失，离心甩干，然后在 40~50℃ 环境下干燥得到产品。该方法所得产品的酯化度较高，但吡啶造成的污染较为严重。

② 低温碱水法：将精制的聚乙烯醇用温水溶解后，加入氢氧化钠水溶液，冷却为 0~-5℃；然后，在剧烈搅拌前提下滴加肉桂酰氯的丁酮溶液。滴加完毕后，继续反应30min；静置后分层，将上层丁酮溶液分离出来。将丁酮溶液加至烷烃类溶剂中析出聚乙烯醇肉桂酸酯，干燥后即可用于配置光刻胶。该合成方法得到的聚乙烯醇肉桂酸酯的酯化度相对较低，必须特别注意温度的控制，当反应

温度高于0℃时，副反应肉桂酰氯与碱水溶液的反应速度加快，影响产率。

配胶光刻胶：聚乙烯醇肉桂酸酯光致交联反应的光效率虽然很高，但在实际光刻工艺中，对汞灯的感光性能却很差，这主要是因为肉桂酰基的最大吸收波长为280nm，而高压汞灯的发射光谱在这一谱线上极弱。通过加入特定的光敏剂，或者在肉桂酸酯基团上引入吸收波长较长的发色基团，可增强其光敏性。例如，加入5%的米氏酮可使感光速度增加300倍。早期，人们在聚乙烯醇肉桂酸酯系光刻胶中加入5-硝基范作为增感剂，但现在由于其具有致癌性，已被其衍生物所替代。

聚乙烯醇肉桂酸酯在早期的电子工业中应用较多，由于它在硅片上的黏附性能较差，目前主要用于印刷等领域，在电子工业中的用量逐渐减少。

其主要性能如下：感光波长为350~470nm；分辨率为3μm左右；储存稳定性维持一年；需要在避光干燥条件下储存，不会产生凝胶。

3）环化橡胶-双叠氮系负性光刻胶

该系列负性光刻胶由美国柯达公司于1958年发明，是20世纪80年代初电子工业中最主要的光刻胶产品，占当时世界总应用量的90%以上。在诞生之初，该体系就由于其抗酸碱性好、黏附性好、分辨率高、感光度高、缺陷少和成本低等特点迅速席卷电子工业市场。近年来，随着电子工业细微加工线宽的不断缩小，该系列负性光刻胶在集成电路制作中已逐渐被淘汰。

感光机理：最初，该系列负性光刻胶由天然橡胶（顺1,4-聚异戊二烯为主）经混炼降解后加入酸性环化催化剂环化得到。除天然橡胶外，还能以带双键基团的环化橡胶为成膜树脂。含两个叠氮基团的化合物在紫外线照射下叠氮基团分解形成氮宾，氮宾在树脂分子骨架上吸收氢，产生碳自由基，这些碳自由基间作为"桥"，使不同的成膜树脂之间发生交联。交联反应机理如图7.5所示。

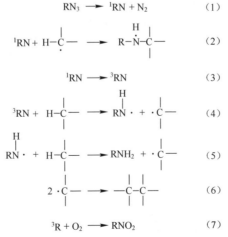

图7.5 环化橡胶-双叠氮系光刻胶的光交联反应机理

反应第一步为叠氮基团感光分解失去 N_2，并形成单线态氮宾（1）。单线态氮宾虽然可直接与树脂分子上的氢反应（2），但大多返回基态成为三线态氮宾（3）。三线态氮宾可以吸收氢形成胺自由基（4）、（5），或者自由基之间发生交联反应（6），也可以与空气中的氧反应影响交联（7）。因此，此系列负性光刻胶需要在氮气保护或真空下进行。利用这一性质，首先在氧气环境下曝光，曝光区由于氧气的影响无法交联，然后抽真空进行全曝光，使上一步的非曝光区发生交联，从而将负性光刻胶转换为正性光刻胶。

环化橡胶：环化橡胶-双叠氮系光刻胶由环化橡胶、双叠氮类交联剂、添加剂及溶剂组成。将环化橡胶溶液调到所需浓度，然后根据用途加入双叠氮交联剂，一般为2%~4%。然后，加入各种添加剂并搅拌，使之充分溶解，经过多级过滤后装入超净清洗和干燥的容器中即为成品。

其中环化橡胶的合成方法主要有二步法和一步法两种。二步法采用传统的自由基聚合方式，可以得到高分子量的固体橡胶，后续通过塑炼过程使分子量降低，才能用作环化橡胶的原料。一步法（阴离子聚合法）是由日本合成橡胶公司榛田善行等发明的，直接合成分子量适用的聚异戊二烯，该方法又被称作连续法。相较于二步法，一步法简化了合成工艺，得到的产物分子量分布更窄，产品稳定性更好。

由于异戊二烯分子中含有活泼的共轭双键，易发生取代、加成、成环和聚合反应，并且在少量氧气的存在下，受光或热作用极易生成二聚体和过氧化物，环化橡胶在存放过程中需要加入不低于 50mg/kg 的叔丁基邻苯二酚、对苯二酚或 N-苯基-β-萘胺等阻聚剂，即使在这种条件下仍有可能产生二聚体。因此，无论使用二步法还是一步法，在异戊二烯聚合前应对其进行精制，对聚合所用的溶剂和氮气也要进行精制，精制后的含氧量和含水量一般要求小于 10mg/kg。表 7.6 比较了去除各种杂质的方法。

表 7.6 去除各种杂质的方法

有害杂质	存在于			去除方法	效果	说明
	单体	溶剂	氮气			
环戊二烯	√			50℃环戊二烯与顺丁烯二酸酐发生加成反应，再经过滤或蒸馏去除	降至≤10mg/kg	生成固体
炔烃	√			通过 0.5nm 分子筛	降至≤10mg/kg	生成固体
羰基化合物	√			通过 0.5nm 分子筛	降至≤10mg/kg	生成固体
阻聚剂	√			高纯氮保护下蒸馏	降至≤5mg/kg	留在底液中可同时去氧
微量水	√	√		用硅酸或 0.4nm、0.5nm 分子筛	降至≤5mg/kg	分子筛效果好
氧			√	分别通过氧化钙、氢氧化钠、硅酸、五氧化二磷或 0.4nm 干燥柱	降至≤5mg/kg	—
	√	√		高纯氮保护蒸馏	降至≤0mg/kg	
			√	通过铜催化剂	降至≤5mg/kg	

在实际生产中,聚异戊二烯聚合反应主要用 Ziegler-Natta 型催化剂或烷基催化剂进行催化,也可以采用稀土化合物-烷基催化剂。具体反映流程是:将精制的异戊二烯单体和溶剂注入反应釜中,通入氮气置换排净空气,搅拌升温至 50~60℃,快速一次注入所需催化剂,维持反应温度至规定时间后加入终止剂,减压抽除单体,得到聚异戊二烯溶液。反应温度对聚合反应的影响很大。由于聚合反应放热剧烈,若加入催化剂时的温度过高,则会使反应温度难以控制,甚至发生危险,转化率也会降低;若加入催化剂时的温度过低,则引发速度太慢,副反应增加,容易使聚合物分子量降低。此外,引发剂的用量对聚合物的分子量也有较大影响。由于聚合体系中的杂质会消耗催化剂,即所谓"破杂",在无杂质消耗催化剂的前提下,催化剂的用量愈大,所得聚合物的分子量愈小。催化剂的加入速度还会影响聚合物的分子量分布。

聚合反应完成后,将聚异戊二烯溶液升温至环化所需要的温度,加入酸性催化剂进行环化反应,达到预定环化程度时加入终止剂,去除环化催化剂,浓缩后得到环化橡胶溶液。聚异戊二烯环化催化剂大体上可以分为两类,一类是质子酸类,如硫酸、对甲苯磺酸和氟代磺酸等;另一类是路易斯酸类,如四氯化锡、三氟化硼乙醚络合物等。为了改善催化剂的活性及调节环化橡胶的微观结构,除单一化合物外,还可采用复合型催化剂。环化橡胶的分子量分布、微观结构及环化反应条件等均对光刻胶的性能有明显影响。

双叠氮类交联剂:环化橡胶的交联剂为双叠氮化合物,其分子结构如图 7.6 所示。

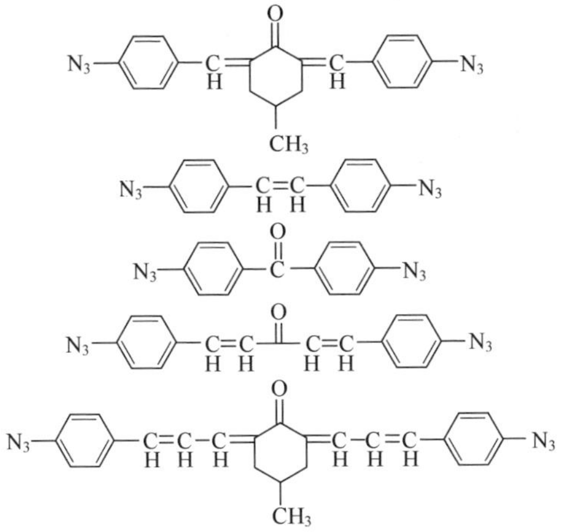

图 7.6 双叠氮化合物的分子结构

其中 2,6-双(4'-叠氮亚苄基)-4-甲基环己酮(1)是应用最为普遍的交联剂,可溶于环化橡胶的溶剂中,并且与无溶剂的环化橡胶也有较好的混溶性,同时具有较高的相对感光度,得到的固化产物具有很好的抗蚀性,其合成方法如

图 7.7 所示。

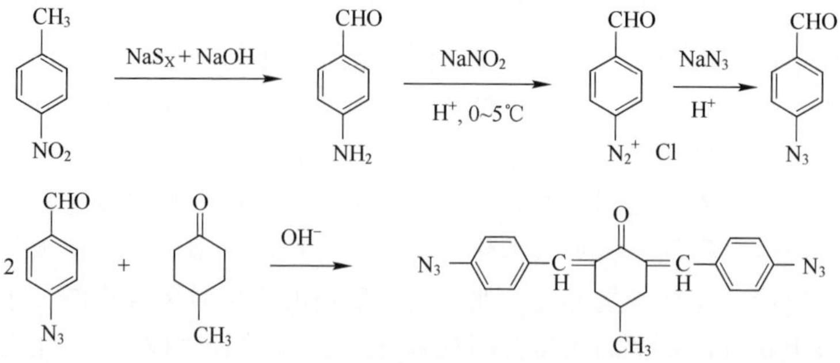

图 7.7 双叠氮化合物（1）的合成方法

其他添加剂：该系列负性光刻胶在配置过程中还需要根据不同的需求加入其他添加剂，包括：

① 稳定剂：通常为橡胶用热稳定剂或防老剂，如 2,6-二叔丁基对甲酚等。

② 增感剂：主要有酮类（二苯甲酮、苯并蒽酮、硫杂蒽酮等），醌类（萘醌、蒽醌等），芳香族硝基化合物（硝基苯胺、2,8-二硝基芘、1-硝基芘等）。增感剂的用量一般为叠氮化合物的 1.2%～5.0%。

③ 表面活性剂：可以改善光刻胶的涂布性能并可预防黏板，使用较多的是含氟的表面活性剂、有机硅表面活性剂等。

④ 防光晕染料：对于反射性基片，曝光时产生的反射及衍射较强，导致不应曝光的部分也容易在驻波的影响下形成交联，使显影后得到的图形边缘不清晰，影响分辨率。近年来防光晕染料已经成为环化橡胶-双叠氮型紫外负性胶必不可少的组分，用量一般为环化橡胶质量的 1%～5%。

安全溶剂：环化橡胶-双叠氮系负性光刻胶所采用的溶剂主要为二甲苯。但随着人类环保意识的提升，二甲苯已被一些国家列入本土限用名单，选用符合环保要求的安全溶剂代替二甲苯成为一个问题。目前，常用的安全溶剂包括由烷烃类和苯甲醚组成的混合溶剂，与二甲苯相比，该混合溶剂符合环保要求，负性光刻胶中的所有成分在其中均有较好的溶解性，成本可控，对原有生产工艺、产品性能和应用条件均无较大影响。

2. 正性光刻胶

邻重氮萘醌-线性酚醛树脂系正性光刻胶以其高反差的成像性能广泛地应用于电子、印刷及精密加工等领域，其中邻重氮萘醌化合物作为感光剂，线性酚醛树脂作为成膜剂。光刻胶的曝光波长主要取决于邻重氮萘醌化合物的分子结构，该系正性光刻胶按曝光波长的不同分为宽谱、g 线（436nm）和 i 线（365nm）等类别。

感光机理：经紫外线曝光后，曝光区胶膜中光致产酸剂中的邻重氮萘醌结构发生光解反应重排成茚羧酸，使胶膜在碱性水溶液中可溶，而非曝光区的胶膜没有发生反应而不会在碱性水溶液中溶解，从而使曝光区胶膜与非曝光区胶膜的溶解速率形成明显差别，在碱性水溶液显影后形成正性光刻图形。图 7.8 和图 7.9 分别是 214 型、215 型邻重氮萘醌磺酸酯两种化合物的光解反应机理。磺酸酯基团的性质和取代的位置决定了邻重氮萘醌磺酸酯的特征吸收，根据 214 型磺酸酯和 215 型磺酸酯的吸收谱，214 型邻重氮萘醌磺酸酯适用于汞灯 i 线曝光，215 型邻重氮萘醌磺酸酯适用于汞灯 g 线曝光。

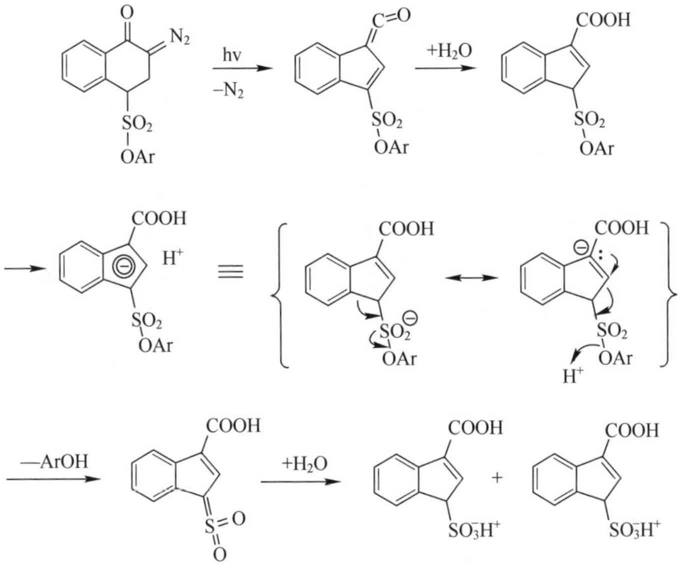

图 7.8　214 型邻重氮萘醌磺酸酯的光分解反应机理

环化橡胶-双叠氮系正性和负性光刻胶的成像都依赖于曝光区和非曝光区树脂在显影液中的溶解速率差。对于负性胶，只要曝光充分，其曝光区的树脂在显影液中就不会溶解。但对于正性胶，非曝光区树脂在显影液中仍有一定的溶解，只要接触显影液，无论时间长短，树脂胶膜厚度都会产生损失。在非曝光区，邻重氮萘醌磺酸酯对线性酚醛树脂具有抑制溶解作用；而在曝光区，邻重氮萘醌磺酸酯的光解产物对胶膜具有促进溶解作用。这种抑制和促进作用所造成的溶解差异越大，越有利于成像。以曝光能量为横轴，留膜率为纵轴，得到了正性光刻胶的光刻反差曲线（见图 7.10），从图中可以得到光刻胶的反差系数 γ。

$$\gamma = \frac{1}{\log\left(\dfrac{D_1}{D_0}\right)} = \frac{1}{\log D_1 - \log D_0}$$

为衡量光刻胶解像力，引入反差系数 γ。反差系数 γ 的值越大，解像力越

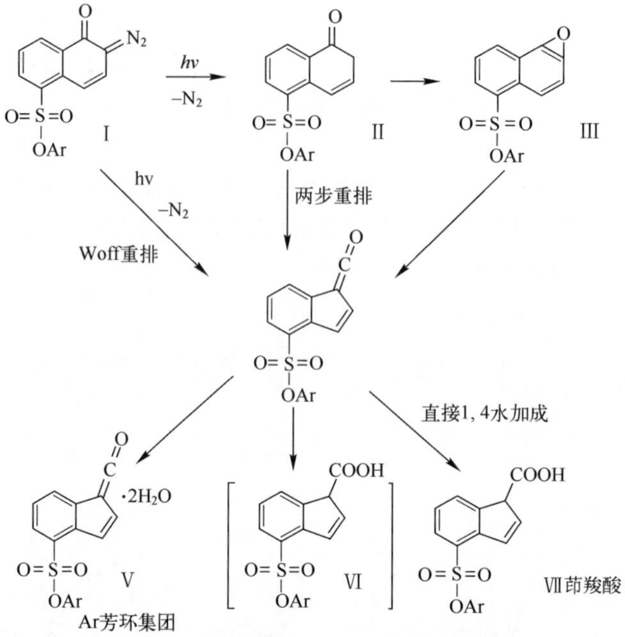

图 7.9　215 型邻重氮萘醌磺酸酯的光分解反应机理

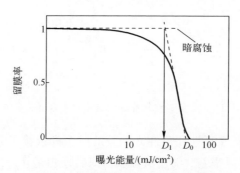

图 7.10　正性光刻胶的光刻反差曲线

高。传统正性光刻胶的反差系数 γ 通常小于 3，但目前实际应用的正性光刻胶反差系数已超过 4。反差系数 γ 还与膜厚呈负相关，因此对 γ 值的评价，应在规定膜厚的前提下进行。

光敏剂：邻重氮萘醌磺酰氯通常以萘衍生物作为原料，通过磺化、重氮化及酰氯化等一系列反应制备，图 7.11 是 214 型和 215 型两种邻重氮萘醌磺酰氯的合成路线。制备感光剂所需的酰氯化合物往往需要多次重结晶精制，含量必须大于或等于 99% 才能使用，对于金属杂质的含量也有严格的要求。

制备光敏剂的多羟基化合物包括对甲酚三聚体、双酚 A、多羟基二苯甲酮等，其分子结构如图 7.12 所示。

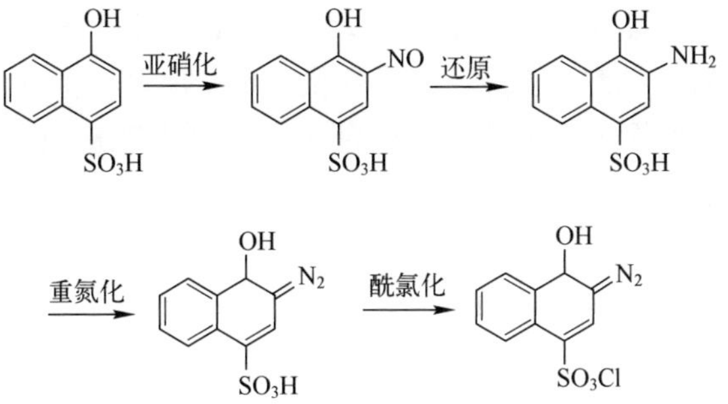

图 7.11　214 型和 215 型邻重氮萘醌磺酰氯的合成路线

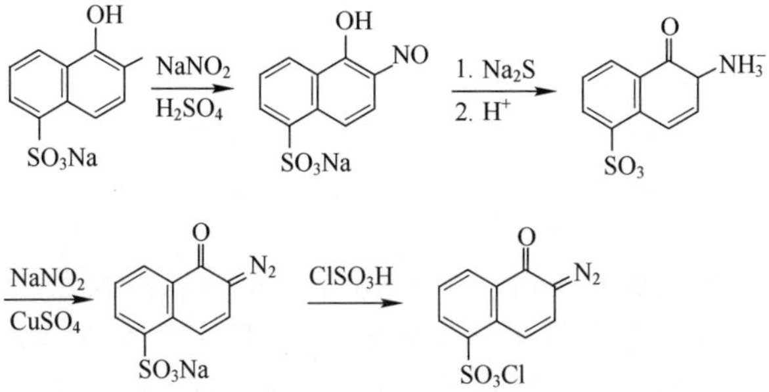

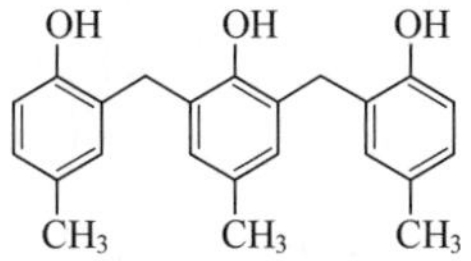

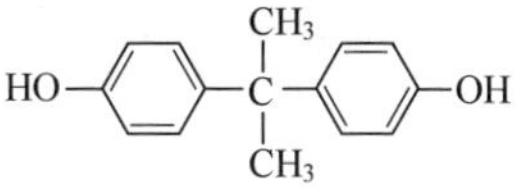

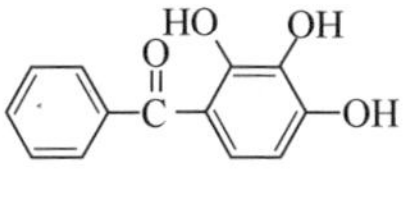

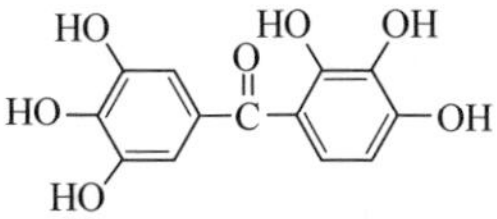

图 7.12　多羟基化合物的分子结构

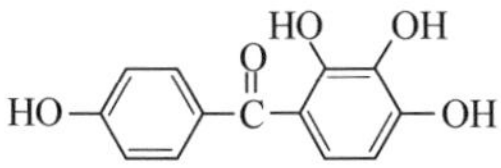

将邻重氮萘醌磺酰氯与多羟基化合物反应，能够生成含多个邻重氮萘醌磺酰酯（DNQ）的光敏剂（见图 7.13）。多羟基化合物中的每一个羟基都可能与磺酰氯反应，但实际上所制备光敏剂的酯化度都难以达到 100%，而且光敏剂的酯化度对正性光刻胶的性能影响较大。

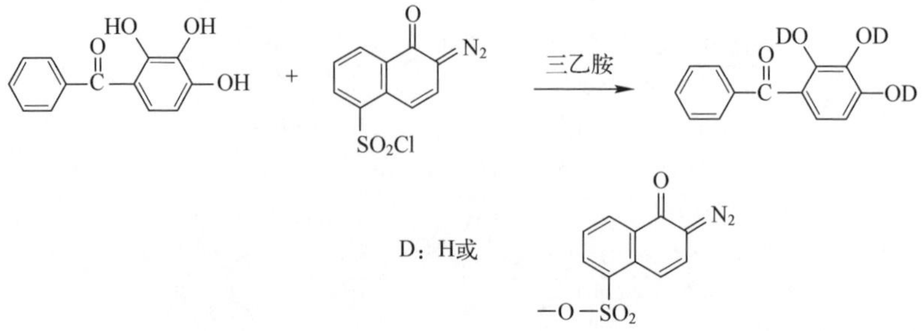

图 7.13 含多个 DNQ 光敏剂的分子结构

由于正性光刻胶的胶膜中每一个 DNQ 基团都可以吸收光并独立发生分解反应，形成茚羧酸基团，曝光不充分的胶膜经光解反应形成的产物为混合物。假定溶解的总速率与每一个光解产物相关，则在未充分曝光区的溶解总速率为

$$R = \sum m_i \gamma_i$$

式中，m_i 为产品的质量分数；γ_i 为产物的溶解速率；$i=0,1,2,3$，分别代表完全光解，有两个基团光解，有一个基团光解，未光解。研究发现，$\gamma_0 = 1690 \times 10^{-10}$ m/s；$\gamma_1 = 24 \times 10^{-10}$ m/s；$\gamma_3 = 0$，表明光刻胶的溶解速率几乎完全取决于光解的产物。说明在相同曝光能量的条件下（未充分曝光），酯化程度高的光敏剂促进溶解的效果明显不如酯化度低的光敏剂的效果好。但是，从解像力角度讲，酯化程度高，则明显有利于提高解像度。因此，正性光刻胶的光敏剂的多羟基化合物上接枝的羟基数目不断增多。从光敏性、成像质量及溶解性等方面考虑，光敏剂的酯化程度一般控制为 60%~80%。

线性酚醛树脂：正胶成膜树脂为含羟基的线性酚醛树脂。通常由甲酚和甲醛水溶液在酸催化下聚合而成（见图 7.14）。典型线性甲酚醛树脂制备方法为，将间甲酚和对甲酚混合物加入反应器中加热至 95℃，再加入催化剂使之溶解，然后缓慢滴加甲醛水溶液，甲醛滴加完毕后，继续反应数小时，再升温至 160℃减压蒸馏，最后将熔融态的纯甲酚醛树脂倒在冷却传送带上，冷却，干燥，粉碎。通常情况下，催化剂为草酸，反应完成后在减压蒸馏过程中多余的草酸分解为 CO_2 气体而除去。

正性光刻胶的配胶与储存：正性光刻胶通常由线性酚醛树脂作为成膜树脂，邻重氮萘醌磺酸酯作为光敏剂，与溶剂和添加剂等混合组成。光敏剂和成膜树脂

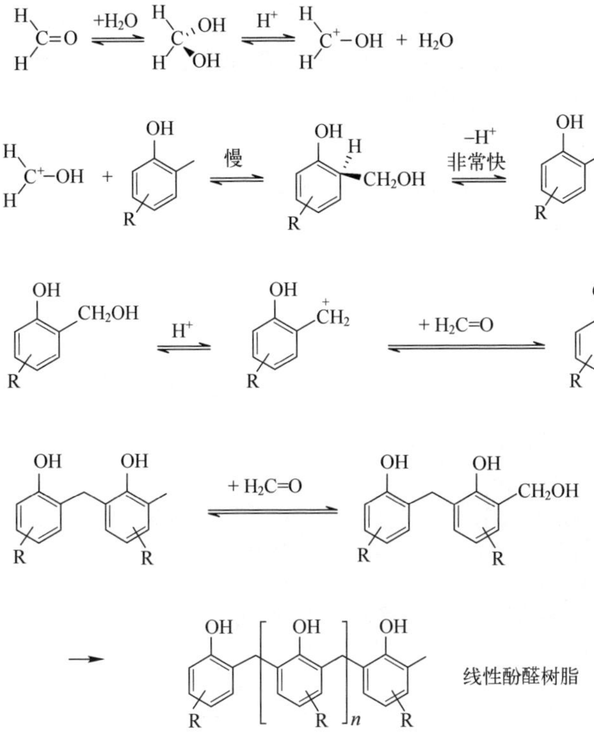

图 7.14 线性酚醛树脂的制备反应过程

的质量比约为 1:(3~4)，固体含量为 30%~32%，通常溶剂为乙二醇乙醚乙酸酯，从环保角度考虑，将其逐步替换为丙二醇甲醚乙酸酯、乳酸乙酯等。由于电子工业中正性光刻胶的线宽在 1μm 以下，胶液中颗粒物的含量和大小对产品的良品率具有很大影响。通常情况下，正性光刻胶液必须经过由粗到细的多级过滤，所有配胶、过滤工序都必须在超净环境中进行，所使用的包装容器也必须经过严格的清洗和干燥。

正性光刻胶在低温、干燥的环境下储存时，保质期能够达到 6~12 个月。由于树脂和感光剂之间会发生偶合反应，生成红色偶氮染料，因此随着储存时间的变长，颜色会逐渐变深，但一般不影响正胶的使用。此外，正性光刻胶在储存过程中可能出现析出颗粒的问题，这主要是因为感光剂邻重氮萘醌磺酸酯与线性甲酚醛树脂的相溶性明显好于在溶剂中的溶解性，当温度较高时，会形成富含感光剂的树脂颗粒，从溶液中析出。此外，当树脂分子量过大时，胶液也容易产生凝胶颗粒。

显影理论：光敏剂邻重氮萘醌磺酸酯和成膜树脂线性甲酚醛树脂会发生相互作用，从而影响胶膜在显影液中的溶解速率，目前有许多理论可以对此进行解释，比较有代表性的是石墙理论和正胶溶解阻溶"多步理论"。

① 石墙理论。石墙理论由是 Hanabata 等人提出的。在显影过程中，邻重氮

萘醌磺酸酯会与成膜树脂上的酚羟基生成红色偶氮燃料，这在浸入式显影中十分明显。如图 7.15 所示，石墙理论是一种假说：在曝光区，由于低分子量树脂和已光解的光敏剂的溶解度较大，能够快速溶解，使得高分子量树脂（"石头"）暴露出来，与显影液接触的表面积加大。"石头"的溶解速率加快，石墙迅速崩溃。而在未曝光区，通过重氮偶合反应发生交联的树脂能有效地阻止显影剂的溶解和渗透，从而保证石墙的完整，溶解速率很低。虽然很难相信重氮偶合反应是抑制光刻胶溶解的主要原因，但该理论较好地解释了多官能团光敏剂的优异阻溶作用。

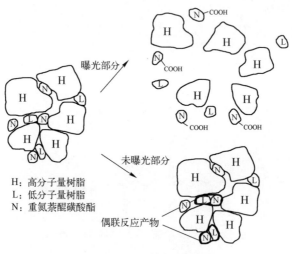

H：高分子量树脂
L：低分子量树脂
N：重氮萘醌磺酸酯

图 7.15 石墙理论示意图

② 正胶溶解阻溶"多步理论"：由于"石墙理论"中存在着不易解释的问题，Honda 等人提出了"多步理论"，将阻溶作用分成静态阻溶和动态阻溶。静态阻溶作用是指憎水性的光敏剂减少了亲水通道的数量，使羟基不再作为"亲水点"。树脂与光敏剂间形成超大分子的程度取决于树脂的微观结构。亲水通道的减少将可能导致树脂极强的非线性阻溶作用。动态阻溶作用则依赖于在显影过程中正性光刻胶表面组成的变化。这种组成的变化有两个方面：其一，碱催化下树脂和光敏剂之间的化学反应；其二，在显影过程中溶剂富集层的形成。虽然动态阻溶作用明显小于静态阻溶作用，但它仍然十分重要。因为碱催化反应依赖于与显影剂接触的时间，在图像顶部的阻溶作用明显大于图像底部，这有利于增加边墙角度和反差。

7.1.3 深紫外光刻胶

1. 非化学增幅型深紫外光刻胶

KrF 准分子激光器技术的进步和发展使 248nm 曝光机实现了商业化。传统 g

线和 i 线紫外光刻胶在 248nm 处具有很强的吸收能力,但光透过率低,光敏性差,无法继续使用。因为光源波长的减小,深紫外光刻胶树脂的分子结构和组成必须进行改变以适应新光源的要求。从光透过率角度考虑,最早用于 248nm 的光刻胶树脂为聚甲基丙烯酸甲酯(PMMA)。PMMA 是一种辐射离子化的经典抗蚀剂,通过临近羧基的主链结构的碳碳单键断裂来成像。而这种主链断裂需要的能量高,敏感度很低,在 248nm 处需几千 mJ/cm^2 的曝光能量才能显影,提升光敏性十分困难。由于 PMMA 的物理性质优异,光刻分辨率突出,人们不愿放弃其在光刻胶领域的应用,因此寻找既能保留 PMMA 的优良特性,又能增强光敏性的 PMMA 树脂衍生物或共聚物成为研究热点。研究发现,PMMA 光敏性差的原因主要是 α 裂解效率不高,可以通过减弱 α C—C 键的方式提高其敏感性。例如,将含氟丁基引入聚甲基丙烯酸酯形成的聚甲基丙烯酸氟丁酯,在 248nm 处的曝光能量可达到约 500mJ/cm^2。

甲基丙烯酸缩水甘油醚和甲基丙烯酸甲酯的共聚物(见图 7.16)在深紫外光照射下也会降解,其光敏性强于 PMMA,曝光能量约 250mJ/cm^2。在深紫外光作用下,聚甲基丙烯酸缩水甘油醚可用于制备正性光刻胶,而在电子束或 X 射线的作用下,环氧基团打开产生交联,成为负性光刻胶。

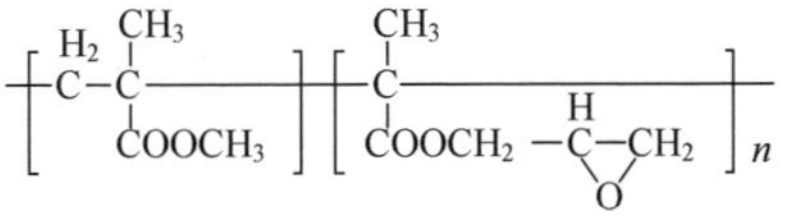

图 7.16　甲基丙烯酸缩水甘油醚和甲基丙烯酸甲酯共聚物的化学结构

2. 化学增幅型深紫外光刻胶

光刻胶对光子的敏感程度通常用量子效率(Quantum Efficiency)来描述,量子效率(Φ)定义为

$$\Phi = \frac{\text{发生光化学反应的 PAC 分子数}}{\text{被光刻胶吸收的光子数}}$$

g 线和 i 线光刻胶的量子效率一般小于 1,约为 0.3。为了提高光刻胶的量子效率,从 248nm 波长处开始,所使用的光刻胶大多应用化学放大原理(Chemically Amplified Resist, CAR)研制,也称为化学增幅型光刻胶。

化学增幅型光刻胶原理最早于 20 世纪 80 年代由 Ito、Willson 和 Frechet 提出,主要由聚合物树脂、光致产酸剂(Photo Acid Generator, PAG)、溶剂及其他的添加剂等组成。聚合物树脂主链上悬挂着酸敏基团,它的存在使树脂在显影液中的溶解度较低。光致产酸剂具有光敏性,在光照下能够分解产生质子酸(H^+)。在曝光后烘烤(PEB)的过程中,这些质子酸会作为催化剂使得聚合物树脂主链上悬挂的酸敏基团脱落,并产生新的酸。悬挂的酸敏基团的脱落改变了聚合物树脂的极性，脱落的酸敏基团越多，光刻胶在显影液中的溶解度越高，最终能够溶解于显影液。如图 7.17 所示，这是几乎所有化学增幅型光刻胶的基本工作原理，这种化学放大的反应模式使得化学增幅型光刻胶被广泛应用于 248nm、193nm 及 193nm 浸没式光刻胶的设计中。

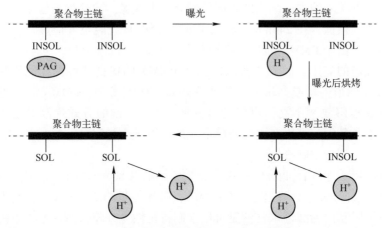

图 7.17　化学增幅型光刻胶的工作原理

第一个采用化学增幅技术研制成功并被用于 248nm 光刻生产的是美国 IBM 公司的 t-BOC 光刻胶。此产品为三组分体系，成膜树脂为聚 4-叔丁氧基羰基苯乙烯，混合了质量分数为 4.65% 的光致产酸剂（PAG）三苯基锍-六氟化锑盐及溶剂。成膜树脂上悬挂的酸敏基团是亲油性的 t-BOC。图 7.18 是化学增幅型 t-BOC 胶的光化学反应过程，包括两个反应：第一个是光致产酸剂在光子作用下产生质子酸；第二个是在经过后烘（PEB）后，质子酸使悬挂在树脂主链上的酸敏基团 t-BOC 脱落，生成一个新的质子酸分子。酸敏基团脱落后，亲油性的聚合物树脂变成了亲水性的树脂，可在碱性水溶液中溶解显影形成光刻图形。

1）248nm 光刻胶

化学增幅型光刻胶比普通光刻胶的光敏度高两个数量级，并且能够制备正性胶和负性胶，应用十分广泛。下面分别从成膜树脂、光致产酸剂和溶解抑制剂 3 个方面对化学增幅法 248nm 光刻胶进行简单介绍。

（1）成膜树脂。早期采用的聚甲基丙烯酸酯（PMMA）虽然具有高透明性，但抗干法腐蚀性差，无法满足工业化要求。研究发现，高纯度的聚对羟基苯乙烯在 248nm 处具有优异的透明性，其光学密度为 $0.22/\mu m$。将聚对羟基苯乙烯的酚羟基由 t-BOC 保护后形成的含 t-BOC 悬挂基团的聚对羟基苯乙烯树脂在 248nm 处具有更好的透明性，其光学密度达到 $0.10/\mu m$，可以作为理想的 248nm 光刻胶的成膜树脂。

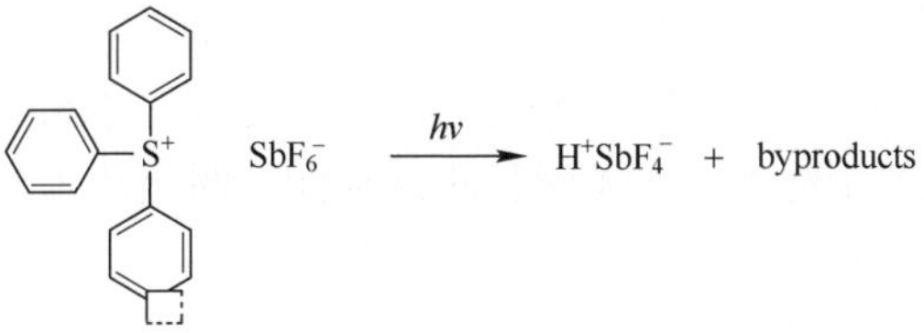

(a) 光致产酸剂在光子作用下生产酸

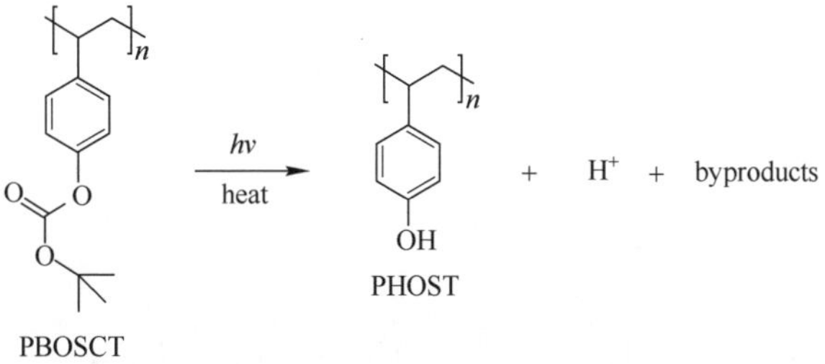

(b) 在PEB温度下，酸导致悬挂基团脱落，并形成一个新的酸分子

图 7.18 化学增幅型 t-BOC 的光化学反应过程

当 t-BOC 基团保护率为 100% 时，聚对羟基苯乙烯树脂由于疏水性太高而存在许多缺点，包括胶膜脆性高易破裂、胶膜与基片黏附性差、烘烤时质量损失大、胶膜尺寸稳定性差等。图 7.19 是化学增幅型 t-BOC 接枝树脂的化学结构。高亲油性的成膜树脂在碱性水溶液显影过程中容易发生断裂现象，在基片上的黏附性较差，难以实现高质量的显影，并且在后烘过程中会释放 CO_2 和异丁烯，使曝光区树脂胶膜产生过度收缩。但如果降低 t-BOC 基团的保护率，得到的部分

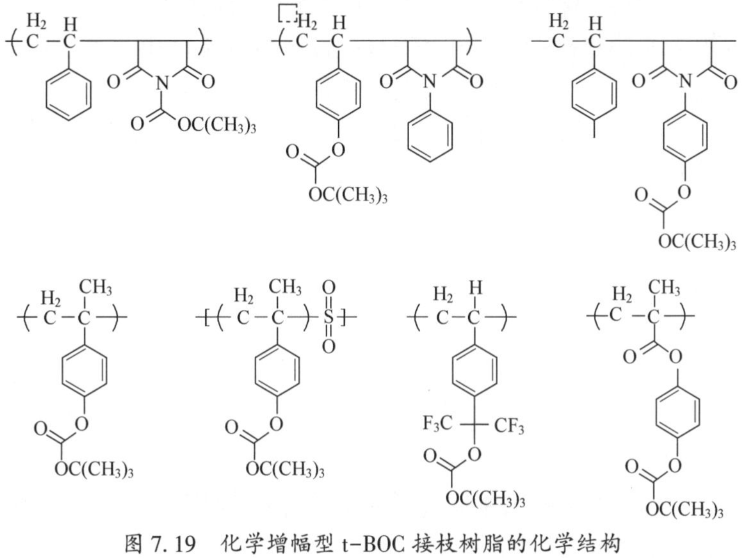

图 7.19 化学增幅型 t-BOC 接枝树脂的化学结构

t-BOC 基团保护的聚对羟基苯乙烯树脂虽然可以在一定程度上解决 100%保护率树脂存在的问题，但无法溶解于碱性水溶液。因此，为获得 248nm 光刻胶用成膜树脂需对聚苯乙烯树脂进行改性，增强树脂的亲水性，弱化疏水性。t-BOC 接枝的聚合物树脂结构对光刻胶性能具有十分显著的影响。

图 7.20 是部分酯化的 t-BOC 基团保护的聚对羟基苯乙烯树脂的化学结构。以这些树脂作为成膜树脂制备的 248nm 远紫外光刻胶具有较好的综合性能。

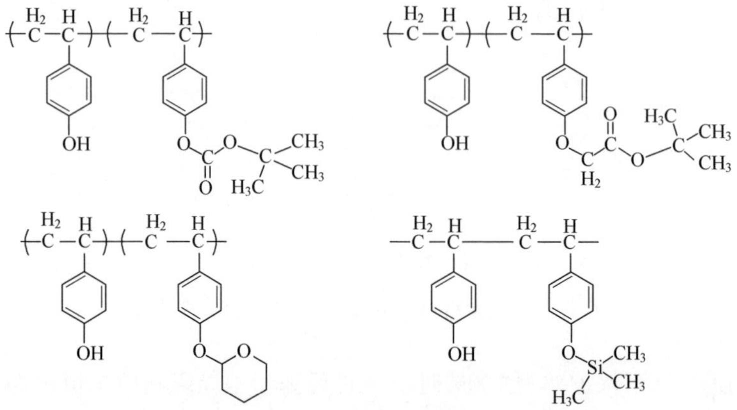

图 7.20　部分酯化的 t-BOC 基团保护的聚对羟基苯乙烯树脂的化学结构

（2）光致产酸剂（PAG）。248nm 光刻胶用的 PAG 应具有下述特点：①容易合成，毒性小；②良好的溶解性，能与光刻胶树脂或溶剂任意混溶；③具有适合曝光波长的光谱特性；④具有较高的光效率；⑤对成膜树脂的溶解抑制性好；⑥酸强度适当；⑦酸扩散速度适当。常见的光致产酸剂包括两大类，一类为碘鎓盐，如叔丁基苯基碘鎓盐-全氟辛烷磺酸；另一类是硫鎓盐，如三苯基锍-全氟丁烷磺酸、三苯基锍-全氟丁基磺酸或三苯基锍-三氟苯磺酸。在光刻胶中加入碱性中和剂（如四丁基氢氧化胺、三乙醇胺、三戊胺、三正十二胺等）可以有效地控制曝光产生的酸扩散，增大光刻胶的对比度。

PAG 的分子结构对化学增幅型光刻胶的光刻性能和机械性能具有显著影响。早期缩聚型负性光刻胶中使用的 PAG 在光照后能够释放出卤化氢小分子，因卤化氢小分子具有高挥发性，此类 PAG 未能大规模应用；金属卤化物鎓盐是一种应用于环氧树脂固化的 PAG，因为潜在的污染问题，无法在日益重视环保的现代工业中得到进一步的发展；目前在 248nm 光刻胶生产中获得普遍应用的都是能够产生磺酸的 PAG，因为磺酸的毒性小，酸强度、酸扩散度适当，应用十分广泛，主要包括离子型和非离子型两种类型。图 7.21 是非离子型 PAG 的分子结构，主要为多酚基硫鎓盐、各种磺酸根阴离子和碘鎓阳离子组合成的鎓盐，其中典型多芳基鎓盐阳离子和阴离子如图 7.22 所示[6]。

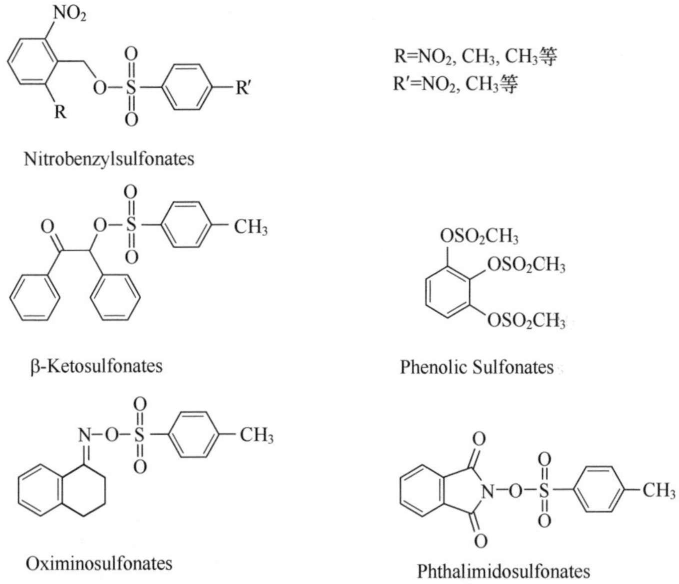

第 7 章 光刻胶及高纯化学试剂

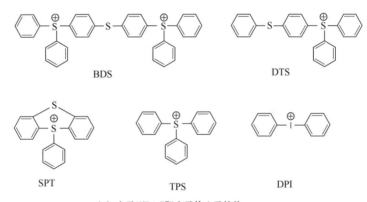

图 7.21 非离子型 PAG 的分子结构

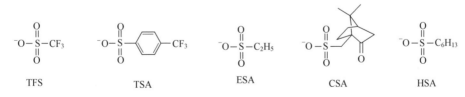

(a) 离子型PAG阳离子的分子结构

(b) 离子型PAG阴离子的分子结构

图 7.22 离子型 PAG 的分子结构

248nm 光刻胶生产中所用䥁盐型 PAG 的阳离子和阴离子存在多种组合,如 TPS 与 TSA 组合形成䥁盐型 PAG, $E_{size} = 49\text{mJ/cm}^2$, 曝光宽容度为 20.2%; TPS

与 HSA 组合形成鎓盐型 PAG，$E_{size} = 63\text{mJ}/\text{cm}^2$，曝光宽容度为 19.7%。图 7.23 是离子型 PAG 的光解机理[7]。

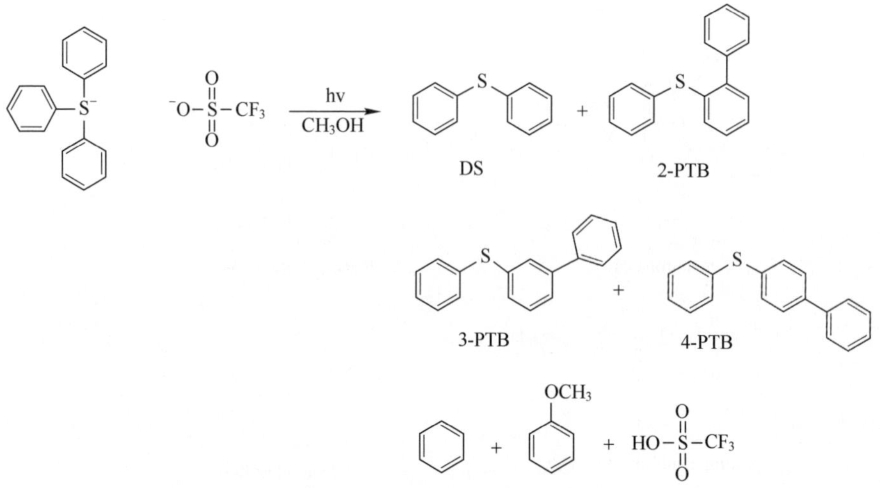

图 7.23　离子型 PAG 的光解机理

（3）溶解抑制剂。采用化学增幅技术的 248nm 光刻胶除成膜树脂和 PAG 外，还需要添加如图 7.24 所示的小分子溶解抑制剂。这种抑制剂能够控制酸敏基团的反应，从而进一步提高曝光区与非曝光区的溶解速率差值，以提高光刻胶的分辨率[8]。

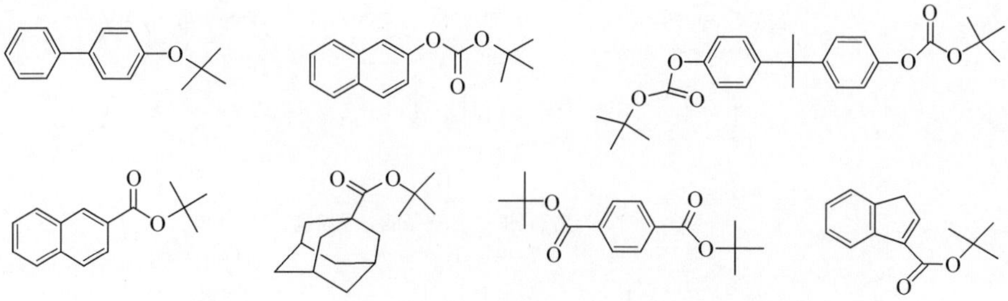

图 7.24　248nm 光刻胶小分子溶解抑制剂的分子结构

248nm 化学增幅型光刻胶在实际应用中存在的最大问题是曝光后必须立即进行后烘处理，否则其表面会形成不溶层或形成剖面为 T 形的图形。这是由于空气中微量的碱性物质能够与曝光区胶膜表面的 PAG 生成的酸发生中和反应，生成铵盐，铵盐无法在碱性显影液中溶解，导致图像失真[9]。这一中和反应本身也会造成 PAG 生产的酸消耗，降低酸催化的反应效率，使曝光区和非曝光区的胶膜在显影液中的溶解速率的差值不够大，影响成像质量。

研究发现，当胶膜在大于或等于 10^{-8} 的碱性物质环境中就会形成不溶的表皮层。为了解决这一问题，可采用下述方法：①活性炭过滤；②使用顶部保护涂层；③在曝光后放置期间延缓酸的产生；④加入碱性添加剂；⑤改进 PAG，减少酸的扩散和气化；⑥降低脱保护反应活化能；⑦高温中烘[10]。

248nm 光刻胶可用于线宽为 $0.25\mu m$、256M DRAM 及相关逻辑电路，线宽为 $0.18\mu m$、1G DRAM 及相关逻辑电路，线宽为 $0.15\sim0.10\mu m$ 的 L/S 图形，以及 $0.15\mu m$、4G DRAM 及相关逻辑电路的制造。代表性产品包括日本 TOK 公司的 TDUR-P007、TDUR-P009，JSR 公司的 KRF-L、KRF-R 等。

2）193nm 光刻胶

自 2007 年开始，准分子光刻光源技术逐渐成熟。但是，光刻镜头等光学材料对这些波长更短的波段具有较强的吸收作用，使镜头材料受热产生膨胀，严重影响光刻镜头的正常工作，而氟化钙（萤石）等光学材料虽然能够在这些波段范围内正常工作，但成本太高，没有实际应用价值。随着浸没式光刻技术和多重曝光技术的逐渐成熟，193nm 波长的 ArF 光刻技术获得了突破性进展，突破了已有 65nm 分辨率的技术瓶颈，成功应用于 45nm、甚至 10nm 集成电路的制造过程。

（1）成膜树脂结构与性能。

193nm 光刻胶的设计理念与 248nm 光刻胶的设计理念是一致的。所有含芳香环结构的有机分子对 193nm 波长的光都有较强的吸收，故 193nm 光刻胶的成膜树脂结构中不能含芳香环结构[11]。在此波长下，碘鎓盐或硫鎓盐的产酸效率也受到明显影响。因此，成膜树脂结构需要重新设计，光致产酸剂分子结构也需要进一步改进。

193nm 光刻胶用成膜树脂必须满足以下要求：①在 193nm 波长下透明；②与基片具有良好的黏附力；③具有很强的抗干法刻蚀性；④主链结构中必须具有酸敏侧挂基团，以提供成像能力；⑤所制备的光刻胶可采用四甲基氢氧化铵（TMAH）显影液显影；⑥具有高的玻璃化转变温度[12]。

193nm 光刻胶成膜树脂的主链结构通常为含亚甲基的脂肪链，能够提供较好的成膜性能和力学机械性能。为了提高抗蚀性，可以在树脂主链中引入脂环结构。一般来讲，光刻胶的成像能力、黏附性、可显影性及抗蚀性等都是由侧链承担的。树脂分子的侧链结构主要含有极性部分和酸敏基团，极性部分能够提供黏附能力和显影能力；酸敏基团则直接影响光刻胶的成像能力。酸敏基团主要由大体积的支化烷烃、大体积的脂肪环组成（见图 7.25）[13]。脂肪环具有很高的碳氢比例，具有突出的抗刻蚀能力，含多个脂肪环的酸敏基团比单个脂肪环的应用更普遍，尤其是含金刚烷基团和降冰片基团的多元脂环酸敏基团。带有三氟甲基的酸敏基团在克服胶膜溶胀问题方面具有明显的优势，是目前的研究热点。

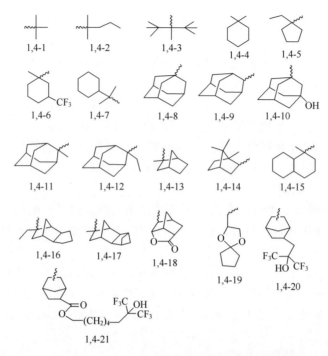

图 7.25 193nm 光刻胶成膜树脂的酸敏基团

研究发现，脂环族聚合物树脂非常适合作为 193nm 光刻胶的成膜树脂，如(甲基)丙烯酸酯、环烯烃、环烯烃-马来酸酐共聚物、乙烯基醚-马来酸酐共聚物等（见图 7.26），无论是单一树脂，还是这些树脂的混合物、三元共聚物或四元共聚物等，在 193nm 曝光条件下都有不错的表现[14]。其中，甲基丙烯酸酯类树脂能够解决原有聚甲基丙烯酸酯抗干法腐蚀性差的问题，在 193nm 光刻胶中得到了广泛的应用。

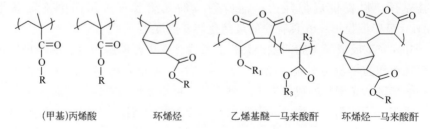

图 7.26 193nm 光刻胶用成膜树脂的化学结构

聚(甲基)丙烯酸酯类成膜树脂：聚(甲基)丙烯酸酯类成膜树脂由(甲基)丙烯酸酯类单体通过自由基聚合反应得到。图 7.27 是代表性单体的分子结构，酯基通常为脂环族结构[15]。

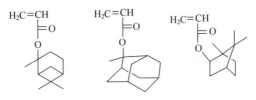

图 7.27 （甲基）丙烯酸酯类单体的分子结构

聚(降冰片烯-马来酸酐)交替共聚物成膜树脂：这类树脂由降冰片烯羧酸酯类单体与马来酸酐通过自由基共聚合反应得到[16]。图 7.28 是代表性降冰片烯羧酸酯类单体的分子结构，这些单体为极性基团或酸敏基团取代的降冰片烯类单体。

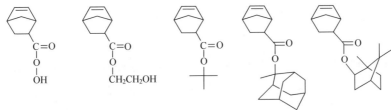

图 7.28 降冰片烯羧酸酯类单体的分子结构

（2）光致产酸剂（PAG）。193nm 光刻胶所用 PAG 大多挑选自 248nm 光刻胶中的 PAG，主要包括碘鎓盐类和硫鎓盐类[17]。以二苯基碘鎓盐及带有各种取代基的二苯基碘鎓盐为例，这些 248nm 下表现良好的 PAG 在 193nm 光源下的产酸效率并不高，导致相应的光刻胶产品分辨率不高。后续研究人员陆续开发了不含苯环的丁酮-2 基戊硫环硫鎓盐、1-烷氧基-4-巯基萘鎓盐和 N-羟基琥珀酰亚胺磺酸酯等多种 PAG，配合多环芳香体系和聚甲基丙烯酸酯体系等主体树脂，在 193nm 曝光条件下有较好的曝光效果和成膜性能。PAG 的吸光性能测试试验通常是在 5% PMMA 的 THF 溶液中加入固体含量 5%的 PAG，将溶解后形成的溶液涂敷在石英片上，烘干后测试紫外吸收光谱。将 PMMA 薄膜作为参照样品，测得的吸收光谱即为 PAG 的真实吸收光谱[18]。测试表明，萘基型 PAG 更适合高压汞灯源，更易于成像，在更低用量时就可光刻出图形。

（3）193nm 浸没式光刻胶。自 2004 年年底，台积电和 IBM 公司率先开始应用 193nm 浸没式光刻技术，从 90nm 节点一直延伸到 10nm 节点，是目前主流的光刻工艺。193nm 浸没式（193i）光刻工艺中，其专用的光刻胶是浸没在水中曝光的，此类光刻胶需要满足两个特殊要求：第一，光刻胶的有效成分必须不溶于水，且在与水接触后，光刻胶的光化学性质不变；第二，光刻胶必须对水有一定的抗拒性，水扩散进入光刻胶不会导致胶膜体积膨胀和光敏性损失[19]。

193i 光刻胶的设计受 157nm 光刻胶的影响极大。157nm F_2 激发态光刻工艺在

2003年之前被认为是生产临界线宽小于100nm的IC电路的首选工艺，2003年之后由于种种原因，业界放弃了157nm光刻转向193nm的浸没式光刻。通过对原本为157nm工艺研发的含氟成膜树脂进行改进，使其满足了浸没式光刻的要求，成为193i光刻胶研发的基本思路之一[20]。将如图7.29所示的抗刻蚀性较差的单环含氟树脂单体，与193nm光刻胶中含金刚烷的甲基丙烯酸酯结合到一起，制备的新型聚合物树脂可用于193i光刻胶的成膜树脂[21]。

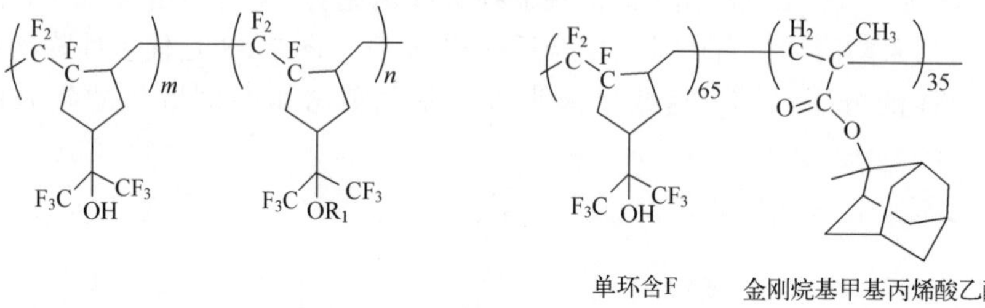

(a) 单环含氟的树脂分子结构(其中的保护基团是R_1)　　(b) 新合成的FGEAM树脂的分子结构

图7.29　193i光刻胶成膜树脂的分子结构

193i光刻胶设计的另一基本思路是通过聚合物分子自分凝原理。在193nm光刻胶中添加疏水性的添加剂（如含氟聚合物），这些疏水性的添加剂具有较小的表面能量，在旋涂和烘烤的过程中，它们会自动地迁移到光刻胶表面[22]。通过疏水性添加剂在光刻胶表面富集，使得光刻胶与水接触后具有良好的抗浸出性能和较大的接触角，而这些迁移到表面的添加剂在显影过程中又能很快地溶解在显影液中，裸露出比较亲水的光刻胶本体[23]。自分凝设计让人们只需要在193nm光刻胶中添加质量分数为0.5%~5%的疏水性添加剂就能够将其直接转换为193i光刻胶，高效快捷的同时大幅降低了重新开发193i光刻胶的成本。研究表明，表面能量越小的添加剂越容易使光刻胶进行自分凝[24]。

7.1.4　电子束光刻胶

电子束光刻技术是采用电子、X射线或离子等离子化辐射作为传递载体的光刻图像技术，是下一代光刻技术的重要一员。电子束光刻所使用的光刻胶需要具有高的灵敏度、对比度及抗干法刻蚀选择性。目前，国际上主要的供应商有日本TOK（东京应化）、美国DOW（陶氏）、ShinEtsu Chemical（信越化学）、Fujifilm Electronic Materials（富士电子材料）和韩国的Dongjin（东进）等，这些企业控制着国际电子束光刻胶80%以上的市场份额[25]。

电子束光刻胶用成膜树脂主要包括聚甲基丙烯酸酯类、树脂状聚合物类、分子玻璃类和其他树脂类等，下面分别进行简要介绍。

1. 聚甲基丙烯酸酯类

由于电子束光刻中没有紫外光吸收问题,在材料的选择方面有较大的自由度。最早开发的电子束正性光刻胶以聚甲基丙烯酸甲酯(PMMA)作为成膜树脂,具有优异的分辨率、较高的稳定性和低廉的成本。在受到电子束辐射时,PMMA 树脂主链发生碳碳单键断裂形成低分子量聚合物片段,平均分子量降低,溶解度相应降低。由于树脂主链的碳碳单键断裂需要较高的能量,此类 PMMA 光刻胶的感光度较低。在一般情况下,PMMA 电子束光刻胶在 2keV 的曝光能量下感光度仅为 $10\mu C/cm^2$;当曝光能量提高到 20keV 时,感光度为 $90\mu C/cm^2$;曝光能量提高至超过开始的 10 倍时,PMMA 光刻胶树脂发生交联形成负性光刻胶,最高分辨率可达 10nm。

PMMA 在电子束辐射下发生降解,首先临近羰基的碳碳单键断裂,随后自由基重排生成多种裂解产物,反应机理如图 7.30 所示。

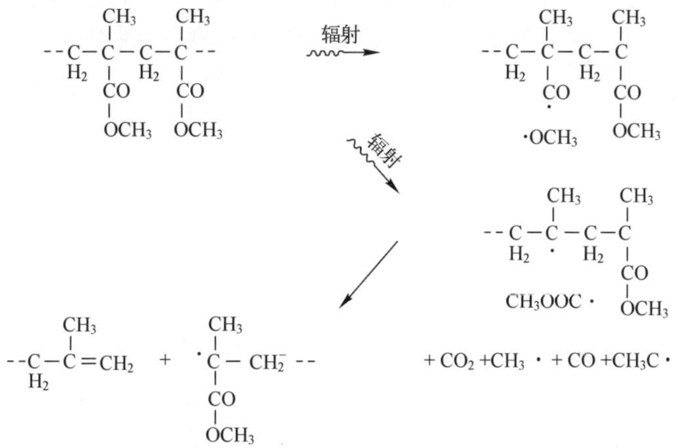

图 7.30 PMMA 在电子束辐射下的降解反应机理

PMMA 电子束光刻胶分辨率高、附着力强且具有简单成熟的工艺体系,但普遍存在耐刻蚀性差、感光度低的缺点。为了提高感光度,可以通过共聚等方法对 PMMA 进行改性。表 7.7 是 PMMA 及其衍生物的感光灵敏度,其中 PMMA-MAA 共聚物是已经商品化的经典正性电子束光刻胶。一般而言,MAA 含量越高,树脂的光敏性越好,但相应的分辨率会有所降低。

广泛应用于 248nm 和 193nm 光刻胶的化学增幅技术也可以用来弥补 PMMA 光刻胶在电子束曝光体系中的不足,提高曝光效率和 PMMA 光刻胶的光敏度。将少量的光致产酸剂 PAG 加入 PMMA 树脂中,曝光后 PAG 产生酸。在加热条件下,PAG 产生的酸催化曝光区域的 PMMA 发生分解或交联,若 PMMA 发生分解则为正性光刻胶,若 PMMA 互相交联则为负性光刻胶。

表 7.7　PMMA 及其衍生物的感光灵敏度

聚合物名称	电子束感光度/($\mu C/cm^2$)
聚甲基丙烯酸甲酯	50
聚甲基丙烯酸含氟丁酯	17
PMMA-α-氯代甲基丙烯酸甲酯（38%）	6
聚（甲基丙烯酸甲酯-丙烯腈）共聚物（11%）	4
PMMA-甲基丙烯酸 MAA（25%）	35
PMMA-MAA-甲基丙烯酸酐	8
PMMA-异丁烯（25%）	5

如图 7.31 所示，通过对羟基苯乙烯、2-乙基-2-金刚烷基甲基丙烯酸酯与阴离子产酸剂之间的共聚反应，将产酸剂接枝在高分子主链上，制备的产酸剂接枝型共聚物是一种典型的化学增幅型电子束光刻胶。通过产酸剂接枝的方式能够有效解决 PAG 与树脂的不相容性、相分离和产酸剂本身的迁移等问题，当曝光能量为 100keV 时，此光刻胶产品的线条分辨率最高可达到 45nm[26]。

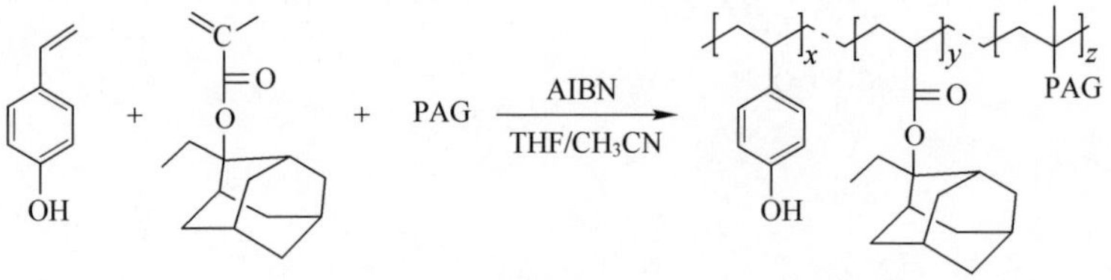

图 7.31　产酸剂接枝的化学增幅型光刻胶成膜树脂的化学结构

另一种化学增幅型电子束光刻胶的化学结构如图 7.32 所示，由甲基丙烯酸甲酯和(4-(甲基丙烯酰氧基)苯基)二甲基硫鎓盐三氟甲烷磺酸盐以 1∶3 的摩尔比通过共聚反应得到。此类光刻胶的树脂主链结构中有悬挂型光敏基团，对电子束敏感，在 20keV 曝光能量下，光刻图形的分辨率可以达到 20nm，感光度为 2.06$\mu C/cm^2$。

聚苯乙烯在辐射下的交联速度很慢，但将聚苯乙烯树脂通过氯甲基化反应生成氯甲基化的聚苯乙烯树脂后（见图 7.33），对电子束具有很高的感光性，可达

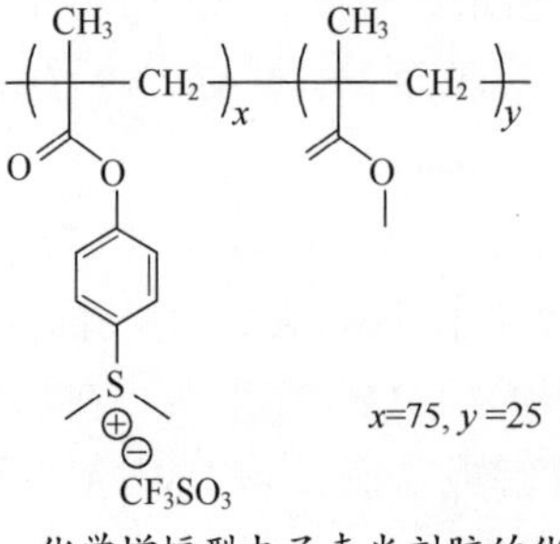

图 7.32　化学增幅型电子束光刻胶的化学结构 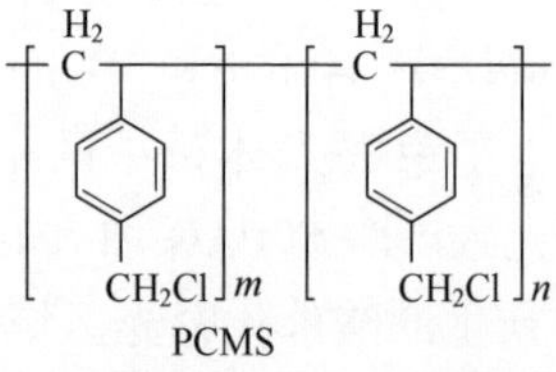　　图 7.33　氯甲基化聚苯乙烯树脂的主链结构

$2\sim3\mu C/cm^2$。另外，光刻胶感光度随树脂分子量的增加而提高，但分辨率有所下降。氯甲基化聚苯乙烯树脂光刻胶的分辨率可达 0.25μm 以上，具有良好的抗等离子刻蚀性，可直接用电子束曝光或掩模曝光。

2. 树枝状聚合物类电子束光刻胶

此类光刻胶也是化学增幅型光刻胶，主要由树枝状聚合物和光致产酸剂 PAG 组成。如图 7.34 所示，树枝状聚合物主要是基于三苯基的骨架通过化学键连接其他苯基的树枝状高分子量物质。当受到电子束辐射时，PAG 产生很强的质子酸，经后烘脱去保护基团。在有机溶剂中，树枝状聚合物类光刻胶可以显影成为负性光刻图形，使用碱性水溶液又能够得到正性光刻图形。在 50keV 的曝光能量下，此类光刻胶的最小线条分辨率可以达到 100nm。为减轻图像模糊现象，由于超支化聚合物的玻璃化转变温度（T_g）较低，可降低后烘温度至 60℃[27]。

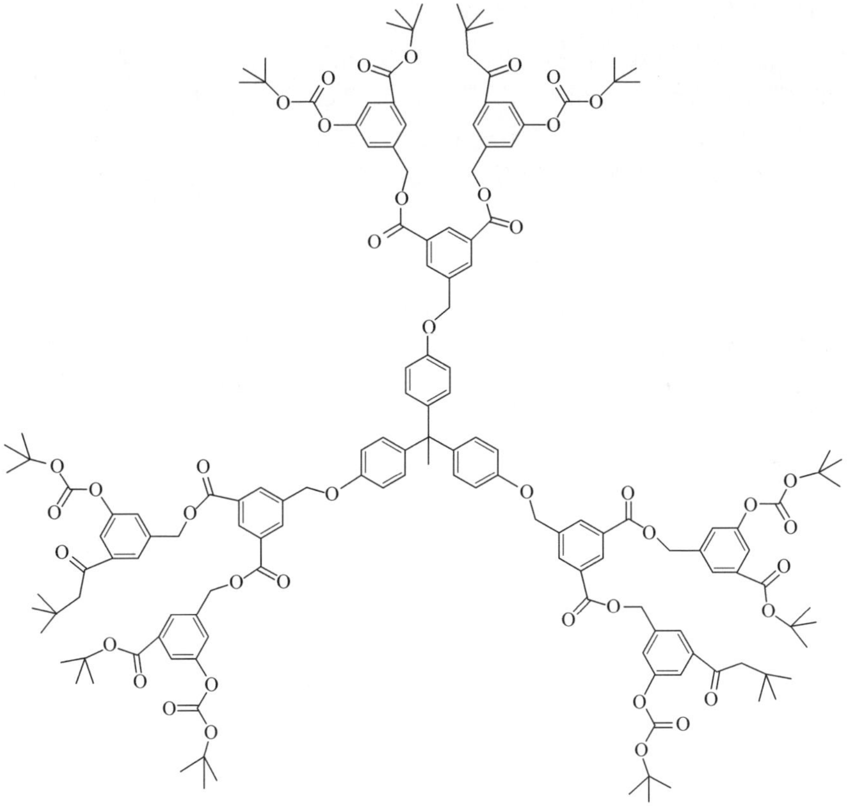

图 7.34 树枝状聚合物电子束光刻胶化学结构

3. 分子玻璃类电子束光刻胶

上述绝大多数光刻胶都属于高分子光刻胶。由于高分子光刻胶的成膜树脂分子量大、分布宽，分子链之间存在缠结，显影得到的图案可能存在线条边缘粗糙度大的问题。为了克服高分子材料的不足，分子玻璃（Molecular Glass）也成为制备光刻胶的一个研究热点。分子玻璃是一种无定形有机小分子化合物，分子结构明确，分子尺寸较小，分子量分布窄。这些特点均有利于提高光刻胶分辨率，降低线条边缘粗糙度，因此分子玻璃类光刻胶已经广泛应用于极紫外（EUV）和电子束（EB）光刻工艺。1,3,5-(α-萘)苯、1,3,5-三烷基-2-吡唑啉等联苯体系的分子玻璃是早期小分子光刻胶的首选，具有较强的热稳定性和抗刻蚀性。化学增幅技术也可以应用于分子玻璃类光刻胶中。由叔丁氧基羰基（t-BOC）保护的分子玻璃类光刻胶，在光致产酸剂 PAG 的存在下，通过电子束辐射后所形成的光刻图案同样具有较高的分辨率，其感光度也可媲美高聚物光刻胶。如图 7.35 所示的是由 1,3,5-三[4-(2-叔丁氧基羰基)苯基]苯制备的化学增幅型分子玻璃光刻胶，最高可达到 30nm 的分辨率；如图 7.36 所示的是基于聚 4-羟基乙烯苯结构的树枝状酚类化合物型电子束光刻胶，由于酚羟基的引入，光刻胶的玻璃化转变温度、抗刻蚀能力和碱溶性都有所提高；如图 7.37 所示的是通过阳离子聚合制备的双官能团的环氧型分子玻璃，具有较好的分辨率和感光度；如图 7.38 所示的是由稠环分子玻璃制备的电子束光刻胶，当曝光能量为 $1\times10^{-4}C/cm^2 \sim 3\times10^{-3}C/cm^2$ 时，以戊醇为显影液，曝光区域溶解得到正性图形；提高曝光能量，以氯苯为显影液，又可以得到负性光刻图形，分辨率均能达到 200nm 以下[28]。

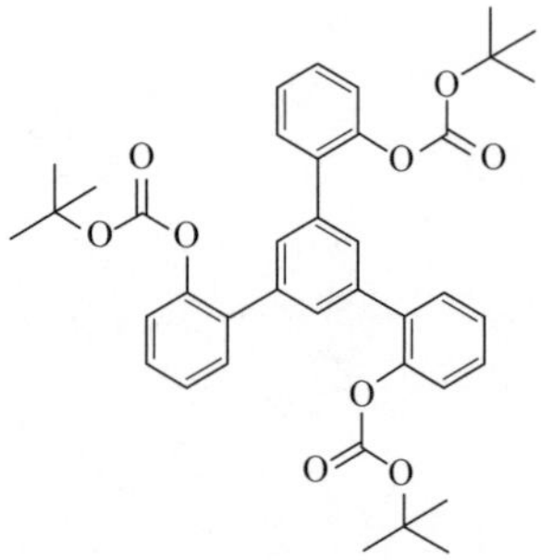

图 7.35 化学增幅型分子玻璃电子束光刻胶的分子结构

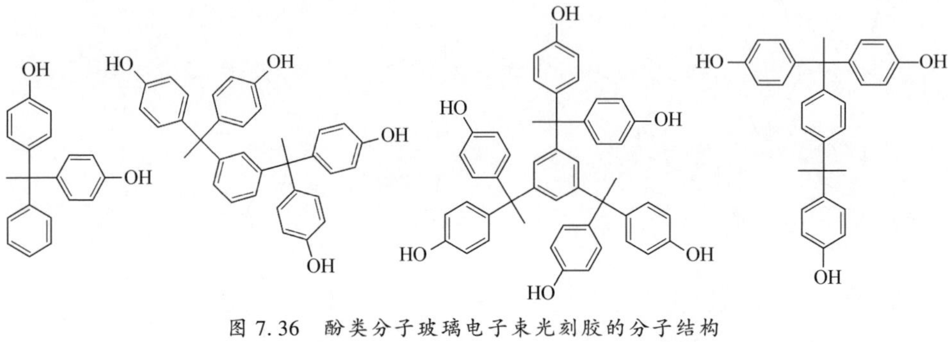

图 7.36 酚类分子玻璃电子束光刻胶的分子结构

4. 有机-无机杂化电子束光刻胶

研究发现，在光刻胶的聚合物结构中引入具有低吸收的无机元素，如硅、硼等，不仅能够增强光刻胶的透明性，而且还可以提高抗刻蚀性能。在众多的无机材料中，完全由碳组成的中空分子富勒烯 C_{60} 由于独特的结构和理化性质获得了较多关注。研究表明，引入富勒烯 C_{60}、C_{70} 等功能基团或其衍生物分子的有机-无机

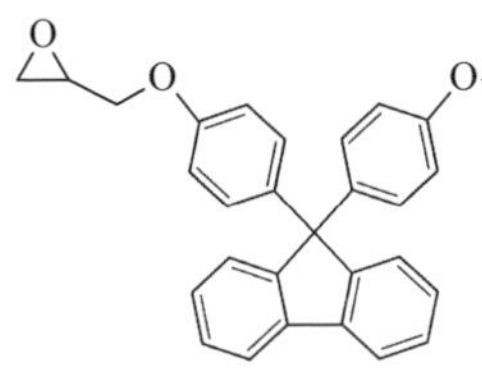

图 7.37　双官能团分子玻璃电子束
光刻胶的分子结构

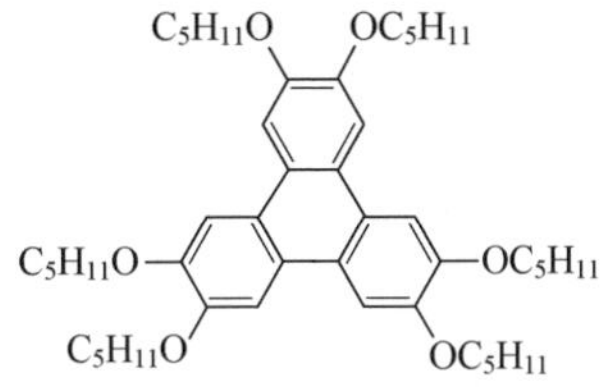

图 7.38　稠环类分子玻璃的分子结构

杂化电子束光刻胶具有优秀的抗刻蚀性能。例如，含有酚类结构的富勒烯衍生物分子玻璃光刻胶，在产酸剂作用下可以脱去保护基团作为正性光刻胶，在环氧交联剂作用下则可作为负性光刻胶，均具有较高的分辨率。此外，将纳米级富勒烯 C_{60} 和 C_{70} 共同掺杂于商品化的电子束正性光刻胶中，可以稳定提高其热稳定性和刻蚀性；而将富勒烯分子添加在光刻胶的空隙中，能够使其具有更高的电子亲和性，从而有效降低曝光时间，节省能源，降低生产成本。

以有机硅材料为基础的电子束光刻胶以负性胶为主，包括聚硅氧烷和聚氢硅烷树脂等，主要特点是与基材的附着力高。聚氢硅烷树脂经电子束曝光后，曝光区的聚氢硅烷 Si—H 键断裂生成自由基，树脂交联形成三维网状结构，在显影液中的溶解度降低。例如，以氢倍半硅氧烷（HSQ）为基础的光刻胶的最小分辨率可达 10nm。HSQ 为六面体笼状结构，其中含有大量的硅原子，由于分子尺寸较小，与基材的附着力高，HSQ 型光刻胶在显影时不会发生溶胀。为提高光刻胶与基材的附着力也可以将含硅基团引入光刻胶树脂的侧链中，如图 7.39 所示[29]。

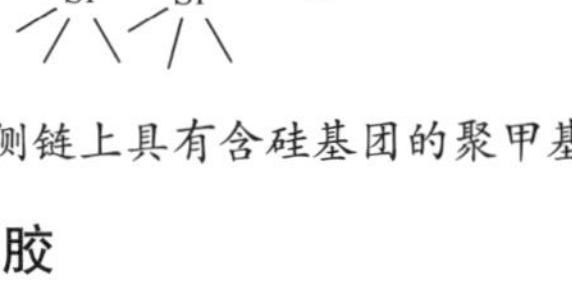

图 7.39　侧链上具有含硅基团的聚甲基丙烯酸酯

5. 其他体系电子束光刻胶

1）聚(烯烃-砜)体系

聚(烯烃-砜)树脂体系光刻胶感光度高、分辨率高，在电子束光刻胶领域全面优于 PMMA 型光刻胶，已应用于商用产品。如图 7.40 所示，此类树脂主链中的碳硫单键的键能较弱，在电子束曝光下容易断裂，主链断裂使得分子量变小，在适当显影液中溶解度提高，形成正性光刻图形。聚（烯烃-砜）树脂光刻胶具有更高的感光度和分辨率。

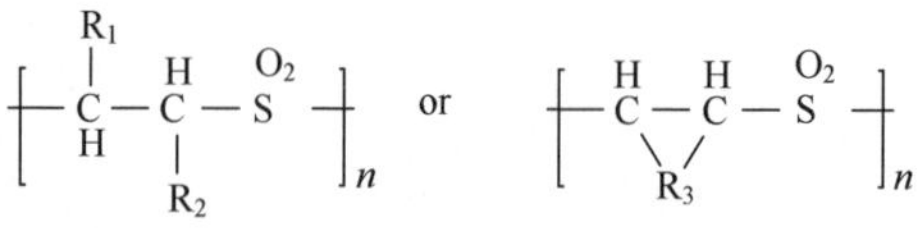

图 7.40 聚(烯烃-砜)树脂的化学结构

2) 环氧体系

环氧基树脂在电子束曝光时能够产生活性氧中心，此中心能够继续攻击相邻的环氧基团，使该树脂体系具有较高的活性。如图 7.41 所示的含环氧侧链的聚（甲基丙烯酸缩水甘油酯-丙烯酸乙酯）共聚物，其侧链环氧基团可通过环氧阳离子开环聚合反应产生交联，使曝光区在显影液中的溶解度降低，形成负性光刻胶。环氧基负性光刻胶在电子束曝光后，由于环氧基开环率较高，灵敏度可达 4×10^{-7} C/cm^2，已经实现商品化。

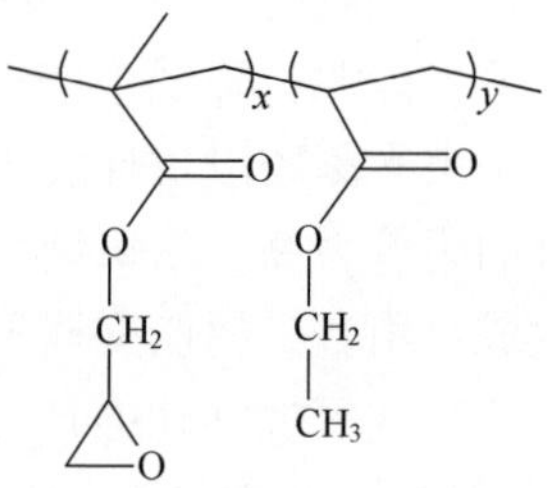

图 7.41 含环氧侧链的聚（甲基丙烯酸缩水甘油酯-丙烯酸乙酯）共聚物

3) 酚醛树脂体系

线性酚醛树脂是最早应用在近紫外曝光中的光刻胶树脂体系，由于其具有较好的耐热性和抗干法刻蚀性能，也具有成为优秀的电子束光刻材料的可能。其中正性线性酚醛树脂体系光刻胶在电子束曝光下，感光剂产生的酸作用于阻溶剂，使其从阻溶性变为可溶性甚至促溶性；或者直接作用于成膜树脂，使之发生降解，致使曝光区在碱溶液中可溶，从而制得负性或正性图形。

4) 聚碳酸酯体系

如图 7.42 所示，主链上含有易解离的碳酸酯基团的非化学增幅型正性光刻胶，又称断链型光刻胶（Chain-Secission Resist）。在电子束曝光下，这种光刻胶的聚合物能够分解成二氧化碳和低分子量树脂片段，在显影液中的溶解度提高，显影时易被除去。例如，将双酚 A 聚碳酸酯用于制备电子束光刻胶，相比于传统的 PMMA 光刻胶其具有更好的耐化学性、耐刻蚀性和热稳定性。

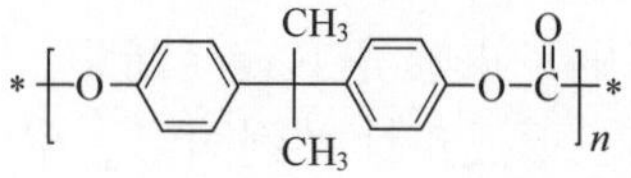

图 7.42 聚碳酸酯电子束光刻胶成膜树脂

7.1.5 下一代光刻胶技术

随着特征尺寸的不断变小,针对 Raleigh 公式中决定分辨率的 3 个参数 λ、N_A、κ 的研发都遇到了难以跨越的瓶颈。在技术和资金的双重压力下,于是业界纷纷投入巨资开发既具高分辨率又具低成本的下一代光刻技术(Next Generation Lithography,NGL)。2006 年,国际半导体技术蓝图(International Technology Roadmap for Semiconductors,ITRS)对未来几种可能成为主流的光刻技术进行了预测。下一代光刻胶技术主要包括:极紫外光刻(Extreme Ultraviolet Lithography,EUL),X-射线光刻,电子离子束光刻等。

1. 极紫外光刻胶

相比于其他 NGL 技术,极紫外(Extreme Ultraviolet Wavelength,EUW)光刻技术具有更大的发展潜力和发展速度。极紫外光刻技术采用中心波长为 13.5nm(2%带宽)的极紫外光作为曝光光源,与其他 NGL 相比存在着 3 个优点。

(1)较强的延展性:极紫外光刻技术已将曝光光源的波长降至最低,可以通过合理选择工艺因子和系统物镜的开口数,灵活决定集成电路的特征尺寸。

(2)性能优良的 Mo/Si 多层介质膜反射镜:绝大多数材料都对极紫外光具有很高的吸收率,使制造 EUV 光学反射原件用材料受到很大限制。经过系统研究,发现基于多层薄膜技术的光学发射系统可用于极紫外光刻技术中,如 Mo/Si 多层薄膜在 13.5nm 处的反射率可达 70%。

(3)掩模技术成本低:与其他 NGL 相比,EUV 技术成像的对比度更大,因此无须在光学修正系统上投入大量资金,节约了研究成本。

EUV 技术始于 20 世纪 80 年代,是最早希望应用在 70nm 以下工艺节点的光刻技术。虽然被寄予厚望,但由于一直达不到晶圆厂量产光刻所需要的技术指标和产能要求,该技术一直没有被广泛使用。2006 年,荷兰 ASML 公司推出了原型 EUV 光刻机;2010 年,造出了第一台研发用样机 NXE3100;2015 年,开始量产;2019 年,ASML 的 EUV 系统成功用于 7nm 生产,满足了台积电等重要客户对可用性、产量和大量生产的需求。

对于 32nm 及以下 EUV 光刻工艺,传统的化学增幅型光刻胶已经接近极限。在这个极限下,任何一个抗蚀特性(分辨率、线宽粗糙度和光敏度)都只能以牺牲其他两个特性中的一个来提高(RLS 权衡问题),这成为极紫外光刻的严重阻碍。为了解决 RLS 的权衡问题,必须开发出新型的光刻胶。目前,研究方法包括进一步降低酸敏基团的活化能以提高催化链式反应的效率,引入氟元素等改善聚合物的 EUV 光子吸收效率,或者通过增加 EUV 光刻胶配方中的光致产酸剂量来进一步提高产酸效率等。例如,将缩醛结构引入到聚合物主链上,制备了主链可降解的聚芳基缩醛光刻胶（图7.43）。主链和侧链上的缩醛结构具有高度的酸敏性，多元芳烃主链在提高T_g的同时，酚羟基提供了良好的黏附性并可调节疏水性。经验证，在EUV光刻的真空曝光工艺中，引入缩醛基团效果良好。将酸敏基团直接引入分子主链，光化学反应可以直接把分子链切断，显影后的边缘会更加平滑。此类光刻胶也被称为分子胶（Molecular Resist），具有放大性能的分子胶成为目前EUV光刻胶的主流技术。

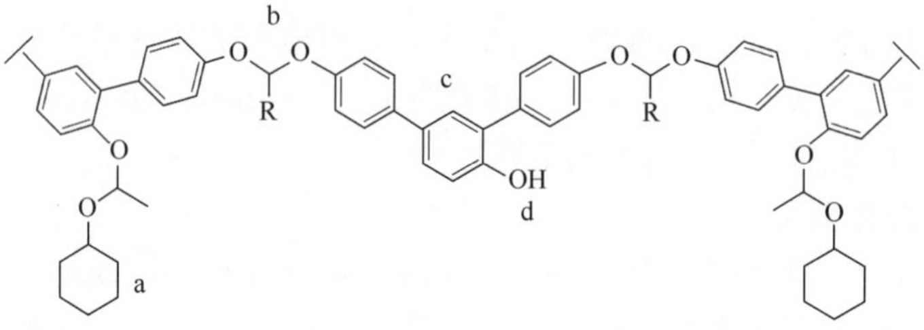

图7.43 聚芳基缩醛EUV光刻胶的分子结构

2. 纳米压印光刻胶

1995年，科学家提出了纳米压印（Nanoimprint Lithography，NIL）技术思路，能够制备高分辨率的纳米尺度图形，省去了光学光刻掩模板和光学成像设备，近年来受到人们的高度关注。NIL图形的转移是通过模具下压导致光刻胶流动并填充到模具表面特征图形中，除紫外纳米压印技术外一般无须曝光条件。首先在基片上涂上光刻胶，将制作好的掩模板覆盖在光刻胶上，随后在高于光刻胶"软化"温度的条件下，增大模具下压载荷，当光刻胶减薄到设定的留膜厚度且载荷恒定后停止模具下压并固化光刻胶，基本工艺流程如图7.44所示。纳米压印光刻技术目前已经达到5nm以下的分辨力，突破了传统光学光刻工艺的分辨力极限[30]。

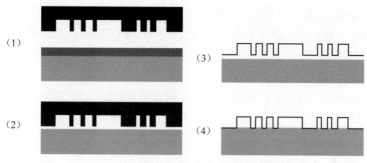

图7.44 纳米压印流程示意图

从原理上看，纳米压印光刻技术可以分为热压印、紫外固化压印和软压印三种。

1) 热压印

传统的热压印（HE-NIL）工艺需要高温、高压的压印条件，工艺复杂，成本较高，也很难实现快速和高精度的图形复制。此工艺过程主要包括模板制备、压印和图形转移。从纳米压印的工艺原理可知，纳米压印所使用的模板与最终的光刻图形为严格的 1∶1 复制，高精度压印模板通常使用电子束或离子束刻蚀工艺来制作，一般使用碳化硅、氮化硅或氧化硅等机械性能良好并且热膨胀系数低的材料。压印过程与如图 7.44 所示的纳米压印基本工艺流程类似，所使用的光刻胶通常是 PMMA，加热到 PMMA 的 T_g 温度以上进行压印，降温到 T_g 以下脱模。

2) 紫外固化压印

紫外固化压印（UV-NIL）技术与热压印类似，但不需要热处理，且能在低压下进行，无疑更具吸引力。该技术所使用的模具需使用石英等能透过紫外光的材料制作，并使用低黏度的液态光刻胶。通过较小的压力使光刻胶填满模板后，通过紫外光曝光实现光刻胶的固化，然后进行脱模。紫外压印可以廉价地在纳米尺度得到高分辨率的图形，被认为是目前纳米压印的一个主流发展方向。在紫外固化压印的基础上，为降低掩模板的制造难度，减少产品缺陷，人们又研究出了步进-闪光纳米压印技术。简单来说，该技术采用小模板分步压印来代替原有的大模板一步压印，大大提高了紫外固化压印法的生产能力[31]。

与传统光刻技术相比，紫外纳米压印技术所使用的光刻胶不受最短曝光波长限制，对光刻性能的要求相对降低，但光刻胶需要直接与模板和衬底接触、固化，其与衬底、模板之间的作用力成为影响最终光刻图形精度的重要因素。常用的紫外纳米压印光刻胶主要包括以下体系[32]。

（1）聚甲基丙烯酸酯体系。作为一类传统的紫外光刻胶，1999 年首先被用于纳米压印技术，开创了紫外压印的先河。该类树脂体系的反应机理为自由基聚合，反应速度快，易脱模，但抗刻蚀能力相对较差。例如，由 MicroResist Technology 公司推出的新型丙烯酸酯类 mr-UVCur06 光刻胶，在 25℃ 下黏度为 14mPa·s，采用 1% APO（酰基膦氧类）或 1% Irgacure 369 作为光引发剂时固化速度最快，320～420nm 光源下曝光可以得到精度为 230～35nm 的压印图案。

（2）环氧树脂体系。环氧树脂体系是目前通用型的紫外纳米压印胶。该体系采用阳离子聚合反应机理，不受空气中氧气的干扰，具有极好的尺寸稳定性。由于聚合速度较慢，黏度较大，不利于低压压印，采用环氧树脂体系光刻胶所制备的胶膜通常比较厚。此体系光刻胶的脱模能力不佳，一般需要通过 Si、F 等元素的引入来增加光刻胶的脱模能力，同时提升抗刻蚀性能，并通过添加稳定剂来延长体系的保存期。

（3）乙烯基醚体系。乙烯基醚树脂体系是一种常用的紫外压印光刻胶，符合阳离子聚合原理，聚合速率大，受空气中氧气的影响小。图 7.45 是一种典型的乙烯基醚单体的分子结构。该体系主要存在抗刻蚀性能差、储存稳定性差等缺点。在乙烯基醚体系中引入硅可以提升光刻胶的抗刻蚀性，但硅的引入会改变光刻胶的成膜性能，目前还未实现商业化。由于该体系的储存稳定性较差，通常需要加入储存稳定剂，对光刻胶的性能也会产生一定程度上的影响。

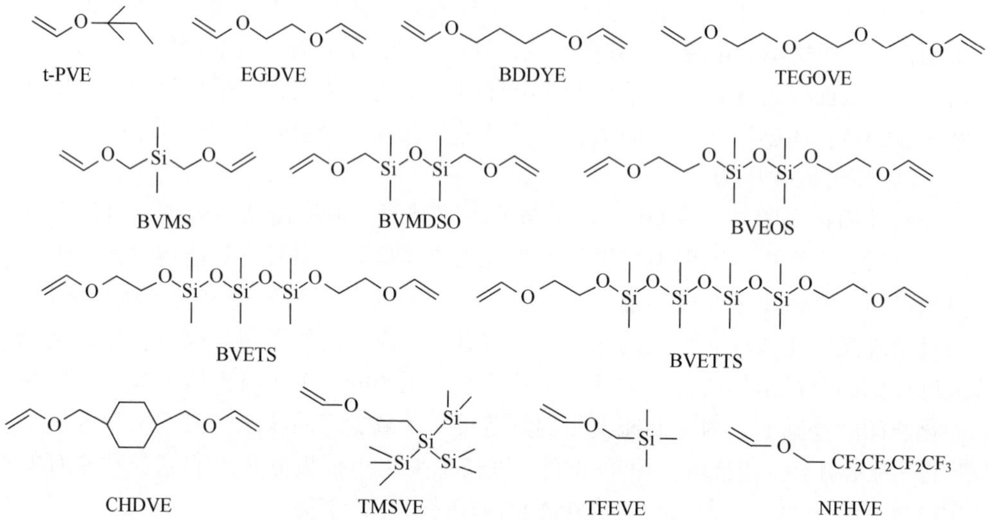

图 7.45 典型乙烯基醚单体的分子结构

（4）硫-烯类体系。与其他纳米压印光刻胶相比，硫-烯类紫外光刻胶具有高效、快速的特点，近年来在该领域引起了高度关注。硫-烯类紫外光聚合反应过程如图 7.46 所示，含有两个以上巯基（—SH）的单体与含有不饱和碳碳双键单体之间发生自由基逐步聚合反应。通过控制聚合物分子量的逐步增长，能够有效地避免凝胶现象，同时降低氧阻聚效应，使碳碳双键的转化率大幅提高。巯基-烯类光刻胶反应所需光引发剂非常少，甚至可以不添加催化剂，因此常被用于制备较厚的薄膜。硫-烯类体系可选用的烯类单体种类较多，应用场景广泛，已成为压印光刻胶的重要成员。

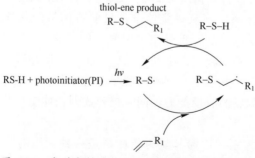

图 7.46 光引发剂引发的硫-烯类紫外光聚合反应

3) 软压印

软压印（SIL）技术与上述两种压印方式最大的不同在于模板的制作材料。软压印采用柔性橡胶制作模板，如聚二甲基硅氧烷（PDMS）制作的硅胶模板。使用软模板能够解决模板和基底之间的平行度误差，并且易于脱模。软压印主要包括微接触压印和毛细管微模制法，均可以得到纳米级的光刻图形，由于不涉及光刻步骤，在此不做过多介绍[33]。

3. X射线光刻胶

X射线光刻技术（X-Ray Lithography，XRL）的研究始于20世纪70年代，有近50年的历史。此类工艺的曝光过程类似光学曝光，将掩模板上的电路图通过X射线辐射转移到硅片表面的感光胶上。X射线光刻机的SR环为同步（加速器）辐射环（Synchrotron Radiation），具有高分辨力、大焦深和大像场等特点，分辨力可达40nm，可用于ULSI、纳米加工和MEMS等。X射线和电子束离子化辐射的化学效应基本相似。研发人员预期电子束光刻胶亦可以采用X射线曝光，事实确实如此，光刻胶的电子束光敏性与X射线光敏性具有很好的相似性。据估计，如果电子束曝光需要的能量为$7\mu C/cm^2$，则X射线曝光需要的能量为$100\mu C/cm^2$。

4. 离子束光刻胶

离子束光刻工艺技术（Ion Pulse Lithography，IPL）的研究起源于20世纪70年代中期，该光刻工艺具有较高的图形转移精度，可制作光栅、波带片等多种衍射光学元件。通过与全息或紫外光刻技术结合，在传统的IC工艺及MEMS工艺中被广泛应用。

因为离子的质量远大于电子，离子束光刻工艺相对于电子束有巨大的潜在优势。在光刻胶中离子溅射小，且在基片上无明显的背景反射。离子能够产生能量很低的二次电子，比电子束的二次电子更近程。此外，离子具有较高的能量，光刻胶对离子束的光敏性大于对电子束的光敏性。目前，离子束光刻工艺的重要应用是修补X射线掩模板和其他高分辨率图形中的阻光缺陷。实际应用中，多数电子束光刻胶都可以采用离子束工艺。

7.2 高纯化学试剂

7.2.1 高纯化学试剂基本知识

如上节所述，随着微电子行业的飞速发展，IC电路线宽不断降低，生产过程中对污染物的容忍度越来越低。IC电路通常在超净车间内生产，对所用原材料、清洗剂等的纯净度也有极高要求。因此，高纯化学试剂是集成电路制造的细微加工过程中不可缺少的一类关键性材料，主要用于清洗芯片、刻蚀掺杂及沉淀金属等工序，直接影响芯片的良品率和质量。目前在IC电路的生产过程中，前道工序生产所用的化工材料约占材料总成本的15%，其中高纯化学试剂约占5%，包括无机、有机及混合溶液等上百个品种。

IC电路制造对高纯化学试剂具有极高的要求，且使用量很大。随着IC电路从大规模集成电路（LSI）向着超大规模集成电路（VLSI）、极大规模集成电路（ULSI）的快速发展，IC芯片集成度越来越高，晶圆表面的光刻线条越来越精细，对于高纯化学试剂也提出了越来越严格的质量要求和分析检测要求[34]。

1. 高纯化学试剂的发展现状

国外于1960年代便开始生产电子工业用试剂，并为微细电路加工技术不断开发新产品。国际知名高纯化学试剂厂商，德国伊默克（E Merck）公司于1978年提出了金属-氧化物-半导体专用化学品（Metal-Oxide-Semiconductor-Selectipur）的质量指标。按照该质量生产的化学试剂，称之为MOS试剂。20世纪80年代，MOS试剂广泛应用于IC电路的生产，是当时质量规格最高的高纯化学试剂。随着IC电路制造技术的快速发展，MOS试剂早已不能满足各种高集成度IC电路的使用要求，市场上出现了具有更高纯度、更低颗粒物含量的超净高纯化学试剂。

高纯化学试剂的生产技术难度远高于普通化学品，其核心生产技术在国际上长期处于高度保密阶段，整个行业被少数具有生产资质的企业高度垄断。不仅是生产方法和关键提纯技术，而且产品的质量指标体系和检测方法等内容都少有公开报道。相关企业为保密甚至不进行专利申请，后来者很难轻易获得有价值的技术文献。我国的高纯化学试剂制造技术起步晚，在这种情况下，必须依靠自主创新，建立完整的自主知识产权体系。

不同类型的杂质对IC芯片造成的危害不同。例如，溶入氧化膜的碱金属杂质能够导致耐绝缘电压下降；附着在硅晶片表面上的重金属杂质会使P/N结耐电压击穿强度降低；杂质分子或离子的附着可能造成IC电路腐蚀或漏电，等等。因此，在高纯化学试剂研发中，技术层面的关键是如何达到相关标准或供需合同中对于离子和微粒物的超低含量要求。对IC电路影响最严重的杂质主要包括8种类型（见表7.8）。

表7.8 危害IC电路的8类杂质

8类杂质	杂质的危害
Au、Pt、Fe、Ni、Cu	降低IC器件可靠性，导致击穿强度降低，形成缺陷
碱金属（尤其Na、K）	引起电子器件漏电流增大，降低击穿强度
非金属离子F^-、Cl^-	对化学气相沉淀（CVD）工艺及表面钝化工艺造成明显影响，增加外延片层谱

续表

8 类杂质	杂质的危害
P、As、Sb、B、Al 等 Ⅱ～Ⅴ 族元素	属于浅能级杂质，具有扩散作用，可增加电子和空穴数量，导致硅片 N/P 结反转
固体颗粒：尘埃、金属氧化物晶体、水管、离子交换树脂碎片、各种过滤膜的纤维、细菌和微生物的尸体等	在光刻图形中形成缺陷，形成的氧化物层平整度降低，降低光刻制图质量，影响等离子刻蚀工艺等
细菌	细菌可引入颗粒，导致污染及缺陷；细菌分解可产生有机酸分子，降低超纯水的电阻率
硅酸根	溶液中的硅酸根会导致磷硅玻璃起雾，影响阈值电压
总有机碳（TOC）	TOC 影响栅极氧化，降低击穿电压，造成水雾，氧化层粗糙

在这些杂质中，金属杂质和固体微粒对集成电路的危害影响最为严重。IC 电路制造技术的设计规范尺寸进入亚微米、深亚微米时代后，杂质对产品的影响越来越大，对与之配套使用的高纯化学试剂提出了更高的要求，固体颗粒和杂质含量的标准需要减少 1～3 个数量级。对此，美国半导体工业协会（SIA）提出了高纯化学试剂中颗粒及杂质与 IC 电路制造水平的关系（见表 7.9）。

表 7.9 高纯化学试剂与 IC 电路制造技术水平的关系

年份/年	1986	1989	1992	1995	1998	2001	2004	2007	2010
IC 集成度	1M	4M	16M	64M	256M	1G	4G	16G	64G
技术水平/μm	1.2	0.8	0.5	0.35	0.25	0.18	0.13	0.10	0.07
金属杂质（$\times 10^{-9}$）	<10		<1			<0.1			—
控制粒径/μm	>0.5			>0.5			>0.2		
颗粒 个/mL	<25			<5			—		
相应试剂级别	BV-Ⅲ			BV-Ⅳ			BV-Ⅴ		
SEMI 标准	C7			C8			C12		—
可能采用的光刻技术	g 线		g 线 i 线 KrF		i 线 KrF	KrF	KrF+ RET ArF	ArF+ RET F_2 PXL IPL	F_2+RET EPL EUV IPL EBOW
备注	(1) g 线：436nm 光刻技术　　(2) i 线：365nm 光刻技术 (3) KrF：248nm 光刻技术　　(4) ArF：193nm 光刻技术 (5) F_2：157nm 光刻技术　　(6) RET：光网增强技术 (7) IPL：电子投影技术　　(8) PXL：近 X 射线技术 (9) IPL：离子投影技术　　(10) EUV：极紫外光刻技术 (11) EBOW：电子束直写技术								

国际上从事超净高纯电子化学试剂研制及生产的公司主要包括德国的 E. Merck 公司，美国的 Ashland 公司、Olin 公司、Arch 公司、Mallinckradt Baker 公司，英国的 B. D. H. 公司，日本的 Wako、Summitomo 公司等，这些公司的产能总和占全球总产能的 80%左右。

与传统产品相比，高纯化学试剂的生产、管理、质量保证和技术服务体系都发生了很大的变化。自 20 世纪 90 年代初以来，各大电子化工企业积极推广化学商务服务体系（CMS），即化学品供应商应在 IC 电路生产现场进行协助，研究 IC 电路生产工艺与高纯化学试剂之间的协作关系，协调和解决与 IC 电路生产相关的高纯化学试剂的应用技术问题，使 IC 电路制造商和高纯化学试剂供应商能够形成一种新型的、更为紧密的服务关系。在高纯化学试剂产业化过程中，需要解决以下几个问题。

① 净化工艺应连续高效，以满足规模化生产的要求。
② 净化设备材料应具有高纯度和耐腐蚀性，不会对产品造成二次污染。
③ 质量控制应采用分析测试领域的最新成果。
④ 它需要极高的支撑条件，能为生产、分装、试验研究提供终端水站和纯净条件。
⑤ 包装容器的设计、加工和包装材料应满足不同工艺的要求。较大规模的生产厂宜采用管道输送高纯化学试剂。

2. 高纯化学试剂的分类

根据国家制定的《化学试剂分类指南》（1999 年），高纯化学试剂被归类为 K0102。目前，集成电路细微加工用高纯化学试剂已经超过 30 种，常用 10 多种。表 7.10 是 IC 电路细微加工用的高纯化学试剂的分类。

表 7.10　集成电路细微加工用高纯化学试剂

大　类	小　类	品　名
酸类	—	H_2SO_4、HF、HNO_3、HCl、H_3PO_4、醋酸、混酸
碱类	—	NH_4OH
溶剂类	醇类	甲醇、乙醇、异丙醇
	酮类	丙酮、丁酮、甲基异丁基酮
	酯类	乙酸甲酯、乙酸乙酯、乙酸丁酯等
	烷类	甲苯、二甲苯、环己烷
	氯系	三氯乙烯、1,1,1-三氯乙烷、$CHCl_3$、CCl_4
其他	—	H_2O_2、NH_4Cl

随着世界范围内高纯化学试剂市场的不断扩大，从事高纯化学试剂研究与生产的厂家和机构也越来越多，生产规模不断扩大。不同细微加工过程所需的高纯

化学试剂的质量不同,高纯化学试剂的质量规格和相应的检测标准也随着微电子技术的发展而逐渐系统化。国际半导体设备与材料组织(SEMI)在 1975 年成立了 SEMI 化学试剂标准委员会,制定了高纯化学试剂的国际标准,主要包括 4 个等级:①SEMI-C1 标准(适用于大于 1.2μm 集成电路工艺制造);②SEMI-C7 标准(适用于 0.8～1.2μm 集成电路工艺制造);③SEMI-C8 标准(适用于 0.2～0.6μm 集成电路工艺制造);④SEMI-C12 标准(适用于 0.09～0.2μm 集成电路工艺制造)。表 7.11 是 SEMI 国际标准和国内标准规定的高纯化学试剂的主要规格指标[35]。

在产品标准方面,SEMI 标准化组织已制定了工艺化学品的国际标准,共有 44 个标准、31 个导则,其中 SEMI C1 有 27 个标准,SEMI C7 有 11 个标准、13 个导则,SEMI C8 有 2 个标准、8 个导则,SEMI C12 有 4 个导则。另外,还有 SEMI C2、SEMI C11 等系列标准及导则。国内从 MOS 级到 BV III 级工艺化学品分别有约 20 个标准,其中常用的大概 14 个。

表 7.11 SEMI 国际标准和国内标准规定的高纯化学试剂主要规格指标

标准	级别	尘埃颗粒含量	各种金属杂质含量	适用于半导体 IC
国际标准	SEMI C1	≥1.0μm 颗粒,≤25 个/mL	≤100×10^{-9}	≥1.2μm
	SEMI C7	≥0.5μm 颗粒,≤25 个/mL	≤10×10^{-9}	0.8～1.2μm
	SEMI C8	≥0.5μm 颗粒,≤5 个/mL	≤1×10^{-9}	0.2～0.6μm
	SEMI C12	≥0.2μm 颗粒,TBD	≤100×10^{-12}	0.09～0.2μm
国内标准	MOS	≥5μm 颗粒,≤27 个/mL	≤100×10^{-6}	≥5μm
	BV I	≥3μm 颗粒,≤3 个/mL	(1～n)×10^{-8}	≥3μm
	BV II	≥2μm 颗粒,≤2 个/mL	(1～n)×10^{-8}	>2μm
	BV III	≥0.5μm 颗粒,≤25 个/mL	≤10×10^{-9}	0.8～1.2μm
	BV IV	≥0.5μm 颗粒,≤5 个/mL	≤1×10^{-9}	0.2～0.6μm
	BV V	≥0.2μm 颗粒,TBD	≤100×10^{-12}	0.09～0.2μm

在杂质分析测试方面,SEMI C1 标准中测试的金属杂质项目为 20 项左右。国内 MOS 试剂测试的金属杂质项目约为 20 种,BV III 级试剂测试的金属杂质项目与 SEMI C7 相同。表 7.12 是硫酸规格的对比。

表 7.12 硫酸 SEMI 标准与 BV-III 级标准规格比较

项 目	SEMI C7	SEMI C8	BV III
含量(H_2SO_4)(%)	95.0～97.0	98.8	96
≥0.5μm 颗粒/(个/mL)	≤25	≤5	≤25
色度/黑曾	≤10	≤10	≤10

续表

项　目		SEMI C7	SEMI C8	BV III
杂质 /(mg/kg)	氯化物（Cl）	≤100	≤50	≤100
	硝酸盐（NO₃）	≤200	≤100	≤200
	磷酸盐（PO₄）	≤500	≤100	≤500
	铝（Al）	≤10	≤1	≤10
	锑（Sb）	≤5	≤1	≤5
	砷（As）	≤10	≤1	≤10
	钡（Ba）	≤10	≤1	≤10
	铍（Be）	≤10	≤1	≤10
	铋（Bi）	≤10	≤1	≤10
	硼（B）	≤20	≤1	≤30
	镉（Cd）	≤10	≤1	≤10
	钙（Ca）	≤10	≤1	≤10
	铬（Cr）	≤10	≤1	≤10
	钴（Co）	≤5	≤1	≤5
	铜（Cu）	≤10	≤1	≤10
	镓（Ga）	≤10	≤1	≤10
	锗（Ge）	≤10	≤1	≤10
	金（Au）	≤5	≤1	≤5
	铁（Fe）	≤10	≤1	≤10
	铅（Pb）	≤10	≤1	≤10
	锂（Li）	≤10	≤1	≤10
	镁（Mg）	≤10	≤1	≤10
	锰（Mn）	≤10	≤1	≤10
	钼（Mo）	≤10	≤1	≤10
	镍（Ni）	≤10	≤1	≤10
	铌（Nb）	≤10	≤1	—
	钾（K）	≤10	≤1	≤10
	银（Ag）	≤10	≤1	≤10
	钠（Na）	≤10	≤1	≤20
	锶（Sr）	≤10	≤1	≤10
	钽（Ta）	≤10	≤1	—
	铊（Tl）	≤10	≤1	≤10
	锡（Sn）	≤10	≤1	≤10
	钛（Ti）	≤10	≤1	≤10
	钒（V）	≤10	≤1	≤10
	锌（Zn）	≤10	≤1	≤10
	锆（Zr）	≤10	≤1	≤10

7.2.2 高纯化学试剂的应用

1. 晶片清洗

为了获得高质量、高产量的 IC 电路芯片，必须通过晶片清洗去除各类沾污物。根据机理不同，晶片清洗主要分为湿法清洗和干法清洗。表 7.13 是有关沾污类型、来源和常用清洗剂。

表 7.13 沾污类型、来源及常用清洗剂

沾污类型	可 能 来 源	清洗用化学品
颗粒	超净间空气、仪器设备表面、工艺用气体、高纯化学试剂、超纯去离子水等	NH_4OH、H_2O_2、H_2O、胆碱、H_2O_2、H_2O
金属	设备工艺化学品、离子注入、灰化、反应离子刻蚀	HCl、H_2O_2、H_2O、H_2SO_4、H_2O、HF、H_2O
有机物	超净间空气、光刻胶的残渣残液、储存用容器、高纯化学试剂等	H_2O_2、H_2SO_4、NH_4OH、H_2O_2、H_2O
自然氧化物	超净间湿度、去离子水冲洗	HF、H_2O、NH_4F、HF、H_2O

2. 湿法清洗

如果清洗过程是在液体中进行的，则清洗媒介是液体，相应的清洗技术被称为湿法清洗技术。1965 年首创的 RCA 标准清洗法是一种典型的湿式化学清洗法，至今仍在芯片生产中被广泛应用。图 7.47 是 RCA 清洗流程的主要步骤及作用。常用的清洗剂包括稀释的 HF，F 基的水溶液（如 FKC640TM）、水/溶剂混合液（如 EKC525TMCu）等。

湿法清洗方法包括物理清洗和化学清洗。物理清洗主要是利用超纯水等清洗剂的物理冲刷作用来清除污染物；化学清洗则需要清洗剂与不易溶的残留物发生化学反应，形成易挥发或易溶解的产物，再经过物理冲洗去除污染。下面分别介绍湿法清洗中的常见工艺和相关的化学反应。

（1）超纯水清洗。超纯水是最纯、最廉价的清洗剂，高纯化学试剂产业化发展离不开超纯水技术，超纯水不仅直接应用于高纯化学试剂的生产，还用于包装容器的超净清洗。随着处理技术的进步，相应厂家已可将水提纯至接近理论纯水。控制水最重要的指标是电阻率，不同温度下理论纯水的电阻率如表 7.14 所示。超纯水可以配合加热设备使用以提升其清洗效率。例如，在亚微米级别的生产线上配置超纯水加热器，用热的超纯水冲洗芯片，可快速去除黏性化学残留物和颗粒，又能减少 70% 超纯水的消耗，节省时间和成本。

表 7.14 理论纯水在不同温度下的电阻率

理论纯水/℃	0	18	25	30	50	75
电阻率/($m\Omega \cdot cm$)	84.2	26.6	18.25	14.1	5.98	2.56

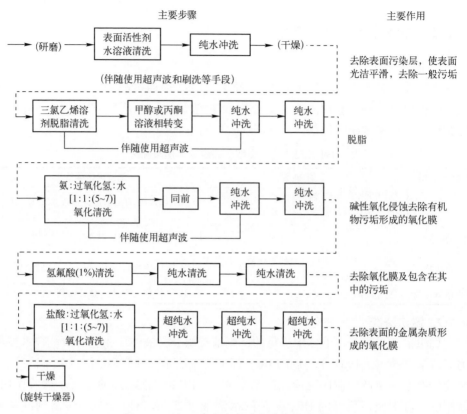

图 7.47 RCA 清洗流程的主要步骤及作用

（2）SC-1 过程。SC-1（Standard Clean-1）过程也被称作 RCA-1 过程、APM（Ammonia-Peroxide Mixture）清洗技术，以过氧化氢、氢氧化铵和去离子水的混合物为清洗剂，由 RCA 公司在 20 世纪 60 年代中期开发。SC-1 过程的使用温度为 70~80℃，能够有效地去除金属杂质和颗粒物。此清洗技术的作用机理是：过氧化氢能够在晶片表面形成一层亲水性的自然氧化膜（SiO_2），而氨水中氢氧根离子具有刻蚀功能，可以使附着在硅片表面的颗粒物落入清洗液中，在氢氧根离子去除颗粒物的同时，过氧化氢又能够在氧化硅表面形成新的氧化物薄膜，对晶片表面进行保护。

（3）SC-2 过程。SC-2（Standard Clean-2）过程也被称作 RCA-2 过程、HPM（Hydrochloric-Peroxide Mixture）清洗技术，以 H_2O_2、HCl 和去离子水的混合物为清洗剂。HCl 能够和重金属离子形成可溶性的盐酸盐，避免金属氢氧化物的形成。与 SC-1 不同，SC-2 在室温下即可进行。

（4）DHF（HF 稀溶液）和 BHF（HF 缓冲溶液）的二氧化硅刻蚀。DHF 和 BHF 都是以 HF 稀溶液为主的清洗剂。HF 稀溶液作为刻蚀剂能够去除硅片表面的自然氧化膜（SiO_2），附着在自然氧化膜上的金属即被溶解到清洗液中。DHF清洗剂仅由HF稀溶液组成，在刻蚀除去杂质的同时还可以避免氧化膜的再次形成。BHF清洗技术又被称作BOE（Buffered Oxide Etch）技术，所用的刻蚀剂是在HF稀溶液中加入NH_4F作为缓冲剂的混合物，两者混合使得对自然氧化膜的刻蚀过程更加平稳，同时也可以防止刻蚀过程中HF对光致抗蚀膜的腐蚀。

（5）HF/硝酸清洗过程。HF溶液和硝酸的混合物也可以用于晶片的刻蚀和清洗，可以加入乙酸配合使用。此过程的反应机理主要为硝酸的自分解、硅氧化及二氧化硅在氢氟酸中的溶解。

（6）Piranha清洗过程。Piranha清洗过程也被称为SPM（Sulfuric-Peroxide Mixture）清洗技术，使用的清洗剂是硫酸和过氧化氢的混合物，主要作用是除去有机污染物。此清洗剂通常在大于100℃的高温下使用，硫酸在此温度下能够和绝大多数有机物分子反应，形成可溶解或可挥发的产物，从而去除有机污染物。

（7）臭氧水清洗过程。通过Piranha过程去除有机杂质时需要较高的温度，当需要常温下清洗或有严格酸排放的限制时，可以使用臭氧水取代。合适浓度的臭氧水不仅可以有效去除有机杂质，还可以在晶片表面形成厚度大约为1nm的表面氧化膜，给晶片提供保护。

3. 湿法刻蚀

刻蚀所用的反应溶液与被刻蚀表面分子发生化学反应，生成气体或可溶性产物，以除去固体物质的过程被称为湿法刻蚀。刻蚀可以发生在完整的晶体表面，若晶片表面有掩模板的保护，刻蚀也可以局部进行。同一种刻蚀液对不同薄膜材料的刻蚀速度不同，不同化学组分的刻蚀液对同一种薄膜材料的刻蚀速度也不同，通过控制刻蚀液的成分，可以对特定的薄膜材料进行有选择的刻蚀。湿法刻蚀是通过化学反应实现的，所涉及的化学反应通常是放热反应，刻蚀过程中可能会出现局部区域温度过高的情况；部分刻蚀反应还有气体产生，气泡可能造成薄膜和刻蚀液的隔绝，导致局部反应停止。因此，湿法刻蚀一般采用搅拌或喷淋的方式进行。

表7.15列出了一些常用硅系材料的湿法刻蚀剂，主要为氢氟酸与硝酸的水溶液，或者氢氧化钾醇水混合溶液等。

表7.15 常用硅系材料的湿法刻蚀剂

刻蚀剂	刻蚀材料	刻蚀剂组成
CP-4A	Si	HF、HNO_3、CH_3COOH 质量比=3:5:3
Planar-刻蚀剂	Si	HF、HNO_3、CH_3COOH 质量比=3:5:3
White-刻蚀剂	Si	HF、HNO_3 质量比=1:3
Poly-刻蚀剂	多晶硅	HF、HNO_3、H_2O 质量比=3:50:20

续表

刻 蚀 剂	刻蚀材料	刻蚀剂组成
Alcohol-KOH 刻蚀剂	Si	50g KOH, 200g 正丙醇, 800g H_2O
R-刻蚀剂	BSG	1mL HF, 100mL HNO_3, 100mL H_2O
S-刻蚀剂	BSG	4.4mL HF, 100mL HNO_3, 100mL H_2O
P-刻蚀剂	PSG	28mL HF, 170mL H_2O, 113g NH_4F

(1) 图形化二氧化硅 (SiO_2) 膜的刻蚀。SiO_2 的湿法刻蚀可以采用氢氟酸 (HF) 作为腐蚀剂，对于图形化 SiO_2 膜，为保护光刻掩模和掩模下的绝缘层，必须采用缓冲氢氟酸 (BHF) 进行刻蚀。BHF 溶液中以氟化铵溶液为缓冲剂，pH 值一般需调节为 3~5，溶液中存在氢氟酸络离子，反应能力较好，可以提高刻蚀速度。

(2) 氮化硅膜 (Si_3N_4) 的刻蚀。Si_3N_4 薄膜可在氢氟酸或磷酸中刻蚀。该反应可以在室温下进行，但为了提高刻蚀效率，工业上通常将磷酸加热至 130~150℃进行刻蚀。磷酸对 Si_3N_4 的刻蚀速率大于对 SiO_2 的刻蚀速率。

(3) 半导体膜 (Si) 的刻蚀。为了破坏 Si 表面原子间的共价键，通常使用强氧化剂对硅表面进行氧化，然后利用氢氟酸与 SiO_2 反应，达到刻蚀硅的目的。最常用的是强氧化剂硝酸与氢氟酸和水（或乙酸）的混合液。硝酸本身容易发生分解，若硝酸浓度过低，将会严重影响刻蚀速度。在硝酸与氢氟酸的混合溶液中加入乙酸可以有效抑制硝酸的分解，维持硝酸的浓度。

除 $HF-HNO_3$ 混合刻蚀液外，还可以使用 KOH 水溶液与异丙醇 (IPA) 的混合液。刻蚀的化学反应方程式为：

$$Si+2KOH+H_2O \longrightarrow K_2SiO_3+2H_2$$

由于刻蚀速率对晶体取向有依赖关系，利用这种刻蚀方法可以制备亚微米级器件，主要用于制造微机械元件。

多晶硅的湿法刻蚀与 Si 的湿法腐蚀的化学反应式基本相同。一般而言，多晶硅湿法刻蚀的刻蚀速率更快。

(4) 导体膜的刻蚀。在 IC 电路制造过程中，通常采用 Al、Cu、Al-Si 合金等金属导线。通过湿法刻蚀形成光刻图形的金属膜需要采用磷酸-硝酸-醋酸混合刻蚀液进行刻蚀。金属 Al 被氧化为 Al_2O_3，然后与磷酸反应生成可溶性铝化合物。

Cu 的湿法刻蚀通常使用硝酸-硫酸混合刻蚀液。在少量亚硝酸存在的条件下，Cu 可以与硝酸进行反应，硫酸的加入可以促进硝酸中的亚硝酸的生成，影响和控制 Cu 的湿法刻蚀的特性。主要化学反应式为：

$$3Cu+8HNO_3 \longrightarrow 3Cu(NO_3)_2+2NO+4H_2O$$
$$3Cu(NO_3)_2+3H_2SO_4 \longrightarrow 3CuSO_4+6HNO_3$$

在金属铜刻蚀液中加入某些聚合物，如聚丙烯酰胺及其衍生物等，刻蚀过程中聚合物可在 Cu 表面上形成很薄的吸附层，可有效阻止亚硝酸在金属铜表面的扩散，放置刻蚀过程的各向同性。

（5）聚合物材料的刻蚀。主要是光刻胶的主体树脂在显影过程中的溶解，及完成图形转移后的去胶等。正胶显影液通常为质量分数为 2.38% 的四甲基氢氧化铵水溶液，去胶液为加热的过氧化氢-硫酸溶液。

7.2.3　高纯化学试剂的纯化技术

生产超高纯化学试剂的关键因素是如何精确控制金属杂质含量和颗粒物数量达到特定的使用要求。通常采用的超净高纯化学试剂的提纯方法，主要包括间歇精馏、连续精馏、盐熔精馏、共沸精馏、减压蒸馏、气体低温精馏与吸收、化学吸附、气体吸收、离子交换、膜分离及升华等。有些提纯技术适合制备小批量产品，而有些技术则可用于大规模生产。

1. 蒸馏与精馏

蒸馏与精馏适于纯化液态高纯化学试剂。精馏过程利用有机混合物中各组分的沸点不同，在加热过程中，低沸点的组分首先气化，然后冷凝，使其脱离体系而获得分离，常用板式精馏塔和填料精馏塔进行精馏。在精馏塔中，气液两相逆流接触，液相中易挥发组分首先进入气相，而气相中难挥发组分则首先转入液相。通过多级分馏，在塔顶可得到高纯度的较易挥发组分，塔底则得到较难挥发的组分。

待分离的混合物料液从塔的中部加入。在进料口以上的塔段，上升蒸气中易挥发组分不断增浓，称为精馏段；在进料口以下的塔段，从下降液体中提取出易挥发的组分，称为提馏段。从塔顶引出的蒸气经冷凝后，一部分冷凝液作为回流液从塔顶返回精馏塔，其余馏出液则为塔顶产品。在塔底，引出的液体经再沸器部分气化，蒸气沿塔上升，其余的液体则为塔底产品。精馏可以分为连续精馏和间歇精馏。

间歇精馏又称分批精馏，利用此工艺生产某种产品时，通过改变塔的操作参数（如回流比、温度等），达到获得所需馏分的目的。间歇精馏实际上是一种不稳定操作，可以采用一组塔系来分出多个馏分。

连续精馏则是稳定的连续操作过程，在塔中某一塔板上连续进料，在塔顶连续得到合格的产品。这种工艺操作稳定，效率高，硫酸、盐酸、氢氟酸和硝酸等都可以采用这种工艺进行实际生产。

萃取精馏、恒沸精馏和加盐精馏等特殊精馏工艺也广泛应用于实际生产过程中。如果伴有化学反应，则称为反应精馏。反应精馏具有较高的选择性，可提高可逆反应的收率，缩短反应时间，提高生产能力，能耗低，仅适用于反应过程和反应组分的精馏分离。

2. 亚沸蒸馏

液体在沸腾时会产生大量的蒸气雾粒,而每个雾粒包含几百个至几百万个不等的水分子,金属离子或其他固体杂质微粒也可能夹杂其中,影响提纯效果。亚沸蒸馏的特点在于将被提纯的液体加热到沸点以下 10~20℃,此时不会产生大量的蒸气雾粒,气相基本以分子状态达到液相平衡。亚沸蒸馏在国外生产厂家应用广泛,在我国也有厂家对高纯试剂进行研制及生产。

亚沸蒸馏装置一般由高纯石英材料制成(氢氟酸装置用四氟乙烯制造),其结构特点为加热器不直接加热液体,主要依靠辐射加热液面表面。在液体蒸发过程中,液体始终不沸腾。与经典蒸馏法相比,亚沸蒸馏的产品纯度高,可将普通蒸馏水和无机酸中的杂质含量降低到 10^{-9} 级。亚沸蒸馏法可以用来纯化氢氟酸、盐酸及硝酸等挥发性酸类产品,广泛应用于半导体材料、高纯物质和光线材料和微量化学分析中。

3. 等温蒸馏

将盛有挥发性液体的容器和装有高纯水的容器放置在同一个密闭空间中,挥发性的酸、碱性气体在静态下缓慢逸出,扩散进超纯水中,直至蒸气压达到平衡为止,通常需要数天时间才能完成。等温蒸馏制备的高纯度试剂的杂质含量可降至 10^{-9} 级以下,但因为成本高、速度慢、效率低,这种方法并不适合大规模生产过程。

4. 减压蒸馏

对于在常压蒸馏时未达沸点即已受热分解、氧化或聚合有机物,可采用减压蒸馏进行纯化。对于沸点高的有机试剂和熔点低的有机固体物质,也可以采用减压蒸馏和减压分馏进行分离提纯;对于过氧化氢,不能采用常压蒸馏,必须使用减压蒸馏以降低其沸点,才能减缓其分解过程。

5. 分子蒸馏

利用有机混合物各组分分子运动平均自由程存在的差异进行分离,称为分子蒸馏,其特征是蒸发面与冷凝面之间的距离小于被分离物料分子的平均自由程,适用于浓缩或纯化高分子量、高沸点、高黏度的物质及热稳定性差的有机化合物。

6. 离子交换树脂

这是一种具有与液体中离子进行交换功能的高分子树脂。通过离子交换树脂的交换、吸附、络合作用,可实现有机混合物的分离、提纯、富集。当带有少量(小于 1.0×10^{-4})离子杂质的溶剂通过阴、阳离子树脂交换柱时,杂质离子可以被交换成氢离子和氢氧根离子。纯化后杂质离子含量可降低至 10^{-12} 量级。

7. 气体吸收

将反应产生的气体通过气体洗涤装置进行纯化,然后用水吸收或反应吸收方式可制成高纯化学试剂。例如,将氨气通入氢氟酸中利用文丘里技术(Ventures Technology)制备氟化铵。

7.2.4 高纯化学试剂的分析测试技术

IC 电路生产企业对供应商提供的高纯化学试剂要求十分严格,一旦在生产线上稳定使用不会轻易更换。所有高纯化学试剂产品必须通过行业内公认的国际检测机构进行连续 3 次以上的检测,检测项目必须全部达标。检测机构按照严格程序标准在生产现场自行取样。目前国内虽有自己的标准体系,但行业内对高纯化学试剂质量的分析检测数据仍以德国、日本等权威公司的检测结果为准。

对于生产厂家而言,分析测试技术不仅是保证产品质量的重要手段,同时也可以反过来指导工艺研究。近年来,高纯化学试剂产品的分析测试技术不断提高,主要测试内容主要包括颗粒物测试、金属杂质含量测试、非金属杂质即阴离子的测试等。

1. 颗粒物含量测试

随着 IC 电路特征尺寸逐渐缩小至亚微米级、深亚微米级,对高纯化学试剂中的颗粒物含量分析要求越来越严格,分析方法从早期传统的显微镜法、库尔特法、光阻挡法等发展到目前的激光散射法。

激光散射法包括时域平均光散射法和动态光散射法(光子相关光谱技术 PCS)两种。时域平均光散射法用于测量散射光强及其空间分布,基本理论是计算颗粒散射的 Lorenz-Mie 理论。当颗粒粒径 d 远远大于光波波长 λ 时,可近似为 Fraunhofer 衍射理论,求解变得十分简单。采用普通 He-Ne 激光器(λ = 0.6328μm),衍射测量只适于 3μm 以上的相对大尺寸的颗粒。

动态光散射法(PCS)测量散射光强随时间的波动情况,是目前亚微米级颗粒粒度分析的常用技术。其主要原理是当激光照射到样品颗粒时会产生光散射,散射光强由于微粒的布朗运动产生波动,在短时间内收集该散射光强的信号,可以确定颗粒粒度及其分布情况。

2. 金属杂质(痕量元素)含量的分析测试

随着高纯化学试剂产品质量的不断提高,痕量元素的含量越来越低。常用的痕量元素分析测试方法主要包括发射光谱法、火焰发射光谱法、等离子体发射光谱法(ICP)、原子吸收分光光度法、石墨炉原子吸收光谱法、电感耦合等离子体-质谱(ICP-MS)法等。下面简单介绍其中两种常用分析方法。

1)等离子体发射光谱法(ICP-AES)

这是一种常规的分析方法,已广泛应用于液体、固体成分的检测。在一定条件下,可同时测量有机或无机溶液中的 30 多种金属杂质和非金属杂质,可大幅降低检测成本。

等离子体是指在高电压下电离的但在宏观上呈电中性的气体，其物理性质（可压缩性，气体分压正比于绝对温度等）与普通气体相同；而电磁学性质却与普通中性气体相差甚远。被测样品溶液经雾化后，以气溶胶的形式喷入等离子体火焰炬中，形成一个较暗的中心通道。由于高频感应电流的趋肤效应，中心通道的温度低于外围温度，不易发生自吸现象，使检测分析的范围加宽，可达5个数量级，大幅简化了分析流程。

2）电感耦合等离子体-质谱法（ICP-MS）

具有灵敏度高、线性范围大、精密度高、微量进样、多元素和同位素迅速分析等特点，在20世纪80年代以后才获得实际应用，目前已经成为高纯化学试剂的重要分析手段。

ICP-MS以高电离效率的ICP作为质谱离子源，被检测样品由载气（氩气）带入雾化器系统，雾化成气溶胶的形式，进入等离子体通道后在惰性气氛中高温发生原子化和离子化反应，产生的离子进入真空系统，经过离子镜聚焦后，由四级杆质谱计依据质荷比进行分离。采用电子倍增管对经过质谱计的离子进行计数，产生的信号由计算机进行处理后，根据质谱峰的位置及各种元素的浓度与计数强度的关系进行定性和定量分析。

7.2.5 高纯化学试剂制备技术

高纯化学试剂产品的品种多，制备工艺路线、生产设备及对材质的要求各异。下面以硫酸、过氧化氢、氢氟酸、盐酸等为代表简要介绍高纯化学试剂的制备工艺方法。

1. 硫酸

硫酸（Sulphuric Acid，H_2SO_4）的相对分子量为98.08，为无色透明黏稠状液体，能与水和乙醇混溶，具有极强的吸水性、脱水性和氧化性。超纯硫酸在半导体工业中消耗量位居第3，主要用于硅晶片的清洗、光刻、腐蚀以及印制电路板的腐蚀和电镀清洗等。

目前，超纯硫酸主要采用两种方法进行生产。①工业硫酸精馏法。通过外加强氧化剂将硫酸中的低价态硫和有机物氧化成硫酸；该方法需要抗腐蚀性的生产设备，只适用于小规模制备，无法大规模生产。②超纯水或超纯硫酸直接吸收洁净三氧化硫（SO_3）气体法。该方法适于大规模生产，但对设备抗腐蚀性要求也很高，设备投资大。

精馏法一般采用工业硫酸为原料，工业硫酸中含有大量的金属离子杂质和硫酸、亚硫酸、有机物等还原性杂质，其中金属离子杂质一般以硫酸盐的形式存在，可通过精馏法将其除掉；硫黄、亚硫酸和有机物等则可以通过添加强氧化剂（如高锰酸钾、重铬酸钾等），将其氧化成硫酸或二氧化碳气体，从精馏塔塔顶直接排出，达到纯化目的。工业硫酸经过高效精馏后往往还需要通过超净过滤，以达到成品的颗粒要求。

2. 过氧化氢

过氧化氢（Hydrogen Peroxide，H_2O_2）俗称双氧水，分子量为34.02，是一种无色透明液体，其水溶液呈弱碱性。超净高纯过氧化氢作为清洗、腐蚀剂，可与浓硫酸、硝酸、氢氟酸、氢氧化铵等配制使用，广泛应用于电子行业。

工业级或食品级过氧化氢水溶液主要通过蒽醌法生产技术制得，经纯化后可制得电子级过氧化氢水溶液，这是目前电子级过氧化氢水溶液的主要来源。过氧化氢在生产过程中需加入稳定剂，物料传送和产品运输多采用金属设备，使产品中含有较多的有机、无机和颗粒物等杂质。有机物主要包括芳烃、辛醇、磷酸三辛酯、蒽醌化合物和酚类化合物等（见表7.16）；无机杂质主要包括各种金属阳离子、无机酸根阴离子等；不挥发物组分包括羧酸、芳环、醌类及有机磷酸酯等。电子级过氧化氢的纯化方法主要包括精馏、吸附、离子交换、萃取、结晶、膜分离等以及以上单元操作的多元集成。

表7.16 工业过氧化氢水溶液中的主要有机杂质

杂 质	$\rho/(mg \cdot L^{-1})$	$m(杂质):m(总有机杂质)(\%)$
蒽醌化合物	8.44	4.2
磷酸三辛酯	0.62	0.3
芳烃	31	15.6
辛醇	12	6.0
酚类化合物	147	73.9

过氧化氢成品的浓度一般要求在30%以上。在生产过程中，过氧化氢浓度受原料浓度、蒸发速度、冷凝效果、系统真空度等多种因素影响，可在一定范围内波动。成品浓度一般采用现场抽样测定相对密度作为中控的手段，根据所测的结果，通过控制操作条件，使过氧化氢浓度稳定且超过30%。

3. 氟化氢

氟化氢（Hydrofluoric Acid，HF）相对分子质量为20.01，为无色透明液体，在空气中发烟，有刺激性气味，呈强酸性，对金属、玻璃有强烈的腐蚀性，剧毒。超净高纯氢氟酸作为清洗、腐蚀剂，可与硝酸、冰醋酸、过氧化氢及氢氧化铵等配制使用，广泛应用于电子行业。

无水氢氟酸中常含有Si、P、N、S、As、碱金属及其他金属元素等形成的离子杂质。40%的氢氟酸沸点为110℃左右，所含大部分金属杂质一般以氟化物形式存在，沸点很高，可通过精馏分离出去。图7.48是制造超净高纯氢氟酸的精馏法工艺流程。砷等非金属元素难以通过简单的直接精馏方法脱除干净，降低砷元素含量是电子级氢氟酸产品的制备工艺关键技术。

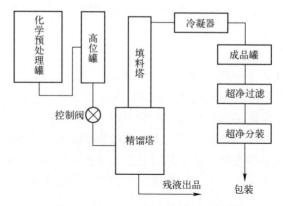

图 7.48　超净高纯氢氟酸的精馏法工艺流程

杂质砷在氢氟酸原料中一般以 As^{3+} 三价态形式存在，其中 AsF_3 与氢氟酸的沸点相差不大。通常，在氢氟酸精馏过程中加入适量氧化剂（如高锰酸盐等），将三价态的砷进行氧化后，再在精馏过程中完全除去。

4. 盐酸

盐酸（Hydrochloric Acid, HCl）的相对分子质量为 36.46，为无色透明液体，在空气中发烟，为强酸性，有刺激气味，能与水混溶。超净高纯盐酸作为酸性清洗、腐蚀剂，可与过氧化氢配置使用，广泛应用于电子行业。

目前，高纯盐酸的生产方法主要包括等温扩散法、间歇蒸馏法、亚沸蒸馏法 3 种，其中等温扩散法和亚沸蒸馏法由于产量较小，只在试验室制备超纯盐酸时使用。间歇精馏法目前仍有部分厂家使用，但效率、收率都不高，生产操作也较为烦琐。对于规模化生产来说，采用连续精馏工艺制备超纯盐酸具有优越性，具体工艺流程图如图 7.49 所示。与氢氟酸制备工艺类似，盐酸中的关键杂质也是砷，同样无法通过精馏直接除去，一般先加入高氧化性的添加剂将三价态砷氧化至五价态，降低其挥发度，然后通过蒸馏除去。

5. 硝酸

硝酸（Nitric Acid, HNO_3）相对分子质量为 63.01，为无色或淡黄色透明液体，在空气中发黄烟，与水可混溶，对有机物具有很强的氧化作用或硝化作用。超纯硝酸作为强酸性清洗、腐蚀剂，可与冰醋酸、过氧化氢配制使用，广泛应用于电子行业。

超纯硝酸通常由工业级硝酸通过纯化精制而成，纯化技术主要包括常压蒸馏法、减压蒸馏法、亚沸蒸馏法、精馏法、膜分离法等，连续精馏法能够实现规模

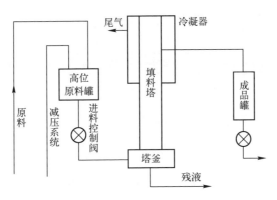

图 7.49 高纯盐酸的连续精馏工艺

化生产。高纯电子级硝酸也可采用将试剂级硝酸进行二次蒸馏的方法获得,但该方法具有一个明显的缺点,即试剂级硝酸本身就是一次蒸馏的产物,二次蒸馏必然使能耗更大,收率更低;另外,硝酸受热后会部分分解为带颜色的 NO_2 气体,必须采用高纯氮气对硝酸进行脱色,重复脱色还会造成 NO_2 的重复排放,造成大气、吸收塔内水的进一步污染。

6. 磷酸

磷酸(Phosphoric Acid, H_3PO_4)相对分子质量为 98.00,为无色透明黏稠状液体,有腐蚀性。超纯磷酸是电子行业常用的酸性腐蚀剂之一。

磷酸由于其自身化学性质的制约,受热时容易脱水生成多聚磷酸,而多聚磷酸不具有挥发性,不能采用蒸馏、精馏等方法进行纯化。另外,磷酸黏度较高,杂质颗粒的去除难度较大。因此,电子级磷酸被誉为"精细化工皇冠上的明珠"。SEMI C8 级以上品质的电子级超纯磷酸的生产技术被美、日、韩等国家垄断。普通纯度磷酸常用的纯化手段包括萃取法、离子交换法、重结晶法等,但这些方法都无法满足电子级磷酸的要求。微电子工业用超纯磷酸制备方法主要包括高纯五氧化二磷水合法、H_3P 分解法、磷酸三甲酯或磷酸三乙酯分解法和三氯氧磷水解法等。以三氯氧磷水解法为例,反应的方程式为:

$$PClO_3 + H_2O \longrightarrow H_3PO_4 + HCl$$

生产制备过程需要解决两个难题,其一是如何制备高纯的三氯氧磷,关键杂质为砷;其二是如何纯化磷酸,关键杂质为氯。由于三氯氧磷是易挥发的液体,高纯度三氯氧磷可以采用精馏工艺进行提纯,提纯过程中需要加入除砷剂。图 7.50 是具体的制备工艺路线。

7. 氢氧化铵水溶液

氢氧化铵水溶液(Ammonium Hydroxide, NH_4OH)俗称氨水,分子量为 35.06,为无色透明液体,具有氨的刺激性气味,呈碱性。超净高纯氢氧化铵作为碱性清

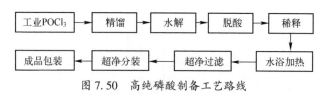

图 7.50　高纯磷酸制备工艺路线

洗、腐蚀剂，可与氢氟酸配制成氢氟酸缓冲溶液，广泛应用于电子工业。

由于氨是挥发性气体，又极易溶于水生成氢氧化铵，氢氧化铵制备一般采用气体吸收工艺，生产机理简单。首先，通过多级水洗净化氨，然后采用高纯水吸收即可。高纯水可以采用静态吸收也可以采用动态吸收，静态吸收不能连续化生产，而动态逆流连续化吸收可以提高生产效率，降低生产成本，因此实际规模化生产中一般采用气体洗涤、动态逆流吸收串联的工艺。为了制备符合超纯级颗粒要求的氢氧化铵，气体吸收之后还需要对溶液进行超净过滤。

在气体洗涤过程中，增加气液交换面积和时间是气体能否洗净的关键，一般采用多级洗涤、微泡洗涤等工艺，具体工艺流程如图 7.51 所示。

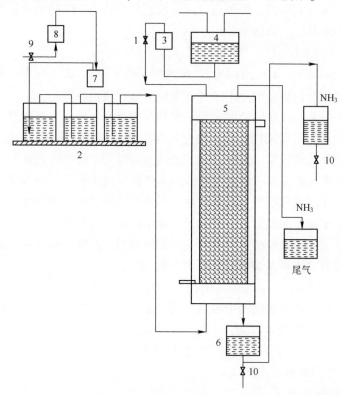

1—0.5μm 芯式滤桶；2—水洗桶；3—高纯水流量计；4—高位水罐；5—逆流吸收塔；
6—低位氨水桶；7—高位氨水桶；8—氨气流量计；9—不锈钢阀门；10—四氟阀门

图 7.51　氢氧化铵水溶液制备工艺流程

8. 无水乙醇

无水乙醇（Anhydrous Ethanol，CH_3CH_2OH）相对分子质量为 46.07，是无色透明易挥发性液体，易燃、易吸潮。能与水、乙醚及三氯甲烷等混溶。超纯高净无水乙醇作为脱水去污剂，可以配合去油剂使用，主要用于电子工业中芯片的清洗。

无水乙醇中常见的杂质主要有金属和颗粒物，分离方法分为化学法和物理法。化学法主要针对金属杂质，如 Ca、Fe、Co、Ni 等一些过渡性金属杂质，可以采用络合萃取的方法进行分离，常见杂质如 K、Na 等则可使用冠醚化合物进行分离。物理法即通过蒸馏、精馏等方法来分离杂质，更适合规模化生产，为使产品达到更高的颗粒标准，也可以采用超净过滤法与精馏法相结合的方法。

有机超纯高净化学试剂制备中的关键杂质包括 Na、K 等金属杂质，较难除去。对于设备材质也有很高的要求，否则设备中的 Na、K 等溶出会造成二次污染。

7.2.6 产品的包装、储存及运输

工艺化学品生产完成后，其包装材料的材质及包装技术、储存方式及运输方式等都会对其应用品质产生影响。

1. 产品的包装

要求产品在储存有效期内必须符合产品规格，杂质及颗粒不能明显增加，同时由于高纯化学试剂大多数属于易燃易爆、强腐蚀的危险品，包装后的产品还需保证在运输过程中的安全。

传统高纯化学试剂包装容器的容量主要为 500mL。随着高纯化学试剂用量的不断扩大，出现了 1 加仑（1 加仑=3.78541L）的包装，并逐步发展至当今的 200L 乃至吨级罐装的容量。目前，国内市场上共存的容器主要有 500mL、1 加仑、15L、20L、25L、100L、200L 等规格。大容量化的发展可有效防止产品的二次污染，而且罐装容器可重复使用，降低了包装成本和产品价格。

早期低级别的高纯化学试剂包装容器的材质一般以玻璃为主，现已逐步被耐腐蚀性的高分子材料淘汰，包括高密度聚乙烯（HDPE）、四氟乙烯和氟烷基乙烯基醚共聚物（PFA）、聚四氟乙烯（PTFE）等，其中最常用的是 HDPE，稳定性好，易于加工，强度适当，但不能用于硝酸、醋酸和浓硫酸的储存。对于使用周期较长的管线、储存罐、周转罐等，可在 HDPE 材料内侧加衬 PFA 或 PTFE 层。

2. 产品的储存及运输

如果高纯化学试剂生产厂家距离 IC 电路生产厂家较远，通常采用瓶装、桶

装和槽车罐装等方式进行储存和运输。对于大包装容器，为了减少在使用点的二次污染，使用点需配置超净过滤装置，在使用前进行超净过滤。

目前，除了较为低阶的4in或5in生产线，基本都不会由人工手动将高纯化学试剂加入生产线，而是使用中央自动供应系统，通过建设过程中提前铺设好的管道将化学品输送到使用点上，这样大大减少了包装、储存及运输过程中繁杂的环节，避免了二次污染。

参 考 文 献

[1] 韦亚一. 超大规模集成电路先进光刻理论与应用. 北京: 科学出版社, 2006.

[2] 郑金红, 黄志齐, 侯宏森. 248nm 深紫外光刻胶. 感光科学与光化学, 2003, 21 (5): 346-356.

[3] Sturtevant J L, Conley W, Webber S E. Photosensitization in dyed and undyed APEX-E DUV resist. Proc Spie, 1996.

[4] Ito, Hiroshi. Chemically amplified resist: past, present and future. Proc Spie, 1999, 3678: 2-12.

[5] Thackeray J W, Orsula G W, Pavelchek E K. Deep UV ANR Photoresists For 248 nm Excimer Laser Photolithography, Microlithography Conferences. International Society for Optics and Photonics, 1989

[6] Ito H, et al. Synthesis of poly (p-hydroxy-α-methylstyrene) by cationic polymerization and chemical modification. Macromolecules, 1983.

[7] Hayashi N, Schlegel L, Ueno T. Polyvinylphenols protected with tetrahydropyranyl group in chemical amplification positive deep-UV resist systems. Advances in Resist Technology and Processing Ⅷ, International Society for Optics and Photonics, 1991.

[8] Murata M, Kobayashi E, Yamachika M. Positive Deep-UV Resist Based on Silylated Polyhydroxystyrene. Journal of Photopolymer ence & Technology, 1992, 5 (1): 79-84.

[9] Ito H, England W P, Lundmark S B. Effects of polymer end groups on chemical amplification. Proceedings of SPIE-The International Society for Optical Engineering, 1992: 1672.

[10] Barclay G G, Sinta R F. Narrow polydispersity polymers for microlithography: synthesis and properties. Proceedings of SPIE - The International Society for Optical Engineering, 1996: 249-260.

[11] Choi S J, Jung S Y, Kim C H. Design and properties of new deep-UV positive photoresist. Spies International Symposium on Microlithography, International Society for Optics and Photonics, 1996.

[12] Ito H. Evolution and Progress of Deep UV Resist Materials. Journal of Photopolymer Science & Technology, 1998, 11 (3): 379-393.

[13] Nagahara S S, Iwamoto T. Radiation and photochemistry of onium salt acid generators in chemically amplified resists. Microlithography. International Society for Optics and Photonics, 2000.

[14] Itani T, Yoshino H, Hashimoto S. Dissolution Characteristics of Chemically Amplified DUV Resists. Journal of Photopolymer ence and Technology, 1997, 10 (3): 409-416.

[15] Huang W S, Kwong R W, Katnani A D. Evaluation of a new environmentally stable positive tone chemically amplified deep-UV resist. Proc Spie, 1994, 2195: 37-46.

[16] Kumar U, Pandya A, Sinta R F. Probing the environmental stability and bake latitudes of acetal vs. ketal protected polyvinylphenol DUV resist systems. Proceedings of SPIE-The International Society for Optical Engineering, 1997: 3049.

[17] Yamana M, Itani T, Yoshino H. Deblocking reaction of chemically amplified positive DUV resists. J photopol technol, 1999, 12 (4): 601-606.

[18] Tanabe T, Kobayashi Y, Tsuji A. PED-stabilized chemically amplified photoresist. Advances in Resist Technology & Processing XIII, 1996: 2724: 61-69.

[19] Ito H, Alexander D F, Breyta G. Dissolution Kinetics and FAG Interaction of Phenolic Resins in Chemically Amplified Resists. Journal of Photopolymer ence & Technology, 2006, 10 (3): 397-407.

[20] 郑金红，黄志齐，陈昕，等. 193 nm 光刻胶的研制. 感光科学与光化学, 2005, 23 (4): 300-311.

[21] Ito H. Evolution and Progress of Deep UV Resist Materials. Journal of Photopolymer Science & Technology, 1998, 11 (3): 379-393.

[22] Ito H. Deep-UV resists: evolution and status. Solid State Technology, 1996, 39 (7): 164-170

[23] Fang MC, Chang J F, Tai M C. 193 nm photoresist development at union chemicals Labs, ITRI. Proc Spie, 2000, 3999: 919-925.

[24] Kajita T, Nishimura Y, Yarnamoto M. 193 nm single layer resist materials: Total consideration on design, physical properties, and lithographic performances on all major alicyclic platform chemistries. Proc Spie, 2001, 4345: 712-724.

[25] 李虎，刘敬成，等. 电子束光刻胶成膜树脂研究进展. 信息记录材料, 2016, 17 (1): 1-9.

[26] Singh V, Satyanarayana V S V, Sharma S K. Towards novel non-chemically amplified (n-CARS) negative resists for electron beam lithography applications. Journal of Materials Chemistry C, 2014, 2 (12): 2118.

[27] Tully D C, Trimble A R, Frchet J M J. Dendrimers with Thermally Labile End Groups: An Alternative Approach to Chemically Amplified Resist Materials Designed for Sub-100 nm Lithography. Advanced Materials, 2000, 12 (15): 1118-1122.

[28] Yu J, Xu N, Liu Z. Novel One-Component Positive-Tone Chemically Amplified I-Line Molecular Glass Photoresists. ACS Applied Materials & Interfaces, 2012, 4 (5): 2591-2596.

[29] Yang J K W, Cord B, Duan H. Understanding of hydrogen silsesquioxane electron resist for sub-5-nm-half-pitch lithography. Journal of vacuum ence & technology B, 2009, 27（6）：2622-2627.

[30] 罗康，段智勇. 纳米压印技术进展及应用. 电子工艺技术, 2009, 30（005）：253-257.

[31] Gao H, Tan H, Zhang W. Air Cushion Press for Excellent Uniformity, High Yield, and Fast Nanoimprint Across a 100 mm Field. Nano Letters, 2006, 6（11）：2438.

[32] Chou, Stephen Y, Keimel. Ultrafast and direct imprint of nanostructures in silicon. Nature, 2002.

[33] Hocheng H, Wen T T. Electromagnetic force-assisted imprint technology for fabrication of sub-micron-structure. Microelectronic Engineering, 2008, 85（7）：1652-1657.

[34] 陈鸿彬. 高纯试剂提纯与制备. 上海：上海科学技术出版社, 1983.

[35] 李建华，马贵生，穆启道. 化学试剂分类. 北京：中国标准出版社, 1999.